Kynos Verlag Dr. Dieter Fleig GmbH
Konrad-Zuse-Straße 3, D-54552 Nerdlen/Daun
Telefon: 06592 957389-0
Telefax: 06592 957389-20
www.kynos-verlag.de

Grafik & Layout: Kynos Verlag

3. Auflage 2023

ISBN 978-3-95464-230-4

Bildnachweis: Alle Fotos und Grafiken Prof. Ekard und Helenira Lind außer
S. 18 zweites von rechts unten: Michael F. Schöniker
S. 18 rechts unten: Wikimedia/ Jastrow
S. 18 links unten: Bibi-Saint-Pol
S. 18 zweites von links unten: Bibi-Saint-Pol
S. 69: www.britannica.com
S. 98: Wikipedia/ Elsevier Publishing Company
S. 100: Wikipedia
S. 130: Wikipedia/silly rabbit
S. 177: geocities.ws

Ekard Lind

Lerngesetze verstehen und anwenden

in Alltag, Arbeit und Sport mit dem Hund

Kynos

Meiner Frau Helenira Lind gewidmet

Inhaltsverzeichnis

Vorwort

Das vorliegende Buch wurde für Hundebesitzer geschrieben, die mehr über Lernen erfahren möchten als nur das Notwendigste. Es richtet sich an diejenigen, die Lerngesetze verstehen und anwenden möchten und weder Zeit noch Möglichkeit haben, den in der umfangreichen Fachliteratur verstreuten Stoff selbst aufzuarbeiten. Eines der Ziele bestand daher in einer gründlichen, aber komprimierten Darstellung des aktuellen Wissensstandes, und zwar im Hinblick auf Mensch und Hund. Und es war wichtig, die zahlreichen, immer noch kursierenden falschen Vorstellungen über Lernen anzuführen und zu korrigieren.

Neben dem Bildungswert zeichnet sich das vorliegende Fachbuch durch umfangreichen Praxisbezug aus. Zahlreiche Beispiele aus Alltag, Arbeit und Sport machen Hundeverhalten verständlich und öffnen den Blick für die Möglichkeiten einer ethisch fundierten, erfolgreichen und zeitgemäßen Einflussnahme. Theorie- und Praxisbeispiele, bereichert durch Beiträge des Autors, können den Leser dem Ziel einer ethisch und ethologisch ausgerichteten Mensch-Hund-Beziehung näherbringen.

Sich mit Lernen – mit dem des Hundes und mit dem des Menschen – zu befassen, verspricht neben besserem Hundeverständnis und besseren Übungsergebnissen eine umfassende Bereicherung und Veränderung der eigenen Persönlichkeit. Zugegeben, die Materie ist umfangreich. Aber genau darin liegt der Reiz: Es gibt ungeahnt viele Möglichkeiten der Verhaltensbeeinflussung und die Beschäftigung mit Lernen, den Theorien, Gesetzen, Modellen und Methoden setzt Neugier, Spannung und Motivation frei. Umso mehr, wenn nicht nur isoliertes Fachwissen, sondern gleichermaßen dessen praktische Umsetzung im Vordergrund steht.

Der Autor will nicht nur über das Lernen schreiben, sondern er will vor dem Hintergrund einer langjährigen Erfahrung als Hochschul-, Kinder- und Tiertrainer-Pädagoge auch das Lernen des Lesers fördern. Daher stehen neben solidem Fachwissen zahlreiche, interessante Zusammenhänge, kritische Anmerkungen, übergreifende Vergleiche und vieles, was man über Lernen immer schon wissen wollte. Deshalb ist der Stoff nicht auf Hunde begrenzt, sondern es werden auch Verbindungen zu anderen intelligenten Tieren gezogen. Dies alles trägt dazu bei, über den „Rand des Hundenapfs“ hinauszublicken und Lernen umfassend zu verstehen.

In der modernen Pädagogik bemüht man sich aus mehreren Gründen, dem Stoff *emotionale Etikette* anzuheften. Nicht nur, um ihn lebens- und praxisnah darzustellen. Fakten und Formeln merkt man sich leichter, wenn sie emotional „verpackt" wurden. Was den ganzen Menschen anspricht, vermittelt Lebensnähe und verspricht Anwendbarkeit. Und es motiviert! So kann Lernen hautnah erlebt, verinnerlicht und besser behalten werden.

Ein weiteres Anliegen besteht darin, die zahlreichen unterschiedlichen Begriffe, die einem in der Literatur für ein- und dieselbe Sache begegnen, aufzuführen. Wo erforderlich, wurden diese differenziert, um damit ein wenig Licht in den Begriffsdschungel zu bringen. Dasselbe gilt für unterschiedliche, aber gleichbedeutende Kürzel.

Lernen bedeutet nicht nur, dem Hund möglichst erfolgreich etwas beizubringen, – mit anderen Worten, – ihn zu *konditionieren*. Ebenso wichtig ist es, ungewollte Konditionierungen vorauszusehen, zu erkennen und entsprechende Maßnahmen einzuleiten, um sie zu vermeiden – oder, falls schon passiert, sie zu entschärfen.

Sich mit Lernen zu beschäftigen heißt auch, die *Grenzen* der verschiedenen Theorien kennen zu lernen, ihr Ineinandergreifen zu verstehen und die sklavische Zuordnung in „*klassische*" und „*operante Konditionierung*" als realitätsfremde Hypothese zu entlarven.

Theorie und Praxis dieses Buches führen den Leser schließlich zur Anwendung. Durch wiederholtes, inneres Vorstellen der Beispiele wird man nach und nach feststellen, dass man sich Lernen in seinen vielen Facetten tatsächlich vorstellen kann. Und von da aus ist es nur noch ein kleiner Schritt, das Gelernte mit dem eigenen Hund erfolgversprechend selbst anzuwenden – als Hundebesitzer, Trainer, Sportler oder Therapeut.

Jeder Hundebesitzer verfolgt andere Ziele. Daher kann nicht jeden alles ansprechen. Aber aus den Beispielen in diesem Buch kann sich der Leser das für ihn Wichtige herausnehmen und auf seine ganz persönliche Form der Mensch-Hund-Beziehung übertragen. Und: Die Beispiele laden ein zu kreativer, individueller Umgestaltung.

Noch ein Wort zum Anspruch des Buches: Will man sich die Wissenschaft zunutze machen, kann man sie nicht gleichzeitig nivellieren oder gar übergehen. Das heißt, man kommt nicht umhin, Erkenntnisse wenigstens in groben Zügen nachzuvollziehen. Hierzu dienen populärwissenschaftliche Werke: Bücher, die so geschrieben sind, dass sie ein Leser mit mittlerem Bildungsniveau verstehen kann. Ein leidiges Thema sind hierbei Fremdworte und Fachbegriffe. Es liegt auf der Hand, dass man Begriffe braucht. Erst, wenn für Zusammenhänge treffend bündelnde Worte verfügbar sind, ist der Weg frei für den gedanklichen Umgang bis hin zur Kommunikation und zur praktischen Anwendung. Ob sich der Leser hierbei vereinfachter Worte bedient oder die Fachbegriffe bevorzugt, sei ihm überlassen. Das Buch bietet beide Möglichkeiten. Man braucht und soll die Fachbegriffe aber nicht „pauken". Die Wiederholung aus verschiedenen Blickwinkeln bringt mit sich, dass die Worte ganz von selbst einverleibt werden. Fachbegriffe nennt man in der Wissenschaft übrigens *terminus* bzw. in der Mehrzahl *termini* (von lat. *Terminus technicus* = Fachbegriff).

Was der Leser zu seinem Lernerfolg beitragen kann, ist vor allem *Geduld*. Im „Diagonal-Lesestil“ oder in ein paar Tagen wird man sich den reichhaltigen Stoff kaum aneignen können. Man lasse sich daher Zeit beim Lesen – man stelle sich die Beispiele in Ruhe vor, noch besser, man probiere sie prakisch aus, und man nehme sich nicht zu viel Stoff auf einmal vor!

Zum Umfang. Innere Ablehnung vor viel Lernstoff fußt meistens auf einem fundamentalen Irrtum, und damit sind wir mitten im Thema: Mehr und mehr, Neues und noch mehr Neues zu lernen wird oft mit dem Anfüllen eines begrenzten Gefäßes verglichen. Die Vorstellung, Lernen könnte belastend, zu schwer oder zu viel werden, das Gefäß zu eng oder zu klein, ist jedoch falsch. Je mehr wir lernen, desto leichter und schneller werden wir uns Neues aneignen können. Keine Angst vor „viel“. Die fünfte Fremdsprache führt nicht, wie man vielleicht meinen mag, zu mehr Verwechslung. Das Mehr an Wissen belastet nicht! Es macht frei! Das neu Erworbene kommt uns beim Unterscheiden zu Hilfe. Aber wie gesagt, alles braucht seine Zeit. Lernen lässt sich nicht erzwingen. Man erinnere sich an den Lehrsatz: „Öfter und weniger behält man besser als selten und viel“. Soviel zum einen Ende an der Leine, dem Menschen. Und nun zur anderen Seite, dem Hund:

Wir neigen zur Vorstellung, der Hund lerne speziell das, was wir ihm vermitteln. Diese Ansicht ist überholt. Der Hund lernt, ähnlich wie wir Menschen, immer! Selbst in der Nacht, im Schlaf, ist das Gehirn aktiv und macht seine „Hausaufgaben“. Und: Hunde lernen ihren angeborenen Lernfähigkeiten (*Lerndisposition*) entsprechend, und sie lernen, ganz wie wir Menschen, bevorzugt das, was in ihrem Interesse liegt; was sie gerne tun oder sich wünschen. Dies so zu beeinflussen, dass *„keiner dem anderen Gewalt antut“* (Schiller), hat der Autor bereits zu Beginn seiner kynologischen Tätigkeit in dem einfachen Bekenntnis gefunden:

> *„... Worauf es ankommt in der Hundeerziehung ist, die Ziele des Menschen zu Motivationen des Hundes umzugestalten und Aufgaben so zu vermitteln, dass sie der Hund annehmbar und lustvoll erlernen und ausführen kann.“*
> *(E. Lind 1997: Vortrag Tierschutztag in der Schweiz)*

Prof. Ekard Lind, Februar 2013

Eine fliehende Spielbeute ruft unwillkürlich Nachjagen hervor.

Was ist Lernen?

Lernen ist eine der Grundvoraussetzungen für Leben. Dies gilt für Mensch und Tier. Lernen befähigt, sich dem Lebensraum optimal anzupassen, ökologische Nischen zu besetzen und, wo möglich, Einfluss auf die Bedingungen zu nehmen. Arten, die es besonders gut verstanden, den Lebensraum vorteilhaft zu nutzen, gelang es, sich über Jahrmillionen zu behaupten. Haifische oder Krokodile sind jedoch nicht nur Beispiele erfolgreicher Anpassung (*Adaption*) an ihre Umweltbedingungen. Diese und andere im Wasser oder hybrid (im Wasser und an Land) lebenden Arten profitierten davon, dass sich der Lebensraum Wasser über die Jahrtausende weniger gegensätzlich und spektakulär veränderte wie die Bedingungen an Land.

Im Rahmen optimaler Anpassung hat die Natur in langer Zeit zwei biologische Systeme hervorgebracht, die sich beide, jedes auf seine Weise, als höchst effizient erwiesen haben: Verhaltensweisen, die ererbt vorliegen (*Erbkoordinaten*) und nicht gelernt werden müssen, und Verhaltensweisen, die im Laufe des Lebens entwickelt und angeeignet werden (*Adaption*). Lebewesen, die über beide Systeme verfügen und diese getrennt und kombiniert einzusetzen vermögen, konnten selbst in unterschiedlichen Lebensräumen und trotz gravierender ökologischer Veränderungen überleben. Einer der profiliertesten Vertreter hierfür ist der Wolf. Auf der einen Seite verfügt er über zahlreiche Erbverhalten, wie beispielsweise das schnelle, automatische Zupacken, andererseits ist er in der Lage, Verhaltensweisen entsprechend abzuändern oder auch neu zu erwerben. Inzwischen wissen wir, dass auch Hunde in der Lage sind, – ähnlich wie Anthropoiden (Menschenaffen), – gemachte Erfahrungen auf neue Situationen zu übertragen, ja sogar neue Handlungen den Bedingungen entsprechend geistig vorauszudenken und ohne zu experimentieren umzusetzen.

Zu den herausragenden Antrieben höherer Lebewesen zählen: Überleben, Fortpflanzung und *sozialer Status*. Erst die Fähigkeit des Lernens schafft Möglichkeiten für deren erfolgreiche Umsetzung. Darüber hinaus vermittelt Lernen Lust und steigert das Selbstwertgefühl. Ganz zu schweigen von den zahllosen Stimmungen, Affekten und Motivationen, die sich beim Lernen einstellen und dieses bereichern.

Der Begriff *Lernen* umfasst zwei Bedeutungen: *Nachspüren* als beabsichtigter (*intentionaler*) Prozess des Individuums und *Spur hinterlassen* als das, was Lernen zur Folge hat, beispielsweise in der Form des unabsichtlichen (*inzidentellen*) Lernens. Tiger, die einmal in eine Falle geraten sind, verändern ihr Verhalten. Aber sie haben diesen Lernprozess nicht beabsichtigt. Nichts desto weniger haben sie Entscheidendes gelernt! Sie meiden fortan Fallen und auch das Terrain, in dem diese Erfahrung gemacht wurde, und dies lebenslang – auf Grund einer einzigen nicht aktiv geplanten und herbeigeführten *Erfahrung,* als Folge eines einzigen Lernvorganges. Auch Hunde sind zu beidem fähig, zu unbeabsichtigtem und beabsichtigem Lernen.

Schon in der Antike hat man Vorstellungen über das Lernen gebildet. Der griechische Philosoph Platon (428 v.Chr. – 348 v.Chr.) versteht Lernen als Vergegenwärtigung von Ideen und Vorstellungen, die in der Seele des Menschen bereits vorhanden sind und durch Sinneswahrnehmung wieder in das Bewusstsein gelangen. Aristoteles (384 v.Chr. – 322 v.Chr.) hingegen vergleicht Lernen mit einer *tabula rasa* (lat. = leerer, abgeräumter Tisch), auf den die Sinneseindrücke aufgelegt werden. Mit modernen Worten wäre der Lernprozess demnach als Speicherung von Daten zu bezeichnen. Diese Betrachtungsweise hat eine lange Tradition bis hin zu den Vertretern der *Konditionierungstheorien*.

Aus neurobiologischer Sicht beruht menschliches Erleben und Verhalten auf Prozessen der *Informationsverarbeitung*. Die moderne Gedächtnisforschung geht zunehmend in eine integrative Verständnisrichtung des Lernens, wobei Neurowissenschaft, Pädagogik, Sozialwissenschaft, Lehr-Lern-Forschung sowie Unterrichtspraxis und Schulorganisation immer mehr ineinandergreifen. Hierbei erfahren manche pädagogische Altwahrheiten aktuelle, wissenschaftlich begründete Bestätigung. Aber obwohl man inzwischen viel über das lernende Gehirn weiß, sind noch viele Fragen bei weitem nicht erschöpfend beantwortet.

Was gehört alles zum Lernen? Oder: Worauf baut Lernen auf? Was sind die Voraussetzungen, damit Lernen stattfinden kann? Wie sollen wir vorgehen, damit beim Lehren möglichst gut gelernt werden kann? Welche sind die begünstigenden, welche die hinderlichen Faktoren? Welche Möglichkeiten gibt es, wo setzt man was ein und wie lassen sich die verschiedenen Theorien miteinander verbinden? Fragen über Fragen, die es im Verlauf dieses Buches zu beantworten gilt.

Eine fundamentale und zugleich die älteste Ursache für Lernen ist die Entfaltung und Erhaltung des individuellen Lebens und Überlebens. Lernen dient dazu, Nachteile und Gefahren abzuwenden, den äußeren und inneren Zustand (*psychosomatische Befindlichkeit*) zu verbessern und das Leben nach den individuellen Wünschen und den gegebenen Möglichkeiten bestmöglich zu gestalten. Darüber hinaus ist Lernen lustvoller Selbstzweck. So sollte es zumindest sein.

Im Volksmund heißt es: *Man lernt aus Erfahrung*. Da fällt einem die heiße Herdplatte ein, die einen lebenslang gültigen Lerninhalt vermittelt. Oder man denkt, wenn es um Lernen geht, an *Wissen* und *Können* und an die Fähigkeiten der *Erinnerung* und des *Abrufens*. Doch Lernen bedeutet noch mehr. In den folgenden Abschnitten werden wir uns dem „Wunder Lernen“ von verschiedenen Seiten her nähern.

1. Mensch und Hund

Über die Seele des Hundes

Die Mensch-Hund-Beziehung ist vermutlich vierzehn- bis fünfzehntausend Jahre alt. In dieser langen Zeit sind sich beide Spezies erstaunlich nahe gekommen. Die Wertschätzung für den Hund reicht weit zurück. Schon der griechische Philosoph Plato (428 v.Chr. – 348 v.Chr.) hält große Stücke auf den Hund, den er als *edel* und *lernwillig* bezeichnet.

Auch sein Zeitgenosse, Diogenes von Sinope (um 400 v.Chr. – 324 v.Chr.), der wie viele andere Redner als Philosoph in *Olympia* auftrat, hatte eine hohe Meinung über Hunde. Dies und die Tatsache, dass er ein Bettlerleben führte, so quasi „wie ein Hund“, brachte ihm den Spitznamen *Kyon* (Hund) ein. Immer wieder nahm er Hunde oder auch deren Verhalten zum Gegenstand seiner Provokationen: Zu Knaben, die Angst vor ihm hatten, sagte er: *„Keine Angst, Kinder, ein Hund frisst kein Grünzeug.“* Und als man ihm wie einem Hund einen Knochen zuwarf, pinkelte er wie ein Hund darüber und ging weg.

Von Plutarch (45 – 125 n.Chr.) stammt die bekannte Überlieferung folgender Begebenheit: Alexander der Große (356 v.Chr. – 323 v.Chr.) trat vor Diogenes, der in einer Tonne lag, und bot ihm die Erfüllung eines

Sokrates
469 v. Chr. – 399 v.Chr.

Platon
427 v. Chr. – 348 v.Chr.

Diogenes
400 v. Chr. – 324 v.Chr.

Alexander der Große
356 v. Chr. – 323 v.Chr.

Wunsches an. Diogenes sagte: *„Geh mir ein wenig aus der Sonne“*. Darauf antwortete Alexander: *„Wäre ich nicht Alexander, ich wünschte, Diogenes zu sein.“* Diogenes und Alexander sollen der Legende nach am gleichen Tag gestorben sein.

Die von Diogenes gegründete Philosophenschule wurde unter dem Namen *Kyniker* (Hunde-Denker) bekannt. Der heute noch gekannte Begriff *Zyniker* hat darin seinen Ursprung. Nun verstehen wir auch die Wortherkunft *Kynos* und *Kynologie*. Beides geht auf das griechische Wort „Kyon“ zurück.

Diogenes war ein *enfant-terrible* (franz. = schreckliches Kind), ein Exzentriker und brillianter Entertainer, der kein Blatt vor den Mund nahm. Im Kern seiner Lehre stand das im ethischen Sinne *gut geführte Leben*, welches er mehr durch das lebende Beispiel als durch Schriften verbreitete. Auf seinem Grab, das mit einem Hund geschmückt war, stand: *„Sag Hund, was bewachst Du in diesem Grabe? – Einen Hund. – Sein Name? – Diogenes“*.

Die Beliebtheit der Hunde bei Menschen ist so alt wie die Domestikation und sie ist bis auf den heutigen Tag ungebrochen. Auch die Cheyenne-Indianer verdanken ihren Namen dem Hund (aus dem franz. *chien* = Hund).

Über die Zeiten hinweg wurden zahllose Hymnen auf den Hund verfasst. Von Johann Wolfgang v. Goethe (1749 – 1832) stammt der Satz: *„Dem Hunde, wenn er gut erzogen, wird selbst ein weiser Mann gewogen.“* Und Heinz Rühmann (1902 – 1994) sagte: *„Man kann auch ohne Hund leben, aber es lohnt sich nicht.“*

Weniger einheitlich wurde die Frage danach, ob und wie viel Verstand oder gar Bewusstsein der Hund habe, beantwortet. Ab der Mitte des 17. Jahrhunderts, mit dem Aufkommen des *Rationalismus*, begann man unter dem Einfluss des katholischen Klerus den Tieren allgemein die Seele abzusprechen. Da aus damaligem Verständnis Seele und Bewusstsein als untrennbar miteinander verbunden angenommen wurden, konnte der Hund, dem keine Seele zustand, natürlich auch kein Bewusstsein haben. Bei Plato hingegen gelten Menschen *und* Tiere als beseelte Lebewesen, und auch das alte Testament ist voll von tierethischen Aussprüchen wie: *„Der Gerechte erbarmt sich seines Viehs“* und: *„Der Gerechte weiß, was sein Vieh braucht“*. Auch in Ägypten galten Tiere als geheiligt und es war ein Verbrechen, sie zu misshandeln. Bei *Paulus wartet a l l e s Geschaffene sehnsüchtig und unter seinen Leiden stöhnend auf die Befreiung* (Röm 8, 19 – 22).

In der nachchristlichen Theologie allerdings wurde der Mensch von seinen Naturbanden „befreit“ und in den Mittelpunkt des Kosmos gestellt (anthropozentrisches Weltbild). Die Leugnung der Wurzeln ebenso wie die Selbstüberhebung hatte verheerende Auswirkungen. Sie führte zur Weltfeindlichkeit des Mittelalters und wirkt noch bis in unsere Zeit. Hier einige Zitate, beginnend im Mittelalter:

Thomas von Aquin (1225 – 1274), einer der bedeutendsten katholischen Kirchenlehrer, sagte: *„Die Seele des Tieres ist nicht teilhaftig eines ewigen Seins …“* Und René Descartes (1596 – 1650) schrieb: … Nichts könne *„… schwache Geister vom geraden*

Pfad der Tugend mehr abweichen lassen als die Annahme, die Seele wilder Tiere sei von der gleichen Art wie unsere.“

Ab der Mitte des 17. Jahrhunderts nahm der ethische Stellenwert der Tiere noch weiter ab. Nicht nur der Besitz der Seele wurde ihnen abgesprochen, sondern auch die Leidensfähigkeit. Der französische Philosoph Malebranche (1638–1715) sagte: *„Tiere fressen ohne Vergnügen, weinen ohne Schmerz, handeln, ohne es zu wissen;- sie ahnen nichts, fürchten nichts, wissen nichts.“*

Vor einer Generation wurde auch in Deutschland noch ernsthaft darüber gestritten, ob Tiere Schmerz empfinden können oder nicht. Vieles von dem, was heute zweifelsfrei als gefangenschaftsbedingte *Stereotypen* angesehen wird, wollte beispielsweise die Pelzindustrie als „Anpassungsverhalten“ deklarieren.

Hunde können Schmerz empfinden, das ist inzwischen gesichert. Aber sie verbergen ihn oft. Man vermutet dahinter ein evolutionsbedingtes, rudimentäres Verhalten, durch welches Caniden sich den Verbleib in der Gemeinschaft sichern wollen. Indizien für Schmerz sind: Erweiterte Pupillen, Rückzug und ungewöhnlich langes Ruhen, Zusammenkauern, oder auch das Gegenteil: Unruhe, Zittern, Hecheln, Lautäußerungen wie Winseln, Kläffen, Belecken bis zum Benagen schmerzhafter Körperteile und natürlich wie beim Menschen: erhöhte Temperatur. Auch Aggressions-Attacken können auftreten.

Zurück zur „Seele“ des Hundes: Nach Descartes wurden Tiere eher mit gefühllosen Maschinen als mit intelligenten, gefühlvollen Lebewesen verglichen. Erst mit dem Aufkommen des Darwinismus verlor Descartes Weltbild zusehends an Bedeutung.

Charles Darwin (1809–1882) überzeugte mit seinen Vorstellungen der *Evolution* und leitete damit ein epochales Umdenken ein. Er schrieb:

„Sinne und Intuition, die vielfältigen Emotionen und Fähigkeiten der Liebe, Erinnerung, Aufmerksamkeit, Neugier, Nachahmung, logisches Denken usw., die den Menschen auszeichnen, sind in Ansätzen oder sogar voll ausgebildet auch in niederen Tieren zu finden.“

Heute zeigen wissenschaftliche Erkenntnisse, dass das Gehirn ebenso wie das

Charles Darwin (1809–1882)

Nervensystem des Hundes dem des Menschen verblüffend ähnlich ist. Gestalt und Volumenproportion des Großhirns, die einzelnen Gehirnteile zeigen den gleichen Aufbau. Dasselbe gilt für die Neuronen und deren Funktionsweise. Und auch beim Hund sind bestimmte Arbeitszentren an bestimmten Orten des Großhirns lokalisiert.

Nachdem das Genom des Menschen (Genom = gesamtes Erbgut eines Lebewesens) innerhalb eines internationalen Mammutprojektes (*Human Genome Project* ab 1990) 2003 als offiziell entschlüsselt galt, wurde auch das Erbgut verschiedener Tierarten untersucht und mit der DNA des Menschen verglichen (DNA = engl. desoxyribonucleic acid, identisch mit deutschem Begriff DNS = Desoxyribonukleinsäure). Die Angaben der DNA-Übereinstimmungen zwischen Mensch und Hund sind leider nicht einheitlich. Ganz abgesehen von den Unterschieden, die sich auf Grund unterschiedlicher Hunderassen ergeben. Bei Menschen liegt die Übereinstimmung der DNS-Basispaarketten bei 99,9 %. Die erst junge Erforschung des Genoms verschiedener Hunderassen zeigte, dass der Hund zirka 19.300 Gene aufweist (Mensch: Zwischen 20.000 und 30.000 Gene). Auffallend ist, dass der Großteil des untersuchten Hunde-Genoms Entsprechungen zum menschlichen Erbgut aufweist. Einige Autoren sprechen in Bezug auf Pudel und Menschen von 75 % Übereinstimmung der genetischen Verwandtschaft (DNS-Basispaarketten), andere von 80 %. Mäuse weisen zirka 85 % Übereinstimmung auf, Pferde noch mehr. Die größte DNS-Übereinstimmung zum Genom des Menschen wurde bei Schimpansen (96 % bis 98 %) und bei Schweinen (über 90 %) ermittelt. Interessant ist, dass Mensch und Hund vor rund 100 Millionen Jahren Vorfahren mit identischem Genom hatten.

Neuere Untersuchungstechniken, angewandt an der Tierärztlichen Hochschule Hannover in Zusammenarbeit mit der HZI-Gruppe und dem Broad-Institut-USA ermöglichten, DNA-Fragmente in voller Länge zu vergleichen. Der Aufwand hat sich gelohnt. Hierzu Helmut Blöcker, der Leiter dieses Projektes: *„Vergleicht man das Pferdegenom mit dem des Menschen direkt von Chromosom zu Chromosom, so gibt es in etwa der Hälfte der Fälle sehr starke Übereinstimmung. Beim Vergleich Mensch zu Hund liegt dieser Wert nur bei etwa 30 Prozent*."

Nach diesem kurzen Ausflug in die aktuelle Forschung der Genomik zurück zu Darwin:

Darwins Entdeckung der Evolution blieb nicht unangefochten. Zu Beginn des 20. Jahrhunderts verbreitete sich unter dem Begriff des *Behaviorismus* (engl. behavior = Verhalten) eine Psychologie-Richtung, in welcher Bewusstsein, Denken und Gefühle für die Betrachtungsweise des Verhaltens als nicht beweisbar und daher als wissenschaftlich nicht relevant angesehen wurde. Aber auch der Behaviorismus fand seine Herausforderer. Im nachfolgenden *Kognitivismus* ging die Strömung wieder genau in jene Richtung, die vom Behaviorismus abgelehnt und gemieden wurde.

Heute können wir sagen: Immer mehr Studien zeigen, dass Hunde ihre Umwelt bewusst wahrnehmen, zahlreiche Handlungen intellektuell gestützt durchführen und ein intensives Gefühlsleben aufweisen.

Hunde sind uns ähnlich – und anders!

Das Weltbild des Beseelten

Oft werden Hunde mit Kindern verglichen. Der Gedanke scheint nicht abwegig, haben doch beide vieles gemeinsam. Vor allem das Weltbild des Kindes stützt diesen Vergleich. Kinder nehmen die aus der Sicht des Erwachsenen *tote Materie* ihres Umfeldes als *beseelt* an. Bei Hunden ist das ähnlich. Wenn sie beispielsweise mit Gegenständen konfrontiert werden, zeigen sie Handlungen, die vermuten lassen, dass für sie die Gegenstände tatsächlich lebend sind. Neue, unbekannte Gegenstände werden dann oft als gefährliche Lebewesen interpretiert, die ihnen ans Leder gehen könnten.

Der Schweizer Entwicklungspsychologe und Pädagoge Jean Piaget (1896–1980) erwähnt als Beispiel ein Kind, welches den Ball, der ihm unter den Schrank gerollt ist, inbrünstig bittet, wieder zurückzukommen oder er beschreibt ein anderes Kind, welches die Tasse, die umgestoßen wurde, bedauert und für krank hält. Es ist vor allem die Phase bis zum Schuleintrittsalter, in welchem Kinder – ähnlich wie Hunde – vornehmlich im Weltbild der Emotionen leben. Wenngleich Piagets Erklärungen zum sich wandelnden Realitätsverständnis des Kindes in vieler Hinsicht erweitert wurden, so sind sie dennoch als Kontrast-Beispiele geeignet, um auf den Unterschied des Kindweltbildes zur Sichtweise des Erwachsenen, der streng zwischen Materie und Lebewesen unterscheidet, hinzuweisen.

Je mehr unsere Kenntnisse über den Hund zunehmen, desto deutlicher wird, dass Hunde außerordentlich intelligent sind und dass sie ganz ähnliche Gefühle haben wie wir Menschen: Antipathie, Sympathie, Empathie (Mitgefühl), Zorn, Neid, Glück und Unglück, Stress, Frustration, Ausgeglichenheit und viele andere. Das ist nicht nur durch Gehirn-Scans nachweisbar, sondern zeigt sich im gesamten Ausdrucksverhalten. Lautäußerungen, Körper-Haltungen und -Bewegungen, Fang-, Lefzen-, Zungen- und Augen-Ausdruck, Ohrstellungen, Fell, Ruten-Haltung und -Bewegung sowie anderen Ausdruckskriterien.

Trotz dieser zahlreichen Parallelen, teils sogar Übereinstimmungen, ist der Hund dennoch ein anderes Wesen! Er ist wie seine Vorfahren ein *Beutegreifer*. Der Hund bringt sein vom Wolf stammendes Erbgut mit und ist für zahlreiche Lernvorgänge vorprogrammiert, die eben für einen Hund und nicht für den Menschen wichtig sind. Das, was wir als Intelligenz bezeichnen, hängt von den biologischen Koordinaten und der artspezifischen Erfahrungswelt ab. Der Hund hat ein deutlich anderes Weltbild als der Mensch – er lebt, was wir oft übersehen (!), in einer völlig anderen Reaktionsgeschwindigkeit und in anderem Handlungstempo, und er nimmt die Welt anders wahr als wir – mit anderen Sinnen! Probleme sind vorprogrammiert, wenn man diese Unterschiede verharmlost oder ignoriert.

Wenn wir mit dem Hund in einer für beide Teile gewinnbringenden Art und Weise umgehen wollen, kommen wir nicht umhin, uns in seine Welt zu versetzen, uns in ihn hineinzufühlen, aus seiner Sicht- und

Erwartungsperspektive zu denken und sein Verständigungsvokabular zu erlernen.

Die Einsicht, dass der Hund in vielem anders ist als wir, entfernt uns nicht von ihm. Sie bringt uns vielmehr näher. Das sei vor allem an jene gerichtet, die den Hund permanent vermenschlichen und Fürsorge, Liebe, Autoritäts- und Regelanspruch einfach nicht in Einklang zu bringen vermögen – oder dies mangels Einsicht von vornherein nicht wollen.

Hält man sich vor Augen, dass es letztlich die spezifischen Sinneswahrnehmungen sind, die einen Großteil dessen ausmachen, wie wir unsere Umwelt wahrnehmen, so wird verständlich, dass uns die Sinneswelt des Hundes gut bekannt sein sollte. Auch der Mensch nimmt seine Umwelt zuerst einmal sinnlich wahr. Auffallend ist, dass man sich als Erwachsener in der Regel nicht mehr an Erlebnisse der frühen Kindheit erinnert (*kindliche Amnesie*). Als Ursache hierfür wird der Spracherwerb gesehen. Denn mit dem Spracherwerb ändert sich die Form der Erinnerung, die mehr und mehr Worte und Begriffe einbezieht. Infolge dieser Veränderung verliert sich zusehends die Fähigkeit, die in der frühen Erfahrungswelt gemachten Erfahrungen mit den neuen Erinnerungsfunktionen abzurufen. Je anspruchsvoller das Denken wird, desto mehr löst es sich von der reinen Sinnes-Wahrnehmung und -Erinnerung. An Stelle von Bildern treten dann gedanklich in Worte gefasste Zusammenhänge, Schlussfolgerungen oder Hypothesen.

Erinnern, Denken und Entscheiden wird wesentlich davon beeinflusst, wie viele und welche Details uns unsere Sinne vermitteln. Das gilt für den Menschen wie für den Hund. Hier eine kurzgefasste Gegenüberstellung der Wahrnehmungsunterschiede des Menschen und des Hundes:

Tastsinn

Bedingt durch die Fellhaare verfügt der Hund über eine ausgesprochen sensible Berührungswahrnehmung. Eine Berührung wird, bevor die Haut den Druck wahrnimmt, durch die längeren Deckhaare wahrgenommen. Je mehr Haare *melden*, desto größer die Berührungsfläche und je stärker die Berührung, desto intensiver die Ankündigung. Stärkerer Druck wird dann auf der Haut direkt gespürt, indem die tiefer liegenden *Tast-Rezeptoren* (Tastreiz-Aufnahme-Zellen) angesprochen werden. Der stark ausgeprägte Tastsinn des Hundes findet seinen Ausdruck in zahlreichen Ausprägungen: Im Beknabbern, Ablecken, Andrücken. In Verhaltensweisen, die Wohlbefinden (*Komfortverhalten, Grooming*) bekunden.

Kein Wunder, dass das gegenseitige Kraulen und Beknabbern der Haut zum sogenannten Komfortverhalten von Hunden gehört, also einem Verhalten, das ein Ausdruck von Wohlbefinden ist.

Der Hund verfügt noch über ein zusätzliches Tast-System, welches aus einzelnen, langen, festen und wesentlich dickeren Haaren besteht, den *Vibrissen*. Barthaare und Wimpern dienen der *taktilen Frühortung* (Spüren durch Berührung) und den Schutzreflexen.

Hunde können die Vibrissen auch bewegen. Je nach Situation werden sie auf mögliche Gefahrenobjekte ausgerichtet, etwa beim

Laufen nach vorne oder nach unten: beim Aufnehmen eines Gegenstandes auf hartem Untergrund. Allein schon die Mikroturbulenz (kleinräumiger thermischer Wirbel), die bei der Annäherung eines Gegenstandes auftritt, reicht aus, um dem Hund die unmittelbare Nähe eines Objektes anzukündigen.

Die meisten Tastrezeptoren befinden sich im Gesicht. Nase und Lefzen sind besonders berührungssensibel. Auch an den empfindlichen Pfoten befinden sich zahlreiche Tast-Rezeptoren, um dem Hund zu signalisieren, auf welchem Untergrund er sich bewegt und ob dieser etwa nachgibt und dabei Geräusche verursacht, die den Jagderfolg beeinflussen könnten.

Auch der Mensch verfügt über einen ausgeprägten Tastsinn. Nicht nur die Geschicklichkeit der Hände ist in der gesamten Natur unerreicht. Neben Druck, Spannung und Temperatur kann der Mensch mit den Fingern Dickenunterschiede im Bereich von 1/50 bis zu 1/100 mm spüren! Was die Wimpern betrifft: Auch dem Menschen stehen Wimpern im Sinne der reflexgesteuerten Schutzreaktion zur Verfügung. Für die Barthaare gilt dies jedoch nicht mehr.

Berührungen spielen beim Aufbau, Ausbau und Erhalt sozialer Bindungen zu anderen Hunden und zum Menschen eine wichtige Rolle. Es ist nachgewiesen, dass Hunde durch Berührung beruhigt werden können. Der Puls wird messbar langsamer, der Atem gleichmäßiger und vorausgegangene Muskelspannungen können gelöst werden. Hinzu kommt: Berührung trägt bei Kälte durch enges Beieinanderliegen zur Wärmeökonomie bei. Allein diese kurze Faktenaufstellung legt nahe, dass wir Menschen, vor allem jene aus den Zivilisationsregionen, oft zu wenig auf taktiler Ebene mit Hunden kommunizieren.

Thermoregulation

Die Haut ist bei Mensch und Hund das flächenmäßig größte Sinnesorgan. In ihm befinden sich die Rezeptoren für Wärme, Kälte, Druck, Berührung und Schmerz. *Thermoregulation* wird durch Wärme- und Kälterezeptoren, die ihre Informationen an das Gehirn weiterleiten, erreicht. Menschen und Hunde besitzen weit mehr Kälterezeptoren als Wärmerezeptoren. Beim Mensch wurden pro cm^2 durchschnittlich zwei Wärmepunkte und 13 Kältepunkte gemessen. Die Punkte sind unterschiedlich verteilt (Schubert 1977, S. 221). Im Gesicht beispielsweise befinden sich 50 % sämtlicher Kältepunkte, auf der Zunge 16–19 pro cm^2, in den Fingern nur drei. In manchen Regionen fehlen sie ganz. Wärmerezeptoren leiten Reize in einem Bereich zwischen 10 bis 40 Grad Celsius weiter, Kälterezeptoren zwischen ein bis minus 20 Grad. Extreme Wärme- oder Kälteeinwirkungen werden über *Schmerzrezeptoren* wahrgenommen.

Die Kälte- und Wärmerezeptoren des Hundes sind noch wenig erforscht, ebenso deren Verteilung. Man nimmt jedoch an, dass auch bei Hunden die Kälterezeptoren anzahlsmäßig bei weitem überwiegen und dass sich die meisten Rezeptoren im Nasenbereich befinden.

Da alle Säugetiere und Vogelartigen darauf angewiesen sind, ihre Körpertemperatur (Kerntemperatur) innerhalb bestimmter Grenzen zu erhalten (*homöotherm*), bedarf es bei Änderungen der Umgebungstemperatur bestimmter Anpassungsprozesse, die im Begriff Thermoregulation zusammengefasst sind. Werden die Grenzwerte deutlich über- oder unterschritten, geraten die Stoffwechselprozesse aus dem Gleichgewicht oder es kommt zur Beeinträchtigung der Organe oder des Gehirns, die bis zum Tode führen kann. Bei extremer Hitze beispielsweise kann es zu Schädigung des zentralen Nervensystems kommen (Hitzschlag).

Die Thermoregulation wird beim Menschen über mehrere Regulative erreicht. Gegen Kälte: Durch Muskeltätigkeit kann im Körper willkürlich (Bewegung) oder unwillkürlich (Zittern) Wärme erzeugt werden. Hinzu kommen die Regulative, Fett zu verbrennen, die Durchblutung von außen (Haut) nach innen auf die empfindlichen Organe und das Gehirn zu verlagern (*Vasokonstriktion)*. Bei Wärmeeinwirkung laufen die Prozesse in entgegengesetzte Richtung: Die Temperatur wird von innen (Gehirn, Organe) nach außen (Haut) geleitet, indem die Gefäße an der Peripherie geweitet werden, um möglichst viel Blut aufzunehmen *(Vasodilatation*). Hinzu kommt das Schwitzen (*Evaporation*), welches auf Grund des Verdunstungsvorganges Kälte erzeugt.

Als letztes Regulativ ist das *Verhalten* zu nennen, welches bei allen Lebewesen entscheidend zur Thermoregulation beiträgt. Tiere suchen Schatten, kühlendes Wasser oder Wärme auf, Menschen bauen Häuser und installieren Heizungen oder Klimaanlagen. Ohne zusätzliche Ausgleichsvorgänge über Kleidung, Raumgestaltung und Heizung bzw. Kühlung wäre der Mensch nicht in der Lage, vor allem extreme Kälte auszugleichen.

Die *Kerntemperatur* (auch *Körpertemperatur*) des Menschen (Temperatur im Innern) wird zwischen 36,3°C und 37,4°C, beim Hund zwischen 38,0°C bis 38,5°C, bei größeren Rassen bis zu 39,0°C und bei kleinen Rassen und Welpen bis 39,5°C angegeben.

Auch Hunde verfügen über mehrere Systeme der Thermoregulation. Zur Erhaltung der Körpertemperatur wird die Haut mehr oder minder durchblutet – ähnlich wie beim Menschen. Der Hund verfügt jedoch noch über das Fell, welches eine breitere Regulation gegen Kälte und Hitze erlaubt. Durch entsprechende Stellung der Fellhaare entsteht eine mehr oder minder dicke Fell-Luft-Schicht, die den Isolationswert erheblich zu verändern vermag.

Ein „dickes Fell“ funktioniert nach demselben Prinzip wie Daunenfedern und schützt gegen Kälte (siehe auch Vogelartige: Aufplustern des Gefieders). Ein weiteres Regulativ zur Thermoregulation steht Hunden in Form von *thermischen Fenstern* zur Verfügung. Das sind jene Fellregionen, die schwach und dünner behaart sind und sich am Bruskorb, im Lendenbereich und zwischen den Vorderbeinen befinden. Durch entsprechende Körperhaltungen werden diese Fenster mehr oder weniger geschlossen oder geöffnet. Das Schließen *thermischer Fenster* (z.B. eingerolltes Liegen) in Verbindung mit *Kontaktliegen* trägt wesentlich dazu bei, dass *Caniden* (Wolfs- und Hundeartige) zum Teil extreme Kälte ertragen.

Bei überschüssiger Wärme steht Hunden neben den bereits erwähnten Regulativen noch das *Hecheln* zur Verfügung. Durch schnelles Einatmen über die Nase und Ausatmen über den Fang verdunstet Nasensekret, das im Nasenraum in großer Menge vorhanden ist. Dabei entsteht Verdunstungskälte. Der Vorteil dieser Funktion liegt darin, dass im Gegensatz zum Schwitzen kein Salz entzogen wird. Die Effektivität des Hechelns erklärt sich durch die riesige Fläche der Schleimhaut, die sich faltenartig im Nasen-Rachenraum des Hundes ausbreitet, zahlreiche Arterien und Venen enthält und größer ist als die gesamte Körperoberfläche. Durch den Verdunstungsprozess werden vor allem die Arterien und Venen gekühlt, um das empfindliche Gehirn gegen Überhitzung zu schützen.

Die Oberflächentemperaturmessung am Schlittenhund ergab bei einer Außentemperatur von 30°C an der Schnauze 5°C, auf der Nase 7,5°C und an den Pfoten 0°C, an den Schultern hingegen 37°C und an der Außenseite der Oberschenkel 33°C. Daran lassen sich sowohl die verschiedenen Kühlsysteme als auch die Verteilung der Wärme- und Kälterezeptoren näherungsweise ablesen. Die Unterschiede beim Menschen sind deutlich geringer. Bei einer Umgebungstemperatur von 20°C misst man bei ruhig liegendem Menschen eine *Schalentemperatur* (Haut und darunter liegenden Schicht) an den Schultern von zirka 35°C, an den Oberarmen 32°C, an den Unterarmen 28°C an den Oberschenkeln 34°C und unterhalb vom Knie 31°C.

Die *Befeuchtung der Pfoten* erzeugt infolge der dort stattfindenden Verdunstungskälte lediglich eine lokale Abkühlung und dient nicht der Thermoregulation des gesamten Körpers. Der Begriff *Schwitzen* ist daher irreführend. Die lokale Abkühlung der Pfoten könnte dazu dienen, den Temperaturunterschied zwischen kaltem Untergrund (Schnee) und Pfoten zu reduzieren, als Beitrag zur Kompensation des ständigen Kontakts mit kaltem Untergrund. Naheliegend ist darüber hinaus die Vermutung, dass das Duftsekret, welches zwischen den Zehen erzeugt wird, mit Feuchtigkeit vermischt wird, damit die Trittmarken am Boden besser haften und länger wirken und daher von Artgenossen besser wahrgenommen werden. Weitere Funktionen der Pfotenbefeuchtung könnten darin liegen, den Pfoten mehr Halt zu verleihen, gegen Ausrutschen zu sichern und die Haut durch Befeuchtung vor Rissen zu bewahren.

Sehvermögen

Das Sehvermögen der Wölfe und ihrer Nachfahren, der Hunde, hat sich im Laufe der Evolution den arteigenen Überlebensmöglichkeiten angepasst. Wölfe und Hunden sehen unterschiedlich und auch die rassebedingten Unterschiede sind zu berücksichtigen. Auch die Unterschiede zum Sehvermögen des Menschen sind beträchtlich. Hunde haben auf Grund der Augenanordnung ein weiteres Sehfeld als der Mensch. Hunde sehen ca 250 Grad, Menschen zirka 180 Grad (Sherman und Wilson 1975). Menschen sehen im Bereich von zirka 120 Grad dreidimensional, Hunde hingegen nur innerhalb maximal 90 Grad. Hunde sind nachtaktiv. Sie sehen in der Dämmerung daher wesentlich besser als der Mensch. Nur ein geringer Prozentsatz ihrer *Fotorezeptoren* besteht aus den für Farbwahrnehmung verantwortlichen *Zapfen*, der weit überwiegende Teil der Rezeptoren sind *Stäbchen*, die das Hell-Dunkel-Sehen ermöglichen. Hunde können sich sogar noch bei extrem wenig Licht gut bis sehr gut zurechtfinden.

Diese Fähigkeit haben Menschen degenerativ verloren.

Farbsehen: Lange hat man geglaubt, Hunde könnten keine Farben sehen. Neitz, Geist und Jakobs konfrontierten eine Versuchsgruppe von Hunden wochenlang mit Fleisch- und Käsestücken, wobei jeweils zwei Futterstücke in der gleichen Farbe beleuchtet waren, das dritte jedoch in einer anderen Farbe. Hinter dem andersfarbig beleuchteten Futterstück war ein Fress-Jackpot versteckt, in geruchsabgeschirmter Box verstaut. Die Forscher konnten auf diese Weise herausfinden, dass und wie Hunde Farben wahrnehmen. Die Studie zeigte: Hunde sehen Farben, aber anders als Menschen. Da Menschen nicht wie Hunde über zwei (Dichromaten), sondern über drei (Trichromaten) unterschiedliche *Zapfentypen* verfügen, können Menschen auch die höherfrequenten Rottöne wahrnehmen. Hunde hingegen sehen Farben wie *rotgrün-farbenblinde* Menschen: Weil ihr Spektralbereich nicht bis ins Rot reicht, können sie diese Farbe im Gehirn nicht in der realen Wellenlänge abbilden. Sie sehen rote Objekte gelb und grüne Objekte farblos. Wie in der unten stehenden Grafik zu sehen ist, reicht der Spektralbereich der Hunde von Gelb über Grün bis Blau und Violett, und zwar im Bereich von zirka 600 nm bis zu zirka 350 nm (Nanometer = Wellenlänge). Bei Menschen reicht die Farbwahrnehmung in Richtung Infrarot bis zu einer Wellenlänge von etwa 760 nm (und darüber), in Richtung Ultraviolett bis zu etwa 380 nm.

Während das menschliche Auge (oben) im gelb-grünen Bereich am empfindlichsten ist, können Hunde im grün-blauen Bereich am besten differenzieren. Hunde sehen Rot als Gelb (vereinfacht ausgedrückt).

Mensch

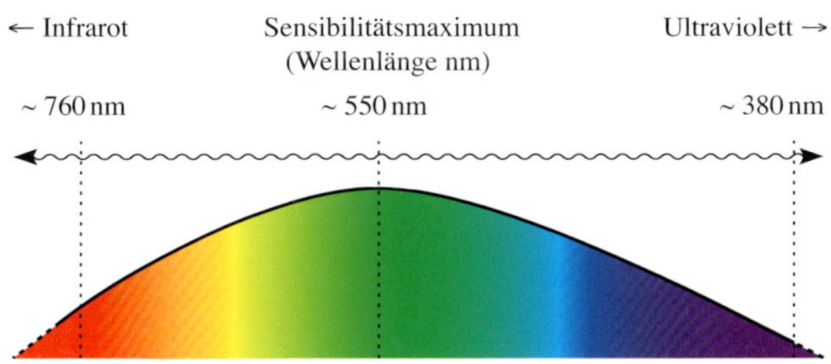

Hund

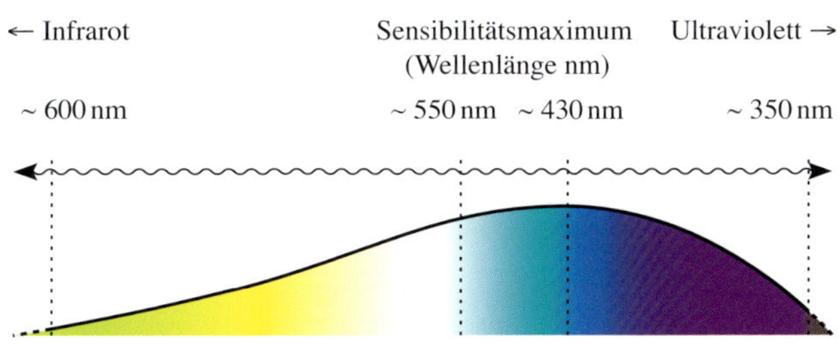

Noch mehr als das unterschiedliche Spektrum der Wellenlänge wirkt sich der Bereich des Sensibilitätsmaximums aus. Die höchste Farbwahrnehmungssensibilität der Hunde liegt bei zirka 430 nm, das entspricht violett. Das menschliche Augen hingegen ist im gelb-grünen Bereich (zirka 555 nm) am empfindlichsten. Dort, wo in der Grafik auf der vorherigen Seite der Farbbalken die höchste vertikale Ausdehnung hat, sehen Hunde und Menschen Farben am deutlichsten. Auch beim Menschen sind die links und rechts vom Maximalwert liegenden Farbtöne besonders gut wahrnehmbar; Gelb- undRonttöne sowie Grüntöne. Hunde hingegen können Farbunterschiede bevorzugt im Bereich violett und den Blautönen differenzieren, was sich aus den jagdbedingten Erfordernissen in der Dämmerung, bei Nacht und innerhalb der vielen Blau-, und Dunkelblau- und Violetttöne im Wald, als Schatten und auf nächtlichen Wiesen- und Wasserflächen erklärt.

Nachtsehen, Sehschärfe und Bewegungssehen: Die Pupillen des Hundes erlauben wesentlich weitere Öffnungen, was mit der offenen Blende einer Kamera zu vergleichen ist. Je mehr Licht durch die Öffnung eintreten kann, desto besser sieht der Hund selbst bei schwachen Lichtverhältnissen. Hinzu kommt, dass Hunde mehr von jenen Rezeptoren besitzen, die für das Hell-Dunkel-Sehen verantwortlich sind: *Stäbchen* genannt. Eine weitere sehr effektive Funktion im Auge des Hundes ist die Fähigkeit, eintreffendes Licht zu reflektieren, was eine bessere Nutzung der eintreffenden Reize bewirkt und letztlich Nachtsehen ermöglicht. Die Reflektion kann man in der Nacht daran erkennen, dass die Augen des Hundes gelb oder grün aufleuchten, wenn sie angestrahlt werden.

Die Sehschärfe ist beim Menschen zirka sechs Mal besser ausgebildet als beim Hund. Der Hund hingegen kann in der Nacht nahezu gleich gut sehen wie am Tag, und er kann kleinste Bewegungsänderungen selbst auf weite Entfernung wahrnehmen. Hunde können bewegte Objekte noch aus 900 m sehen. Dieselben Objekte wurden, wenn sie sich nicht bewegten, von Hunden in rund 580 m nicht mehr erkannt (Studie an Polizeihunden 1936). Nicht bewege Objekte können Hunde tatsächlich nur unscharf wahrnehmen. Das hat weitreichende Konsequenzen. Ruft man den Hund aus einiger Entfernung ab, indem man ruhig stehen bleibt, kann es vorkommen, dass einen der Hund nicht oder nur sehr ungenau wahrnehmen kann. Ein Schritt zur Seite oder das Heben des Arms schafft hier wirkungsvolle Abhilfe. Das Erstarren der Beutetiere bei vermuteter Gefahr erklärt sich ebenfalls, zumindest teilweise, aus dem eingeschränktem Scharfsehen der Beutegreifer. Bewegungsvermeidung (Erstarren) bedeutet Tarnung.

Auch die *Sehfrequenz* liegt bei Hunden höher als bei Menschen. Menschen können unterhalb einer Bildfrequenz von 60 Bildern pro Sekunde einzelne Bilder unterscheiden. Ab 60 Bilder pro Sekunde wird die Bildfolge als fließende Bewegung erlebt. Hunde können zirka 70 bis 80 Bilder pro Sekunde wahrnehmen.

Das Farbspektrum hat in vielerlei Hinsicht Einfluss. Lange war Hundespielzeug aus Naturkautschuk in *Rot* hergestellt, ausgerechnet jener Farbe, die der Hund nicht sehen kann. Man dachte vermutlich daran, „rot wie Blut“ sei stimulierend. Hinzu kam, dass Rot in der Produktion billiger war als die meisten anderen Farben. Mit Rücksicht

Gelbes, selbstaufrichtendes Wasserspielzeug MOT® – aqua (Patent E.L. 2008).

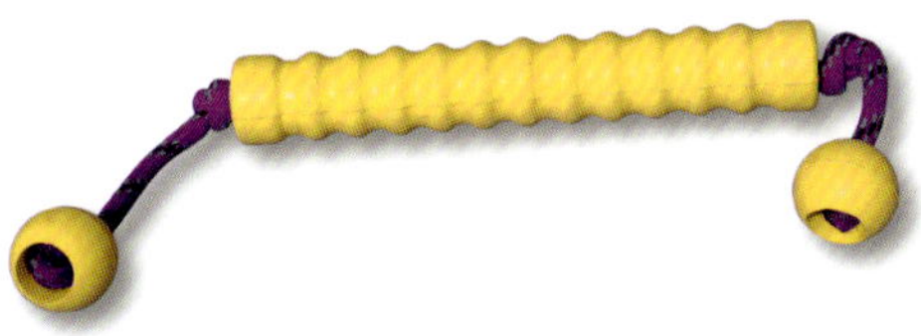

Long-MOT® und Fun-MOT®, Erfindungen E.L. (D. Gebrauchsmuster 1998/1999), erste Motivationsobjekte mit zwei Gegenzugleinen, Haltekugeln und sinusförmigen Wülsten, heute weltweit verbreitet. (Bezugsquellen siehe Anhang)

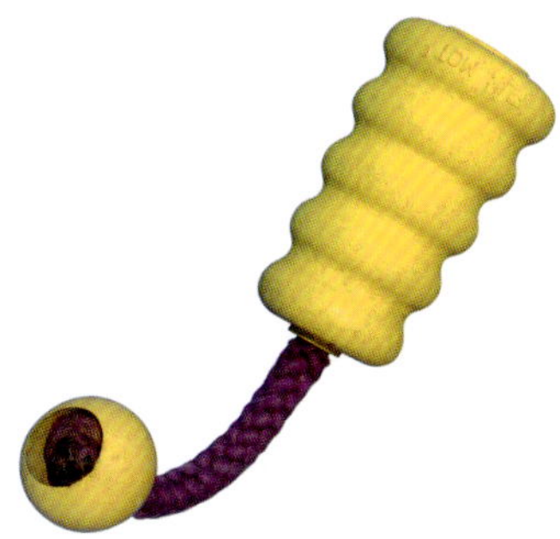

auf das Farbspektrum der Hunde hat der Autor bereits in den 90er Jahren für Hundespielzeug (Motivationsobjekte MO® und MOT®) die Farbe Gelb gewählt. Die Kordel war in dunkeviolett bzw. dunkelblau gehalten. Als Kontrast wäre *Weiß* zwar besser, aber weil weiß im Schnee und unter den Schaumkronen im Meer schwer auszumachen ist, wurde das helle Gelb favorisiert.

Geruchssinn

Raubtiere, Insektenfresser und Huftiere, aber auch zahlreiche Fischarten, bezeichnet man auf Grund ihres ausgeprägten Geruchssinns als *Makrosmatiker (Makrosmaten).* Zu den *Mikrosmatikern (Mikrosmaten),* deren Geruchsinn weit weniger ausgeprägt ist, zählen *Primaten* (Menschenaffen und Menschen). Ohne die außergewöhnlichen Riechfähigkeiten der Hunde anzuzweifeln, sollte nicht übersehen werden, dass diese Einteilung keine Rückschlüsse darüber zulässt, ob und welcher Sinneskanal mehr benutzt oder wichtiger sei als andere. Nach aktuellem Wissensstand orientieren sich Hunde mittels *aller* zur Verfügung stehenden Wahrnehmungskanäle: Durch Sehen, Hören, Riechen und weitere. Je nach Entfernung und Umständen bevorzugen oder kombinieren sie Sinneseindrücke, wobei alle Kanäle ohne besondere Bevorzugung zum Einsatz kommen.

Die Riechleistungen der Hunde sind beeindruckend. Hunde können ihre Artgenossen durch direktes Beschnüffeln oder durch *Lesen* ihrer Markierungen oder Spuren erkennen. Sie können über den Geruch jedoch nicht nur die Identität des Anderen identifizieren, sondern auch sein Alter, Geschlecht und emotionale Befindlichkeit erfahren. Diese Fähigkeiten können sie auch auf Menschen anwenden. Hunde *riechen*, wenn wir traurig, nervös, ärgerlich oder glücklich sind.

Der Mensch verstand es früh, sich die Vorzüge der Riechleistung des Hundes zunutze zu machen, vor allem in der Jagd. Schon der athenische Geschichstschreiber Xenophon (~ 430 – ~ 355 v. Chr.) überliefert in seinem Traktat *Kynegetikos* (Zucht und Dressur von Hunden) eindrücklich, welchen Stellenwert Jagdhunde in der höheren Gesellschaft einnahmen und wie aufwändig Haltung und Ausbildung betrieben wurden. Es gab eigene Wärter und und wir würden heute sagen *Trainer*, die für die Jagdhunde verantwortlich waren. Die Hunde wurden oft besser gehalten als die Bediensteten. Und man wusste erstaunlich viel über das Ausdrucksverhalten der Hunde: „... *sie müssen die Spur anlächeln, die Ohren locker hängen lassen, mit den Augen überall umherschweifen ... und der Spur nachgehen ... dem Jäger Zeichen geben durch schnelleres Laufen, genaueres Anzeigen mit ihrem Muth, mit dem Kopfe, mit den Augen, durch allerlei Bewegungen mit dem ganzen Körper, durch das Zurück- und Wiederhersehn nach dem Lager des Hasen ...*“ (Zeigegesten, Anm. des Autors)

Heute setzt man Spürhunde in der Sprengstoff-, Suchtmittel-, Fährten- und Mantrailing-Suche ein. Hunde werden immer öfter beim Diagnostizieren von Krankheiten eingesetzt, unter anderem bei Epilepsie, Diabetes und Krebs – und dies mit hoher Trefferquote. In Holland wurde ein Hund auf das schädliche Darmbakterium *Clostridium difficile* spezialisiert. Wissenschaftler der Universität Amsterdam konfrontierten den Hund mit Darmpatienten. Der Hund ist in der Lage, in wenigen Sekunden Personen, die mit *Clostridium difficile* befallen waren, zu identifizieren. Auch Räume können von Hunden auf Schimmelbefall oder andere Schadstoffe geprüft werden.

Das Riechhirn des Hundes nimmt zirka 10 % der gesamten Hirnmasse in Anspruch und ist im Vergleich zum Menschen (dort zirka 1 %) ungleich größer. Aber nicht nur die Hirnmasse, auch die Anzahl der Rezeptoren gibt eine Vorstellung von der immensen Riechleistung des Hundes. Der Mensch verfügt über zirka 12 bis 40 Millionen Riechzellen, Hunde je nach Rasse über 220 Millionen bis 2 Milliarden. Es kommen jedoch noch weitere Faktoren hinzu, die in ihrer Gesamtheit einen Leistungsunterschied in der Größenordnung des Einmillionfachen (!) ergibt. Hunde nutzen eine bestimmte

Atemtechnik, um in möglichst kurzer Zeit möglichst viele Rezeptoren anzusprechen. Sie bringen es hierbei auf 300 kurze Atemstöße pro Minute. Hunde können darüber hinaus Links- und Rechts-Riechen differenzieren (Stereo-Riechen). Hinzu kommt, dass sie Gerüche zusätzlich mit dem Geschmackssinn aufnehmen (*Jacobsonsches Organ*). Die von dort erhaltenen Informationen werden an das *Limbische System* weitergeleitet. Das Limbische System ist als Tor zu den Gefühlen an der Entstehung von Emotionen, als Kommunikator verschiedener Hirnregionen und an der Bildung von Hormonen beteiligt. Das Feuchterhalten der Hundenase dient dazu, Duftstoffe chemisch in Wasser zu binden und über den Schleim weiterzuleiten.

Hunde können geringste Geruchsunterscheidungen wahrnehmen. Thesen et al. fanden 1993 heraus, dass Hunde bei der Spurensuche drei Phasen nutzen: Während der *Suchphase* wird die Spur aufgenommen, lokalisiert und in Erkundungsverhalten umgesetzt. In der nachfolgenden Überprüfungsphase, wenn die Geruchsquelle beispielsweise geringer wird, die Richtung nicht klar ist oder Verleitungen auftreten, wird der Hund langsamer und folgt dann der Spur noch zirka zwei bis fünf Schritte. In der dritten Phase, der *Entschlussphase,* folgt der Hund nach getroffener Entscheidung der Spur wieder in schnellerem Tempo.

Mit tiefer Nase, direkt am Boden – so wie man den Hunden im traditionellem Hundesport Fährten beibringt – suchen Hunde eher selten. Wann immer es die Umstände erlauben, suchen sie oberhalb der Spur, denn dies ermöglicht ein wesentlich rascheres und ökonomischeres Spurfolgen, wobei auch visuelle Quellen einbezogen werden. Aus diesem natürlichen Suchverhalten ist das *Mantrailing* (Personensuche) entwickelt worden. Hunde können sogar Fährten von

Aufbau einer kurzen Schrittfährte.
Die Sichtbarkeit der Fährte reduziert den Schwierigkeitsgrad (Anspruchsniveau) für Mensch und Hund und dient der Fehlervermeidung. In der traditionellen Boden-Fährtensuche ist man bestrebt, so früh wie möglich die Wahrnehmung allein auf die geruchliche Ebene zu lenken. Im Mantrailing hingegen werden alle Wahrnehmungsebenen und deren Kombination gefördert, wobei es vor allem auf die schnelle Entscheidung für die situativ erfolgversprechendste Ebene oder Kombination ankommt.

Individuen verfolgen, die durch Wasser gingen. Die individuellen Duftmoleküle sucht sich der Maintrailing-Hund unter anderem an Hautschuppen, die jedes Lebewesen zu Hunderttausenden verliert und die infolge thermischer Einflüsse (Mikroturbulenzen) schwebend über dem Boden gehalten werden. Je nach thermischen Bedingungen *variabel schwebend*: Auf-und absteigend oder auch (vorübergehend) auf einem bestimmten Niveau bleibend. Hautschuppen können sich mehrere Tage halten. Blutkörperchen können sogar bis zu zehn Tage Geruchsspuren hinterlassen. Beutetiere, die verletzt sind, werden daher oft schon in der Phase der Spurverfolgung fokussiert. Diese Phänomene erklären die oft unglaublichen Suchleistungen mancher Hunde. Mantrailing-Hunde finden auch Personen, die mitten durch die Großstadt gingen, auf belebten Straßen, durch Unterführungen und Tunnel.

Man nimmt an, dass Hunde in der Lage sind, die Konzentration zweier Geruchsmoleküle zu unterscheiden, die zeitlich nur 1 bis 2 Sekunden auseinander liegen. Das bedeutet, dass Hunde an einigen Schritten feststellen können, woher die Beute (oder der Mensch) kam und wohin er ging. Aus dieser Information leiten sie ab, in welche Richtung sie die Verfolgung aufnehmen müssen.

Der außergewöhnliche Geruchssinn der Hunde ist gepaart mit einer ebenso außergewöhnlichen Gedächtnisleistung. Hunde können sich an Individualgerüche anderer Hunde und Menschen noch nach Jahren und Jahrzehnten erinnern. Ihr Geruchsgedächtnis ist weitaus zuverlässiger als ihr Sehgedächtnis.

Aber auch der Geruchsinn des Menschen ist besser als vielfach angenommen. Nach einer neueren Studie, die Psychologen an der Heinrich-Heine-Universität in Düsseldorf durchgeführt haben, sind Menschen in der Lage, die Angst anderer riechend wahrzunehmen. Als Folge dieses unbewussten Vorganges wird eine Region im Gehirn aktiviert, die Mitleid erregt. Damit ist bewiesen, dass nicht nur im Tierreich, wo derartige Prozesse seit langem bekannt sind, sondern auch bei Menschen Gefühle nicht nur optisch, beispielsweise über Haltung, Bewegung, Mimik oder Gestik übertragen werden, sondern auch auf chemischem Wege.

Hörsinn

Das Ohr des Hundes dient wie beim Menschen der Wahrnehmung von Geräuschen und als Gleichgewichtsorgan. Darüber hinaus haben Hunde die Möglichkeit, ihre Ohren zu bewegen und damit die *akustische Ortung* zu optimieren. Und sie können aus der Stellung und Bewegung der Ohren anderen Gruppenmitglieder Rückschlüsse ziehen. Die Ohren leisten daher auch in der visuellen Kommunikation einen wichtigen Beitrag (unbewusste Signalgebung).

Die Ohrmuscheln werden durch 17 Muskeln bewegt und können stereoid gestellt werden. Die akustische Ortung der Hunde bewegt sich in einem Abweichungskoeffizienten von lediglich 2 %. Beim Menschen liegt der Wert beim Siebenfachen, bei zirka 15 %. Hinzu kommt: Hunde können nachweislich bestimmte Geräuschquellen selektieren, indem sie diese ausblenden oder fokussieren.

Hunde haben ein weites *Frequenzspektrum*, man nennt dies *Hörfläche*. Diese reicht von zirka 15 Hertz bis 50.000 Hertz (Hertz = Hz = Einheit der Schwingungen pro Sekunde). Der Mensch hört zwischen 20 Hz und maximal 20.000 Hz (in der Jugend), wobei der *Komfortbereich* zwischen 1.000 und 4.000 Hz liegt. Was darüber oder darunter liegt, der *Ultra- und Infra-Schallbereich*, ist für den Menschen nicht wahrnehmbar. Bei 250 Hz können Menschen und Hunde etwa gleichermaßen gut hören. Hunde sind sogar in der Lage, in einer Distanz von etwa 25 Metern extrem tiefe Frequenzen von 1–2 Hz wahrzunehmen. Diese Frequenzen werden beispielsweise bei Schritten erzeugt. Das Gehör des Menschen ist in diesem Bereiche insensibel. Elefanten und Wale kommunizieren in diesem Schallbereich, da sich die tiefen Frequenzen besonders gut ausdehnen.

Hunde sind auf Grund ihres ausgeprägt feinen Hörsinns sehr geräuschempfindlich. Lärm kann bei bei Hunden Stress und Schmerz verursachen. Das betrifft auch lautes „Kommandieren“. Eine ruhige, angenehme akustische Signalgebung, bei Lob mit Bevorzugung hoher Stimmlagen, kommt dem Hund sehr entgegen und wirkt vertrauensbildend und motivierend.

Geschmacksinn

Endlich einmal eine Sinnesebene, wo der Mensch punkten kann! Hunde besitzen eine relativ geringe Anzahl an Geschmacksrezeptoren. Dies erklärt, weshalb bei Hunden dem Geruchssinn zur Nahrungserkennung sichtlich mehr Bedeutung zukommt als den Geschmacksnerven. Während der Mensch zirka 9.000 Geschmacksknospen besitzt, stehen dem Hund nur zirka 1.500 zur Verfügung. Die Geschmacksknospen des Hundes unterscheiden salzig – bitter – sauer und süß. Für fleischartige Substanzen und für das Schmecken von Wasser sind spezifische Geschmacksknospen vorhanden.

Reaktionsfähigkeit und Schnelligkeit

Schnelligkeit zählt im Tierreich zu den wichtigsten Fähigkeiten, die Überleben begünstigen. Das gilt für Jäger ebenso wie für Gejagte. Bruchteile von Sekunden entscheiden oft über Jagderfolg auf der einen und über Fluchterfolg auf der anderen Seite.

Betrachten wir erst einmal die Laufgeschwindigkeit: Der Mensch bewegt sich im Verhältnis zu den meisten Tierarten eher langsam. Mit 44 km/h (Spitzenleistung 100-Meter-Lauf) liegt er weit hinter einem Flusspferd (48 km/h) oder gar Pferden (69 km/h) oder einem Delfin im Wasser (55 km/h). Der Gepard als Schnellster auf der Erde kann 120 km/h schnell laufen – auf eine Distanz von zirka 400 Metern. Vögel sind allerdings noch deutlich schneller. Stachelschwanzsegler fliegen beim Insektenfang 335 km/h schnell, das ist wenig unterhalb der Spitzengeschwindigkeit eines Formel-Eins-Rennfahrzeuges und rund 80 bis 100 km/h höher als die Abhebgeschwindigkeit eines Airbus A320. Wölfe laufen bis zu 60 km/h schnell, die meisten Haushunde schaffen zirka 30 km/h, lauftrainierte Windhunde bringen es auf bis zu 75 km/h, ein gut trainierter Malinois (belgischer Schäferhund) kommt kurzzeitig immerhin auf 50 km/h. Aber die reine Laufgeschwindigkeit ist längst nicht alles! In vielen Situationen kommt es mehr auf die allgemeine Reaktionsfähigkeit als auf das Laufen an.

Unter vielen verschiedenen Einteilungen der Schnelligkeit hat sich inzwischen das Modell von Martin, Carl und Lehnertz (1993) durchgesetzt. Sie unterscheiden:

- *Reaktionsfähigkeit*, die vor allem in der Startphase zum Ausdruck kommt;
- *Beschleunigungsleistung*, die nach dem Start bis zur Höchstgeschwindigkeit gemessen wird;
- *Schnelligkeitsleistung* (Erzeugung maximaler Geschwindigkeit) als auch
- *Schnelligkeitsausdauer* (Geschwindigkeitserhalt und - abfall).

Diese Leistungsparameter unterscheiden sich je nach Hunderasse erheblich, liegen aber zumindest bei den Gebrauchshunderassen weit über der Leistungsfähigkeit des Menschen. Vor allem in der *Reaktionsfähigkeit* sind uns Hunde jeder Rassezugehörigkeit weit überlegen. Auch Stubenfliegen sehen und reagieren zirka zehn Mal schneller als Menschen. Eine Schlange (Calloselasma) erreicht eine in 40 cm Entfernung liegende Beute in sage und schreibe 0,033 Sekunden. Das ist schneller, als wir mit den Augen blinzeln können! Der Mensch ist im Vergleich zu zahlreichen Tierarten wie

gesagt eher langsam. Das Überleben hat er anderen Fähigkeiten zu verdanken.

Die Kurzbeschreibung eines Reaktionsvorganges passt gut in unsere Thematik. Um auf einen eintreffenden Reiz mit einer Bewegung zu antworten, wird eine bestimmte Zeit benötigt, die *Reaktionszeit*. Der Vorgang verläuft in fünf Phasen. Zuerst tritt der *Reiz* (z.B. *Signal*) auf einen *Rezeptor* (Auge, Ohr, Haut, Nase, Mund). Hier ist zu berücksichtigen, dass *auditorische Reize* (auf Grund ihres geringeren Speicherbedarfs) wesentlich schneller verarbeitet werden als *visuelle*. Eine britische Gehirn-Forschergruppe an der Universität in Glasgow hat herausgefunden, dass Ohr und Gehirn die Fähigkeit besitzen, Warnsignale an das Auge weiter zu leiten. Auf diese Weise wird die schnellere Verarbeitung akustischer Reize mit den inhaltsreicheren visuellen vorteilhaft kombiniert.

Interessant ist nebenbei, dass sich die Reaktionsfähigkeit nicht trainieren lässt und dass diese neuronal bedingt großen Schwankungen unterworfen ist. In einer Studie, die in USA in Bezug auf Reaktionszeiten im Straßenverkehr durchgeführt wurde, hat man eine Reaktionszeit von etwa 0,7 bis 0,75 Sekunden ermittelt. Zieht man die 0,2 Sekunden, die von dieser Zeit für den Weg des

Schnelligkeit war früher überlebenswichtig. Davon profitieren Hunde heute noch. Sie sind hervorragende Schnelläufer und verfügen über eine exzellente Reaktionsgeschwindigkeit.

Fußes bis zum Bremspedal in Anspruch genommen werden ab, so erhält man eine Reaktionszeit von rund 0,5 Sekunden. Unter normalen Bedingungen liegt die Reaktionszeit im Straßenverkehr allerdings deutlich höher, weshalb man in USA von einer gesetzlich festgelegten *brake reaction time* von 2,5 Sekunden ausgeht. International schwanken die Annahmen zwischen 1 und 2,5 Sekunden.

Kurzbeschreibung: Gelangt ein Reiz, welcher Art auch immer, auf den Rezeptor, so wird die Erregung über Nervenleitungen zum Zentralen Nervensystem (ZNS = Gehirn und Rückenmark) weitergeleitet und verarbeitet. Das Ergebnis dieser komplizierten Verarbeitung besteht in einer Entscheidung für eine bestimmte Anweisung, die zu dem aktuellen Ereignis am besten passt. Diese Anweisung gelangt zu den ausführenden Muskeln, wo die Signale in Kontraktionen umgesetzt werden. Je nach Rezeptor und je nach Anzahl der Antwortalternativen dauert dieser Vorgang beim Menschen zwischen 0,1 und 0,5 Sekunden. Bei Hunden liegt sie deutlich darunter, was Hundebesitzer an zahlreichen Beispielen immer wieder erstaunt: Man sieht den Hund schon auf ein Hindernis aufprallen, doch dieser weicht geschickt aus – in für Menschen in kaum fassbarer Geschwindigkeit. Wir sagen *„in letzter Sekunde“,* tatsächlich aber läuft das in Bruchteilen einer Sekunde ab.

Hunde lernen anders

Obwohl das Gehirn des Hundes in Aufbau und Funktion zahlreiche Übereinstimmungen zu dem des Menschen aufweist, bestehen im Lernen doch wesentliche Unterschiede. Unterschiede, die nicht nur auf der Andersartigkeit der Sinneswahrnehmungen oder Schnelligkeit der Abläufe, sondern auf systembedingter, neuronaler Signalverarbeitung beruhen. Eines ist besonders hervorzuheben: Hunde verarbeiten Eindrücke und Erfahrungen in Verbindung mit der Umgebung, in welcher das Ereignis stattfindet *(Kontext-Lernen)*. Hierbei können mehrere oder einzelne, aus der Sicht des Menschen eher „unwichtige“ Dinge zum Auslöser werden, um ein bestimmtes Verhalten oder eine bestimmte Stimmungsänderung hervorzurufen. Auf diese Weise wird der Besuch beim Tierarzt dem einen Hund zum Spießrutenlauf, dem anderen zum freudigen Ereignis, je nachdem, welche Erfahrungen dort vermittelt wurden. Auslöser für Angstreaktionen im ersten Fall kann der Geruch beim Eintreten, das Sehen des Wartezimmers, der weiße Mantel des Tierarztes oder der rutschige Fußboden im Behandlungsraum oder eine Kombination daraus sein.

Ähnliches gilt für *Erwartungen*, die weit in die Zukunft reichen. Der Mensch kann sich auf ein Ereignis motivieren, das erst in Jahren eintreten wird. Hunde brauchen – und hierin sind sie Kindern ähnlich – die erwartete Rückmeldung für ihr Verhalten sofort, also im Augenblick des Tuns oder zumindest in zeitlicher Nähe, und nicht erst nach Wochen, Monaten oder Jahren. Ein Hund ist nicht dafür geschaffen, sich engagiert einzusetzen, um in acht Wochen bei einer Prüfung zu glänzen. Er kann nicht einmal verstehen, weshalb man ihn schimpft, wenn er ausgebrochen ist und nach ein paar Stunden wieder zurückkommt. Damit sein Tun in hundlichem Sinne *sinnvoll* wird, müssen die Sinne im Tun tatsächlich angesprochen werden. Das heißt, der Trainer muss sich etwas einfallen lassen, um den verwehrten oder vorerst nicht zugänglichen Erfolg auf anderer Ebene zu ermöglichen. Die Belohnung muss im Training und nicht erst nach bestandener Prüfung folgen und wenn der Hund verstehen soll, dass er nicht selbstständig weglaufen darf, bedarf es anderer Maßnahmen als der viel zu spät einsetzenden „Bestrafung". Dieser an sich einfache und allgemeine Tatbestand kann nicht oft genug wiederholt werden. Ihn umzusetzen bleibt in der Mensch-Hund-Beziehung eine lebenslange, sich immer wieder neu und anders stellende Aufgabe. Denn in anderen als soeben beschriebenen Situationen ist es längst nicht so klar, was zu tun ist und wovon man Abstand nehmen sollte. Wir erinnern uns an den Leitsatz des Vorwortes: *„Die Ziele des Menschen in Motivationen des Hundes umzuwandeln" („didaktisch-methodische Transformation").*

Wir wissen heute, dass Hunde beeindruckende Lernleistungen vollbringen können. Aber Menschen neigen auch zum Übertreiben. Berichte, nach welchen Hunde nahezu unvollstellbare Strecken zurückgelegt und wieder nach Hause gefunden haben, sind seit Generationen sehr beliebt. Tatsache aber ist, dass die meisten Hunde, die sich verirren oder irgendwie verloren gehen, nicht mehr zurückfinden. Edinger (1915) wollte es genau wissen und setzte seinen Schäferhund in Berlin wiederholt aus. Der Hund wäre ohne Mitwirkung von Hilfspersonen mehrfach verloren gegangen. Aber es stellte sich heraus, dass er mit der Zeit immer besser lernte, sich zu orientieren und zurückzufinden. Insgesamt kann man jedoch nicht von der oft gepriesenen Fähigkeit ausgehen, dass Hunde in unbekannter Umgebung auf weite Strecken und nach langer Zeit auf Anhieb zurückzufinden.

Die ersten Tierarztbesuche gut vorzubereiten und angenehm zu gestalten lohnt sich und hält in der Regel lebenslang vor.

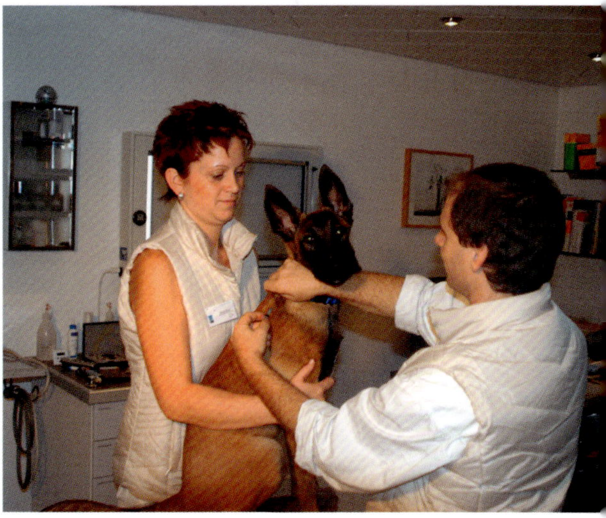

2. Neurobiologie des Lernens

Das Gehirn

In weniger als zwei Jahrzehnten entwickelte sich die Gehirnwissenschaft zu einer der aufstrebendsten und weitreichendsten Forschungszweige unserer Zeit. Kaum eine Wissenschaftsdisziplin, die nicht von diesem Erkenntnisreichtum beeinflusst wird. Grund genug, das Organ *Gehirn* näher kennenzulernen. Aus Raummangel müssen wir uns jedoch auf das Wichtigste beschränken. Mehr über diese Thematik kann der umfangreichen Fachliteratur entnommen werden.

Das Gehirn ist das zentrale Regulations- und Steuersystem des Organismus aller höheren Lebewesen, also auch der Menschen und Hunde. Gehirn und Rückenmark bilden gemeinsam das *Zentrale Nervensystem* (ZNS), das im Zusammenspiel mit dem PNS (*Peripheres Nervensystem*) voll zur Entfaltung kommt. Die neueren Erkenntnisse, die von einem „zweiten und dritten Gehirn“ ausgehen, besprechen wir weiter unten.

Die Evolution des Gehirns

Der gewaltige Entwicklungssprung zur Sprache, zum logischen Denken, zur Abstraktion und zum Bewusstsein begann beim Menschen vor zirka 300.000 Jahren. Er manifestiert sich vor allem im Großhirn, in welchem darüber hinaus Langzeitgedächtnis, Wille und Kreativität untergebracht sind. Vor zirka 100.000 Jahren kam die rasche Entwicklung des menschlichen Gehirns langsam zum Stillstand. Man nimmt an, dass hierfür die Bildung sozialer Gemeinschaften die Ursache war. Die Vorteile der Gruppe brachten bessere Überlebenschancen. Die Vorteile des Einzelnen im Schutz der Gruppe nahmen noch einmal zu, als der Mensch der unsicheren und gefährlichen Jagd den Rücken kehrte und Ackerbau und Viehzucht den Vorzug gab. Dies war vor etwa 12.000 Jahren. Die Evolution des Gehirns beim Menschen gipfelt in der Bildung des individuellen *Ich-Bewusstseins*. Auch im Tierreich lässt sich eine Evolution des Gehirns nachweisen. Wenngleich diese nicht so weit reicht wie beim Menschen, so sind doch immer mehr Wissenschaftler heute der Überzeugung, dass auch Tiere ein Ich-Bewusstsein haben.

Während das Großhirn bei den Wirbellosen noch völlig fehlt, nimmt es bei den Wirbeltieren im Verlaufe der Evolution mehr und mehr an Größe (und Bedeutung) zu. Bei Haien ist das Großhirn noch extrem klein, bei Reptilien und Amphibien ist es bereits größer. Bei Vögeln hat das Großhirn (im Verhältnis zur übrigen Gehirnmasse!) nochmals an Größe zugenommen, was unter anderem auf den Zuwachs des Sehzentrums zurückgeführt wird. Bei Säugetieren schließlich hat sich das Großhirn zum vorherrschenden und anteilsmäßig größten Gehirnteil manifestiert. Dies ist besonders bei den Primaten ausgeprägt, deren Gehirn dem des Menschen am ähnlichsten ist. Primaten weisen die im Tierreich höchst entwickelte Intelligenz auf. Beim Menschen, der mit Abstand die am weitesten ausgereiften kognitiven Fähigkeiten besitzt, umfasst das Großhirn 85 % der gesamten Hirnmasse. Nur Wale und Delfine haben ein (im Verhältnis zu den anderen Hirnteilen) noch größeres Stirnhirn-Volumen (Frontallappen – lat. *Lobus frontalis* – Assoziations-Kortex) und eine noch ausgeprägtere Faltung der Großhirnrinde. Auch das Gehirn der Hunde ist dem des Menschen sehr ähnlich. Die Unterschiede liegen weniger im Aufbau als in der Bedeutung und Ausreifung der einzelnen Gehirnteile, vor allem aber in der Großhirnrinde, dem *Kortex*.

Neben der relativen Größe des Großhirns ist noch ein Zweites zu nennen, das in der Gehirnstruktur der Wirbeltiere gegenüber primitiveren Spezies hervorsticht: Die Großhirn-*Rinde*. In der Großhirnrinde sind die stammesgeschichtlich neueren Gehirnleistungen untergebracht, unter anderem das Denken, Sprechen sowie das Bilden von Abstraktionen. Hinzu kommen die im sogenannten *Langzeitgedächtnis* gespeicherten Erinnerungen. Im Laufe der Evolution hat sich die Oberfläche des Großhirns mehr und mehr verändert, indem Windungen, Spalten und Furchen hinzukamen. Diese Struktur, einer Rinde ähnlich, ging mit einer immensen Flächenvergrößerung einher, ohne das Volumen zu verändern. Die Oberfläche des Kortex beim Menschen beträgt etwa 1,8 m². Einige Säugetiere, beispielsweise Nagetiere, Igel und Vögel weisen übrigens noch keine Furchen im Großhirn auf.

Das Großhirn wird in verschiedene Bereiche unterteilt, die man je nach Lage entsprechend benennt: z.B. *Frontallappen* oder *Schläfenlappen*. Im *Frontallappen* ist unter anderem der Sitz der Intelligenz, des Bewusstseins und des Gedächtnisses. Bestimmte Leistungen werden bestimmten Hirnregionen zugeordnet. Aus Versuchen ist jedoch bekannt, dass die lokalisierten Leistungen auch von anderen Hirnregionen übernommen werden können.

Wie kam es zu den Veränderungen des Gehirns? Bei den niederen (entwicklungsgeschichtlich älteren) Tieren wird das Verhalten von weitgehend vorbestimmten (*determinierten)* Handlungsabläufen gesteuert. Hierfür war das stark ausgeprägte, sogenannte *Riechhirn* verantwortlich. Man vermutet, dass mit der Zeit das Sehen gegenüber dem Riechen – unter anderem auf Grund der Wahrnehmungsvorteile in der Entfernung – vermehrt gebraucht wurde und infolge dessen das Kleinhirn und Großhirn zunahmen. Dies könnte zur sogenannten *Vorherrschaft des Sehens* (*Primat des Visuellen*) geführt haben.

Riechen und Sehen

Die Zunahme des Großhirns bedeutet nicht, dass die Riechfähigkeit zurücktrat, sondern lediglich, dass eine optimierte Verwertung visueller Eindrücke *hinzukam*. Caniden verfügen heute noch über einen ausgeprägten Geruchssinn; aber sie haben in ihrer *Phylogenese* (Biologie: Stammesgeschichte) gelernt, Geruchs- und Sehsinn den unterschiedlichen Situationen entsprechend jeweils bestmöglich einzusetzen. Einen Teil ihrer ursprünglichen Riechleistung haben Hunde als Folge der Domestikation allerdings eingebüßt. Die Verlagerung zugunsten visueller Wahrnehmung bei Haushunden hatte möglicherweise folgende Ursache: Im sozialen Bund mit Menschen bieten sich dem Hund weit mehr visuelle Botschaften als geruchliche. Um häusliche Situationen besser einzuschätzen, nahmen auch akustische Signale an Bedeutung zu, denn über die Sprache äußert der Mensch nicht nur Befehle und Mitteilungen, sondern gleichzeitig seine emotionale Befindlichkeit und Absicht. Die *Stimmungslage* des Menschen an Visuellem und Akustischem zu *lesen*, bringt dem Hund mannigfache Vorteile. Daher hat er sich zu einem Meister der Stimmungsanalyse entwickelt und dabei die entsprechenden Sinne und Gehirnleistungen weiter ausgebaut. Ein Beispiel hierfür: Hunde verstehen Zeigegesten des Menschen, Wölfe je nach Umfeld und Erfahrung entweder gar nicht oder nur begrenzt.

Dass Hunde ihre Menschen permanent *lesen*, und dies auf verschiedenen Kanälen, ist mittlerweile durch zahlreiche Studien gesichert. Aufklärung im Hinblick auf die Bedeutung und Wirkung der vom Menschen ausgehenden (bewussten und unbewussten) Signale ist daher enorm wichtig.

Beispiel für widersprüchliche Signale beim Heranrufen:

Wohl jeder Hundebesitzer wünscht sich ein freudiges, zuverlässiges Herkommen seines Hundes (übliche Hörzeichen: <Komm> bzw. <Hier>). Was aber geht im Hund vor, wenn er zwar ab und zu nach dem Herkommen gelobt wird oder ein Leckerli erhält, aber im Augenblick des Hörzeichens, vor allem wenn es mehrmals gegeben werden muss, Druck und Zwang heraushört und wenn sich die Chiffren (klangliche Symbole) noch zusätzlich durch gleichlautende Kriterien (Erkennungszeichen) der Körperhaltung (und evtl. auch Bewegung) bestätigen? Was nützt es, wenn der Besitzer „eigentlich" ein freudiges Herkommen wünscht, wenn seine konkrete Signalgebung jedoch etwas ganz anderes vermittelt? Hör- und sichtbar werden dem Hund nur die realen akustischen und visuellen Signale, die in ihrer Gesamtheit in Millisekunden als Botschaft interpretiert werden. Lob oder Leckerli werden in der Regel erst später, beim Herankommen, gegeben. Zu diesem Zeitpunkt hat der Hund längst eine Einschätzung gebildet. Aus der Gehirnforschung wissen wir: Reize, die Gefahr erwarten lassen, wurden im Gehirn bereits verarbeitet, b e v o r sie bewusst werden! Wenn der Besitzer das <Hier> oder <Komm> drohend, oder auch nur befehlend, ausspricht, dann bildet der Hund bereits in diesem Augenblick die unterbewusste Interpretation und Entscheidung zwischen „Darf oder Muss“, und das wiederum schlägt sich in Erwartung, Motivation und Handlung nieder. Hunde versuchen zu ihrem Vorteil stets, das zeitlich früheste Signal zu erfassen (Antizipations-Tendenz). Daher ist es so wichtig, dass sich der Mensch über den Gehalt seiner Signale bewusst wird und vor allem die jeweils frühesten Signale eines Kommunikationsablaufs so formuliert, mimt, gestikuliert und postiert , dass sie die Zielsetzung stützen und ihr nicht entgegenstehen! („postiert“ = Ausdrucksverhalten in den Bereichen der Haltung und Bewegung). Das will geübt sein! Es empfielt sich zunächst das Training ohne Hund (so genanntes Trockentraining).

Auch an diesem Beispiel wird deutlich, dass wir zuerst einmal das Lernen besser verstehen müssen, um lehrend Erfolg zu haben. Im Folgenden werden wir erarbeiten, wie man beispielsweise Widersprüche zwischen Ziel und Botschaft vermeidet oder wie man das Timing von Übungsablauf und Verstärkung lernoptimiert gestaltet. Die Kommunikation sollte nicht zum Gegenspieler der Lernzielvermittlung werden (Korrumpierende Kommunikation).

Aufgaben des Gehirns

Es gibt im gesamten Universum nichts, was an Komplexität dem Gehirn vergleichbar wäre. Das Gehirn erfüllt unzählige Funktionen mit dem Ziel, Leben zu ermöglichen. Die wichtigsten Aufgaben bestehen in einer optimalen Anpassung, die sich dadurch auszeichnet, Gefahren zu vermeiden und immer neue und bessere Strategien der Flucht, der Jagd sowie sozialer Kompetenzen zu entwickeln. Mit dem Ziel dieser umfassenden Aufgaben hat das Gehirn die Fähigkeit entwickelt, Eindrücke schnell und effizient zu verarbeiten und aus Erfahrungen zu *lernen*.

Was aber passiert genau beim Lernen? Was ist das letztlich, dieses „mehr als vorher“, das einem dann zur Verfügung steht? Wie sieht dieses neue „Mehr“ aus und wo ist es zu finden? Kann man es feststellen? Ist es irgendwo nachweisbar? Vor noch nicht langer Zeit hat man tatsächlich geglaubt, dieses „Mehr“ würde sich als Masse etablieren und es sei physikalisch messbar. Es verhält sich jedoch anders. Hier ein erster, vereinfachter Überblick.

Lernen besteht aus dem Aufnehmen von Informationen sowie aus dem Verarbeiten (*Enkodieren*), Speichern, Erinnern und Abrufen derselben. Bestimmte Hirnregionen (*Areale*) treten hierbei mit unterschiedlichen Programmen auf. Das *Großhirn* ist für die bewussten Vorgänge der Signalaufnahme (Riechen, Sehen, Hören, Tasten, Schmecken) und der damit verbundenen Handlungen verantwortlich. Im *Zwischenhirn* sind mehrere Organe zugeordnet, die zahlreiche, autonom (selbstständig) ablaufende Vorgänge steuern: Körpertemperatur, Hunger, Sättigung und weitere. Das limbische System reguliert in komplizierten Schaltkreisen Gefühle und Antriebe und ist an Prozessen des Lernens und des

Gedächtnisses beteiligt. Im *limbischen System* wird unterbewusst entschieden, und zwar in Tausendstel Sekunden, ob die Situation neutral, positiv oder negativ einzustufen ist und wie auf einen eintreffenden Reiz zu reagieren ist (unterbewusst). Selbst bewusste Handlungen bedürfen vor ihrer Umsetzung der Zustimmung des limbischen Systems. Die Bewertungen werden an den Hirnstamm weitergeleitet, wo dann die entsprechenden Reaktionen ausgelöst werden.

Der *Hirnstamm* (*Truncus encephali*) besteht aus dem verlängerten Rückenmark (*Medulla oblongata*), dem Mittelhirn (*Mesencephalon*) und der Brücke (*Pons*), welche die beiden Hemisphären des Kleinhirns verbindet. Das Kleinhirn (*Cerebellum*) ist das Steuerorgan für Motorik. Es koordiniert Bewegungen und ist darüber hinaus an kognitiven Prozessen beteiligt.

Neuronen, Synapsen und Gliazellen

Neuronen

Der Mensch besteht aus insgesamt zirka 80 bis 100 Billionen Zellen (eine Billion = 1.000 Milliarden = 10^{12}). Das Gehirn des Menschen und des Hundes setzt sich hauptsächlich aus Nervenzellen unterschiedlicher Funktion und aus Faserverbindungen zwischen den Neuronen zusammen. Die Länge aller Nervenbahnen des Gehirns eines erwachsenen Menschen beträgt etwa 5,8 Millionen Kilometer, das entspricht dem 145-fachen Erdumfang. Die Neuronenzahl in der Großhirnrinde der Frau liegt bei 19,3 Milliarden, beim Mann zählt man 22,8 Milliarden (Pakkenberg & Gundersen 1997). Man führt die höhere Neuronenzahl bei Männern auf das größere Kopfvolumen zurück, ein Leistungsvorteil ist damit jedoch nach aktuellem Wissensstand nicht verbunden. Die Neuronen im Kleinhirn sind kleiner als im Großhirn. Daher wird verständlich, dass hier trotz kleineren Volumens weitere 100 Milliarden Neuronen vorhanden sind.

Die Neuronen im *Kortex* sind bei Geburt bereits in nahezu voller Zahl vorhanden. Der Kopf des Neugeborenen ebenso wie das Gehirn sind jedoch nur halb so groß und halb so schwer wie beim Erwachsenen. Woher kommt das? Irgend etwas muss im Gehirn des Neugeborenen anders sein als beim Erwachsenen. Aber was?

Beim Neugeborenen sind die Nervenfasern noch nicht ausgereift. Die „Verdrahtung" der Neuronen ist erst im Aufbau. Von Prof. Gerald Hüther stammt der oft zitierte Vergleich von Straßen- und Wegnetzen, die sich in Folge eines in Bau befindlichen Ausflugslokals verändern: *„Der ursprünglich holprige Feldweg wird ausgebaut; asphaltiert und irgendwann einmal sogar vierspurig"* (frei nach Hüther; Biologie der Angst, 2002; 28 f).

Genau genommen geht es nicht um ein Fischernetz, sondern um ein dreidimensionales Netzwerk, das im Verlaufe der Entwicklung – genauer gesagt bis zum Auslaufen der Pubertät – ausgebildet wird. Entscheidende Veränderung erfahren die Nervenfasern hierbei vor allem in ihrer Dicke. Häufig gebrauchte Verbindungen erhalten immer dickere Schichten der Ummantelung. Man nennt diese Ummantelung *Myelin-Schicht*. Je dicker die *Myelin-Schicht*, desto schneller können Informationen weitergeleitet werden. Myelinummantelte Nervenfasern leiten Impulse bis zu 40 Mal schneller weiter als schwach ummantelte! Auch die Nervenfasern der Hunde weisen Myelin-Schichten auf. Welpen und Junghunde können die bei erwachsenen Hunden bekannten Schnelligkeits- und Tempoleistungen noch nicht erbringen, weil die hierfür erforderliche Voraussetzung, nämlich der *Myelin-Mantel*, noch nicht fertig ausgebildet ist. In Unkenntnis dieses Zusammenhangs beobachtet man immer wieder bei Hundebesitzern, dass sie mit ihren Junghunden, deren Schnelligkeit sie mit dem (erwachsenen) Vorgänger vergleichen, nicht zufrieden sind. Nicht selten werden dann „fördernde Maßnahmen" ergriffen, die von vornherein zum Scheitern verurteilt sind und mehr Schaden anrichten als Gutes bewirken. An Stelle der erwarteten Förderung tritt dann Überforderung ein, mit den bekannten Folgen.

Im Alter ist mit einer Abnahme der kortikalen Neuronen um zirka 10 % zu rechnen. Daran führt leider kein Weg vorbei, auch wenn nachgewiesen ist, dass sich Nervenzellen in anderen Gehirnteilen noch in hohem Alter erneuern können. Aber in Anbetracht dessen, dass wir rund 70 % unserer Gehirnkapazität ungenutzt lassen, sollte uns die altersbedingte Abnahme von 10 % nicht

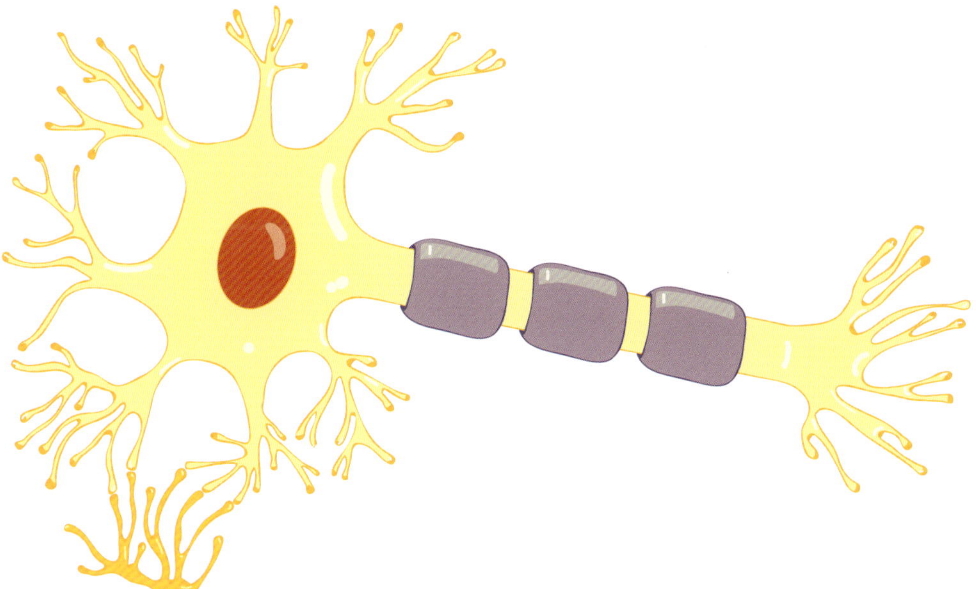

Nervenzellen sind in einem gigantischen Netzwerk miteinander verbunden. Sie leiten Impulse über teils lange Nervenfasern (*Axone*) an zahlreiche andere Nervenzellen weiter. Die *Axone* sind mit Schnürringen (*Myelin-Schicht*) umgeben, was eine höchst effiziente, springende Weiterleitung ermöglicht.

sonderlich beunruhigen. Ebenso sicher ist, dass sich die Erinnerungsfähigkeit durch lebenslanges, geistiges Training, ähnlich wie dies in Bezug auf die Muskulatur bekannt ist, positiv beeinflussen lässt. Aber auch eine gesunde, ausgewogene Ernährung, der Verzicht auf Alkohol und Nikotin sowie viel und abwechlungsreiche Bewegung tragen zum Erhalt geistiger Fitness bei.

Der Abnahme der Neuronenzahl im Alter sind wir nicht hilflos ausgeliefert. Der Zuwachs der im Verlaufe des Lebens gewonnenen Synapsenverbindungen hilft uns im Kampf gegen den Abbau. In der Jugend lernt man zwar schneller, besonders in den frühen Entwicklungsphasen, im Alter hingegen kann man auf bessere Strukturierung und mehr Querverbindungen zurückgreifen. Je mehr man Neuronen und Synapsen fordert, je mehr man sich immer wieder neue Aufgaben stellt, desto besser lässt sich das Gehirn gesund und leistungsfähig erhalten. *Lernen ein Leben lang* beugt Erinnerungsschwund vor. Wer rechtzeitig Gehirnjogging betreibt, neue Sprachen lernt, sich geistig betätigt und aktiv am sozialen Leben teilnimmt, schafft gute Voraussetzungen für ein mental gesundes Altern. Das gilt auch für unsere Hunde, die oft weit unter ihrem Anspruch auf Herausforderung gehalten werden. Unter dem banalen Deckmantel: *„Ich lasse meinen Hund Hund sein“* verwehrt man dann die für ihn so wichtigen geistigen, sozialen und körperlichen Herausforderungen.

Interessant ist in diesem Zusammenhang, dass nach neuesten Erkenntnissen auch Muskeln selbst bei Achtzig- bis Neunzigjährigen innerhalb von sechs Monaten Training noch bis zu 30 % zunehmen können. Noch überraschender ist, dass die junge Erforschung des Enzyms *Leomerase* Hinweise dafür gibt, dass die traditionelle Lehrmeinung überholt ist, Schäden an verschiedenen Organen seien irreparabel, allenfalls könne man den Stillstand des Abbaus eindämmen. Der Organismus verfügt über mehrere Systeme, die unter bestimmten Umständen tatsächlich eine Art „Verjüngung der Zellen“ bewirken können. Regelmäßiges Training in Kraft, Ausdauer und Beweglichkeit bilden bei diesem Vorgang optimierte Voraussetzungen.

<u>Neuronen, Synapsen und Gliazellen</u>

Nervenzellen entwickeln sich ihren Aufgaben entsprechend zu unterschiedlichen Spezialisten. Trotz hoch ausgebildeter Spezialisation zeigen Nervenzellen jedoch einen weitgehend einheitlichen Aufbau:

Nervenfasern können sehr lang sein. Mit ihrer Hilfe können Signale über weite Strecken blitzschnell an die richtige Stelle geleitet werden. Auf die *Myelin-Schicht* in ihrer beschleunigenden Funktion wurde bereits hingewiesen. Genau genommen handelt es sich nicht um eine Ummantelung, wie wir sie etwa bei Isolierkabeln kennen. Die Myelin-Schicht ist vielmehr in kurzen Abständen in Form von Wulsten (Schnürringen) unterbrochen, was eine *springende* Weiterleitung ermöglicht. Die springende Weiterleitung von Schnürring zu Schnürring erlaubt einen enormen Geschwindigkeitsgewinn gegenüber einer linear kontinuierlich wirkenden Ummantelung. Neuronen können Informationen von bis zu 10.000 anderen Neuronen aufnehmen und sie leiten ihrerseits Tausende von Informationen an andere Zellen weiter. Diese Signalübertragung ist ein äußerst effektiver Vorgang.

Worauf wir noch näher eingehen, sind die Synapsen, die Bindeglieder der Nervenzellen. Bereits 1921 hat Otto Loewi an isolierten Froschherzen die chemische Kommunikation zwischen Neuronen nachgewiesen. Kommt ein Signal über die lange Leitung der Nervenfaser als elektrischer Impuls am Ende des *Axons* (*Senderzelle*) in die *Endköpfchen* der angesteuerten Zelle, so muss das Signal noch die letzte Hürde bewältigen, indem sie die Lücke zwischen Endköpfchen und den *Dendriten* der Empfängerzelle überwindet. Diese Lücke wird *synaptischer Spalt* genannt. Die Endköpfchen des *Axons* enthalten Bläschen (*Vesikel*), die mit sogenannten chemischen Botenstoffen (*Transmittern*) angereichert sind. Trifft der elektrische Impuls des Axons auf die Bläschen, so werden Botenstoffe ausgeschüttet und gelangen in den Spalt. Auf diese Weise verwandelt sich der elektrische in einen chemischen Impuls. Der *Transmitter* (Überträger) bewirkt, dass in der Empfängerzelle erneut eine Umwandlung stattfindet – diesmal vom chemischen in einen elektrischen Impuls, der dann wieder wie gewohnt weitergeleitet werden kann. Signale können auf diese Weise an viele Zellen weitergeleitet werden – von Zelle zu Zelle – und sie können hierbei in kürzester Zeit erhebliche Strecken überwinden. Die meisten Synapsen arbeiten mittels biochemischer Übertragung. Es gibt aber auch Synapsen, die für elektrische Übertragung ausgelegt sind. Synapsen sind darüber hinaus in der Lage, mittels Zwischenneuronen (*Interneuronen*) komplexe Formen der Informationsverarbeitung zu ermöglichen.

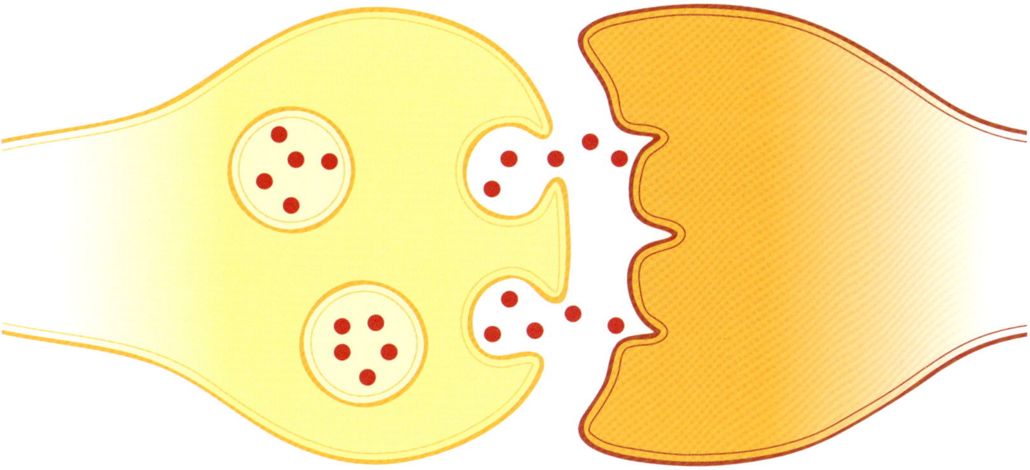

An den *Synapsen* treffen die Zellen aufeinander. Dort müssen die elektrischen Impulse mittels *Neurotransmittern* in chemische umgewandelt werden.

Neurotransmitter können entweder erregend oder hemmend wirken. Ein zuviel oder auch ein zu wenig an *Transmittern* oder *Hormonen* kann den Organismus aus dem Gleichgewicht bringen. Daher gilt es im Training darauf zu achten, dass die ursprünglich einzig und allein der Arterhaltung und dem Überlebensvorteil dienenden Funktionen nicht rücksichtslos oder aus Unwissenheit missbraucht werden: etwa für Leistungsziele im Gebrauchshundewesen oder im Sport. Auf die möglichen, zum Teil verheerenden Folgen gehen wir an späterer Stelle ein.

Neben den Neuronen sind noch die *Gliazellen* zu nennen. Die Masse des Gehirns besteht ungefähr jeweils zur Hälfte aus Gliazellen und Neuronen. Da die Gliazellen jedoch deutlich einfacher gebaut und auch leichter sind, nehmen sie zahlenmäßig zirka 90 % des Gehirns ein, Neuronen machen nur 10 % aus.

Gliazellen werden auch *Hilfszellen* benannt, da ihre Aufgabe in erster Linie darin besteht, den Neuronen zu dienen. Die leimartigen Gliazellen sind für die Ernährung, zum Schutz und zur Stabilisierung der Neuronen verantwortlich. Nach neuerem Kenntnisstand sind Gliazellen auch an der Informationsverarbeitung, zum Beispiel bei der Signalweiterleitung, beteiligt. Sie nehmen ausgeschüttete Botenstoffe auf, regenerieren sie und speisen sie wieder ein.

Leistung des Gehirns

Das Gehirn ist ein Hochleistungsorgan. Obwohl Neuronen nur 2 % des Körpergewichts ausmachen, beanspruchen sie 20 bis 25 % des Atemsauerstoffs. Die Versorgung muss Tag und Nacht, 24 Stunden lang, gewährleistet sein. Eine Unterbrechung der Sauerstoff- oder Glukoseversorgung im Gehirn hat bereits nach zehn Sekunden den Funktionsausfall einzelner Gehirnregionen zur Folge und nach einigen Minuten sind Hirnschäden zu erwarten, die bis zum Tod führen können.

Aber auch hier zeigt sich die Auswirkung von Training: Während der normale Mensch schon Mühe hat, die Luft länger als 30 Sekunden anzuhalten, können Perlentaucher ohne Atemgerät drei bis maximal fünf Minuten unter Wasser bleiben. Das ist mehr als das Zehnfache. Freischwimm-Harpunenjäger reduzieren meditativ ihren Pulsschlag auf 30 Schläge pro Minute, bevor sie bis auf 20 und 40 Meter abtauchen. Und auch sie bleiben in der Regel zwei bis vier Minuten unter Wasser. Tieftauchsportler tauchen 150 Meter und mehr an einem Seil hinab und bleiben dabei bis zu zehn Minuten (!) unter Wasser (bei durch Gewicht erreichter Abwärtsbewegung und extrem reduzierter Körperanstrengung).

Die Rechenleistung des Gehirns ist enorm. Man schätzt, dass das Gehirn zirka 10^{13} bis 10^{16} analoge Rechenoperationen pro Sekunde bewältigt. Im Vergleich hierzu leistet der Super-PC BlueGen/L von IBM $3{,}6 \times 10^{14}$ Gleitkomma-Operationen pro Sekunde. Hierzu werden jedoch 1,2 Megawatt verbraucht. Der Leistungsverbrauch des Gehirns beträgt lediglich 15 bis 20 Watt (chemische Leistung). Das sind zwar rund 25 % des Gesamtverbrauchs eines Erwachsenen im Ruhezustand, aber im Vergleich zu Computern arbeitet das Gehirn unvergleichbar ökonomischer. Ein neuerer *Intel*

Prototyp mit 80 (!) Prozessorkernen und 6,26 GHz kommt auf 10^{12} Gleitkommaoperationen. Aber auch dieser PC verbraucht immer noch das Vielfache an Energie im Vergleich zum Gehirn. So eindrucksvoll derartige Vergleiche sind, so sind sie doch mit Vorsicht heranzuziehen, denn das Gehirn ist anders organisiert als ein Computer. Die gigantische Leistung des Gehirns geht vor allem auf die parallel ablaufenden Verbindungsaktivitäten zurück. Einzelne Rechenvorgänge mit möglichst hoher Taktfrequenz stehen nicht im Vordergrund.

Hinzu kommt: Das Gehirn speichert nicht alle im Augenblick verarbeiteten Daten, sondern unterscheidet wichtige von unwichtigen Informationen, wobei eine jeweils eigene, situationsbezogene Hierarchie mit sämtlichen gesammelten Erfahrungen hergestellt wird. Man schätzt die Leistung des Gehirns, die während einer Rechenarbeit in den Synapsen (in chemischer Form) erbracht wird, auf etwa 2 Petabyte (2×10^{15} Byte). (1 Petabyte = 1.000.000 Gigabyte oder 1.000 Terabyte).

Hier noch ein Beispiel zur Rechenleistung des Gehirns. Für das hundertprozentige, verwechslungsfreie Wiedererkennen eines Menschen benötigt das Gehirn nur 500 Millisekunden (= 0,5 Sek). Auch Hunde können ihr Gegenüber blitzschnell erkennen. Selbst der schnellste PC mit einer Taktzahl, die 1000 Mal größer ist als die des Gehirns, vermag diese Leistung nicht annähernd zu erbringen. Woher kommt das? Auch hier geht der Leistungsvorteil auf die Fähigkeit des Gehirns zurück, bekannte Informationen in immensem Umfang *gleichzeitig* abzurufen und in Beziehung zu bringen.

Das Bauchgehirn und das Mikrobiom

Die Erforschung des Gehirns hat neue Sichtweisen geöffnet. So wichtig diese Ergebnisse auch sind, die Entwicklung geht in atemberaubendem Tempo weiter. Es sind vor allem der Bauch und der Darm, die das Interesse der Wissenschaft geweckt haben. Obwohl die Thematik noch jung ist, gilt es bereits jetzt als sicher, dass das Gehirn nicht mehr als einzige Schaltzentrale für innere Vorgänge zu nennen ist. Auch Bauch und die Bakterien im Darm nehmen Einfluss auf das gesamte System. Von Joshua Lederberg (Nobelpreisträger 1958) stammt der Satz: *„... Unser Schicksal ist auf Gedeih und Verderb mit den Mikroben verbunden, die unseren Körper mit uns teilen. Wir werden von einem tieferen Verständnis dessen, wie sie in und mit uns arbeiten, profitieren"*.

Die Bedeutung des Bauchs ist seit Menschengedenken bekannt und zeigt sich in Worten wie *Bauchgefühl* oder *Schmetterlinge im Bauch* oder Sätzen wie *das schlägt mir auf den Magen*. In Japan hat die Bedeutung des Bauchs als Mitte des Körpers (*hara*) eine Jahrtausende alte Tradition. Schon in den 4000 Jahre alten Schriften der ayurvedischen Heiler ist vom Darm als dem Zentrum des Wohlbefindens zu lesen. Stellvertretend für eine lange Kette von Vorkämpfern, die sich für dieses Organ einsetzten, nennen wir hier nur den Fastenarzt F.X. Mayr (1875–1965), welcher die Überzeugung des russischen Arztes und Nobelpreisträgers Ilja I. Metschnikow (1845–1916) teilte: *„Der Tod liegt im Darm"*. Neuere Erkennntnisse machen deutlich, dass der Darm etwas anderes ist als ein Fäkalienkanal. Die

Tatsache, dass wir im Kot eine abstoßende, unansehnliche, übelriechende Masse sehen, geht auf unsere Kultur zurück und hat nichts mit dem zu tun, was Kot wirklich ist und welche Bedeutung er für unser Leben hat.

Auch die Bedeutung des Bauchs müssen wir erst verstehen lernen. Michel Gyrchen von der *Colombia University in New York* nennt den Bauch ein *sensibles, intelligentes Organ*. Eine auffallend zunehmende Zahl an Forschern beschäftigt sich inzwischen eingehend mit diesem Organ, das oft als *zweites Gehirn* bezeichnet wird. Bleibt man bei diesem Bild, dann ist noch ein *drittes Gehirn* anzuführen, welches zwar nicht unser eigenes ist, aber ungeachtet dessen enormen Einfluss auf unseren Körper und sogar auf unsere Handlungen ausübt. Die Rede ist von *Bakterien*, die unseren Darm in unvorstellbar hoher Zahl besiedeln. Aus heutiger Sicht müssten wir daher sagen: *„Nicht der Tod, sondern das L e b e n liegt im Darm"*.

Aus evolutionärer Sichtweise müsste das Bauchgehirn nichts als *Zweites*, sondern sogar als „*Erstes*" genannt werden. Denn schon die ersten Einzeller weisen eine Art Verdauungskanal auf. Aus diesem hat sich dann in der Evolution das Bauchgehirn (*enterisches Nervensystem*) entwickelt. Das enterische Nervensystem (Darmnervensystem) besteht aus zirka 100 Millionen Neuronen. Das sind vier Mal so viel Nerven wie im Rückenmark, dem *zentralen Nervensystem*. Das *enterische Nervensystem* arbeitet *autonom* (selbstständig) und ohne, dass uns die Funktionen bewusst werden. Kopf- und Bauchgehirn sind über den *Nervus Vagus* miteinander verbunden und beide kommunizieren in der Sprache der *Neurotransmission*, wobei *Neurotransmitter*, unter anderem *Serotonin, Adrenalin* und *Dopamin,* zur Wirkung kommen. Dass Serotonin im Kopfgehirn, – unter Mitwirkung des *Hypothalamus,* – Glücksgefühle erzeugt, ist schon lange bekannt. Interessant ist jedoch, dass sich beispielsweise von den 10 mg Serotonin, die sich der Körper ständig in Bereitschaft hält, 90 % im Darm befinden. Nur ein verschwindend geringer Teil – zwischen ein und zwei Prozent – werden im Kopfhirn für Glücksgefühle, oder sagen wir besser, für eine positive Grundstimmung, benötigt. Der Großteil der Transmitter wird im Darm gebildet!

Inzwischen fanden Forscher heraus, dass der Darm nicht nur von der individuell emotionellen Befindlichkeit beeinflusst wird, sondern dass umgekehrt auch der Darm in der Lage ist, Emotionen zu beeinflussen. Erstaunlich ist, dass über den *Nervus Vagus* weit mehr Informationen vom Darm ins Gehirn gelangen als umgekehrt. Welchen Einfluss das Bauchgehirn hat – über die Regelung der Verdauung hinaus – wird seit Jahren unter anderem in Irland am *Alimentary Pharmabiotic Centre Interfacing Food and Medicine* untersucht. Dort fand man heraus, dass Menschen mit Reizdarmsyndrom stressanfälliger sind, im Speichel mehr *Cortisol* (Stresshormon) freisetzen und eine Reihe weiterer Auffälligkeiten zeigen. Das Bauchgehirn nimmt, das beweisen inzwischen zahlreiche Studien, Einfluss auf Emotionen und auf das Unterbewusstsein. Dass diese Beobachtungen auch für den Hund gelten, ist anzunehmen. Dafür sprechen zahlreiche Vorgänge, die jeder Hundebesitzer bestätigen kann.

Wenn wir uns das *Mikrobiom* (Begriff von Joshua Lederberg) näher ansehen, so fällt zuerst einmal die kaum vorstellbare Anzahl an Bakterien auf. Am gesamten Körper werden heute etwa 10.000 verschiedene Bakterienarten angenommen. In den zirka 1,5 kg Mikrobiom, das der Mensch im Darm in sich trägt, sind zirka 100 Billionen (!) Bakterien enthalten. Man geht von etwa 1.000 verschiedenen Bakterienarten aus, die den Darm besiedeln, mit zirka 3,3 Millionen unterschiedlicher Gene. Das sind zehn Mal so viel Bakterien wie unser gesamter Körper Zellen besitzt und zirka 150 Mal mehr Gene. Mit anderen Worten, wir bestehen nur zu 10 % aus eigenen Zellen; 90 % sind Mikroben. Auch zur Energiegewinnung tragen die Bakterien einen beträchtlichen Teil bei. Sie produzieren immerhin ein Drittel des gesamten Kalorienbedarfs. Hierbei erfüllen sie unentbehrliche Aufgaben, indem sie Verdauungsprozesse übernehmen, die der Körper von sich aus nicht leisten könnte.

Die Gesamtheit der Bakterien im Innern des Menschen, vom Mund bis zum Verdauungstrakt und auf der Haut, nennt man *Mikrobiom*. Bakterien leben in gegenseitig nutzbringender Gemeinschaft *(Symbiose)* mit Menschen und Tieren, wobei diese von den Gästen als Wirt genutzt werden. Allerdings beschreitet das Mikrobiom hierbei Wege, die es in Jahrmillionen zu seinem eigenen Vorteil beschreiten gelernt hat. Wenn man beispielsweise fastet, was den Bakterien gar nicht recht ist, beantworten sie dies mit einer noch besseren Verwertung des geringeren Nahrungs-Angebotes. Dass Fasten das Bewusstsein verändert, Spiritualität begünstigt, beruhigt, harmonisiert und sogar auf Organe und Blutdruck Einfluss nimmt, ist ein weiterer Beweis für das umfassende Ineinandergreifen sämtlicher Systeme und Vorgänge.

Normalerweise wird uns die komplizierte Balance im Mikrobiom nicht bewusst. Das ändert sich jedoch schlagartig, wenn schädliche Bakterien, beispielsweise in einem Ei, einem Softeis oder auch nur im Wasser, die Abwehrmechanismen des Systems überfordern und Komplikationen hervorrufen. Die Toxine (giftige Exkremente) schädlicher Bakterien, wie etwa des *Clostridium difficile*, führen dann zu einer Disbalance in der Darmflora. Disbalance in der Besiedlung der Darmflora kann durch Zufuhr gesunden Darmbreis, der a*nticlosteride Bakterien* enthält, wieder ausgeglichen werden. Aus dieser Sicht lässt sich eine bisher wenig beachtete Ursache für das Kot-Fressen der Hunde ableiten.

Die makabre Vorstellung, Kot zu essen, befremdet nur uns Menschen, kulturbedingt! Ungeachtet dessen hat eine Forschergruppe in Bremen dieser natürlichen Therapie, die übrigens in China seit Jahrtausenden bekannt ist (*Yellow Soup*), mit erstaunlichen 90 % Heilerfolg wiederentdeckt und weiterentwickelt. Ziel ist es, den Vorgang in eine akzeptable Form zu bringen, etwa durch eine Tablette. Im Tierreich ist das Einnehmen fremden oder eigenen Kots, man nennt das *Koprophagie bzw. Autokoprophagie*, weit verbreitet. Nicht nur bei Hunden. Meerschweinchen und Kaninchen fressen den Kot der Mutter und auch den eigenen Kot, weil die schwer verdauliche, vegetarische Nahrung erst beim wiederholten Durchgang durch den Darm voll aufgeschlüsselt werden kann. Allerdings kann *Koprophagie* auch auf die bekannten Ursachen falscher oder einseitiger Ernährung zurückzuführen sein.

Wie das Mikrobiom mit dem Darm kooperiert und in welcher Form beide miteinander und mit dem Kopfgehirn kommunizieren, daran arbeiten zurzeit zahlreiche Forschergruppen weltweit. Soviel ist inzwischen bekannt: Wir werden zwar nicht in Bausch und Bogen vom Mikrobiom gesteuert. Aber allein die Tatsache, dass das Mikrobiom Krankheiten, Veränderungen im Gehirn, emotionale Veränderungen und Sozialverhalten beeinflusst, ist spektakulär genug und fordert in mancher Hinsicht zu einem Umdenken. Die Perspektiven dieser Thematik sind ebenso umfangreich wie vielversprechend.

Hierzu ein Beispiel: Seit bekannt ist, dass sich die *Parkinsonsche Krankheit* bereits zehn bis zwanzig Jahre vor dem Ausbruch durch Veränderungen am Darm ankündigt, sehen Forscher vielversprechende Ansätze, die Krankheit in Zukunft früher zu erkennen, besser zu verstehen und vor allem neue Wege der Heilung zu finden.

Die Erkenntnisse über den Einfluss des Mikrobioms gehen noch weiter. An Labormäusen wurde beobachtet, dass jene Gruppe von Mäusen, deren Darm keimfrei gemacht wurde, sich völlig anders verhalten als die Vergleichsgruppe, die einen normal besiedelten Darm aufwies. Die entkeimten Mäuse verhielten sich apathisch, zeigten kaum Interesse an neuen, unbekannten Gegenständen und kommunizierten untereinander auffallend weniger als die Vergleichsgruppe. Das zeigt, dass sogar Denken und Handeln vom *Mikrobiom* beeinflusst werden. Wie weit, das ist heute noch nicht bekannt. Aber so viel ist jetzt schon sicher:

Die traditionelle Auffassung, wir seien sozusagen von der Außenwelt abgeschlossene Individuen und stünden weitgehend unter Selbstkontrolle, wird durch die Erforschung des Mikrobioms ins Wanken gebracht. Denn über das Mikrobiom, das viel weiter in die Evolution zurückreicht als die Entwicklung des Menschen, sind wir mit der Außenwelt, wo diese Bakterien ja auch vorkommen, auf noch nicht entschlüsselte Art und Weise verbunden. Die Bakterien bilden sozusagen die Brücke zur Vergangenheit ebenso wie zur Außenwelt. Das Ineinandergreifen unserer körpereigenen Gene, der Milliarden Neuronen und der Billion Bakterien, das Zusammenspiel von Kopfhirn, Bauchhirn und der Intelligenz der Bakterien stellt uns im Augenblick vor unlösbar scheinende Rätsel. Wer hätte gedacht, dass uns die kleinsten Lebewesen dieser Erde derartige Visionen offenbaren und uns zu Kommunikationssystemen hinführen, deren gigantische Komplexität zunächst einmal staunen lässt. Was uns die nahe und weitere Zukunft in dieser Thematik noch bescheren wird, lässt sich schwer voraussagen. Ebenso wenig können wir davon ausgehen, dass man dann noch vom „zweiten" oder „dritten" Gehirn sprechen wird. Dass aber die Vorstellung von der „Allmacht des Kopfgehirns" bereits zu Beginn dieser faszinierenden Expedition eingeschränkt werden muss, davon ist auszugehen.

Lernen als Informationsverarbeitung

Signalübertragung – Repräsentationen

Noch heute ist die Ansicht weit verbreitet, Lernen sei *Auswendiglernen*, beispielsweise von Vokabeln oder Regeln. Das würde bedeuten, dass Lernen nur unter der Voraussetzung der Absicht abläuft. Lernen beinhaltet jedoch mehr. Alles, was mit Anpassungs-, Wissens-, Erfahrungs- oder Fertigkeitszuwachs zu tun hat, ist Lernen. Auch die vielen, nicht wahrgenommenen Veränderungen gehen auf Lernprozesse zurück. Zu einem besseren Verständnis über das Lernen hat vor allem die Gehirnforschung der letzten zwanzig Jahre beigetragen. Denken und Handeln von Mensch und Tier ist aber trotz des immensen Wissenszuwachses noch längst nicht umfassend erforscht. Der in der Vergangenheit benutzte Vergleich des Gehirns mit Computern, wobei die Hardware den Körper beinhalte und die Software den Verstand, muss aufgegeben werden. Wie schon erwähnt, arbeitet das Gehirn ungleich komplexer als Computer, selbst jene der modernsten Bauart. Es sind vor allem die *gleichzeitig* ablaufenden neuronalen Signalfunktionen, die uns im Verständnis und mehr noch im Nachbau des Gehirns vor bislang ungelöste Probleme stellen. Das Gehirn gleicht mehr einem *organisierten Chaos* und es ist mit gewöhnlichen Parametern nicht festzumachen. Die Erforschung und Nachbildung *offener Systeme* nach dem Vorbild des Gehirns ist in vollem Gange, steckt aber noch in den Kinderschuhen.

Kurz gesagt, das Gehirn lernt im wahrsten Sinne des Wortes umgreifend und unaufhörlich: beabsichtigt und unbeabsichtigt, in der Jugend und im Alter, Tag und Nacht, 24 Stunden pro Tag, ja selbst im Schlaf. Dabei geht es um unterschiedliche Lernprozesse. Ein Großteil der Lernprozesse wird uns nicht bewusst und wir haben keinen Einfluss darauf. Sie passieren einfach, nach internen Vorgaben, die in Jahrmillionen mit dem Ziel immer besserer Überlebenschancen gebildet wurden. Hierbei treten Gene, Hormone und Botenstoffe (Neurotransmitter) auf den Plan. Sie beeinflussen unsere Empfindungen und unser Verhalten.

Was wie selbstverständlich aussieht, wie hier eine einfache Kontaktaufnahme, ist in Wirklichkeit das Ergebnis umgreifender, aufeinander abgestimmter neuronaler Vorgänge, von der Sinneswahrnehmung über die interne Verarbeitung bis zur Handlung.

Neurobiologisch gesehen ist Lernen *Signalübertragung und -verarbeitung*, egal, ob wir hören, sehen, denken oder handeln. Aber wie läuft das ab? Selbst bei einfach anmutenden Vorgängen wie Sehen und Hören begegnen wir komplizierten Vorgängen: *Input-Signale* werden durch die Sinnesorgane aufgenommen, geordnet, weitergeleitet, verarbeitet und an die entsprechenden Zielstellen geleitet, um Reflexe oder Handlungen in Gang zu setzen. Hierbei werden verschiedene Pfade benutzt.

Um auf die Außenwelt reagieren oder sie gar beeinflussen zu können, muss diese erst einmal innerlich abgebildet werden. Das Abbilden des Wahrgenommenen, die *Repräsentation,* dient dann als Grundlage der individuell optimierten Steuerung des Verhaltens. Je wirklichkeitsnäher *Repräsentationen* gebildet (*Gegenwartsaspekt*) und je besser die Vorerfahrungen erinnert und situativ einbezogen werden (*Erfahrungsaspekt*), desto mehr Nutzen kann das Individuum für seine Lebensbewältigung daraus ziehen.

Was sind *Repräsentationen*? Die Repräsentation für eine bestimmte Eigenschaft besteht nicht aus jeweils einem Neuron, zum Beispiel einem für *rot* und einem anderen für *grün*, sondern sie setzt sich, je nach Komplexität der Eigenschaft und ihrer Bedeutung für das Individuum, aus Hunderten bis zu Tausenden Neuronen zusammen. Ein einzelnes Neuron im Kortex kann bis zu 10.000 Synapseneingänge aufweisen, die von anderen Neuronen gespeist werden. Die Eingänge werden von der Zelle verarbeitet und schließlich zu einem spezifischen Ausgang moduliert. Ein Blatt Papier beispielsweise besteht aus zirka 300 Synapsenverbindungen. Die hierbei genutzten Neuronen dienen aber auch für andere Eindrücke bzw. Inhalte. Verhältnismäßig einfache Repräsentationen sind Gegenstände, Gerüche, Farben oder Räume. Um vieles umfangreicher gestalten sich die Synapsen bei Erlebnissen, Zusammenhängen oder bei Strukturen und Abstraktionen.

Das vielschichtige, mehrdimensionale Netzwerk wird mit zunehmenden Lerninhalten

Beispiel für den Vorgang einer Erinnerung (emotional negativ gefärbte Repräsentation):

Der Besitzer geht mit seinem Hund zum Tierarzt. Schon beim Öffnen der Tür stemmt sich der Hund gegen die Eingangsrichtung und will keinen Schritt weiter gehen. Sein Gehirn hat sich beim Öffnen der Tür bei der Wahrnehmung der für eine Tierarztpraxis typischen Gerüche sofort an ein Ereignis erinnert, das ihm in negativer Erinnerung blieb, was zu einer Neuronenaktivierung mit hemmender Funktion führte. Derselbe Hund wäre, bei gleichem Reizangebot, schwanzwedelnd eingetreten, wenn er, wie es sein sollte, als Welpe und Junghund gute Erfahrungen beim Tierarzt gemacht hätte. Man sieht, Ereignisse sind nicht von vornherein als negativ oder positiv einzustufen. Die situative Wertung im Gehirn erfolgt auf Grund individuell abgelegter emotionaler Etikette, die den Erinnerungen angeheftet werden.

immer dichter. Hierbei arbeiten die Neuronen nicht nach dem Computerprinzip *plus oder minus*, sondern sie feuern mehr oder minder stark, nicht stufenweise, sondern in unzähligen, feinen Abstimmungen. Neuronen für einen bestimmten Ort beispielsweise senden noch Signale, wenn sich das Individuum beim Verlassen bereits außerhalb des betreffenden Ortes bewegt. Dann allerdings nur noch sehr schwach. Mit anderen Worten: *Repräsentationen* bestehen aus Kombinationen durch Synapsen verbundener Neuronen und deren unterschiedlich intensivem Feuern. Man vermutet, dass nicht nur Eigenschaften, sondern auch höherkomplexe Inhalte wie etwa Regeln oder Zusammenhänge in ähnlicher Art und Weise neurobiologisch verarbeitet werden.

Diese Funktionsweise bringt mehrere Vorteile. Zum einen ermöglicht sie ausgeprägte Differenzierung, wenn es um die Unterschiede der Eigenschaften unterschiedlicher Repräsentationen geht. Gleichzeitig können die Ähnlichkeitsfaktoren erhalten bleiben. Hinzu kommt, dass Neuronen, etwa bei Ausfall, ersetzbar sind. Bei vielen Krankheiten konnte nachgewiesen werden, dass sogar komplexe Aufgaben von anderen (benachbarten) Neuronen übernommen wurden. Der Ersetzbarkeit sind jedoch Grenzen gesetzt.

Es ist noch zu erwähnen, dass die Repräsentationen nicht als Konstanten gespeichert werden! Das Gehirn baut sich selbst auf Grund neuer Eindrücke permanent um. Man nennt das *Neuroplastizität*. Täglich, genau genommen in jedem Augenblick, werden an den Synapsen neue, neuronale Verbindungen hergestellt, größtenteils unbewusst, immer mit dem Ziel, die Eingangssignale noch besser darzustellen, zu verarbeiten und in vorteilhafteres Verhalten umzuwandeln. Selbst jene Repräsentationen, die im Langzeitgedächtnis lebenslang unauslöschbar vorliegen, bleiben *permanent potenziell variabel*. Alles scheint auf das Ziel besseren Überlebens angelegt zu sein, auf stets realisierbare *Veränderung*. Das ist der Sinn des Lernens.

Das Limbische System

Zurück zum Informationsprozess: Wir erinnern uns: Die elektrischen Impulse, man nennt diese *Aktionspotenziale*, werden sofort nach Eintreten zu weiteren Neuronen geleitet. Bei den Schaltstellen, den Synapsen, werden *Transmitter* freigesetzt und weitere Neuronen erregt. Die Aktivierung der Neuronen kann zwei unterschiedliche Funktionen des Verhaltens bewirken: Ein Verhalten wird entweder *aktiviert* oder *gehemmt*.

An der Verarbeitung aufgenommener Signale sind immer mehrere Teile des Gehirns beteiligt. Ein Areal wirkt nie allein. Wie das Gehirn Signale verarbeitet, gehört zum Faszinierendsten, was man bisher in der Biologie entdeckt hat. Maßgeblich ist hierbei das *Limbische System* beteiligt (Begriff: Paul Broca 1878. – Sitz der Emotionen: Paul Mc Lean 1949). Unter dem Begriff *Limbisches System* werden Regelkreise beschrieben, an denen nach neuerem Kenntnisstand zirka 23 Gehirnzentren beteiligt sind. Unter anderem gehören hierzu: Mehrere Bereiche des *Kortex* sowie das *Belohnungssystem*, der *Hippocampus*, die *Thalamusgruppe*, der *Mandelkern* (*Amygdala*) sowie Teile des *Riechhirns (olfaktorischer Kortex)*.

Die limbischen Zentren bilden in ihrer Gesamtheit eine Art *Bewertungssystem* im Gehirn. Hier wird ermittelt, ob eine Situation bereits bekannt oder neu ist und ob in der Vergangenheit damit schlechte oder gute Erfahrungen gemacht wurden. Hier wird bestimmt, was als vorteilhaft oder nachteilig und was als lustvoll oder unangenehm einzustufen ist. Letztlich geht es darum, zu entscheiden, ob etwas weiter verfolgt und wiederholt oder abgebrochen und gemieden werden soll und auf welchem Wege: unbewusst oder bewusst. Der Bewertung wird die emotionale Erinnerung als eine Art *Etikett* beigefügt, sofern sie als ausreichend bedeutungsvoll eingestuft wurde. Der überwiegende Teil an Bewertungen läuft unbewusst ab. Zurückliegende Erfahrungen spielen daher im Hinblick auf den Erfolg beim Lernen eine entscheidende Rolle. Stuft das limbische System eine neue Situation als angenehm, lustvoll und damit als vorteilhaft und lohnenswert ein, dann entsteht eine Um- und Neugestaltung im Kortex. Es werden neue Synapsen gebildet und bestehende stärker myelinisiert. Mit anderen Worten, es wird *gelernt*. Bewertet das limbische System die Situation als nicht lohnenswert oder gar als unangenehm, Schmerz ankündigend, Angst einflößend oder gefährlich, so wird zwar auch gelernt, aber etwas ganz anderes, als beispielsweise vom Trainer beabsichtigt: Noch bevor der Lernende in die Lage versetzt wird, bewusst Anpassungsprozesse einzuleiten, hat die Situation bereits durch unbewusste neuronale Verarbeitung Meidemechanismen auf den Plan gerufen.

Das limbische System ist auch maßgeblich an der *Motivationsbildung* beteiligt.

Freundliche, im Welpenalter vermittelte Pflegemaßnahmen bieten beste Voraussetzungen für lebenslang stressfreie Hygienemaßnahmen.

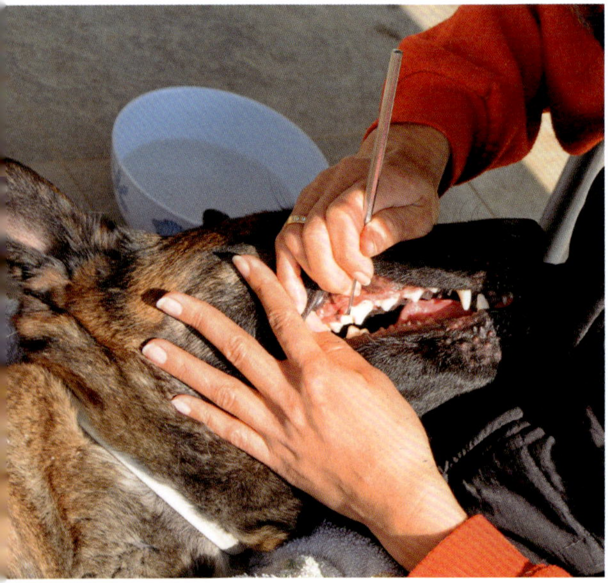

Es steuert Empfindungen wie Angst, Liebe, Lust, Spieltrieb, Sorge um den Nachwuchs sowie Lernvorgänge. Kurz gesagt: Das limbische System beeinflusst Funktionen der Emotion, des Antriebs und des Lernens.

Daniel Goleman hat hierzu in seinem Aufsehen erregenden Buch *Emotionale Intelligenz* (1997) ein sehr anschauliches Beispiel für die Funktionsweise des limbischen Systems aufgeführt. Angenommen, wir gehen durch die Wüste und erblicken plötzlich eine Schlange. Folgendes wird sich abspielen: Der durch die Augen aufgenommene Sinnesreiz wird über den Thalamus an die entsprechende Region im *Kortex* weitergeleitet. Der *Thalamus* besitzt spezialisierte Gruppen von Neuronen, welche Sinneswahrnehmungen an die *sensorischen Kortexareale* der fünf Sinne Riechen, Sehen, Hören, Fühlen und Schmecken weiterleitet. Die Aufgabe des Thalamus, ein wenig übertrieben auch „Tor zum Bewusstsein" genannt, besteht vor allem darin, zu entscheiden, ob der ankommende Reiz im Augenblick für den gesamten Organsimus von Bedeutung ist oder nicht. In unserem Beispiel wird der Thalamus den Sinnesreiz als wichtig einstufen und an das visuelle Areal des Kortex weiterleiten. Von dort werden die grob geordneten Signale an das limbische System geleitet, wo sie weiter verarbeitet werden. Die einzelnen Zentren des limbischen Systems setzen, wie schon gesagt, die eintreffenden Informationen in Bezug zu vorhandenen Erfahrungen, vor allem in Hinblick auf Gefahr. Von hier aus werden mittels Hormonausschüttung zahlreiche Reflexe wie Flucht-, Angriff oder Panikreaktionen gesteuert. Die Übertragungsgeschwindigkeit im Mandelkern (*Amygdala*), dem *Tor für Emotionen*, – ebenfalls Teil des

Der Welpe flieht reflexartig vor der drohenden Ziehmutter, wobei er die nächstmögliche schützende Deckung aufsucht (Fluchtreflex).

limbischen Systems, – zum Gehirn ist übrigens um ein Vielfaches schneller als umgekehrt. Dies hat den Vorteil, dass das Gehirn auf Gefahren reagieren kann, bevor das relative träge rationale Denken einsetzt.

Der Mandelkern (*Amygdala*) erfüllt eine Art Alarmfunktion. Darüber hinaus setzt er im Zusammenspiel mit dem *Hippocampus* (Seepferdchen) den Erfahrungen sozusagen ein *emotionales Etikett* auf in Form von beispielsweise *angenehm*, *nicht angenehm*, *sympatisch* oder *sexy*. Diese Etikette werden gemeinsam mit der Erfahrung gespeichert und bei Wiederkehr oder bei Erinnerung tritt die *emotionale Erinnerung* gemeinsam mit der Repräsentation auf. Es kann sogar vorkommen, dass Gefühle aktiviert werden, obwohl die Erinnerung an das Ereignis nicht mehr vorhanden ist. Dies zeigt, wie stabil das emotionale Gedächtnis angelegt ist.

In unserem Beispiel wird die Amygdala beim Anblick der Schlange Alarm schlagen: Die Konzentration wird blitzschnell hochschnellen, der Herzschlag wird erhöht, der Blutdruck steigt und grobe, automatisierte Bewegungsmuster wie zum Beispiel der Sprung nach hinten oder zur Seite (weg von der Gefahr) treten hervor. Wir sprechen hier von einer Mobilisierung nahezu sämtlicher Körperreaktionen, und dies in hoher Geschwindigkeit. Ausgelöst werden diese Prozesse durch neuronale Steuerung und durch Hormonausschüttungen. Unwillkürlich werden wir in unserem Beispiel, je nach Details der Situation, entweder erstarren, um nicht gesehen zu werden, je nach Abstand vorsichtig zurückweichen oder, bei akuter Gefahr, zur Seite springen. Es könnte allerdings auch vorkommen, dass wir trotz gefährlicher Nähe vor lauter Schreck stehen bleiben, unfähig, auch nur irgend etwas zu tun. Die Mobilisierung war dann so stark, dass sie eine *Blockade* ausgelöst hat. Die Ursache hierfür könnte darin liegen, dass wir als Zivilisationsmenschen verlernt haben, uns Fluchtroutinen anzuvertrauen und sie einfach zuzulassen.

Beispiel: Erinnerung an unangenehme Ereignisse

Hunde, die mit Gegenständen, beispielsweise in der Ausbildung, schlechte Erfahrungen gemacht haben, meiden diese nicht nur. Jedesmal, wenn der betreffende Reiz in Erscheinung tritt, kann es zu einer Lernblockade kommen, besonders dann, wenn Druck, Drohung oder gar Schmerz zum Einsatz kommen. Dies kann sich bis zur „erlernten Hilflosigkeit" (Martin E. P. Seligmann und Steven F. Maier 1967) steigern, wenn beispielsweise die natürlichen Rückzugsstrategien vorenthalten werden. Hunde können auf diese Weise ihre natürlichen Kontrollfunktionen einbüßen, was sich in allerlei mentalen und motivationalen Defiziten zeigen (Seligmann 1975) und zur Ursache verschiedenster Krankheitsbilder werden kann.

Gedächtnis

Unter Gedächtnis versteht man die Fähigkeit, aufgenommene Informationen mittels Lernprozessen zu ordnen, zu merken, wieder abzurufen und auch, *last not least*, zu vergessen. Unsere gesamten höheren Kognitionsleistungen sind auf die evolutionäre Errungenschaft des Gedächtnisses zurückzuführen, darunter auch die Fähigkeit zu denken, sich sozial zu verhalten sowie Sprachvermögen wären ohne die Fähigkeiten des Erinnerns nicht vorstellbar.

Arbeitsgedächtnis

Die Vorstellung, dass Informationen den vorgegebenen Weg über das Kurzzeitgedächtnis in das Langzeitgedächtnis durchlaufen würden, ist inzwischen überholt. An Stelle einer Trennung zwischen Kurzzeitgedächtnis und Langzeitgedächtnis hat sich die Überzeugung durchgesetzt, dass bereits während der Verarbeitung im Kurzzeitgedächtnis zahlreiche Querverbindungen zum Langzeitspeicher geschaltet werden. Daher wird zunehmend das Modell eines korrespondierenden *Arbeitsgedächtnisses* bevorzugt (Alan D. Baddeley und Graham J. Hitch 1974). Das Arbeitsgedächtnis erfüllt einerseits die Aufgabe, dem sensorischen Register die erforderlichen Inhalte aus dem personalen Erfahrungs- und Wissensschatz zur Verfügung zu stellen und andererseits die ausgewählten neuen Informationen so aufzuarbeiten und umzugestalten, dass sie dem Langzeitgedächtnis zugeführt werden können.

Um sich eine Vorstellung davon zu machen, welche Datenmengen bei der internen Verarbeitung eintreffender Signale benötigt werden, hier einige Zahlen: Die gewaltige Menge an aufgenommenen Signalen (10^9 bits) wird auf den zehnmillionsten Teil, nämlich auf 10^2 bits reduziert, also auf etwa hundert Informationseinheiten pro Sekunde. Dann wird diese abgespeckte Info mit dem gesamten Erfahrungsreservoir in Bezug gesetzt und dabei wieder auf 10^7 bits erweitert. Auf diese Weise entsteht für jeden Menschen seine ganz persönliche, eigene Welt der Wahrnehmung. Die Vorstellung, das Gehirn würde einen Film drehen von dem, was *wirklich* passiert, ist definitv falsch. Intern gebildete *Repräsentationen* sind in erster Linie das Produkt persönlicher Wahrnehmung, gebildet durch das individuell arbeitende limbische System, eine Hirnregion, die in ihrer Gesamtheit wesentlich älter ist als der Kortex.

Informationen können im Arbeitsgedächtnis, anders als im sensorischen Register, deutlich länger abrufbar gehalten werden – bis zu etwa 45 Sekunden. Die immer noch relativ kurze Zeit der Abrufbarkeit reicht aus, um kurze Abläufe in ihrer Gesamtheit zu erfassen, ohne den Anfang schon wieder zu vergessen. Unterbewusstsein und Bewusstsein vermögen in dieser Zeit erinnernd (*memorierend*) die wichtigsten Bezüge herzustellen, was letztlich darüber entscheidet, welche Informationen in das Langzeitgedächtnis weitergeleitet und welche dem Vergessen überlassen werden. Im Arbeitsgedächtnis werden immerhin 90 % der Informationen durch die permanent neu eintreffenden Eindrücke überschrieben.

Die Kapazität (Aufnahmefähigkeit) des Arbeitsgedächtnisses ist, ganz im Gegensatz zum Langzeitgedächtnis, auffallend gering. Miller fand schon 1956 heraus, dass der Mensch zirka sieben, plus minus zwei, also zwischen fünf und neun Eindrücken kurz hintereinander bzw. gleichzeitig aufnehmen kann. Man nannte die Eindrücke *Informationseinheiten* oder *Chunks*. Treffen mehr als fünf bis maximal neun Chunks ein, wird die Kapazität überschritten. Kurz gesagt: unter normalen Umständen kann sich ein Mensch nicht mehr als fünf bis maximal neun Informationen (z.B. Zahlen oder Wörter) in einem Darbietungsdurchgang merken. Inzwischen hat man herausgefunden, dass die Gedächtnisspanne des Kurzzeitgedächnisses reizabhängig differiert (Hulme 1997) und insgesamt tiefer anzusetzen ist. Nach aktuellem Wissensstand bei unterhalb von fünf Chunks (University of Missouri 2008).

Dass sich diese Kapazität in bemerkenswertem Umfange erweitern lässt, beweisen nicht nur Gedächtniskünstler. Auch bei Hunden, die trainiert werden, wurden insgesamt nachweislich bessere Leistungen festgestellt. Bekannte Techniken bei Gedächtniskünstlern sind: *Chunking*: darunter versteht man das Zusammenfassen einzelner Zahlen oder Wörter in sinnvolle, größere Zusammenhänge. Oder man verwandelt die Informationen in Geschichten, bildet einen inneren Film oder erfindet einen Ablauf, bei welchem man die Informationen bestimmten Orten zuordnet, wobei man bei der Erinnerung die Orte gedanklich einzeln abschreitet. Mit den aufgeführten Techniken lässt sich die Erinnerungsleistung um den Faktor zehn und darüber hinaus ausdehnen. Das dahinter stehende Prinzip nennt man *Elaboration*, was so viel bedeutet wie: Das Gehirn integriert die eintreffenden Informationen in all das, was an persönlich erworbenem Wissen vorhanden ist. Der kreative Akt der Gedächtniskünstler baut darauf auf und kreiert aus den Informationen eine schlüssige *Psycho-Historie*.

Wird die Aufnahmekapazität des Arbeitsgedächtnisses überschritten, bleibt nicht nur das Zuviel an Informationen unmemoriert. Noch verhängnisvoller ist: Die neu eintreffenden Informationen überschreiben die soeben erhaltenen, wobei diese entweder verblassen oder zerfallen. Das Überfluten des Arbeitsgedächtnisses kann das gesamte System beeinträchtigen oder sogar blockieren. Dies sollten wir uns gut merken. Für den Lernerfolg als auch für die emotionale Befindlichkeit des Lernenden ist es wichtig, dass nicht zu viele Informationen in zu kurzer Zeit vermittelt werden. *Informationsflut* führt zur *Informationserschöpfung* (*Informationsasthenie*) und wirkt sich auf das Erreichen von Lernzielen kontraproduktiv aus. Außerdem wird dieser Zustand vom Lernenden als unangenehm empfunden. Wenn man beim Lesen eines Buches das Gefühl wahrnimmt, dass es zuviel wird, dann sollte man tunlichst aufhören, eine Pause einlegen, die Tätigkeit wechseln, einen Spaziergang machen oder sich ausruhen, bevor man fortfährt. Dasselbe gilt, wenn wir mit Hunden üben: Nicht zuviel!

Diese beim Menschen erforschten Zusammenhänge enthalten wertvolle Hinweise auf erfolgversprechende Lernvermittlung bei Hunden – unter anderem im Hinblick auf das Behalten:

- Informationsmenge auf wenige neue Reize (*Chunks*) reduzieren

- Erforderliche Informationen in Vorübungen bekannt machen

- *Emotionale Etikette* einbringen (Mitwirkung des limbischen Systems)

- Rechtzeitig aufhören

- Vor dem Schlaf nochmals kurz wiederholen

Wer sich tiefer mit der Thematik des Arbeitsgedächtnisses befassen möchte, wird in der Fachliteratur unter den Begriffen *räumlich-visueller Notizblock*, *artikulatorische (bzw. phonologische) Schleife*, *zentrale Exekutive* sowie *episodischer Zwischenspeicher* mehr darüber erfahren.

Beispiel für Informationsflut und deren mögliche Folgen:

Ein Hundebesitzer übt mit seinem Hund das Heranrufen. Hierzu stimuliert er seinen Hund mit freundlichem Hörzeichen <Hier>, mit einladenden Gebärden und mit dem Vorzeigen eines Leckerli. Die „geballte Ladung“ zeigt Wirkung und der Hund kommt schnell und mit wedelnder Rute heran. Aber er sitzt nicht „gerade“ vor, sondern „schief“, was den Besitzer stört. Der Besitzer hat nicht begriffen, dass sich der Hund nicht aus Dummheit, Starrsinn oder Opposition schief setzt, sondern deshalb, weil er sich auf diese Weise besser auf das in der rechten Hand des Besitzers befindliche Leckerli ausrichten kann. An der unzufriedenen Mine des Besitzers liest der Hund, dass etwas nicht in Ordnung ist. Der Besitzer versucht nun, auf verschiedene Weise dem Hund beizubringen, „gerade“ vorzusitzen: Er geht zurück, lässt den Hund nachkommen, er gestikuliert, schubst den Hund mit dem Bein in die Mitte, überschüttet den Hund mit einer Flut unverständlicher Worte, aber mit vielsagender Phonetik (Klangbild). Er fordert ihn auf: „Besser“!, alles leider ohne nachhaltigen Erfolg. Die vielen neuen Chunks in Verbindung der eingebrachten Verunsicherung bewirken eine Lernblockade, was schließlich dazu führt, dass der Hund beim nächsten Training trotz aller Lockversuche nicht mehr schnell und freudig herankommt. Und jetzt sitzt er nicht nur schief, sondern sogar in respekvoller Entfernung vor dem Besitzer, und er setzt sich noch zögerlicher als am Vortag. Der Besitzer hat so ziemlich alles getan, um Lernen zu verhindern. Auch ohne Missstimmung, allein durch Überhäufung mit Informationen, können sich Lernblockaden bilden!

Beispiel für positive Emotions-Etikette, für Vermeidung von Informationsflut und für erfolgversprechende Informationsvermittlung:

Ein Hundebesitzer möchte seinem Hund das Mitlaufen am Fahrrad beibringen. Der Hund soll lernen, entspannt und gleichmäßig an der kurzen Leine, die an einem Federbügel befestigt ist, mitzulaufen (Leine mit Panik-Sollbruchstelle). Der Besitzer weiß, dass es sich hierbei um einen komplexen Lernprozess handelt, der viele einzelne Informationen umfasst. Daher teilt er das Lernziel in mehrere Schritte: Nicht nur, um die Anzahl der Chunks zu reduzieren, sondern auch im Hinblick auf die Kontrollierbarkeit des Lernvorganges und im Hinblick darauf, Fehler auszuschließen als auch – und dies ist besonders wichtig – seinem Hund in jedem Lernschritt Lust und Ichstärkung zu vermitteln. Das Anlegen eines Brustgeschirrs und das Führen an der Leine hat der Hund bereits gelernt. Der Hundebesitzer legt das Fahrrad erst einmal auf den Boden, erkundet es selbst, fördert Neugier und

Das für einen Welpen groß erscheinende Fahrrad wird gezielt kleiner gemacht. Der Hund lernt in einer Mischung aus Habituation und Desensibilisierung Unbefangenheit gegenüber dem Fahrrad. Wichtig ist hierbei, dass der Welpe selbst aktiv werden kann, um durch Beschnüffeln und Berührung eigene sinnliche Erfahrungen zu sammeln.

bietet dem Hund Gelegenheit zur Nachahmung. Das Ganze geschieht in einer lockeren, entspannten Atmosphäre. Dann folgt ein kurzes Lauf- oder Versteckspiel um das Fahrrad mit einer anschließenden Ruhepause direkt vor dem Rad. Im weiteren Verlauf hebt der Besitzer das Rad vorsichtig auf. Dabei beobachtet er den Hund im Hinblick auf Neugier, Zutrauen, Unsicherheit oder Angst. Bei gutem Verlauf wird der Hund nur für einen Augenblick an den Karabiner der Bügelleine geklipst und sofort wieder abgeleint. Es folgt wieder ein Spiel, etwa das gemeinsame Umrunden des Fahrrads. Dann gehen beide – der Hund mit Brustgeschirr am Fahrradbügel verbunden – einige (wenige!) Schritte am Fahrrad zu Fuß. Wieder folgt das Ableinen und ein Spiel oder bewunderndes Lob. Und dann folgt wieder eine Pause. Das Ganze dauert in der Regel keine zehn Minuten. Den weiteren Verlauf, jeweils in kleinen und kleinsten Schritten durchgeführt, kann man sich vorstellen. Das Entscheidende ist, nicht nur die Fülle der Informationen bleibt in jeder Lernphase überschaubar, sondern auch die jeweils geförderten, freiwilligen Leistungen bleiben im Bereich hoher Realisierungswahrscheinlichkeit, gepaart mit lustvoller Beteiligung und innerhalb eines sozial betonten Vorganges.

Zugegeben, in beiden Beispielen geht es jeweils um mehr als die soeben behandelten theoretischen Inhalte. Aber genau diese Erkenntnis wollen wir im vorliegenden Buch von Anfang an vermitteln: Lernvorgänge bedeuten in der Regel vielschichtige Prozesse, in welchen zahlreiche Ereignisse gleichzeitig ablaufen. Eines der in diesem Buch verfolgten Ziele besteht darin, neben wissenschaftlich fundierten Informationen auch das, was man unter pädagogischer Intuition versteht, nahezubringen. Man erinnere sich an Johann W. von Goethe: „Wenn Ihr's nicht fühlt, Ihr werdet's nie erlangen".

Langzeitgedächtnis

Die Aufgaben des Langzeitgedächtnisses kann man in vier Punkten zusammenfassen:

- Lernen (*Enkodierung*): Übernehmen, Filtern und speicherbarer Verarbeitung neuer Informationen
- Behalten (*Konsolidierung*): interne Verarbeitung, Festigen durch Wiederholung, Vertiefung, Abwandlung u.a.
- Erinnern (*Reproduktion*): Abrufen bzw. Rekonstruieren gespeicherter Gedächtnisinhalte
- Vergessen (*Extinktion*): Hierzu gibt es verschiedene Theorien

Das Speichern von Informationen im Langzeitgedächtnis hängt letztlich von der Anzahl verbundener Synapsen als auch von der emotionalen Bedeutung der betreffenden Information ab.

Erstvermittlungen können, wenn sie besonders eindrucksvoll erlebt werden, durch einen einzigen Vorgang in das Langzeitgedächtnis gelangen.

Früh geschlossene Freundschaften unter Hunden halten, ähnlich wie bei Menschen, oft ein Leben lang.

Was über das Arbeitsgedächtnis ins Langzeitgedächtnis gelangte, wird in unterschiedlichen Speichern abgelegt. Das *semantische Gedächtnis* nimmt Bedeutungen von Worten und Regeln sowie Verhaltensstrategien, das *episodische Gedächtnis* nimmt persönliche Erlebnisse, die in konkretem Bezug zu Ort und Zeit stehen, auf (Tulving u. Donaldsen 1972). Im *episodischen Gedächtnis* sind die vielen Ereignisse der individuellen Lebensgeschichte abgelegt – als ganzheitliche Vorkommnisse, wie man sie erlebt hat. An markante Ereignisse erinnert man sich leichter als an alltägliche. Typische Erinnerungsinhalte des episodischen Gedächtnisses sind: Der Wohnungswechsel der Familie, die Einschulung, Kommunion, die erste Liebe, Erfolge aller Art, Heirat oder Scheidung. Faktenwissen hingegen – hierzu zählt Wissen, das wir uns im Verlaufe der Zeit angeeignet haben – wird im *semantischen Gedächtnis* abgelegt. Hinzu kommt noch eine dritte Form: Das Gehirn merkt sich unzählige motorische Abläufe, Bewegungsroutinen, die wir täglich wie selbstverständlich nutzen und deren Komplexität man leicht unterschätzt. Gedächtnisleistungen, die etwa beim Gehen, Stehen, Balancieren, Rad- oder Autofahren benötigt werden, ordnet man dem *prozeduralen Gedächtnis* zu (procedere = lat. = voranschreiten). Man nennt diese Routinen auch *motorische Programme, Agenten, neuronale Ensembles,* oder *Schemata*. Die hierfür verantwortlichen Areale liegen im Kortex, im Kleinhirn und in den Basalganglien.

Was passiert im Schlaf?

Wann genau der Schlaf entstanden ist, wissen wir nicht. Eine Erklärung für die Ursachen der Entstehung könnte der Winterschlaf sein, der nötig war, um Kälte und erschwerten Nahrungserwerb zu überbrücken. Offensichtlich wurden die enormen Risiken, die mit dem Schlaf einhergingen, durch die Vorteile, die er bringt, aufgewogen. Aus dem Winterschlaf entwickelte sich dann möglicherweise der tägliche Schlaf, der übrigens eine Besonderheit darstellt, den wir nur bei höheren Tieren antreffen. Niedere Tiere schlafen nicht.

Erfahrungen und lebensbedeutende Inhalte werden in Träumen aufgearbeitet. Der Schlaf erfüllt zahlreiche, unterschiedliche Ziele. Zum einen dient der Schlaf der Regeneration (Erholung) der Zellen. Eine weitere, wichtige Funktion besteht darin, die Erlebnisse der vorausgegangenen Wachphasen zu verarbeiten (*Konsolidierung*). Hierbei werden überflüssige Informationen eliminiert. Erst dann können sie im Langzeitgedächtnis abgelegt werden. Neu gelernte Vokabeln beispielsweise werden im Schlaf vom *Hippocampus* in den *Neokortex* übertragen. Es handelt sich hierbei um einen komplizierten Integrationsprozess, an welchem das gesamte Netzwerk mit seiner riesigen Synapsenzahl beteiligt ist.

Der Mensch verbringt rund ein Drittel seines Lebens mit Schlaf. Die Nützlichkeit des Schlafs ist seit jeher unbestritten und es gibt bis heute keine umfassend gültige Erklärung. Arbeiten auf der Basis verschiedener Theorien vermochten jedoch einiges an Zusammenhängen aufzudecken.

Welpen brauchen viel Schlaf und Ruhe. Das sollte man in der Familie berücksichtigen.

Schlafende Hunde darf man nicht stören. Das müssen Kinder früh lernen!

In einer groben Einteilung unterscheidet man drei Phasen: Den *Leichtschlaf*, den *Tiefschlaf* und die sogenannte *REM Phase (Rapid Eye Movement)*. Die einzelnen Phasen haben für den Organismus jeweils bestimmte Bedeutung und grenzen sich gegenseitig ab in Bezug auf Gehirnaktivitäten, Herzschlag, Blutdruck, Muskeltonus, Atmung und andere Kriterien. Inzwischen weiß man, dass das Gehirn nicht nur in der REM-Phase aktiv ist. Das Gleiche gilt für die *Konsolidierung* (Verarbeitung der aufgenommenen Inhalte).

Diese drei Phasen werden in der Nacht nach jeweils 80 bis 120 Minuten wiederholt (*Schlafzyklen*). Tiefschlafphasen dauern ungefähr 20 Minuten. Der Mensch durchläuft in einer Nacht drei bis vier Schlafzyklen.

Es gibt Phasen, in denen das Gehirn auf Außenreize, etwa einen Ton oder ein Lichtsignal, ähnlich wie im Wachzustand reagiert und solche, bei welchen keine Reaktion zu erkennen ist. Man nimmt an, dass in den Phasen, in denen keine Reaktion erfolgt, das Gehirn sich sozusagen mit sich selbst beschäftigt. Man nennt diese Phasen *Spindeln*. Tamminen et al. fanden 2010 in einer Studie heraus: Je mehr Spindeln während des Schlafs durchlaufen werden, desto bessere Lernleistungen hinsichtlich der am Tag gelernten Vokabeln wurden nachgewiesen. Schon längere Zeit ist bekannt, dass sich Lernen unmittelbar vor dem Schlafengehen vorteilhaft auswirkt. Das lässt sich dadurch erklären, dass bei abendlichem Lernen keine oder nur wenige neue Eindrücke die intern und unbewusst stattfindende Konsolidierung (Verankerung, Stabilisierung) im Gehirn behindern können. Dasselbe lässt sich auch auf das Training mit Hunden übertragen: Eine kurze Wiederholung vor dem Schlafengehen trägt dazu bei, das am Tag Gelernte besser zu verarbeiten und zu festigen!

Eine andere Theorie, als *adaptive Hypothese* bekannt, geht davon aus, dass im Gegensatz zu einem permanenten Wachsein das Schlafen Beutegreifern und Beutetieren gleichermaßen Ruhephasen einräumt und insgesamt mehr biologische Ökonomie bietet. Ökonomie ist enorm wichtig: Es gibt Tiere, die „einseitig“ schlafen können. Delfine, Wale und einige Vögel sind in der Lage, eine Gehirnhälfte wach zu halten, während die andere schläft. Bei Gefahr tritt die schlafende Gehirnhälfte sofort wieder auf den Plan. Schlafende und wache Hälfte wechseln sich ab. Von Delfinen ist bekannt, dass das Auftauchen und Atmen nicht unterbewusst abläuft. Auftauchen und Atemholen wird bewusst gesteuert. Würden die Tiere in einen beidseitigen Schlaf fallen, könnten sie den Atmungsvorgang nicht mehr herstellen.

Nach der *Kalibrations-Hypothese*, einer weiteren Schlaftheorie, dient der Schlaf dazu, die über den Tag hinweg außer Rhythmus gebrachten Körperfunktionen wieder optimal aufeinander auszurichten (kalibrieren).

Vergessen

1885 gelang Ebbinghaus als Erstem, in sensationellen Selbstversuchen die entscheidenden Fakten des Arbeitsgedächtnisses zu entschlüsseln. Er fand heraus, dass er sich beim Merken willkürlicher Silbenkombinationen nicht mehr als maximal sieben Kombinationen merken konnte und diese auch innerhalb kürzester Zeit wieder vergaß und er fand heraus, wie oft er eine bestimmte Silbenfolge erneut lernen musste, um sie fehlerfrei wiedergeben zu können. Eine Silbe bestand aus zwei Konsonanten und einem Vokal: Beispiele: BIC, TEF, ZÜF, LAF. Auf der x-Achse wurden die Zeitintervalle dargestellt, beispielsweise 5, 30, 45, 60 Minuten, ein Tag, zwei Tage usw. Auf der y-Achse wurde die korrekte Wiedergabe in % dargestellt. Es zeigte sich, dass der Lernstoff mit der Zeit durch immer weniger Wiederholungen abrufbar wurde. Wiederholungen führten zur „Ersparnis“ an Lernaufwand. Mit Hilfe der *Ersparnismethode* entwickelte Ebbinghaus seine berühmte *Lern- bzw. Vergessenskurve*. Nach seinen Berechnungen waren ohne Wiederholung nach 20 Minuten nur noch 60 % des gelernten Stoffs abrufbar, nach 60 Minuten nur noch 45 %, nach 24 Stunden noch 34 % und nach 6 Tagen nur noch 23 % vorhanden. Nach 31 Tagen und danach waren schließlich nur

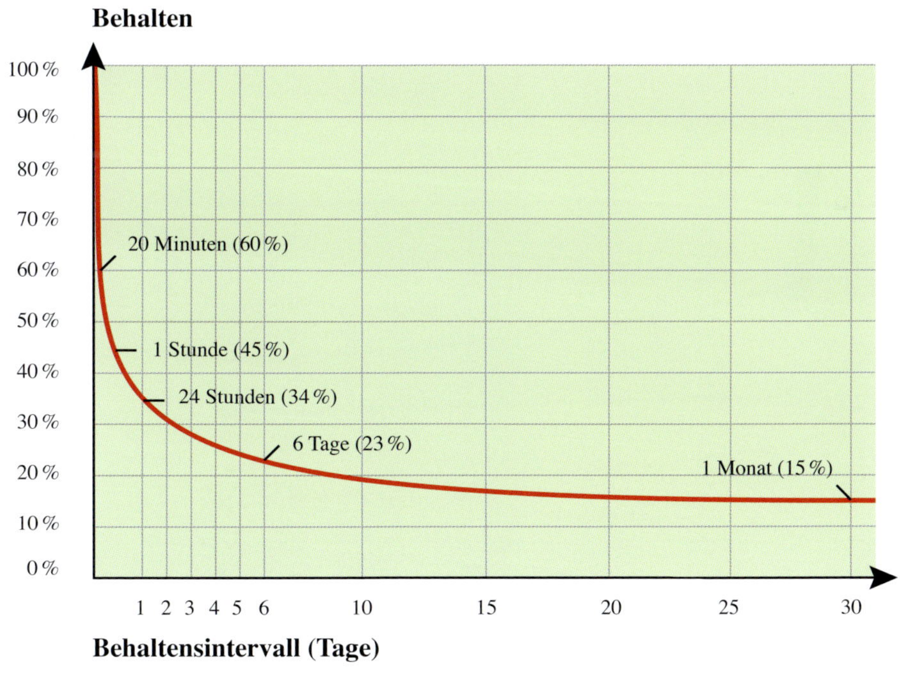

Ebbinghaus` Vergessenskurve

noch 15 % vorhanden. Wenngleich Ebbinghaus' Erkenntnisse zu den Meilensteinen in der Psychologie gehören und von mehreren Forschern (Strong, Boreas, Homokla) bestätigt wurden, so erhielt er doch Kritik vor allem von den Gestaltpsychologen, die ihm die Einschränkung auf sinnlose Silben vorwarfen. Der pauschale Vorwurf ist nicht gerechtfertigt: Ebbinghaus hat im § 21 seiner Publikation „*Über das Gedächtnis*" die *Steigerung der Schnelligkeit des Lernens bei sinnvollem Material* beschrieben. Hierzu nahm er Verse aus Lord George Gordon Byrons (1788–1824) *Don Juan* (1819) in englischer Originalversion. Ebbinghaus wusste sehr wohl um den Unterschied der Erinnerungsleistung bei unterschiedlichen Inhalten. Seine Nachfolger gingen diesem Ansatz auf die Spur. Inzwischen ist bekannt, dass Vergessen nicht nur von Wiederholungen, sondern von mehreren anderen Faktoren abhängt und Vergessenskurven nicht immer aussagekräftig sind.

Christian Michel und Felix Novak (1990) haben in einer Studie nachgewiesen, dass sinnlose Silben, eben das, was Ebbinghaus untersucht hatte, nach 5 Tagen zu 78 % und nach 30 Tagen zu 80 % vergessen wurden, dass die Tests bei Prosa (nicht gereimter Text) und Gedichten (Texte in Versform) jedoch völlig anders verliefen. Auffällig waren vor allem Inhalte aus Gesetzmäßigkeiten und Prinzipien. Werden diese einmal erlernt, weisen sie eine erstaunliche Löschungsresistenz auf. Gesetzmäßigkeiten werden 16 Mal weniger vergessen als sinnlose Silben und 10 Mal weniger als Gedichte. Weshalb man sich Gedichte leichter merken kann als Prosa, haben wir schon beschrieben: Reime bedeuten für das Gehirn neben den Worten zusätzliche Beziehungen und Struktur. Dadurch werden viele bereits vernetzte Synapsen miteinbezogen, was die Information dichter gestaltet (*Eselsbrücke*). Mit Strategien gegen das Vergessen befassen wir uns an späterer Stelle noch eingehender.

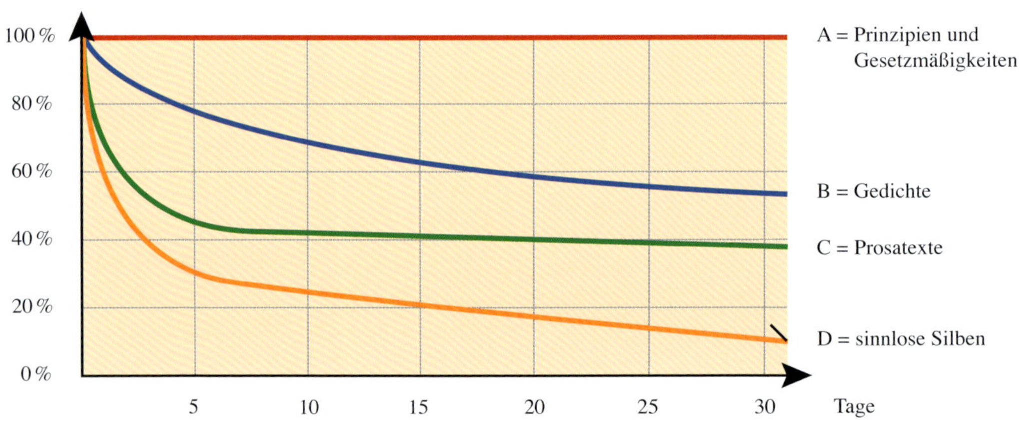

Je nachdem, welcher Kategorie der Lernstoff angehört, unterscheiden sich Vergessenskurven erheblich.

Vergessen im Langzeitspeicher

Die alte Auffassung, das Gedächtnis sei kapazitiv begrenzt, ist zwar noch nicht endgültig widerlegt, geht aber nach allem, was heute bekannt ist, von falschen Voraussetzungen aus. Die Kapazität des Langzeitgedächtnisses scheint eher unerschöpflich zu sein und wird bei weitem nicht in vollem Umfange genutzt. Man nimmt an, Vergessen im Langzeitgedächtnis verläuft anders als im Kurzzeit- und Arbeitsgedächtnis, wo Informationen in relativ kurzer Zeit verblassen oder zerfallen. Im Langzeitgedächtnis können Informationen zwar auch vergessen werden, vor allem während der Phase der *Konsolidierung* (vertiefte Einspeicherung). Aber wenn sie einmal als *Engramm* hinterlegt sind, dann weisen sie eine beachtliche, oft sogar lebenslange Unauslöschlichkeit (*Löschungsresistenz*) auf.

Es gibt noch weitere Gründe für das Vergessen im Langzeitgedächtnis: Nach der *Interferenztheorie* entsteht Vergessen auf Grund von wechselseitigen, uneinheitlichen Inhalten, die entweder vorher oder später gelernt wurden. Im Vordergrund stehen von dieser Warte aus gesehen Ökonomie und vor allem der Schutz als wertvoll erachteter Inhalte. Störende, widersprüchliche und veraltete Informationen sind nicht nur entbehrlich, sie stellen ein Risiko dar. Daher ist es das Beste, sie aus dem Gesamtsystem zu eliminieren, sie zu vergessen. Auch das Langzeitgedächtnis kommt daher nicht ohne „Papierkorb" bzw „Check Disc" aus, allerdings in einer Qualität, die wir mit unseren technischen Systemen nicht annähernd erreicht haben.

Doch das Gedächtnis hat auch seine Tücken. Manche Ereignisse halten sich oft ausgesprochen hartnäckig in der Erinnerung, obwohl man sie am liebsten vergessen würde. Derartige Gefühle können sogar, wie schon erwähnt, als verselbständigte, isolierte Emotionen ohne zugehörende Ereignisfakten überdauern. Man fühlt sich ihnen dann ausgeliefert, weil man gar nicht weiß, woher sie kommen. Trotzdem wird jeder aus eigener Erfahrung bestätigen, dass im Ganzen gesehen eher die guten Erinnerungen im Gedächtnis bleiben. Ein Großteil unangenehmer Erlebnisse oder Details wird über Bord geworfen, ohne dass wir es wissentlich beeinflussen. Noch schwieriger wird es natürlich, wenn unsere Hunde derartige Gefühlsattacken erleben. Wir können sie weder direkt befragen noch äußern sie sich uns in der dem Menschen vertrauten Sprache. So bleibt uns, neben Goethes Hinweis, nur der aufwändige Weg über die Wissenschaft, den inneren Vorgängen in kleinen Schritten näher zu kommen.

Es gibt noch weitere Theorien für das Vergessen, die wir hier mangels Raum nicht weiter aufführen.

Gedächtnis: Zusammenfassung

Lernen und Verhalten sind eng miteinander verbunden. Daher werden in der Literatur die Begriffe *Lerntheorie* und *Verhaltenstheorie* oft *synonym* (gleichbedeutend) gebraucht. Innerhalb dieser Thematik spielt das Gedächtnis eine wichtige Rolle. Die Beschäftigung mit dem Gedächtnis reicht bis in die Antike zurück. Aber die streng wissenschaftliche Beschäftigung begann erst relativ spät, Ende des 19. Jahrhunderts: Wilhelm Wundt (1832–1920), Edward Lee Thorndike (1874–1949), Iwan Petrowitsch Pawlow (1849–1936) und andere. Bahnbrechende Erkenntnisse über das Gedächtnis brachte vor allem die Neurobiologie.

Zur Erinnerung: Unser Gehirn verfügt über zirka 100 Milliarden Neuronen, die in einem gigantischen Netzwerk miteinander in Verbindung stehen. Eintreffende Signale erregen Nervenzellen, die dann elektrische Impulse zu anderen Nervenzellen weiterleiten, wobei an den Schaltstellen, den *Synapsen*, die Übertragung stattfindet. Den gesamten Vorgang nennt man „*feuern*".

Informationen werden durch Veränderungen an den Synapsen *repräsentiert*. Der Umbau der Synapsen im Langzeitgedächtnis geschieht unter Mitwirkung von Genen und Proteinen. Er läuft unterbewusst ab, schließt die Vorgänge des Schlafs mit ein und dauert etwa 24 Stunden, manchmal länger.

Bis zum Abschluss des Speichervorgangs sind die in Umbau befindlichen Synapsen noch instabil und anfällig auf vorzeitige Löschung. Neue Tätigkeiten, die ihrerseits wieder Informationen an das Langzeitgedächtnis weiterleiten, wirken sich oft nachteilig für vorausgegangene, noch in der Phase der *Enkodierung* befindliche Informationen aus. Abendliches Fernsehen, Informationsflut oder verwehrte Ruhephasen können den langen Prozess des chemischen Umbaus in den Synapsen erheblich behindern. Aber auch das Gegenteil ist möglich: Durch bestimmte, wissenschaftlich fundierte Wiederholungstechniken lässt sich die Merkleistung auch für einen Durchschnittsmenschen bis auf das Dreifache steigern. An späterer Stelle mehr darüber.

Auch ständiges Musikhören beim Lernen oder andere, permanente oder sporadisch wiederholte Ablenkungen wirken sich auf die Gedächtnisleistung negativ aus. Vor dem Hintergrund dieser Fakten bekommt die Ganzheitsschule, in welcher das Lernen im Idealfall auf einen wesentlich längeren Zeitpunkt verteilt wird, mit sinnvoll eingestreuten Ruhe-, Erholungs- und körperlichen Aktivitätsphasen, fundierte Argumente. Wie wichtig neue Strategien in der Schulorganisation der Zukunft sein werden, verdeutlicht uns folgende Überlegung:

Zur Zeit der Wende vom 19. in das 20. Jahrhundert hat sich das Wissen der Menschheit alle 50 Jahre verdoppelt. Inzwischen verdoppelt sich der Bestand alle fünf Jahre. Das heißt, in wenigen Jahren werden Erdbewohner vor allem der Industriestaaten einer immensen Wissensmenge gegenüberstehen, die sie in immer kürzerer Zeit verarbeiten müssen. Hinzu kommt, dass die Schere der Informationsmassenrate immer weiter auseinander klafft. In den Industrieländern droht seit langem die Informationsüberfrachtung, wogegen manche Entwicklungsländer beständig an Informationsunterversorgung leiden. Ressourcenengpässe sowie die ungleiche Verteilung der Profite auf unserem Planeten zeichnen ein Bild, das die Bedeutung des Wissens und Lernens in die Top-Position der Wertelisten stellt.

Handlungsorientiertes Lernen – Lerntypentheorie

Schon Konfuzius (verm. 551 v.Chr. – 479 v.Chr.) sagte:

> *„Sage es mir, ich werde es vergessen!*
> *Erkläre es mir – ich werde mich erinnern!*
> *Lass es mich tun – ich werde verstehen!"*

Dies Aussage scheint plausibel. Umso verwunderlicher, dass die Pädagogik der Vergangenheit noch bis in die Mitte des 20. Jahrhunderts weitgehend durch den monologen Vortrag (Hochschule: Vorlesung) eines Lehrers (*Fremdsteuerung*) bestimmt war.

Konfuzius

Mit Folgen, die sich zum Teil noch bis heute noch auswirken. Der traditionelle Lehrstil war gekennzeichnet durch verbale, frontale Vermittlung (Frontalunterricht). Multimediale, didaktische Mittel wurden, wenn überhaupt, nur spärlich genutzt. Es ist das Verdienst von Frederic Vester (1925–2003), Mitglied des *Club of Rome*, den überholten Lernformen entschieden entgegengetreten zu sein. Als Autor eines der ersten popularwissenschaftlichen Bücher über die Biologie des Lernens *Denken, Lernen , Vergessen* (1975, Revision 1998) und auf Grund einer viel gesehenen Fernsehserie gelang es Vester, auf die pädagogischen Podien seiner Zeit maßgebend Einfluss zu nehmen. Ganz besonders beeindruckte die von ihm propagierte *Theorie der Lerntypen*. Aber gerade diese hat sich in mehrfacher Hinsicht als Fehlgriff herausgestellt. Soweit es um Auswendiglernen geht (*deklaratives Wissen*, Faktenwissen), sind die von den Lerntypen abgeleiteten Lernstrategien durchaus hilfreich. Komplexeren Sachverhalten oder dem Anspruch, durch Lernen Mündigkeit zu erwerben, wird die Lerntypentheorie aus aktueller wissenschaftlicher Beurteilung jedoch nicht gerecht.

Auch heute sind modernisierte Methoden unter Schlagworten wie *handlungsorientiertes Lernen, ganzheitliches Lernen (holistisches Lernen), Lernen mit allen Sinnen, Learning by Doing, fächerübergreifendes Lernen, mehrkanaliges Lernen* bei zahlreichen Autoren wiederzufinden. Und wieder beziehen sich Autoren direkt oder indirekt auf Vesters Lerntypen. Im Hinblick auf die weite Verbreitung dieser Theorie wollen wir uns kurz damit befassen:

Vester unterscheidet folgende Lerntypen:

Lerntyp 1 lernt auditiv (durch Hören und Sprechen)

Lerntyp 2 lernt optisch (durch das Auge, durch Beobachtung)

Lerntyp 3 lernt haptisch (durch Anfassen und Fühlen)

Lerntyp 4 lernt rein durch den Intellekt

In Hinblick auf die Lernleistung propagiert Vester: Wir behalten 10 % von dem, was wir lesen, 20 % von dem, was wir hören, 30 % von dem, was wir sehen, 50 % von dem, was wir hören und sehen, 70 % von dem, was wir selbst sagen und 90 % von dem, was wir selbst tun.

Nach Vester sind die Lerntypen biologisch vorbestimmt (*determiniert*). Jeder Lerntyp bevorzuge den für ihn aussagekräftigsten *Wahrnehmungs-Kanal*. In der Praxis kommen die Typen als Mischformen, beispielsweise als *audio-visueller Typ* vor.

Beispiel dafür, dass Hunde oft den visuellen Sinneskanal bevorzugen:

Ein Hundebesitzer übt mit seinem Hund das Abliegen, wobei er dem Hund gleichzeitig gestische Hilfen gibt und das Hörzeichen <Platz> zuruft. Der Hund lernt innerhalb weniger Tage, sich hinzulegen. Eines Tages lädt der Besitzer den Einkauf aus dem Auto, nachdem der Hund bereits aus dem Auto gesprungen ist. Der Besitzer bemerkt spät, dass sich ein PKW mit hoher Geschwindigkeit nähert und sein Hund gerade vorhat, die Straße zu überqueren. Er ruft ihm das Hörzeichen <Platz> zu. Der Hund sieht zwar her, versteht aber offensichtlich nicht, was sein Besitzer von ihm will. Was ist passiert? Dem Hundebesitzer war nicht klar, dass Hunde in vielen Situationen dem visuellen Aufnahmekanal den Vorzug geben. Das kann so weit gehen, dass der Hund das Hörzeichen zwar physisch gehört hat, dass es aber ohne Reaktion blieb, weil es nicht mit dem für das Hören verantwortlichen Gehirnzentrum (cerebrales Zentrum) in Verbindung gebracht wurde. In unserem Fall fehlte das visuelle Signal, weil der Besitzer beide Hände voll zu tun hatte. Das Hörzeichen war für den Hund bedeutungslos. Dass der Hund das Platz nur in Verbindung des visuellen Signals gelernt hatte, war dem Besitzer bis dahin nicht bekannt.

Derselbe Vorgang ist bei Hundeprüfungen ein Dauerproblem: Kurz vor der Prüfung wird dem Besitzer gesagt, er solle nicht so viele unerlaubte Hilfen geben. Der Besitzer beherzigt den Rat und stellt die Körperhilfen ein. In der Prüfung bleibt der Hund auf das Hörzeichen <Platz> sitzen, sieht den Besitzer mit großen Augen an und versteht nicht, was dieser mit der Wiederholung des Wortes <Platz> von ihm will. Was ist passiert? Auch hier war dem Hundebesitzer nicht klar, dass der Hund das <Platz> nur über den visuellen Aufnahmekanal gelernt hatte. In der Prüfung, beim Fehlen des bevorzugten visuellen Signals, war der Hund nicht mehr in der Lage, die Aufgabe auszuführen.

Lerntypen-Aufstellungen stellen als pädagogischer Ansatz in mancher Hinsicht eine Bereicherung dar. Wer möchte ernsthaft bestreiten, dass man im Tun mehr lernt als beispielsweise nur durch Lesen oder Zuhören (siehe weiter oben: Konfuzius). Auch Pestalozzi sprach sich in seiner Trias von *Kopf, Herz und Verstand* für ein *handlungsorientiertes Lernen* aus. Aber das Entscheidende ist: Handeln darf nicht zum Ersatz für Nachdenken überhoben werden! Letztlich ist nicht die Wahl des Sinneskanals, sondern die Lernform in ihrer augenblicklichen Gesamtheit für die Lernleistung maßgebend. Eine visuelle Repräsentation beispielsweise beinhaltet noch nicht das Verstehen des Inhaltes. Worauf es im Hinblick auf effizienteres Lernen vor allem ankommt, ist die *Verbindung* von sinnlicher Wahrnehmung und intellektueller Verarbeitung. Das gilt auch für höher entwickelte Lebewesen wie beispielsweise den Hund. Die sinnliche Wahrnehmung darf nicht aus der integralen, neuronalen Verarbeitung eliminiert werden. Das heißt: Auch Hunde lernen durch das Zusammenwirken aller biologischen und psychischen Faktoren: Rassezugehörigkeit, Geschlecht, Alter, Umwelt und vor allem individuelle Anlagen und gewachsene Persönlichkeit. Beschränkt man Hundeerziehung und -Ausbildung auf die behavioristisch interpretierte Effizienz, so ist mit einer Verzerrung des Lernerfolges, gekennzeichnet durch geringe Selbstbeteiligung und deren Folgen, zu rechnen.

Auch die Behauptung, Lernen mit gleichzeitig mehreren Sinnen (mehrkanaliges Lernen) sei vorteilhafter, sozusagen als Prinzip, ist nicht akzeptabel. Die von Vesters Nachfolgern formulierten Forderungen muten zum Teil kurios an: Nach Wendler (1989) sollen Kinder barfuß über den Boden gehen und über abgelegte Buchstaben treten. Durch Berührung mit der Haut, durch den Gleichgewichtssinn sowie über Muskel- und Gelenkrezeptoren sollen Informationen über die zu lernenden Buchstaben aufgenommen werden. Engelhardt (1991) rät, das Wissen im Geographieunterricht durch Kochen internationaler Gerichte, durch Aufnehmen der Gerüche und des Geschmacks zu steigern. Wenn Vester davon ausgeht, dass bei reinem Hören lediglich mit einer Erinnerungsleistung von 10% zu rechnen sei, dann liegt dies zunächst einmal nicht an der Wahl des Kanals, sondern daran, dass unter normalen Umständen (!) *nur Zuhören* nicht annähernd so stark motiviert wie ein Vortrag, der durch Einbeziehen weiterer Kanäle (multimedialer Unterrichtsstil) mehr Unmittelbarkeit zur Thematik bietet. *„Lernen ist mehr als die zweifellos notwendige Benutzung der Sinne und mehr als sinnliche Erfahrung“* (Maike Looß: Internetaufsatz „Lerntypen“ 2001)

Dass das Einbeziehen visueller und weiterer Kanäle im Sinne handlungsbezogener Wahrnehmung stärker motiviert, mehr Aufmerksamkeit und mehr emotionale Beteiligung hervorbringt, bestätigt sich aus eigener Erfahrung. Die Steigerung der Erinnerungsleistung geht aber in erster Linie auf die *Motivation* und erst in zweiter Linie auf die Wahl des Kanals zurück! Mit anderen Worten: Die Erinnerungsleistung allein mit der Wahl des Wahrnehmungskanals in Bezug zu setzen, ist einfach falsch. In der Wissenschaft finden sich für Vesters Annahmen keine positiven Belege.

3. Lernforschung

Lernforschung im Überblick

Aus Raummangel können wir die historische Entwicklung der Lernforschung lediglich kurz und gebündelt darstellen. Für Hundebesitzer ist der Überblick zur Entwicklung der Lernforschung allerdings ebenso alarmierend wie vielversprechend, zumal wir immer noch mitten im Umbruch alter und neuer Ausbildungsmethoden stehen. Der Streifzug durch die Geschichte der Lernpsychologie zeigt geradezu frappierende Umorientierungen, und dies innerhalb von zwei Generationen! Können wir wirklich sicher sein, mit der Ausrichtung auf *gewaltfreie Methoden* alles richtig zu machen?

Erklärungsversuche über das Lernen im 17. und 18. Jahrhundert (Descartes, Locke und Hume) waren stark von den jeweils vorherrschenden philosophischen Strömungen geprägt (*Nativismus, Rationalismus* und *Empirismus*). Noch bis ins 19. Jahrhundert (u.a. William James und Edward Titschener) versuchte man, Lernen und Verhalten durch *Beobachtungen* des eigenen Erlebens und Empfindens zu erforschen. Diese Methode wird *Introspektion* (Nach-Innen-Sicht) bezeichnet (Erlebnispsychologie). Gegenstand der Beobachtung waren *Bewusstsein, Geist, Denken, Erleben, Seele und Fühlen*. Einer streng wissenschaftlichen Annäherung waren diese hochkomplexen Inhalte mit den damals gegebenen Möglichkeiten jedoch nicht zugänglich. Weil die *Introspektion* in offenem Widerspruch zum wissenschaftlichen Ansatz objektiver *Verifizierung* (Beweisführung) stand, wandten sich die nachfolgenden Psychologen von der Beschäftigung mit Geist, Gefühl und Denken ab. Alles, was (zum damaligen Zeitpunkt) von außen nicht zugänglich war, fasste man in der sogenannten *Black Box* zusammen.

Input → Black Box → Output

Anstelle mit Geist und Seele beschäftigte man sich – nach dem Vorbild der Naturwissenschaften – mit objektiv nachweisbaren Kriterien des *Verhaltens* (Auftreten, Veränderung, Ausbleiben). An die Stelle der spekulativen und subjektivistischen *Introspektion* trat die *experimentelle Psychologie*. Man griff auf Laborexperimente zurück, die es ermöglichten, Vorgänge objektiv messbar darzustellen. Die Anfänge dieses gewaltigen Wandels von einer weitgehend spekulativen Erlebnispsychologie zur *Psychologie als Wissenschaft* begannen Ende des 19. Jahrhunderts. Pioniere wie Wundt, Thorndike, Pawlow und Watson leiteten diese Bewegung ein. Watson gab ihr (1913) jenen Namen, unter dem die Theorien der instrumentellen, klassischen und operanten Konditionierung zusammengefasst wurden: *Behaviorismus* (engl. Behavior = Verhalten). Skinner erweiterte die vorliegenden Ergebnissen von Thorndike und Pawlow. Unter dem Begriff des *radikalen Behaviorismus* nahm Skinner enormen Einfluss auf die gesamte akademische Psychologie. In der Annahme, tierisches und menschliches Verhalten sei übereinstimmend, ersetzte man Versuchspersonen durch Tiere und übertrug tierexperimentelle Ergebnisse auf menschliches Verhalten.

Anfang des 20. Jahrhunderts spaltete sich die Psychologie in zwei Richtungen. Die ursprünglich in Deutschland entwickelte *Gestaltpsychologie* (Ganzheitstheorie der *Berliner Gruppe*) wirkte als historisch und inhaltlich bedeutsame Gegenbewegung zum *Behaviorismus* und sorgte für heftig und kontrovers geführte Diskussionen. Hier einige Vertreter der Gestalttheorie: Kurt Koffka (1886–1941), Wolfgang Köhler (1887–1967) und Max Wertheimer (1880–1943) sowie Donald Olding Hebb (1904–1985), Kanada.

Die Gestaltpsychologie bot wesentliche Grundlagen zur frühen *Kognitionspsychologie* (lat. cognitio = Erkenntnis). Im *Kognitivismus* wird die behavioristische Ansicht, der Mensch werde vorrangig durch Umweltreize bestimmt (Belohnung und Bestrafung), aufgegeben. Die Kognitivisten waren der Ansicht, dass Lernen mehr bedeutet als die passive Ansammlung immer neuer *Reiz-Reaktions-Kopplungen*. Sie folgten einem komplexeren Verständnis der Lernprozesse, was schließlich zu einer veränderten Grundüberzeugung führte. Die Kernaussage lautete: Höhere Lebewesen passen sich in hohem Maße durch *selbstorganisiertes Lernen* an. Von dieser Warte aus betrachtet war die Vorstellung der behavioristischen *Black Box* nicht weiterhin haltbar. Man interessierte sich für genau das, was in der Black Box *verborgen* war, mehr noch, man begann zu begreifen, dass nicht der Input (Reiz) allein, sondern die im Verborgenen der Black Box stattfindenden Prozesse das Wesentliche und Individuelle zum Verständnis der Lernprozesse enthalten. So wurden bemerkenswerter Weise just jene Inhalte, die man eine Generation vorher als unerforschbar und unwichtig verwarf, zum Gegenstand der neuen wissenschaftlichen Ausrichtung (Paradigmenwechsel).

Die Gehirnforschung der letzten Jahrzehnte deckte zahlreiche unterbewusst gesteuerte Vorgänge auf. Damit sind zweifellos neue Einschränkungen der freien Selbstentscheidung erkannt worden. Auch das noch junge Wissen über das *Mikrobiom* deckt auf, wie sehr wir selbst von den „primitiven, kleinen Bakterien“ abhängig sind. Trotzdem dürfen diese Erkenntnisse nicht dazu verleiten, den Menschen wiederum als Spielball nicht beeinflussbarer Vorgänge zu verstehen. Einsichten, Werteordnung, gefasste Prinzipien, Glaubensinhalte, Gewissen und vieles andere kann der Einzelne für die Verwirklichung seines ICH einsetzen: Mit Hilfe eines aktiv mitgesteuerten Lebens. Er ist daher dem Unterbewusstsein weder einflusslos noch hilflos ausgeliefert. Das war die Rahmenaussage der Kognitivisten Ende des letzten Jahrhunderts.

Albert Bandura (geb. 1925 in Kanada), heute noch einer der führenden Psychologen, fokussierte die kognitive Lerntheorie auf das *soziale Lernen*, wobei er die *Imitation* (Modellernen), später auch die *Beobachtung* und die darauf gebildete *Motivation durch Erwartung* hervorhob. Er gilt als der Begründer der *sozial-kognitiven Lerntheorien*.

Hält man sich die Geschichte der Lerntheorien vor Augen, vor allem den Paradigmenwechsel von der Reiz-Reaktionstheorie zu sozial-kognitivistischen Lerntheorie, so ist man vielleicht geneigt, zwischen *alten* und *neuen* Lerntheorien zu unterscheiden. Allzu leicht verfällt man hierbei in ein Werteschema, indem man *alt* als überholt und *neu* als *besser oder richtig* einstuft. Es wäre jedoch falsch, von „guten neuen" oder „schlechten alten" Lerntheorien zu sprechen. Der Einfluss der Pioniertheorien für das Verständnis des Lernens, vor allem die instrumentelle, klassische und die operante Konditionierung haben in vieler Hinsicht auch heute noch Gültigkeit. Allerdings ist inzwischen unbestritten, dass menschliches Verhalten entscheidend durch kognitive und mentale Prozesse wie emotional beeinflusste Aufmerksamkeit, Denken, Erwartung, individuelle Bewertung und intrinsische Motive bestimmt wird. Genau diese Inhalte waren im Behaviorismus verschmäht.

Lernen aus verschiedenen Blickwinkeln

Bis heute gibt es keine allgemeingültige Definition für Lernen. Dies ist einer der Gründe, weshalb wir bisher *Lernen* aus unterschiedlichen Postionen betrachtet haben. Die Geschichte hat gezeigt, dass keine der Lerntheorien in der Lage ist, die verschiedenen Facetten des Lernens umfassend und gültig zu beschreiben. Vielmehr stellten sich die einzelnen Lerntheorien als *Modelle* für jeweils besondere, einzelne Formen des Lernens heraus. So wird verständlich, dass man nicht daran vorbei kommt, sich mit den verschiedenen Theorien zu beschäftigen, ohne die eine oder andere zu bevorzugen. Stellt man die wichtigsten Ansätze einander gegenüber, so kann man aus heutiger Sicht (vereinfacht) sagen: Die Gehirnforschung untersucht Lernen aus der Sicht neuronaler Netze, die Sozialpsychologie befasst sich mit der Bildung und Veränderung individueller und gruppenbedingter Deutungen, und die pädagogische Psychologie konzentriert sich auf die Wechselwirkung von Lernen und Lehre. Das alles bedeutet Lernen! Und all das wirkt mit hinein, wenn wir uns mit dem Hund beschäftigen, ihm etwas vermitteln wollen oder etwas erwarten. Die verführerische Vorstellung von Verhaltensänderungen, die als „Konsequenz" eintreten, ist definitiv zu einfach. Dies gilt nicht nur für den Einsatz von Druck und Schmerz, sondern auch für Spiel-, Futter- oder Beutereize! Schmerzvermeidung ist noch längst kein Beweis für ethisches Verhalten.

Die lange als unvereinbar angesehenen Paradigmen (Denkmuster) des *Behaviorismus* und der *Kognitionspsychologie* wurden mit den Jahren einander angenähert und die Vorteile der gegenseitigen Ergänzung endlich erkannt. Nicht die vorgefasste Entscheidung für oder gegen die eine oder andere Theorie, sondern die jeweiligen Umstände, in denen Lernen stattfindet, geben heute die Richtung an, ob sich der jeweilige Prozess mehr mit *behavioralen* oder mit *kognitivistischen* Regeln beschreiben lässt.

Die moderne Lernpsychologie stützt sich auf vier wesentliche Säulen: Zum einen auf dem neurophysiologischen und neurobiologischen Ansatz, welcher die Zusammenhänge biologischer und physiologischer Prozesse auf das Lernen herausarbeitet, zum anderen auf einen (offenen) behavioristischen Ansatz mit dem Ziel, Verhalten zu beeinflussen (Veränderung und Kontrolle), zum dritten auf den kognitivistischen Ansatz, welcher Lernen auf Grund von Wahrnehmung, Vorstellung, Denken und Erwartungen favorisiert. Als vierte Säule ist die neuere Überzeugung zu erwähnen, nach welcher auch der Lernende selbst – trotz aller vorprogrammierter Umwelt- und Lehreinflüsse und trotz zahlreicher, unterbewusst gesteuerter innerer Vorgänge – letztlich als aktiver Gestalter Einfluss auf den Lernprozess nimmt und nehmen sollte. Individuelle, soziale, motivationale und emotionale Faktoren werden heute nicht nur angenommen, sondern man bemüht sich, diese Variablen anwendungsorientiert zu berücksichtigen und günstige Voraussetzungen zu schaffen (*differenzielle Perspektive*).

Die moderne Lernpsychologie hat jedoch nicht nur in der Beurteilung des Menschen, sondern auch der Tiere den Blickwinkel erweitert. Heute wissen wir: Auch Tiere können nicht nur fühlen. Die höher Entwickelten sind auch zu einsichtigem Verhalten fähig; aber eben anders als Menschen – und wenn es um intellektuelle Reichweiten geht, dann stehen beispielsweise dem Hund zwar weniger, vor allem aber *andere* Möglichkeiten und diese in anderen Zusammenhängen zur Verfügung. Es hat lange gedauert, bis wir erkannt haben, dass man mit auf den Menschen projizierten Vergleichen nicht einmal den Leistungen der Tiere gerecht wird, geschweige denn ihrer Bedeutung. Je mehr unser Wissen wächst, desto deutlicher erkennen wir, dass der Mensch nicht der Mittelpunkt dieser Welt ist. Bescheidenheit als wissenschaftliche Konsequenz verhilft uns dazu, Tiere in einem völlig neuen Blickwinkel zu betrachten und zu bestaunen – und zu erforschen.

4. Lernformen (nicht assoziative)

Lerndisposition

Unter *Lerndisposition* versteht man genetisch vorgegebene, bereichsspezifische Lernfähigkeiten. In einer anderen Definition beschreibt Lerndisposition nicht nur die vererbten Lernfähigkeiten, sondern auch die artspezifisch bevorzugte Reaktion selbst, die auf einen bestimmten Reiz folgt. Einfach ausgedrückt: Tiere können auf Grund der Lerndisposition für sie wichtige Verhaltensweisen schneller und besser erlernen und ausführen. Auf der anderen Seite bringt die Lerndisposition den Nachteil mit sich, dass kurzfristige Veränderungen in der Umwelt nicht schnell genug beantwortet werden können.

Lerndispositionen sind von Spezies zu Spezies sehr unterschiedlich. Für eine Eidechse sind andere Lernvorgänge und Verhaltensweisen wichtig als für einen Frosch, und für einen Hund sind es wieder andere. In der Evolution haben sich in jeder Spezies für die Arterhaltung ganz bestimmte Fähigkeiten als besonders vorteilhaft erwiesen. Genau an diesen (speziesgebundenen) Verhaltensweisen hat sich naheliegenderweise auch die Lernfähigkeit orientiert. Bestimmte Körperteile wurden im Laufe der Zeit mehr und differenzierter als andere genutzt, etwa beim Nahrungserwerb oder der Fortbewegung. Andere sind verkümmert. So entstanden artspezifische Verhaltensroutinen und in längeren Anpassungs-Zeiträumen entwickelten sich neue Arten und bestehende wurden modifiziert. Es würde uns schwerfallen, einem Frosch das Apportieren oder einem Hund das Quaken beizubringen. Nicht so extrem, aber immer noch bemerkenswert fallen die Erfolgserwartungen aus, wenn wir mit Hunden bestimmte Aufgaben üben, für die sie wegen ihrer Rassezugehörigkeit oder infolge ihrer Individualveranlagung wenig bis gar nicht geeignet sind.

Ein Hund beispielsweise bevorzugt den Fang in vielen Situationen, wo er mit Pfoten bessere Erfolgschancen hätte. Sein wichtigstes Werkzeug ist aber der Fang. Erst wenn er beim Öffnen einer angelehnten Tür mit dem Fang nicht weiterkommt, greift er auf die Möglichkeit der Pfoten zurück. In anderen Situationen, etwa beim Halten eines Knochens oder Stocks, legt er mit den Pfoten dank jahrtausendlanger Erfahrung eine erstaunliche Geschicklichkeit an den Tag. Daraus folgt: Zahlreiche Handlungsbevorzugungen sind kontextbezogen.

Für die Einschätzung, was wir dem Hund zumuten dürfen und was nicht, ist das Wissen um die veranlagungsbedingten Lernfähigkeiten eine große Hilfe. In diesem Zusammenhang sind die oft weit auseinander liegenden, rassespezifischen *Prädispositionen* (Genetik) ebenso wie die *Individualdispositionen* (Individuum) zu nennen! Die Gebrauchshunderassen (Jagdhunde, Hüte- und Treibhunde, Wach- und Schutzhunde, Servicehunde) sind relativ leicht mittels Beute-, Futter-, Bewegungs- und Sozialspielen zu motivieren. Herdenschutzhunde und andere Rassen, die von jeher auf Eigenständigkeit gezüchtet wurden, brauchen andere Stimuli. Das sollte man bedenken, *bevor* man sich für eine Rasse entscheidet! Und was die Ausbildung betrifft: Es müssen nicht immer die attraktiven und daher bevorzugten Futter- oder Beute-Stimulationen sein, wenn es um Verstärkung geht. Eignet sich ein Hund weder für Beute noch Futter, so hält man eben nach anderen *Motivations-Quellen* Ausschau. Die Frage lautet: Was macht der Hund gerne? Was mag er? Wo und unter welchen Umständen fühlt er sich wohl? Wo seine Vorlieben sind, da finden sich auch Motive und darauf lassen sich Zugänge aufbauen. Was auf Seminaren immer wieder beeindruckt, sind die sozialen ebenso wie die elementaren Bewegungs-Motive: Zuwendung und: Laufen! Fast jeder Hund spricht darauf spontan an.

Unterschiede begegnen uns bei Hunden auch in Bezug auf *aversive Reize* (unangenehme Reize). Während man Schäferhunden und Rottweilern nachsagt, dass sie einiges an *aversiven Reizen* tolerieren (was längst nicht immer zutrifft!), reagieren andere Rassen wie Herdenschutzhunde, Terrier, Collies oder Dackel bei aversiven Reizen oft mit Verunsicherung, Opposition oder verschiedenen Formen der Aggression.

Beispiel für Nichtbeachtung der Lerndisposition:

Ein Besitzer hat zwei Hunde verschiedener Rassen. Regelmäßig beim Einsteigen ins Auto und Wegfahren spielt sich folgendes Szenario ab: Hund A springt mit einem Satz in die Auto-Box, Hund B zögert und vermittelt den Eindruck, er habe, wie man landläufig sagen würde, „Angst". Der Besitzer begleitet das ängstliche Verhalten mit Unverständnis, Ungeduld und mitunter ein wenig Grobheit und Druck. Dieser Cocktail hat dazu geführt, dass Hund B nach einiger Zeit nicht nur den Sprung verweigert, sondern im Auto weitere, neue Angstszustände entwickelt. Irgendwann einmal wurde Hund B mehr und mehr zu einem tatsächlich „ängstlichen Hund". Einem Hund also, der sich nicht nur vor bestimmten Dingen und Situationen fürchtet, sondern der in völlig unbedenklichen Situationen Angst-Zustände erleidet. Die ursprüngliche Kleinigkeit, die man mit ein wenig Einfühlungsvermögen in wenigen Wochen hätte bereinigen können, hat sich Schritt für Schritt ausgebreitet. Der Fehler lag darin, Hund B die gleichen Forderungen zu stellen wie Hund A. Hund B aber brachte rassebedingt andere Lerndispositionen und ein anderes individuelles Naturell mit und hätte dementsprechend andere Aufgaben verdient. Dieses Beispiel ist kein Einzelfall. Hunde mit erworbenen Phobien füllen die Tierarzt- und Therapiepraxen zuhauf.

Habituation, Sensitivierung und Dishabituation

Je nachdem, ob Verknüpfungen (*Assoziationen*) zwischen Reizen und Ereignissen stattfinden oder nicht, spricht man von *assoziativem* und *nichtassoziativem Lernen*. Die verhaltensbiologischen Unterschiede sind jedoch nur modellhafter Natur. In der Realität sind die Übergänge fließend und meist spielen mehrere Lernformen ineinander. Wir werden uns in diesem Abschnitt mit einigen Lernformen beschäftigen und in der weiteren Folge die vier großen Lerntheorien behandeln. Daran anschließend folgen die kognitiven Fähigkeiten des Hundes sowie zahlreiche Einzelthemen im Spektrum der Lerngesetze und Methoden.

Habituation

Der Begriff *Habituation* (erlernte Verhaltensunterdrückung) stammt aus der verhaltensbiologischen Terminologie und beschreibt eine der ältesten Lernformen, die im gesamten Spektrum verschiedener Spezies nachweisbar ist. Schon 1925 hatte der Kinderarzt Albrecht Peiper das Phänomen der Habituation an Säuglingen (vor und nach der Geburt) beschrieben. Die Begriffsschöpfung stammt von William Thorpe (1944).

Der ursprüngliche Sinn dieser Lernform liegt darin, Individuen zu befähigen, bedeutungslose Reize nicht länger zum Anlass der Vergeudung unnötiger Aufmerksamkeit und motorischer Energien zu nehmen, sondern sie zu vernachlässigen oder sie zu ignorieren. Dieser Lernvorgang gehört zu den *nicht assoziativen Lernformen*. Habituation bedarf weder der Motivation noch einer bewussten Beteiligung oder Steuerung des Verhaltens. Kurz gesagt: Das Individuum lernt ohne eigenes Zutun, auf bestimmte Reize weniger oder gar nicht mehr zu reagieren. Habituation wurde zuerst bei Stör- und Warnreizen und den damit einhergehenden Schreck-, Schutz- und Fluchtreaktionen entdeckt. Zunächst fand man Reize, welche angeborene *Reflexe* auslösen. Später fand man heraus, dass auch erlernte Signale habituiert werden. Bereits Thorpe hat auf das Nachlassen der Bereitschaft hingewiesen, wenn in der Hundeerziehung die Konsequenzen im Zusammenhang einer nicht erfüllten Aufgabe ausbleiben.

Mit anderen Worten: Wiederholt sich ein „falscher Alarm" fortwährend, so verliert er seine alarmierende Wirkung, was zu einer Abnahme der Reaktion führt. Man denke an das Rauschen des Meeres, das die am Strand Lebenden gar nicht mehr hören. Oder an die Tauben von Venedig, die auf dem Markus-Platz seit Generationen einen Teil ihrer angeborenen Fluchtverhalten abgelegt haben. Oder an Soldaten im Krieg, die sich mit der Zeit an den Anblick von Verletzten und Toten gewöhnten. Oder an Krankenschwestern, die in der Lage sind, Arbeiten zu verrichten, vor denen andere sich ekeln würden. Oder an einen Hund, den man mit Nachahmungslauten – beispielsweise das Miauen einer Katze – zunächst in hohe Aufmerksamkeit bringen kann, der aber bei Wiederholung des falschen Alarms das Geschehen mehr und mehr ignoriert und die ursprüngliche Verhalten abschwächt – *habituiert*. Mit einfachen Worten: Habituation beschreibt nicht den Lernprozess einer neuen Verhaltensweise, sondern die Abnahme einer bestehenden.

Hund und Katze haben sich gegenseitig habituiert. Unbefangenheit und Freundschaft gelten jedoch nur innerhalb der Hausgemeinschaft, und wie man aus Erfahrung weiß, ist das auch gut so.

Zahlreiche Unbefangenheiten werden durch *Habituation* erworben. Frühe Konfrontation mit visuellen, akustischen, taktilen und olfaktorischen (geruchlichen) Reizen sind daher wichtig.

Fassen wir zusammen: *Habituation* ist ein neurobiologisches Erklärungsmodell für Lernvorgänge, bei welchen die Reaktionsstärke unter wiederholtem Auftreten eines bestimmten Reizes abnimmt. Hierbei entsteht nach neuerem Verständnis auf neuronalem Wege eine veränderte *Erwartungshaltung*, die mit einer Reduzierung der Übertragungsbereitschaft der Synapsen einher geht; auf Grund der Abnahme des Neuigkeitswertes (Horn 1967, Sokolov 1975).

Von der Habituation abzugrenzen sind Ermüdung (z.B. der Muskulatur) und Anpassung (z.B. *Akkomodation* der Pupillen auf Grund wechselnder Lichtintensität) ebenso wie komplexe Adaptionen (bis hin zu genetischen Veränderungen). In diesen Fällen liegt zwar ebenfalls ein Abnahme der Reaktionsstärke vor, diese geht jedoch nicht auf einen Lernprozess zurück.

Man unterscheidet Langzeit-Habituation (Wochen und Monate) und Kurzzeit-Habituation (einige Stunden).

Habituation kommt in der Hundeausbildung auch in folgender Ausprägung vor: Werden Hörzeichen wiederholt ohne entsprechende Konsequenz gegeben, lernt der Hund, diese zu ignorieren. Man spricht dann von *erlernter Irrelevanz*.

Was liegt hier vor: Habituation oder operante Konditionierung? (Antwort siehe Text)

Allgemeine Beispiele für Habituation:

Zahlreiche Tierarten reagieren sensibel auf allerlei Unbekanntes. Ein Pferd kann schon beim Anblick eines Stücks Papier, das gestern noch nicht da lag, in Panik geraten und unkontrollierbar davongaloppieren. Dasselbe kann auch bei akustischen Reizen (z.B. Schussgeräusche), blendenden Lichtreizen oder Feuer passieren. Wird das Tier jedoch täglich mit demselben Reiz konfrontiert, ohne dass sich etwas Negatives ereignet, so kann es durch Habituation lernen, den Reiz als tolerabel einzustufen. Tritt der Reiz jedoch nach längerer Pause (Timeout) wieder auf, am gleichen oder anderen Ort, kann sich die ursprüngliche Reaktion wieder einstellen, entweder in voller Intensität (Spontanerholung) oder auch abgeschwächt.

Das tägliche Leben ist voll von Habituationslernen. Zahlreiche Reize erweisen sich entweder als nicht lohnend oder als nicht gefährdend: Man gewöhnt sich mit der Zeit an das unangenehme Geräusch eines Dunstabzuges und bemerkt die wohltuende Ruhe erst, wenn man ihn abschaltet. Ähnliches passiert auf Bahn- oder Flugreisen. Und ebenso ist man in der Lage, unangenehme Gerüche oder das ständige Ticken einer Uhr auszufiltern. Oder im erzieherischen Bereich: Lassen Hundebesitzer dem Nein nach einem unerwünschten Verhalten des Hundes keine Konsequenz folgen und wiederholt sich dies, so nimmt die ursprüngliche Wirkung des Neins erfahrungsgemäß mehr und mehr ab. Die Habituation kann sich auch hier bis hin zum völligen Ausbleiben der einmal gekonnten Aufgabenausführung steigern.

Empfehlungen, man solle sich nicht über den Hund beugen und auf keinen Fall über ihn steigen, sind berechtigt, wenn es um Erst- oder Begegnungen mit fremden Hund geht. Daraus ein striktes Verbot abzuleiten, ist nicht gerechtfertigt. Ebenso wie die unsinnige Forderung, man dürfe Hunde im Spiel nicht gewinnen lassen, weil sie sonst gefährlich würden. Hunde können vieles unterscheiden und habituieren, ohne den geringsten Schaden dadurch zu erleiden und auch ohne selbst zur Gefahr für andere zu werden! Im Tanz mit Hunden steigen die Besitzer fortwährend über ihre Hunde und viele Hundebesitzer, die ein gezieltes Vertrauensprogramm geübt haben, können sich ohne die geringsten Probleme über ihre Hunde beugen.

Vertrauensaufbau im täglichen Umgang: Hier das Anlegen des Halsbandes, das nicht als funktioneller Akt, sondern emotional beteiligt vermittelt wurde. Wie der Hund das erlebt, zeigt er durch zahlreich Details seines Ausdrucksverhaltens. Die leicht nach hinten abgesenkten Ohren sind übrigens kein Zeichen von Angst, Unsicherheit oder Konflikt, sondern, als Detail einer durchgehend ausgeglichen, positiv stimmigen Aussage ein Symbol zart formulierter Devotion.

Der Neurobiologe Eric Kandel (1929) hat in einem eindrucksvollen neurobiologischem Versuch (Paris 1962) gezeigt, dass sogar eine einfache Meeresschnecke (*Aplysia Californica*) in der Lage ist, zu lernen. Infolge wiederholter Berührungen an den Kiemen hatte die Schnecke sehr schnell gelernt, dass diese Art der Berührung für sie ungefährlich ist, worauf sie die Kiemen bei Berührung durch die Forscher auf Grund von Habituation nicht mehr einzog. Das Experiment beweist, dass Lernen weder des Intellektes noch komplizierter Assoziationsvorgänge bedarf. Lernen setzt zwar Erfahrung voraus, aber diese kommt schon mit *zwei* Nervenzellen aus. Lernen ist bereits bei den Wirbellosen anzutreffen: Schon hier finden wir die Lernform der Habituation, der Sensitivierung und der klassischen Konditionierung, also ein breites Spektrum nichtassoziativen und assoziativen Lernens.

Sensitivierung

Sensitivierung (auch Sensibilisierung) ist das Gegenstück zur Habituation. Beides sind *nicht assoziative Lernformen*. Während bei der Habituation die Reaktion auf einen bestimmten, sich wiederholenden Reiz zu einer Abschwächung bis hin zum Ausfall der Reaktion führt, tritt bei der Sensitivierung das Gegenteil ein: Die Reaktion auf einen sich wiederholenden Reiz nimmt zu. Bei der Sensitivierung handelt es sich um

Dieser Hund soll offensichtlich durch die Konfrontation mit dem lauten Kompressorgeräusch lernen, seine Angst zu verlieren. Die Gefahr ist jedoch groß, dass er genau das Gegenteil lernt, indem die Wiederholung des Reizes zu einer Zunahme der Reaktion führt.

Beispiel für Sensitivierung:

Angenommen, ein Besitzer geht mit seinem Hund an einer eingezäunten Weide vorbei, auf welcher Kühe grasen. Der Hund fühlt sich vis-à-vis der riesigen Wiederkäuer unsicher und fängt an zu bellen. Bei jedem Spaziergang wiederholt sich das Szenario, wodurch der Hund immer sensibler auf diese Begegnung reagiert. Eines Tages gehen die Kühe nicht nur grasend hin und her, sondern laufen in Spiellaune auf den Besitzer und seinen Hund zu. Auf Grund der Intensivierung des Reizes, vor allem aber wegen der unerwarteten bedrohlichen neuen Qualtiät des Reizes, fängt nun der Hund an, nicht nur zu bellen, sondern er zeigt weitere Reaktionen: möglicherweise läuft er dicht an den Zaun oder sogar unten durch auf die Weide, oder er zeigt Droh- oder Angriffsverhalten, oder, wenn es sich um einen eher ängstlichen Hund handelt, läuft er davon oder sucht Schutz zwischen den Beinen seines Besitzers. Oder er geht beim nächsten Mal bereits beim Näherkommen auf die andere Straßenseite.

einen deutlich komplexeren Vorgang als bei der *Habituation*. Bahnbrechende Erkenntnisse brachten Eric Kandels Experimente mit der *Aplysia Californica* (Kalifornische Seeschnecke). Die Meeresschnecke kam bei der Habituation mit nur einer Nervenzelle aus; zur Sensitivierung jedoch waren zwei Synapsen erforderlich.

Ausgelöst wird Sensitivierung durch wiederholt schädigende, bedrohliche oder schmerzhafte Reize. Sensitivierung ist jedoch auch bei zahlreichen neutralen Reizen zu beobachten. Bedrohliche Ereignisse werden vom Organismus gegenüber anderen Einflüssen vorrangig und möglichst schnell beantwortet. Eine bereits bestehende Habituation kann auf diese Weise plötzlich unterbrochen oder beendet werden. Bei der Sensitivierung wird oft nicht nur die anliegende Reaktion intensiviert. Auch der allgemeine Erregungslevel kann bei Sensitivierung stark ansteigen. Das hat zur Folge, dass auch andere Reaktionen verstärkt auftreten können (*State-System-Theorie*, M. Davis 1974). Beispiel: Bei einem Hund, der Angst vor seinem Besitzer hat, können sich bei Begegnungen mit ihm allerlei zusätzliche Reaktionen einstellen: Neben typischen Fluchtreaktionen (Distanz- und Rückzugverhalten) können auch Blickflucht, gesenktes Haupt, Urinieren, Durchfall, Atmungsstörungen sowie weitere psychosomatische Folgen auftreten.

Dishabituation

So sinnvoll die arterhaltende Funktion der Habituation ist, so hinderlich kann sie werden, wenn durch ihren Einfluss bereits erworbene, erwünschte Verhaltensweisen mehr und mehr abnehmen oder wenn Ursachen auftreten, welche das Individuum gefährden oder schädigen könnten. In diesen Fällen ist dann eine Normalisierung oder Reaktivierung der Reaktionsbereitschaft von Vorteil. Hierzu verhilft die *Dishabituation* mit ihren Möglichkeiten der Unterbrechung,

Reduzierung oder Aufhebung der Habituation. Dishabituation wirkt als *Antagonist* (Gegenspieler) zur Habituation, indem sie der habituierten Abnahme der Reaktionsbereitschaft entgegenwirkt und die vorausgegangene Reaktionsbereitschaft wiederherstellt (unter Umständen nur annähernd). Diese wird entweder durch eine unerwartete Veränderung des ursprünglichen Reizes (in einem Faktor desselben), durch längeres Aussetzen des Reizes oder durch Hinzufügen eines neuen, anderen Reizes ausgelöst.

Der Unterschied zwischen Sensitivierung und Dishabituation liegt darin, dass bei der Dishabituation die *Veränderung eines bestehenden Reizes* (oder dessen Umfeld) die vorausgegangen erlernte Habituation vermindert oder auflöst, während die Sensitivierung zu einer Steigerung der habituierten Reaktion führt, ausgelöst durch die *Zunahme des bekannten Reizes*.

Beispiel für Habituation und Dishabituation:

Ein Hund, der wie im Beispiel oben mit seinem Besitzer täglich an einer Weide vorbeigeht, hat die Wiederkäuer mit der Zeit als ungefährlich habituiert. Eines Tages jedoch kam eine neue Kuh hinzu. Diese war nicht braun, sondern schwarzweiß. Infolge des veränderten Stimulus (schwarz-weiße Kuh) setzte Dishabituation ein und unterbrach die Habituation. Die ursprüngliche Reaktion, das Bellen, kam wieder zum Vorschein. Sieht der Hund die neue Kuh bei weiteren Spaziergängen wiederholt in der bekannten Herde, würde er die veränderte Situation ebenfalls habituieren und das Bellen wieder einstellen. Trifft der Hund die inzwischen bekannte Kuhherde nach längerer Pause wieder auf der Weide, so kann der zeitliche Abstand (Timeout) als Veränderung des Reizes wirken und zu einer Spontanerholung der Reaktion führen. Der Hund bellt dann wieder, diesmal wegen der verstrichenen Zeit. Auch ein Stier, der zwar braun ist, aber anders riecht, könnte die vorausgegangene Habituation unterbrechen.

Beispiel für Dishabituation:

Dishabituation ist ein hervorragendes Mittel, um Reaktionen, die immer schwächer werden, wieder auf das erwünschte Niveau zu bringen. Gibt ein junger Hund beispielsweise das sozial erlernte Respektverhalten fremden, älteren Hunden gegenüber mehr und mehr auf, indem er jedem entgegenläuft und dabei allerlei Provokationen zeigt, so kann das sehr schnell zu unangenehmen, gefährlichen Überraschungen führen. Besitzer tragen oft selbst zu dieser Form der Habituation bei, geleitet von der vermenschlichten Vorstellung eines „all peace" (in freier Übersetzung: „Meiner will nur spielen"). Sie ignorieren nicht nur die innerartlichen Begegnungsregeln unter Hunden, sondern auch die Tatsache, dass auch Hunde untereinander Sympathie und Antipathie zum Ausdruck bringen und nicht immer jede Begegnung erwünscht ist. Durch Hinzufügen von Reizen, die der Habituation entgegen wirken, lässt sich über den Weg der Dishabituation das ursprüngliche Respektverhalten reaktivieren. In unserem Beispiel bieten sich zur Dishabituation (unter anderem) Begegnungen mit Hunden verschiedenen Alters, Rasse, Geschlecht und sozialer Kompetenz an, jeweils unter zusätzlicher Fremdkontrolle beider Hunde; beisielsweise an der Leine. Auch das Mitmachen in freundlichen Hundegruppen kann zur Rückgewinnung ausgeglichener Begegnungsrituale beitragen.

Prägung

Die Entdeckung der *Prägung* geht bis auf das Mittelalter zurück. In den philosophischen Dialogen des Thomas Morus (*Utopia*, 1516) ist zu lesen: „… *an Stelle die Eier einer Henne zum Brüten zu geben, werden die Eier gleichmäßiger Wärme ausgesetzt … Sobald sie geschlüpft sind, laufen sie hinter den Menschen her wie hinter der Glucke und sehen sie als diese an*."

Konrad Lorenz baute auf den Erkenntnissen von D. A. Spalding (1840–1877) und des Zoologen Oskar Heinroth (1871–1945) auf. Letzteren hat er als Lehrer und *Begründer einer neuen Wissenschaft* (Tierpsychologie) verehrt und dessen Begriff *Prägung* übernommen (auch *Imponiergehabe* u.a.) und durch seine weiterführenden Arbeiten weltweit bekannt gemacht. 1973 erhielt Konrad Lorenz für seine Forschungsarbeiten im Themenkreis der Prägung den Nobelpreis der Physiologie und Medizin.

Innerhalb einer für jede Rasse genetisch festgelegten, relativ kurzen Zeit (*sensible Phase*) sind Lebewesen bestimmten Reizen (Lorenz: *Schlüsselreizen*) gegenüber besonders aufnahmebereit. Innerhalb dieser sensiblen Phasen (vereinfacht: Zeitfenster) können Verhaltensweisen besonders schnell und effektiv erlernt werden, weil in dieser Zeit optimierte Bedingungen für neuronale Verknüpfungen im Gehirn zur Verfügung stehen. Die hierbei in Verbindung gebrachten Verhaltensweisen gelten als zeitlebens besonders stabil, ebenso wie die Wirkungen der auslösenden Schlüsselreize. Nicht genutzte Zeitfenster führen mit hoher Wahrscheinlichkeit zu Entwicklungsstörungen. Diese können, müssen aber nicht zwingend, schwerwiegende und mitunter lebenslange Auswirkungen zur Folge haben. Daher ist es enorm wichtig, dass Hunde innerhalb der *Sozialisierungsphase* schon ab der vierten Woche in engen Kontakt mit dem Menschen treten, um mit ihm eine tragfähige Bindung aufzubauen. Wird das hierfür vorprogrammierte Zeitfenster nicht genutzt, der Kontakt nur sporadisch ermöglicht oder Geborgenheit gestört, können sich Ängste, Unsicherheit oder Meideverhalten etablieren, die lebenslang bestehen bleiben. Auch Hirtenhunde, Hüte- und Herdenschutzhunde lässt man daher im Umfeld ihres späteren Einsatzes aufwachsen, nämlich zusammen mit dem Schäfer und der Herde. Unter diesen Bedingungen können sie in der Prägungsphase optimal lernen, dass sie trotz der genutzten, auf Jagdroutinen aufbauenden Verhaltensweisen die Herdentiere nicht ernsthaft attackieren dürfen.

Zum *Zeitfenster*: Späteres Nachholen der auf bestimmte Zeitfenster beschränkten frühen Lernvorgänge ist nur in eingeschränktem Umfange möglich. Grundsätzlich gilt es zu unterscheiden, ob es sich um Prägung handelt, die innerhalb eines relativ kurzen Zeitraums nach der Geburt einsetzt, oder um Sozialisierung, die Welpen zwischen der 4. und 16. Woche durchlaufen. Prägungsvorgänge sind in der Regel stabiler als Sozialisierungsvorgänge und sie sind meist irreversibel. Die Annahme jedoch, dass außerhalb der sensiblen Phase kein Lernerwerb mehr möglich sei – ebenso wie die Vorstellung, dass sämtliche geprägten Verhaltensweisen zeitlebens unumkehrbar (irreversibel) seien, ist in dieser ausschließenden Formulierung heute nicht mehr haltbar. Das gilt für Lernen in seiner Gesamtheit! Auch die alte Meinung: *„Was Hänschen nicht lernt, lernt Hans nimmermehr"* ist inzwischen wissenschaftlich widerlegt. Das Gehirn, vor allem der betont langsam reifende Frontallappen des Menschen, weist selbst in hohem Alter noch Entwicklungsphasen auf. Lernen ist daher in jedem Alter möglich, allerdings mit höherem investivem und zeitlichem Aufwand. Wird das Gehirn im Alter weniger und weniger beansprucht, ergeht es diesem wie den Muskeln, die sich bei Nichtgebrauch zurückbilden (*Atrophie*).

Halten wir fest: Für Prägungsvorgänge bedarf es weder Belohnung noch Bestrafung. Prägung kommt – ähnlich wie Habituation – ohne Motivation aus. Sie *geschieht* ohne Zutun des Individuums. Wenn Graugänseküken Konrad Lorenz hinterherschwammen, so taten sie dies nicht im Sinne einer *konditionierten Nachahmung*, sondern als Folge eines *Prägungsvorganges (Nachfolgeprägung)*.

Dies unterscheidet Prägung deutlich von allen Lernformen, die auf den Folgen des Tuns aufbauen. Prägung vermittelt keine komplexen Lernergebnisse, sondern ist, wiederum ähnlich wie die Habituation, eine unterbewusst gesteuerte Lernform, die sich auf eng begrenzte Reaktionen und die jeweils hierfür vorprogrammierten Schlüsselreize bezieht. Prägung kann darüber hinaus Lernvorgänge in Gang setzen, die erst später zum Tragen kommen und/oder erst in Verbindung spielerischer Einübung funktionell einsetzbar werden. Hierzu zählen beispielsweise Prägungsvorgänge aus dem Funktionskreis des Beutegreifens: Auf den Schlüsselreiz plötzlich auftretender Bewegung folgt das reflexartige Zupacken. Die zahlreichen Einzelhandlungen wie Festhalten, Griff verbessern, Nachfassen usw. werden jedoch erst in zahllosen Spielen entwickelt und verfeinert. Die Zielhandlung wird in der Regel erst deutlich später umgesetzt.

Man unterscheidet verschiedene Prägungsvarianten und -formen, die wir hier aus Raummangel nicht weiter besprechen (Objekt- und motorische Prägung, Nachfolgeprägung „Lorenz' Graugänse", sexuelle Prägung, Ortsprägung, Nahrungsprägung, Geruchsprägung u.a.).

Auch für den Hund ist zur Integration in seinen künftigen Lebensraum besonders wichtig, dass er in den einzelnen Phasen der Sozialisierung die jeweils entscheidenden Reize vorfindet. Nur so kann er ein ausgeglichener Hund werden, der in der Lage ist, Vertrauen und Zurückhaltung, Mut und Vorsicht, Bindung und Eigenständigkeit auszutarieren und sich in der modernen, technisierten Welt der Menschen angstfrei und selbstsicher zu bewegen.

Hierbei kommt dem Erwerb sozialer Kompetenz besondere Bedeutung zu: Im Hinblick auf Gleichartige, auf Menschen und andere Tiere.

5. Die vier großen Lerntheorien

Wir erinnern uns: Lernen ist (grob umrissen) definiert als relativ dauerhafte, auf Grund von Erfahrung erworbene Veränderung des Verhaltens, Denkens oder Fühlens. Lerntheorien beschreiben, wie Tiere und Menschen Informationen erwerben, verarbeiten und speichern. Lerntheorien dienen dazu, Ursachen der Veränderungen in modellhafter, vereinfachter Form systematisch zu erfassen, um Verhalten verständlich zu machen, vorherzusagen und, wo möglich, zu beeinflussen. Wir werden im Folgenden die wichtigsten Lerntheorien beschreiben, ihre Grenzen aufzeigen und anhand von Beispielen Anwendungen im täglichen Leben mit dem Hund praxisnah darstellen. Und wir werden auf die Ergebnisse und Sichtweisen der neueren Lernforschung und der sich daraus ableitbaren Verhaltensbeeinflussung einer didaktisch-methodischen Erziehungs- und Ausbildungsgestaltung eingehen. Wir beginnen mit der *instrumentellen*, der *klassischen* und der *operanten Konditionierung*, die vielfach unter dem Begriff *Behaviorismus* zusammengefasst werden (Behaviorismus aus dem amerik. *behavior* = Verhalten). Diese Einteilung gründet auf der Gemeinsamkeit aller drei Theorien, in welchen Lernen auf *Assoziationsvorgängen* basierend verstanden wurde (*Reiz-Reaktions-Theorie*). Trotzdem gibt es zwischen allen drei Theorien Unterschiede. Es folgen dann die *kognitiven Lerntheorien*. Ausprägungen kognitiver Ausrichtung finden wir beim wir beim *Lernen durch Nachahmung, Lernen am Modell, Lernen durch Einsicht,* beim *sozialen Lernen* und beim *Lernen durch Selbststeuerung*.

Theorie der Konditionierung

Unter *Konditionierung* (lat. conditio = Zustand, Bedingung) versteht man Lernvorgänge, die auf Verknüpfung (Assoziation) von Reizen und Reaktionen beruhen. Die Lernprinzipien der Konditionierung wurden zunächst an Tierversuchen nachgewiesen, sie gelten jedoch (mit Einschränkungen) auch bei menschlichem Lernen. Wir beginnen mit der frühesten Lerntheorie, mit der *instrumentellen Konditionierung*.

Im vorliegenden Buch schließen wir uns der Auffassung an, dass die drei wichtigsten Theorien der instrumentellen, klassischen und der operanten Konditionierung Paradigmen (Lehrmeinungen) der *behavioristischen*

Lernpsychologie sind. Sie werden im Behaviorismus als *Reiz-Reaktionsprozesse* aus entweder ursprünglich spontanen Reaktionen (instrumentelle und operante Konditionierung) oder aus unbedingtem (nicht beeinflussbarem) Reaktionen (klassische Konditionierung) erklärt. Im ausgehenden 20. Jahrhundert wurde der Behaviorismus mehr und mehr durch der Kognitivismus abgelöst. Heute steht die situationsorientierte Nutzung der verschiedenen Theorien im Vordergrund, wobei alte Theorien neben neuen stehen und durch aktuelle Erkenntnisse erweitert werden.

Der Begriff Behaviorismus stammt von John. B. Watson (1878–1958), der im Jahre 1913 folgenden Artikel veröffentlichte: *Psychology as the Behaviorist views it* (1913 – Psychologie aus der Sicht des Behavioristen). Watson übertrug das Reiz-Reaktions-Schema und das Prinzip der klassischen Konditionierung auf die Psychologie des Menschen (Schwerpunkt Kleinkindforschung). Berühmt wurde er mit seinem provokanten Experiment des *Little Albert* (1920). Davon später.

Viele Beschreibungen beginnen mit der *klassischen Konditionierung*, gefolgt von der *instrumentellen*. Dies kann zur Annahme verleiten, die klassische Konditionierung (Pawlow) sei vorausgegangen. Oder man vermutet eine Unterscheidung nach Komplexität oder Bedeutung, wobei dann die klassische Konditionierung als Vorläufer zur instrumentellen und operanten Konditionierung gewertet wird – was ebenfalls falsch ist.

In Wirklichkeit entstand die instrumentelle Konditionierung (Thorndike) nahezu gleichzeitig zu Pawlows klassischer Konditionierung, genau genommen kurz vor Pawlow. Es folgten die Vertreter der *operanten Konditionierung* (Watson, Skinner u.a.), wobei Letztere an die Ergebnisse Thorndikes u n d Pawlows anknüpften.

Instrumentelle Konditionierung

Edward Lee Thorndike

Edward Lee Thorndike (1874–1949), der Begründer der instrumentellen Konditionierung, beschreibt diese Theorie als einen Vorgang, bei welchem bereits vorhandene Verhaltensweisen durch *Versuch und Irrtum*

Edward Lee Thorndike (1874–1949)

(*Trial-and-Error*) ausprobiert werden, um ein bestimmtes Ziel zu erreichen. Thorndike übernahm diesen Begriff vom britischen Zoologen und Psychologen Morgan Conwy Lloyd (1852–1936).

Der Begriff ist zumindest in der deutschen Übersetzung *Versuch und Irrtum* genau genommen nicht überzeugend, weil er der Handlung (trial = Versuch) nur *ein* Resultat, nämlich den Irrtum, gegenübergestellt. Das Wichtigste, der angestrebte Erfolg, fehlt. Aussagekräftiger wäre ein Begriff, der die drei zentralen Kernpunkte widerspiegelt. Beispielsweise: Versuch-Irrtum-Erfolg (trial-error-success). Der traditionelle Begriff Trial-and-Error ist nicht wesentlich kürzer. Ob das kostbare dritte Wort mit dem eher unwichtigen „and" glücklich gewählt wurde, sei dahingestellt. Zu bemerken ist aus zeitgemäßer Sicht, dass auch Skinner offensichtlich nicht den Irrtum, sondern den Erfolg hervorhebt. Er schreibt in seinem Buch: *How to teach animals* (Scientific American 1951) „*… Wir fanden heraus, wie Verhalten durch ein einfaches Programm von ´V e r s u c h und B e l o h n u n g´ geformt werden kann …*" – Mit Rücksicht auf die weite Verbreitung werden wir jedoch beide Begriffe verwenden: *Trial and Error* als auch *Versuch-Irrtum-Erfolg*.

Verhalten als Werkzeug – Trial-and-Error

In der instrumentellen Konditionierung wird das Verhalten selbst zum „Instrument" (Werkzeug, Mittel), welches von Tieren (und Menschen) verändert wird, um einen Vorteil zu erhalten: Unangenehmes oder Gefahren fernzuhalten oder bereits eingetretene Unannehmlichkeiten oder Schmerzen abzuwenden oder zu beenden. Wenn sich herausstellt, dass das eingesetzte Verhalten zum Ziel führt, wird es begünstigt; führt es nicht zum Ziel, wird es früher oder später aufgegeben. Anders ausgedrückt: Es handelt sich bei der instrumentellen Konditionierung um zielorientiertes Experimentieren mit zur Verfügung stehenden Verhaltensweisen (aus neuerer Sichtweise: individuell, sozial und situativ). Der Vorgang wird so lange fortgesetzt, bis Erfolg eintritt oder die Kräfte schwinden.

Diese Lernform wird aus bestehenden Zielen gespeist. Ziele können sich aus dem Reservoir *vitaler* (lebensnotwendiger) *Bedürfnisse*, begehrenswerter Ereignisse oder Objekte ergeben als auch aus dem Bestreben, unangenehme, schmerzhafte oder bedrohliche Ereignisse zu vermeiden oder zu beenden. Es geht also um ein breit ausgelegtes Spektrum an möglichen, zielorientierten Verhaltensweisen.

Thorndike gehörte zu jenem Kreis von Psychologen, die sich relativ früh von der *Introspektion* (Selbstbeobachtung) lösten und den strengen Weg experimenteller Lernforschung betraten. Fasziniert von Darwins (1809–1882) Evolutionstheorie, beschäftigte er sich zunächst mit der *Intelligenz der Tiere*. In dieser Thematik promovierte er 1898. Er war damals erst 24! Pawlow war zu dieser Zeit bereits 49 und arbeitete noch intensiv an den Verdauungsdrüsen, wofür er 1904, als 55 Jähriger, sechs Jahre nach Thorndikes Veröffentlichung, den Nobelpreis für Physiologie und Medizin erhielt. Thorndikes Doktorarbeit gehört, ebenso wie Pawlows Entdeckung der klassischen Konditionierung, heute noch zu den

Klassikern der Psychologie-Literatur! Mit seinem berühmten *Problemkasten* (*Puzzle Box,* Vorbild für die spätere *Skinner-Box*) wies Thorndike nach, dass sich Verhaltenskonsequenzen von Katzen, die dem Kasten entfliehen wollten, auf das nachfolgende Verhalten rückbestimmend auswirken. Tiere können demnach das Resultat ihrer Verhaltensweisen für die Zukunft zu ihrem Vorteil nutzen. Man kann sagen: Sie lernen aus den Folgen ihres Tuns. Der Problemkasten war so konstruiert, dass im Innern des Käfigs mehrere Hebel eingebaut waren, von denen aber nur einer die Tür öffnete. Betätigte die Katze diesen Hebel, öffnete sich die Tür. Die Katze war dadurch frei und hatte sich gleichzeitig die Möglichkeit geschaffen, an aufgestelltes Futter zu kommen (bei Thorndike: ein Fisch). Thorndike vermutete: Zwei Anreize bringen den Prozess in Gang: Das Bestreben, die Gefangenschaft zu beenden und das Erreichen der Nahrung. Sofort, nachdem die Katze eingesperrt wurde, begann sie, wild umherzulaufen, zu kreischen, zu springen und in das Gitter zu beißen. Es war deutlich zu sehen, dass es ihr anfangs nur um die Rückgewinnung der Freiheit ging. Der verlockende Fisch war ihr nicht wichtig. Diese Beobachtung wäre aus kongnitiver Sichtweise besonders aufschlussreich, weil sie auf Fähigkeiten der Unterscheidung, Präjudidzierung und Ansätze von Selbstregulierung hinweist. Die Katze nutzte ihre Möglichkeiten zunächst wahllos, aber im Hinblick auf Freiheit. Als sie einmal zufällig auf den richtigen Hebel trat, veränderte sich ihr Verhalten in auffälliger Weise. Vom Augenblick dieser Erfahrung an brauchte sie zusehends weniger Zeit für ihre Befreiung und weniger Versuche. Thorndike fand heraus:

Eine Katze benötigt bei einer einfachen Puzzle Box anfangs zirka 2,5 Minuten zur Befreiung. Sie wird jedoch immer schneller und ist nach 24 Versuchen in der Lage, sich in nur 7 Sekunden zu befreien. Hinzu kam, dass die Katze ruhiger wurde und das Fressen als zusätzlicher Anreiz an Bedeutung zunahm. Schließlich lernte die Katze, sich mit einem einzigen, gezielten Griff zu befreien. Ab da waren sämtliche erfolglosen Verhaltensweisen im Kontext des Problemkäfigs gelöscht. Dieser Versuch zeigt: Verhalten orientiert sich an den damit erreichten Effekten.

Was hatte die Katze gelernt? Sie lernte durch *Versuch-Irrtum-Erfolg*, jene Verhaltensweisen, die kein positives Resultat nach sich zogen, zu unterlassen, jene Verhaltensweisen jedoch, die Erfolg brachten, zu favorisieren.

Beispiel für Trial-and-Error (Versuch-Irrtum-Erfolg) bei Hunden:

Wir beobachten einen Hund über Tage hinweg, wie er sein Verhalten ändert, indem er einen Maiskolben vom Stamm holt, sich auf den Boden legt und frisst. Anfangs fasst er den Maiskolben zwischen den Pfoten, sodass dieser senkrecht nach oben zeigt. Der Hund muss den Kopf schräg halten, um an die Maiskörner zu kommen. Anfangs beißt er in den Kolben, frisst den Kern und die Körnern, nach einigen Tagen spuckt er Stücke des Kerns aus. Nach weiteren Tagen hat er gelernt, den Kolben seitlich zu legen, mit beiden Pfoten zu fixieren und in bequemer Kopfhaltung die Körner mit den Schneidezähnen vom Kolbenkern abzutrennen, wobei er den Kern ständing weiterdreht. Was hat er wie gelernt? Anders als in Thorndikes Katzenexperiment traten zwei Motivationen gleichzeitig auf: Das Fressenwollen der Kerne und das Vermeiden des lästigen und nicht schmackhaften Kolbenkerns. Durch Versuch-Irrtum-Erfolg näherte er sich der im Hinblick auf Funktionalität und Ökonomie günstigsten Handlungsweise. Dieses einfache Beispiel zeigt, dass die Modelle, an denen die Lerngesetze dargestellt werden, auf ein Minimum reduziert wurden und dass in der Realität fast immer mehrere Lernvorgänge zusammentreffen. So auch hier, wo nicht nur die Motivation für etwas, sondern auch das Bestreben gegen etwas fast gleichzeitig auftreten, ineinanderspielen und das veränderte Verhalten als Konsequenz der Erfahrungen nach sich ziehen.

Beispiel für Trial-and-Error (Versuch-Irrtum-Erfolg) bei Hunden:

Angenommen, ein Hund möchte die Aufmerksamkeit seines Besitzers auf sich lenken. Letzterer ist vertieft in seine Arbeit am PC und nimmt den Hund nicht wahr. Der Hund steht auf, geht zu ihm und schiebt seine Schnauze unter den auf dem Schreibtisch liegenden Unterarm. Der Besitzer fühlt sich beim Schreiben gestört und schiebt den Hund beseite. Kleinlaut geht der Hund zurück auf seinen Platz. Nach kurzer Zeit unternimmt der Hund einen zweiten Versuch: Er geht wieder zum Schreibtisch und legt die Vorderpfote auf die Oberschenkel seines Besitzers. Auch das stört den Besitzer, der in die Arbeit vertieft war und er weist den Hund zurück auf sein Lager. Nach einer Weile steht der Hund wieder auf, lässt einen Beller los, läuft zur Tür und propagiert mit allerlei Zeigegesten, dass er hinaus will – oder „muss mal“. Da steht der Besitzer auf und lässt den Hund hinaus. Was ist vorgefallen? – Im vorliegenden Beispiel ging es dem Hund um Aufmerksamkeit, möglicherweise auch nur oder in Verbindung des Beendens der Langeweile! Nach zwei Versuchen fuhr der Hund nicht fort, Versuche in ähnlicher Form zu wiederholen, um Aufmerksamkeit zu erreichen oder die Langeweile zu beenden, sondern er änderte das Gesamtkonzept, indem er vorgab, hinauszuwollen, bzw. zu müssen. Vielleicht hat er sich erinnert, dass er unter ähnlichen Umständen schon Erfolg (success) hatte. Also hat er gebellt, was den Besitzer veranlasste, die Arbeit am PC zu beenden und dem Hund zur Erfüllung der vermeintlichen Bedürfnisbefriedigung zu verhelfen. Es ist zu vermuten, dass der Hund in Zukunft, wenn es ihm langweilig ist, gleich zu bellen beginnt.

Thorndike bezeichnet positive Konsequenzen als *Satisfier* (engl. = Zufriedenstellung, Befriedigung) und negative Konsequenzen als *Annoyer* (engl. = Verdrossenheit, Ärgernis). Interessant ist: Pawlow prägte etwa zur gleichen Zeit die Begriffe *Verstärkung* (engl. = *reinforcement*) und *Löschung* (engl.= *extinction*). In Thorndikes Katzenbeispiel wurde das Tier auf Grund einer *Reiz-Reaktions-Verbindung* (*stimulus-response-connection*) auf ein bestimmtes Verhalten *konditioniert*.

Instrumentelle Konditionierung baut auf den Folgen des Verhaltens auf, wobei die Verhaltensänderung im Experiment ermittelt wird (Trial-and-Error) und sich auf Grund der Anzahl der Wiederholungen und der bis zum Erfolg erforderlichen Zeit wissenschaftlich bestimmen lässt. Die bei Thorndikes Katzenbeispiel beschriebene Problemlösung ist noch relativ einfach, da sie stark vom Zufall abhängt. Trotzdem handelt es sich bei Trial-and-Error bereits um eine Problemlösung an der Schwelle intelligenten Handelns. Und zwar deshalb, weil hier schon Erinnerungsvermögen beteiligt ist. Könnte sich die Katze in Thorndikes Versuch nicht daran erinnern, dass diese oder jene Verhaltensstrategie erfolgreich, bzw. nicht erfolgreich gewesen war, müsste sie, wieder in die Box gesetzt, jedes Mal aufs Neue das gesamte Experimentrepertoire durchspielen. Lerntheoretisch gesehen war die Katze jedoch in der Lage, aus ihren Erfahrungen eine Veränderung bereits angewandter Strategien zu bilden (*Umstrukturierung*). Umstrukturierung basiert auf *Abstraktionsvermögen*. Trial-and-Error ist daher per se (für sich genommen) nicht primitiv, sondern steht bereits am Wendepunkt zu intelligentem Handeln.

Höhere Lernformen heben sich u.a. durch kreative Intelligenz ab. Das heißt, neue Probleme werden ohne Experiment – allein durch Einsicht und Vorstellung – gedanklich kreativ gelöst. Das wäre in unserem Beispiel eine Katze, die sich die Box genau ansieht, sich den Effekt der einzelnen Hebel vorstellt und dann weiß, welcher Hebel zum Ziel führt. Eine noch höhere Intelligenzstufe ist die Fähigkeit, Lösungen auf neue, ähnliche Situationen zu übertragen (*Transfer*). Eine Katze wäre mit Hilfe dieser Lernleistung in der Lage, das Hebelproblem der Box auf den Mechanismus eines Türriegels zu übertragen, der den Weg zum heißbegehrten Gulasch in der Küche freigibt.

Thorndike war ein überaus produktiver Forscher. Er verfasste 78 Bücher und zahlreiche Fachbeiträge. Was er zunächst an Tieren erforscht hatte, begann er mehr und mehr auch auf Menschen zu übertragen. Hierbei nutzte er die Begriffe *Belohnung* und *Bestrafung*. 1931 widerrief er einiges aus seinen vorausgegangenen Veröffentlichungen. Er revidierte vor allem das *Gesetz der Übung* (*Law of Exercise*), nachdem er bei Experimenten mit Menschen erkannte, dass Lernen durch reine Wiederholung nicht maßgebend beeinflusst werden kann. *„Nicht Wiederholung bewirkt Lernen, sondern die Wirkung des Handelns“* (Thorndike 1931). Er gibt auch zu, dass negative Reaktionen nicht den von ihm vermuteten Zustand des *Stamping-out* (*Ausstanzens*, wir würden heute sagen *löschen*) bewirken, sondern dass unerfreuliche Resultate, wenn überhaupt, dann nur wenig Wirkung auf die Verbindungsstärke haben. Für die Verhaltensbeeinflussung hat diese Beobachtung weitreichende Folgen, besagt sie doch, dass Druck, Gewalt und Schmerz aus wissenschaftlicher Sicht nicht die gewünschten Verhaltensänderungen bewirken. Diese Erkenntnis ist heute über achtzig Jahre alt! Das sollten sich Vertreter der *harten Ausbildung bei Hunden* vor Augen halten.

Thorndike näherte sich gegen Ende seines Schaffens schon sehr dem *Kognitivismus*, indem er herausfand, dass Gedanken, Emotionen und Einsicht unübersehbaren Einfluss auf Lernen haben. Derartige Ansätze wurden im frühen bis hin zum radikalen Behaviorismus gemieden. Thorndikes weitsichtiges Schaffen kann daher nicht hoch genug eingeschätzt werden. Mit seinem Lebenswerk hatte er viel zum Verständnis der Lernvorgänge bei Tieren und Menschen beigetragen. Auch für die nachfolgende Forschung hat er den Weg bereitet, indem er, wenngleich spät, die *Verstärkung* als ein wichtiges Lernprinzip einzuschätzen begann.

Die Begriffe *Reiz* und *Reaktion* wurden in der Folge von Clark L. Hull (1884–1952), John Broadus Watson (1878–1958), Edwin Guthrie (1886–1959) und anderen in mehreren Kernpunkten erweitert. Eine dieser erweiterten Überzeugungen besagt, dass grundsätzlich jedes Objekt als Reiz für das *Lernen durch die Konsequenzen des Handelns* wirksam werden kann. Jede Behinderung einer zielgerichteten Handlung, selbst physiologisch bedingte Gewebeveränderungen, die eintreten, wenn ein Individuum an einer gezielten Ausführung gehindert wird, sind demnach als Reize zu verstehen. Beispielsweise, wenn ein Lebewesen zur Wasserstelle möchte, oder dabei ist, ein Nest zu bauen, oder sich paaren möchte und dabei hinderliche Umstände auftreten, so ist der sich anschließende Lernprozess als *instrumentelle Konditionierung* zu werten. Watson schreibt 1968 (S. 39):

„... Unter einer Reaktion verstehen wir alles, was das Lebewesen tut – zum Beispiel sich dem Licht zu- oder von ihm abwenden, bei einem Geräusch aufspringen oder auch höher organisierte Tätigkeiten, wie Wolkenkratzer errichten, Pläne schmieden, Babys bekommen, Bücher schreiben und anderes ...“

Instrumentelle Konditionierung in der Praxis

Hunde eignen sich über die instrumentelle Konditionierung allerlei Verhaltensweisen an. Verhaltensweisen, die nicht immer toleriert werden können. Und es ist stets der gleiche Vorgang: Ein Bedürfnis aktiviert Lösungsversuche. Durch *Trial-and-Error* wird erfolgreiches Handeln ermittelt bzw. erfolgloses ausgeschieden. Im weiteren Verlauf wird nur noch die am meisten erfolgreiche Aktion vermehrt eingesetzt, perfektioniert und gefestigt. Man weiß aus Erfahrung: Ein Hund, der gelernt hat, sich Artgenossen oder Menschen vom Leibe zu halten, indem er bestimmte Verhaltensweisen zeigt, zum Beispiel Bellen oder Zähne fletschen, wird das erfolgreiche Verhalten ritualisieren und beibehalten, wenn es nicht durch ein anderes Verhalten verdrängt bzw überboten wird.

Um auf sich aufmerksam zu machen, hat dieser Malinois gelernt, wenn er durstig ist, die Schüssel lautstark und auffällig hin- und herzuschieben.

Beispiel für instrumentelle Konditionierung:

Angenommen, ein Hund geht mit seinem Besitzer an der Leine. Weil der Hund lange auf seinem Lager war und weil viele Dinge beim Gehen sein Interesse wecken, beginnt er zu ziehen. Der Besitzer hält mit der Leine dagegen, möglicherweise gibt er dem Hund ab und zu noch einen Ruck oder/und schimpft ihn aus. Das Ziehen des Hundes ist eine Folge aus Bewegungsdefizit und Freiheitsbedürfnis. Auch hier wieder ein Beispiel dafür, dass sich die Motivation für ein Zielverhalten meist aus mehreren Motiven zusammensetzt. Die sich darauf einstellende Handlung ist dann eine schwer greifbare Mixtur aus individuell situativen Bedürfnissen und Erwartungen. So auch hier. In ihrer Gesamtheit ergeben die Motive eine relativ starke Bereitschaft zu handeln (Aktionspotenzial), in unserem Fall zum Ziehen. Die Gegenmaßnahmen des Besitzers, das Rucken und/oder Schimpfen, führen meistens nicht zum Erfolg. Der Hund zieht einfach stärker, auch wenn es mehr oder weniger unangenehm ist. Hinzu kommt: der Hund lernt, dass, wenn er nur stark genug zieht, er seinem Ziel zumindest näher kommt. Auch wenn er sich letztlich nicht von der Leine befreien kann, so bedeutet sein Nicht-Nachgeben doch zumindest einen Teilerfolg, der sich selbstbelohnend auswirkt. Kommt dann noch hinzu, dass der Besitzer genervt nachgibt und den Hund freilässt, dann ist klar: Das vergisst der Hund nicht, selbst wenn es nur ganz selten vorkommt! Und aus dieser Erinnerung wird eine intensive Motivation gespeist, zu ziehen. „Vielleicht gibt Herrchen ja doch nach", und dann ist der Hund frei. Das aus der Sicht des Hundes mit viel Mühe abgetrotzte Freiheitsgefühl zeigt Wirkung – in Form von Beharrlichkeit und noch stärkerem Ziehen.

Beispiel für instrumentelle Konditionierung:

Ein anderes Szenario könnte darin bestehen, dass der Hund während des stärkeren Ziehens Verschiedenes ausprobiert, um den Besitzer dazu zu bewegen, ihn freizulassen: Er bellt. Keine Reaktion. Er sieht den Besitzer mitleiderweckend an. Ebenfalls ohne Erfolg. Zufällig röchelt er einmal, weil er sich gerade verschluckt hatte. Der Besitzer wird aufmerksam und meint, er würde dem armen Hund die Luft abschnüren und lässt ihn von der Leine. Der Hund hat im Nu durch Versuch-Irrtum-Erfolg gelernt, was er mit Röcheln bewirken kann. Daher wird er in Zukunft gezielt röcheln, um sich so aus der Unannehmlichkeit der Leinenrucke zu befreien. Hunde entwickeln oft erstaunliche Verhaltensweisen, um sich Vorteile zu verschaffen und Unangenehmes abzuwenden.

Beispiel für instrumentelle Konditionierung:

Elos, der Malinois-Rüde in unserem Hause, liegt oft stundenlang unter meinem Schreibtisch, wenn ich am PC arbeite. Seine Wasserschüssel steht neben der Tür. Wenn er durstig ist, steht er auf und geht zur Schüssel. Ist sie leer, legt er sich wieder hin und wartet, bis das Wasser nachgefüllt wird. Eines Tages fiel uns Folgendes auf: Er hatte sein abwartendes Verhalten grundlegend geändert. Er schob die Schüssel mit lautem Geklapper durch den Raum und hörte nicht auf, darin zu lecken, obwohl er wusste, dass sie leer war. Er hatte herausgefunden, dass wir auf das von ihm erzeugte akustische Signal Klappern reagieren. Seither macht er immer, wenn die Schüssel leer ist, durch gezieltes Klappern auf sich aufmerksam. Lerntheoretisch ist folgendes abgelaufen: Das Bedürfnis Durst hat ihn veranlasst, aktiv zu werden. Wahrscheinlich hat er Verschiedenes ausprobiert, was uns, am PC in die Arbeit vertieft, nicht aufgefallen war. Das Klappern jedoch zeigte Wirkung und Erfolg. Das hat er sich gemerkt und sein Verhalten daraufhin verändert und perfektioniert.

Beispiel für instrumentelle Konditionierung:

Eine weit verbreitete instrumentell erworbene Strategie der Hunde ist das Scheinschnüffeln. Nicht nur auf Hundeplätzen ist diese Verhaltensweise verbreitet. Auch Hunde, die auf dem Spaziergang zurückgerufen werden, geben plötzlich die Nase an den Boden und scheinen sehr vertieft zu schnüffeln. Der Besitzer meint, der Hund folge seinen natürlichen Bedürfnissen, schließlich habe er ja einen ausgeprägten Geruchssinn und könne nicht anders, und da müsse man ihn doch gewähren lassen. Das hat Flocki bald herausgefunden und immer, wenn ihm der gegebene Auftrag (oder das gesamte Training auf dem verhassten Hundeplatz) zuwider ist, zieht er sich mit diesem Verhalten aus der Affäre. Es dauert nicht lange, bis er entdeckt, dass Herrchen oder Frauchen in dieser Situation auf den Autoritätsanspruch freiwillig verzichtet und sozusagen machtlos ist, was dem Hund nicht selten eine zusätzliche Selbstbelohnung einbringt. Man kann immer wieder beobachten, dass Hunde ein erfolgreiches Täuschungs-Manöver ausweiten und auch auf andere Situationen anwenden (Generalisierung).

Beispiel für Bumerang-Effekt:

In vielen Situationen, in welchen Bestrafung und Belohnung eng aufeinander folgen, kann Folgendes passieren. Besonders beim Fußgehen ist dies oft zu beobachten: Der Hundebesitzer versucht seinem Hund beim Fußgehen richtig und falsch zu vermitteln, indem er ihm mittels Ruck oder Nein mitteilt, dass Ziehen unerwünscht ist. Geht der Hund einige Schritte an lockerer Leine mit, wird er intensiv gelobt. Auf diese Weise soll der Hund den Unterschied lernen. Aus der Sicht des Hundes läuft jedoch oft etwas anderes ab: Die Ursachen für Ziehen, Bedrängen, seitliches Ausweichen, Zurückbleiben oder was auch immer gehen fast nie auf die vermutete Befehlsverweigerung, Sturheit oder Dummheit zurück, sondern sind das Ergebnis komplex gemischter Motivationen wie Erkunden, Bewegungslust, Angst, Distanztendenz, Tatendrang, Lustlosigkeit oder Freiheitsdrang. Der Besitzer hingegen sieht das Ganze aus dem Blickwinkel Gehorsam oder Ungehorsam. Wenn der Hund nun zieht und der Besitzer ihn dafür mittels Ruck zu korrigieren sucht, und im nächsten Augenblick, wenn der Ruck Wirkung gezeigt hat, belohnt, meint der Hund vielleicht: Das Ganze, also Ziehen-Ruck und Langsamer-Lob, gehören zusammen. Er meint, der Ruck kündigt die Belohnung an. Auch wenn der Ruck unangenehm ist, überwiegt letztlich die Erwartung auf die Belohnung. Wenn der Besitzer die Belohnung extra stark auslegt, in der Meinung, der intensivere Verstärker brächte mehr Erfolg, übersieht er, dass er damit zwar die urprüngliche Motivation des Ziehens durch den Vestärker verdrängt (überschattet, engl. overshadowing), durch die zeitliche

Nachbarschaft von Ruck (Bestrafung) und Belohnung (z.B. Leckerli und Lob) jedoch die Umdeutung des Bestrafungs-Rucks in eine Ankündigung eines positiven Effekts verursacht. Das heißt, der Ruck wird nicht als Bestrafung, sondern als Erwartung eines erstrebten Folgeereignisses konditioniert und letztlich emotional positiv erlebt. Die Bestrafung wirkt wie ein Bumerang, den der Besitzer geworfen hat. Der Bumerang trifft jedoch nicht das Ziel, sondern auf dem Rückflug den Besitzer. Um den Bumerang-Effekt zu vermeiden, müsste man Bestrafung und Belohnung zeitlich trennen und die Belohnung dürfte nicht zu intensiv ausfallen. Die andere, einfachere und sicherere Möglichkeit wäre, auf die Bestrafung zu verzichten, den Fehler einfach zu ignorieren und nur das gewünschte Verhalten zu verstärken. Mit diesem Beispiel haben wir bereits Elemente aus den im folgenden Lerntheorien angekündigt.

Klassische Konditionierung

Iwan Petrowitsch Pawlow

Als zweite Lerntheorie innerhalb der behavioristischen Lerntheorien beschreiben wir die sogenannte *klassische Konditionierung*, die wie die *instrumentelle Konditionierung* zu den *Assoziationstheorien* zählt. Ihr Begründer war Iwan Petrowitsch Pawlow (1849–1936), der mit seiner Entdeckung des reflexbedingten Verhaltens weltberühmt wurde. Pawlow wollte zuerst wie sein Vater Priester werden. Unter dem Einfluss westlicher Wissenschaftsschriften, vor allem durch Darwins Gedanken, brach er das Studium ab und studierte Tierphysiologie und Medizin. Nach seinem Abschluss in Medizin studierte er zwei Jahre in Deutschland. Anschließend ging er als Assistent in ein Physiologielabor nach Petersburg. Er beschäftigte sich zunächst mit der Innervation des Herzens (1873). Um 1890 begann er sich intensiv mit der Verdauung zu beschäftigen, wobei er für seine Experimente

Iwan Petrowitsch Pawlow (1849–1936)

Hunde einsetzte. Sein 1897 veröffentlichtes Buch *Die Arbeit der Verdauungsdrüsen* erregte in der Fachwelt Aufsehen.

1903 trug er auf dem Medizinerkongress in Madrid vor, dass die *bedingten Reflexe* bei höheren Tieren und Menschen nach denselben Prinzipien ablaufen. 1904 erhielt er für seine Pionierarbeit auf dem Gebiet der Verdauungsvorgänge den Nobelpreis für Physiologie und Medizin. Im Laufe seines Lebens wurde er mit zahlreichen, internationalen Ehrungen ausgezeichnet. 1927, in hohem Alter, entdecke Pawlow noch ein weiteres Phänomen, das später unter dem Begriff *Placebo-Effekt* zu einer eigenen Forschungsthematik wurde. Er beobachtete, dass Hunde nach einer Morphium-Injektion erbrachen und dass das Erbrechen auch auftrat, wenn er nicht Morphium, sondern nur Kochsalz verwendete. Kochsalz führt normalerweise zu keiner Reaktion.

Obwohl er einen internationalen Ruf genoss, lebte er mit seiner Familie lange Jahre unter ärmlichen Bedingungen. Vom Zar erhielt er nur einen geringen Lohn. Seine Forschungsarbeit war er gezwungen weitgehend aus eigenen Mitteln zu finanzieren. Unterstützung von Gesellschaften erhielt er nur gelegentlich. Er schlief im Labor und aß nur sporadisch. Erst nach dem 40. Lebensjahr erhielt er eine feste Anstellung an der militärischen Medizinakademie in St. Petersburg. Kurz danach bekam er den Lehrstuhl für Physiologie. Während des Ersten Weltkrieges und der Revolution 1917 konnte er seine Arbeiten nur noch unter äußerster Einschränkung und unter fast unvorstellbaren Bedingungen weiterführen. Es war so kalt, dass einige Versuchstiere erfroren und er selbst war während der Arbeit mit Mantel, Mütze und Stiefel bekleidet. Den Raum beleuchtete er mit Holzfackeln.

Erst als 50-Jähriger begann er, auf Grund eines Zufalles, sich näher mit *Reflexen* zu beschäftigen. Hierzu diente ihm der Versuchsaufbau, den er schon im Rahmen seiner Arbeit über die Verdauungsvorgänge entwickelt hatte. Pawlow schnallte seine Versuchshunde in ein Gestell, nachdem er ihnen Kanülen implantiert hatte. Beim Fressen begannen die verschiedenen Verdauungsdrüsen Sekrete zu bilden und abzusondern. Diese Sekrete wurden durch Kanülen nach außen geführt, gewogen und aufgezeichnet. Pawlow war schon während seiner Arbeit über die Verdauung aufgefallen: Zwingerhunde speicheln bereits, wenn sie die Schritte des Besitzers, der das Fressen brachte, hörten also *bevor* sie das Fressen sahen. Er war fasziniert von der Hypothese, dass neutrale Reize wie etwa die Schritte des Besitzers sich unter bestimmten Umständen mit dem Stimulus Futter assoziierten. 1905, ein Jahr, nachdem er den Nobelpreis erhalten hatte, begann er sein berühmtes Futter-Speichelfluss-Experiment. Was Pawlow in der Natur beobachtete, bestätigte sich im Experiment: Mit Hilfe der Aufzeichnungen über den Speichelfluss konnte er nachweisen, dass seine Hunde Magensaft und Speichel bereits absonderten, wenn sie das Futter sahen. Pawlow verstand die entdeckten Reiz-Reaktions-Vorgänge als Wechselwirkung von Erregungs- und Hemmungsprozessen. Für die verhaltensaktivierenden Kräfte fand er den Begriff *Bekräftigung bzw. Verstärker* (*Reinforcement*), den er annähernd gleichzeitig formulierte wie Thorndike seinen aus dem Gesetz der Wirkung (*Law of Effect*) abgeleiteten Begriff *Befriedung* (aus dem Engl. = Satisfier). Die Ähnlichkeiten sind unverkennbar. Beide Theorien beschreiben *Assoziationsvorgänge*.

Pawlow untersuchte weitere Reize. Er koppelte unter anderem einen Glockenton zeitgleich zur Futtergabe. Nach mehreren

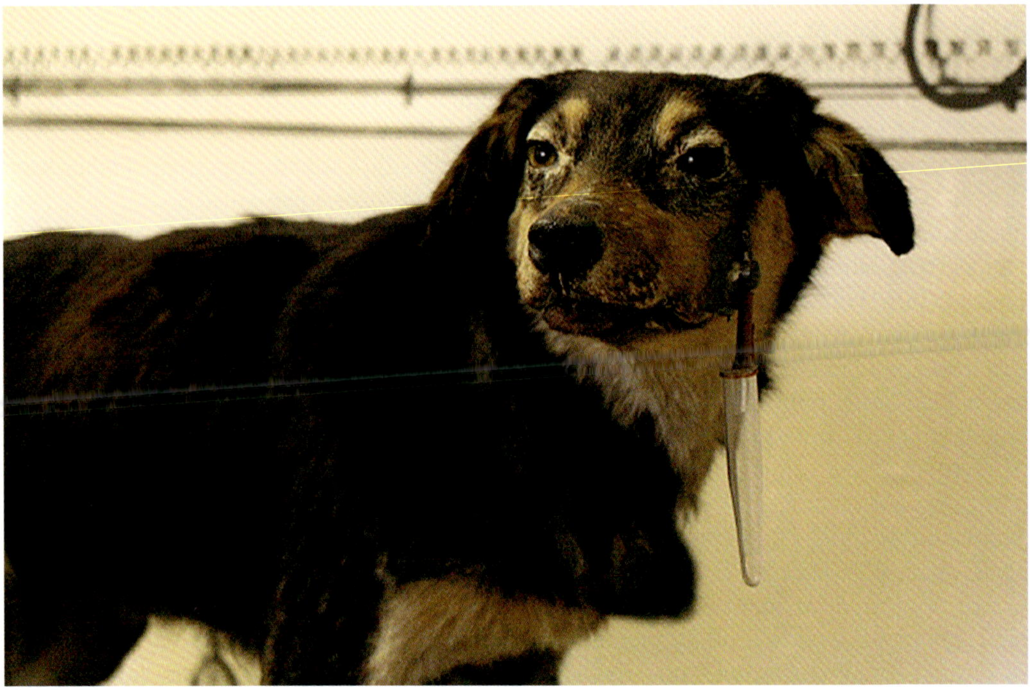

Einer von Pawlows Versuchshunden (gut zu sehen die eingeführte Kanüle).

Wiederholungen reichte der Glockenton allein aus, ohne Futtergabe, um den Speichelfluss zu aktivieren. Was war geschehen? Der ursprünglich neutrale Glockenton nahm die Auslösefunktion des Futters an.

Pawlows Entdeckung wurde weltberühmt, ebenso der von ihm geprägte Begriff *Konditionierung*. Er widmete sich noch weitere dreißig Jahre der Erforschung der nach ihm genannten *klassischen Konditionierung*. Gemeinsam mit seinen Schülern stellte er in vielen Experimenten fest, dass zahlreiche andere Reize, beispielsweise das Einschalten einer Lampe oder ein Summton, dieselbe Wirkung hervorbringen, wenn sie in ausreichender Wiederholung gemeinsam mit dem Futter gekoppelt werden.

Hier eine Kurzbeschreibung der klassischen Konditionierung in verständlichen Worten:

> *„Klassische Konditionierung beschreibt den Lernprozess, welcher durch Koppelung eines ursprünglich neutralen Reizes mit einem reflexauslösenden Reiz entsteht, wobei der ursprünglich neutrale Reiz infolge der Wiederholung die Eigenschaft des angeborenen auslösenden Reizes annimmt und das Reflexverhalten auch ohne diesen auszulösen vermag."*

Reflexe, Reize, Reaktionen

Begriffe der *klassischen Konditionierung*

In den deutschen Ausgaben von Pawlows Schriften finden sich leider mehrere sprachlich wie inhaltlich unkorrekte Begriffe. Das kommt daher, dass die Übersetzungen aus dem Englischen ins Deutsche übertragen wurden, anstatt die Übersetzung vom Russischen aus vorzunehmen. So kam es, dass heute noch die Begriffe *konditioniert* und *unkonditioniert* an Stelle der originären Worte *conditional* und *unconditional* (bedingt und unbedingt) verbreitet sind. Außerdem kursiert eine Vielzahl von Kürzeln: CS, KS, US, UKS und UCS. Auch die unterschiedlichen Bezeichnungen R, einmal für *Reiz*, ein andermal für *Reaktion* (bzw. *Response*) stiften of Verwirrung. Um Verwechslungen vorzubeugen, werden im vorliegenden Buch durchgehend die Abkürzungen CS (Conditionaler Stimulus), UCS (Unconditionaler Stimulus) und R (Reaktion) verwendet. Diese Kürzel stammen aus dem Lateinischen und sind international bekannt. Die Gegenüberstellung des aus zwei Buchstaben bestehenden CS zu den aus drei Buchstangen bestehenden UCS hilft zusätzlich, Verwechslungen vorzubeugen. Auch das ist ein Beitrag zum Thema Lernen. Im weiteren Verlauf des Buches, wenn Begriffe und Kürzel durch Identität ihrer Anfangsbuchstaben schon gefestigt sind (z.B. **C** = **C**onditional) werden auch die heute im *Duden* eingedeutschten Begriffe ***k**onditional* und ***u**nkonditional*, bzw. *konditioniert* und *unkonditioniert* verwendet. In den Anfangsbuchstaben übereinstimmende Kürzel und Begriffe sind leider auf Grund internationaler Orientierung an Latein und Englisch nicht realisierbar. Der Leser hat die Wahl, sich am Duden zu orientieren mit der Folge, dass ein **C** ***k**onditioniert* bedeutet oder sich am Latein zu orientieren und dabei auf die deutschen Begriffe *Konditionierung* und *konditioniert* zu verzichten. Eine weitere Möglichkeit besteht darin, innerhalb der klassischen Konditionierung Pawlows Begriffe zu verwenden und für die nachfolgende operante Konditionierung die eingedeutschten Worte zu bevorzugen, in den Kürzeln jedoch die lateinischen Kürzel zu belassen.

S	=	Stimulus	=	Reiz
R	=	Reaktion (lat. reactio)	=	Reaktion
C	=	Conditional	=	bedingt
UC	=	Uncon-ditional	=	unbe-dingt
UCS	=	Uncondi-tionaler Stimulus	=	unbe-dingter Reiz
CS	=	Conditiona-ler Stimulus	=	beding-ter Reiz
UCR	=	Uncon-ditionale Reaktion	=	unbe-dingte Reaktion
CR	=	Conditiona-le Reaktion	=	bedingte Reaktion

Reflex:

Reflexe äußern sich in Reaktionen, die durch bestimmte, adäquate Reize ausgelöst werden. Ursprünglich beschränkte man Reflexe auf angeborene Reaktionen. So auch bei Pawlow. Diese angeborenen Reaktionen gehen auf bewährte Ergebnisse der Evolution zurück und sind für jede Art unterschiedlich. Reflexe bilden sozusagen die genetische Grundausrüstung für den Überlebenskampf der Arten. Der Begriff wurde auf Grund des zunehmenden Wissensstandes erheblich erweitert. In der Verhaltensbiologie unterscheidet man seit Pawlow neben den übergeordneten angeborenen (unbedingten) und erlernten (bedingten) noch weitere Reflexgruppen.

Hier einige Beispiele unterschiedlicher Reflexe: Zu den länger schon bekannten Reflexen, dem Lidschluss-Reflex (*Fremdreflex – Schutzreflex*), dem Futter-Speichel-Reflex (*Fremdreflex*), dem Patellarsehnenreflex (*Kniesehnenreflex = Eigenreflex*), dem vorübergehende Saug- und Greifreflex bei Säuglingen (*frühkindlicher Reflex*) zählt man heute auch die unzähligen erworbenen, gefühlsmäßigen Reaktionen, die als *koordinierte Reflexe* bezeichnet werden. Dazu gehören auch erworbene emotionale Reaktionen, die durch individuell spezifische Reize ausgelöst werden. Diese individuellen Reaktionen äußern sich oft in komplexen, *psychosomatischen* (körperlich-psychischen) Vorgängen. Sie können auf unterschiedliche Art und Weise, als neurobiologische oder biochemische Vorgänge umgesetzt werden: Durch Gefäßerweiterungen oder -verengung, durch Muskelkontraktionen oder -erschlaffung oder durch Hormonausschüttung. Beispielsweise als (oder in Verbindung) vegetativer Reaktionen wie: Schweißausbruch und ansteigende Herzfrequenz, Veränderung der Atmung (Tiefe, Frequenz u.a. Eigenschaften) sowie zahlreiche motorische Duck-, Ausweich- und Haltereflexe.

Nicht nur auftretende Gefahr oder Verlust des Gleichgewichts sind hierbei als Auslöser zu nennen. Auch soziale Konflikte, persönliche Probleme und Widersprüche, Abhängigkeiten und Schicksalsschläge können reflektorische Reaktionen bilden und sich in bestimmten Reizketten, die dann zu konditionalen Auslösern werden, niederschlagen. Auch Haltung, Mimik, Gestik, der Gang oder das Beschleunigen oder Anhalten werden mehr, als uns oft bewusst wird, durch erworbene, koordinierte Reflexe beeinflusst. Von dieser Warte aus gesehen bietet die *klassische Konditionierung* ein nahezu grenzenloses Feld der Anwendung. Das gilt auch für unsere Hunde.

Für das Verständnis der klassischen Konditionierung ebenso wie für deren Anwendung kommt man am Grundrepertoire der Begriffe nicht vorbei.

Einfach ausgedrückt kann man sagen: In der klassischen Konditionierung geht es um *Reflexe, Reize (stimuli)* und *Reaktionen*. Hier die Begriffe im Einzelnen:

Unkonditionaler (unbedingter) Reflex:

Pawlow beschreibt den *unkonditionalen (unbedingten, unwillkürlichen, angeborenen) Reflex* am Beispiel des Speichelns. Nimmt ein Hund Futter wahr (visuell oder/und geruchlich), so setzt der Reflex des Speichelns ein. Dieser Vorgang ist angeboren und muss

Reflexe haben Vorrang selbst vor dem Festhalten einer Spielbeute und laufen über den schnelleren, unterbewussten Weg. Der Hund lässt das Wasserspielzeug aus, um sich zu schütteln.

daher nicht erlernt werden. Der Vorgang kann vom Individuum weder unterbrochen noch verstärkt oder abgeschwächt werden.

Die vorher erwähnte Einschränkung „unter normalen Umständen" ist gerechtfertigt. Mit bestimmten Techniken lässt sich beispielsweise die Herzschlagfrequenz willentlich beeinflussen und in erstaunlichem Umfang (auch ohne Reizeinwirkung) beschleunigen oder reduzieren. Auch aus dem Joga sind Vorgänge bekannt, die ebenfalls die Beeinflussbarkeit an sich als nicht beeinflussbar geltende Abläufe bekunden: In der Joga-Reinigungsübung *Nauli* beispielsweise kann die glatte Muskulatur der Darmwand gezielt in kreisende Bewegungen versetzt werden, – mittels Konzentration, Haltung, Atmung und isometrischer Muskelkontraktion in Beinen und Armen. Ein anderes Beispiel ist die in der Hypnose oder Autosuggestion bekannte Reduzierung der Schmerzwahrnehmung – bis hin zur Elimination und der Fähigkeit, Operationen ohne Narkose durchzuführen.

Weitere, bekannte Beispiele für reflexartige Vorgänge sind Jagd-, Flucht-, Angst-,

Aggressions-, Such-, Partnerwerbungs- oder Spielreaktionen mit ihren im betreffenden Kontext auslösenden Reizen. Diese kurze Aufzählung zeigt, dass die *klassische Konditionierung* einen weiten Anwendungsumfang beinhaltet. Sehen wir uns Pawlows Speichel-Experiment etwas näher an:

Unkonditionaler Stimulus UCS (Unbedingter Reiz) (lat. stimulus = Stachel):

Pawlow beschreibt das Futter als *unkonditionalen Stimulus (unbedingten Reiz). Unbedingt*, weil das Individuum keinen Einfluss auf die Reaktion hat. Das Futter hat als äußere Einwirkung das Speicheln *unbedingt* zur Folge. Speicheln ist daher die *adäquate Reaktion* auf den Anblick von Futter.

Neutraler Stimulus NS (Neutraler Reiz):

Neutrale Stimuli NS nennt Pawlow jene Reize, die die in keinem vorbestimmten Zusammenhang mit einer bestimmten Reaktion stehen. Nahezu jeder beliebige Reiz, sofern er in der Lage ist, die Aufmerksamkeit des Hundes auf sich zu lenken, kann nach Pawlow als neutraler Stimulus in Frage kommen. In Pawlows Beobachtungen und Experimenten waren folgende neutrale Stimuli erfolgreich: Trittgeräusche des Wärters, das Klappern der Futterschüsseln, das Hereinkommen des Wärters, das Ertönen einer Glocke, eines Summtons oder das Anschalten einer Lampe.

Konditionaler Stimulus CS (bedingter Reiz):

Die Kernaussage in der klassischen Konditionierung lautet: Wird ein *neutraler Stimulus* (NS) oft genug mit einem angeborenen, *unkonditionalen Stimulus* UCS annähernd zeitgleich gepaart, so nimmt der *neutrale Stimulus* NS die auslösende Funktion des *unkonditionalen* Stimulus UCS an und verwandelt sich dadurch zu einem *konditionalen Stimulus* CS. In Pawlows Versuch wurde der neutrale Glockenton NS mit dem Futter UCS jeweils annähernd zeitgleich gepaart, wobei nach einer bestimmten Wiederholungszahl der Glockenton NS zum konditionalen Stimulus CS wurde. Fortan übernahm der Glockenton als CS die Funktion des Futters UCS und der Speichelfluss trat auch ohne Futter ein, allein auf den *assoziierten* Glockenton CS.

Der Hund fokussiert die Flugbahn des Motivationsobjektes. Den Sprung reguliert das Unterbewusstsein.

Unkonditionale Reaktion UCR (unbedingte Reaktion UR):

Pawlows nennt das Speicheln *unkonditionale Reaktion* UCR, denn das Speicheln erfolgt unwillkürlich, als Reaktion auf das Futter (*unkonditionaler Stimulus* UCS). Das Speicheln musste nicht gelernt werden. (Die Abkürzung UCR wird auch mit dem englischen terminus *Unconditioned Response* bezeichnet <*Response* = engl. = Antwort, Reaktion>).

Konditionale Reaktion CR (bedingte Reaktion):

Tritt das Speicheln nicht als Folge des unkonditionalen Stimulus UCS Futter auf, sondern auf Grund des *konditionalen Stimulus* CS (z.B. Glocke), so handelt es sich in der Terminologie der klassischen Konditionierung um eine *konditionale Reaktion* CR. Diese Reaktion ist in ihrer Stärke der ursprünglichen, unkonditionalen Reaktion UR zwar ähnlich, aber nicht gleich. In der Regel fällt die CR schwächer aus. Und: wird die Koppelung nicht von Zeit zu Zeit wiederholt, *erlischt* die Reaktion nach und nach. Die Abnahme entspricht jedoch nicht der Vorstellung eines *Wenigerwerdens*, etwa wie bei einer Kerze, deren Wachs verbrannt wurde, sondern es handelt sich hier um einen neuen, aktiven Lernprozess, welcher der vorausgegangenen Aktivierung entgegengerichtet ist.

Damit *klassische Konditionierung* stattfinden kann, müssen mehrere Voraussetzungen erfüllt werden und bestimmte Vorgänge ablaufen. Zwischen dem neutralen und dem unkonditionalen Stimulus muss ein brauchbarer, biologischer Zusammenhang bestehen (*Kontingenz*), die beiden Stimuli müssen innerhalb einer bestimmten Zeit gekoppelt werden (*Kontiguität*) und die Koppelung muss ausreichend oft wiederholt werden (*Repetition*).

1. *Kontingenz*: Eignung des Reizes (damit NS zu CS werden kann): *biologische Stärke*, *Signalcharakter*, *Auffälligkeit* und *Preparedness* (angeborene Lernbereitschaft)

2. *Kontiguität*: Räumlich-zeitliche Nähe des CS zu UCS

3. *Repetition*: Wiederholungen

Neben *Kontingenz*, *Kontiguität* und *Repetition* ist noch die *Verstärkung* zu nennen, die bei der nächsten großen Lerntheorie, – der *operanten Konditionierung*, – eine herausragende Rolle spielen wird.

Human-Beispiel für Stimuluspaarung einer klassischen Konditionierung. Beispiel für Umgang mit Kürzeln:

Von Keller (1969) stammt folgender Versuch: Gibt man die rechte Hand in Eiswasser, so fällt die Temperatur in dieser Hand sofort stark ab (unkonditionale Reaktion UCR). Interessanterweise geht auch die Temperatur der linken Hand zurück. Wird das Eintauchen der Hand in Abständen von zirka vier Minuten mehrmals wiederholt und von einem Summton begleitet, so stellt sich nach zirka 20 Wiederholungen der Temperaturabfall allein durch den Summton ein, ohne dass die

Hand in das kalte Wasser getaucht wird. Woher kommt das?

Die Kälteeinwirkung (unbedingter, unkonditionaler Reiz oder Stimulus UCS) setzte den Temperaturabfall (UCR = unkonditionale Reaktion) in der Hand in Gang. Im weiteren Verlauf wurde der unbedingte, unkonditionale Reiz UCS (Kälte) mit einem neuen, zunächst neutralen Reiz (NS = Neutraler Stimulus), nämlich dem Summton, gekoppelt. Der neutrale Reiz nahm infolge mehrerer Wiederholungen die auslösende Funktion des unbedingten Reizes an und verwandelte sich dadurch zum bedingten, konditionalen Reiz oder Stimulus CS. In dieser veränderten Qualität war der bedingte Reiz (Summton) in der Lage, den Temperaturabfall (konditionale Reaktion CR) alleine, auch ohne Kälteeinwirkung, auszulösen.

Beispiel für klassische Konditionierung:

Angenommen, ein Hund hat jedesmal panische Angst, wenn er an einem bestimmten Haus vorbeigeht. Mit dem dort ansässigen Hund ist er wiederholt in Streit geraten und dieser hat ihn einmal übel zugerichtet. Die Symptome treten am stärksten an der Kreuzung vor dem betreffenden Haus auf. Was den Hundebesitzer wundert, ist, dass sein Hund immer noch Angst zeigt, obwohl die Nachbarn seit Langem samt Hund weggezogen sind. Wie lässt sich das erklären?

Der unangenehme, schmerzhafte Biss des Nachbarhundes wirkte als unkonditionaler Stimulus UCS (Biss) und löste die reflexgesteuerte unkonditionale Meidereaktion UCR des verletzten Hundes aus. Da die Hunde wiederholt an der besagten Straßenkreuzung zusammentrafen, nahm die Kreuzung, die vor den Kämpfen bedeutungslos war (Neutraler Stimulus NS), durch Koppelung mit dem UCS (Biss) die Vorhersagewirkung eines CS an. Dies hatte zur Folge, dass der verängstigte Hund jeweils beim Anblick der Kreuzung CS einen neuen Fight befürchtete und auf Grund des CS (Kreuzung) dieselbe Reaktion zeigte wie nach dem Kampf, obwohl der Aggressor nirgends zu sehen war. Die auf Grund der Kreuzung (CS) ausgelöste Reaktion wird konditionale Reaktion CR genannt.

Hier die formelhafte Darstellung:

UCS (Biss) *Unkonditionaler Stimulus*	→	*UCR (Meideverhalten)* *Unkonditionale Reaktion*
NS (Kreuzung) + UCS (Biss) *Neutr. Stim. + Unkondit. Stim*	→	*NS wird zu CS* *Konditionaler Stimulus CS*
CS (Kreuzung)	→	*CR (Konditionale Reaktion)*

Kontingenz

Die Wahrnehmungs- und Differenzierungsfähigkeit in der Tierwelt unterscheidet sich von Art zu Art erheblich. Vögel differenzieren Farben und Formen gut, können aber oft weniger gut riechen. Bienen kann man gut auf Düfte konditionieren. Bei Hunden kommt uns entgegen, dass sie ein breites Spektrum an Wahrnehmungspotenzialen mitbringen. Sie können alles gut: Sehen, Riechen, Hören und Tasten. Das ergibt ein überaus reichhaltiges Repertoire an Reizen und Koppelungsmöglichkeiten. Damit die beschriebenen Koppelungsvorgänge jedoch zustandekommen, müssen mehrere Bedingungen erfüllt werden.

Schon Pawlow hob immer wieder die Bedeutung der *Orientierung* hervor. Ein Reiz, soll er zum *konditionalen Stimulus* werden, muss so beschaffen sein, dass er über ausreichend Neuigkeitswert, Auffälligkeit (*Salienz*) bzw. Bedeutsamkeit verfügt, um im ersten Schritt der Konditionierung die erforderliche Aufmerksamkeit auf sich zu lenken. Reize, die keine oder nur schwache *Orientierungsreaktion* auszulösen imstande sind, eignen sich schlecht oder gar nicht zur klassischen Konditionierung. Der NS sollte zwar Neuigkeitswert und Auffälligkeit besitzen, er sollte jedoch frei von eigenen, vorbestimmten Auslösereizen sein. Diese würden einer Koppelung mit dem UCS im Wege stehen.

Wahrnehmung und Orientierung sind Voraussetzung für eine erfolgreiche UCS-NS-Paarung (*Kontingenz*). Die potenzielle Verbindung (*Kontingenz*) muss also bereits bestehen, *bevor* der NS mit dem UCS gekoppelt wird, um eine *Reiz-Reaktions-Assoziation* auszulösen. Erfüllt der Stimulus diese Bedingungen, so sind bereits die ersten, wesentlichen Vorbedingungen erfüllt. Ob sich der umgewandelte CS tatsächlich erfolgreich mit dem UCS koppeln lässt, stellt sich mitunter erst nachträglich heraus, denn es können konkurrierende Reize auftreten. Hier zeigt sich dann, ob der CS über genügend *biologische Stärke* verfügt, um nicht überschattet zu werden. Als letzte Bedingung ist die Wiederholung zu nennen. Der *Erwerb einer Assoziation* (*Akquisition*) tritt erst ein, wenn US und NS annähernd zeitgleich und wiederholt gekoppelt werden. Innerhalb dieses Vorgangens wird der NS zum CS. Man sieht, der Vorgang einer klassischen Konditionierung ist umfangreich und kompliziert.

Für die Anwendung bedeutet dies, dass man bereits im Vorfeld von Konditionierungsprogrammen nach Reizen suchen muss, die für den Hund ausreichend bedeutungsvoll sind. Der NS, der zum CS werden soll, muss in einem erlebbaren Zusammenhang zum UCS stehen. Neben Hör- und Sichtzeichen, neben Berührungs- und Geruchsstimuli kommen bei Hunden zahlreiche weitere Reize in Frage. Davon später mehr.

Human-Beispiel für klassische Konditionierung und Kontingenz:

Orchesterbläser erlauben sich mitunter den Scherz, ihren Kollegen kurz vor einem Bläsereinsatz eine aufgeschnittene Zitrone zu zeigen, diese zusammenzupressen und einige Tropfen in den Mund zu träufeln. Das kann tatsächlich dazu führen, dass der Bläser keinen Ton mehr herausbringt. Die Zitrone in ihrer Funktion als unkonditionaler Stimulus UCS hat den Speichelreflex und die unwillkürliche, unangenehme Kontraktion der Mundmuskulatur ausgelöst. Beim Anblick der Zitrone trat infolge des adäquaten Reflexes das Speicheln und Zusammenziehen der Muskulatur auf unkonditionale Reaktion (UR) auf.

Die reflexartige Reaktion ließe sich auch auf einen anderen Reiz konditionieren: Würde man die Zitrone mit einem neutralen Stimulus, beispielsweise einem Taschentuch (NS) paaren, indem man die Zitrone zuvor in das Taschentuch einwickelt und den Bläser mit dem Auswickeln, Auspressen und Einträufeln konfrontiert, so würde das Taschentuch nach ausreichenden Wiederholungen zum CS (konditionaler Stimulus) und die beschriebenen Reaktionen CR (konditionale Reaktion) würde bereits eintreten, wenn das Taschentuch aus der Jacke hervorgeholt wird – unabhängig davon, ob sich die Zitrone auch tatsächlich im Taschentuch befindet. Eine Stimmgabel hingegen würde sich kaum als Ankündigung für die Zitrone eignen, weil diese bei Musikern mit einem festen, positiven Signalwert etabliert ist.

Auf den Hund übertragen heißt das, man muss als Besitzer und Ausbilder genau wissen, welche neutralen Stimuli (NS) mehr, welche weniger und welche überhaupt nicht geeignet sind, in eine Paarung zum UCS eingebunden zu werden, um sich dabei in einen CS umzuwandeln. Die Wiederholung allein vermag mangelhafte Kontingenz nicht aufzufangen!

Beispiel für mangelhafte Kontingenz:

Ein Hundebesitzer, der einen Terrier sein Eigen nennt, beobachtet seinen Nachbarn, wie dieser seinen Labrador erfolgreich mit Leckerli davon ablenkt, andere Hunde auszubellen. Der Terrier-Besitzer ist von der Wirkung begeistert und möchte die Vorgangsweise nachahmen. Doch seine Bemühungen sind nicht von Erfolg gekrönt. Der Reiz sich nähernder Hunde ist stärker als die eingesetzte Ablenkung. Er hätte wissen müssen, dass Labradore auf Futter in der Regel intensiv ansprechen (Lerndisposition). Für den Terrier gelten andere genetische Voraussetzungen. Mit Übung lässt sich zwar vieles bewirken, aber nur im Rahmen der abgesteckten Erbanlagen, im Rahmen der jeweils vorherrschenden Lerndisposition und, wie hier, im Rahmen der Kontingenz.

Kontiguität

Assoziatives Lernen ist an mehrere Voraussetzungen geknüpft. Zum einen muss der Stimulus die bereits beschriebenen *Eignungsqualitäten* (*Salienz, Kontingenz, biologische Stärke,*) aufweisen, zum anderen ist der Lernvorgang an die Bedingung der *zeitlich-räumlichen Nähe* geknüpft. Tritt der Stimulus (z.B. Schimpfen), der das Verhalten beeinflussen soll, lange vor oder lange nach dem Verhalten auf, so kann der Hund die erhoffte Assoziation (Verbindung) nicht herstellen. Wie lange, darüber an späterer Stelle mehr.

Man erinnert sich in diesem Zusammenhang an das Nachhausekommen eines entlaufenen Hundes. Die beim Zurückkommen einsetzende Strafe kann er auf Grund der viel zu langen, verstrichenen Zeit nicht mit dem Ausbrechen in Zusammenhang bringen.

Dieses Gesetz, *Kontiguität* genannt, gilt sowohl für die klassische als auch für die operante Konditionierung. Die beiden Begriffe *Kontingenz* und *Kontiguität* sollten nicht verwechselt werden. Mit einfachen Worten: *Kontingenz* bedeutet soviel wie Übereinstimmung, oder besser *angrenzende Ähnlichkeit*, während *Kontiguität* die zeitliche Bedingung beschreibt. *Kontingenz* geht auf das lateinische Wort *contingere* von *con* und *tangere* zurück und bedeut so viel wie: berühren, angrenzen, treffen. *Kontiguität* kommt von *contiguus = gleichzeitig*. Hier eine Merkhilfe: *„Kontiguität: Weder zu früh noch zu spät!“*

Kontiguität erklärt jene Voraussetzung für assoziatives Lernen, die darin besteht, dass das Zusammentreffen eines ursprünglich neutralen Reizes mit einem Reiz, der eine vorhersehbare Reaktion auslöst in räumlich-zeitlicher Nachbarschaft zustande kommt. Mit anderen Worten: *Assoziatives Lernen setzt voraus, dass die bedingten (konditionalen) und unbedingten (unkonditionalen) Reize (Stimuli) zeitlich und räumlich nah beieinander erfahren werden* (frei nach Guthrie).

Das beste Beispiel für Kontiguität hat Pawlow selbst beschrieben. Er hat beobachtet, dass der vor dem Fressen übliche Speichelfluss auch dann eintritt, wenn ein unmittelbar vorher stattgefundenes Ereignis, beispielsweise ein Glockenton, mit dem Ereignis des Fressens (örtlich und zeitlich) zusammenfiel. Würde der Glockenton eine halbe Stunde vorher oder auch nach dem Fressen ertönen, würde sich keine Assoziation einstellen, weil es an der erforderlichen zeitlich-räumlichen Nachbarschaft fehlt. (Auf die *Kontiguitätstheorie* von Guthrie 1935 und auf Rescorla Wagners *Kontiguitätsprinzip* 1972 gehen wir hier aus Raummangel nicht ein). Wichtig ist festzuhalten, dass die Voraussetzung der Kontiguität bei der klassischen als auch bei der operanten Konditionierung gilt. (Bei der instrumentellen Konditionierung ist alleine schon durch die dort zugrunde gelegte unmittelbare Aufeinanderfolge von Bedürfnis und anschließendem Befriedigungsversuch die zeitlich unmittelbare Nähe gegeben.)

Angenommen, ein junger Hund fürchtet sich (bei Überforderung) vor Alleinsein (UCR). Da er erlebt hat, dass dem Alleinsein das Herunterholen des Schlüsselbundes vorausgeht, wurde dieser ursprünglich neutrale Stimulus (NS) mit dem räumlich-zeitlich nahegelegenen Weggehen (UCS) des Besitzers in Verbindung gebracht und durch Wiederholungen gekoppelt, sodass das Schlüsselgeräusch zum CS wurde und fortan die Angstreaktion CR auch auslöste, wenn der Besitzer das Haus nicht verließ, sondern den Schlüsselbund in anderer Absicht vom Haken holte.

Klar! Die Belohnung (UCS Leckerli) muss *hinter* dem Tunnel (NS) gegeben werden, was gleichbedeutend ist mit „zeitlich nachher". Tritt der UCS (Leckerli) zeitlich und räumlich vor dem NS auf, kann der NS nicht zum CS werden.

Beispiel für klassische Konditionierung und Kontiguität:

Wenn ein Hund einen Gegenstand erblickt, der einst im Zusammenhang mit einem bemerkenswerten Ereignis auftrat, kann Folgendes passieren: Der Hund erinnert sich beim Anblick des Gegenstandes nicht nur an das betreffende Ereignis, sondern er erlebt auch die mit diesem Ereignis zusammenhängende Emotion. Das Besondere daran ist, dass grundsätzlich nahezu jeder Gegenstand (oder jedes Ereignis) in der Lage ist, mit dem auslösenden Stimulus gekoppelt zu werden, vorausgesetzt, die beiden Stimuli treten annähernd gleichzeitig auf (Kontiguität).

Wiederholung

Eine weitere, wichtige Bedingung für das Zustandekommen der klassischen Konditionierung besteht in den Gesetzen der *Wiederholung*. Pawlow und seine Schüler experimentierten über zwei Jahrzehnte im Umfeld der klassischen Konditionierung. Pawlow war aufgefallen, dass der konditionale Stimulus nach wenigen Wiederholungen noch keine konditionale Reaktion auslöst. Anfangs trat die Reaktion (Speicheln) erst nach 50 bis 100 (!) Paarungen (Glockenton mit Futterreiz) auf. Pawlow führte dies zu Recht auf die unzulänglichen Laborbedingungen zurück. Um konkurrierende Reize, Ablenkungen und Nebeneinwirkungen möglichst gering zu halten, verbesserte er das Gestell, wodurch der Hund ruhiger gehalten wurde. Dadurch gelang eine Verbesserung der Ergebnisse um das zirka Fünffache. Unter verbesserten Laborbedingungen konnten bereits nach 10 bis 20 Wiederholungen konditionale Reaktionen nachgewiesen werden. Auch die Stärke der Reaktion, gemessen an der Speichelmenge, nahm deutlich zu.

Darstellen lässt sich dieser Lernprozess mit Hilfe von *Lernkurven*: Die CR-Achse gibt die Stärke der Reaktion (z.B. Speichelmenge), die n-Achse gibt die Anzahl der Wiederholungen wieder. Lernkurven weisen untereinander einen auffallend ähnlichen Verlauf auf: Im Anfangsstadium ist der Lernzuwachs relativ steil, dann flacht er deutlich ab. Anschließend nähert er sich kaum nachweisbar der Leistungsobergrenze (*asymptotischer Verlauf*).

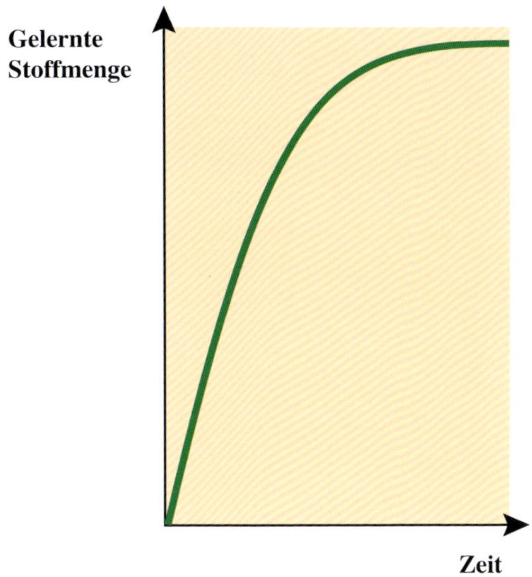

Lernzuwachs in Abhängigkeit von Wiederholungen

Beispiel für Fehler in der Wiederholung:

Nachlässigkeit in Bezug auf Wiederholungen wirkt sich negativ aus: Wenn man beispielsweise im Erwerb-Stadium das Reiz-Objekt immer wieder, wenn es gebraucht wird, nicht dabei hat, lernt der Hund zu „trennen“ (Separations-Effekt). Hat er einmal den Unterschied zwischen Reiz-Präsenz (Anwesenheit) und Reiz-Absenz (Abwesenheit) erfasst (diskriminiert), wird es schwierig und langwierig, die gewünschte Konditionierung umzusetzen.

Löschung und Erholung

Extinktion ist die etablierte Bezeichnung für die Abnahme der Auftrittshäufigkeit eines Verhaltens (oder von Gedächtnisleistungen). Der Begriff *Löschung* fand ebenfalls infolge eines Übersetzungsfehlers Einzug in die deutsche Wissenschaftsterminologie. Bei Pawlow kommt der Begriff *Extinktion* nicht vor. Er favorisiert die wesentlich treffenderen Begriffe *Hemmung* und *Abschwächung*. Für das Wort Abschwächung gibt es im Englischen zahlreiche Übersetzungsmöglichkeiten (*attenuation, decrease, reduction, weakening, mitigation* u.a.), *extinction* ist nicht darunter! Das englische Wort *extinction* besagt in erster Linie *Löschung*, kann aber auch *Aussterben* bedeuten. Auf diese Bedeutung mag sich der Übersetzer gestützt haben. In der Übertragung aus dem Englischen ins Deutsche hat man dann nur *extinction* in der gängigen Bedeutung *Löschung* gesehen und so kam es zu diesem unglücklichen Fehler. Unglücklich deshalb: Streng genommen gibt es weder „Löschen" noch „Verlernen".

Extinktion des Verhaltens bedeutet nicht die Vernichtung von Erinnerung, sondern das Bilden (Lernen) einer neuen Wahrscheinlichkeit, wobei der CS den UCS nicht mehr ankündigt!

Den Beweis hierfür bildet das Phänomen der *Spontanerholung*. Wenn das Verhalten tatsächlich geringer würde, wenn es substanziell abnehmen würde, dann könnte nicht eine einzige Wiederaufnahme einer

Beispiel für Extinktion:

Wir verwenden im Kreis unserer Trainer und Schüler das Hörzeichen <Umkreis>. Die Hunde dehnen auf dieses Hörzeichen ihre aktuelle Distanz zum Besitzer nicht weiter aus. Ob sie dort, wo sie sich gerade befinden, stehenbleiben, warten oder herkommen, ist ihnen freigestellt. In Fortbildunsseminaren fiel uns auf, dass manche Hunde auf das Hörzeichen zwar noch reagieren, aber längst nicht so, wie früher. Sie zögerten, bis sie anhielten, sahen abwechselnd zu ihren Besitzern und in die Richtung ihrer Wunschziele und benötigten mitunter ein Wiederholungshörzeichen. Was war passiert? Die Besitzer hatten mit der Zeit vernachlässigt, den Vorgang dann und wann zu verstärken. Wird dies zum Dauerzustand, so lernt der Hund neu: Stehenbleiben ist ohne Folgen. Man nennt dies konditionierte Irrelevanz. Die einst erlernte Konditionierung gerät mehr und mehr in Extinktion. Darauf aufmerksam gemacht, belohnten die Besitzer ihre Hunde auf dem Spaziergang wie zur Zeit, als sie die Übung <Umkreis> vermittelten. Sämtliche Hunde änderten ihr schon „versandetes" Verhalten in ein, zwei Tagen. Sie kamen öfter zurück und führten die Aufgabe sichtbar motivierter aus. Wichtig war, ab und zu wie zu Beginn den ursprünglichen Primärverstärker einzusetzen. Die Hunde wurden für das Herkommen ebenso wie das Stehenbleiben und Warten mit verbalem Lob, dann und wann auch mit einem kurzen Spiel belohnt.

Sofortiges Reagieren seitens des Besitzers ist wichtig, um dem Hund verständlich zu machen, dass dieses Verhalten unerwünscht ist. Die Situation sollte sich nach Möglichkeit nicht wiederholen.

Stimuluspaarung das Verhalten in nahezu voller Intensität wieder aufflammen lassen (*Spontanerholung*). Und: Nach längerem Ausbleiben der NS+UCS = CS-Kombination (klassische Konditionierung) oder bei Ausbleiben des Verstärkers (operante Konditionierung) müsste, wenn das Verhalten infolgedessen längere Zeit überhaupt nicht mehr gezeigt wird, dieses neu gelernt werden und dafür die gleiche Zeit in Anspruch nehmen wie zuvor. Tatsächlich aber wird das alte Verhalten in nahezu rasant schneller Zeit wieder verfügbar. Auch das beweist, dass das alte Verhalten weder *vergessen* noch *gelöscht* oder *verlernt* wurde, sondern dass es weiterhin *ununterbrochen latent vorhanden war*. Nur die vorübergehende Verfügbarkeit, äußerlich sichtbar an der *Aktivierungsrate*, hat sich auf Grund eines gegenläufigen Lernprozesses verringert. Daher ist der Begriff *Löschung* irreführend, genau genommen sogar falsch. Besser wäre es, *extinction* als *Verdrängung* zu übersetzen oder einfach das englische *extinction* Wort zu belassen, jedoch in der beschriebenen Bedeutung.

Die Abnahme der Auftretenswahrscheinlichkeit, ja selbst das Nicht mehr Auftreten einer assoziierten Handlung ist ein *aktiver Prozess*, der darin besteht, neu zu lernen, dass dieser oder jener Reiz eben doch nicht diese oder jene Konsequenz folgen lässt. Der ältere CS1 kündigt dann den UCS nicht mehr an und wurde durch den neuen CS2 verdrängt!

Für die Trainingspraxis ist beides wichtig: Die Aussage, dass gewünschte Verhaltensweisen in Abständen immer wieder verstärkt werden müssen und, dass unerwünschtes Verhalten konsequent unverstärkt bleiben sollte. Wer meint, er könne ewig auf den Lorbeeren einer motivationalen Methodik ausruhen und sich Belohnung sparen, wird feststellen, dass die Reaktionen schwächer werden und schließlich ausbleiben. Sie wurden dann tatsächlich verdrängt! Doch verloren sind sie nicht. Oft reicht eine einzige neue, attraktive Paarung, um die konditionale Reaktion wieder zum Leben zu erwecken (*Spontanerholung*).

Auch hierin finden wir eine wertvolle Aussage für das Training: Es ist nicht sinnvoll, Abläufe, die bereits gut konditioniert wurden, immer und immer wieder abzurufen. Im Gegenteil! Dadurch handelt man sich allerlei Nachteile ein. Lerntheoretisch begründet reicht es bei Übungen, die der Hund gut kann, aus, sie in größeren Abständen abzurufen. In Abständen von Wochen und Monaten! Dies dient zusätzlich der physiologischen Schonung (z.B. der Gelenke) und dem Erhalt der Motivation: Ganz abgesehen davon, dass das Lernpensum des Hundes unter dieser Voraussetzung um ein Vielfaches vergrößert werden kann.

<u>Löschungsresistenz:</u>

Pawlow zeigte durch zahlreiche Experimente, dass *klassisch conditionale Assoziationen* relativ beständig sind. Selbst wenn seine Hunde erst nach Monaten wieder ins Labor kamen, speichelten sie sofort auf den Glockenton. Skinner berichtet von einer Taube, die noch nach sechs Jahren das Picken auf die Scheibe nicht vergessen hatte und er berichtet von einer anderen Taube, die erst nach rund 10.000 Wiederholungen des Verstärkerentzugs das konditionierte Picken einstellte. Ein weiteres, oft erwähntes Beispiel ist der Fliegeralarm des Zweiten Weltkrieges (u.a. Edelmann, 1996, S. 63). Noch Jahre nach dem Krieg bekamen Menschen bereits beim Aufheulen der Sirenen panische Angst, was sich in Schweißausbruch oder in der Zwangsvorstellung äußerte, man müsse in den Keller eilen. Und dies nicht nur beim Aufheulen der Sirene. Allein schon die innere Vorstellung konnte zum Auslöser werden. Diese Beobachtungen sind schlagende Beweise dafür, das Modell der klassischen Konditionierung nicht auf Reflexe zu beschränken. Geistige Aktivitäten ebenso wie Emotionen können ebenfalls zu *konditionalen Stimuli* (CS) werden. Klassisch konditionierte Reaktionen sind ausgesprochen hartnäckig. Am sichersten ist es, ein *Alternativ-Verhalten* zu konditionieren, sodass, wenn der Verstärker, der ursprünglich das unerwünschte Verhalten nach sich zog, nicht dieses, sondern das vom Besitzer tolerierte Verhalten zur Folge hat.

Interessant im Hinblick auf therapeutische Methodik ist folgendes Phänomen: Wird nach einer aufgetretenen Spontanerholung der Verstärker weiterhin vorenthalten, stehen die Chancen für ein relativ zuverlässiges Ausbleiben des Verhaltens gut. Auf diese Weise kann man einer zufälligen Reizsituation vorgreifen und sie geplant durchführen, um den Effekt der nachfolgenden strikten Vorenthaltung des auslösenden Reizes die Extinktion zu begünstigen.

Extinktion, Vereinfachte Definition: *„Unter Extinktion („Löschung“, besser: Verdrängung, Abschwächung) versteht man die Abschwächung (Abnahme der Auftretenswahrscheinlichkeit) eines bestimmten Verhaltens, welches ursprünglich durch Konditionierung erworben wurde und auf Grund von Entzug, Ausfall oder Verringerung der Konsequenz weniger häufig bis nicht mehr gezeigt wird.“*

Viele Wiederholungen sozialer Einordnung sind erforderlich, um die innerartliche Kommunikation und schließlich soziale Kompetenz zu erwerben.

„Basis-Spiel“: Gemeinsames Spiel „auf Augenhöhe“ schafft und erhält Bindung und sollte auch mit dem erwachsenen Hund ab und zu aufgefrischt werden. Man sieht dem Hund die Lust an diesem Spiel an.

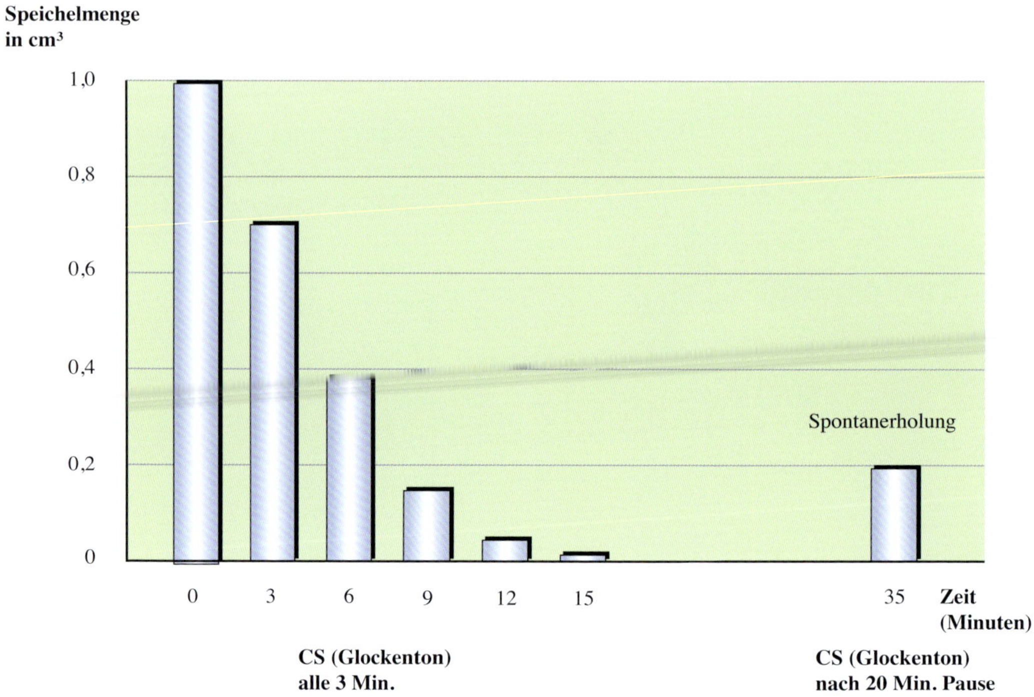

Spontanerholung *(Spontanremission)*

Beispiel für Extinktion:

Angenommen, ein Hund öffnet selbständig die Türen im Hause, wobei er allerlei Schaden anrichtet. Der Lernvorgang war instrumentell konditioniert: Das Bedürfnis, die Tür zu öffnen, war vorhanden; durch Trial-and-Error wurde das Hochspringen, Abstützen und Niederdrücken als das erfolgreiche Verhalten herausgefunden und durch Wiederholung begünstigt, verfeinert und stabilisiert.

Um das selbstständige Öffnen zu verhindern, dreht der Besitzer die Türklinke senkrecht, was dem Hund das Öffnen der Tür unmöglich macht. Die ausbleibende Verstärkung bewirkt, dass der Hund das Öffnen der präparierten Tür immer weniger oft versucht (Extinktion) , weil er neu (instrumentell) gelernt hat, bei dieser Türklinkenstellung rutscht er ab und sein Versuch bleibt ohne erfolgreiches Ergebnis.

Kommt der Hund immer wieder zum Erfolg, wenn er beim Abliegen aufsteht, wird es auf Grund der Wiederholungen immer schwieriger, ein zuverlässiges Liegenbleiben zu konditionieren.

Konditionierung höherer Ordnung

Pawlow fand im Laufe seiner Experimente und im Kreise seiner Schüler heraus, dass ein durch Paarung zum *konditionalen Stimulus* gewordener Reiz durch einen weiteren neuen, neutralen Reiz ersetzt werden kann; dass sich der Vorgang sozusagen auf einer höheren Ebene wiederholen lässt. Die Glocke beispielsweise, die infolge der klassischen Konditionierung die auslösenden Eigenschaften des Futters angenommen hatte, kann durch eine Lampe, die zeitgleich mit dem Glockenton in Erscheinung tritt, die Auslösfunktion der Glocke übernehmen. Nach ausreichender Wiederholung tritt dann das Speicheln allein schon auf das Einschalten der Lampe ein, ohne Präsenz des Futters und des Glockentons. Dies nannte Pawlow *Konditionierung höherer Ordnung*, im konkreten Fall *Konditionierung zweiter Ordnung* (der Reiz der höheren Ordnung wird oft auch *stellvertretender Reiz* genannt). Auf demselben Prinzip lassen sich Konditionierungen dritter, vierter und weiterer Ordnung bilden. Dieser Effekt bietet zahlreiche Anwendungsmöglichkeiten bei der praktischen Umsetzung assoziativer Konditionierungsvorgänge und er enthält gleichzeitig wertvolle Ansätze, das vielschichtige Ineinandergreifen mehrerer Stimuli und Verstärker zu erklären.

Beispiel für klassische Konditionierung zweiter Ordnung:

Die Hunde selbst zeigen uns jeden Tag, wie sie lernen. Schon während der Aufzucht begreifen sie, dass der unkonditionalen Reaktion „Herankommen und Fressen“ (UCR) bestimmte neutrale Stimuli NS vorausgehen. Der ursprüngliche unkonditionale Reiz UCS, der das „Hinzutreten und Fressen“ (UCR) auslöste, war das Sehen oder Riechen des Futters (UCS). Dadurch, dass diesem Reiz (UCS) beispielsweise der neutrale Stimulus „Abstellen der Futterschüssel“ (NS) unmittelbar vorausgeht, nimmt das Abstellen (NS) die Vorhersagefunktion des UCS an und verwandelt sich durch wiederholte Koppelung mit dem UCS zum konditionalen Stimulus CS. Als Folge davon tritt das ursprüngliche „Herankommen und Fressen“ (UCR) allein auf das akustische Signal des CS auf (Abstellen), wobei das Herankommen und Fressen zur konditionalen Reaktion CR wird. Der Hund läuft zur Schüssel, auch wenn kein Futter drin ist. Soweit die vereinfachte Erklärung. In Wirklichkeit ist der Vorgang wesentlich komplizierter. Der Hund nimmt eine Menge Details wahr: Unter anderem das Öffnen des Wasserhahns, Geräusche bestimmter Gegensände, die zur Zubereitung gebraucht werden oder, dass der Besitzer in den Keller geht, um das Fressen heraufzubringen. Je mehr Einzelreize aus diesem Ablauf auftreten, in ähnlicher Reihenfolge, desto stärker prägt sich, nun aus Sicht der kognitiven Lerntheorie, die Erwartung aus.

Hunde suchen immer nach den frühesten Signalen, um sich dadurch Vorteile zu verschaffen. Das Gehen in den Keller beispielsweise ist unter normalen Umständen für den Hund ein neutraler Stimulus NS (Keller). Beobachtet der Hund jedoch, dass dem Gang in den Keller die Zubereitung des Fressens folgt, so wird der NS (Keller) mit den bereits vorhandenen konditionalen Stimuli CS1 (Klappern, Wasserhahn u.a.) der Zubereitung gekoppelt und zum CS2 (Keller = Ankündigung), was die bereits erlernte Reaktion CR1 Annäherung in der Absicht zu Fressen auslöst, – auch ohne Präsenz der CS1.

Fährtengeschirr und -leine verraten dem Hund die zu erwartende Aktivität.

Dieser Ablauf erklärt sich nach Pawlow als klassische Konditionierung höherer Ordnung, im vorliegenden Fall als klassische Konditionierung 2. Ordnung. Tatsächlich gingen wahrscheinlich wesentlich mehr, kleine Konditionierungsschritte voraus, die sich überlagerten.

Beispiel für Konditionierung höherer Ordnung:

Wenn ein Hund beispielsweise nicht gerne in die Hundeschule oder auf den Trainingsplatz geht, weil ihn der Besitzer oder der Trainer wiederholt überfordert, unterfordert oder ängstigt, dann ist es die Konfrontation mit eben dieser Person, die Unsicherheit, Langeweile, Abneigung oder Angst auslöst. Wiederholt sich der Vorgang und eskaliert er womöglich, dann ist die Gefahr groß, dass der Hund bereits beim Anblick des Schulungsgeländes oder des Trainers Abneigung erlebt und Meideverhalten zeigt. Im weiteren Verlauf kann in einer Art Kettenreaktion das Ankommen am Parkplatz, die Fahrt zum Hundeverein oder das Einpacken der Trainingsgegenstände dieselben Reaktionen auslösen. Klassische Konditionierungen, auch jene höherer Ordnung, laufen unbewusst ab. Auch bei Menschen. In der Therapie versucht man, den Weg der einzelnen Reaktionen zurückzuverfolgen, um die Ursachen freizulegen. Im weiteren Verlauf kommt es darauf an, das Auftreten des auslösenden Reizes zu verhindern (Ziel: Extinktion), – sofern das möglich ist, – oder man stellt dem Auslöser einen (stärkeren) Konkurrenten gegenüber (Gegenkonditionierung).

Beispiel für Konditionierung höherer Ordnung:

Konditionierungen höherer Ordnung, auch Konditionierungsketten genannt, laufen nicht nur in Form von Meidereaktionen ab. Ein Hund, der gerne schwimmt, wird, wenn er das Wasser riecht (was meistens lange vor dem Sehen des Wassers eintritt), ein dementsprechendes Erwartungsverhalten zeigen. Wiederholt sich der Vorgang, dann wird er mit der Zeit immer noch frühere Signale, die den Ausflug zum See ankündigen, klassisch konditionieren: Das Ankommen am Parkplatz, auffällige Orts-Marker auf dem Weg zum Parkplatz, das Anziehen bestimmter Kleidung oder das Einpacken bestimmter Utensilien. Das hinter diesem Ablauf stehende Prinzip liegt auf der Hand: Das jeweils früheste Signal als Vorankündigung zu ermitteln ist mit der Möglichkeit verbunden, den Zeitpunkt einer Aktion vorzuverlegen (Antizipation), also möglichst frühzeitig zu agieren oder zu reagieren oder zumindest, sich darauf vorzubereiten. Genau dies verspricht im täglichen Leben Vorteile in vielfacher Hinsicht, auch heute noch.

Klassisch konditioniertes Signallernen

In der Urform der *klassischen Konditionierung*, – dort und da als „*Klassisch klassische Konditionierung*" bezeichnet, – wird kein neues Verhalten gelernt, sondern ein bestehendes Verhalten mit einem neuen Signal in Verbindung gesetzt und durch eben dieses Signal wieder hervorgerufen. Auch in der Hundeausbildung setzt man Signale ein. Weit verbreitet sind Hör- und Sichtzeichen. Beides wurde schon genutzt, als Menschen noch mit Fellen bekleidet waren. Zu meinen, Hörzeichen seien besser als Sichtzeichen oder umgekehrt, ist töricht! Beide Signalebenen haben ihre Vor- und Nachteile. Allerdings sprechen Hunde unter normalen Umständen auf Sichtsignale besser als auf akustische Signale an. McConnell hat dies in einem Versuch, den sie an der University of Wisconsin durchführte, eindrucksvoll nachgewiesen. Von 24 Welpen unterschiedlicher Rasse, die das <Sitz> mittels Handzeichen und Piepston erlernten, reagierten 23 auf das Handsignal signifikant besser (siehe McConnell, *Das andere Ende der Leine,* S. 25 / Kynos). Die unerreichte Signalvariabilität der Hörzeichen und mehr noch das Bestreben des Menschen, mit Hunden in der gleichen Weise zu kommunizieren wie mit Menschen, hat vermutlich dazu geführt, dass Hörzeichen in der Regel bevorzugt werden. Historisch gesehen ist festzuhalten, dass man sich seit Jahrtausenden beider Signalformen bediente.

Dass Hunde sämtliche ihnen zur Verfügung stehende Wahrnehmungskanäle nutzen, wissen Hundebesitzer aus eigener Erfahrung. Darüber an anderer Stelle mehr. Im Hinblick auf die Kommunikation mit dem Menschen ist inzwischen gesichert: Der Hund nimmt nicht nur jene Signale auf, die wir gezielt einsetzen, sondern auch jene, derer wir uns nicht bewusst werden und auf die wir keinen Einfluss haben. Hinzu kommt, Hunde verarbeiten eine Vielzahl von Reizen aus Umfeld und Tageszeit.

Was passiert, lerntheoretisch gesehen, beim *Signallernen*? Das Individuum lernt durch konditionierte Assoziation von Reizen und Verhaltensweisen, dieses Verhalten bei Auftreten bestimmter Signale wieder zu zeigen.

Klassisch konditioniertes Signallernen besteht nicht im Lernen des Verhaltens selbst, denn dieses war ja schon vorher zumindest in einer Grobform (*Reflex* oder *Basis-Emotionen*) vorhanden, sondern darin, dass die bereits etablierte Reaktion in Verbindung mit einem bestimmten Signal, eben mit dem *konditionalen Stimulus* (CS), auftritt. Mit anderen Worten: Der Lernprozess in der klassischen Konditionierung beruht auf einer erworbenen Signalwirkung innerhalb von bereits bestehenden Stimulus-Reaktions-Einheiten, die (mehr oder minder) reflektorisch ablaufen: Menschen bleiben bei Rot vor der Ampel stehen oder sie geben nach dem Ortsendeschild wieder Gas, Hunde zeigen allerlei Freudebekundungen, wenn Frauchen oder Herrchen die Leine vom Haken nimmt oder das Auto am Abend nach der Arbeit zu Hause vorfährt.

Gegenkonditionierung

Gegenkonditionierung gilt als Überbegriff für verschiedene Methoden, um bestimmte Verhaltensweisen (sowie emotionale Reaktionen) durch entgegengerichtete Verhalten (bzw. Emotionen) zu „ersetzen“. *Gegenkonditionierung* (*Counterconditioning*) geht auf die klassische Konditionierung zurück und wird vor allem in der Verhaltenstherapie eingesetzt. Angst- oder Suchtverhalten lassen sich erfahrungsgemäß nicht wegzwingen, auch wenn derartige Vorgangsweise heute noch in der Kindererziehung ebenso wie in der Hundeausbildung gang und gäbe sind. Einen Hund, der außer Rand und Band in der Box hin- und herläuft, weil ihn etwas in nicht bewältigbaren Stress versetzt hat, gerät noch tiefer in dieses Verhalten, wenn man ihn anschreit und durch Gewalt zur Ruhe zwingen will. Dasselbe gilt für Hunde, die dauernd bellen oder Angstverhalten zeigen. Druck verstärkt in der Regel die unerwünschte Verhaltensweise (bzw. Emotion)!

Erfolg versprechender ist eine kompetent durchgeführte *Gegenkonditionierung*. Die Gegenkonditionierung macht sich genau jene Reize zunutze, welche das unerwünschte bzw. problematische Verhalten auslösen. Diese Reize werden mit einem dem unerwünschten Verhalten entgegen gesetzten Verhalten gekoppelt. Die Unvereinbarkeit beider Verhalten hat dann zur Folge, dass die alte Reiz-Reaktions-Assoziation verdrängt wird und immer dann, wenn die Reize wieder auftreten, das neu erlernte Verhalten an die Stelle des alten tritt. Im Grunde genommen geht es um einen kalkuliert erweiterten Extinktions-Prozess (Verdrängung bzw. Löschung). Der Unterschied zur Extinktion liegt darin, dass die Reaktion nicht wie bei der Löschung ins Leere läuft, sondern dass eine entgegengesetzte, *inkompatible Reaktion* mit den auslösenden Stimuli gekoppelt wird. Gegenkonditionierung wird in der Verhaltenstherapie auf Grund hoher Erfolgschancen hoch geschätzt, setzt aber solides Wissen über Konditionierungsprozesse als auch einiges an Erfahrung voraus.

Beispiel für Gegenkonditionierung bei Gewitter-Phobie:

Angststörungen können genetische Ursachen haben oder erworben werden (oder beides). Treten entsprechende Lebenserfahrungen hinzu, können aus den weit verbreiteten leichten Angststörungen schwerwiegende Phobien entstehen. Gewitter-Phobie, landläufig als „Angst vor Gewitter“ bezeichnet, ist unter Hunden weit verbreitet. Die bekannten Aulöser sind: Blitz, Donner, Windheulen, Sturm, dunkle Wolken, aber auch (unsichtbarer) Druckabfall. Auch ursprünglich neutrale Stimuli wie Regen, Dunkelheit oder Wind können zu konditionalen Stimuli werden und Phobie-Attacken auslösen. Wir fassen hier die möglichen wirkenden Auslösereize als CS1 zusammen. Diese haben bei einem Hund mit der Zeit immer stärker werdende konditionale Reaktionen CR1 heraufbeschworen: Der Hund zittert am ganzen Leib, die Pupillen sind geweitet, er geht in geduckter Haltung und verkriecht sich schließlich irgendwo unter einem Schrank. Die Chancen auf Heilung einer ausgeprägten Gewitter-Phobie stehen gut, wenn es gelingt, die Auslösereize des

Gewitters mit einem entgegengesetzten Verhalten zu koppeln. Im vorliegenden Fall kann der Besitzer auf ein hohes Motivationsniveau beim Beutestreiten seines Hundes zurückgreifen. Das Beutestreiten, eine im vorliegenden Fall angeborene und zusätzlich geförderte konditionale Reaktion CR2, will er nutzen. Er führt unter Anleitung eines Tierpsychologen folgende Therapie durch: Bereits bei Ankündigung eines Gewitters bereitet er alles Nötige vor. Wenn dann die ersten, noch schwach ausgebildeten Reize auftreten, nimmt der Besitzer seinen Hund mit ins Freie (bei stark ausgeprägter Phobie wird zuerst in der Wohnung geübt). Erste Anzeichen könnten herannahende Wolken oder aufkommender Wind sein: beispielsweise die sogenannte „Böennase", die dem herannahenden Sturm um wenige Minuten vorausgeht. Die folgenden Blitze sowie Donner und Windböen bilden jeweils das Startsignal für engagiertes Beutespiel: Je stärker die Reize CS1, desto intensiver das Beutestreiten CR2 (biologische Stärke)! Die Koppelung des Beutestreitens CR2 mit den Phobieauslösern CS1 – unmittelbar nach Auftreten derselben – hat die Gegenkonditionierung zur Folge, wobei die Phobieauslöser CS1 eine Umdeutung als CS2 erfahren. Infolge klassischer Konditionierung wird das gestärkte Angstverhalten CR1 durch das lustvolle intensive Beutestreiten CR2 verdrängt, denn beide Verhaltensweisen sind unvereinbar und können nicht gleichzeitig bestehen.

- Kontiguität: Setzt man mit dem Beutestreiten zu spät ein, haben die Phobieauslöser CS1 das unerwünschte Angstverhalten CR1 bereits ausgelöst. Man beginnt bei Eintreten des Stimulus und endet, sobald der Auslöser endet.

- Kenntnis der Stimuli (Auslöser): Bei Gewitter-Phobien spielen Lautstärke, Licht bzw. Dunkelheit aber auch andere, nicht immer sichtbare Ereignisse (z.B. Druckabfall) eine Rolle. Zu ermitteln: Auf welche Stimuli reagiert der Hund in welcher Intensität?

- Biologische Stärke des geplanten CS2 (Höher als CS1!)

- Konsequenz: Anfangs immer Verstärkung, später variieren (siehe Verstärkerpläne).

Wiederholt man die beschriebene Koppelung, so tritt an die Stelle der assoziierten Reiz-Reaktion

Gewitter	=	Phobie	→	Phobie-Reaktionen (entspr. Emotion)

die neue Folge:

Gewitter	=	Beutestreiten	→	Spiel-Reaktionen (entspr. Emotion)

Das kann so weit ausgebaut werden, dass bei Gewitter keine sichtbaren Furchtreaktionen mehr zu erkennen sind. Nach und nach lassen sich dann bei Gewitter weitere, weniger intersive Reize (als dies das Beutestreiten ist), assoziieren, um den Vorgang mittels Generalisierung weiter zu festigen.

Gegenkonditionierung ist nur bei ausreichender biologischer Stärke des CS2 erfolgversprechend. Das zeigt, wie wichtig die Förderung gemeinsamen Spiels ist. Ein Hund, mit dem nie oder selten gespielt wird, den man „Hund sein lässt", bringt im vorliegenden Fall das für den Erfolg erforderliche Motivationsniveau wahrscheinlich nicht mit.

Das Problem bei der Bewältigung von Gewitter-Phobien liegt eben darin, dass die auslösenden Reize bei vielen Hunden oft sehr hoch potenziert sind und Ablenkungstherapien, die auf Futter basieren, im Vergleich zu den Gewitterreizen zu wenig biologische Stärke aufweisen.

Sukzessive Desensibilisierung

Einen anderen, ebenfalls erfolgversprechenden Ansatz, um Furcht zu begegnen, bietet die *sukzessive Desensibilisierung*. Für eine erfolgreiche Therapie ist die *Toleranzschwelle* zu beachten! Diese ist bereits im Vorfeld gewissenhaft zu ermitteln. Geht es beispielsweise um Furcht vor einem bestimmten Gegenstand, so muss ermittelt werden, ab welcher Distanz die Toleranzschwelle überschritten ist. Intensitätsparameter können sein (bei optischen Reizen): Distanz, Größe, Gestalt, Helligkeits-, Dunkelheitswert, Blitzeffekte, Auftrittseffekte (z.B. Überraschung) , Dauer u.a. – Bei akustischen Reizen:, Lautstärke, Dauer, Tonhöhe, Klangfarbe u.a. (in anderen Kategorien, auch gemischter Natur, gelten die jeweils naheliegenden Parameter.)

In der *sukzessiven Desensibilisierung* wird der Hund mit reduzierten Reizen konfrontiert. Diese liegen deutlich unterhalb der Toleranzschwelle. In besonderen Fällen kann eine Reduzierung bis nahe zur Unkenntlichkeit erforderlich sein. In unserem Beispiel: Vorbereitung durch leises CD-Gewitter oder in den Garten gehen, wenn das Gewitter noch sehr weit entfernt ist usw. Bei dieser Therapie baut man darauf, dass der Hund ohne äußeren Einfluss mit den Mitteln eigener Kompetenz das Problem schrittweise bewältigen lernt. Schrittweise bedeutet: ausgeprägter, länger und/oder öfter. Beide beschriebenen Therapie-Ansätze lassen sich kombinieren, indem man anfangs etwa auf Höhe der Toleranzschwelle beginnt und dann in kleinen Schritten nach Maßstab des Erfolgs steigert. Die Kombination bietet sich an, wenn beispielsweise auf keinen Stimulus mit ausreichender biologischer Stärke zurückgegriffen werden kann.

Es gibt mehrere Formen der Gegenkonditionierung: *Konfrontative Stimulus-Umkehr* (unser extremes Gewitter-Beispiel), *sukzessive Desensibilisierung* (mit kleinen Dosierungen beginnen und steigern), *Aversions-Therapie* (bei Abhängigkeiten oder konditionierten unerwünschten Verhaltensweisen). Mit anderen Worten, Gegenkonditionierung kann darin bestehen, etwas Unangenehmes in etwas Angenehmes umzuwandeln oder auch umgekehrt: etwas Angenehmes, aber Unerwünschtes, in etwas Unangenehmes umzumünzen. Klassische Konditionierung kann hierbei *erregend* (*exzitatiorisch*) oder auch *hemmend* (*inhibatorisch*) wirken.

Ein weiteres Spektrum klassisch konditionierter Verhaltensbeeinflussung bietet die *Konfrontationstherapie*. Wie der Name schon sagt, wird der Proband gezielt mit dem Problemverhalten konfrontiert, wobei angestrebt wird, mittels *Extinktion* (Löschung), *Gegenkonditionierung* oder auch *Habituation* die Entschärfung erworbener Auffälligkeiten zu bewirken. Dieser Ansatz geht davon aus, dass zahlreiche Phobien nur relativ kurz dauern. Bei Überschreiten der Reaktionsdauer treten die Symptome jeweils zurück. Das Erleben des Phobiezerfalls kann wesentlich zu einer Besserung des Krankheitsbildes führen. Unter günstigen Bedingungen bis zur Ausheilung.

Beispiel für Beeinflussung erlernter Angstreaktion:

Angenommen, ein Hund X bekommt, wenn er auf Hund Y (CS1) trifft, jeweils Angstzustände (CR1), weil Hund Y hierzu schon öfter Anlass gab. Diese Angst wird jedoch gehemmt, wenn der Besitzer (CS2) hinzukommt, denn im Beisein des Besitzers traut sich Hund Y nicht, aufmüpfig zu werden. Der Besitzer (CS2) wirkt für Hund X als Signal der Sicherheit und verdrängt die Angst einflößende Wirkung, die Hund Y ausstrahlt. Hund X erlebt: Begegnung mit Hund Y / CS1 = CR1 (Angst). Bei Begegnung mit Hund Y + Besitzer: CS1 + CS2 = CR2 (Sicherheit)

Beispiel für Gegenkonditionierung:

Hier ein altbekanntes Beispiel, welches lerntheoretisch mehr beinhaltet, als man zunächst vermutet: Wenn ein Hund der Versuchung eines Schnitzels, das auf dem Küchentisch liegt, nicht widerstehen kann, weil er durch Gelegenheit und Wiederholung bereits vom Beutegreifer zum „Schnitzelgreifer" wurde, dann lässt sich dieses unerwünschte Verhalten dadurch verhindern, dass man den Vorgang Schnitzel-Greifen-Fressen in einen neuen Kontext (Zusammenhang) stellt. Der auslösende Reiz, in diesem Fall das Riechen des Schnitzels, schließt nicht mehr mit der appetitiven (angenehmen) Erfahrung: „schmeckt super" („geklaut noch besser" … wegen damit verbundener Selbstverstärkung), sondern mit einer entgegengesetzten, aversiven (unangenehmen) Erfahrung. Das Versuchungs-Schnitzel wird beispielsweise mit Chili präpariert, was dazu führt, dass der Hund das Küchentisch-Schnitzel nicht mehr anrührt („Nein Danke! – Chilli-Schnitzel auf Küchentisch: darauf falle ich nicht mehr rein!“ ...)

Hier die lerntheoretische Erklärung: Das Schnitzel entspricht, wie alles verlockend Fressbare, einem unkonditionalen Stimulus UCS1. UCS1 löst die Unkonditionale Reaktion UCR1 aus *(„Fleisch! – Das hol ich mir...“)*. Chili ist ebenfalls als unkonditionaler Stimulus einzuordnen (UCS2). UCS2 löst das angeborene Meideverhalten UCR2 aus *(„schmeckt eklig! – nichts wie weg!“)*. Verbindet man UCS1 (Schnitzel auf Küchentisch) mit UCR2 (Abbruch wegen Chili), so folgt der Hund dem natürlichen Bestreben, Unangenehmes zu vermeiden. Weil beide Verhalten sich gegenseitig ausschließen, wird der schwächere Reiz zu Gunsten des Stärkeren verdrängt. Die Gegenkonditionierung hat gegriffen. Nach einigen Wiederholungen wird der Hund das Schnitzel in Erwartung des Chili-Geschmacks meiden. Das ganze Gebäude bricht jedoch zusammen, wenn der abdressierende Stimulus (Chili) zu wenig Stärke besitzt *(„scharf, aber trotzdem gut! ...“)*.

In diesem Beispiel liegt keine reine klassische Konditionierung mehr vor, denn die Meidereaktion tritt nicht allein als Folge einer Stimulus-Koppelung auf, sondern auch als Reaktion der anschließend gemachten Erfahrung (Chili) und des damit verbundenen negativen Effekts. Hier haben wir es mit einer Mischung aus *klassischer* und *instrumenteller Konditionierung* zu tun. Hinzu kommt in diesem Beispiel der Vorteil *anonymer Bestrafung*. Die unangenehme Konsequenz wird nicht mit dem Besitzer in Verbindung gebracht. Dieser hat die Manipulation zwar ausgeheckt, aber er tritt im Augenblick der Wirkung nicht in Erscheinung.

Nahrungsmittelaversionen zählen zwar zur klassischen Konditionierung, nehmen aber eine Sonderstellung ein. Im Sinne des Überlebensvorteils benötigen sie oft keine Wiederholung, um stabil konditioniert zu werden. (*Garzia Effekt*: Garzia & Kölling 1966) Und: Geschmacksaversionen können – anders als die übrigen Vorgänge der klassischen Konditionierung – *rückwirkend* gut konditioniert werden. Eine Übelkeit, die nach Verzehr eines verdorbenen oder giftigen Nahrungsmittels eintritt, kann noch nach bis zu zehn Stunden eine Geschmacks-Aversion auslösen. Dieses Beispiel zeigt, dass Lerntheorien in der Praxis ineinandergreifen und von verschiedenen Prinzipien gleichzeitig beeinflusst werden.

Übergang zum Behaviorismus – Watson und Guthrie

Der Einfluss der *k*lassischen Konditionierung reicht weit in den nachfolgenden Behaviorismus und noch bis in die Lerntheorien unserer Tage. Die frühen Vertreter des Behaviorismus, vor allem John Broadus Watson (1878–1958) und Edwin Ray Guthrie (1886–1959) waren nicht nur von Pawlows Erkenntnissen überzeugt, sie teilten auch dessen Ansatz, dass die *„sogenannte introspektive Psychologie auf falschen*

Hypothesen gründet“ (Watson 1930, S. 5). Watson schrieb: *„Bewusstsein ist weder ein klar umrissenes noch ein verwendbares Konzept“* (Watson 1930, S. 2)

Ein relativ kurzer Artikel, den Watson 1913 mit dem Titel *Psychology as the behaviorist views it* (Psychologie aus der Sicht des Behavioristen) wird oft als „Manifest des Behaviorismus“ bezeichnet, weil hier erstmals das zentrale Bekenntnis der Behavioristen, die Psychologie als rein objektiven Zweig innerhalb der Naturwissenschaften zu sehen, kurz und gültig formuliert wurde. Der Ansatz objektiver Vorgangsweise war auch Pawlows Bekenntnis, wenngleich sich dieser als Physiologe verstand und Psychologie in Bausch und Bogen ablehnte. Den Behavioristen kam es darauf an, Verhalten wissenschaftlich objektivierbar zu erforschen, zu benennen, vorherzusagen und zu kontrollieren. Und dies auf der Basis von Gesetzmäßigkeiten, welche das Verhalten beeinflussen – auf Grund der vorausgehenden *Stimuli* und nachfolgenden *Reaktionen*.

Die Begriffe *Belohnung* und *Bestrafung* traten hinzu und zeigten neue, die klassische Konditionierung erweiternde Horizonte auf. Wenngleich auch Pawlow schon das Phänomen der Verstärkung (*Reinforcement*) bekannt war, so war sein Forschungsbereich doch mehr auf physiologische Vorgänge, eben auf das bekannte Speicheln beim Anblick des Futters fokussiert. Watson, der in die Fusstapfen Pawlows trat, erweiterte die Bedeutung der klassischen Konditionierung in folgender Hinsicht:

Lebewesen werden nicht nur mit zahlreichen Reflexen geboren. Neben den physiologischen Reflexen (Speicheln, Lidschluss u.a.) weist Watson auf emotionale Vorgänge wie Angst, Ärger, Liebe oder Wut (Emotionen), die ebenfalls durch spezifische Stimuli ausgelöst werden. Er knüpft damit an die Emotionstheorien von James und Darwin an. Streicheln löst Gefühle der Liebe aus, Festhalten Ärger, Balancieren in großer Höhe Angst und bei Babys laute Geräusche ebenfalls Angst und Flucht. Watson erweitert damit die Bedeutung der klassischen Konditionierung auf Emotionen. Er hatte erkannt, dass auch bei Emotionen, ähnlich wie bei den physiologischen Reaktionen, die ursprünglichen Auslöser durch Koppelung mit (geeigneten) neutralen Stimuli die Auslösefunktion verdrängt werden können.

Er belegte diese Hypothese mit einer provokanten Studie (Watson & Rayner 1920). Hier die Kurzdarstellung der Studie über *Little Albert*: Der kleine Albert, ein 11 Monate alter, gesunder Junge, hatte keine Angst vor Objekten oder Menschen. Unter anderem spielte er über Wochen mit einer kleinen weißen Ratte. Auf laute Geräusche jedoch reagierte Albert, wie alle Kinder, reflexartig mit Angst. Watson und Rayner schlugen jedes Mal, wenn der kleine Albert nach der weißen Ratte griff, mit einem Zimmermannshammer auf eine Stahlstange. Der kleine Albert zuckte zusammen, fiel nach vorn und begrub sein Gesicht in der Matratze. Albert war ein mutiges Bürschchen. Er weinte nicht und griff wieder nach der Ratte. Wieder schlugen die Forscher auf das Eisen. Diesmal weinte Albert.

Nach fünf weiteren Wiederholungen, also nach insgesamt nur sieben Wiederholungen (!), hatte sich das Verhalten des *Little Albert* dramatisch geändert. In dem Augenblick, als ihm die kleine Ratte gezeigt wurde, fing er an zu weinen und lief auf allen Vieren so schnell er konnte davon. Watson sah in diesem Ergebnis nicht nur eine schlüssige Begründung für das Auftreten der konditionierten Angstreaktion beim *Little Albert*, sondern er leitete aus dieser Studie ein Erklärungsprinzip für zahlreiche emotional bedingte Verhaltensweisen ab. Der Little-Albert-Test zeigte noch ein weiteres Ergebnis. Als Watson und Rayner den Tests nach fünf Tagen Pause wiederholten, also nach einer Pause, in welcher der Versuch nicht wiederholt wurde, hatte *Little Albert* nicht nur vor der weißen Ratte, sondern auch vor anderen Dingen, die weiß waren, Angst: vor einem weißen Kaninchen, einem Mantel aus Robbenfell, weißer Baumwolle, einer weißbärtigen Weihnachtssmaske und Dr. Watsons Haar.

Watson nannte dieses Phänomen *Transfer,* was Pawlows *Stimulusgeneralisierung* entspricht. Aus heutiger Sicht wird das veränderte Verhalten, das sich ohne neuen Einfluss einstellte, mit der unterbewusst ablaufenden neurobiologischen Nachverarbeitung (Konsolidierung) erklärt. Ein Vorgang, der in der praktischen Hundeausbildung viel zu wenig berücksichtigt wird.

Watsons Studie lässt sich auch umkehren. Würde man *Little Albert*s kleine weiße Ratte, die nach dem Experiment Angst erzeugte, in einer neuen Koppelung, beispielsweise mit herzlichen Umarmungen und beruhigender Stimme, paaren, so ließe sich die *Umkehr des Verhaltens* konditionieren. Aus Angst würde Geborgenheit, sichtbar daran, dass sich *Little Albert* wieder mit der Ratte beschäftigen würde. Watson hatte vor, dieses Experiment durchzuführen. Aber leider wurde der *Little Albert* vorzeitig aus dem Krankenhaus entlassen. Nach anderen Quellen soll die Mutter die Stadt verlassen haben und umgezogen sein, um das Kind nicht weiteren Experimenten auszusetzen.

1974 behandelte Mary Cover Jones (1897–1987) einen dreijährigen Jungen, der an einer Hasen-Phobie litt. Der Hase wurde mit Essen assoziiert, wobei der Junge die Phobie nach und nach völlig verlor – und den Hasen schließlich streicheln und auf den Arm nehmen konnte.

Watsons historischer Beitrag besteht vor allem darin, dass er die Pawlowsche Konditionierung auf emotional bedingte Verhaltensweisen ausdehnte. Er war der Ansicht, allein die Umwelteinflüsse würden über den Werdegang eines Menschen entscheiden (Milieu-Theorie). Als extremer Verfechter dieser Theorie hatte er sicher unrecht. Watson hatte die Bedeutung des Lernens überschätzt, indem er die Rolle der Vererbung vernachlässigte. Trotzdem rücken Watsons Ansätze auch heute, aus der Sicht kognitiver Lerntheorie, wieder in den Vordergrund.

Guthries Pferde- und Hundebeispiele

Auch in der Hundeausbildung, auf dem Hundeplatz oder in der Mensch-Hund-Beziehung zu Hause treten zahlreiche Auswirkungen der klassischen Konditionierung auf. Als unkonditionale Stimuli (UCS) können Lob, Tadel, Misserfolg, Erfolg und anderes auftreten. Die unkonditionalen Reaktionen (UCR) hierauf können sich als Freude, Beschämung oder Unzufriedenheit äußern. Hierbei kann ein einziger Reiz ein ganzes Bündel an Emotionen hervorrufen. Ursprünglich neutrale

Stimuli (NS) wie bestimmte Übungen, Gegenstände, Räume oder Hörzeichen können durch entsprechende Umstände zu Auslösern werden. Daher ist es wichtig, das Auftreten negativer Emotionen zu vermeiden, nicht nur im täglichen, sozialen Umgang, sondern auch in der Erziehung, Ausbildung und im Training. Eine angenehme, einladende Umgebung kann hierzu ebenso beitragen wie ein freundlicher Umgang. Schwer zu bewältigender Stress und Über- sowie Unterforderung sind vorauszusehen und zu vermeiden.

Edwin Ray Guthrie (1886–1959) hatte eine eigene, nicht leicht nachvollziehbare Theorie über das Lernen entwickelt. Er meinte, dass Lernen durch einen einzigen Durchgang geschehe. Die Wiederholung erfülle lediglich den Zweck, zu lernen, in zahlreichen Abwandlungen auf ein- und dieselbe Art zu agieren. Auf Guthries Thesen können wir aus Raummangel hier nicht eingehen. Guthries Ziel war es, Lernen durch Optimierung der Bedingungen zu verbessern und aufzuzeigen, wie man erwünschte Gewohnheiten bildet und unerwünschten entgegentritt. Gewohnheiten spielen nicht nur bei Menschen, sondern auch im Leben höherer Tiere eine wichtige Rolle, denn Gewohnheiten erweitern die Möglichkeiten der Anpassung und Einflussnahme auf die Umwelt. Sie erlauben, bewusste und unbewusste Prozesse gleichzeitig ablaufen zu lassen. Dadurch kann sich das Individuum auf Anpassungsvorgänge konzentrieren, beispielsweise auf die bewusste Steuerung motorischer Funktionen oder das mentale Lösen von Problemen, während andere Vorgänge automatisiert ablaufen.

Guthrie war durch und durch Praktiker. Er wurde nicht müde, immer wieder neue Beispiele zur Verbesserung der Reiz-Reaktionsvorgänge zu entwickeln und darzustellen. Da er sich mit Pferden und Hunden gut auskannte, brachte er oft Beispiele aus diesen Gattungen. In seiner Beschäftigung mit der Kontrolle über Gewohnheiten hat er drei bemerkenswerte Methoden entwickelt – hierzu ein überzeugendes Beispiel aus der Pferdedressur:

Guthrie: Drei Techniken, um unerwünschte Gewohnheiten zu unterbinden:

- Das Zureiten nach Rodeo-Technik, in dem das Pferd so lange buckelt, bis es müde wird und aufgibt, baut auf *Ermüdungstechnik* (Alternativbezeichnung *Flooding*= Therapieansätze: gezielt erwünschte Reizüberflutung oder Ermüdungstechnik)

- Nähert sich der Reiter dem Aufsitzen, indem er das Pferd erst einmal an den Sattel gewöhnt und danach in kleinen Schritten dem Aufsitzen immer näher kommt, so hat er sich der *Schwellentechnik* bedient. Unter Joseph Wolpe 1958, einem der Begründer der Verhaltenstherapie, wurde diese Methode später unter dem Begriff *systematische Desensibilisierung* bekannt.

- In der dritten Methode, der *inkompatiblen Stimuli**, bindet der Reiter das Pferd an einen Pflock, sodass es weder buckeln noch weglaufen kann.

Inkompatible Stimuli der besonders sanften Art sind *Leitwirkungen*. Auf letztere werden wir an späterer Stelle eingehen. *Leitwirkungen* schränken ein, verwehren, lenken oder leiten ohne Druck und Zwang.

Die drei Methoden lassen sich auch kombinieren.

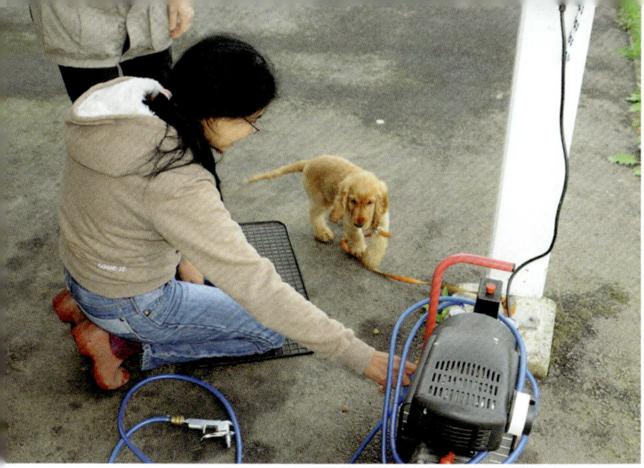

Ermüdungstechnik (Flooding): Die Besitzerin setzt den Hund den lauten Geräuschen des Kompressors aus. Infolge der Konfrontation soll die Angst auf Grund von Ermüdung abnehmen. Im Idealfall lernt er das Geräusch als harmlos einzuschätzen (Habituation). In Anbetracht der genetisch bedingten, hohen Geräuschempfindlichkeit besteht jedoch die Gefahr, dass diese Vorgangsweise zur Verstärkung der Angst führt (siehe Sensitivierung).

Systematische Desensibilisierung: In kleinen Schritten wird der Hund mit Leitwirkungen vertraut gemacht: „Was keine Reaktion zeigt, wenn man drübersteigt, davor braucht man keine Angst zu haben." Anschließend steigt der Hund über das Gitter und legt sich drauf.

Inkompatible Stimuli: Ein „Löwengitter" verhindert Hochspringen, ohne dass der Besitzer direkt eingreifen muss (anonyme Einwirkung mittels Leitwirkung).

Inkompatible Stimuli: Federbügel und kurze Leine am Rad begrenzen den Bewegungsraum des Hundes am Fahrrad (Sollbruchstelle für Paniksituationen erforderlich!).

Beispiel für inkompatible Stimuli (z.B. gegen schlechte Gewohnheiten):

Nicht jeder Besucher schätzt es, wenn der Haushund an ihm hochspringt, ihn ableckt oder bei der Begrüßung allerlei andere, unerwünschte Verhaltensweisen zeigt. Ein ebenso einfaches wie wirksames Mittel dagegen ist, den Hund, bevor der Besuch kommt, im entsprechenden Raum an die Leine zu legen. Die Bohrung an der Wand, die je nach Gegebenheiten erforderlich ist, um einen Ring zu verdübeln, lohnt sich. Der Hund lernt durch anonyme Einwirkung, dass er sein Verhalten nicht durchführen kann. Hinzu kommt: Im angeleinten Zustand lässt er sich meist leichter mit Hörzeichen <Lager> auf seinen Platz schicken. Nach einer Weile gehen dann die (eingeweihten) Besucher auf ihn zu und begrüßen den Hund, indem sie jeweils ein, zwei Schritte zurückgehen, wenn der Hund in die alten, unerwünschten Verhaltensweisen zurückfällt.

Interessant ist, was Guthrie über das Heranrufen von Hunden sagt: Er geht davon aus, dass es im Grunde nicht schwierig sein dürfte, den Hund zu einem zuverlässigen Herankommen auf Signal zu konditionieren. Hunde laufen gerne zu Menschen oder sie apportieren Gegenstände und bringen sie dem Besitzer. Eine Kuh würde damit Probleme haben. Wichtig sei, dass der Hund schon vor der angestrebten Kontrolle über ein Hörzeichen gelernt hat, herzukommen, indem man die entsprechenden Bedingungen dafür schafft. Explizit nennt er das Hochhalten eines Knochens oder das Weglaufen vom Hund. Wenn in dem Augenblick, wo der Hund kommt, das Signal <Komm> gegeben wird, dann wird sich nach entsprechender Wiederholung die Assoziation zwischen Signal und Handlung einstellen und der Hund zuverlässig kommen. Allerdings setzt dieser Lernvorgang das motivierte Herkommen voraus.

Operante Konditionierung

Burrhus Frederic Skinner

„I'm not trying to change people. All I want to do is change the world in which they live." B. F. Skinner

(Ich möchte nicht Menschen verändern. Alles was ich möchte ist, die Umwelt, in der sie leben, verändern.)

Burrhus Frederic Skinner (1904–1990)

Skinner wuchs in ländlicher Umgebung in Pennsylvania in den USA auf. Schon als Junge entwickelte er vielfältige Interessen. Er bastelte Segelflieger und Musikinstrumente. Von 1922 bis 1926 studierte er Kunst und Literatur. Skinner verwehrte sich gegen den obligatorischen Gottesdienst und lehnte sich gegen die Fakultät und gegen die Bruderschaft auf. Sein Berufswunsch war zunächst Roman-Schriftsteller. Nachdem er 1926 das Hamilton College erfolgreich abschloss, versuchte er sich ein Jahr im Schreiben. Enttäuscht über die sich nicht einstellenden Erfolge, möglicherweise auch im Hinblick auf sein schriftstellerisches Talent, arbeitete er in New York vorübergehend als Gehilfe in einer Buchhandlung. Er unternahm einige Reisen, unter anderem nach Europa. Ob er in Europa oder nach Aussagen seiner Tochter Julie S. Vargas in der Buchhandlung in New York erstmals auf Pawlows und Watsons Schriften stieß, und wann und ob er mit Thorndikes Arbeiten in Berührung kam, sei dahin gestellt. Unbestritten ist, dass die Beschäftigung mit den großen Psychologen seiner Zeit das Leben Skinners in eine neue Richtung lenkte. 1928 begann er ein Psychologiestudium an der Harvard University, wo er zwei Jahre später bereits promovierte. Seine Arbeit wurde zunächst von einem der maßgeblichen Gutachter-Professoren abgelehnt. Nach dem Ausscheiden des betreffenden Gutachters wurde Skinner der Doktor-Titel nachträglich zuerkannt – ohne neues Verfahren. Vielleicht war die Arbeit des *unbequemen Genies* zu fortgeschritten und umfangreich, um sie im Rahmen damals gültiger Lehrmeinung einer Wertung zu unterziehen. Skinner war nach den Beschreibungen zu urteilen wohl ein aufmüpfiger Geist. Er eckte immer wieder an und tat sich 1936, als das Stipendium auslief, zunächst schwer, eine neue Stelle zu finden. Skinners Begeisterung für den Behaviorismus kann an einem seiner provokanten Sätze deutlich werden: *„... ich wünsche mir den gesamten Bereich umzugestalten, wie es mir gefällt“* (Skinner 1979, S. 38 nach Lefrançois 2006, S. 91).

Als frisch ernannter Assistenzprofessor an der University of Minnesota entwickelte er ab 1937 die Prinzipien der von ihm als *operant* bezeichneten Konditionierung. Hierzu nutzte er eine Apparatur, die er mit großer Wahrscheinlichkeit von Thorndike her kannte. Die Weiterentwicklung Thorndikes *Problemkäfig bzw. Puzzle Box* bestand darin, dass die in der Box integrierten Hebelbewegungen in graphische Aufzeichnung umgesetzt wurden, wodurch eine hieb- und stichfeste Dokumentation verschiedener Verhaltens-Abläufe in Relation zu ihren Ursachen und des zeitlichen Ablaufs ermöglicht wurde. Diese Box wird heute noch unter dem Begriff *Skinner-Box* in zahlreichen Instituten rund um die Welt eingesetzt, um Verhalten an Testtieren zu dokumentieren. Skinner selbst nannte sie *Conditioning Chamber (Experimentalkammer)*. Als Erfinder des Experimentier-Käfigs verdient jedoch Thorndike genannt zu werden.

Skinners Beitrag bestand in der Weiterentwicklung der instrumentellen Konditionierung und in den bahnbrechenden Erkenntnissen in Bezug auf Verstärkung, die er mit Hilfe seiner Box erforscht hatte. 1945 wurde Skinner die Leitung des Instituts für Psychologie an der Universität in Indiana angeboten. Gegen Ende des Zweiten Weltkrieges verfolgte er ein Militär-Projekt, indem er Tauben dressierte, durch Picken Fernraketen zu steuern. Das Projekt wurde ernst genommen, letztlich entschied man sich dann aber doch für radargesteuerte Systeme. In seinen späteren Lebensjahren bevorzugte er Tauben für seine Versuche. Er verwandte keine Ratten mehr.

Skinner war fasziniert von der Idee, seine Erkenntnisse mit Hilfe von mechanischen Apparaten für die allgemeine Bildung der Menschen einzusetzen. Mit Hilfe des *Air Crip* und seiner *Lehrmaschine* wollte er optimale Umweltbedingungen mit dem Ziel besserer Lernerfolge schaffen. Die Vermarktung, obwohl durch bekannte Zeitschriften und seinen Roman *Walden Two* gestützt, scheiterte jedoch. 1948 folgte er einem Ruf an die Harvard University, wo er fünfzig Jahre lang die *operante Konditionierung* weiter erforschte und formulierte. Skinner war ausgesprochen vielseitig. Er beschäftigte sich über zwanzig Jahre mit der Erforschung der Sprache, die er als einen Vorgang verstand, der nach den gleichen Gesetzen ablaufen würde wie alle anderen Verhaltensweisen (*Verbal Behavior* 1957).

Um 1960 wandten sich zahlreiche Wissenschaftler in Europa und USA vom Behaviorismus ab. Als äußerer Anlass hierfür wird vielfach die kritische Besprechung von Noam Chomsky zu Skinners Buch *Verbal Behavior* angesehen. Chomskys scharfe, aber logisch aufgebaute Kritik fand weltweit Zustimmung und beschleunigte die Abwendung vom Behaviorismus und die Zuwendung zum Kognitivismus. 1974 beendete Skinner seine Lehrtätigkeit. Skinner wurde als bedeutendster Vertreter des Behaviorismus nicht nur in den USA, sondern weltweit bekannt und mit zahlreichen Ehrungen ausgezeichnet. Bis unmittelbar vor seinem Tode, noch als 87 Jähriger, war er als Publizist und Autor tätig. In seinen letzten Lebensjahren widmete er sich gesellschaftspolitischen Themen, um globalen Problemen wie beispielsweise der Überbevölkerung mit Hilfe von Verhaltenskontrolle entgegen zu treten. Wenige Tage nach seinem letzten öffentlichen Vortrag starb er am 18. August 1990 an Leukämie. 2001 wurde er in der Fachzeitschrift *Review of General Psychology* (herausgegeben durch die American Psychological Association) noch vor Jean Piaget und Sigmund Freud als der bedeutendste Psychologe des 20. Jahrhunderts bezeichnet.

Skinners Geburt war 55 Jahre nach Pawlow, 30 Jahre nach Thorndike, 26 Jahre nach Watson und 18 Jahre nach Guthrie. Seine Bewunderung für Pawlow ist belegt. Die Arbeiten von Thorndike, Watson und Guthrie kannte und entwickelte er weiter. Wie seine Vorgänger, so war auch Skinner ein überzeugter Anhänger der experimentellen Analyse von Verhalten. Wegen seiner extremen Ablehnung gegenüber allem, was sich *innerhalb* der zu beobachtenden Versuchsperson abspielte, spricht man in Bezug auf Skinner oft vom *radikalen Behaviorismus*. Skinner suchte ein Leben lang ebenso akribisch wie hartnäckig nach objektiv nachweisbaren Gesetzen des Verhaltens. Schlussfolgerungen und Spekulationen lehnte er rundweg ab. Das taten seine Vorgänger zwar auch, aber nicht in der gleichen, extremen Art und Weise.

Operante Konditionierung

Während man in der klassischen Konditionierung bestehende Reiz-Reaktionsabfolgen nutzt, werden bei der operanten

Konditionierung *spontane* Verhaltensweisen durch Manipulation der Folgen beeinflusst. Durch Verstärkung wird die Auftretenswahrscheinlichkeit erhöht, durch Bestrafung wird sie reduziert. Im Unterschied zur klassischen Konditionierung, wo es um reflexartige (oder bereits konditionierte) Verhaltensweisen (oder Emotionen) geht, bestimmen bei der operanten Konditionierung die Folgen des vorausgegangenen Verhaltens, ob und wie dieses bei Wiederholung beeinflusst wird. Operante Konditionierung eignet sich vorzugsweise dort, wo neue Verhaltensweisen angestrebt werden. Daher nimmt in der Tierdressur die operante Konditionierung auch heute noch den weit größten Raum ein.

Der Begriff operante Konditionierung kommt aus dem Lateinischen *operari* = mit etwas beschäftigt sein, etw. betreiben, an etw. arbeiten. Skinner (1913) hat den Begriff *operant* im Sinne von *die Umwelt beeinflussend* verstanden. Operante Konditionierung bedeutet daher nicht nur das durch Fremdkontrolle manipulierte Verhalten, etwa bei der Hunde-Erziehung und Ausbildung, sondern auch Vorgänge, die außerhalb von Fremdmanipulation stehen, also das, was Hunde ohne den Menschen lernen. Skinner war der Überzeugung, dass Pawlows klassische Konditionierung nur einen (geringen) Teil von Verhalten erkläre, und dass der Großteil von Verhaltensweisen nicht auf einen vorher schon bekannten Stimulus ausgelöst werde. Er fand heraus, dass es vor allem die Stimuli waren, die, *nachdem* die Ratten und Tauben versuchten, etwas zu erreichen, das Verhalten entscheidend beeinflussten. Diese grundsätzliche Entdeckung hatte Thorndike schon gemacht und in seinem *Law of Effect* formuliert. Auch der Einfluss der Verstärkung (*Reinforcement*) war Thorndike und auch Pawlow schon bekannt, wenngleich sie den Vorgang anders erklärten. Aber Skinner war es, der als erster die Bedeutung der Verstärkung in vollem Umfange erkannte und formulierte, wie sich die verschiedenen Varianten von Belohnung und Bestrafung auf das Verhalten auswirken.

Wenn wir uns Pawlows Versuchsanordnung nochmals kurz in Erinnerung rufen und Skinners Experimenten mit Ratten gegenüber stellen, wird deutlich, worum es Skinner ging. Pawlows Versuchshund war in ein Gestell geschnallt und er speichelte, während ihm das pulverisierte Futter offeriert wurde. Hier ging es um einen auslösenden Reiz UCS, der angeboren ist und nicht erlernt werden muss. Das Verhalten ist vorhersehbar und kann unter bestimmten Bedingungen auch durch einen ursprünglich Neutralen Stimulus NS ausgelöst werden. Aber immer geht es in dieser Versuchskonstellation um Reaktion auf Grund von Assoziation, also um ein weitgehend festgelegtes, unwillkürliches Verhalten, welches bereits bestand.

Skinner nannte dieses Verhaltenstyp später Typ S (S für Stimulus) in Gegenüberstellung zu den zahlreichen Verhaltensweisen, die nicht vorhersehbar und festgelegt, sondern willkürlich, das heißt, beeinflussbar, ablaufen. Diese zweite Form des Verhaltens, die der Einwirkung auf die Umwelt dient, nannte er Typ R (R für Reaktion). Skinners Box bestand ebenso wie Thorndikes Katzen-Box aus einem Kasten, welcher Außenreize weitgehend abhalten sollte. Skinners Experimentierkasten war ausgerüstet mit einem Hebel, einer (oder zwei)

Lichtquelle(n), einem Lautsprecher, einem Futterspender und für bestimmte Versuche auch mit einem Gitter, das unter Strom gesetzt werden konnte.

Skinner experimentierte nicht nur mit Ratten und Tauben. Er ließ auch eine Experimentier- und Lern-Box für Babys bauen, die tatsächlich vorübergehend auch zum Einsatz kam.

Gibt man eine Ratte in diesen Käfig, so zeigt sie Verhaltensweisen, die sich vor allem in einem Punkt von Pawlows Versuchsanordnung unterscheiden. Die Versuchstiere in Skinners Anordnung zeigen *unvorhersehbares* Verhalten. Sie agieren, sie *operieren*! Zwar in einer primitiven Form von *Trial-and-Error* (Versuch-Irrtum-Erfolg), aber immerhin ist das Bestreben zu erkennen, durch aktive Betätigung etwas zu bewirken. Nachfolger von Skinner fanden 14 unterschiedliche Verhaltensweisen heraus, die Ratten in der Skinner-Box zeigen (1995). Die Ratte erkundet ihre neue Umgebung (ähnlich wie bei Thorndikes Katzen-Box) und sie probiert verschiedene Aktionen aus. Irgendwann einmal wird sie auf den Hebel drücken und die vorteilhafte Konsequenz erfahren, dass das Drücken dieses bestimmten Hebels den Futterspender aktiviert. Nach einigen Wiederholungen hatte die Ratte gelernt (operant konditioniert), die vorteilhafte Konsequenz des Hebeldrückens zu ihrem Vorteil zu nutzen. Sie bedient den Hebel, um an das Futter zu kommen. Aus diesem ebenso einfachen wie genialen Versuch kommen Thorndike wie Skinner zum

Skinner Box

gleichen Schluss: Folgt auf eine Reaktion eine *Belohnung* (Skinner: Verstärkung*),* so nimmt die Wahrscheinlichkeit zu, dass dieses Verhalten wiederholt wird. In der Erklärung dieser Beobachtung allerdings gehen Thorndike und Skinner verschiedene Wege.

Thorndike stellt die Assoziation zwischen Stimulus und Reaktion in den Vordergrund, Skinner betont, dass die Verstärkung das Verhalten nicht zwangsweise *auslöst*, sondern lediglich *die Möglichkeit hierfür schafft*. Das wesentliche Kriterium der operanten Konditionierung liegt nach Skinner nicht in der Aktivierung des neu erlernten Verhaltens, sondern in der erweiterten Unterscheidungsfähigkeit und der damit verbundenen *Möglichkeit*, das Gelernte zum eigenen Vorteil umzusetzen. Dieser Unterschied ist bemerkenswert! Skinner lehnt Thorndikes Begriffe *zufriedenstellend* (*Satisfier*) und *unerfreulich* (*Annoyer*) wegen ihrer subjektiven Verschwommenheit und damit Inobjektivität ab. Er favorisiert den Begriff *Verstärker* und beschränkt diesen auf ein Ereignis, welches die (messbare!) Wiederauftretenswahrscheinlichkeit beeinflusst.

Der Junghund weiß nicht, in welcher der beiden Schüsseln Futter ist. Versteht er die Zeigegeste, so kommt er auf Anhieb zum Erfolg. Versteht er sie nicht, kann er mittels *Versuch und Irrtum (Trial-and-Error)* lernen, auf die Zeigegeste zu achten und sie richtig zu interpretieren.

Heute wissen wir, dass Lernvorgänge um vieles komplexer sind, als sie im Behaviorismus angenommen wurden und dass Thorndike, nicht trotz, sondern gerade wegen seiner Sichtweise, auch innere Vorgänge mit einzubeziehen, dem heutigen Wissenstand erstaunlich nahe kam.

Der oft formulierte Vorwurf, Skinner sei ein „Antitheoretiker", ist jedoch nicht berechtigt. Skinner wendet sich nicht grundsätzlich gegen Theorien, sondern lediglich gegen die aus ihnen abgeleiteten Spekulationen. Er schreibt hierzu (1969): *„Eine Theorie ist für das wissenschaftliche Verständnis von Verhalten unbedingt erforderlich"*. Skinner lehnte *mentale* und *psychische* Vorgänge nicht grundsätzlich ab, er schränkte lediglich die Objektivierbarkeit dieser Prozesse als für Außenstehende (mit den damaligen Mitteln) nicht zugänglich ein. Bevor er sich der Spekulation hingab, lehnte er unwissenschaftliche Deutungsversuche ebenso ab wie Pawlow, Thorndike, Watson und andere.

Skinner ging es wie seinen Vorgängern darum, die Gesetzmäßigkeiten für Verhalten zu erforschen, Verhalten zu analysieren, zu erklären und Möglichkeiten der Kontrolle aufzuzeigen (Hauptwerk *Science and Human Behavior* 1953). Er befasste sich mit den beobachtbaren Bedingungen, die dem Verhalten vorausgehen und setzte sie in Bezug zu den Konsequenzen, die das Verhalten nach sich zieht. Im Behaviorismus wird die Beziehung zwischen *Verhalten* und ihrer *Konsequenz* mit dem Begriff *Kontingenz* bezeichnet.

„Belohnung" und „Bestrafung"

„Belohnung" – *Verstärkung*

Die im Folgenden zu erläuternden Vorgänge der „Belohnung" und „Bestrafung" sind, von wissenschaftlicher Warte aus betrachtet, nicht ganz einfach zu verstehen. Man neigt dazu, einer *Belohnung* und *Bestrafung* jeweils die Eigenschaften *angenehm* und *unangenehm* zuzuordnen. Zudem erwarten wir, dass beim Einsatz von Belohnung und Bestrafung ein vorhersehbares Ergebnis eintritt. Aus laienhaftem Verständnis geht man davon aus, mittels Belohnung ein erwünschtes Verhalten zu fördern – und mittels Bestrafung einem unerwünschten Verhalten entgegen zu wirken.

Skinner hat jedoch durch Hunderte von Experimenten bewiesen, dass diese Ansicht spekulativ ist, in vielen Fällen sogar falsch. Skinners berechtigte Ablehnung lässt sich leicht am Beispiel der Leineneinwirkung beim Fußgehen nachzeichnen. Auch heute noch meinen Hundebesitzer, sie könnten ihrem Hund mittels Leinenruck verständlich machen, dass er nicht ziehen soll. Aber die Realität lehrt uns, dass diese Annahme nicht stimmt. In manchen Fällen nimmt der Hund die Bestrafung zwar an, indem er nach dem Leinenruck weniger zieht, in anderen Fällen aber zieht der Hund trotz Leinenrucken weiterhin unverändert, und in wieder anderen Fällen zieht er auf Grund der Leinenrucke sogar noch stärker als zuvor. Von den „Begleiterscheinungen", die sich aus dieser Form der Bestrafung ergeben, ganz zu schweigen. Daraus leitet sich ab: Der Leinenruck selbst ist nicht identisch mit Bestrafung, wie man sie laienhaft versteht. Erst die Konsequenz, welche sich *nach* dem

Ereignis des Leinenrucks einstellt, sagt uns auf dem Umweg über das veränderte Verhalten, was sich tatsächlich verändert hat. Bei laienhafter Vorstellung von Belohnung und Bestrafung hat man sozusagen die „Rechnung ohne den Wirt gemacht". Letztlich kommt es darauf an, was im Hund vorgeht, wie *er* das Ereignis des Leinenrucks intern und individuell verarbeitet und *last not least*, wie *er* darauf handelnd antwortet, wie er *re-agiert*, wie er *operiert und schließlich, wie er a-giert*. Diese drei Bezeichnungen spiegeln Sichtweisen unterschiedlicher Erklärungsmodelle wieder.

Sieht man von ethischen Verpflichtungen ab, so ist der Leinenruck durchaus ein Mittel, um dem Ziehen an der Leine wirksam zu begegnen. Dann allerdings sprechen wir von einer Ausführung, die von einiger Härte gekennzeichnet ist und nur wirkt, wenn die Einwirkung (positive Bestrafung) stärker ist als die Motivation vorzustürmen. Und selbst wenn Timing und Intensität der Einwirkung nachhaltig wirksam gesetzt und dimensioniert wurden, schwächt sich die Wirkung der Einwirkung mit der Zeit ab. Hunde haben die Fähigkeit, sich an starke Schmerzen zu gewöhnen und sie nehmen diese in Kauf, wenn die entgegen gesetzte Motivation und Erwartung stark ausgeprägt ist. Es muss dann immer mehr Schmerz vermittelt werden, um das Erreichte aufrecht zu erhalten.

Skinner hat daher den Begriff „Belohnung" durch *Verstärkung* ersetzt.

> *„... Wir belohnen Menschen, wir verstärken Verhalten ..."*

Skinner (1986, zitiert nach: Mietzel 1998 a, 137)

Mit einfachen Worten: Unter *Verstärkung* versteht man den Vorgang, der sich durch *Zunahme* eines Verhaltens zeigt, nachdem auf dieses Verhalten ein Reiz folgte (oder ein bereits bestehender Reiz entfernt wurde).

Aus lernpsychologischer Sicht geht es bei *Verstärkung* und *Bestrafung* darum, die Auswirkungen begrifflich abzugrenzen. Frei von subjektiven, emotionalen oder ethischen Perspektiven. Belohnung und Bestrafung werden nicht als etwas von vorn herein Angenehmes oder Unangenehmes, als etwas Gutes oder Schlechtes, als etwas Erlaubtes oder Fragwürdiges, als etwas Lustvolles oder Schmerzhaftes gesehen.

Man fokussiert im Hinblick auf Verstärkung und Bestrafung die *Konsequenz eines Verhaltens* (auch Auswirkung, Effekt oder Wirkung benannt). Von den Auswirkungen her betrachtet hat es sich um eine Verstärkung gehandelt, wenn sich herausstellt, dass das betreffende Verhalten auf Grund des Hinzutretens des Verstärkers öfter, länger und/ oder intensiver gezeigt wird. *Bestrafung* liegt vor, wenn sich nach dem Ereignis herausstellt, dass das Verhalten *abnimmt*, was bedeutet, dass es entweder gehemmt oder abgeschwächt wird, dass es seltener, kürzer, ungenauer oder gar nicht mehr auftritt.

Verstärkung bedeutet nach Skinner: Die *Zunahme der Auftretenswahrscheinlichkeit* eines Verhaltens*.
(* auch *Auftrittswahrscheinlichkeit*)

Formelhafte Darstellung und Begriffe zur operanten Konditionierung

Im Folgenden wird der Versuch einer formelhaften Darstellung der operanten Konditionierung aufgestellt. Wir verwenden hierzu in Abgrenzung und Erweiterung zur *klassischen Konditionierung* die folgenden Begriffe und Kürzel.

Vorteilhaft steht synonym für: angenehm, erwünscht, gewinnbringend, profitabel
Nachteilig steht synonym für: unangenehm, ungünstig, unerwünscht, unvorteilhaft

\+ bedeutet: Das Hinzutreten, Auftreten, Hinzufügen einer Konsequenz
\- bedeutet: Das Entfernen, Aussetzen, Abbrechen einer Konsequenz

S = Stimulus, Ereignis (Aufmerksamkeit → *Wahrnehmung* → *Motiv* (MO-Spiel) → *Bereitschaft*)

R1(<>) = Reaktion 1 = z.B. Tunnel vorbeirennen (Verhalten 1) (<>= Steigerung, Abschwächung)

R2(<>) = Reaktion 2= z.B. Stehen bleiben (Verhalten 2) (<> = Steigerung, Abschwächung)

RZ(<>) = Ziel-Reaktion = Tunnel durchqueren (Zielverhalten) (<> = Steigerung, Abschwächung)

VK(+ -) = Vorteilhafte Konsequenz (MO-Spiel) (+ - = hinzu, entfernt)

NK(+ -) = Nachteilige Konsequenz (Kein Spiel) (+ - = hinzu, entfernt)

V = Verstärkung → PV / NV (Positive & Negative Verstärkung)

B = Bestrafung → PB / NB (Positive & Negative Bestrafung)

Beispiel „Tunnel Durchqueren“:

S ⇒ R1 ⇒ NK kein Spiel (B) = *Nachteilige Konsequenz*. Folge: R1 wird
R> ⇐ ↲ abgeschwächt

S ⇒ RZ ⇒ VK MO-Spiel (V) = *Vorteilhafte Konsequenz*. Folge: RZ wird intensiviert
RZ< ⇐ ↲

Hier ging es vor allem darum, den immer wieder auftretenden Verwechslungen vorzubeugen. Vor allem die Bezeichnungen *positiv und negativ*, die in drei verschiedenen Bedeutungen auftreten, galt es zu entschärfen. Aus diesem Grunde wurden die Bezeichnungen *positiv* und *negativ* auf die *Verstärkung* und *Bestrafung* beschränkt. An Stelle *positiver* und *negativer Konsequenz* wurden die Begriff *vorteilhafte* und *nachteilige Konsequenz* gewählt (siehe Synonyme), wobei wir das englische Wort *Consequence* bewusst umgehen, um den bereits etablierten Buchstaben C (*Conditional*) nicht doppelt zu besetzen. An Stelle der dritten Bedetung von *positiv* und *negativ*, nämlich im Sinne von *hinzutretend und entfernend,* fanden die mathematischen Symbole + und - Verwendung.

Bereits dieses vereinfacht dargestellte Beispiel zeigt, dass zwar die Verstärkung nach einigermaßen vorhersehbaren Gesetzen verläuft, dass diese jedoch noch keinen Hinweis dafür gibt, was der Hund genau tun soll und wie wir ihm das Zielverhalten vermitteln. So wertvoll sie sind: Konditionierungsgesetze bieten lediglich Blickwinkel und Ansätze. Diese gilt es, didaktisch-methodisch in Form zu bringen. Der Hund könnte ja, anstatt *durch* den Tunnel, daran vorbei laufen (R1) oder vor dem Tunnel warten (R2). Um Fehler zu vermeiden, löst man das Problem entweder duch sanfte Hilfen (z.B. Leitwirkungen), durch Modell und Nachahmung oder durch schrittweises *Formen* des Verhaltens, indem bereits kleinste Annäherungen an das Ziel verstärkt werden und indem man diesen Prozess schrittweise bis zum Zielverhalten fortführt. Auf diese Lernformen gehen wir an späterer Stelle näher ein.

Beispiel für Folge von instrumenteller und operanter Konditionierung (vereinfacht):

Will man beispielsweise erreichen, dass ein Hund seine Vorsicht überwindet und durch einen Tunnel läuft, könnte der Trainer Folgendes planen: Damit der Hund in Bereitschaft gerät, etwas zu tun (instrumentelle Konditionierung), offeriert der Trainer zuerst einen Reiz (S). Der Trainer entscheidet sich für ein Motivationsobjekt (=MO bzw. Spielzeug), das er dem Hund zeigt. Der Hund sieht es, reagiert darauf und will das MO haben. Damit der Hund aber durch den Tunnel geht, mit anderen Worten: damit er die Zielreaktion (RZ) „operant konditioniert" (vereinfacht: „lernt"), muss die Belohnung, das Spiel mit dem Motivationsobjekt (V), nach dem Verhalten erfolgen. Würde der Hund das MO vorher bekommen, hätte er keine Veranlassung mehr, etwas anderes zu tun, als zu spielen. Der Trainer heftet sozusagen an das MO-Spiel (V) eine Bedingung: Nur wenn das Zielverhalten, die Zielreaktion RZ (RZ=Tunnel Durchqueren) gezeigt wird, folgt das MO-Spiel (V). Läuft der Hund durch den Tunnel (RZ), wirkt das anschließende Spiel mit dem MO als vorteilhafte Konsequenz (VK) für die vorausgegangene Zielreaktion (RZ Tunneldurchqueren) und verstärkt diese Reaktion (V). Läuft er daran vorbei (R1) oder wartet er ab (R2), kommt er nicht zum Erfolg.

Beispiel für das Ineinandergreifen positiver Verstärkung und negativer Bestrafung:

Sehen wir uns das vorangegangene Beispiel nochmals an und spinnen wir es im Hinblick auf Verstärkung und Bestrafung noch etwas weiter: Wenn der Hund am Tunnel vorbeiläuft oder davor anhält (R1 bzw. R2), bekommt er kein Futter. Mangels Erfolg werden diese beiden Verhaltensweisen abgeschwächt. Das Zielverhalten RZ hingegen wird auf Grund der Verstärkung V (genau genommen PV) vermehrt gezeigt. Frage: Erklärt sich der Konditionierungsprozess allein durch den Vorgang der Verstärkung (V) oder wirkt in jenen Phasen, in welchen der Hund nicht zum Erfolg kommt, ein zweites Regulativ, nämlich die Bestrafung B (genau genommen NB)? Die Frage soll zum Nachdenken anregen. Die Antwort erklärt sich aus den folgenden Abschnitten über positive und negative Verstärkung und Bestrafung. Der Leser mag entweder zuerst die folgenden Abschnitte durchlesen, bevor er nach einer Antwort sucht, oder er kann, als Herausforderung, hier weiterlesen. Wir stellen die Antwort hierher, um das Beispiel nicht auseinander zu reißen:

Antwort: Wenn die Übung wie beschrieben aufgebaut ist und der Trainer das Ganze leitet, ist davon auszugehen, dass auch die (negative) Bestrafung wirksam wird, denn der Hund hat, nachdem er belohnt wurde, eine konkrete Erwartung aufgebaut (kognitive Lerntheorie): Diese besteht aus dem Spiel mit dem MO. Das Vorenthalten dieser Erwartung wirkt als Wegnahme einer Vorteilhaften Konsequenz (VK-) und führt zur Abnahme des augenblicklichen Verhaltens, eben des Vorbeilaufens R1 oder Wartens R2. Dieser Konditionierungsprozess entspricht auch nach behavioristischem Erklärungsmodell einer Bestrafung (genau genommen: NB). Hier greifen behavioristische und kognitivistische Lerntheorien ineinander. Aus dieser Sicht wäre die erstrebte Zielreaktion RZ (Tunneldurchqueren) durch Ineinandergreifen positiver Verstärkung und negativer Bestrafung erreicht worden. Würde der Trainer die negative Bestrafung gegenüber der positiven Verstärkung in den Vordergrund bringen, beispielsweise aus Unwissenheit, Ungeduld, Ärger, Boshaftigkeit oder unterschwelligen narzistischen Motiven, so könnte aus dem freundlich friedlich anmutenden „gewaltfreiem Training" leicht ein tierschutzrelevanter Vorgang werden.

Bestrafung

Unter *Bestrafung* versteht man die die *Abnahme der Auftretenswahrscheinlichkeit eines Verhaltens*. Auch hier gilt: Erst im Nachhinein kann objektiv festgestellt werden, ob und wie Abnahme aufgetreten ist. Für die Abnahme der Auftretenswahrscheinlichkeit eines Verhaltens hat Skinner den in der Verhaltensbiologie und in der Lernpsychologie etablierten Begriff *Bestrafung* übernommen. Sowohl bei Verstärkung als auch bei Bestrafung geht es um eine modellhafte Vorstellung bezüglich der

Konsequenzen eines Verhaltens, die sich rückwirkend auf das Verhalten auswirken und dieses beeinflussen, indem es entweder vermehrt oder abgeschwächt gezeigt wird. (*Vermehrt* und *abgeschwächt* tritt in verschiedenen Formen auf. Davon später.)

Zum Begriff „Bestrafung“: Bestrafung hinterlässt bei vielen Menschen einen negativen Beigeschmack. „Bestrafung“ einzusetzen ist vor dem Hintergrund überholter Erziehungspraktiken zumindest fragwürdig. In der Wissenschaft versteht man unter Bestrafung jedoch weder ethische noch moralische Wertung, sondern ein Regulativ, das ein bestimmtes Verhalten unwahrscheinlicher werden lässt.

Trotz dieser Erklärung bleibt der Begriff Bestrafung auch aus lernpsychologischer Sicht nicht überzeugend! Er führt immer wieder zu Missverständnissen und Verunsicherung. Unverständlich ist, weshalb Skinner zwar den Begriff *Belohnung* durch die zweifellos treffendere Bezeichnung *Verstärkung* ersetzt, den Begriff *Bestrafung* jedoch belässt (*punishment* = amerik. = Bestrafung). Wenn die Zu- bzw. Abnahme der Auftrittswahrscheinlichkeit fokussiert werden soll, dann müsste das für beide Begriffe gelten. Mit „Bestrafung“ setzt Skinner seine eigene Theorie terminologisch dem Vorwurf der Spekulation aus. Es ist einfach nicht schlüssig, die Bezeichnungen *angenehm* und *unangenehm* (engl. = satisfactory and annoying) ebenso wie *Belohnung* abzulehnen, *Bestrafung* hingegen zu belassen. Inhaltlich würde zum Begriff *Verstärker* (*reinforcement*) der Begriff *Abschwächung* (*repression* oder *inhibition*) besser passen als *Bestrafung* (*punishment*). Aber wenn Begriffe einmal eingeführt sind, weisen sie, um in der Terminologie der Lernpsychologie zu bleiben, eine machtvolle Löschungsresistenz auf.

Es gibt Strafreize, die angeboren sind, darunter *Stimuli* wie Schmerz, Kälte, Hitze, Lärm, blendendes Licht u.a: Und es gibt Strafreize, die erlernt, *konditioniert* werden. Strafreize spielen in der Natur eine wichtige Rolle. Ein junger Wolf, der im dünnen Eis einbricht (Strafreiz Eis), wird sich in Zukunft vorsichtiger verhalten. Auch die Mutterhündin oder die *Adulten* (Erwachsenen) untereinander nutzen zur Bildung und Aufrechterhaltung der sozialen Ordnung Strafreize, wenngleich selten. In der Regel werden diese durch Drohgebärden ersetzt, was im Sinne *sozialer Einordnung* und *Arterhaltung* völlig ausreicht, Kräfte spart sowie Angst und Verletzungen vorbeugt.

Fassen wir die Begriffe Verstärkung und Bestrafung nochmals mit einfachen Worten zusammen: Ein Stimulus bzw. Ereignis wird zum Verstärker, wenn er/es die Wahrscheinlichkeit der Verhaltenshäufigkeit in der Zukunft steigert. Zur Bestrafung wird ein Stimulus oder Ereignis, wenn er/es die Verhaltenshäufigkeit in der Zukunft verringert. Verstärker können aus Sicht des Behaviorismus durch Stimuli, aber auch durch Verhaltensweisen (Ereignis), nach neuerer Sichtweise auch durch Emotionen gebildet werden.

Positive und negative Verstärkung

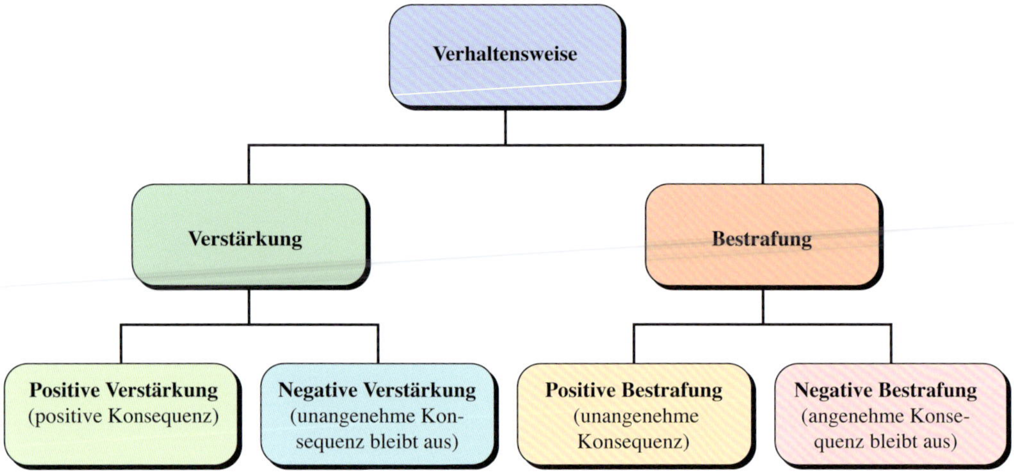

Positive und negative Verstärkung und Bestrafung

Alles, was die Auftretenswahrscheinlichkeit erhöht, wird im Behaviorismus als Verstärkung bezeichnet. Das kann wie hier (1) ein gemeinsames Bewegungs- und Beutespiel oder auch nur ein Blickkontakt sein (2).

Positive Verstärkung:

Wir wenden uns nun den einzelnen Formen der Verstärkung und Bestrafung zu.

Unter der Bezeichnung *positive Verstärkung* versteht man folgenden Vorgang: Hat eine bestimmte Verhaltensweise das Auftreten einer *vorteilhaften Konsequenz* zur Folge, so wirkt diese Konsequenz auf das Verhalten zurück und beeinflusst das Verhalten. Bei Wiederholung in ähnlicher Situation wird es wahrscheinlich gesteigert oder/und bevorzugt auftreten (Steigerungsvarianten: häufiger, intensiver, länger, ausgeprägter, qualitativ anders u.a.).

Als Verstärker kommen (aus erweiterter Sichtweise) in Betracht: Sämtliche Reize, Ereignisse, Verhaltensweisen und Emotionen, die in der Lage sind, eine Verhaltensweise nachweislich zu steigern. Das ist nicht nur das übliche Leckerli, Spielzeug oder Spiel, sondern auch jegliches Erfüllen oder Freigeben für ein im Augenblick vom Hund motivational besetztes Bedürfnis, Handlung.

Beispiele für positive Verstärkung:

Ein Hund, der beim Herkommen (R) auf dem Spaziergang wiederholt Lob (PK+) erfährt, wird dieses Verhalten in Zukunft aller Wahrscheinlichkeit nach vermehrt und ausgeprägter zeigen. Das Herkommen ist die Reaktion (R), das folgende Lob die hinzukommende vorteilhafte Konsequenz (VK+) auf dieses Verhalten und die anschließende Steigerung dieses Verhaltens (R+) der Ausdruck einer positiven Verstärkung (PV). An diesem Beispiel wird deutlich, dass in vielen Aufgabenstellungen das reine Verstärken eines Verhaltens ausreichen würde, um eine Zielreaktion RZ (Zielverhalten) zu formen – vorausgesetzt, man weiß mit Verstärkung richtig umzugehen.

Humanbeispiel für positive Verstärkung:

Es kommt immer wieder vor, dass sich Leute ohne Berechtigung auf Behindertenparkplätze stellen (R1). Mit der Selbstentschuldigung „Ich bin ja in zwei Minuten wieder zurück“ übervorteilen sie bedürftige Mitmenschen und riskieren auch für sich selbst Unannehmlichkeiten. Trotzdem werden sie dieses Verhalten wahrscheinlich beibehalten, solange es ungeahndet bleibt. Das Verhalten „verbotenes Parken“ (R1) bietet die vorteilhafte Konsequenz (VK) der Zeitersparnis und Bequemlichkeit. Diese wiederum führt rückwirkend auf Grund der positiven Verstärkung (PV) dazu, dass das rechtswidrige Parken in Zukunft häufiger durchgeführt wird (R1<). – Frage: Was könnte zu einer Veränderung des Verhaltens führen? Antwort: Ein Strafmandat (positive Bestrafung PB) würde die nachteilige Konsequenz (NK+) für das verbotene Parken (R1) nach sich ziehen und zu einer Abschwächung des Verhaltens (R1>) führen; im Idealfall zum Abbruch (R1), was das entgegengesetzte, rechtskonforme Verhalten R2 zur Folge hätte.

Beständiger als das Strafmandat (positive Bestrafung) könnte sich eine veränderte innere Einstellung (Moral, Ethik, Gewissen u.a.) auswirken und zum rücksichtsvollen und rechtskonformen Verhalten beitragen. Die vorteilhafte Konsequenz (VK+) besteht dann in der Erfüllung moralisch-ethischer Pflicht. Damit der konkurrierende Stimulus Ethik jedoch zu einem Alternativverhalten führt (positive Verstärkung), muss er stärker sein als die Bequemlichkeit. Frage: Welche andere Stimuli (Ereignisse) könnten zu einer Umorientierung führen? Antwort (Stoff vorweggenommen): Die Ermahnung eines Menschen, der im Rollstuhl sitzt (Lernen durch Einsicht: kognitive Lerntheorien). Oder auch das Vorbildverhalten eines Mitbürgers, der seinen PKW bei Parkplatzknappheit in weiterer Entfernung vom Eingang abstellt (Modell-Lernen: kognitive Lerntheorien).

Beispiel für positive Verstärkung:

Angenommen der Besitzer lockt seinen Junghund über ein Gitter. Falls der Hund den Weg über das Gitter täglich nehmen muss, um auf dem kürzesten Weg irgendwohin zu gelangen (S1), so könnte die Erklärung für das Überqueren (inkl. Befangenheitsüberwindung) aus einer Mixtur von Habituation und instrumenteller Konditionierung verstanden werden. Das Bild aber zeigt Fremdeinwirkung (S2). Der Besitzer bietet dem Hündchen, das erst mal vor dem Gitter Halt macht (S1 ® R1), eine Alternative an: Der Welpe entscheidet sich für das Leckerli (S2) und überschreitet den unbekannten Untergrund (S2 ® R2=RZ). Das Vorsichtsverhalten R1 (Stehenbleiben) wird durch den intensiveren Stimulus S2 Leckerli in den Hintergrund gedrängt (Überschattung). Nach dem Überqueren (RZ) folgt die Vorteilhafte Konsequenz VK+ (Fressen). Durch Wiederholung festigt sich auf Grund der Verstärkung (PV) die Zunahme der Ziel-Reaktion RZ<. Auch hier handelt es sich um einen Vorgang positiver Verstärkung: Positiv, weil eine vorteilhafte Konsequenz (VK+ = Leckerli) hinzukam, Verstärkung (PV), weil diese Konsequenz die Zunahme der Auftretenswahrscheinlichkeit des Zielverhaltens (RZ<) zur Folge hatte.

Beispiel für positive Verstärkung (ohne und mit Fremdeinwirkung):

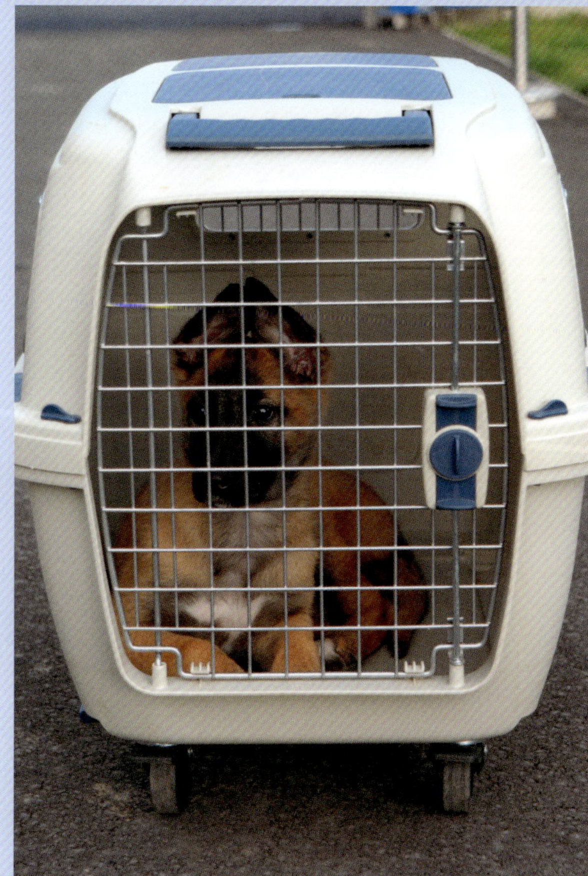

Frühzeitiges Gewöhnen an die Box bringt viele Vorteile. Hunde, welche die Box in kleinen, desensiblisierenden Schritten kennen gelernt haben, bleiben gerne drin.

Ein Hund entdeckt eines Tages, dass, wenn er die Spatzen (S) im Garten ausbellt (R1), diese im Schwarm wegfliegen (PK+). Die für ihn hinzukommende (+) vorteilhafte Konsequenz VK+ besteht darin, sein Revier verteidigt zu haben. Daher wird er dieses Verhalten ausbauen R1<.

Angenommen, der Besitzer lobt ihn für dieses Verhalten, so wirken zwei Verstärker. Frage: Worin besteht die positive Verstärkung? Im Ausbellen, im Lob oder im Fluchtverhalten der Spatzen? Antwort: Fluchtverhalten und Lob verstärken das Bellen. Bellen allein bedeutet noch keine vorteilhafte Konsequenz. Erst, wenn diese eintritt, wenn die Spatzen wegfliegen, liegt eine Verstärkung vor.

Frage: Aber wieso „positiver“ Verstärker, wo doch die Spatzen wegfliegen, also die Konsequenz weggenommen wird?

Müsste es nicht heißen: „Negativer" Verstärker?

Antwort: Nein, denn für den Hund bedeuten die wegfliegenden Spatzen das Auftreten einer vorteilhaften Konsequenz VK+. Er will ja die Spatzen verjagen. Tritt die vorteilhafte Konsequenz VK ein, verstärkt sie (PV) das vorausgegangene Verhalten R1. Das Ausbellen und Vertreiben wird er künftig vermehrt und intensiviert zeigen R1<. Möglicherweise springt er in Zukunft zusätzlich an der Hecke hoch, wo sich die Vögel niederlassen, oder er läuft ihnen bis zum nächsten Baum, wo sie sich niederlassen, hinterher. Die positive Verstärkung kann sich (bei nachweislicher Zunahme der Wahrscheinlichkeit) auf Frequenz, Intensität und Qualität des Verhaltens auswirken.

Im weiterem Verlauf kann es allerdings passieren, dass der Hund auch Nachbars Katze, Radfahrer, Autos, Jogger oder Passanten ausbellt und ihnen hinterherjagt (Generalisierung). In eine andere Richtung läuft der Vorgang, wenn die Spatzen immer frecher werden und nicht mehr wegfliegen. Dann wird der Hund das Jagdspiel mangels Erfolg (NK+) nach und nach einstellen. Das Ausbleiben der vorteilhaften Konsequenz führt zur Extinktion (Löschung). Ursache hierfür ist die negative Bestrafung. Der Hund lernt die neue Reaktion R2, die darin besteht, den Spatzen nicht mehr hinterherzujagen.

Negative Verstärkung:

Was wir schon wissen: Immer, wenn von Verstärkung die Rede ist, geht es um die *Zunahme* der Auftretenswahrscheinlichkeit eines Verhaltens. *Negativ* bedeutet die Wegnahme einer nachteiligen (unangenehmen) Konsequenz. Negative Verstärkung als Bestrafung zu verstehen, wäre falsch, denn Bestrafung führt zu einer Abnahme der Auftretenswahrscheinlichkeit!

Mit einfachen Worten: Bei negativer Verstärkung tut das Individuum etwas vermehrt, weil es dadurch etwas Unangenehmes oder Unvorteilhaftes abschwächen, vermeiden oder beenden kann. Etwas genauer: Stellt sich heraus, dass durch die Wegnahme der nachteiligen Konsequenz eine Zunahme des Verhaltens erreicht wurde, so handelt es sich um *negative Verstärkung*. Die *Zunahme* des Verhaltens bedingt, dass es sich bei der Wegnahme der Konsequenz um eine nachteilige, unvorteilhafte, unangenehme Konsequenz handeln muss. Würde man eine *vorteilhafte* Konsequenz entfernen, so wäre keine Zunahme, sondern die Abnahme der Auftretenswahrscheinlichkeit zu erwarten.

Humanbeispiel für negative Verstärkung:

Beim Fahrradfahren friert man im Winter oft an den Händen (S). Durch das Tragen von Handschuhen (R = Reaktion bzw. Verhalten) konnte man in der Vergangenheit Frieren an den Fingern vermeiden. Das Entfernen (-) der nachteiligen Konsequenz NK- (Frieren) bewirkte, dass man künftig beim Fahrradfahren unter bestimmten Wetterbedingungen vermehrt Handschuhe nutzt R< (negative Verstärkung NV).

Beispiel für negative Verstärkung:

Ein Hund hat gelernt, dass er sich die Unannehmlichkeit einer erwarteten Schimpfkanonade (S) vom Leib halten kann, wenn er sich auf den Rücken legt (R). Dieses Verhalten wird er bei ähnlichen Situationen wiederholen. Das Auf-den-Rücken-legen entspricht der Reaktion (R) (Verhalten), mit Hilfe dessen (Verstärker V) das Verhindern der Schimpfkanonade erreicht wurde.

Das Verhindern der Schimpfkanonade entspricht dem Abwenden (-) einer nachteiligen Konsequenz, demzufolge das Auf-den-Rücken-legen (R) vermehrt gezeigt wird (R<).

Beispiel für negative Verstärkung:

Ein Hund, der im Hause ständig durch einen anderen (S) gemobbt wird (NK) , bewirkt durch die Flucht unter ein Sofa (R), dass die Attacke endet, weil der größere Hund nicht unter das Sofa kriechen kann. Der attackierte Hund lernt duch Wiederholungen, sich aus dem Wirkungskreis des Aggressors zu befreien und durch die Flucht (R) die befürchtete nachteilige Konsequenz (NK-) zu verhindern. Die Folge wird sein, dass er das Fluchtverhalten (R<) immer öfter, früher und intensiver zeigt, indem er schon unter das Sofa flüchtet, wenn der betreffende Hund von weitem zu hören ist. Erklärungen: „Negative“ Verstärkung, weil eine nachteilige Konsequenz vermieden wurde, Verstärkung, weil das Fluchtverhalten intensiviert wurde. Die negative Verstärkung führte zu einer Zunahme des Verhaltens R (unter das Sofa fliehen). Die Flucht wirkt (für den Augenblick) entlastend. Allerdings wird die Furcht vor dem bestimmten Hund auf diese Weise nicht dauerhaft beseitigt, sondern aufrecht erhalten, in der Regel sogar vermehrt (Vermeidungslernen).

Human-Beispiel für negative Verstärkung (Vermeidungslernen):

Dasselbe passiert, wenn ein Hundephobiker (jemand, der vor Hunden Angst hat), bei jeder Begegnung mit Hunden umdreht, die Straßenseite wechselt und das Tempo erhöht. Außer Sichtweite empfindet er Entlastung. Die Angst vor Hunden verliert er durch diese Verhaltensweise jedoch nicht. Im Gegenteil, sie wird verstärkt (Vermeidungslernen).

Die meisten *Phobien* (ausgeprägte Angststörung) sind Ausdruck dieser Lernform. Ursprünglich diente Vermeidungslernen dazu, dass Erinnerungen und Verhaltensroutinen, die dem Überleben dienen, nicht vergessen werden. Leider haben Phobien die Eigenschaft, dass sich die Verhaltensweisen, mit denen man das befürchtete unangenehme Ereignis fernzuhalten sucht, mehr und mehr verbreiten und sich dabei die Angststörung auf weitere Situationen und Bereiche ausdehnt (Generalisierung). Es wird dann immer schwieriger, diesen *circulus vitiosus* (Teufelskreis) zu durchbrechen. Gegenkonditionierung, Desensibilisierung und Konfrontationstechniken gehören zu den gängigen Gegenmaßnahmen.

Beispiel für negative Verstärkung:

Der „Klassiker" für negative Verstärkung ist das Zwangsbringen, das von Dr. h.c. Oberst Konrad Most (Die Abrichtung des Hundes, 1910) entwickelt und von seinen Zeitgenossen begeistert genutzt wurde. Dem Hund wurde mittels Stachelhalsband anhaltender, extremer Schmerz zugefügt. In dem Augenblick, in dem der Hund in das offerierte Bringholz gebissen hatte (R), wurde der Schmerz schlagartig beendet. Der beendete Starkzwang (NK-) wirkte als negativer Verstärker (NV) und führte zu einer Zunahme des gewünschten Verhaltens (RZ<), zum Zupacken des Apportiergegenstandes. Die Prozedur wurde dann schrittweise ausgeweitet auf das Ruhighalten und das zögerungsfreie Abgeben bis hin zur kompletten Apportier-Übung. Auf diese Weise wurde ein weitgehend zuverlässiges Apportieren erreicht. Langfristig allerdings mit dem Nachteil, dass der Hund, solange er lebt, nach Auswegen sucht und bei erster Gelegenheit opponiert; beispielsweise dann, wenn er herausfindet, dass er in der Prüfungssituation nicht mit schmerzhaften Eingriffen rechnen muss. Obwohl Zwangsbringen heute in vielen Ländern gesetzlich verboten ist, wird es immer noch praktiziert. An Stelle des Stachelhalsbandes trat das „freundlich bezeichnete" Elektro-Reizgerät.

Beispiel für positive Verstärkung: „Apportieren – freudig, schnell, exakt“:

Aus ethischer Sicht ist Verhaltensbeeinflussung durch Zwangsbringen zweifelsfrei verwerflich. Dass es auch anders geht, zeigt das Gegenbeispiel, niedergelegt im Fachartikel „Bringen, Freudig, schnell, exakt“ des Autors (1996, 1999, 2000). Dieser Artikel, erstmals 1996 herausgekommen, hat wesentlich zum Umdenken im Hundesport beigetragen. Er wurde als Mehrteiler über Jahre hinweg in zahlreichen Hundefachzeitschriften veröffentlicht und wurde zu einem der meist edierten Fachartikel der Hundesportszene. Das Apportieren wird in diesem Artikel ausschließlich mittels appetitiver Reize geformt. Der Aufbau geht davon aus, dass das Nachlaufen und Fassen einer fliehenden Spielbeute angeboren ist. Dieser Schritt muss daher weder erlernt noch geübt werden. Das Hinauslaufen zum Gegenstand wird aus diesem Grunde erst gegen Ende der Apportierausbildung eingefügt, wenn der Hund bereits zuverlässig und schnell bringt, ruhig trägt und auch die Grundstellung und das Abgeben (Beutetausch) beherrscht. Zuerst lernt der Hund, aus dem Liegen herzukommen. In Rückwärtsverkettung (darauf wird noch

Apportieren: Zuerst wird das Herkommen und Spielen konditioniert, und zwar auf das einzige in der Prüfung zur Verfügung stehende Hörzeichen <Bring> (bzw. <Apport>). Das Hinauslaufen und Aufnehmen ist genetisch verankert und muss daher nicht geübt werden. Hier bei einem Training der *Lind-art®-Company*.

eingegangen) wird das einzig erlaubte Hörzeichen <Bring> bzw. <Apport> mit dem schnellen Herankommen assoziiert, wobei aus der Sicht des Hundes nicht das Heranbringen, sondern das beim Ankommen anschließende Spiel zum Zielverhalten motiviert (Did.-meth.-Transformation: „Die Ziele des Menschen zu Motivationen des Hundes umzugestalten“). Als Gegenstand wird anfangs an Stelle des Bringholzes eine Beißwurst oder ein anderes, bereits bekanntes MO (bzw. Spielzeug) verwendet. Erst wenn der Hund den Ablauf weitgehend fehlerfrei beherrscht, wird das MO durch das Bringholz ersetzt. Das als Rückwärts-Chaining aufgebaute Apportieren bietet nach einigen Wochen, wenn man die Übung das erste Mal umdreht und in prüfungsmäßiger Abfolge durchführt, eine Überraschung: Der Hund läuft, als hätte er nie etwas anderes getan, zielstrebig zum Apportgegenstand, packt schnell zu, dreht sich eng um und läuft im Galopp geradewegs zum Hundeführer zurück, wo er das Spiel erwartet. (Für Rassen und Individuen, die sich mit Zerrspielen nicht gut motivieren lassen, bieten sich Futter- oder andere Spiele an, beispielsweise gemeinsames Laufen oder Balgen an, oder das von Jan Nijboer entwickelte Prey Dummy (Futtertäschchen)).

Um die überzeugende Ausführung in dieser Form zu erhalten, wird die vollständige Übung relativ selten trainiert – oft nur kurz vor einer Prüfung, sozusagen als Test.

Positive und negative Bestrafung

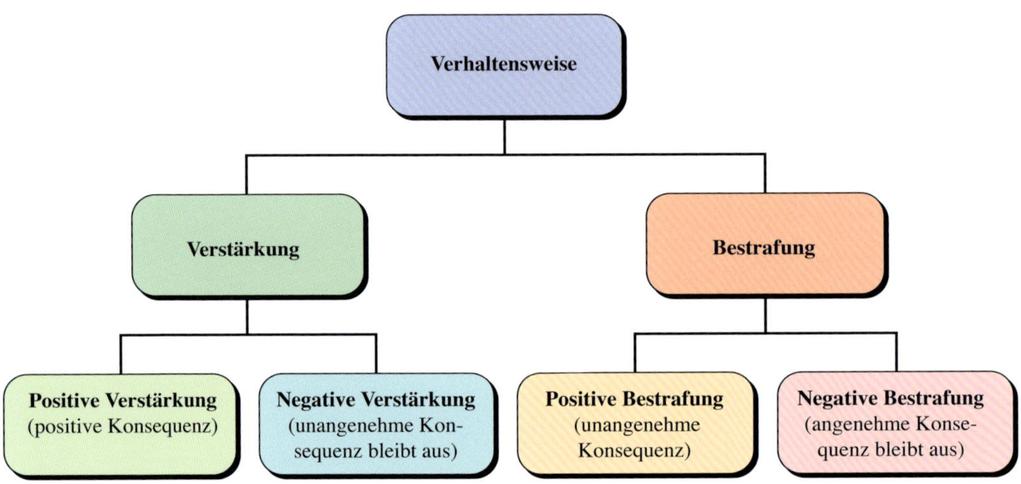

Organigramm *Verstärkung und Bestrafung*

Wir erinnern uns: *Bestrafung* wird als Ereignis definiert, welches – im Gegensatz zur *Verstärkung* – die Auftretenswahrscheinlichkeit eines Verhaltens verringert. In der *operanten Konditionierung* unterscheidet man auch hier *zwei* Formen der Bestrafung: *Positive Bestrafung* liegt vor, wenn sich herausstellt, dass das Hinzutreten eines Ereignisses die *Abnahme* eines Verhaltens zur Folge hatte. In der Hundeerziehung werden zur positiven Bestrafung oft folgende Mittel eingesetzt: Schimpfen, Drohen, Schmerzvermittlung u.a.

Negative Bestrafung bedeutet, die Abnahme der Auftretenswahrscheinlichkeit eines Verhaltens wurde dadurch erreicht, dass ein Stimulus/Ereignis entfernt wurde. Als negative Bestrafung werden oft eingesetzt: Die Wegnahme eines Motivationsobjektes, Futter-Entzug, Spiel-Abbruch, sozialer Entzug u.a. Skinner spricht von Bestrafungstyp I in der zuerst beschriebenen Variante und vom Bestrafungstyp II bei der zuletzt beschriebenen Variante.

In umgangssprachlicher Vereinfachung: Positive Bestrafung bedeutet das Hinzutreten einer nachteiligen Konsequenz (unangenehmen, aversiven), – mit der Folge einer Abnahme der Auftretenswahrscheinlichkeit des betreffenden Verhaltens.

Negative Bestrafung bedeutet das Aussetzen, Wegnehmen oder Ausbleiben einer vorteilhaften Konsequenz (angenehmen, appetitiven), mit der Folge einer Abnahme der Auftretenswahrscheinlichkeit des betreffenden Verhaltens.

Beispiel für positive Bestrafung (Fremdeinwirkung):

Diese Form ist leider heute noch die am weitesten verbreitete, wenn es darum geht, unerwünschtem Verhalten entgegenzuwirken. Angenommen, der Hund eines Besitzers kläfft Passanten an. Der Besitzer möchte dieses Verhalten „abstellen“, wie er es ausdrückt. Er schimpft den Hund, worauf der Hund das Bellen kurzzeitig unterlässt. Das war dann positive Bestrafung: Durch Hinzutreten der nachteiligen Konsequenz Schimpfen (NK+) hat der Hund das Verhalten Bellen (R) abgebrochen. Aber meistens kommt es anders: Der Hund bellt unbeeindruckt weiter, worauf der Besitzer zu stärkeren Mitteln greift: Er gibt ihm starke Rucke in der Hoffnung, dass der Hund die beabsichtigte „Bestrafung“ versteht. Es zeigt sich jedoch ein anderes Bild: Je mehr der Besitzer ruckt und schimpft, desto stärker zieht der Hund. Weshalb? Antwort: Die Durchführung der postiven Bestrafung hat nur dann Aussicht auf Erfolg, wenn sie stärker ist als die Intensität der im Augenblick wirkenden Bekräftigung (hier Selbstbelohnung). Ist der Strafreiz schwächer als der konkurrierende Stimulus der Selbstbelohnung, führt dies zu einem Aufschaukeln der konkurrierenden Stimuli, im vorliegenden Fall zu Ungunsten der schwächeren Reize, dem Schimpfen und Rucken. Als Folge dieses Wettstreits steigert der Hund das Ziehen. Die Maßnahmen des Besitzers erwiesen sich in der Tat nicht nur als unwirksam, sondern sogar als kontraproduktiv.

Beispiel für positive Bestrafung (ohne Fremdeinwirkung):

Angenommen, ein Hund möchte in einem Gebirgsbach schwimmen (S). Er springt, wie vom See her gewohnt, hinein (R), wird mitgerissen und kann sich erst nach langem Kampf gegen die Strömung wieder an Land retten. Das Erlebnis bleibt ihm im Gedächtnis. Seine Hilflosigkeit gegenüber der starken Strömung hat ihn veranlasst, nicht mehr in dieses Gewässer zu springen. Das Hineinspringen (S = Stimulus/Ereignis) hat durch das Hinzutreten (+) der Lebensgefahr Strömung (nachteilige Konsequenz NK+) zu einer Abnahme, in diesem Fall sogar zu einer abrupten und nachhaltigen Beendigung des Verhaltens (Schwimmen im Gebirgsbach) geführt (R).

Human-Beispiel für negative Bestrafung (Timeout):

In der Humanpädagogik werden bei Störungen des Sozialverhaltens, bei oppositionellem Trotzverhalten als auch bei Hyperaktivität Bestrafungsformen der operanten Konditionierung eingesetzt. Ebenso bekannt wie umstritten ist das sogenannte Timeout (Auszeit). Kinder, die beispielsweise den Unterricht permanent stören, werden für eine bestimmte Zeit isoliert. Nicht, um das Kind wegzusperren oder zu ängstigen, sondern in der Absicht, die Verstärkerreize, die zu diesen Verhalten führten, zu eliminieren. Inzwischen wurden, unter anderem durch die „TV-Super-Nanny“ modifizierte, abgeschwächte Methoden wie „Stille Treppe“ oder „Ruhiger Stuhl“ bekannt. Ob die Maßnahme letztlich als negative Bestrafung (etwas Angenehmes, beispielsweise die soziale Integration wird vorübergehend aufgehoben) oder als positive (direkte) Bestrafung wirkt (etwas Unangenehmes kommt hinzu: der Schüler wird vor seinen Mitschülern beschämt), hängt letztlich vom Schüler selbst ab und ist daher nicht sicher vorhersehbar. Hinzu kommt, dass bei Timeout als einziger Maßnahme bestenfalls gelernt wird, was nicht erwünscht wird, aber nicht, was genau das erwünschte Verhalten ausmacht und weshalb es zu akzeptieren ist. Daher raten viele Pädagogen dazu, Timeout allenfalls als begleitende Maßnahme einer auf Vorbild und Einsicht beruhenden Sozial-Pädagogik zu nutzen.

In der Hunde-Erziehung und -ausbildung, ja in der Tierpsychologie allgmein, sind negative und mehr noch positive Bestrafung noch problematischer als in der Human-Pädagogik, denn das geringere Abstraktions- und Transfervermögen der Tiere schränkt *Lernen durch Einsicht* im Vergleich zu Menschen erheblich ein. Daraus folgt: *Appetitive* (angenehme) Reize im Sinne der Förderung von Alternativ-Verhalten sind vielversprechender als der Einsatz aversiver Reize.

Trotzdem ist Verbots-Vermittlung weder grundsätzlich schlecht noch von vornherein abzulehnen! In bestimmten Situationen bieten sich *negative* und *positive Bestrafung* als das naheliegendste und erfolgversprechendste Mittel an. Beispielsweise, wenn ein Hund über die Straße läuft und sich selbst und andere in Gefahr bringt, wenn er gerade dabei ist, ein Stromkabel zu durchkauen oder wenn er das Bein hebt, um den Nachbarhund anzupinkeln. In derartigen Situationen ist oft schnelles Handeln unumgänglich.

Beispiel für negative Bestrafung (Verlustbestrafung):

Angenommen, ein lernwilliger und aufmerksamer Hund zeigt das unerwünschte Verhalten, mitten im Training permanent zu bellen. Unter der Voraussetzung, dass er den Blickkontakt zum Besitzer dauerhaft hält und das gemeinsame Training einen sichtbaren, motivationalen Wert für ihn bedeutet, könnte ein Timeout durchaus erfolgreich sein. Wenn der Besitzer jeweils in dem Augenblick, wo der Hund zu bellen anfängt, demonstrativ den Kopf zur Seite dreht und damit einen plötzlich eintretenden Verlust des Blickkontaktes erzwingt (kurzzeitiger Kommunikationsabbruch), kann der Hund auf Grund der Wegnahme einer vorteilhaften Konsequenz (Einstellen der Kommunikation und des Spiels) lernen, sein Verhalten zu ändern. Die negative Bestrafung würde aller Wahrscheinlichkeit nach eine Abschwächung des Bellens herbeiführen. Lässt man in dem Augenblick, wo der Hund selbst aufhört zu bellen, als wirksamer eine positive Verstärkung folgen, indem man die unterbrochene Kommunikation wieder aufnimmt und das Training fortsetzt, kann sich Folgendes ereignen: Wird das Einstellen des Bellens betont ausgeprägt verstärkt, in der Meinung „viel hilft besser", etwa mit einer fulminanten Belohnung, dann wird möglicherweise das Gegenteil eintreten. Der Hund konditioniert den ersten Teil des Szenarios (Bellen und Blickentzug) als Vorankündigung zum hoch motivierenden positiven Verstärker, was ihn dazu veranlasst, noch mehr zu bellen (Bumerang Effekt).

Bellen beenden-Aufbau: 1. Bellen auf Kommando, 2. Einstellen auf Kommando, 3. Ernstfall: Zuerst kurz bellen lassen, dann einstellen auf Kommando, 4. Einstellen, ohne vorher zu bestätigen.

Beispiel für ein Mehrstufen-Programm (Chaining) gegen übermäßiges Bellen:

Übermäßiges Bellen abzubauen oder gar einzustellen, stellt den Besitzer oder auch Trainer mitunter auf eine harte Probe. Hier die Beschreibung einer etwas aufwändigeren, aber gut erprobten Methode: Zuerst muss dem Hund das Bellen bewusst werden. Daher bringen wir ihm erst einmal bei, auf ein Hörzeichen zu bellen (Signalkontrolle, z.B. <Laut>). Hierbei wird das Bellen belohnt! Im nächsten Schritt wird er für das Einstellen des Bellens, welches nach dem vorausgegangenen inszenierten Bellen folgt, in Verbindung mit einem anderen Signal (z.B. <Still>) belohnt. Der entscheidende Erfolg stellt sich jedoch erst dann ein, wenn man längere Zeit auch im Ernstfall nach dem ersten Beller das Bellen zunächst einmal mittels Signal kurz belohnt und erst danach das Beenden fordert. Nach dieser Lernphase kann man schrittweise dazu übergehen, das Beenden des Bellens direkt, ohne vorangehendes Belohnen zu fordern (nähere Beschreibung siehe Veröffentlichungen des Autors).

Primäre und sekundäre Verstärker

Unter Verstärker versteht man Stimuli, die auf das Verhalten rückwirkend Einfluss nehmen und dieses im Sinne einer Zunahme der Auftretenswahrscheinlichkeit verändern. Skinner unterscheidet drei Klassen von Verstärkern: *Primäre, sekundäre und generalisierte Verstärker*. *Primäre positive Verstärker* bedürfen keines Lernprozesses (Nahrung stillt Hunger, Wasser Durst, Sexualität Fortpflanzung u.a.) Auch *negative Verstärker* müssen nicht erlernt werden: Donner, Blitz, Kälte, Tiefe, elektrische Schläge u.a.

Sekundäre bzw. *konditionierte Verstärker* wirken als Ankündigung eines nachfolgenden primären Verstärkers. Sekundäre

Angeborene Motive wie Bewegungsdrang, Neugier, Spiel, Jagdlust, Ruhe, Aktivität und viele andere bieten unerschöpfliche methodische Möglichkeiten der Verstärkung. Beispiel hier: Der Besitzer versteckt sich und ruft den Hund dann aus dem <Platz> mittels Aktionsauslöser ab.

Verstärker erhalten ihr Potenzial durch Koppelung mit einem primären Verstärker (klassische Konditionierung). Ein *generalisierter Verstärker* kann gegen verschiedene primäre Verstärker eingetauscht werden (Token, z.B. Geld u.a.). Die Wirkungsweise dieser drei Verstärkerarten hat man sich in vielen Ausbildungsprogrammen, unter anderem auch im Clickertraining, zunutze gemacht.

In einem anderen Bedeutungsmodell dienen primäre Verstärker der Befriedigung *vitaler* (lebensnotwendiger) *Bedürfnisse*. *Sekundäre Verstärker* hingegen erfüllten aus physiologischer Sicht keine unmittelbare Lebensnotwendigkeit. Diese Einteilung ist nach neuerem Verständnis umstritten und kaum noch in Gebrauch. In der Literatur werden werden zahlreiche weitere Verstärker differenziert: Materielle, soziale, symbolische, Aktivitäts-, Handlungs- und Informations-Verstärker.

Zu den bekanntesten *konditionierten Verstärkern* im Humanbereich gehören Geld und Prestigebeweise (Titel, sozialer und beruflicher Status, Zeugnisnoten u.a.). Geld – bedrucktes Papier – wird erst über den Umweg der klassischen Konditionierung zu dem, was es dann dem Menschen wert ist. Einmal als sekundärer Verstärker etabliert, dient es nicht nur zur konkreten Bedürfnisbefriedigung beispielsweise beim Einkaufen, sondern nimmt eine eigene, befriedigende Qualität an: Für Geld lohnt es sich, Verhalten zu inszenieren und zu intensivieren. Dieses Prinzip lässt sich auch gezielt auf andere Verbindungen übertragen und es findet auch in der Hundeerziehung und -ausbildung Anwendung.

Zahlreiche Verhaltensweisen des Menschen und auch des Hundes werden durch den Einfluss konditionierter (sekundärer) Verstärker mitbestimmt. Oft sind es Kleinigkeiten: Der ärgerliche Blick zum Hund, oder das Gegenteil: Der Dahinschmelzblick zum Hund; oder: Das vertrauensvolle Halten der Hand oder Pfote oder das zustimmende Kopfnicken im Gespräch. Derartige, „nebenbei“ wirkende Verstärker können bestimmte Emotionen oder/und Verhaltensweisen beim Gegenüber zur Folge haben.

Um einen Hügel zu laufen macht riesig Spaß und sorgt innerhalb kurzer Zeit für Auslastung, ohne die Nebenerscheinungen und Risiken, die bei Ball-Laufspielen zu befürchten sind.

Beispiel für eine Mixtur aus klassischer und operanter Konditionierung, für Konditionierung zweiter Ordnung, für klassische Konditionierung auf Grund von Stimmungssignalen (Wortklang) und für möglichen Separations-Effekt:

Hunde lernen sehr schnell: Das Ausrufen ihres Namens ist bedeutungsvoll, nicht nur vielsagend: „Sokrates NEIN!" wenn dieser wieder einmal das Salatbeet durchwühlt hat, klingt völlig anders das liebliche „Sookratees", wenn jemand mit ihm schmusen will. Sokrates lernt unterscheiden: „Name vorteilhaft oder Name nachteilig". Die Folge davon ist, dass der Hund, wie schon an anderer Stelle beschrieben, trennt (Separations-Effekt). Als Folge des Diskriminationslernens (Unterscheidungslernens) wird Sokrates schon im Alter von 10 Wochen ablesen, was zu erwarten ist: Angenehmes, Unangenehmes, Bedrohliches oder gar nichts. Und er agiert entsprechend: Je nach Botschaft kommt er oder er kommt nicht, oder er verdrückt sich. Lerntheoretisch hat er alles richtig gemacht – meisterhaft richtig. Lerntheoretisch gesehen war er überaus erfolgreich. Aus seiner Sicht.

Was lehrt dieses Beispiel? – Den Namen sollte man von Anfang an ausnahmslos freundlich aussprechen: In Verbindung mit Fressen, Schmusen und Spielen. Bei Zurechtweisungen muss man sich den Namen buchstäblich verkneifen. Für zu erwartendes, unerwünschtes Verhalten hält sich der Besitzer am besten schon im Vorhinein bestimmte Strategien bereit; beispielsweise Umorientierung oder klare Abbruchsignale.

Nicht erst beim Ankommen loben! Schon beim Starten und während des Herankommens wiederholt und in zunehmener Form verstärken, z. B. durch steigerndes, stimulierendes Wiederholen des Hörzeichens (z. B. <Name> oder <Komm>).

Ihre Wirkung als *konditionierte Verstärker* wird von der Werbeindustrie seit Jahrzehnten genutzt. Auch Hunde haben zahlreiche Gesten ihrer Besitzer und Artgenossen als sekundäre Verstärker.

Noch eine Anmerkung: Man lobe nicht erst, wenn Sokrates beim Herankommen angekommen ist, möglicherweise sogar noch die Aufgabe <Sitz> erfüllt hat! Nein, jede Phase wird gezielt verbal oder in Verbindung mit Haltung, Bewegung, Mimik und Gestik bestätigt: Das Hersehen beim Rufen, das Umdrehen, das in Bewegung setzten, das Laufen, die Annäherung, das Ankommen. Das sind *sechs Best*ätigungen! Nebenbei: Manche Trainer bevorzugen die Differenzierung zwischen *Bestätigung* für Teilleistungen, die sofort während der Ausführung verstärkt werden, und *Belohnung*, wenn die Verstärkung am Abschluss der Aufgabe erfolgt. Wirkungsvolles Training beinhaltet beides! Lobt (verstärkt) man erst, wenn er angekommen ist, wurde das Hersehen und die weiteren Teilaktionen nicht oder nur sehr eingeschränkt verstärkt.

Zeitliche Koppelungs-Varianten

Bereits bei Pawlow begegneten wir dem Gesetz der *Kontiguität*: Die Assoziation zweier Ereignisse setzt die zeitlich-räumliche Nähe der Koppelung voraus. Pawlows Beobachtungen legten den Grundstein für die von Edwin Guthrie entwickelte Kontiguitätstheorie, die 1935 in seinem Buch *The Psychology of Learning* veröffentlicht wurde. Was aber bedeutet zeitlich-räumliche Nähe? Für die Praxis ist diese Angabe zu ungenau. Daher werden wir uns mit den zeitlichen Koppelungs-Varianten näher befassen. Leider hat sich auch für diese Thematik kein einheitlicher Begriff durchgesetzt. Folgende Bezeichnungen findet man in der Literatur: *Inter-Stimulus-Intervalle*, *Kontiguitäts-Variationen oder -Varianten, variable Stimulus-Paarungen, Konditionierungs-Varianten, Kontiguitäts-Management u.a.*

In der folgenden Grafik sind die unterschiedlichen zeitlichen Koppelungs-Varianten aufgeführt. Die für eine erfolgreiche methodische Praxis relevanten Varianten sind grün hervorgehoben. Bereits Pawlow fand heraus, dass die zunächst naheliegende, gleichzeitig organisierte Koppelung (Beispiel 5) bei weitem nicht die wirkungsvollste darstellt Als am effektivsten erwiesen sich die Varianten 1 und 2. Die effektivste Variante 1 lässt sich aber in der Praxis nicht immer realisieren. In diesem Falle greift man zur zweit- oder zur dritteffektivsten Form, der sogenannten *Spur*, wobei zwischen dem Off des CS und dem ON des UCS eine kleine Pause liegt. Übersteigt diese Zeitspanne jedoch den Wert einer Sekunde, ergibt sich wiederum ein deutlich geringeres Lernergebnis, und nach fünf Sekunden ist eine Konditionierung bereits unwahrscheinlich. Bei Katzen und Hunden liegt die ideale Zeitspanne bei zirka einer halben Sekunde, genau gesagt zwischen 0,48 und 0,75 Sekunden. Um diesem ausschlaggebendem Zeitintervall eine methodische Bedeutung zu geben, bedienen wir uns des Zählens auf „*Einund*". „*Einund-zwanzig*" umfasst ziemlich genau die Dauer einer Sekunde, „*Einund*" die Dauer einer halben Sekunde.

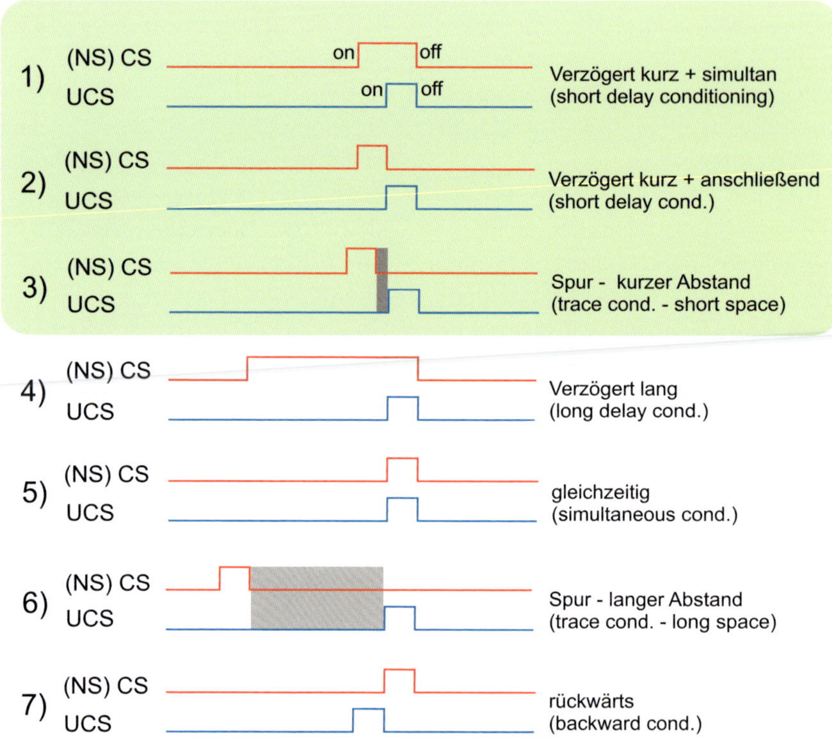

Zeitliche Koppelungs-Varianten

Beispiel: In der Kontigutitätsvariante 1 zählt man beim ON des CS auf „*einund*", unmittelbar danach folgt der UCS.

Hier die Beschreibung der einzelnen Koppelungs-Varianten. Die rote Linie zeigt das Auftreten (on) und Beenden (off) des konditionalen Stimulus CS an, die blaue Linie das Auftreten und Enden des unkonditionalen Stimulus UCS.

Vorstellungshilfe:

Rot = Glocke (ursprünglicher neutraler Stimulus NS) wurde durch wiederholte Koppelung mit UCS zum CS

Blau = Fressen sehen oder riechen = Unkonditionaler Stimulus UCS

1) Verzögert kurz + simultan *(short delay conditioning a):* Der CS tritt kurz vor dem Auftreten des UCS in Erscheinung. Anschließend sind beide Stimuli, CS und UCS, eine Zeitlang gemeinsam präsent. Dies ist die wirkungsvollste Variante. Man unterscheidet zwei Ausprägungen: *short delay conditioning* und *long delay conditioning* = kurze und lange Verzögerung (delay = engl. = Zeitspanne, hier im Sinne von akustischem Hall oder Echoeffekt). Bei der *short delay conditioning* setzt der CS weniger als 1 Sek vor dem UCS ein und begleitet ihn

anschließend bis zum Abbruch. Da die Abbruchvarianten für die Effektivität von untergeordneter Bedeutung sind, werden sie hier vernachlässigt. Wird der CS zirka 0,5 vor dem UCS präsentiert, tritt die Konditionierung am stärksten und schnellsten ein.

Bei der *long delay conditioning* geht der CS dem UCS mehr als 10 Sekunden voraus. Je größer das Intervall, desto unwirksamer die Konditionierung. Der zur Verfügung stehende zeitliche Spielraum liegt jedoch weit unter der Zehn-Sekunden-Marke. Verknüpfungen können mit Einschränkung nur innerhalb von 0,5 bis maximal 2 Sekunden zustandekommen. Bereits bei etwas mehr als einer Sekunde nimmt die Akquisitionswahrscheinlichkeit erheblich ab. Daraus folgt: Der CS sollte dem UCS vorausgehen und der zeitliche Abstand beider Eintrittsmomente sollte möglichst unterhalb einer Sekunde liegen. Das ist leichter gesagt als getan. Immer wieder kann man beobachten, dass auf Grund der Umstände oder auch wegen Umsetzungsproblemen der UCS erst nach Sekunden gegeben wird – in einem Zeitabstand, der eine Konditionierung kaum noch erwarten lässt.

2) Verzögert kurz + UCS anschließend *(short delay conditioning b):* Variante von 1); Der Unterschied liegt darin, dass der CS beendet wird, wenn der UCS eintritt. Auch diese Variante lässt hervorragende Konditionierungs-Effekte erwarten. Die Unterschiede zu 1) sind geringfügig. Auch hier: Beim ON des CS zählt man auf „*einund*“, unmittelbar danach folgt der UCS.

3) Spur – kurzer Abstand *(trace conditioning – short space)* Der CS tritt in Erscheinung (on), – wird beendet (off) und nach einer kurzen Pause folgt der UCS mit on und off. Diese Variante ist fast so gut wie die verzögert-kurze, solange das Pausenintervall (space) betont kurz gehalten wird und die Zeit vom Einsatz des CS (on) bis zum Einsatz des UCS (on) unter einer Sekunde bleibt. Je größer das Intervall, desto schwächer fällt die Konditionierung aus. Auch hier tritt die Konditionierung am stärksten und schnellsten bei einem Wert um 0,5 Sekunden ein. Ab einem Intervall von mehr als zwei Sekunden kann mit einer Konditionierung kaum noch gerechnet werden! Umsetzung: Beim OFF des CS zählt man auf „*einund*“, unmittelbar danach folgt der UCS.

4) Verzögert lang + simultan *(long delay conditioning):*

Aus dem Vorangegangenen geht hervor: Der lange Abstand zwischen CS-on und UCS-on beeinträchtigt die Wahrscheinlichkeit einer Konditionierung erheblich. Daher ist diese Variante aus pädagogischer Sicht bereits nicht mehr zu empfehlen.

5) Gleichzeitig (*simultaneous conditioning*):

Bei dieser Variante ließen sich lediglich mäßige Erfolge nachweisen. Sie ist daher ebenfalls wenig erfolgversprechend.

6) Spur – langer Abstand: Hier gilt das Gleiche wie für 4) „Verzögert lang“, wobei es unerheblich ist, ob der UCS am Ende sich mit dem CS überlappt oder mit dem Abbruch des vorausgegangenen CS einsetzt. Die Zunahme der zeitlichen Distanz von CS zu UCS wirkt sich auch hier abträglich aus.

7) Rückwärts (*backward conditioning*):

Dies ist die Variante mit den schlechtesten Ergebnissen. Der Proband hat keine Gelegenheit, eine Konditionierung zu bilden, weil der UCS, der hier dem CS vorausgeht, die entsprechende Reaktion bereits auslöst und zudem vom CS ablenkt. Wenn der CS folgt statt vorauszugehen, kann keine Erwartungshaltung aufgebaut werden. Die Rückwärtspaarung wurde wegen ihrer schlechten Ergebnisse lange als absolut ineffektiv angesehen. Es wurde jedoch nachgewiesen (Keith-Lukas & Guttmann 1975), dass auch diese Form unter bestimmten Umständen zu Lernergebnissen klassischer Konditionierung führt. Beispiel: Übelkeitsreaktion, die auf den Verzehr von Blaubeeren zurückgehen, wurde noch am nächst folgenden Tag festgestellt.

Die Teamführerin vermittelt durch Körpersprache das <Platz>. Gleichzeitig gewöhnt sie den Junghund mittels Leitwirkung an das parallele Abliegen. Unmittelbar nach der Ausführung muss die Verstärkung einsetzen. Kommt die Verstärkung zu spät, kann die Assoziation zwischen CS (Körpersprache) und UCS (Lob, Spiel oder Leckerli) nicht gebildet werden. Der Schäferhund-Welpe hat schon gelernt, den Blickkontakt als Ankündigung für die Verstärkung (in der rechten Hand) aufzufassen.

Beispiel für Kontiguität:

Mitunter hört man Menschen, die vor Hunden Angst haben, sagen, es sei dies nicht auf eine schlechte Erfahrung zurückzuführen, sie hätten „... immer schon vor Hunden Angst gehabt“. Folgendes könnte passiert sein: Kinder erleben Phasen und Situationen, in welchen sie für Angst sehr empfänglich sind. Durchlebt ein Kind auf Grund eines inneren oder äußeren Stimulus (UCS1) im Augenblick Angstgefühle (UCR1) und kommt zufällig ein Hund zur Tür herein oder nähert sich dem Kind, kann es passieren, dass das Kind den Hund mit der Angst verknüpft, obwohl dieser hierfür nicht den geringsten Anlass gegeben hat. In der Folge kann bei diesem Kind jeder Hund Angstgefühle auslösen. Das zufällige zeitgleiche Zusammentreffen (Kontiguität) einer bereits bestehenden Angst UCR1 mit einem auffälligen neutralen Reiz NS (Hund) verwandelt diesen in einen CS, welcher in Zukunft als Auslöser für konditional assoziierte Angstgefühle CR2 auftritt (klassische Konditionierung).

Beispiel für Kontiguität und Gegenkonditionierung (klassische Konditionierung):

Ein Hund fährt in seiner Box im Auto mit. In einem Tunnel muss das Fahrzeug stark abgebremst werden, um einen Unfall zu vermeiden. Das Ereignis hat den Hund sehr erschreckt. Von da an gerät er in Stress, wenn das Fahrzeug in einen Tunnel fährt. Er beginnt zu hecheln, steht ständig auf und dreht sich im Kreis. Was ist passiert? Der unkonditionale Stimulus (unbedingte Reiz) Notbremsung (UCS1) hat die unkonditionale Reaktion (unbedingte Reaktion) Angst (UCR1) ausgelöst (Reiz-Reaktions-Ablauf). Der nahezu gleichzeitig wahrgenommene, urprünglich neutrale Umgebungsreiz Tunnel (NS1) wurde aus der Gesamtheit der in diesem Augenblick eintreffenden Reize bevorzugt wahrgenommen und hat die Assoziation mit der Notbremsung bewirkt. Das Erlebnis war derart stark, dass es keiner Wiederholung bedurfte. Ab diesem Vorfall wurde der NS (Tunnel) auf Grund klassischer Konditionierung zum konditionalen Stimulus CS1 (Tunnel). In der Folge traten die beschriebenen Symptome bei jedem Einfahren in einen Tunnel auf – auch ohne Notbremsung. Die auf diese Weise erworbene Phobie CR1 entstand durch Koppelung zwischen CS1 (Tunnel) und UCS1 (Bremsvorgang). Die Angst vor Tunnels wurde mit einer längeren Verhaltenstherapie behoben. Ziel war es, das assoziativ erlernte Verhalten (klassische Konditionierung) CR1 (Phobie) durch Gegenkonditionierung unwirksam zu machen, indem zum Auftrittszeitpunk des CS1 (Tunnel) ein zusätzlicher Reiz UCS2 präsentiert wurde, welcher ein Verhalten UCR2 auslöste, das der erworbenen Phobie entgegen gesetzt war (Gegenkonditionierung).

Lösung: Der Besitzer engagierte einen Freund zum Mitfahren und setzte sich während der Fahrt mit dem (angeschnallten) Hund auf den Rücksitz. Kurz vor jedem Einfahren in einen Tunnel begann der Besitzer einen für diesen Hund außergewöhnlich reizvollen Leckerbissen auszupacken: Einen Fleischknochen (UCS2). Die wiederholte Paarung zwischen CS1 (Tunnel) und UCS2 (Fleischknochen) hatte zur Folge, dass die Angstreaktion CR1 aus der Tunnelbeziehung verdrängt wurde und das lustvolle Kauen und Fressen CR2 an seine Stelle trat. Aus dem angsteinflößenden Tunnelreiz wurde ein lustvolles Ereignis.

Geschmacksaversionen stellen innerhalb der klassischen Konditionierung eine eigene Form dar, die dadurch gekennzeichnet ist, dass sie weder an die Reihenfolge CS-UCS noch an die übliche, zeitliche Distanz von weniger als einer Sekunde gebunden ist.

Die Gegenkonditionierung ist jedoch nur erfolgversprechend, wenn UCS2 über ausreichend *biologische Stärke* verfügt. Ist CS1 (Tunnel) stärker als CS2 (Fleischknochen), kann die erwünschte Verdrängung nicht stattfinden. An diesem Beispiel wird einmal mehr deutlich, wie wichtig es ist, dass man in der Lage ist, den Hund in bestimmten Situationen auf ein *hohes Motivationsniveau* zu stimulieren. Ein Versuch mit alltäglichen, „normalem Leckerli" hätte möglicherweise keinen Erfolg gebracht.

Damit die beschriebene Gegenkonditionierung erfolgreich abläuft, muss auch das *Timing* stimmen (*Kontiguitäts-Prinzip*). Würde der Besitzer das Motivationsobjekt erst mitten im Tunnel oder danach einsetzen, so würde der gewünschte Effekt nicht eintreten, denn CR1 wäre bereits wirksam, bevor UCS2 in Erscheinung tritt.

Beispiel für Mixtur aus instrumenteller und klassischer Konditionierung:

Ein Hund, der im eingezäunten Gelände am Zaun (NS) entlang trabt, möchte das eingezäunte Terrain verlassen. Immer, wenn er sich dem Zaun nähert, erlebt er, dass es hier nicht weiter geht, selbst wenn er noch so oft am Zaun hin und herläuft. Nach verschiedenen Befreiungsversuchen (Trial-and-Error) lernt er eines Tages mittels instrumenteller Konditionierung, dass er sich durch Untergraben des Zauns befreien kann. Der positive effect (Thorndike) seiner Grabversuche führt dazu, das Graben zu wiederholen und zu perfektionieren.

Erweiterung: Gräbt der Hund künftig auch an anderen Zäunen, selbst wenn er außerhalb eines eingezäunten Geländes in Freiheit ist, dann erklärt sich dieser Vorgang aus eine Mixtur aus instrumenteller und klassischer Konditionierung. Der unkonditionale Stimulus UCS1 (Emotion Verwehrte Freiheit) löst reflexbedingt Befreiungsaktionen aus, wobei sich das

Untergraben als erfolgreiche CR1 erweist (instrumentelle Konditionierung) und fortan vermehrt gezeigt wird. Der ursprüngliche neutrale Stimulus Zaun (NS1) wird bei Wiederholungen etwa zeitgleich mit dem unkonditionalen Stimulus verwehrte Freiheit UCS1 gekoppelt und erfährt hierbei eine Umwandlung zum Conditionalen Stimulus CS1. Dies hat zur Folge, dass das Auftreten des CS1 (Zaun) künftig das Graben an Zäunen CR1 auch ohne Anlass auslöst, beispielsweise, wenn sich der Hund außerhalb eines eingezäunten Geländes befindet und die Emotion verwehrte Freiheit nicht besteht (klassische Konditionierung).

Beispiel für Kontiguitätsprobleme:

Wenn der Besitzer in unserem Beispiel vermeiden will, dass der Hund immer dann, wenn die Klapperbüchse bereit steht, das Graben unterdrückt; aber dann, wenn er weiß, dass das aversive Mittel nicht zu befürchten ist, fröhlich zu graben beginnt (Separations-Effekt), dann muss der Besitzer vermeiden, dass die Ankündigung ungewollt, sprich zu früh, in Erscheinung tritt. Er wird darauf achten, dass entweder gar keine Ankündigung vorausgeht oder dass das Zeitintervall zwischen den Stimuli ausreichend weit auseinander liegt. Bei der Klapperbüchse ist das schwierig, weil oft schon das Mitführen oder Herausholen Geräusche erzeugt, die dann als Vorhersage fungieren. Auch der Einsatz einer Kette ist nicht ohne Tücken. Selbst bei der Verwendung eines Vibrationsgerätes oder eines Luftsprühers (wo zumutbar und erlaubt) ist einiges zu beachten. Wird das Halsband unmittelbar vor dem Einsatz angelegt, so entsteht auch hier die ungewollte (klassische) Konditionierung auf Grund der Vorhersage (Separations-Effekt). Um den Ankündigungseffekt zu vermeiden, muss das Halsband am Besten lange vor seinem Einsatz angelegt werden. Die aufgeführten Beispiele vermitteln einen ersten Eindruck davon, dass aversive Mittel nur in Ausnahmefällen vertretbar und selbst dann, wenn es berechtigte Gründe dafür gibt, nur bei entsprechender Erfahrung ratsam sind.

Mittels operanter Konditionierung lassen sich unzählige Aufgaben vermitteln. In diesem Beispiel springt der Hund über das Bein, weil weiter vorne ein Motivationsobjekt liegt. Damit er nicht seitlich vorbeispringt und damit er nicht streift, wurden Leitwirkungen eingesetzt.

Operante Konditionierung
Zusammenfassung:

Mittels operanter Konditionierung kann die Wahrscheinlichkeit, dass ein Verhalten vermehrt oder vermindert auftritt, beeinflusst werden, indem die Auswirkung des Verhaltens künstlich (von außen) verändert wird. Die vier Verstärkung-Bestrafungs-Varianten (Kontingenz-Varianten) werden in der Wissenschaft wertfrei und unpräjudiziert gesehen. Grundsätzlich eignet sich jede dieser vier beschriebenen Varianten zur Ausprägung operanter Konditionierung.

Verstärkerpläne

Zurück zur operanten Konditionierung. Hunde haben in Bezug auf Verstärkung, ähnlich wie Menschen, ein ausgeprägtes Gefühl für Zeit, Häufigkeit und Intensität. Skinner untersuchte gemeinsam mit Ferster verschiedene Möglichkeiten, Verstärkung zu organisieren. Die Ergebnisse dieser bahnbrechenden Arbeit sind in den *Verstärkerplänen* (Verstärkerprogramm) zusammengefasst. Hierbei wurden drei Variablen mit Verstärkung in Beziehung gesetzt: Die *Aneignungsrate* (auch Erwerbsrate bzw.

Akquistitionsrate genannt), die *Reaktionsrate* und die *Löschungsrate* (*Extinktionsrate*). Die Behavioristen hatten ihre Verstärkerpläne durch Experimente an Tieren gewonnen. Viele Forscher vertreten die Ansicht, dass die Ergebnisse im Wesentlichen auch für Menschen gelten. Lefrançois schreibt: „... *dass diese Resultate im Allgemeinen auch auf menschliches Verhalten übertragbar sind*" (1994, S. 211).

Skinner unterscheidet zwei grundsätzliche Verstärker-Modelle: *Kontinuierliche* und *intermittierende Verstärkung;* auf Deutsch*:* *Immer-Verstärkung* und *Manchmal-Verstärkung*. Bei der Manchmal-Verstärkung unterscheidet man verschiedene Varianten.

Kontinuierliche Verstärkung (Immer-Verstärkung, *continuous reinforcement*) In diesem Verstärkerplan folgt jedem (erfolgreich gezeigten) Zielverhalten die Verstärkung (Belohnung). Hier zeigt sich ein auffallend schneller Erwerb des Zielverhaltens. Der Nachteil dieses Programms ist: Das Erlernte ist wenig stabil. Es wird relativ schnell wieder vergessen: *Kontinuierliche Verstärkung* hinterlässt auf längere Sicht eine geringe Löschungsresistenz.

Intermittierende Verstärkung (Manchmal-Verstärkung, partielle Verstärkung, *intermittent reinforcement*) Bei diesem Verstärkerplan wird nicht jedes (erfolgreich gezeigte) Zielverhalten verstärkt. Die intermittierende Verstärkung kann entweder nach dem Zufallsprinzip (erste Variante) organisiert werden oder (zweite Variante) als Quotenverstärkung:

Quotenverstärkung: Nach einer vorgegebenen Anzahl gezeigter Zielverhalten folgt eine Verstärkung. 4:1 bedeutet beispielsweise, erst nach dem vierten Auftreten des Zielverhaltens wird verstärkt. Je nachdem, ob man von einer festen oder einer durchschnittlichen Quote ausgeht, unterscheidet man *fixed ratio* und *variable ratio*. Die dritte Variante:

Intervallverstärkung (interval reinforcement): Nach einem vorgegebenen, sich wiederholenden Zeitintervall wird verstärkt. 5 Min : 2 bedeutet, innerhalb von 5 Minuten wird das Zielverhalten zwei Mal verstärkt (Voraussetzung: es wurde gezeigt). Auch hier unterscheidet man zwischen einem festgesetzten (*fixed interval*) und einem durchschnittlichen (*variable interval*) Zeitintervall.

Vierte Variante:

Ratenverstärkung: Hier geht es darum, Zielverhalten unter dem Gesichtspunkt hoher und niederer Auftrittsrate zu verstärken. Es zeigte sich, dass die Verstärkung bei hoher Auftrittsrate den Ergebnissen der Quotenverstärkung, die Verstärkung niederer Auftrittsraten den Ergebnissen der Intervallverstärkung nahekommt.

Ferster und Skinner unterscheiden 17 verschiedene Verstärkerpläne, von denen wir hier die wichtigsten aufgeführt haben. Man muss sich das nicht alles merken. Was für den Umgang mit Verstärkung jedoch wichtig ist, sind die daraus ableitbaren Orientierungen für die Ausbildungspraxis. Die entscheidenden Ergebnisse sind hier kurz zusammengefasst:

Im Anfangsstadium des Erlernens eines Zielverhaltens (Erwerbphase – *Akquisition*) ist von allen Verstärkerprogrammen Immer-Verstärkung die Wirkungsvollste. Das heißt, zu Beginn eines Lernprogramms sollte jedes einzelne erfolgreiche Zielverhalten verstärkt werden. Ausnahmslos!

Sobald jedoch die Erwerbphase zu Ende geht, ist der Verstärkerplan umzustellen.

Wo aber liegt dieser Punkt? Woran erkennt man, dass die Erwerbsphase zu Ende geht?

Diese Frage müssen sich Besitzer und Ausbilder für jeden Hund immer wieder neu beantworten. Theoretisch läss sich an der Reaktionsrate ablesen, wie sich der Lernerfolg entwickelt. 6:2 würde beispielsweise bedeuten: Von insgesamt 8 Versuchen waren 6 richtig und 2 falsch. Bei 9:1 wurden innerhalb 10 Versuchen 9 zielkonform, einer abweichend gezeigt. In der Regel ergibt dies die üblichen Lernkurven, gekennzeichnet durch einen schnellen Anstieg des Lernerfolges zu Beginn eines Lernprogramms. Die Kurve schwächt sich im weiteren Verlauf ab, sichtbar an der Krümmung, und nimmt im Anschluss nur noch minimal zu (asymptotischer Verlauf) .

Die wenigsten Hundebesitzer, Ausbilder und Hundesportler eingeschlossen, gehen in dieser wissenschaftlichen Art und Weise vor. Nicht ganz zu unrecht, denn die zur Ermittlung erforderlichen Wiederholungen ein- und derselben Aufgabe, – innerhalb kurzer Zeit, – sind der Motivation abträglich. Dies ließe sich vermeiden, indem man von kleineren Wiederholungsraten ausgeht, die Tests an verschiedenen Tagen wiederholt und daraus das Mittel zieht. Ob der Aufwand lohnt, sei dahin gestellt.

Wer sich an Stelle der Ratenermittlung auf seinen Beobachtungseindruck verlässt, sollte berücksichtigen, dass neben der Reaktionsrate noch weitere Regulative Einfluss auf den Verstärkerplan nehmen. Der Zeitpunkt, um von der Immerverstärkung auf Manchmalverstärkung umzustellen, ist erreicht, wenn der Hund die Aufgabe „verstanden hat“ (*akquiriert* hat) und auch „willens“ (*motiviert*) und „in der Lage ist“ (*kompetent*), sie auszuführen. Eine hundertprozentige Reaktionsrate ist hierfür nicht erforderlich. Die *Sättigungszone* des Erwerbs liegt erfahrungsgemäß vor oder im Krümmungsbereich, nicht im (asymptotischen) Bereich der bereits gefestigten, sicheren Ausführung.

Ein immer wieder zu beobachtender Fehler liegt darin, weiter und weiter in Immerverstärkung zu verharren, über die Erwerbsphase hinaus, mitunter bis in den Bereich der *weitgehend sicheren Ausführung*. Dies kann zu einer Abnahme der Motivation führen oder zur Destabilisierung des Gelernten beitragen; unter anderem auch im Hinblick auf das Vergessen. Beim Gegenstück, wenn der Besitzer die Immerverstärkung zu früh absetzt, riskiert er, den Hund zu verunsichern. Der Hund sucht dann entweder nach neuen, erfolgreicheren Strategien, wobei er in *Trial-and-error* zurückfällt oder er verliert die Lust, zieht sich zurück oder wendet sich anderen Reizen zu.

Nach Auslaufen der Erwerbsphase geht es darum, das Gelernte zu vertiefen und dem Vergessen entgegenzuwirken. Die Qualität einer Ausbildung bemisst sich ja unter anderem an der Verlässlichkeit der Ausführung. Und im täglichen Leben erwartet der Besitzer, dass das gelernte Verhalten in absehbarer Zeit auch ohne Verstärkung abrufbar wird. Hierfür bietet die *Manchmal-Verstärkung* (*intermittierende Verstärkung*) beste Voraussetzungen. Nicht jedes richtig ausgeführte Zielverhalten wird verstärkt und die Verstärkung erfolgt in nicht vorhersehbarer Zeit oder/und Häufigkeit (*variable rate*). *Variable Quoten-* und *Intervallverstärkerpläne* versprechen eine höhere Reaktionsrate und eine bessere Erinnerung (Löschungsresistenz).

Linden & Hautzinger (1996, 223) formulieren:

> *„Löschung braucht länger, wenn das zu löschende Verhalten unter wechselnden, ungleichmäßigen (sog. intermittierenden) Verstärkerbedingungen gelernt und aufrechterhalten wurde."*

Die methodische Herausforderung besteht darin, den Übergang von kontinuierlicher zu intermittierender Verstärkung *ineinander greifend* zu gestalten. Man spricht von *Ausblenden* (*Fading*) oder *Ausschleichen*. Ein optimales *Fading* erfordert Balance. Hierbei sind konzentrierte Beobachtung und gedankenschnelle Auswertung des Lernverhaltens ebenso gefragt wie zielführende Entscheidung.

Woher kommt es, dass die kontinuierliche Verstärkung derartige Nachteile mit sich bringt?

Hundebesitzer sind häufig auf einen bestimmten, erfolgreichen Ablauf konditioniert. Das betrifft ein grundsätzliches Problem. Menschen neigen aus Bequemlichkeit dazu, nach etwas Festem und Gleichbleibendem zu suchen. Ein berühmter Denker hat einmal gesagt: „*Menschen lieben ihre Fesseln*." Eine erfolgreiche Methode wird nur ungern aufgegeben. Neue Wege zu gehen mutet erst einmal anstrengend und unsicher an. Aber genau das verlangt *Adaption* uns ab – Tieren wie Menschen.

Wenn Lachse im Überfluss vorhanden sind, sucht sich der Bär die besten heraus, oft frisst er nur das Leckerste, den Rest lässt er liegen. Nach dem Winterschlaf jedoch, bevor die Lachse kommen, wenn er abgemagert und hungrig ist, wird er sich für jeden einzelnen Fisch voll einsetzen und sich jede Stelle, wo er gestern noch einen Fisch gesehen hat, genau merken. Die Rückerinnerung an erfolgreiche Situationen (und Orte) entscheidet dann über Leben und Tod. Vor diesem Hintergrund hat die Natur den beschriebenen Effekt der *intermittierenden* (unvorhersehbaren) *Verstärkung* hervorgebracht. Daher kann sich nicht nur der Bär oder der Wolf, sondern auch der Hund Verstärker, die einzeln, unvorhersehbar und wer weiß wann auftreten, besser merken als Ereignisse, die jeden Tag am gleichen Ort passieren. Was nicht selbstverständlich ist, gewinnt an Neuigkeitswert und Bedeutung, wird wichtig und stimuliert. Kreativität und Aktionsbereitschaft steigen dann sprunghaft an.

In der Hunde-Erziehung und -ausbildung muss man daher vermeiden, dass der Lernende (nach der *Akquisitionsphase*) aus dem Verstärkerplan eine Regel abzuleiten vermag. Solange unsicher ist, ob und wann die Verstärkung wiederkehrt, bleibt sie interessant. Tritt sie regelhaft auf, nutzt sie sich ab. Daher erweisen sich *intermittierende Verstärkung* in *variabler Wiederkehr* als besonders lernfördernd.

Noch etwas gilt es zu bedenken: Je selbstverständlicher die Verstärkung wird, desto mehr achtet der Hund auf die begleitenden, voraussagenden Reize. Er beginnt vorauszudenken, zu *antizipieren*, ob diese den Eintritt des Verstärkers ankündigen oder nicht. Er beginnt zu *trennen* (*Separations-Effekt*). Mit der Zeit werden diese Reize zu eigenen konditionierten Stimuli. Sie bestimmen dann den Verlauf der Reaktion. Beispiel: Wenn sich die Hand nicht zum Futterbeutel bewegt (Hinweisreiz), ist kein Leckerli zu erwarten: *„Dafür krümm ich keine Kralle“*. Oder: Der Hund bleibt auf das Hörzeichen <Platz> sitzen und sieht den Besitzer mit großen Augen an, als wollte er sagen: *„Was ist? Bekomm ich das Leckerli oder nicht?“* Er hat gelernt, die Spielregel umzudrehen: auf raffinierte Art und Weise hat er den Besitzer ins Orchester verwiesen und steht nun selbst am Dirigentenpult. Wer ist schlauer, könnte man fragen? Der Hund orientiert sich in diesen Beispielen nur noch auf die früheste Ankündigung des Primärverstärkers. Was wir als „Fehlverhalten“ bezeichnen, ist oft nichts anderes als die Folge unserer eigenen *Fehlvermittlung*. Falsches Timing im Setzen des Signals und des Verstärkers oder/und Immerverstärkung sind häufig die Ursachen für *Trennen* und *Motivationsschwund*.

Die Story ist hier noch nicht zu Ende. Der ansonsten vorbildliche Hundebesitzer hatte nach einem Jahr ein Problem: Der Hund blieb, während die Familie aß, nicht mehr liegen, sondern er musste immer und immer wieder auf den Platz zurückgeschickt werden. Und dies mit zunehmend schärferen Ton. Was war geschehen? – Vielleicht durch Zufall ist der Hund einmal aufgestanden und hergekommen, und der Hundebesitzer

Beispiel für Verstärkerpläne:

Ein Hundebesitzer meint, es sei die größere Leistung, wenn er dem Hund beigebracht hat, brav auf dem Lager zu liegen oder auch manchmal, freilich selten, auf Hörzeichen herzukommen und etwas vom Tisch zu bekommen. Ohne zu betteln, versteht sich. Der Besitzer ist der Ansicht, dass die wenigen Male, in denen der Hund etwas bekommt, nicht weiter schaden. Die methodische Leistung in Ehren, lerntheoretisch jedoch liegen die Dinge anders. Das „Ab und zu Ja“, das berühmte „J-ein“ wirkt als intermittierender Verstärker und führt dazu, dass der Hund über lange Zeit hin das Ereignis nicht vergisst. Der Hund wird in der Regel eine permanente Erwartung aufbauen. Das seltene Belohnen bewirkt also genau das Gegenteil von dem, was unser Besitzer will. Dem einen oder anderen unter uns mag bei diesem Beispiel die „Alte Hundeführerregel Nr. 2“ einfallen: „Sei konsequent!“. Die Alten hatten zwar nicht in allem recht, – man denke nur an die „Hundeführerregel Nr 1“: „Sei Rudelführer!“ – aber die Forderung zur Konsequenz erfährt in unserem Beispiel eine neue, wissenschaftliche Rechtfertigung.

hat ihn, mitten im Gespräch mit den Gästen, übersehen. Vielleicht hat er ihm sogar etwas gegeben. Dieses *eine Mal* hat der Hund es erreicht, die (dauerhaft erwartete) Belohnung durch eigene Initiative zu erhalten. Er hat sich selbst operant konditioniert – durch intermittierende Verstärkung. Dieses besondere Ereignis hat er sich gut gemerkt und ab da ist er vermehrt ohne Aufforderung aufgestanden.

Kritik an Bestrafung und Belohnung

Kritik am Behaviorismus

Im Behaviorismus, dort und da zynischerweise auch „Ratten-Psychologie" genannt, wiederholte sich in gewisser Weise die Vorstellung von Descartes (1596–1650) vom „Menschen als Maschine", dessen Verhalten als Reaktionen vorausgegangener Reizeinwirkungen (*Reiz-Reaktionsschema*) gesehen wurde (*Reflexkettentheorie*). Innere Antriebe wurden nicht weiter erforscht. Man hat sie regelrecht verdrängt. Die Lerntheorien vor der *kognitiven Wende* wurden hauptsächlich auf Grund von Forschungen an Tieren entwickelt. Das reale Leben aber findet nicht in einem Labor statt – Konrad Lorenz hatte diesen Vorwurf gegenüber Pawlow's Experimenten vorgebracht – sondern unter sich ständig ändernden äußeren und inneren Bedingungen. Neben den Reizen, die untersucht werden sollten, wirken zahlreiche weitere Reize, die das Ergebnis mit beeinflussen. Dies erschwert wissenschaftliches Vorgehen und schränkt Ergebnisse ein. Das war einer der Gründe, weshalb sich Skinner auf die Ebene der „Auftretenswahrscheinlichkeit" zurückgezogen hatte. Die Paradigmen (Lehrmeinungen) zur Konditionierung sind in ihrer strengen Auslegung jedoch noch aus anderer Sicht kritikwürdig. Die absichtliche, strikte Beschränkung auf beobachtbares Verhalten hat zur Folge, dass Lernen, welches beispielsweise auf innere Antriebe zurückgeht, etwa das Lernen aus Neugier, nicht erklärbar ist. Im *radikalen Behaviorismus* ist Verhalten von äußeren Faktoren abhängig und daher nur durch die Erforschung derselben erklärbar. Skinner unterscheidet zwar verdeckte (*covert*) Verhaltensweisen wie Denken, Fühlen, Wollen, Sprechen und offene (*overt*) Verhaltensweisen. Er verteidigt jedoch streng die Auffassung, dass auch die verdeckten Verhaltensweisen sich nach den gleichen, äußeren Variablen der *Operanten* richten würden.

Erst im Zuge der bahnbrechenden Neuorientierung auf ganzheitliches Denken und Forschen hin wurde es möglich, ein breiteres Spektrum von Verhalten zu erklären. Dank neuer Testverfahren und Darstellungsmöglichkeiten gelang es, sich wieder auf mentale Vorgänge zu konzentrieren, ohne jedoch den sicheren Boden der Wissenschaft zu verlassen. Genau das, was im Behaviorismus in der B*lack Box* als unzugänglich und irrelevant verdrängt wurde, avancierte im *Kognitivismus* zum zentralen Gegenstand neuer Forschung: die mentalen, inneren Vorgänge. Man erkannte, dass nicht der In- oder Output der Black Box, sondern die internen psychischen Abläufe in der Wechselbeziehung von In- und Output das Wesentliche bedeuten.

Auch aus ethischer Sicht ist im Hinblick auf die Konditionierungs-Theorien Kritik angebracht. Vor allem der radikale Behaviorismus hat in eine Richtung geführt, die nicht nur in der Pädagogik vielfach missverstanden wurde. Ein beredtes Beispiel hierfür bieten die „Lernmaschinen", die sich in den 50er Jahren in einer Modewelle über die USA verbreiteten.

Im theoretischen Erklärungsmodell des Radikalen Behaviorismus stand die Effizienz im Vordergrund. Das verführt dazu, Lehren auf diesen Fokus zu beschränken und ethische Verpflichtungen zu vernachlässigen. Allzu leicht gleitet von dieser Warte aus gesehen Lernen in Dressur oder gar Manipulation ab. Die Vertreter der kognitiven Lerntheorien verweisen daher nicht zu Unrecht auf ethische Vorgaben. Sie fordern, die Anwendung der Lerntheorien von der Voraussetzung abhängig zu machen, dass nicht nur der Lehrende, sondern auch der Lernende weiß, worauf er sich einlässt und vor allem, dass er dem Lehrvorgang zustimmt. Kein Lehrer oder Trainer habe das Recht, dem Lernenden (Lerner) die Entscheidung für oder gegen ein Lernziel oder den Weg dorthin abzunehmen.

Die Frage ist, wie weit dürfen und wollen wir diese Forderung auf den Hund ausdehnen? Dass wir die Entscheidungen nicht allesamt abgeben können, liegt auf der Hand. Worauf es aber ankommt ist, sich bewusst zu machen, dass wir mit der Übernahme der Entscheidung *Verantwortung* übernehmen und tragen! Das heißt, Verantwortung muss selbstkritisch ernst genommen werden und nur unter dieser Bedingung ist die Übernahme der Entscheidung dafür, was unsere Hunde lernen sollen, ethisch überhaupt statthaft.

Kritik an positiver und negativer Bestrafung:

Die Wahrscheinlichkeit, ein unerwünschtes Verhalten mittels Zufügen aversiver Reize (*positive Bestrafung*) zu löschen, ist nachgewiesenermaßen gering. Zu dieser Erkenntnis kam bereits Thorndike vor 80 Jahren!

Für den Einsatz *positiver Bestrafung* gilt außerdem zu bedenken, dass negative Interaktionen – „Strafen" im umgangssprachlichen Sinne – nur bei 5–7 % innerhalb der bei Hunden beobachteten Interaktionen festgestellt wurden (A. Hallgren). Und von diesem geringen Anteil an Strafen ist wiederum nur ein Bruchteil als *schmerzhafte Strafreize* einzustufen, der Rest besteht aus Drohgebärden, beispielsweise Knurren.

Das Hauptargument gegen Bestrafung liegt jedoch darin, dass der Einsatz *positiver Bestrafung* nicht zu einer Verstärkung des erwünschten Verhaltens führt, sondern allenfalls zu einer kurzfristigen Abschwächung oder Unterdrückung des unerwünschten Verhaltens (Heineken & Habermann 1994, S 48). Auch Krapp & Weidenmann (2001, S. 150) weisen darauf hin, „*... dass mit einer Strafe lediglich ein unerwünschtes Verhalten gestoppt, noch nicht aber ein erwünschtes Alternativverhalten aufgebaut wird.*" Nach der Bestätigung weiß der Handelnde genau, was er bei ähnlicher Situation im Sinne eines vorteilhaften Verhaltens tun kann. Bei Strafe bzw. Mißbilligung dagegen weiß er zwar, dass das missgebilligte Verhalten falsch war, er weiß aber nicht, was er hätte tun sollen bzw. was er in Zukunft tun sollte. Hunde, die überwiegend mit Druck und Bestrafung ausgebildet und trainiert werden, verlernen nach und nach selbstständiges Handeln. Das kann bis zur *erlernten Hilflosigkeit* gehen. Die Tatsache, dass es auch zu einer Disbalance in den Neurotransmittern kommen kann, unterstreicht kritische Anmerkungen zur Bestrafung, denn wir dürfen Methoden nicht nur auf ihre funktionellen Erfolgsaussichten hin beurteilen. Negative, vor allem aber positive Bestafung lösen nachgewiesenermaßen emotional negativ gestimmte Erwartungen. Sie untergraben positives Denken, Ich-Stärkung und Kreativität. Sie mindern letztlich die Motivierbarkeit und das Lebensglück.

Weitere Einwände gegen Bestrafung ergeben sich aus neurobiologischer und psychologischer Sicht: Belohnung und Strafe, Bestätigung und Missbilligung, Bewunderung und Verachtung, soziale Nähe und *Deprivation* (Vorenthaltung) sind in ihrer Wirkung jeweils völlig unterschiedlich. Eine Belohnung hebt die Stimmung, Strafe und Missbilligung hingegen lösen Schmerz aus und können zahlreiche negative Folgen nach sich ziehen und sich in emotionalen, motivationalen und kognitiven Defiziten äußern, bis hin zur bereits erwähnten *erlernten Hilflosigkeit (Seligman 1975),* physiologisch funktionellen Störungen und schweren Krankheiten. Man neigt dazu, physische Schmerzen realer und intensiver einzustufen als psychische. Das ist falsch. Neurobiologen haben nachgewiesen, dass soziale Ausgrenzung, Ablehnung, Geringschätzung oder auch nur „Nicht mitspielen dürfen" die gleichen Areale im Gehirn aktivieren wie eine Verletzung oder ein geschädigtes Organ. Das Schmerzzentrum macht hier keinen Unterschied. Daher kommt es, dass wir etwa den Verlust eines lieben Menschen (oder Hundes) so erdrückend und körperlich real schmerzhaft empfinden. Und wir fühlen uns ausgeliefert, ganz ähnlich wie bei Zahnschmerzen, die wir ebenfalls nicht einfach wegzwingen können. Das Gehirn hat den Millionen Jahre alten Ursprung derartiger Reaktionen nicht vergessen. Die Evolution begünstigte das Bilden sozialer Gemeinschaften – nicht nur bei Wölfen. Auch Menschen waren als Gruppe erfolgreicher. So entwickelte sich auf der einen Seite das Bedürfnis nach Gemeinschaft mit entsprechenden Belohnungsmechanismen; auf der anderen Seite führte Verlust der Zugehörigkeit zu Schmerz. Die phylogenetisch jüngeren, sozialbedingten Schmerzen wurden im älteren, bereits vorhanden Schmerzzentrum für körperlichen Schmerz aufgenommen. Der intensiv erlebte Schmerz wirkte arterhaltend, denn auf sich allein gestellt hatte der Mensch kaum Überlebenschancen. Daher tun uns zahlreiche Vorgänge, die auf psychischer Ebene liegen und auf den Verlust der Zugehörigkeit zurückgehen, derart weh. Hunde erleben psychische Schmerzen möglicherweise noch intensiver, da ihnen zur Bewältigung weniger Selbststeuerungsmöglichkeiten zur Verfügung stehen. Wir wissen zwar heute noch nicht genau, was bei Hunden im beschriebenen Schmerzfeld vorgeht. Aber wir kennen ihr Ausdrucksverhalten und können daran zumindest grob ablesen, welche Befindlichkeiten momentan vorherrschen. Und aus neuerer Forschung ist bekannt: Soziale Zuwendung vermag körperlichen Schmerz zu lindern! Dass dies in beide Richtungen gilt, Mensch hilft Hund und umgekehrt, zeigt einmal mehr, wie sehr uns der Hund unentbehrlich geworden ist. Vernünftiger wäre es allerdings, es gar nicht erst zum sozialen Schmerz kommen lassen, bei Menschen und Hunden.

Human-Beispiel für negative Bestrafung (Verlustbestrafung):

Die Verlustbestrafung ist eine ebenfalls heute noch weit verbreitete Form, nicht nur in der Hundeerziehung: Um zu erreichen, dass ein Kind unerwünschtes Verhalten, beispielsweise Naschen oder Fensterscheiben einschlagen, künftig lässt, wird oft Fernsehverbot erteilt oder das Wegnehmen von Spielzeug verhängt. Aber für ein Kind ist es schwierig, den von Erwachsenen gebildeten Zusammenhang herzustellen. Daher bleiben derartige Bestrafungen oft ohne nachhaltigen Erfolg. Hinzu kommt das zu befürchtende Erlebnis des Kindes, nicht genügend geliebt zu werden.

Beispiel für negative Bestrafung:

Ein Hund, der ständig Gegenstände demoliert, wird eines Tages in ein leeres Zimmer gebracht. Lernt der Hund dabei, – nach der Theorie der negativen Bestrafung, – keine Spielsachen mehr zu demolieren oder wird er traurig und frustriert, weil sein Spielzimmer ohne für ihn erkennbaren Zusammenhang in einen leeren Raum verwandelt wurde? An derartigen Beispielen werden die Grenzen behavioristischer Erklärungsmodelle deutlich. Auch hier ist nicht nur das Ausbleiben des Zielverhaltens zu befürchten. Viel schlimmer ist, dass der Hund sich in ähnlichen Umständen sozial ausgegrenzt fühlt und leidet.

Beispiel für negative Bestrafung:

Ein Besitzer beobachtet, wie sein Hund wiederholt die Liegedecke zerbeißt. Jedesmal, wenn er ihn in flagranti erwischt, nimmt er ihm die Decke weg. Welche andere Möglichkeiten bieten sich an? Der Leser stelle sich die folgenden Varianten vor und frage sich, um welche Form der Verstärkung oder Bestrafung es sich jeweils handelt, was lerntheoretisch vor sich geht und welche Erfolgsaussichten mit den einzelnen Maßnahmen zu erwarten sind:

Besitzer reagiert bei Ertappen in flagranti durch:

(1) Wegnahme der Decke ohne Rückgabe?; – (2) Strenges <Nein>? – (3) Umorientierung durch Leckerli oder Spiel?; – (4) Klaps auf Schnauze?; – (5) Salz auf Decke?; – (6) Blechdosen mit Seil verbinden?; – (7) Luftpuster bei Videoüberwachung (Baby-Wächter)?; – Auflösung: (1=NB, 2=PB, 3=PV (Alternativverhalten), 4=PB, 5=PB, 6=PB, 7=PB). Worin liegt der Unterschied zwischen (2), (4) und (5), (6) und (7). Antwort: 2 und 4 = Besitzer führt Strafreize aus. 5,6 und 7 = Anonyme Bestrafung, d.h. der Besitzer tritt nicht in Erscheinung.

Anmerkung zu 1: Was passiert, wenn der Besitzer in dem Augenblick, wo der Hund die Decke zerknäuelt, zusätzlich zum Effekt der *negativen Bestrafung* (Wegnahme der Decke) den Hund von seinem gewohnten Liegeplatz vertreibt? Das würde bedeuten, dass sich zwei Vorgänge überlagern: *Negative Bestrafung* (Wegnahme der Decke) mit dem Zielverhalten, die Decke nicht mehr zu zerkauen, und *positive Bestrafung* (vom Liegeplatz vertreiben) in der Annahme, der Hund würde verstehen, dass er dafür bestraft wurde, die Decke zerbissen zu haben. Was der Hund aus dieser Überlagerung macht, ist nicht vorherzusehen. Soll er die Decke nicht mehr zerkauen oder den Platz verlassen oder beides? Bei Mixturen negativer und positiver Bestrafung kommt es immer wieder zu völlig unerwarteten Ergebnissen. Ein weiteres Problem bei *negativer Bestrafung* liegt darin, dass der beabsichtigte Bezug zum Ereignis mitunter mangels *Kontiguität* (räumlich-zeitliche Übereinstimmung) nicht hergestellt werden kann, was sich dann als Verunsicherung, Konflikt, Angst oder Vertrauensschwund äußern kann.

Beispiel für negative Bestrafung:

Manche Hundebesitzer lassen ihre Hunde, wenn sie geklaut haben, „zur Strafe" hungern. Die beabsichtigte „Bestrafung", ausgedehnt auf einen oder mehrere Tage, läuft sicher ins Leere. Bis dem Hund bewusst wird, dass er hungrig ist, ist viel zu viel Zeit vergangen. Für das Zustandekommen einer Assoziation fehlt hier die Voraussetzung der zeitlich-örtlichen Nähe (Kontiguität).

Abschließend zu dieser Thematik noch ein Zitat von Dr. Ute Blaschke-Berthold:

> *„Wer sagt, dass zuverlässiges Verhalten bei diesem oder jenem Hund nicht ohne Strafe erreichbar ist, sagt nichts über den Hund aus, sondern beschreibt erst einmal seine eigenen Fähigkeiten."*

Kritik an Belohnung

Es mag verwundern, einen Abschnitt vorzufinden, der die „Kritik an Belohnung" beinhaltet, ist doch Belohnung in aller Munde und als Gegenstück der verpönt veralteten Gewalterziehung bekannt. Bei näherer Betrachtung allerdings wird deutlich, dass auch Belohnung noch längst keine Garantie für Erfolg und ebenso wenig einen Beweis für ethisch-ethologisch verantwortlichen Umgang mit dem Hund bedeutet. Was moderne Pädagogen gegen unsere Bildungssysteme vorbringen, gilt gleichermaßen für die Erziehungs- und Ausbildungspraktiken in der Hundeszene. Auch hier beobachtet man das Verdrängen ursprünglicher, arteigener Motivationen und Potenziale durch immer mehr auf schnellen Erfolg ausgerichtete Konditionierungspraktiken. Mit den Schlagworten *gewaltfrei, motivational, frei von Zwang und Schmerz oder positive Verstärkung* hebt man sich von allem „Schlechten" ab, distanziert sich von den *herzlos und dummen Gestrigen* und setzt sich in die erste Reihe der *Gerechten*.

Aber hat sich das Bild auf der Straße und auf den Hundeplätzen wesentlich geändert, verbessert? Auch heute begegnet uns viel zu oft der unverstandene, überforderte, ausgenutzte, verunsicherte, verängstigte oder der sich in die Offensive flüchtende Hund. Bei derart vielen Hundeschulen, Vereinen und TV-Anleitungen, die alle auf der *positiven Welle* schwimmen, dürfte das nicht sein. Die Abkehr von Gewalt als *dominantem Mittel zum Zweck* war höchst an der Zeit und die Orientierung an lernpsychologischem Gedankengut öffnet zweifellos neue, vielversprechende Möglichkeiten. Aber wir dürfen nicht stehen bleiben auf dem Niveau einer auf Leistung bezogenen Mensch-Hund-Beziehung. Jedem Fortschritt haften eigene, innewohnende Gefahren an, die wir nur überwinden können, wenn wir sie zuerst auf mentaler Ebene besiegen, durch Einsicht und Willenskraft.

Sehen wir Gefahren? Oder fragen wir besser weniger pauschal?: Nutzen wir die *persönlichen Ressourcen* unserer Hunde, gehen wir auf ihre *arteigenen Potenziale* und *Kapitale* ein, wenn wir mit ihnen umgehen und ihnen etwas vermitteln? Tragen wir zu ihrer *Lebensqualität* bei oder beanspruchen wir diese mehr, als wir sie fördern? Wie steht es um den *individuellen Freiheitsgrad*, den wir zulassen oder einengen? Vor allem aber, mit Blick auf die anliegende Thematik: Schaffen wir eine Lernatmosphäre, die es dem Hund ermöglicht, auch selbsterfüllt zu sein, oder wird die Lernatmosphäre nur von unseren Erwartungen bestimmt? Sind unsere Methoden der Vermittlung so angelegt, dass sie aus *Empathie* und aus *Sensibilität für die momentane innere Befindlichkeit* gespeist werden oder steht uns das Lernziel vor Augen – und nur dieses? Meinen wir vielleicht, mit der Wahl „positiver Mittel" den Ethik-Tribut bereits eingebracht zu haben – ohne weitere Mühewaltung? Geht es uns letztlich um uns selbst oder darum, unseren Hunden in der Gemeinschaft mit dem Menschen ein Gefühl der Zusammengehörigkeit zu vermitteln, indem wir uns nicht nur verbal bekennen, sondern in der Tat darum bemühen, Gemeinschaft zu entwickeln und zu bestärken (*Sense of coherence*, Antonovsky 1997)?

Fragen, die zum Nachdenken anregen sollen, mit dem Ziel, den Leser vielleicht dazu zu bewegen (oder zu bestärken), die Gefahren aktueller Hunde-Erziehungs- und Ausbildungsströmungen zu erkennen und in den oben besprochenen Willensakt umzusetzen. Wer nun meint, auf Grund der vielen angesprochenen Fragen sei ein kompliziertes, aufwändiges Lehrkonstrukt zu erwarten, irrt. Im Grunde genommen ist es ganz einfach: Wenn wir uns vor Augen halten, wie ein Welpe sich diese Welt erobert, unter dem Beistand seiner Mutter und Geschwister; wenn wir genau hinsehen, was er macht, wie er geführt und begrenzt wird, wie er vorgeht und noch mehr, wie er sich dabei fühlt, dann haben wir eigentlich alles, was wir brauchen, um dem Hund und uns selbst (Ethik: Mitgeschöpflichkeit) gerecht zu werden.

> *„Neugier und Tatendrang fordern heraus, die ganze Energie, Intelligenz und Kreativität einzubringen. Sich trotz Rückschlägen zu bemühen erlebt der Welpe lustvoll und mit Hingabe. Aus Warnungen lernt er: Zu große Schritte verursachen Ermüdung oder Gefahr, zu vorsichtige Schritte hemmen den Fortschritt,*

Fehltritte mahnen zur Umkehr, Pausen erfrischen, Ausprobieren umschließt Einsparung und Vermeidung von Energieverschwendung. Das Beispiel der Älteren schließlich schafft Zugehörigkeit und kürzt den Weg ab." (E. Lind 1994)

Wenn wir Welpen zusehen, übermannt uns ein Gefühl der Bewunderung, ja Ergriffenheit: So viel Wille, so viel Vertrauen, so viel Gefühl und Ursprünglichkeit! Erhalten wir diese Potenziale, auch beim erwachsenen Hund!

Neurobiologisch gesehen heften sich dem beschriebenen, urspünglichen Lernen zahlreiche *emotionale Etikette* an. Das hat zur Folge, dass Lernen an sich als lustvolles Ereignis erlebt und gespeichert wird. Selber tun, experimentieren, entscheiden – im Rahmen sozialer Sinnhaftigkeit – ist ein grandioses Erlebnis, das nicht nur Lust vermittelt, sondern zur Ichstärkung beiträgt und Verausgabungsbereitschaft freisetzt. So entwickeln sich *Lernlust*, *Verausgabungsfreude* und *Kooperationsbereitschaft*. Reduziert man Lernen, das in seinem frühen Stadium immer spielerischen Charakter aufweist, auf das Zielverhalten, so zerfällt das ursprüngliche Zusammenspiel. Übrig bleibt die rein *funktionelle Konditionierung*, geprägt von Sachlichkeit, „befreit" von Überraschungen und Zufällen – reduziert auf Werte, die dem Trainer dienen. Vorgangsweisen, die trotz aller eingebrachter Verstärker und kalkulierter Wiederholungen beim Hund oft nur die Bedürfnisse der untersten Kategorie befriedigen. Derartige Methoden hinterlassen ebenfalls Spuren. Auch sie heften dem Üben und Lernen *emotionale Etikette* an, die im Gehirn gespeichert werden. Wenn dann Lernen wieder auf den Plan tritt, wirken die Etikette, bevor man durch eine bewusste Entscheidung getroffen hat. In ähnlichen Situationen treten dann an Stelle der ursprünglich positiven Emotionen die erworbenen Etikette *Lern-Unlust, Traurigkeit, Ohnmacht, Angst, Langeweile und Unwohlsein*. Je mehr man Individuen beim Lernen gängelt, je mehr sie ausnutzt und manipuliert, desto weniger Bereitschaft, sich zu verausgaben, werden sie aufbringen. Aus diesem Blickwinkel ist der Unterschied, ob Dressur mittels Bestrafung oder Belohnung durchgeführt wird, geringer, als oft angenommen. Beides sind letztlich Formen der Individualitäts-Enteignung. Prof. Hüther hat recht, wenn er mahnt, dass wir die Grenzen der Belohnung und Bestrafung längst erreicht haben: *Noch mehr Belohnung ist kaum möglich und noch mehr Druck und Strafe versprechen ebenfalls keinen Fortschritt*. Wir müssen uns auch heute wieder, zwar aus anderem Blickwinkel, neu entscheiden, ob wir funktionierende Befehlsempfänger, „pflegeleicht" und „gehorsam", oder ob wir *Hunde* haben wollen.

Es wäre so einfach: Man müsste nur die Zielsetzung ändern, alles weiter wäre dann in greifbarer Nähe, ohne zusätzlichen Aufwand: Bei einer Übung dürfte sich unsere Kontrolle nicht auf die gewünschte Ausführung beschränken, sondern es müsste uns zuallererst darum gehen, zu sehen, welche Befindlichkeit unser Hund auf Grund unseres methodischen Vorgehens zeigt. Als Zweites müssten wir dann das Nötige tun, um zu einer lebensbejahenden, lustvollen Befindlichkeit beizutragen. Damit wir, wenn wir den Hund ansehen, er uns das zeigt, was einen wirklich *freudigen Hund* ausmacht. Das sind wir ihm schuldig. Mit

Staunen wird man feststellen, dass wir auf Grund dessen, dass wir dieser Befindlichkeit den Vorrang geben, in der Ausführung der Aufgabe nicht den geringsten Nachteil erleiden. Im Gegenteil! Die Ausführung der Aufgabe wird sogar besser, als wir sie uns unter der Lupe der Konditionierung vorstellen konnten! Wenn es uns gelingt, der *Befindlichkeit* des Hundes beim Üben einen Logenplatz einzuräumen, werden wir ein völlig neues Szenario von Erfolg und Leistung wahrnehmen. Man wird erleben, dass behutsames, liebevolles Geleiten mehr bewirkt als noch so ausgeklügeltes Konditionieren. Was belohnt mehr als die erweckten eigenen Antriebe?!

Kognitive Lerntheorien

Gestaltpsychologie (Ganzheitstheorie)

Den Begriff „Ganzheit" findet man weit verbreitet, – auf nahezu allen Gebieten. Leider wird er nicht immer im originären Verständnis gebraucht. Dort, wo Ganzheit als superlativer Anspruch verstanden wird, sozusagen als Behauptung, alles miteinbezogen zu haben, verfehlt er das Ziel und reduziert sich damit zur unerfüllbaren Vision.

In Wirklichkeit bedeutet die Wiederentdeckung der *Ganzheit* die wohl bedeutendste geistige Errungenschaft der letzten hundertfünfzig Jahre. Die Ganzheitstheorie geht auf die antike Erkenntnis Aristoteles' zurück, dass *„das Ganze mehr ist als die Summe seiner Einzelteile"*. Die Wiederaufnahme dieses umfassenden Paradigmas entstand in der Psychologie kurz vor der Wende ins 20. Jahrhundert und wandte sich vor allem gegen das starre Bekenntnis der damals etablierten *Reiz-Reaktions-Theorie* der Behavioristen. Hundert Jahre später, in der Wende zum 21. Jahrhundert, erfährt die Ganzheitstheorie eine weitere Bestätigung durch bahnbrechende Erkenntnisse aus der Gehirnforschung und der Erforschung des Mikrobioms. Auch in der modernen Bewusstseinsforschung eines Paul Tholey, ebenso wie in der Sportpsychologie und in der Sprach- und Musikforschung unserer Tage, erfährt die Ganzheitstheorie Erweiterung und Vertiefung. Die GTA (Gesellschaft für Gestalttheorie und Anwendung) koordiniert seit 1978 die weltweiten Forschungen auf diesem Gebiet.

Da unser Thema – das *Lernen* – in enger Beziehung steht zur Neurophysiologie des Gehirns, zur Psychologie und zur Pädagogik, sollten die historischen Hintergründe der Ganzheitstheorie wenigstens in groben Zügen aufgeführt werden:

Erste Anfänge finden sich bei Ernst Mach in seinem 1886 erschienenen Werk *Analyse der Empfindungen*. Vier Jahre später, 1890, brachte der Wiener Philosoph Freiherr Christian von Ehrenfels (1859–1932) sein legendäres Werk *Über Gestaltqualitäten* heraus.

Von Ehrenfels leitete damit eine Bewegung ein, die unter dem Begriff *Gestaltpsychologie* neue Wege beschritt. Eine Bewegung, die nicht nur in der Psychologie Widerhall fand, sondern unter dem Begriff *Gestalttheorie* mehr und mehr allgemein Beachtung und Anerkennung erfuhr, ein halbes Jahrhundert anhielt, in nahezu alle

Wissenschaftszweige ausstrahlte und auch heute wieder aktuell im Brennpunkt verschiedener Forschungsarbeiten steht. Der Hauptbegründer der Gestaltpsychologen war Max Wertheimer (1880–1943). Ihm schlossen sich Wolfgang Köhler, Kurt Koffka, mit Einschränkungen auch Kurt Lewin an. Der Kreis wurde unter dem Begriff der *Berliner Schule* bekannt.

Nach Ehrenfels' Kernaussage enthalten Wahrnehmungen Qualitäten, die über den reinen Sinnesausdruck weit hinausgehen. Ehrenfels' berühmtes Beispiel weist auf die Tatsache hin, dass eine bestimmte Melodie, die in eine andere Tonart transponiert wird und damit definitiv aus anderen Tönen besteht, dennoch als die gleiche Melodie wiedererkannt wird. Daraus leitet sich der Schluss ab, dass die „Gestalt" der Melodie etwas anderes ist als nur das Nebeneinanderreihen von Einzeltönen. Die Wahrnehmung einer Melodie gründet auf dem Erkennen der *Gestalt*, eben ihrer *Ganzheit*.

Max Wertheimer (1899–1979)

Vor allem die Offenheit der Systeme weist auf das Vorhandensein von Gestalten: Zahlreiche Umwelteinflüsse beeinflussen Mensch und Tier permanent, und dies nicht nur im Bereich der Wahrnehmung, sondern auch in Gefühlen und Handlungen. Hierbei wird auf vorhandene Ordnungsmuster zurückgegriffen und: Es entstehen neue Strukturen. Ganzheiten besitzen demnach ein spontanes Potenzial zur Bildung von Ordnung und Hierarchie. Wer mehr über die Gestaltgesetze erfahren möchte, lese bei Wertheimers Gestaltgesetzen nach.

Die verschiedenen Psychologie-Schulen und ihre Besonderheiten aufzuzählen, fehlt hier der Raum. Nur soviel: Lange bevor die neurologischen Grundlagen für diese Aussagen vorlagen, hatten Pestalozzi, Piaget, Dewey, Korczak und andere die entscheidenden Forderungen, die sich aus der Gestalttheorie an die Pädagogik ergeben, vorausgedacht. Heute wissen wir: Höhere Lebewesen besitzen die Fähigkeit, Problemsituationen *umzustrukturieren*, in einen neuen Kontext zu übertragen und damit die rein funktionale Gebundenheit zu übertreffen.

Carl Friedrich von Weizsäcker (1912–2007) komprimierte die Gestalttheorie im Begriff des Funktionellen Kreisprozesses: *„Individuum und Organismus beeinflussen sich gegenseitig und gleichzeitig"*. Hier wird die Abkehr von der alten, zweidimensional linearen Betrachtungsweise, die Abkehr von der Reiz-Reaktions-Theorie, deutlich.

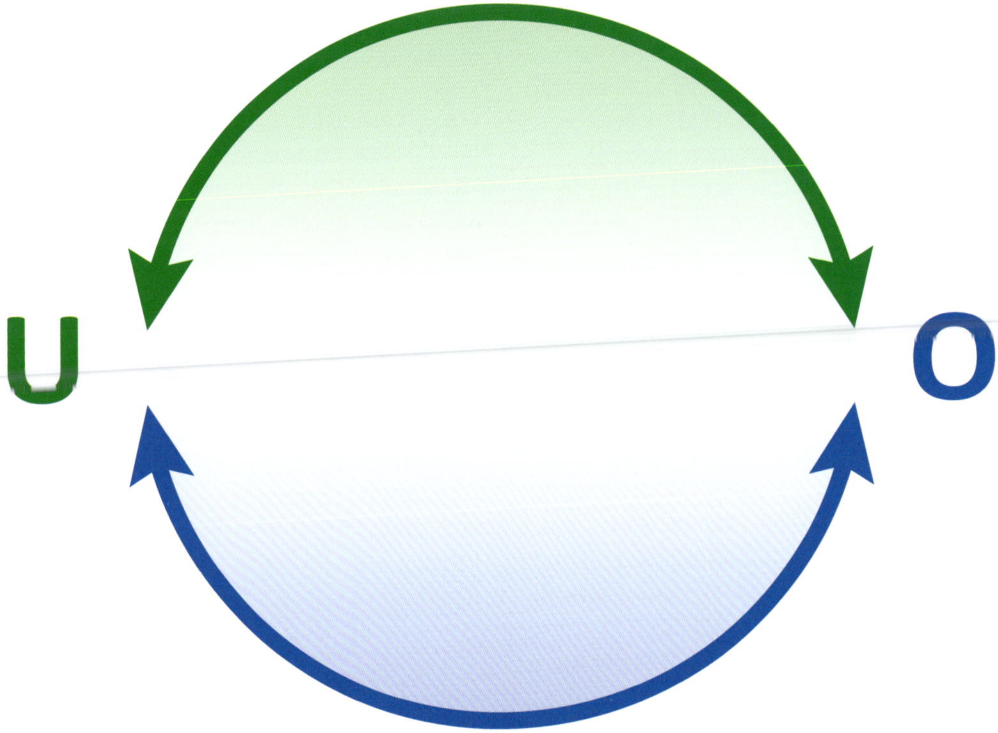

Funktioneller Kreisprozess

U = Umwelt
O = Organismus

„Umwelt und Organismus beeinflussen sich gegenseitig und gleichzeitig …“
Christian von Ehrenfels

Wende zu kognitiven Lerntheorien

Das Wort *Kognition* stammt aus dem Lateinischen: *cognoscere* = erkennen, kennenlernen, wissen, erfahren. (Siehe auch altgriechisch: 2. und 3. Jahrh. n. Christus: *gnosis* = Erkenntnis). Der Begriff ist nicht einheitlich definiert und fand in zahlreichen Disziplinen jeweils unter anderer Bedeutung Einzug: in der Psychologie, der Philosophie, der Biologie, den Neurowissenschaften und anderen Wissenschaftszweigen. Die alte Bezeichnung des *Geistigen* wurde in der modernen Psychologie durch den Begriff *Kognition* ersetzt. Unter Kognition wird in der Psychologie alles, was mit der

Informationsverarbeitung bewusster und unbewusster Lernprozesse zu tun hat, verstanden (bei Menschen und Tieren). Darunter fallen unter anderem: Aufmerksamkeit, Wahrnehmung, Erinnerung, Orientierung, Lernen, Denken, Entscheiden und vieles andere.

Einer der Pioniere in der Kognitionsforschung war Wolfgang Köhler (1887–1967). Er entwickelte die Überzeugung, dass Primaten zu *einsichtigem Problemlösungsverhalten*, wie er es nannte, fähig seien. Mit dieser Hypothese stand er in krassem Gegensatz zu den um die Wende zum 20. Jahrhundert vorherrschenden Richtungen der *instrumentellen* (Thorndike) und *klassischen Konditionierung* (Pawlow), ebenso wie zur sich danach etablierenden Richtung des *Behaviorismus*. Köhler veröffentlichte seine *Teneriffa-Versuche* bereits 1917! Er war der 1960 beginnenden kognitiven Wende um 40 Jahre voraus! Nicht nur seine Hypothese war zukunftsweisend. Auch in der wissenschaftlichen Vorgangsweise unterschied er sich von seinen Zeitgenossen. An Stelle der üblichen Laborexperimente erfand er lebensnahe Versuchs-Situationen. Er konfrontierte Schimpansen mit Problemsituationen, in denen sie ohne einsichtiges Handeln nicht erfolgreich sein konnten. Berühmt geworden sind seine Versuche, in denen er beispielsweise eine Banane in unerreichbare Höhe aufhängte und einige potenzielle Werkzeuge, unter anderem Kisten, auf den Boden legte. Die Schimpansen stellten die Kisten aufeinander, um an die Banane zu kommen. Köhlers Weitsichtigkeit reicht bis in die moderne Gehirnforschung. So wurde die Entdeckung der *Spiegelneuronen* bereits durch Köhlers Annahmen vorweggenommen. Spiegelneuronen bilden die Basis dafür, sich in die Denk- und/oder Fühlweise eines Gegenüber hineinversetzen zu können (u.a. *Empathie*). Die Nachweise für diese Fähigkeit, die in der Fachwelt *Theory of Mind* genannt wird, wurden inzwischen für verschiedene Spezies eingebracht, auch für den Hund. Auf Köhlers Pionier-Beitrag (1917) in der Kognitionsforschung haben wir bereits hingewiesen.

Die allgemeine *kognitive Wende* verbindet man jedoch mit dem Aufsatz des Linguisten (Sprachwissenschaftlers) Noam Chomsky, der auf dem *Symposium of Information Theory* 1956 in Massachusetts den Behaviorismus in seinen Grundfesten erschütterte, indem er Skinners Theorie über Sprache überzeugend entgegentrat.

Wie wir gesehen haben, ging es den Behavioristen um die Erklärung von Reiz-Reaktionsvorgängen und darum, wie man Lernen und Verhalten durch Modifikation der äußeren Bedingungen, etwa durch Belohnung und Bestrafung, beeinflussen kann.

In der Kognitionsforschung begann man, von verschiedenen Ausgangspunkten aus geistige Prozesse zu identifizieren. Neue Versuchsanordnungen und bis dahin unbekannte Verfahren der Sichtbarmachung neuronaler Vorgänge erschlossen neue Möglichkeiten und Sichtweisen. Wir erinnern uns: Das Tabuisieren der *Black Box* wurde umgewandelt in das Erschließen ihrer *kognitiven Inhalte*. Lernen wurde nicht länger auf das Ergebnis kausaler Prozesse beschränkt, sondern als Wechselspiel verstanden. In dieser Aussage finden die in der Ganzheitstheorie bereits zu Beginn des 20. Jahrhunderts formulierten Erkenntnisse endlich auch im Verständnis des Menschen und höher entwickelter Tiere *als gleichzeitig reagierende und agierende Wesen* ihren Niederschlag. Vorgänge werden nicht auf die Gegenwart beschränkt, sondern man interpretierte sie als Ineinandergreifen von Vergangenem, Gegenwärtigem und Zukunft. Wahrnehmung ist nicht länger nur Reizaufnahme, sondern *aktive Konstruktionsleistung*. Lebewesen nehmen die Umwelt nicht nur wahr, sondern sie *interpretieren* sie, und zwar subjektiv und situativ, und sie nehmen selbst handelnd auf sie und auf sich Einfluss. Dass dies nicht auf den Menschen beschränkt ist, kristallisierte sich vor allem durch die Kognitionsforschung an Tieren heraus.

Aus kognitiver Sicht wird die Reizaufnahme erheblich erweitert: Vereinfacht kann man sich das so vorstellen: Während der Aufnahme der Reize werden die Informationen selektiert, interpretiert und in einem äußerst komplexen Prozess mit dem gesamten Erfahrungs- und Wissensschatz als auch mit den augenblicklich vorherrschenden Zielen und Wünschen in Beziehung gebracht. Gleichzeitig werden die vorsondierten Lösungsmöglichkeiten auf ihren augenblicklichen Umsetzungserfolg hin analysiert und letztlich dann aus dem Ganzen eine Auswahl an Lösungsmöglichkeiten offeriert. Der Großteil dieser gigantischen Rechenleistung läuft unterbewusst ab, auch beim Menschen. Letztlich entscheidet der Mensch dann auf der obersten Spitze seines aktiven, augenblicklichen Denkens, Fühlens und Wollens, welche der Lösungsmöglichkeiten er umsetzt und welche nicht. Lange hat man Tieren die Fähigkeit bewusster Entscheidung abgesprochen. Erst die Kognitionsforschung vermochte den Blickwinkel in dieser Frage zu weiten und teils revolutionierende Ergebnisse aufzuzeigen.

Kognitionsleistungen bei Tieren

Das Pferd *Kluger Hans* und der denkende Hund *Rolf von Mannheim*

Wie intelligent Tiere sind, das beschäftigte Menschen seit eh und je. Aber die Meinungen darüber gingen schon immer weit auseinander. So ging das Pferd *Kluger Hans* (~1910), der angeblich zählen konnte, ebenso in die Geschichte geschickter Täuschung ein wie der *denkende Hund Rolf von Mannheim*. Der *Kluge Hans* konnte zwar nicht zählen, indem er auf mathematische Fragen mit einer Anzahl von Hufklopfen, Ja-Nein Fragen mit Nicken bzw. Schütteln des Kopfes antwortete; aber er hatte gelernt, die geringsten Veränderungen der Haltung und Mimik seiner Befrager zu interpretieren. Das Pferd wiederholte das Klopfen so lange, bis es vor Erreichen der richtigen Anzahl bemerkte, dass sich die Fragesteller unwillkürlich anspannten. Nach der richtigen Zahl zeigten sie Ausdrucksformen der Erleichterung. Da das Pferd diese optischen Signale (*nonverbale Kommunikation*) auch an fremden Personen abzulesen vermochte, täuschte es 1904 sogar eine eigens einberufene Kommission der *Preußischen Akademie der Wissenschaft*. Erst der Student Stumpf fand heraus, wie man den *Klugen Hans* überführen konnte. Die Fragesteller durften dem Pferd nicht sichtbar gegenüber stehen.

Beim *denkenden Hund Rolf von Mannheim* verhielt es sich ähnlich. Etwa zur gleichen Zeit brachten ihm seine Besitzer, Familie Moekel bei, auf einen Pappdeckel zu klopfen, wobei den einzelnen Buchstaben aus dem Alphabet jeweils eine bestimmte Anzahl von Klopfschlägen zugeordnet war. Auch hier verrieten die Besitzer durch nonverbale Kommunikation die jeweils richtige Lösung. Und auch diese Täuschung wurde, wenngleich spät, aufgedeckt. Hier ist die Geschichte jedoch noch nicht zu Ende. Zu dieser Zeit waren Jahrmarktsvorstellungen ähnlicher Art weit verbreitet. Als der Irrtum vom *Klugen Hans* und vom *Rolf von Mannheim* öffentlich wurde, machte sich in der Gesellschaft eine Ablehnung gegenüber Tierintelligenzexperimenten breit, die man noch vierzig Jahre danach rundweg in das Reich der Scharlatanerie verbannte. Darunter litten ernsthafte Forscher einer jungen, noch nicht etablierten Ethologie sehr. Man kann sich vorstellen, dass vor diesem Hintergrund die nachfolgenden, streng wissenschaftlichen Zähl-Versuche des Otto Koehler (1920er Jahre) zunächst belächelt wurden. Koehler fand heraus, dass die Obergrenze der Zahlenunterscheidung bei Dohlen mit 6, bei Elstern und Kolkraben bei 7, beim Graupapagei bei 8 liegen. Francis Mechner von der Columbia University entwickelte dann in den sechziger Jahren ein Verfahren zum Nachweis der Unterscheidung von Mengen, wobei er Ratten in der Skinner-Box untersuchte. So interessant derartige Versuche sind; es wäre falsch, Kognition gleichzusetzen mit mathematischen Fähigkeiten – das wird sich im weiteren Verlauf herausstellen.

Der „Kluge Hans“ bei einer Vorstellung

Kognition

Im Folgenden geben wir einen Überblick kognitiver Leistungen aus dem Tierreich. Die anschließenden Ausführungen sind den Kognitionsleistungen des Hundes gewidmet. Vom Begriff *Kognition* (Informationsverabeitung im weitesten Sinne) leitet sich *kognitive Kompetenz* ab. Diese setzt sich aus verschiedenen *kognitiven Fähigkeiten* zusammen, die auf Wahrnehmung und deren geistiger Verarbeitung und Umsetzung aufbauen. Darüber hinaus beinhaltet Kognition auch die Fähigkeit, über sich selbst, über sein Gegenüber, über die Umwelt sowie über Vergangenheit, Gegenwart und Zukunft nachzudenken und auf Grund dieses Wissens sich selbst zu steuern und auf die Umwelt Einfluss zu nehmen.

Die folgende Aufstellung vermittelt einen Einblick darüber, welch weites Spektrum an Fähigkeiten Gegenstand dieser Forschung ist.

Aufmerksamkeit	Erinnerung	Orientierung	Lernen
Vorstellung, Phantasie, Kreativität	Verstehen von Zusammenhängen	Kategorienbildung	Vorausdenken
Abstraktion	Sprache	Kreativität	Planen & Entscheiden
Wissen über sich selbst (Introspektion)	Wissen über die inneren Zustände des Gegenüber (Theory of Mind)	Wille	Wünsche, Absichten
Problemlösungen	Empathie	Moral	Glaube

Es würde zu weit führen, das alles im Einzelnen zu beschreiben. Hinzu kommt, dass noch viele Fragen unbeantwortet sind. Wie immer in der Wissenschaft werfen Ergebnisse neue Fragen auf und lassen Zweifel an bestehenden Meinungen aufkommen. Die Kognitionsforschung verspricht als relativ junge Disziplin für die Zukunft noch eine Menge an Überraschungen.

Eine in jeder Generation gestellte Frage lautet: Können Tiere denken? Haben sie ein Bewusstsein und eine Vorstellung von sich selbst? Seit siebzig Jahren ist in dieser Frage ein deutlicher Wandel zu erkennen. Inzwischen ist unbestritten: Tiere haben eine Vorstellung von sich selbst und sie haben ein Bewusstsein, auch wenn es nicht das gleiche Bewusstsein ist, das Menschen eigen ist. Bereits Edward Chace Tolman (1886–1959), ein Vertreter des späten Behaviorismus (*Neobehaviorist*) hatte nachgewiesen, dass Ratten in der Lage sind, bei versperrtem Weg ohne Weiteres den zweitschnellsten zu wählen. Das beweist, dass sie in der Lage waren, die geistige Repräsentation einer *kognitiven Landkarte* zu bilden, auf die sie später bei Bedarf zurückgreifen konnten und auf Grund derer sie in der Lage waren, das Verhalten bei veränderten Bedingungen situationsgerecht anzupassen.

Bildhafte Vorstellungen spielen bei kognitiven Vorgängen eine wichtige Rolle, auch wenn diese Vorstellungen für sich gesehen noch nicht zu den höher intelligenten Fähigkeiten zählen. Aber inzwischen gilt als weitgehend gesichert, dass bestimmte Spezies in der Lage sind, sich das, was sie planen, ähnlich wie wir Menschen, *mental* (geistig) vorzustellen. Wenn Schimpansen Stöckchen verwenden, um die Termiten aus dem Bau zu holen, oder wenn bestimmte Vogelarten Astgabeln als Amboss nutzen, oder wenn Biber Steine verwenden, um Nüsse auf dem Bauch aufzuschlagen, dann geht vermutlich jeweils die mentale Vorstellung der Problemlösung voraus. Vielleicht nutzen Tiere auch beim Nestbau, beim Anlegen von Trampelpfaden oder beim Bau unterirdischer Gänge Vorstellungen. Und wenn es sich bei vielen dieser aufgeführten Leistungen um *Nachahmung* (Modell-Lernen) handelt, spielen wiederum inner Vorstellungen, in Form von mental gebildeten *Erwartungen*, eine Rolle.

Die bildhafte Vorstellung beantwortet jedoch noch nicht die Frage, ob Tiere ein Bewusstein über sich selbst haben (*Reflexion*). Auch diese Fähigkeit wurde lange allein für den Menschen in Anspruch genommen. Der deutsche Philosoph und Soziologe Helmut Plessner (1892–1985) war noch 1982 überzeugt, dass nur der Mensch dazu fähig sei, sich gewissermaßen von außen zu betrachten. Er schrieb:

> *„Tiere haben kein Ich und kein Mich, können ihr Spiegelbild nicht als das ihre erfassen und bewohnen deshalb auch anders ihren Leibe als der Mensch." (Plessner 1982)*

Die Psychologin Cathy Hayes hatte 1951 in ihrem Buch *„The Ape in our House"* (Der Affe in unserem Haus) unter anderem ein Foto abgebildet, das zeigt, wie die Schimpansin *Viki* in einen Spiegel sieht und mit einer Zange an ihren Zähnen manipuliert. Die Tatsache, dass Vicki ihre Tätigkeit mit Hilfe eines Spiegels ausführt, ist ein zweifelsfreier Beweis dafür, dass sie das Bild *nicht* mit

Artgenossen verwechselt! Sie hatte ein *Bewusstsein von sich selbst*. In der Psychologie nennt man diese Fähigkeit *Metakognition*.

Rund zwanzig Jahre später wies der Primatologe Gordon Gallup (geb. 1941) in mehreren Experimenten nach, dass sich Schimpansen tatsächlich im Spiegel wiedererkennen. Von ihm stammt das geniale Experiment (1970), einem Schimpansen Farbflecken über den Augenbrauen und an den Ohren anzubringen (*Spiegeltest* als Nachweis von *Metakognition*). Den Tieren fiel nach Erwachen aus der Narkose die Veränderung in ihrem Gesicht auf und sie versuchten, die Flecken zu entfernen, indem sie die Manipulation im Spiegel verfolgten.

Man nennt diese Fähigkeit, die auch Kinder etwa im Alter zwischen 15 und 20 Monaten aufweisen, die *Kategorie der synchronen Identität*. Kinder, die diese Kategorie noch nicht entwickelt haben, sehen nicht sich selbst und reagieren völlig anders. Sie sehen hinter den Spiegel und muten dem Spiegelbild zu, dass es den Ball auffängt, den es ihm zuwirft.

Das Bestehen des *Spiegeltest*s gilt heute noch als Voraussetzung für kognitive Fähigkeiten. Inzwischen wurde der *Spiegeltest* erweitert und modifiziert (u.a.: neue Möglichkeiten ersetzten die Narkose) und mit mehreren unterschiedlichen Arten durchgeführt: Kleinkinder bestehen den Spiegeltest ab etwa eineinhalb Jahren. Schimpansen, Orang-Utans, Delfine, Zahnwale und Papageien bestehen den Test problemlos; Gorillas, Kapuzineraffen, Tauben, Hunde und Katzen bestehen ihn nach aktuellem Wissensstand nicht, Gorillas nur in Ausnahmefällen. Das Nichtbestehen ist jedoch kein Beweis dafür, dass diese Tiere rundum weniger intelligent wären. Prof. Helmut Prior vom Institut für Psychologie an der Johann-Wolfgang-Goethe-Universität in Frankfurt/Main hierzu: *„Für Hund und Katze ist dieser Test möglicherweise einfach ungeeignet, weil ein Spiegel nicht zu ihrer Wahrnehmung der Welt passt.“*

Interessant ist, dass inzwischen Spiegeltests mit positiven Ergebnissen auch bei Vogelartigen durchgeführt wurde. Prof. Onur Güntürkün von der Ruhr-Universität Bochum führte den Spiegeltest erfolgreich mit Elstern durch. Er brachte unbemerkt einen gelben Punkt auf der Brust an – dort konnte die Elster den Punkt ohne Spiegel nicht sehen. Sie betrachtete sich im Spiegel und war intensiv damit beschäftigt, den Punkt auf allerlei Art und Weise zu entfernen, an sich selbst. Sie versuchte nicht, den Punkt bei ihrem Abbild im Spiegel zu entfernen, sondern sie wusste genau, dass der Punkt auf ihrem eigenen Gefieder angebracht war. Damit ist bewiesen, dass auch Elstern eine Vorstellung von sich haben und sich in einer Reproduktion wieder erkennen.

Prof. Julia Fischer fand in ihren Forschungen am Primatenzentrum in Göttingen heraus, dass beispielsweise Berberaffen beim Betrachten von Fotos, auf welchen einzelne Mitglieder aus ihrer Gruppe abgebildet waren, länger hinsahen als bei Fotos fremder Berber-Affen. Das ist weder mit Reiz-Reaktionsprozessen noch mit angeborenen Programmen zu erklären. Auch hier liegen Kognitionsleistungen vor, speziell im Hinblick auf soziale Gruppenzugehörigkeit.

In der Forschungsstation am Haidenhof in Wien wurden mit Hilfe von

Multi-Excess-Box-Experimenten herausgefunden, dass einige Vogelarten über erstaunliche kognitive Fähigkeiten verfügen und ähnlich wie Schimpansen in der Lage sind, Problemsituationen mental zu lösen. Es gelang ihnen, immer wieder neu gestellte Öffnungsprobleme durch Vorstellung und Kreativität erfolgreich zu bewältigen.

Man sieht, die innere Vorstellung ist enorm wichtig, weil sie die Voraussetzung für zahlreiche kognitive Leistungen darstellt.

Köhlers Arbeiten werden im nach ihm benannten *Wolfgang Köhler Primaten-Forschungszentrum des Max Planck Instituts für evolutionäre Anthropologie in Leipzig* weitergeführt. Dass Schimpansen eine Vorstellung von dem haben, was ihr Gegenüber denkt oder vorhaben könnte, ist schon länger bekannt. Man nennt diese zu den höheren kognitiven Fähigkeiten zählende Leistung *Theory of Mind* (vereinfacht: Interpretationsfähigkeit fremder mentaler Vorgänge). Im *Schach-Experiment* wurde nachgewiesen, dass zwei Schimpansen-Spielpartner in der Lage waren, sich rein geistig vorzustellen (Sichtversperrung durch Trennwand), dass das Gegenüber im Verlaufe des Experiments einen der drei Becher bereits ausgeräumt haben musste.

Lange hat man versucht, Intelligenzvergleiche mit Gehirnmassenvergleichen anzustellen. Dass dieser Ansatz inzwischen nur noch sehr eingeschränkt Gültigkeit verdient, haben wir unter anderem der Gehirnforschung an Rabenartigen zu verdanken:

Nicht vor allzulanger Zeit ging man davon aus, dass Vögel auf Grund der verhältnismäßig geringen Gehirnmasse nicht besonders intelligent seien. Vögel haben keinen *Kortex* wie Menschen, Schimpansen oder andere, höhere Säugetiere. Das Gehirn einer neukaledonischen Krähe wiegt nicht mehr als zirka 10 Gramm und ist nicht größer als eine Haselnuss. Die Oberfläche ist etwa so groß wie eine Briefmarke. Hinzu kommt: anstelle der bei höheren Tieren üblichen Rindenform weist ihr Gehirn eine glatte Oberfläche auf. Trotzdem stehen sie den Intelligentesten unter den Tieren nicht nach. Ihr Gehirn ist lediglich anders aufgebaut. Die Neuronen sind erheblich kleiner und die Netzwerke sind engmaschiger. Denkbar wäre, dass die Evolution infolge der flugbedingten Notwendigkeit einer stromlinienförmigen Kopfform in Bezug auf die Beschaffenheit des Gehirns andere Wege beschritt als bei Säugetieren. Mit dem Ziel einer bestmöglichen Anpassung in allen Belangen wurde die Gehirnmasse betont klein und leicht gehalten. Die Leistungsfähigkeit wurde auf anderem Wege erreicht. Das Gehirn der Vögel ist aus neuerer Sicht, wenn man schon Vergleiche zu Säugetieren anstellen will, evolutionär jünger und in mancher Hinsicht effizienter. Aus dieser Sicht wundert es nicht mehr, zu welchen Leistungen Vogelartige fähig sind:

Raben bilden langjährige Partnerschaften und sie täuschen im Wettstreit um Nahrungsressourcen ihre Artgenossen, indem sie diese durch Scharren an Orte leiten, wo kein Futter ist. Sie begleiten Wölfe, um von Beuteresten zu profitieren. Raben legen inzwischen nicht nur in Japan Walnüsse bevorzugt auf Straßenkreuzungen, damit diese von darüberfahrenden Autos geöffnet werden. Sie warten, bis die Ampel auf Grün schaltet, damit sie ohne Gefahr und in Ruhe die Kerne von der Straße holen können. Nordamerikanische Krähen wurden beobachtet, wie sie Hirschknochen auf Bahngleise legten, um sie durch Züge aufbrechen zu lassen. So kamen sie an das schmackhafte Knochenmark. Alex Weir von der University of Oxford zeigte in einem Experiment, dass neukaledonische Krähen in der Lage sind, ein Drahtende in einen Haken zu verwandeln, um damit einen kleinen, mit Mehlwürmern gefüllten Eimer aus einer Glasröhre heraufzuholen. Obwohl die Krähe den Draht vorher nie gesehen hatte, war sie in der Lage, das Problem geistig zu lösen.

Bei der Aufzählung kognitiver Leistungen bei den Vogelartigen dürfen natürlich die Papageien nicht fehlen: Die Verhaltensbiologin Irene Pepperberg (1949) begann vor zirka dreißig Jahren an der Universität von Arizona, die kognitiven Fähigkeiten von Papageien zu erforschen. In Aufsehen erregenden Ergebnissen wies sie nach, dass „Alex" unterhalb der Zahl sieben zählen, addieren, Kategorien bilden, größer, kleiner und gleich sowie mehr und weniger unterscheiden konnte. Er konnte sprechen und verfügte nach 19 Jahren Training über einen Wortschatz von zirka 200 Wörtern. Besonders überraschend war, dass er auf der Basis seines Wortschatzes auch eigene Wörter und kurze Wortkombinationen bildete: Äpfel nannte er „Banerry", er dachte wohl an eine Mixtur aus Banane und Kirsche (cherry). Aber er konnte noch mehr: Er empfand Gefühle wie Eifersucht, Einsamkeit, Ärger und Freundschaft und brachte dies auch mit Worten zum Ausdruck. Alex starb 2007. Seine letzten Worten waren: *„You be good. I love you."* Hier ein Auszug aus Pepperbergs Buch *Alex und ich*:

„Wie viel grüne Wolle?", fragte ich Alex. Wir machten diese Übung schon einige Zeit, und bis zu diesem Augenblick hatte Alex mitgemacht, als sei ein Fernsehteam anwesend, das ihn als großen Star herausbringen wollte – einfach top! Alex warf einen Blick auf das Tablett, dann sah er mich mit so einem bestimmten Blick an, den er häufiger aufsetzte und den ich nur als „schiefen Blick" bezeichnen konnte. *Eins*, piepte er. Die richtige Antwort war: *Zwei*. *„Nein, Alex. Wie viel grüne Wolle?"* Wieder sah er mich so an. *Vier*, gab er zurück. Dabei wandte er seinen zauberhaften Singsang an, sodass das Ganze klang wie „Vie-ah". Linda sah zu. Ich wollte doch, dass sie sah, wie gut Alex war und wie toll er sich von seiner Krankheit erholt hatte. *„Komm schon, Alex. Wie viel grüne Wolle?"* Sinnlos. Er antwortete entweder *eins* oder *vier*. Doch mittlerweile war mir klar, dass er mich nur ärgern wollte. Er wusste die richtige Antwort. *„Gut, Alex"*, sagte ich ernst zu ihm. *„Du brauchst offensichtlich eine Pause"*. Ich trug ihn in sein Zimmer und schloss die Tür. *„Zwei … zwei … zwei … Tut mir leid … komm her!"*, hörten Linda und ich es hinter der geschlossenen Tür hervor krähen. *„Zwei … komm her … zwei"*. (Auszug aus: „Alex und Ich", MFG-Verlag, S. 123)

Dass Delfine zu den klügsten Tieren zählen, ist bekannt. Sie haben ein ausgezeichnetes Gedächtnis und kommunizieren mit Hilfe zahlreicher, unterschiedlicher Pfeiflaute. Sie pflegen ein komplexes Sozialsystem und sind hervorragende Jäger. Es wurde beobachtet, dass Delfine Skorpionfische töten, um mit dem toten Körper Muränen aus ihren Höhlen aufzuschrecken. Und: Delfine haben, auch das ist inzwischen gesichert, ein Bewusstsein über sich selbst.

Auch Kraken, obwohl sie zu den wirbellosen Tieren gehören, besitzen erstaunliche Fähigkeiten. Sie sind beispielsweise in der Lage, den Deckel eines Behälters, in welchem sich Futter befindet, abzuschrauben.

Manche Arten können nur in der Gemeinschaft überleben. Sie bilden, wie etwa bestimmte Fischarten, eine *Schwarmintelligenz*. Heringe beispielsweise können im Team große Jäger wie Barrakudas oder Haie verunsichern, welchen es auf Grund des Auftritts der Fische im Schwarm schwer fällt, einzelnen Individuen nachzustellen. Verschiedene Vogelartige nutzen dieselbe Technik, um Vogeljägern zu entkommen

Die Liste für Nachweise, dass Tiere Kognitionsfähigkeiten besitzen, ließe sich fortsetzen. Prof. Gerhard Roth, Neurobiologe und Philosoph, fasst es in einfache Worte: „*Tiere sind viel klüger, als wir bisher meinten.*“ Die Ansicht, nur Menschen hätten Bewusstsein sowie Denk- und Problemlösungsvermögen, muss endgültig aufgegeben werden.

Aber wie beantworten wir die Frage: Wissen Tiere, *was* sie wissen? Oder: Wissen sie, was sie sehen, hören oder riechen? Man nennt diese Fähigkeit *Metakognition* (Denken über Denken). Noch vor einer Generation galt diese Frage als experimentell nicht überprüfbar. In den letzten Jahren wurden jedoch neue Formen der Verifizierung entwickelt; Experimente, die auf diese Frage schlüssige Antworten ergeben. John David Smith hat mit seiner Forschungsgruppe 2004 nachgewiesen, dass auch Rhesusaffen, die bekanntlich dem Menschen nicht so nahe stehen wie die Menschenaffen, über ihr Denken reflektieren und daher die Fähigkeit der *Metakognition* besitzen. Bei diesen Versuchen nutzte man undurchsichtige Röhrchen, in welche Leckerli gelegt wurden. Wenn sie zusehen durften, wo die Leckerli hineingelegt wurden, holten sie diese heraus, ohne sich vorher zu vergewissern, ob sie auch tatsächlich drin sind. Durften sie beim Einbringen der Leckerli nicht zusehen, blickten sie in jedes der Röhrchen, wo sich das Leckerli befand. Auch die Biologin und Verhaltensforscherin Dr. Auguste von Bayern hat bei neukaledonischen Krähen und bei Dohlen mittels *Multi-Excess-Box-Experimenten* nachgewiesen, dass diese Tiere nachdenken können, bevor sie handeln. Sie finden zur Lösung, ohne lange zu experimentieren. Entscheidend ist, dass die Lösung, wenn sie sie auf Grund von Kognition erfolgt, plötzlich entsteht und nicht durch kontinuierliche, experimentelle Annäherung. Beispiele außergewöhnlicher Kreativität beweisen uns immer wieder Schimpansen. Um an Erdnüsse zu gelangen, die in einer Glasvase am Boden lagen, fiel den Bonobos (Zwerg-Schimpansen) ein, zu ihrer Tränke zu laufen, Wasser in die Vase zu spucken – so lange, bis die Erdnüsse oben schwammen und bequem aufgenommen werden konnte. Derartige Handlungen erklären sich als Ergebnis vorausgegangener *mentaler Prozesse* und nicht auf Grund von *instrumenteller Konditionierung* (*Trial-and-Error*). Die Übergänge sind mitunter fließend. So kann sich ein Individuum zum Beispiel durch *Trial-and-Error* einstimmen und bestimmte Lösungen als ungeeignet erfahren, um sich anschließend auf die kognitiven Fähigkeiten zu besinnen und diesen Ansatz dann ohne weiteres Probieren auf Anhieb umzusetzen.

Kommunikation

Tiere kommunizieren auf unterschiedlichste Art und Weise und in jeweils arteigener Form: Durch Haltung und Bewegung (Tanz der Bienen), über Gebärden (Affen), durch elektrische Signale (Zitteraale) oder durch akustische Signale (Delfine, Wale und zahlreiche Landtiere). Die höher entwickelten Tiere, darunter auch unsere Hunde, kommunizieren auf mehreren Ebenen, oft gleichzeitig.

Die elementaren Kommunikations-Potenziale aus der *Sprache der Tiere* sind angeboren und werden im Verlaufe des Lebens durch Lernen erweitert. Aber können Tiere auch „richtig" sprechen? Forscher gingen dieser Frage wiederholt nach. Können Tiere die Sprache des Menschen erlernen? Auch Hunden hat man immer wieder versucht, *Sprechen* beizubringen, unter anderem in der von Adolf Hitler mit Begeisterung unterstützten *Tiersprechschule Asra in Leutenburg* (Thüringen 1930). Laut Quellen aus der Staatsbibliothek Berlin soll ein Jagdhund die Worte: „*Hunger! Kuchen haben*" und ein anderer auf die Frage: „*Wer ist Adolf Hitler?*" mit „*Mein Führer*" geantwortet haben. (aus: Jan Bondeson *Amazing dogs* Amberley Publishing). Dass es sich hierbei um Dressurakte und nicht um Sprache handelt, liegt auf der Hand.

Aber selbst bei Schimpansen und Bonobos, den genetisch nächsten Verwandten des Menschen (Schimpansen unterscheiden sich im Genom um lediglich 1,2 % vom Menschen), scheiterten die Versuche auf Grund mehrerer, nicht vorhandener Voraussetzungen. Zum einen sind die für eine menschenähnliche Lautgebung physiologischen Grundlagen nicht vorhanden, zum anderen sind die kognitiven Fähigkeiten, die menschliche Sprache ermöglichen, nicht ausreichend ausgebildet.

Inzwischen, nach dreißig Jahren Forschung, steht fest, dass auch die intelligentesten Tiere nicht in der Lage sind, Signalkombinationen auf dem Niveau der menschlichen Sprache zu bilden und zu entschlüsseln. Man hat aber begriffen, dass der Ansatz, die Sprachleistung der Tiere an der Sprache des Menschen zu messen, grundlegend falsch ist. Tiere können „richtig" sprechen, aber nicht in der Sprache des Menschen.

Sprache ist nach aktuellem Wissensstand mehr als nur eine Anreicherung von Zeichen zu einer bestehenden Intelligenz. Sprache ist auch mehr als nur Kommunikation. Sprache hat sich im Verlaufe der Evolution, vermutlich aus Gesten, als Ergebnis zahlreicher mentaler Module entwickelt und gehört als artspezifische Fähigkeit zum Menschen wie das Orientierungsvermögen zu den Zugvögeln. Trotz dieser Einschränkung, die wir dem Stand der Wissenschaft schuldig sind – auch wenn sie den einen oder anderen desillusionieren mag – bleiben noch erstaunliche kognitive Fähigkeiten, die mit Sprache zu tun haben. Dies gilt für Hunde noch viel mehr als für Schimpansen, denn kein anderes Lebewesen steht seit 15.000 Jahren in einer vergleichbar engen Beziehung zum Menschen. Davon an späterer Stelle mehr, wenn es um die kognitiven Fähigkeiten der Hunde geht.

Beobachtung und Nachahmung

Auf die unterschiedliche Ansicht, wo Nachahmung beginne und was in Abgrenzung von anderen Lernformen darunter zu verstehen sei, wurde bereits hingewiesen. Wir schließen uns im Sinne kognitivistischer Lerntheorien der Auffassung an, dass Nachahmung nicht erst dort anzusetzen ist, wo bisher unbekannte Verhaltensweisen auf Grund von Imitation erlernt werden, sondern wir sprechen auch dort von *Nachahmungslernen*, wo bereits bestehende Verhaltensweisen genutzt warden. Dieses breit gefasste Verständnis von Nachahmung bietet für pädagogisches Denken und Handeln, auch im Bereich der Verhaltensbeeinflussung bei Tieren, den dort erforderlich weiten Blickwinkel.

Die Bewegungsnachahmung stimuliert den Hund in die Spielverbeugung (Play bow).

Imagination (Verwandlung) als Erwachsener wieder zu entdecken, ist einer der Schlüssel für erfolgreiche Interaktionen mit dem Hund und für Modell-Verhalten! Diese Teilnehmer eines Seminars in der Schweiz lernen gerade den Mäuselsprung im Trockentraining – ein wirksames Signal für Kommunikationsaufbau.

Beispiele für Beobachtung und Nachahmung in der Tierwelt gibt es genügend. Man denke nur an das Sprechen der Papageien oder das Spotten der Singvögel. Aber nicht nur auf akustischer Ebene, auch im motorischen Bereich sind Nachahmungsvorgänge bekannt: Bei Primaten, Delfinen, Hunden und Vogelartigen. Dass Nachahmung nicht nur den hochentwickelten Säugetieren vorbehalten ist, zeigt folgendes Experiment: Eigentlich ging es darum, zu untersuchen, ob Tintenfische (Octopus) in der Lage sind, einen verschlossenen Futterbehälter zu öffnen. „Nebenbei" zeigte sich, dass der Nachbar-Octopus die Technik seines Kollegen beobachtete und ohne eigenes Experimentieren oder Training auf der Stelle im Stande war, die ausgereifte Lösung seines Kollegen zu imitieren.

Anmerkungen zur Sprache

Die Sprachbeherrschung gehört zu den herausragenden kognitiven Fähigkeiten des Menschen. Sprache ist zudem Voraussetzung für zahlreiche weitere kognitive Fähigkeiten. Ohne Sprache könnten viele Gedanken nicht gedacht und viele Probleme nicht gelöst werden. Lange hat man daher geglaubt, Sprache sei eine grundsätzlich notwendige Voraussetzung für höhere Formen einsichtigen Denkens und Handelns. Das ist inzwischen widerlegt. Immer mehr Experimente zeigen, dass Tiere zu höheren Denkleistungen fähig sind, auch ohne Sprache. Sie verstehen kausale Zusammenhänge und sie können diese sogar auf neue Situationen gedanklich übertragen und anwenden (*Transferleistung*). Trotz unbestrittener Bedeutung für kognitive Entwicklung und Reichweite ist Sprache nur *eine* der zahlreichen kognitiven Fähigkeiten. Denken ist viel elementarer als Sprache, was durch die vielen inzwischen nachgewiesenen Kognitionsleistungen, die bei immer mehr Tierarten beobachtet werden, belegt ist. Selbst die These, nur der Mensch verfüge über Sprache, weil nur seine Sprache eine Syntax (Satzlehre) beinhalte, wird inzwischen von einigen Wissenschaftlern hinterfragt und in dieser pauschalen Formulierung angezweifelt. Es spricht einiges dafür, dass Tiere auf Grund ihrer Lebensweise einer syntaktischen Kommunikationsform einfach nicht bedürfen und sie daher auch nur bruchstückhaft ausgebildet haben. Befürworter dieser Theorie vermuten, dass einige Tierarten in der Lage wären, sprachliche Kompetenzen in menschenähnlichem Niveau einzusetzen, wenn sie dazu motiviert wären. Dass höher intelligente Tiere wie beispielsweise Schimpansen, Delfine oder auch Hunde dies nicht tun, dafür gäbe es aus der Sicht der Tiere keinen oder zu wenig Anlass und daher auch keine Motivation.

Nach diesem allgemeinen Überblick, aufgezeigt an einigen Ergebnissen über kognitive Fähigkeiten in der Tierwelt, wenden wir uns den letzten noch zu beschreibenden Theorien über Lernen zu: den *kognitiven Lerntheorien*. Auf die kognitiven Fähigkeiten der Hunde gehen wir im weiteren Verlauf speziell ein.

Albert Banduras „Lernen am Modell"

Als vierter Form des Lernens befassen wir uns mit dem *Modellernen* (Bandura 1963), einer *sozialkognitivistischen Lerntheorie*, die nach der *i*nstrumentellen, klassischen und operanten Konditionierung entwickelt wurde und deren bedeutendster Vertreter Albert Bandura ist.

In kaum einer anderen Lernform sind derart viele unterschiedliche Begriffe in Umlauf: *Nachahmungslernen, Identifikationslernen, Imitationslernen, soziales Lernen, Vorbildlernen, no trial learning, stellvertretendes Lernen, Rollenlernen, Lernen am Modell, Modellernen* und noch weitere. Der Begriffsdschungel wird dadurch noch dichter, dass die verschiedenen Bezeichnungen je nach Autor oft unterschiedliche Bedeutungen aufweisen. Albert Bandura hielt die Vielfalt der Begriffe übrigens für unnötig.

Wir schließen uns in der Definition der Nachahmung Bandura an: Auch Bandura bezieht Modellernen nicht nur auf den Erwerb neuer Verhaltensweisen, sondern er bezieht auch die Modifikationen bestehender Verhaltensweisen ein und verweist auf die zahlreichen kognitiven Lernprozesse, die auf Hemmung und Enthemmung bei negativen und positiven Verhaltenskonsequenzen zurückzuführen sind.

> *„Unter Modellernen verstehen wir einen sozial bedingten, kognitiven Lernprozess, der sich als Folge der Beobachtung eines Vorbildes (model) einstellt und zu einer Nachahmung desselben führt, wobei vom Beobachter (observer) entweder bekannte Verhaltensweisen abgerufen, modifiziert oder neue gebildet werden.“*

Der Begriff *Nachahmung* ist in dieser Definition absichtlich weit gefasst, ebenso der Begriff *model* (Modell), welches nicht nur aus Vorbildern, sondern auch aus *Medien aller Art* bestehen kann.

Beim *Modellernen* sind weder nur äußere Reize (behavioristischer Ansatz) noch allein kognitive (internale) Vorgänge maßgebend. Modellernen basiert auf dem Zusammenspiel von äußeren (externalen) und inneren (internalen) Vorgängen. Das Ineinanderwirken äußerer und innerer Faktoren nennt man *Interaktionismus*. Hierbei spielen Vorbilder, – Modelle, – die bewusst oder auch unbewusst nachgeahmt werden, eine wichtige Rolle.

Modelle beschränken sich nicht nur auf das *reale Vorbild* eines Menschen oder Artgenossen: *„Jede Repräsentation eines Verhaltensmusters …“* kann zum Modell werden (Lefrançois 2006, S. 312). Zahlreiche Nachahmungsanregungen treten in Form *symbolischer Modelle* auf: Bilder, Worte, Filme, Geschriebenes, Computerprogramme u.a.

Albert Bandura verstand das Modellernen als Weiterführung des Behaviorismus, von dem er stark geprägt war. In der Wissenschaft wird sein Werk jedoch darüber hinaus als wichtiger Beitrag zum Kognitivismus im Allgemeinen und zum sozialen Lernen im Besonderen gewertet.

Albert Bandura (geb. 1925) unterscheidet beim Modellernen drei Effekte:

1. Lernen von neuem Verhalten als Resultat von Beobachtung eines Modells (*Modell-Effekt*)

2. Wahrnehmung positiver Konsequenzen (Belohnung) bei Modellen führt zu gleichen oder ähnlichen Verhaltensweisen (*Auslöse-Effekt*)

3. Unerwünschtes Verhalten wird durch Wahrnehmung der Konsequenzen entweder verhindert oder gefördert werden (*Hemmungs bzw. Enthemmungs-Effekt*)

Albert Bandura gilt als einer der führenden Psychologen des 20. und 21. Jahrhunderts. Er wurde 1925 im kanadischen Alberta geboren. 1949 schloss er mit dem Bachelor der Psychologie an der University British Columbia ab. 1950 ging er in die Staaten wo er an der Iowa State University immatrikulierte und 1952 auf dem Gebiet der klinischen Psychologie promovierte. In Iowa unterrichtete zu dieser Zeit unter anderem der bekannte Kurt Lewin, ein Mitglied der *Berliner Schule* um Max Wertheimer. In dieser Zeit begann Bandura, sich mit den behavioristischen Lerntheorien auseinanderzusetzen. Bereits ein Jahr nach seinem Doktorat unterrichtete er an der Iowa State University, wo er bis heute noch arbeitet.

Bandura war zunächst stark vom Behaviorismus geprägt. Er wollte diesen jedoch nicht ablösen, sondern erweitern. Er war bestrebt, die behavioristischen Paradigmen mit seinen sozialkognitivistischen Ansätzen zu verbinden

Auf den Ergebnissen seiner bekannten *Bobo Doll Study* (1963, 1969) baute er die Theorie des *Lernens durch Beobachtung* auf (später*: Lernen am Modell*). In dieser Studie wurde eine Studentin gefilmt, die eine *Bobo-Doll-Puppe* verprügelte. Die Bobo-Doll-Puppe war eine Art Stehaufmännchen, mit Luft gefüllt und unter den Beinen beschwert, sodass sie sich, wenn man sie in irgendeine Richtung schubste, wieder von selbst aufrichtete.

Die Studentin boxte Bobo-Doll, stieß ihn zur Seite und nach hinten, schrie ihn an und schlug mit einem Kinderhammer auf ihn ein. Dieser Film wurde Kindergarten-Kindern vorgespielt, die begreiflicherweise begeistert waren. Als die Kinder anschließend in einen Raum geführt wurden, in dem sich eine Bobo-Doll-Puppe und ein Hammer befanden, ahmten sie das Gesehene nach – ohne Einfluss von außen. Auch sie schlugen und verprügelten die Puppe nach Strich und Faden, wobei sie das vorher Gesehene ziemlich genau nachahmten und auch den Hammer nutzten. Das Entscheidende an diesem Versuch ist, dass das Imitationsverhalten nicht belohnt wurde. Mit behavioristischen Lehrsätzen lässt sich dieses Verhalten nicht erklären! Bandura leitete aus diesem Versuch, den er in zahlreichen Varianten wiederholte, das *Lernen durch Beobachtung* (*Observational Learning*) ab, auch *Modeling* genannt.

Bandura verwendet in seinen Experimenten Bilder und Sprache, um Lernen und Verhalten zu erklären. Das war neu und wurde im Behaviorismus bis dahin bewusst vermieden. Er führte Hunderte von Studien durch, wobei die Erweiterung der theoretischen Ansätze neue Blickwinkel zum Verständnis von Lernen und Selbststeuerung öffneten. Mit seinem 1976 in deutscher Sprache erschienenen Werk *Lernen am Modell* trug er wesentlich zur sogenannten *kognitiven Wende* bei. In seiner Veröffentlichung *Social Foundations of Thought and Action: A Social Cognitive Theory,* die 1986 herauskam, fasst Bandura seine Theorie der gegenseitigen Beeinflussung zusammen: Er beschreibt, wie Lernen im täglichen sozialen Umgang unter Menschen zu beobachten ist und wie soziales Verhalten vielfach durch Imitation erworben wird. 1974 wurde er zum Präsidenten der *American Psychology Association* ernannt und 1990 erhielt er den Ehrendoktortitel von der *Freien Universität Berlin*.

Bandura fand in seinen zahlreichen Experimenten Strukturen und Stufen, nach denen Modell-Lernen abläuft. Die Darstellung dieser Einteilung passt gut zu unserem Thema, enthält sie doch wesentliche Gesichtspunkte für die Mensch-Hund-Beziehung und für das Ziel einer erfolgreichen Erziehung und Ausbildung unserer Hunde. In einer groben Unterteilung unterscheidet Bandura zwei Phasen des Modell-Lernens: Die *Aneignungsphase* (*Kompetenz* od. *Akquisition*) und die *Ausführungsphase (Performance)*. Die beiden Phasen untergliedert er in folgende vier Hauptpunkte:

1. Aufmerksamkeit (*Attention*)

Aufmerksamkeit ist die elementare Voraussetzung für Wahrnehmung. Aus der Summe der Informationen, die vom Modell ausgehen, filtert der Beobachter (*Observer)* diejenigen heraus, die ihm nachahmenswert erscheinen. Auf diese richtet er die Aufmerksamkeit. Der *Aufmerksamkeitsgrad* hängt von den *Eigenschaften des Modells* ab. Erweist sich das Modell – das Vorbild – als besonders attraktiv, kompetent oder vertrauenswürdig, so wird dadurch die Aufmerksamkeit gesteigert. Je attraktiver (subjektive

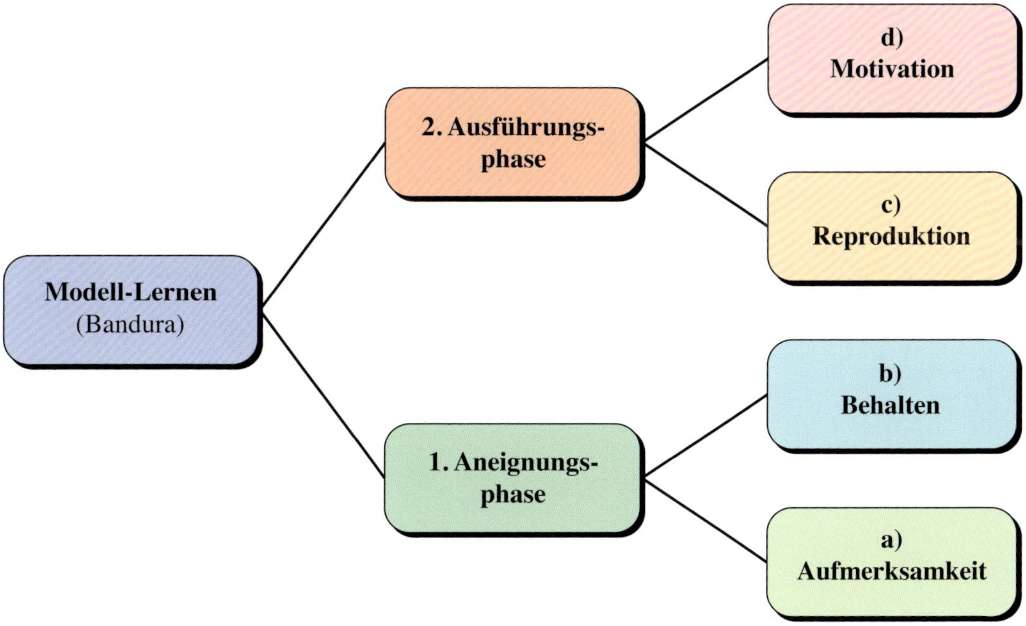

Banduras Modell-Lernen

Wahrnehmung) ein Modell sich präsentiert, desto intensiver wird die Aufmerksamkeit beim Empfänger. Daher können berühmte Sportler, Schauspieler und Künstler, mitunter auch Politiker und Machthaber, zum Modell für Gruppen, Gesellschaftsschichten oder gar Völker werden. Der Zusammenhang von Neuigkeitswert und Informationsaufnahme ist inzwischen durch Erkenntnisse aus der Gehirnforschung bestätigt. Es sind besonders die neuen, überraschenden und unerwarteten Ereignisse, welche die *Amygdala* bevorzugt als bedeutungsvoll vorreiht und als solche zur Entscheidungsfindung und zum *Kortex* mit dem Ziel der Erinnerung weiterleitet.

Aufmerksamkeit hängt von mehreren Faktoren ab. Geförderte Aufmerksamkeit erhöht die Lernfähigkeit, behinderte Aufmerksamkeit reduziert sie. Hier die wichtigsten Auswirkungen auf die *Nachahmungsbereitschaft* und auf die *Aufmerksamkeit* des Beobachters:

Vom Modell ausgehend:

Soziale Macht (Status mit Belohnungs- und Bestrafungsmöglichkeiten), Attraktivitätsmerkmale (Ansehen, Aussehen, sympathische Wirkung u.a.)

Beobachter (Observer):

Wahrnehmungsleistung
Geringes Selbstvertrauen fördert Nachahmungsbereitschaft,
Erfahrungen, Interessen, Weltbild (Wertvorstellungen), Gefühle und
Stimmungen

Soziale Situation: u.a.:
Beziehung Modell – Beobachter:

Abhängigkeit des Beobachters vom Modell
Emotionale Beziehung zum Modell
Emotionale Befindlichkeit

Auf die Mensch-Hund-Beziehung übertragen lässt sich daraus ableiten: Will man *Lernen am Modell* erfolgreich vermitteln, so kommt es bereits im Vorfeld darauf an, die Variablen des Modells und die des Beobachters zu optimieren. Die Aufmerksamkeit des Hundes ist nahezu immer Voraussetzung dafür, dass ein geplanter Lernprozess vermittelt werden kann. Wenn wir von Aufmerksamkeit sprechen, denken wir oft zuerst an irgendwelche *Stimulatoren* wie zum Beispiel Leckerli oder Spielbeute. Oder wir denken daran, uns für den Hund auf andere Art und Weise attraktiv zu präsentieren. So wichtig (und auch nicht einfach) diese Aufgaben zu erfüllen sind, so kommt es doch noch auf andere Faktoren an. Auch *Status* und *Autorität* binden Aufmerksamkeit oder, wenn sie nicht überzeugen, reduzieren sie diese (unter Autorität verstehen wir die vom Autoritätsakzeptanten dem Autoritätsträger verliehene, auf Freiwilligkeit des Autoritätsakzeptanten bestehende Autorität!).

2. Behalten (*Retention*)

Bandura spricht im Zusammenhang der Merkfähigkeit von *visueller und verbaler Repräsentation*. Ohne die Gedächtnisleistungen, sich Gesehenes, Gehörtes, Gerochenes oder Gefühltes merken zu können, ist Lernen am Modell nicht möglich. Vereinfacht dargestellt, läuft das so ab: Die aufgenommenen Informationen werden im Gehirn in mentale Repräsentationen (Bilder, Worte, Inhalte, Geruchs- oder Geschmackserinnerungen) umgewandelt, angeglichen, (möglicherweise) erweitert und in eigenen, neuen Repräsentationen gespeichert. Auf den Hund übertragen: Hunde können sich auf allen Sinnesebenen ausgesprochen gut erinnern. Auf olfaktorischer (geruchlicher) Ebene sind besonders lang anhaltende Erinnerungen nachgewiesen. Aber auch die visuellen, akustischen und taktilen (Berührung) Erfahrungen können sich Hunde erstaunlich lange merken.

3. Reproduktion (*Reproduction*)

Ab hier beginnt die *Ausführungsphase*. Die gespeicherten Repräsentationen können entweder sofort in Handlungen umgesetzt oder auch zu einem späteren Zeitpunkt wieder hervorgeholt werden, indem die Reproduktion entweder nur mental durchgespielt oder auch anschließend in reales Verhalten umgesetzt wird. Wie weit es dem Beobachter gelingt, gespeicherte Repräsentationen der aktuellen Situation nutzbar anzupassen, hängt von seinem gesamten geistigen Potenzial (u.a. Erfahrung) und seiner Kreativität ab. Die Umsetzung ist einerseits an höhere Denkleistungen und andererseits an die entsprechenden motorischen und koordinativen Fähigkeiten gebunden. Sprache ist jedoch nach neuestem Wissenstand keine unersetzliche Voraussetzung für Kognition!

Die Nachahmungsleistung kann durch Wiederholung (Training) verbessert werden, das ist bekannt. Interessant ist jedoch, dass auch das rein geistige Vorstellen von Abläufen dieselben Spuren im Gehirn hinterlässt wie tatsächliche Ausführungen. Auch wenn wir diese Aussage möglicherweise auf Grund detaillierterer Forschungsergebnisse der Zukunft einschränken müssten, so ist der aktuelle Stand in dieser Thematik dennoch hilfreich, verweist er doch auf die umfangreichen Möglichkeiten, *mental* und damit risikofrei, verschleißfrei (z.B. Schonung des Bewegungsapparates), ökonomisch und kreativ zu üben. Mittels Vorstellung (*Imagination*) lassen sich blitzschnell verschiedene Verbesserungsvarianten durchspielen, abbrechen und testen. Das *mentale Training (mental controlling)* hat sich aus gutem Grunde in vielen Bereichen unseres Lebens fest etabliert.

Auf unser Thema bezogen heißt das: Auch Hunde können intelligent reproduzieren. Prof. Ikuma Adachi von der Universität Kyoto hat nachgewiesen, dass Hunde in der Lage sind, neue Reize mit vorhandenem Wissen zu vergleichen und das Verhalten daraufhin auszurichten. Er spielte Hunden menschliche Stimmen vor, die ihnen teils bekannt, teils unbekannt waren. In einem weiteren Versuch wurden zusätzlich zu den Stimmen Porträts dieser Menschen gezeigt. Stimmten die Porträts mit den Klangquellen überein, so verhielten sich die Hunde anders als in Situationen, wo bekannte Gesichter mit unbekannten Stimmen (und umgekehrt) vorgegeben wurden. Bei Reizkombinationen, die mit ihren Erfahrungen nicht übereinstimmten, sahen sie deutlich länger auf den Bildschirm (Stutzen). Dieses Versuchsergebnis legt nahe, dass Hunde in der Lage sind, vorhandene mentale Repräsentationen mit aktuellen Eindrücken in Beziehung zu bringen. Und dies nicht nur, wie schon lange bekannt, auf der Geruchsebene, sondern auch auf visueller und akustischer Ebene.

4. Motivation (*Motivation*)

Als vierte und letzte Voraussetzung für Modell-Lernen nennt Bandura *Motivation*. Motivation beeinflusst die Aneignungs- als auch die Ausführungsphase. Bandura unterscheidet sich im Hinblick auf die Bedeutung der Motivation stark von der klassischen und operanten Konditionierung. Lernen wird im Behaviorismus durch die als entscheidend interpretierte *Folge der Verstärkung* gesehen, während beim Modell-Lernen die Motivation bereits im *Voraus*, in Form von *Erwartung*, gebildet wird. Beides ist richtig. Nachahmung kann entweder durch die nachfolgenden Konsequenzen einer Handlung verstärkt oder abgeschwächt werden (operantes Lernen) und Nachahmung kann durch Beobachtung dessen motivieren, dass und wie das Modell durch sein Verhalten belohnt oder bestraft wird. Im letzteren Fall tritt die Motivation nicht durch eigenes Handeln, sondern allein durch Beobachten sozialer Vorbilder ein. Der eigene Erfolg wurde durch einen geistigen Vorgang vertrauensvoll vorweggenommen.

Aber auch aus sozialkognitiver Betrachtungsweise gilt, dass die Nachahmungsbereitschaft umso wahrscheinlicher wird, als die Imitation des Modells Erfolg verspricht *(Ergebniserwartung;* – oder als sie die Abwendung eines Nachteils oder einer Gefahr erwarten lässt).

Bandura schreibt: *„Menschen handeln eher auf Grund ihrer Vorstellungen, die den Handlungen vorausgehen, als dass sie sich an den Ergebnissen der aktiven Umsetzung ihrer Handlungen orientieren“*. (Freie Übersetzung EL)

Neben der *Ergebniserwartung* definiert Bandura noch die *Kompetenzerwartung* und die *Erwartung auf Selbstbekräftigung* (*Selbstregulierung*). *Kompetenzerwartung* besagt, dass sich der Beobachter eher Vorbildern zuwendet, deren Nachahmung er sich zutraut. Mit *Selbstregulierung* ist die Erwartung auf Selbstbelohung gemeint. Selbstbelohnung bewirkt Wohlbefinden, Selbstwertgefühl und/oder Zufriedenheit.

Folgende positive Motive können zur Nachahmungsbereitschaft beitragen: vergangene Verstärkungen; versprochene (und daher erwartete!) Verstärkungen; Erleben oder Erinnern, wie das Modell verstärkt wurde.

Als negative Motivationen nennt er: vergangene Bestrafung; angekündigte (und daher erwartete!) Bestrafung (Drohung); stellvertretende Bestrafung (Erleben oder Erinnern, wie das Modell bestraft wurde). Als Verstärker führt er auf: Externe Verstärker, stellvertretende Verstärker und Selbstverstärker.

Banduras soziales Lernen – Zusammenfassung

Unter sozialem Lernen ist einerseits das Ergebnis aller sozialen Interaktionen zu verstehen. Andererseits sind auch die Erwartungen im sozialen Kontext gemeint. Dass soziales Lernen in jeder Spezies eine Erweiterung der Möglichkeiten bedeutet, liegt auf der Hand. Durch soziales Lernen eignen sich auch Menschen Kompetenzen an, in der Gemeinschaft akzeptiert zu werden und erfolgreich zu sein. Soziales Lernen wird daher in erster Linie von der kulturellen Zugehörigkeit beeinflusst. Bandura erkannte, dass viele Lernformen mit den damals vorherrschenden Vorstellungen der operanten Konditionierung nicht oder zumindest nur eingeschränkt erklärbar sind. Niemand würde auf die Idee kommen, Fertigkeiten wie: Ankleiden, Zähneputzen, Schuhe binden, Autofahren oder Schwimmen mittels *Trial-and-Error*, schrittweise und jeweils mit Verstärkung zu vermitteln. Die alltäglichen Dinge lernen wir in der Regel nicht auf diese Weise, sondern durch Nachahmung von Vorbildern, durch *Lernen am Modell*. Die Anwesenheit des Modells ist hierbei keine Voraussetzung und auch *Symbole* können die Funktion eines Modells übernehmen.

Der entscheidende Motor, um zahlreiche Fertigkeiten (und Einsichten!) zu erlernen, liegt nach sozialkognitiver Betrachtungsweise weniger in der nachfolgenden Verstärkung, sondern in der Bildung von *Erwartungen*, die bereits im Vorhinein durch das Beobachten geformt werden. Auch bestehende soziale Normen, die reflektiert werden, können in Erwartungen umgewandelt werden. Bandura versteht Modelllernen als eine, man könnte sagen, *„erweiterte Form operanten Lernens“*. Operant deshalb, weil die Aktion im Nachhinein verstärkend (oder auch abschwächend) wirkt.

Was das behavioristische Modell nicht zu erklären vermochte, ist das Fehlen eines einleitenden Stimulus (Reiz), der dem *respondenten Verhalten* (antwortendem Verhalten) vorausgeht. Und diese Situation trifft bei zahlreichen Lernvorgängen zweifellos zu. Tiere und Menschen können *vorausdenken* und *vorausempfinden* (*antizipieren*), wobei die Motivation durch die Erwartung bereits gebildet wurde und keines zusätzlichen Stimulus bedarf. Bandura sieht im Modelllernen einen sozialen Nachahmungsprozess, bei welchem der Beobachter (*Observer*) ein Vorbild (*Model*), das er subjektiv als nachahmenswert einstuft, imitiert. Hierbei macht sich der Lernende die Verhaltensweise des Modells direkt oder auch modifiziert zu eigen. Bandura erklärt Modelllernen traditionsgemäß als eine Art klassischer und operanter Konditionierung, wobei das Vorbild als *Hinweisreiz* (*diskriminativer Stimulus*) wirkt und die *Nachahmungs-Reaktion* auslöst.

Banduras Beiträge zu kognitiven Lerntheorien können nicht hoch genug eingeschätzt werden. Trotzdem soll nicht übersehen werden, dass es neben sozialem Lernen auch andere, nicht weniger wichtige Lernformen gibt, beispielweise das *Lernen durch Einsicht*. Bei dieser Lernform steht die Fähigkeit, Ursache und Wirkung in Beziehung zu setzen und kreative Problemlösungen zu entwickeln, im Vordergrund. Auch beim Lernen durch Einsicht kommen Vorstellungskraft und Erwartungsmotivation zum Einsatz, aber das Vorbild – das Modell – ist hier nicht vorausgesetzt.

Insgesamt lassen die lerntheoretischen Beiträge der späten neunziger Jahre die Tendenz zu mehr Integration erkennen. Dieser Wandel findet auch heute, trotz zahlreicher neuer Theorien, viele Anhänger.

Einfluss auf die Pädagogische Psychologie

Neben Bandura sind noch weitere Persönlichkeiten zu nennen, die wertvolle Beiträge zum kognitiven Lernen geleistet haben: Piaget, den wir bereits mehrfach erwähnt haben, Hebb, Bruner, Wygotski, Postman, Rotter und Gagné, um nur einige zu nennen. Diesen Wissenschaftlern und ihren Kollegen ist es gelungen, abseits von den verschiedenen Ansprüchen einzelner Lerntheorien eine Synthese derselben zu bilden, indem sie erkannten, dass Individuen auf sehr unterschiedliche Art und Weise lernen und dass streng genommen auch jede Situation ihre eigenen Lernprozesse favorisiert. Daher findet man bei den aufgeführten Autoren neben den traditionellen Theorieansätzen auch affektive, motivationale, soziale und kulturelle Einflussfaktoren:

Auch in der Hundeerziehung und -ausbildung verbreitet sich zusehends die Einsicht, dass man der Mensch-Hund-Beziehung durch Einbeziehen affektiver und sozialer Komponenten nicht nur auf ethischer Ebene entgegen kommt; sondern dass dadurch auch die Leistungsfähigkeit enorm angehoben wird. Und ist es nicht so, dass uns Hunde immer wieder zeigen, wie sehr sie selbst mitmachen möchten, sich beteiligen wollen und intelligente Ideen entwickeln? Und ist es nicht so, dass wir, wann immer wir uns in unseren Zielen beeinträchtigt fühlen, diese wertvollen Potenziale meist schon im Keim ersticken? Der Umgang der Mutterhündin mit ihren Welpen zeigt uns, dass sie im Hinblick auf „unerwünschtes Verhalten" einiges durchgehen lässt und dass Lernziele, – wir würden sagen: *didaktisch-methodisch strukturiert*, – vermittelt werden. Und innerhalb dieses faszinierenden Lehr-Vorbildes treffen wir auf Empathie, Freundschaft und, wie könnte es anders sein, auch auf Neid und Übervorteilung. Kognitives Gedankengut stellt daher auch für die Hunde-Erziehung und -ausbildung unverzichtbare Handlungsräume bereit.

Bruners Ansichten hatten als pädagogisch-methodisches Konzept weltweit nachhaltigen Einfluss auf das moderne Verständnis für den Prozess der *Bildung*. Das Buch *The Process of Education* (Der Prozess der Bildung, 1960) wurde zu einem Standardwerk der Erziehungsorientierung. Bruner, welcher in Harvard, Oxford und New York lehrte, versteht Lernen als individuellen und sozialen Prozess: *„... Dort, wo gemeinsames Handeln erforderlich ist, um als Gruppe ein Ziel zu erreichen, hat man den Eindruck, dass bestimmte Prozesse den Einzelnen geradezu in das Lernen hineintragen. Hierbei werden soziale Kompetenzen erlernt." (aus: Toward a Theory of Instruction 1966)*

Bruner vertritt die Anschauung, dass Wahrnehmung und Entscheidung stark von *Kategorisierungen* beeinflusst werden und er nennt drei Kriterien, die Lernen charakterisieren:

Aneignung neuer Information (Akquisition)
Umwandlung derselben (Transformation) und
Bewertung (Evaluation)

Bruner hat 1985 unter dem Begriff *Novice to Expert* (Vom Anfänger zum Experten) ein Modell vorgestellt, welches als Anleitung gedacht ist, wie ein Anfänger am effektivsten zu einem Experten werden kann. Das Modell muss für jeden Bereich eigens angepasst werden. Ein Schachexperte benötigt andere Fähigkeiten als ein Sportler; Hundehaltung und -ausbildung erfordert wieder andere Fähigkeiten. Ein tragendes Element des *Novice to Expert* ist die Analyse der Unterschiede zwischen einem Anfänger und Experten für das in jedem Genre zuständige Modell. Die eruierten Unterschiede bieten ergiebige Ansätze für die jeweils notwendigen Lernziele, aus denen sich dann die methodischen Schritte ableiten lassen.

Robert Mills Gagné (1916–2002) war ebenfalls ein erfolgreicher Psychologe und Pädagoge in den USA. Er gilt als der Begründer des *Instructional Design* (Didaktisches Design), worunter die systematische Planung, Entwicklung und Evaluation (Begutachtung: nach Beschreibung, Analyse und Bewertung) von Lernumgebungen und Lernmaterialien verstanden wird. Er lehrte an der Florida State University und zählt zu den führenden Persönlichkeiten der Pädagogischen Psychologie und Didaktik. Seine bekanntesten Werke sind *The Conditions of Learning* (1965) und *Principles of Instructional Design* (1974), sie kamen in zahlreichen Neuauflagen heraus. Von Gagné stammt der Satz: *„Lernen ist etwas, das im Kopf einer Person stattfindet – im Gehirn“* (Gagné & Discoll 1988 S 3). Diesen Satz haben sich zahlreiche Erfolgs-Coaches unserer Tage zu eigen gemacht, oft in der verkürzten Form: *„Erfolg beginnt im Kopf“*.

1974 stellte Gagné acht Arten des Lernens vor, die er 1992 in *Principes of Instructional Design* zusammen mit Briggs & Wagner auf eine Einteilung von *fünf Resultaten*, die Lernen charakterisieren, reduziert:

- intellektuelle Fertigkeiten
- verbale Informationen
- kognitive Strategien
- Einstellungen
- motorische Fertigkeiten

In diesem Werk werden neun aufeinander aufbauende Lernschritte beschrieben, die heute noch in der Pädagogik-Lehre zum Praxisstandard gehören:

1. Aufmerksamkeit herstellen (ansprechende, spannende Einleitung)
2. Information über Lernziele (Info über Möglichkeiten sowie Erwartungen darstellen)
3. Vorwissen aktivieren (Wissensbestand ermitteln und vergegenwärtigen)
4. Lehrstoff ausbreiten (Zielinhalte motivierend vermitteln)
5. Anleitung zum Lernen (Verbalisierung unterschiedlicher Herangehensweise)
6. Ausführen lassen (Selbsterfahrung und -erkenntnis durch Experiment)
7. Rückmeldung geben (Verstärkung und Bestätigung geben)
8. Leistungskontrolle und -beurteilung (Test, Kontrollen, Überprüfung)
9. Abruf und Transferoptimierung (Wiederholung, Vertiefung, Abwandlung, Generalisierung)

Lernformen (assoziative)

Diskrimination und Generalisation

Organismen lernen, die beiden Fähigkeiten der Unterscheidung und Verallgemeinerung (*Diskrimination* und *Generalisation)* situationsgerecht zu ihrer Sicherheit und ihrem Vorteil auszutarieren (abzustimmen). Dies entspricht einem permanenten, ebenso komplizierten wie kreativen Balance-Akt und kann mit den Lerntheorien der instrumentellen, klassischen und operanten Konditionierung nur näherungsweise erklärt werden. Um diesen vielschichtigen Prozess zu verstehen, kommen wir an den Sichtweisen der *Gestalttheorie* und den darauf aufbauenden Erkenntnissen des *Kognitivismus* nicht vorbei.

Nachdem die Wirkungsweise der *Hinweisreize* (*Diskriminations-Stimuli, Marker*) beschrieben wurde, können wir uns dem *Lernen* durch *Diskrimination* und *Generalisation* zuwenden. Beide Prozesse bilden einen wesentlichen Bestandteil für erfolgreiche Anpassung. Die Fähigkeit zu Unterscheiden (Diskrimination bzw. Differenzierung) erlaubt Mensch und Tier, verschiedene Reize nicht nur auseinanderzuhalten, sondern ein konditioniertes Verhalten ausschließlich beim Auftreten jenes bestimmten Reizes, der mit dem Verhalten gekoppelt wurde, zu zeigen (u.a. *Signalkontrolle*). Auf diese Weise lernen Hunde, sich beim Auftreten unterschiedlicher Reize auch unterschiedlich zu verhalten, zum Beispiel bei *Hörzeichen*. Skinners Taube pickte in einem bestimmten Experiment nur auf die grüne Lampe, da diesem Verhalten die vorteilhafte Konsequenz folgte. Beim Aufleuchten der roten Lampe zeigte die Taube keine Reaktion. Oder: Viele Hunde haben eine differenzierte *Phobie* auf ganz bestimmte Reize: Auf einen bestimmten Mann, beispielsweise mit Bart, auf einen schwarzen, großen Hund oder einen Stock. Breitet sich die Phobie aus (*Generalisation*), so kann es vorkommen, dass der Hund in der Folge generell Furcht vor allen Männern, vor anderen Hunden, vor Skistöcken oder auch Tomatenstützen hat.

Was läuft ab, wenn wir dem Hund beispielsweise das Herankommen beibringen? Wie wir uns die fertige Ausführung wünschen, ist klar. Wir geben dem Hund ein Signal, beispielsweise <Hier> und erwarten, dass er sicher herkommt. Wir sprechen hier vom Vorgang der *Signalkontrolle*. Im ersten Schritt vermitteln wir mittels einer Mixtur aus instrumenteller und operanter Konditionierung, was wir von ihm wollen. Der Hund lernt beispielweise über das Verhalten (Nach Herankommen gibt es Futter) erfolgreich zu sein. Das Verstärken des Herankommens durch anschließende Belohnung (Loben, Spiel, Futter oder Freigeben für bestehende Bedürfnisse oder Vorlieben) bewirkt die beschriebene Steigerung der Auftretenswahrscheinlichkeit (operante Konditionierung: positive Verstärkung). Im nächsten Schritt stellen wir ein Hör- oder/und Sichtzeichen voran, das *Kontrollsignal*, welches durch Wiederholung als *positiver diskriminativer Stimulus* wirkt. Das Kontrollsignal stellt den Zusammenhang zwischen dem Herankommen und der erwarteten Belohnung her (*Hinweisfunktion*). Da der Hund jedoch eine Menge anderer Reize mitverwertet, müssen wir ihm im nächsten Schritt beibringen, dass allein das ausgewählte Signal, beispielsweise das Hörzeichen <Komm>, zur Belohnung führt. Andere Worte ebenso wie eine andere Umgebung ziehen in diesem Kontext keine Belohnung nach sich. Infolge unseres konsequenten Belohnungssystems wird er lernen, dieses spezielle Wort von anderen zu unterscheiden (diskriminieren). Das ist noch nicht alles: In einem weiteren Schritt muss er lernen, dass er das Verhalten nicht schon *vor* Eintritt des Kontrollsignals ausführen darf, auch wenn er schon weiß, was kommt (Vermeidung von Antizipationsverhalten). Diese Kurzdarstellung lässt ahnen, wie umfangreich der Lernprozess über Signalkontrolle in Wirklichkeit ist und welch erstaunliche Leistung Hunde erbringen, wenn sie auf Signalkontrolle Aufgaben ausführen.

Aus dem Gesagten lassen sich einige wertvolle Anregungen für das Training ableiten: Zur Steigerung der Diskrimination trägt bei, wenn man beispielsweise dann, wenn der Hund eine bestimmte Übung erwartet, ein anderes Wort spricht und die Verstärkung vorenthält. Erst beim Sprechen des richtigen Signals erfolgt die Verstärkung. In wiederholten Gegenüberstellungen lernt der Hund, das richtige Kontrollsignal von irrelevanten anderen Worten zu unterscheiden. Das gleiche gilt für die Ebenen: *Umgebung*, *Zeit, Übungen untereinander* u.a. Das isolierte Training verschiedener Übungen bei hohem Diskriminationsanspruch ist ein hervorragendes Mittel, die Unterscheidungsleistung zu steigern, was letztlich einen wesentlichen Beitrag zur *Absicherung* leistet.

Generalisation wirkt in die entgegen gesetzte Richtung: Pawlows Hunde begannen nach einer Anzahl von Wiederholungen nicht nur auf den Glockenton, sondern auch auf andere akustische Reize hin zu speicheln. Siegel, George & O'Neil zeigten in ihrer Studie (1968), dass Kaninchen, die bei einem Ton von 1000 Hz einen Lidschluss konditioniert hatten, ähnliches Verhalten auch auf Töne anderer Frequenz zeigten. Die stärkste *konditionale Reaktion* (CR) wurde jedoch bei Konfrontation mit den ursprünglichen 1000 Hz beobachtet. Je abweichender der CS war, desto schwächer war die CR. In unserem soeben aufgeführten Spiel würde der Hund das verstärkte Verhalten zunächst wahrscheinlich auch auf andere Worte oder auf ähnliche Worte hin ausführen. Es bedarf daher eines zweiten Schrittes der *Diskrimination*, um dem Hund zu vermitteln, dass die Verstärkung ausschließlich bei einem bestimmten Signal erfolgt.

Beispiele für unerwünschtes Generalisieren:

Training an immer demselben Ort, in immer gleicher Reihenfolge, zu immer der gleichen Tageszeit ist denkbar ungünstig, weil auf diese Weise unwesentliche Bedingungen für das Zielverhalten generalisiert werden und das Verhalten oft nur abrufen lassen, wenn eine bestimmte Zusammenstellung der als Ganzheit konditionierten Reize vorhanden ist (Reiz-Kombination).

Vermeidungsverhalten – Abergläubisches Verhalten

Vermeidungsverhalten

Unangenehmes wie zum Beispiel Schmerzerwartung, Bedrohung oder soziale Einschränkungen werden oft durch Hinweisreize angekündigt. Menschen ebenso wie Hunde versuchen dann, bereits beim Auftreten der Hinweisreize durch ein entsprechendes Verhalten das unangenehme Ereignis fernzuhalten, indem sie ihm ausweichen oder vermeiden, sich der Herausforderung zu stellen. Auf Grund des operanten Vorganges der *negativen Verstärkung* wird das Beseitigen des Unangenehmen belohnt und das entsprechende Verhalten, nämlich das Umgehen des Problems, fortan bevorzugt (Rost 2010). Auf diese Weise kann sich das Individuum das unangenehme Erlebnis zwar vom Leib halten, das Vermeidungsverhalten jedoch wird aufrechterhalten und in der Regel sogar noch verstärkt. Darüber hinaus wird das Vermeidungsverhalten ausgedehnt, indem der Betroffene in seiner Angst ständig nach ähnlichen Hinweisreizen Ausschau hält. Diese innere Haltung kann zur Ursache einer starken Beeinträchtigung der Lebensqualität werden. Durch das Vermeiden werden Erfahrungen mit der bestimmten Situation zwar vorerst vermieden, die Bewältigung jedoch wird in die Zukunft verlegt. Je länger man mit der Bewältigung wartet, je länger das Vermeidungsverhalten aufrecht erhalten wird, desto schwieriger gestaltet sich die Problemlösung. Vermeidungsverhalten ist stark löschungsresistent und bedarf einer intensiven und oft lang andauernden therapeutischen Behandlung. Das gilt für Menschen ebenso wie für Hunde.

Abergläubisches Verhalten

Wir kennen *abergläubisches Verhalten* aus vielen Handlungen unserer Mitmenschen: Das Tragen eines Glückbringers oder Maskottchens; Rituale kurz vor Sportauftritten, Gesten oder Haltungen, die rote Schildkappe, schwarze Brille, der schwarze Hut, bestimmte Redewendungen und vieles mehr. Skinner hat abergläubisches Verhalten bei Tauben nachgewiesen, indem er überraschende Verstärker einsetzte. In der Folge traten bei diesen Tauben merkwürdige Verhaltensweisen auf, die sich durch das zeitlich zufällige Zusammentreffen einer augenblicklich ausgeführten Aktion mit dem Verstärker erklären. Beispielsweise das Heben eines Flügels oder humpelndes Hüpfen. Abergläubisches Verhalten wird als ein Vorgang beschrieben, bei welchem das Individuum bewusst oder unbewusst einen kausalen Zusammenhang zwischen bestimmten Erfolgserwartungen und dem ausgeführten Verhalten herstellt. Erfolgserwartungen, die in Wirklichkeit durch das abergläubische Verhalten nicht direkt zu beeinflussen sind. Wird das abergläubische Verhalten ritualisiert, kann dadurch eine starke Abhängigkeit entstehen. Ein Schüler beispielsweise, der bei jeder Klassenarbeit sein Maskottchen auf den Tisch stellt und es einmal vergessen hat, kann auf diese Weise die Klassenarbeit aus Angst vor abergläubischen, verhinderten Erfolgsaussichten schlecht abschneiden. Es ist erstaunlich, wie viele Handlungen bei Menschen und Tieren auf Ausprägungen abergläubischen Verhaltens zurückzuführen sind.

Generalisationslernen

Organismen, das ist eine der fundamentalen Erkenntnisse der *Ganzheitstheorie,* re-agieren nicht nur, sondern sie sind auch in der Lage, zu a-gieren. Das bedeutet, sie nehmen Einfluss auf ihre Umwelt und werden aber gleichzeitig von dieser beeinflusst *(funktioneller Kreisprozess)*. Diese Erkenntnis führte von der *molekularen* Sichtweise (Grundlage ist das augenblickliche Ereignis) zur *molaren* Sichtweise (Grundlage ist die Überprüfung von Vorgängen über längeren Zeitraum, etwa die Ermittlung der *Auftretenswahrscheinlichkeit*).

Hat er das Hinlegen zu Hause im Zimmer gelernt, dann kann er es noch lange nicht in anderer Umgebung. Wird die gleiche Übung in der Garage, vor der Haustür, in der Stadt oder auf dem Hundeplatz abgerufen, dann ist die Aufgabe für den Hund oft erstaunlich neu. Er kann nicht in gleicher Reichweite und Qualität wie der Mensch abstrahieren, indem das Wesentlich fokussiert und wie bei einer Fotomontage in ein anderes Umfeld projiziert wird. Die gespeicherten Einzelreize bilden beim Hund eine nicht leicht trennbare Einheit. Man sagt, Hunde lernen im Kontext (Zusammenhang) bzw. kontextbezogen oder kontextbasiert. Kommen beim Hund neue Reize hinzu, so muss er mit Hilfe der *Generalisierung* lernen, dass die aufgabenbezogenen Reize auch bei Präsenz neuer und anderer Begleitreize Gültigkeit haben. Daher muss er lernen, den spezialisierten Operanten in unterschiedlichen Zusammenhängen (Umgebung, Zeit usw) zu konditionieren. Das heißt: Die Signalkontrolle hat auch dann Gültigkeit, wenn Besitzer und Hund im Freien sind, wenn jemand anderer in der Familie die Übung abruft, mitten beim Fressen, in der Dunkelheit oder im Kreis vieler Hunde und/oder Menschen. Diesen Vorgang nennt man *Generalisationslernen*. Damit der Hund dies alles umzusetzen vermag, vom *Erwerb* über die *Diskrimination* bis zur *Generalisation*, sind gewaltige Lernleistungen erforderlich. Daraus erklärt sich auch, wie schnell infolge von Vermittlungsfehlern Zielabweichungen eintreten können.

Je mehr der Hund gelernt hat, Aufgaben an verschiedenen Orten, zu verschiedenen Zeiten und unter verschiedenen Einflüssen

Beispiel für Diskrimination und Generalisation:

Angenommen, wir haben unserem Junghund soeben das <Platz> vermittelt. Im gleichen Zimmer unter ähnlicher Situation (Hund sitzt vor dem Besitzer in Front-Position) wird es vorkommen, dass er sich nach einigen Tagen sofort hinlegt, egal, was wir sagen. Auf Grund operanter Konditionierung hat er konditioniert: Zimmer – frontal gegenüber – Blickkontakt – angesprochen werden – Hinlegen – Belohnung. In diesem Lernstadium fasste der Hund die Diskrimination noch sehr weit. Der Operant war noch nicht klar von ähnlichen, anderen Operanten differenziert. Allein schon das Ansprechen, also irgendein Wort, galt ihm als Belohnung verheißender Hinweisreiz für das Hinlegen. Es könnte auch sein, dass allein die Front-Position oder der Blickkontakt in gleicher Weise wirkten oder dass das Zusammentreffen bestimmter Reize den Ausschlag gibt. Erst durch wiederholte Erfahrung, dass seine weit gefasste Prognose falsch war und dass nur ein ganz bestimmtes Wort in Verbindung mit einem ganz bestimmten Verhalten den Erfolg bringt, wird ihn veranlassen, sein Verhalten zu ändern, die Diskrimination einzugrenzen und sich den Bedingungen entsprechend spezialisiert anzupassen. Im weiteren Verlauf wird er lernen, dass das Verhalten zu einem ganz bestimmten Zeitpunkt, nämlich erst nach dem Ende des Signals, auszuführen ist und nicht davor.

auszuführen, desto sicherer wird er die Aufgaben zeigen können. Es liegt am Besitzer bzw. Trainer, *Diskrimination* und *Generalisierung* von Anfang an methodisch einzubauen. Dies verspricht mehrfachen Gewinn. Denn das Einbeziehen von *Diskrimination* und *Generalisierung* beinhaltet Möglichkeiten der Abwechslung und diese wiederum wirken der *Motivationsversandung* entgegen.

Feinheiten bei Hörzeichen-Signalgebung

In der *Akquisitionsphase* (Erlernphase) sollte man das Hörzeichen in Bezug auf Dynamik, Klangfarbe, Sprechtempo und Sprechmelodie möglichst wenig variieren. Nimmt die Reaktionsrate zu, sprich: wird die Ausführung sicherer, so kann man dazu übergehen, das Signal im persönlichen Rahmen der Zielsetzung abzuändern oder es bewusst als festes, unverändertes Hörzeichen zu konditionieren. Bei Tanz- und anderen speziellen Aufgabenstellungen werden beispielsweise unterschiedliche Ausführungen eines <Platz> benötigt und diese werden durch eine adäquate Aussprache des Signals vermittelt. Je nach musikalischer Aussage wird einmal ein *freudig schnelles*, ein andermal ein *zaghaftes*, wieder einmal ein *langweilig langsames* oder gar ein an *Sterben erinnerndes* Platz umzusetzen sein.

Hinweisreize – Marker – Brückensignale

Hinweisreize

In der Psychologie wird der Begriff *Diskrimination* (*Diskriminationslernen*) oder auch *Differenzierung* (lat. discriminare = trennen, unterscheiden) gegenüber der negativ besetzten Bedeutung *Diskriminierung* bevorzugt. *Diskriminationslernen* (Unterscheidungslernen) beschreibt die Fähigkeit, verschiedene Reize, auch wenn sie sich ähnlich sind, zu unterscheiden und auf diese Reize jeweils unterschiedlich zu reagieren. Auch Pawlow hatte sich mit *Diskrimination* beschäftigt. Er brachte Hunden in einem Experiment mit hohen und tiefen Tönen bei, nur auf einen der beiden Töne (CS) zu speicheln, indem er nur diesen mit dem Futter (*unkonditionaler Reiz UCS*) koppelte. Pawlows Hund lernte *klassisch konditioniert*, auf zwei ähnliche Stimuli jeweils unterschiedlich zu reagieren. Auch wir, wenn wir erreichen möchten, dass der Hund auf einen bestimmten Reiz, beispielsweise ein Hör- oder Sichtzeichen bestimmte Aufgaben verrichtet, setzen *Hinweisreize* ein.

Sehen wir uns den Vorgang etwas näher an: Operante Konditionierung wurde als Vorgang beschrieben, in welchem der Reiz, welcher dem Verhalten *nachfolgt*, auf das Verhalten rückwirkt und dieses in seiner künftigen Auftretenswahrscheinlichkeit beeinflusst. Der folgende Versuch zeigt, dass auch Reize, die der Reaktion *vorausgehen*, das Verhalten verändern. Skinner veranschaulicht dieses Phänomen an zahlreichen Experimenten, die er mit Ratten und später mit Tauben durchführte – jeweils in der Experimentierbox unter Abschirmung von Außenreizen. Ratten, die bislang gewohnt waren, auf Hebeldrücken den Futterspender zu aktivieren, wurden vor eine neue Situation gestellt. Die Ausgabe des Futters erfolgte nur dann, wenn vorher eine Lampe aufleuchtete. Die Ratten lernten schnell, unergiebiges Hebeldrücken zu unterlassen und den Hebel nur noch zu drücken, wenn die Lampe aufleuchtete. Die Verstärkung war an eine neue, zusätzliche Bedingung geknüpft. Futter war nur noch in der Verbindung *Licht + Hebeldrücken* zu erwarten. Nach ausreichender Wiederholung waren sie in der Lage, zwei Situationen zu unterscheiden (Differenzierung): Kein Licht = Kein Futter. Licht an = Möglichkeit, durch Hebeldrücken an Futter zu gelangen. Man ist geneigt anzunehmen, dass das Aufleuchten der Lampe das Hebeldrücken auslöste. In Wirklichkeit aber verhält es sich anders. Die Lampe nahm lediglich die Eigenschaft eines Hinweises an.

Skinner erweiterte dieses Experiment. Abwechselnd leuchtete eine grüne und rote Lampe auf. Der Futterspender wurde ausschließlich in Verbindung der grünen Lampe aktiviert. Die Ratten waren binnen Kürze in der Lage, auch unter dieser Bedingung den Spender auszulösen. Die Versuchstiere meisterten auch die Umkehrung des Experiments (rote Lampe).

Skinner spricht von *positiv diskriminativem Stimulus,* wenn das Verhalten durch Hinzutreten hinweisender Reize verstärkt wird. Der Vorgang lässt sich umkehren. Man kann die Versuchstiere auch darauf konditionieren, dass sie nur beim Ausschalten des Lichts den Hebel drücken. Wird das

Hunde verwenden von klein auf viel Zeit, um ihren Besitzer zu lesen und daraus zu lernen – für ihren Vorteil, versteht sich.

Verhalten durch die Wegnahme des Stimulus eingeleitet, spricht Skinner von *negativ diskriminativem Stimulus*.

Diskriminative Stimuli (DS), auch als *cues* bezeichnet, bestimmen zahlreiche Verhaltensweisen bei Mensch und Hund. Bei Grün gehen wir über die Straße, bei Rot bleiben wir stehen, im eigenen Bett können wir gut einschlafen, in einem fremden Bett oft nicht, wenn wir frisch gebackenes Brot riechen, bekommen wir Lust, es zu essen und gehen womöglich in den Laden, um es zu kaufen. Auch Hunde reagieren auf Hinweisreize: Wenn wir <Liegen> sagen und sie ansehen, bleiben sie liegen; bemerkt der Hund, dass wir nicht ganz bei der Sache sind, kann es sein, der Hund legt sich nicht. Hunde *lesen* den Menschen permanent und passen ihr Verhalten auf Grund zahlreicher diskriminativer Stimuli, derer wir uns oft nicht bewusst werden, an.

Beispiel für Hinweisreiz:

Viele Hunde gehen, wenn ihnen der Besitzer das Halti angelegt hat, völlig anders als an normaler Leine. Sobald jedoch der negativ diskriminative Stimulus (hier das Halti) fehlt, tritt das unerwünschte Verhalten ungebrochen wieder hervor (Separations-Effekt); je nachdem, welcher Hinweisreiz im Augenblick überwiegt, wird ein jeweils anderes Verhalten bevorzugt.

Beispiel für Hinweisreiz:

Viele Züchter von Jagdhunden und auch Jäger raten davon ab, mit Jagdhunden Zerrspiele zu machen. Dies mit der Begründung, Beutestreiten würde sich bei Jagdhunden in Bezug auf ihre Fähigkeit, Beutetiere unverletzt zu apportieren, negativ auswirken. Diese Aussage ist überholt. In zahlreichen Auftritten haben wir Jagdhunde gezeigt, die unmittelbar nach einem fulminanten Zerrspiel anschließend eine Banane oder ein anderes, empfindliches Objekt unversehrt apportiert haben. Wenn das vorsichtige, jagdliche Tragen und das Beutestreiten mit signifikanten Hinweisreizen (Markern) konditioniert wird, ist die Angst der Verwechslung unbegründet! Wer um die Wirkung der Hinweisreize weiß, wird sie entsprechend gut differenzieren und sich die Unterscheidungsfähigkeit des Hundes zunutze machen.

Weitere Beispiele für Hinweisreize:

Hunde gehorchen mitunter einer bestimmten Person in der Familie besser als anderen; – Hunde spielen mit bestimmten Hunden anders als mit anderen. Oder denken wir an die Verhaltensweisen auf dem täglichen Spaziergang, beim Füttern, im

Training oder beim Spielen. In unzähligen Situationen sieht man: Hunde verändern ihr Verhalten auf Grund von Hinweisreizen. Aber wenn dem so ist, dann liegt es nahe, Hinweisreize zu bilden und sie in Kommunikation, Erziehung und Ausbildung einzusetzen. Etwa Beginn und Ende des Trainings mittels deutlicher Signale zu markieren.

Werden Stimuli verschiedener Aufgaben und Situationen konsequent unterschieden (Diskriminationslernen), hat der Hund kein Problem damit, sein Verhalten den Lernzielen zuverlässig anzupassen. Dieser Hund hat gelernt, verschiedene Gegenstände und unterschiedliche Materialien zu apportieren. Und er hat gelernt, Äpfel und Bananen vorsichtig zu fassen und zu tragen (u.a. Jagdausbildung!)

Marker

Hinweisreize (diskriminative Stimuli = DS) spielen eine wichtige Rolle bei Lernprozessen. Und zwar in appetitiver als auch in aversiver Ausformung. Skinner hat hierzu wesentliche Erkenntnisse gewonnen und formuliert. Der Begriff *Marker* wurde aber erst viel später gebildet und geht auf António Damásios (1944) Theorie der *somatischen Marker* zurück. *Somatische Marker* werden durch eindrucksvolle Erlebnisse erworben und wirken als Hinweisreize, die man dem emotionalen Erfahrungsgedächtnis zuordnet. Sie gehen den rationalen Entscheidungsprozessen voraus und tragen unterbewusst dazu bei, emotional unerwünschte Handlungsmöglichkeiten von vornherein auszuschließen. Auch in der Sprachwissenschaft wird der Begriff in der Ausformung *semantischer Marker* (Chomsky 1980 div) zur Erklärung von Satz-Tiefenstruktur gebraucht. (Vielleicht erinnert sich der Leser an den Namen Chomsky in Zusammenhang eines vernichtenden Aufsatzes, den Chomsky in Bezug auf Skinners Buch *Verbal Behavior* geschrieben hatte.)

Marker sind als Hinweisreize schon bei Skinner gut erforscht und durchaus keine Erfindung unserer Tage! Aber inzwischen wurden neue Methoden entwickelt, die ein breites Spektrum an Möglichkeiten bieten. Der Anwendungswert des *Diskriminationslernens* kann nicht hoch genug eingeschätzt werden.

Wie wirken Marker und was bedeuten sie für die Praxis? Hierzu einige Beispiele: Ein wohl allen bekanntes Beispiel ist der Gedächtnisknoten, den man in das Taschentuch knüpft und der einen an etwas, was man nicht vergessen will, später erinnern soll. Ein anderes Beispiel: Beim Längenschwimmen kommt es immer wieder vor, dass die Gedanken abschweifen und man vergisst, die wievielte Länge man gerade schwimmt. Hier kann Abhilfe geschaffen werden, indem man an einem bestimmten Punkt, z.B. kurz vor der Wende – beim Querbalken der Bodenmarkierung zählt. Der Querbalken erinnert einen an das Zählen. Das gleiche Prinzip kann man in anderen Sportarten anwenden.

Marker erfüllen die Funktion der Ankündigung. Der berühmte Click sagt dem Hund: *jetzt kommt gleich etwas Tolles*. Man unterscheidet verschiedene Ausprägungen von Ankündigssignalen, je nach konkreter methodischer Zielsetzung und Aufgabenstellung. Alle gehen jedoch auf das Phänomen des beschriebenen Diskriminationslernens zurück.

Hunde beobachten uns ständig; daher haben sie mittels klassischer Konditionierung ein reichhaltiges Repertoire an Markern erworben. Es wäre vorteilhaft, wenn wir uns die Signale, die wir aussenden und die beim Hund zu Markern werden, bewusst machen. Als Marker erworbene Signale beeinflussen das Verhalten des Hundes, auch ohne Eintreffen der einstmals erlebten Belohnung oder Bestrafung. Vereinfacht kann man sagen: Folgt auf den Marker etwas Angenehmes, wird der Hund das im Augenblick gezeigte Verhalten intensivieren, folgt darauf etwas Unangenehmes, wird das Verhalten abgeschwächt. (Genauer: Siehe positive und negative *Verst*ärkung und Bestrafung).

Ein bekannter Marker ist der Click beim sogenannten *Clickertraining*. Der Click wird als Marker eingesetzt, der dem Hund signalisiert, er bekommt sofort eine Belohnung. Das augenblicklich ausgeführte Verhalten wird mit dem Marker gekoppelt und in der Folge wird dieses Verhalten vermehrt gezeigt. An Stelle des Clicks kann natürlich auch ein anderes Geräusch oder ein Marker-Wort treten. Das zum Marker konditionierte Signal hat gegenüber der direkten Verstärkung den Vorteil, dass es alsbald generalsiert wird und in zahlreichen Situationen eingesetzt werden kann und in fortgeschrittendem Stadium auch ohne nachfolgenden Primärverstärker Hinweisfunktion und Erwartungsaufbau bedeutet. Beim Auftreten des Markers weiß der Hund, dass die Erwartung entweder gleich oder später erfüllt wird. Aus der Sicht des Trainers heißt das: Der Hund *ist auf dem richtigen Weg*. Aus dieser Sicht ist es enorm wichtig, Marker nicht widersprüchlich einzusetzen. Dann nämlich wird der Hund verunsichert, sucht nach neuen, zuverlässigeren Markern und traut der ursprünglichen Bedeutung nicht mehr. Wenn man beispielweise clickt, um den Hund heranzurufen, weil er gerade am Boden schnuppert, darf man nicht überrascht sein, wenn er fortan öfter die Nase am Boden hat und, wenn er auf den ursprünglich gut wirkenden Verstärker immer weniger zuverlässig reagiert.

Beispiel für Einsatz eines Markers:

Angenommen, ein Hund zeigt das unerwünschte Verhalten, Radfahrern und Autos hinterher zu laufen. Der Besitzer entschließt sich für eine Gegenkonditionierung: Kommt ein Radfahrer entgegen, achtet er darauf, dass der Hund diesen kurz sieht. Kurz darauf beginnt der Besitzer ein fulminantes Spiel. Ist er sich sicher, dass die biologische Stärke der Ablenkung in der Lage ist, den Stimulus Radfahrer oder Auto zu verdrängen, geht er zum zweiten Schritt über: Er übt auf dem üblichen Spazierweg dann, wenn kein Radfahrer oder Auto zu sehen ist, den Hund abzusetzen und sogleich darauf ein Spiel einzuleiten. Anfangs soll der zeitliche Abstand zwischen Absitzen und Sitz eine Sekunde nicht übersteigen. Mit zunehmender Sicherheit kann die Zeit ausgedehnt werden. Im dritten Schritt wird der Hund jeweils beim Näherkommen eines Fahrradfahrers oder Autos abgesetzt, und wenn der Reiz vorbei ist, wird gespielt. Auf diese Weise wird das Absitzen zum Marker, der die alte Verhaltensweise Nachjagen zurückdrängt und eine Erwartung auf das folgende Spiel ankündigt. In diesem Beispiel wirkt der Marker als Brückensignal. Mit der Zeit reicht sporadische Verstärkung und auch diese kann durch verbales Lob ersetzt werden.

Beispiel für Umdeutung eines Markers (Gegenkonditionierung):

Ein Hund benimmt sich jeweils beim Ableinen auffällig unsicher und ängstlich. Die Analyse entpuppte das Abklipsen vom Karabiner als den entscheidenden Auslösereiz. Dieses relativ eng begrenzte Segment aus dem gesamten Ableinvorgang rief bei diesem Hund einen ausgeprägten Stimmungswechsel hervor. Möglicherweise hat dieser Hund in der Vergangenheit unmittelbar beim Ableinen eine nachhaltig schlechte Erfahrung gemacht, wobei das Geräusch des Karabiners zum Marker wurde. Zusätzlich wurde der Vorgang aus der bestehenden mangelnden Selbstsicherheit gespeist. Der Besitzer griff zu folgender Gegenmaßnahme: Das Ableinen wurde mehrmals am Tag geübt und jeweils mit einem angenehmen Ereignis gekoppelt (klassische Konditionierung): Unmittelbar nach dem Ableinen bekam er sein Fressen, es wurde gespielt, gelaufen oder auch geschmust. Die Umdeutung des Markes brachte binnen einer Woche Erfolg, was sich durch Kriterien positiver Stimmungslage zeigte. Der Hund war in Bewegungs-, Spiel- oder Schmuselaune und sichtlich befreit von seinen Ängsten, die er mit dem Ableinen verband.

Marker umzudeuten bietet zahlreiche Möglichkeiten, Verhalten zu beeinflussen. Worauf es ankommt, ist das Erkennen diskriminativer Stimuli und das Wissen über ihre Wirkung. Umdeutungen kommen in allen Ausprägungen positiver und negativer Verstärkung oder Bestrafung vor. Sie bieten daher ein weites Feld von Anwendungsmöglichkeiten. Einer der wichtigsten Schritte besteht im Auffinden des entscheidenden Segmentes aus dem oft länger dauernden Gesamtablauf.

Beispiel für das gezielte Aussetzen eines Markers:

Angenommen, ein Besitzer geht mit seinem Hund in der Stadt mit Hilfe einer Aufrolleine. Immer, wenn der Hund den Click beim Entriegeln der Arretierung hört, meint er, jetzt dürfe er laufen und vorstürmen. Soll dieses unerwünschte Verhalten ausbleiben, weil der Besitzer auf diese Weise schon mehrmals zu Fall gebracht wurde, muss der Besitzer darauf achten, dass der Marker in einem zeitlichen Abstand zur Freigabe gegeben wird, die keine Assoziation mehr nach sich zieht (Kontiguität! Mehrere Sekunden).

Einige Beispiele für Marker aus dem Hundesport:

Um dem Hund zu vermitteln, wann er gemeinsam mit dem Besitzer mitgehen und wann er beim Weggehen des Besitzers stehenbleiben soll, setzen manche Hundesportler zwei unterschiedliche Marker: Soll der Hund mitgehen, gehen sie mit dem linken Bein an, soll er aber stehenbleiben, so gehen sie mit dem rechten Bein an.

Ankersignale

Als Marker nutzt man nicht immer intensive Verstärker, sondern man begnügt sich mit einem Signal, das der anliegenden Aufgabe und dem Ausbildungsstand des Hundes entspricht. Das ständige Abrufen eines Intensiv-Verstärkers würde, abgesehen von Energieverschwendung, zu einer stetigen Reaktionsabschwächung führen. Andererseits trifft man auf Situationen, in denen der beste Reiz gerade gut genug ist. *Ankersignale* werden eingesetzt, wenn es darum geht, den Hund trotz starker Ablenkungsreize zur Ausführung der Aufgabe zu bewegen – beispielweise zum Umkehren zu bringen (Anti-Jagd-Training bzw. Rückruf). Oder als Trumpf in der Tasche, wenn bereits vorausgegangene Signale nicht zum erwünschten Ergebnis führten. Oder beim *doppelten Rückruf*. Anker sind Intensiv-Signale.

Das Ankersignal wird in hohem bis sehr hohem Motivationsniveau konditioniert und sollte weitestgehend unablenkbar etabliert worden sein. Von den vielen in der Literatur beschriebenen Ankermethoden seien zwei herausgegriffen: Entweder wird der Anker so gestaltet, dass er sich deutlich von anderen Signalen unterscheidet, stark stimuliert und auf einmalige Signalgebung zum Erfolg führt; in dieser Ausprägung gehört er zu den Markern – oder er wird permanent aufeinderfolgend gegeben, um die Motivation auf dem gesamten (zeitlich-räumlichen) Wege aufrecht zu erhalten und gegen andere Reize abzuschirmen; dann gehört er zu den *Brückensignalen*. Lerntheoretisch lässt sich das Ankertraining gut anhand der Stimmungsmodifikation erklären (Stimmungserhaltung oder: Stimmungswechsel mit anschließendem Stimmungshalten).

Brückensignale

Diskriminative Stimuli (DS) haben noch eine weitere Bedeutung. Sie können als *Brückensignale* eingesetzt werden. In vielen Fällen ist es entweder gar nicht oder nur unter großem Aufwand möglich, den Verstärker unmittelbar nach einer erfolgreichen Ausführung einzusetzen. Hier bieten sich Marker an, die dem eigentlichen Verstärker vorausgehen und die Zeit, bis die Verstärkung erfolgen kann, überbrücken.

Während auf den Marker die Verstärkung (fast immer) sofort kommen sollte, dient die *Brücke* (engl. = bridge) dazu, wie das Wort schon sagt, eine Überbrückung zum nicht sofort folgenden Verstärker herzustellen. Das Argument, dass ein einmalig in Erscheinung tretender Marker nicht mit Sicherheit zum Ankündigungssignal des positiven Verstärkers wird, sondern lerntheoretisch gesehen auch als negative Bestrafung verstanden werden kann, ist nicht von der Hand zu weisen. Damit das Brückensignal auch tatsächlich den nachfolgenden Marker und die darauffolgende Verstärkung ankündigt, beschreitet Kyce Cover folgenden Weg: Die *intermediale Brücke* (*intermediate bridge* – Kyce Cover) besteht nicht aus einem einmaligen Signal, sondern begleitet den Hund während der gesamten Ausführung in Form eines dauerhaft anhaltenden Signals (*Permanent-Signal EL)* – wenn es ein aktustisches Signal ist, beispielsweise: la-la-la-la. So lange, bis der Hund beim Herkommen angekommen ist. Das dauerhaft präsente Hörzeichen (la-la-la ...) trägt zum Erhalt der Motivation bei und begleitet den Hund zeitlich bis zum Ende der Ausführung. Die praktische Abfolge sieht so aus: Das Brückensignal kündigt dem Hund an, er soll das augenblickliche Verhalten noch weiterführen, denn gleich ist der Marker zu erwarten und danach der Verstärker. Aus Sicht kognitiver Lerntheorie ist der Ablauf allerdings wesentlich komplizierter. Nicht nur die Verstärkung am Ende, sondern der gesamte Ablauf wirkt verstärkend, besser gesagt *erwartungsbildend*, mit hohem Anteil sozialer Motivation. Nach einiger Zeit wird das intermediäre Brückensignal generalisiert und kann danach in zahlreichen Aufgaben gezielt eingesetzt werden. Permanent-Signale wurden auch vom Autor innerhalb seiner Arbeit an *Neuen Hörzeichen für Hund und Mensch* innerhalb eines Zehn-Punkteprogramms aufgestellt *(1999 D, 2001 USA, 2000 NL, 2009 D)*.

In einem weiteren Schritt lässt sich die intermediäre Brücke auch für besonders lange Aufgaben (Beispiel: 2 Minuten <Platz>) erweitern, indem das Brückensignal nicht permanent, sondern in kurzen, *wachsenden Sequenzen*, sozusagen stoßweise und einer jeweils nachfolgenden kurzen Pause gegeben wird. 1. Sequenz = 3 x la, 2. Sequenz = 4 x la, 3. Sequenz 5 x la (*Crescendo bridge*). Das *Mehr* an Stimuli pro Sequenz kann der Hund im Sinne einer *Steigerung* bzw. *Annäherung* konditionieren, was eine bemerkenswerte kognitive Leistung darstellt. Die Pausen werden dann mit zunehmender Sicherheit gedehnt. Der Hund lernt, auf eine Sequenz folgt eine Pause, und nach der Pause folgt möglicherweise noch eine Sequenz, aber am Ende kommt der Marker und dann die Verstärkung (*EL Lange Brücke bzw. growing bridge*). Die *lange Brücke* hat zusätzlich den Vorteil, dass sie den Abbau des aufwändigen Signals infolge der integrierten Pausen vorbreitet.

Der Aufbau von *gemarkertem* und *gebrücktem* Formen (*Shaping*) ist relativ einfach. Man geht von Aufgaben aus, die der Hund bereits beherrscht. Wenn er schon liegen

Beispiel eines Brückensignals in Verbindung mit Gegenkonditionierung:

Angenommen, ein Hund dreht völlig durch, wenn sein Besitzer das Fahrrad aus dem Schuppen holt, um mit dem Hund anschließend gemeinsam einen Ausflug zu machen. Das überdrehte Verhalten zeigt der Hund nur so lange, bis beide das Gartentor passiert haben und etwa noch zwanzig Meter danach. Was tun? – Der Besitzer legt den Hund in der Küche ab, geht hinaus, stellt das Fahrrad fahrbereit außerhalb des Tors und verteilt in einer Linie alle zehn Zentimeter ein Futterstück, bis zum Gartentor hinaus und da noch zirka zwanzig Meter weiter. Dann holt er den Hund, zeigt ihm die Futterstücke und begleitet ihn langsam auf der Futterfährte. Der Hund konnte durch Orientierung auf einen neuen Stimulus und unter Nutzung des Stimulus als Brückensignal ein Alternativverhalten lernen, welches das unerwünschte Verhalten verdrängte. Die Futterstücke wirkten hierbei als vorübergehende Umorientierung. Brückensignale sind nicht auf Hörzeichen beschränkt, sie lassen sich auf allen Sinnesebenen einsetzen.

kann, lässt man ihn abliegen und begleitet die Dauer des Liegens mit dem Brückensignal. Anschießend folgt der Marker und die Belohnung, worauf die Übung beendet ist und der Hund beispielsweise freigegeben wird zum Anspringen, zum Schmusen oder für ein Beutestreiten – oder gemeinsames Lauf-Spiel. Brückensignale lassen sich in vielen Situationen des täglichen Lebens einsetzen und sie kommen dem Bedürfnis des Hundes, zu wissen, was kommt, sehr entgegen. Besonders in Situationen, wo sich Hunde unsicher fühlen, können Brückensignale dazu beitragen, den Hund zu beruhigen: Beim Anlegen der Halsung, beim Putzen der Pfoten, beim Ohrenreinigen, beim Arzt, beim stufenweisen Liegenbleiben und Warten (am Ende auflösen!), beim Aufbau des Alleinseins, bei Sportübungen, die länger zu halten sind usw.

Keep going

Die Methode des *Keep going* (Mach weiter!) geht auf ein altes Spiel zurück: Das *Topfschlagen*. Je mehr sich der Prüfling dem versteckten Objekt nähert, desto mehr feuern ihn die Umstehenden an: „warm, wärmer, noch wärmer" und wenn er in die falsche Richtung geht: „kalt, kälter …". Für das Erlernen des *Keep going* eignen sich besonders Suchspiele gut. Man versteckt ein Futterstück in der Wiese, wo es der Hund nicht sehen kann und lässt ihn suchen. Sobald er den Geruch aufgenommen hat, begleitet man seinen Erfolg bzw. Misserfolg mit einem *Keep-going-Signal*. Dieses wird nicht nur durch das Wort, sondern durch die Dynamik (Betonung und Lautstärke) modifiziert. Etwa: „Gut, besser, noch besser …"; ab „Noch besser" nur noch Dynamik. Ob man die Entfernung vom Ziel überhaupt signalisiert oder es beim Ignorieren belässt, muss von Hund zu Hund individuell beurteilt werden.

Aufbau einer Signalkontrolle

Immer, wenn wir ein Verhalten formen, geht es um die *Antagonisten* (Gegenspieler) *Diskrimination* und *Generalisation*. *Diskrimination* und *Generalisation* wirken ineinander und schränken sich gegenseitig ein, je nach augenblicklich zu bewältigender Situation mehr in die eine oder andere Richtung.

Hierzu ein Beispiel: Um dem Hund mittels Signalkontrolle das Sitzen beizubringen, vermitteln wir im ersten Schritt, was wir von ihm wollen. Wie aber sollen wir beginnen? Ein Hörzeichen, das er noch gar nicht kennt, für eine ebenfalls neue, noch nicht bekannte Aufgabe einzusetzen, ist barer Unsinn. Hinzu kommt die Problematik, dass der Besitzer selbst noch Unsicherheiten aufweist: In Bezug auf die Technik der Vermittlung als auch wegen der inneren, psychischen Unsicherheit, ob der Hund die Aufgabe ausführt oder nicht. Diese Unsicherheiten summieren sich. Sie fließen ein in die Aussprache des Hörzeichens und in Haltung, Mimik und Gestik des Besitzers. Sie heften dem Ganzen zahlreiche Hinweisreize auf mehreren Sinneskanälen an und vermitteln letzlich eine Botschaft, die gespickt ist mit Informationen, die von der Aufgabe ablenken, den Erfolg in Frage stellen und mangelnde Führungskompetenz des Besitzers (Trainers) vermitteln. Das Signal im Erwerbsstadium gezielt wegzulassen hat zahlreiche Vorteile. In Bezug auf die soeben erwähnten Hinweisreize ist noch zu ergänzen, dass der Besitzer gut daran tut, den gesamten Part der Vermittlung zunächst ohne Hund zu üben (*Trockentraining*). Um die für den Erfolg unentbehrlichen günstigen Rahmenbedingungen zu schaffen, sollte der Besitzer (Trainer) seinen Teil souverän beherrschen!

Hier zwei verschieden Ansätze: *Futter* oder *Nachahmung*. Futter hat den Nachteil, dass mit allerlei unerwünschten Verhaltensweisen zu rechnen ist. Hochspringen, Zurückgehen oder auch Abliegen. Das hat zur Folge, dass man während der Vermittlung immer wieder Korrekturen einbringen muss, was zu erheblichen Störungen des Lernprozesses führen kann.

Wenn das Hörzeichen als Signal anfangs ungeeignet ist, was kommt noch in Frage? – Nun, was tun Menschen in einem fremden Land, dessen Sprache sie nicht verstehen? „Mit Händen und Füßen reden". Sie gestikulieren. Das wurde praktiziert, lange bevor man den Begriff *nonverbale Kommunikation* (wortlose Kommunikation) gebildet hat. Bei der Übung Herankommen (Rückruf) tun wir uns leicht. Hier übernimmt der nachfolgende Verstärker (Lob, Leckerli oder Spiel) gleichzeitig die Vermittlung (Lernform *Locken*), was zu tun ist, nämlich Herkommen. Beim <Sitz> müssen wir uns etwas anderes einfallen lassen. Gelingt es, mittels Körpersprache jene Signale zu zeigen, die der Hund auf Anhieb versteht, dann sprechen wir die gleiche, wortlose Sprache der Gebärden. Nachahmung tut das Ihrige.

Das beste Beispiel ist das Anhalten. Wird dieses beim gemeinsamen Gehen vom Besitzer gezeigt, unter Bereicherung stimulierender Reize aus dem Jagdverhalten (Erstarren, geduckte Haltung u.a.), so wird der Hund dieses Modell mit großer Wahrscheinlichkeit nachahmen und ebenfalls anhalten. Spontan! Wird das Anhalten anschließend verstärkt, dann ist der Weg frei, im nächsten Schritt dieses konditionierte Verhalten auf akustische (oder andere) Signalkontrolle zu erweitern. Für zahlreiche Aufgaben, vor allem aber für die Grundübungen <Halt>, <Aufstehen>, <Sitz>, und <Platz> bietet sich zur Vermittlung nichts besser an als *Körpersprache und Nachahmung*. In der anliegenden Aufgabe <Sitz> führen wir eine mit beiden Armen, Händen und mit dem gesamten Körper eine komplexe Modellbewegung aus, die bei den meisten Hunden zu einer spontanen Nachahmung führt. (Mehr darüber in den Veröffentlichungen des Autors, der diese Form der Aufgabenvermittlung bereits 1995 entwickelt hatte.

Setzt sich der Hund auf die Modell-Vorgabe, wird diese Handlung verstärkt. Da Nachahmung ein intensiver sozialer Akt ist, braucht hier in der Regel nicht viel hinzugegeben werden. Kommt man ohne materielle Verstärker (Futter, Beute u.a.) aus, umso besser. Auch hier gilt: Den Hund beobachten! Nicht nur daraufhin, ob er *sitzt*, sondern, was ihn ihm vorgeht, wie er sich fühlt. Macht er das gerne, sieht man ihm Team-Bereitschaft an? Denkt er mit? Freut er sich bei der Ausführung? Es ist immer wieder die Frage nach der individuell momentanen (bzw. situativen) Befindlichkeit, die wir in den Vordergrund stellen!

Sobald der Hund das Sitzen auf Grund der Modell-Vorgabe und anschließenden Verstärkung begriffen hat, zeigt sich meist schon das erste Problem: Der Hund setzt sich auch ohne Hörzeichen in der kognitiv gebildeten Erwartung, durch das <Sitz> an die Belohnung zu kommen. Der Besitzer geht natürlich nicht darauf ein und lässt die vorzeitige Ausführung unverstärkt. Inzwischen hat der Hund gelernt, was er tun soll und wann er es tun soll, nämlich erst nach der Modell-Vorgabe. Jetzt ist der Zeitpunkt günstig, den *Hinweisreiz* (*Kontrollsignal)* einzubringen, in unserem Beispiel das Hörzeichen <Sitz>. Dieses geht der Modell-Vorgabe in Form einer Ankündigung voraus, mit kurzem zeitlichen Abstand: *Sitz-und* = <Sitz> gesprochen, *und* gedacht (Abwandlung von *einund*). Dann folgt der Verstärker, in welcher Form auch immer.

Ohne den Hund zu berühren und ohne Hörzeichen wird das Absitzen mittels Ganzkörpersprache und Nachahmung vermittelt. In weiteren Lernschritten kommen Hörzeichen und Abbau der Modellvorgabe hinzu.

Anschließend soll der Hund lernen, dass nur die Ausführung auf ein bestimmtes *Kontrollsignal* zum Erfolg führt. In dieser Phase ist es vorteilhaft, verschiedene Hörzeichen einzubringen, aber nur das richtige zu verstärken. Nur wenn der Hund die Aufgabe auf das Kontrollsignal (<Sitz>) ausführt, kommt er zum Erfolg. So lernt er die Unterscheidung (*Diskrimination*) zwischen *vorteilhafter Konsequenz* (VK+) nach Einbringen der *Ziel-Reaktion* (RZ) bei entsprechendem Kontrollsignal und der *nachteiligen Konsequenz* (NK+) bei nicht entsprechenden Signalen. Bereis in der Diskriminationsphase kann die *Modell-Vorgabe* (Körpersprache) nach und nach abgeschwächt und ausgedünnt werden, bis der Hund in der Lage ist, die Aufgabe allein auf das Kontrollsignal auszuführen. Was jetzt noch fehlt, ist, dass der Hund lernen muss, dass das Kontrollsignal auch bei (bestimmten) Abänderungen Gültigkeit hat und dass die Aufgabe auszuführen ist, wenn das Signal in verändertem *Kontext* steht. Wenn also das Hörzeichen anders ausgesprochen wird, bei anderer Haltung oder, wo erwünscht, durch eine andere Person (z.B. der Familie). Vor allem der *Kontext*, die Summe der mit auftretenden Reize, spielt eine große Rolle. Der Hund muss erst lernen, dass <Sitz> nicht nur im Wohnzimmer gilt, sonder auch in der Küche, in der Garage, in der Stadt und auf dem Hundeplatz. Und: wenn andere Hunde zum Spiel auffordern. Das Erlernen dieser Fähigkeit, das Kontrollsignal auch bei unterschiedlichem Kontext auszuführen, nennt man *Generalisation*. Die letzte Stufe, die *Absicherung*, kann man als Steigerung auf allen Ebenen auffassen: Kein Einstimmen mehr, nur noch kurzen Kommunikationsaufbau, Verstärker nur noch selten, höhere Anforderungen in Diskrimination und Generalisation. Beim Absichern werden im Hinblick auf eine möglichst hohe Frequenz richtiger Ausführungen spezielle Forderungen gestellt – auch unter schwierigen Bedingungen. Beispiele: <Sitz> auf unebenem oder schrägem Untergrund, auf nasser Wiese, im Schnee, in einer Pfütze, auf schaukelndem Boot usw.

Die Übergänge der einzelnen Phasen sind fließend. Nach erfolgreicher Bewältigung der ersten drei Phasen steht der Hund unter *Signalkontrolle*, was bedeutet, dass er in der Lage ist, die Aufgabe <Sitz> auf Hörzeichen im Rahmen üblicher, veränderter Bedingungen annähernd bis weitgehend zuverlässig auszuführen.

Hier das didaktische Konzept in vier Phasen am Beispiel <Sitz> (Methodik: Modellvorgabe, Nachahmung, Verstärkung, Konditionierungs-Mix):

A) Erlern-Phase:

1. Vorbereitung (Einstimmen, Kommunikationsaufbau)
2. Modell-Vorgabe (Körpersprache als Phänomenvermittlung)
3. Ausführung (Modell-Nachahmung)
4. Verstärkung

B) Diskriminations-Phase:

1. Vorbereitung (kurzes Einstimmen, Kommunikationsaufbau)
2. Kontroll-Signal (Hörzeichen <Sitz>)
3. Modell-Vorgabe (abzubauen!)
4. Ausführung (Modell-Nachahmung bereits konditioniert)
5. Verstärkung

C) Generalisations-Phase:

1. Vorbereitung (wie oben), aber andere Kontexte: Umgebung, Tageszeit, Reihenfolge, Ablenkungen (konkurrierende Reize) u.a.
2. Kontroll-Signal (Hörzeichen <Sitz>)
3. Ausführung (konditionierte Modell-Nachahmung)
4. Verstärkung (abzubauen)

D) Absicherungs-Phase:

1. Vorbereitung (ohne Einstimmen, nur kurzer Kommunikationsaufbau) zusätzlich:
   andere Kontexte: Umgebung, Tageszeit, Reihenfolge, Ablenkungen (konkurrierende Reize) u.a.
2. Kontroll-Signal (Hörzeichen <Sitz>)
3. Ausführung
4. Verstärkung (nur noch selten zur Auffrischung)

Vereinfacht kann man sagen: *Reiz-Diskrimination* beschreibt den Vorgang, aus mehreren Reizen einen bevorzugt aufzunehmen und auf diesen mit einem bestimmten Verhalten zu beantworten. *Reiz-Generalisation* hingegen beschreibt die Fähigkeit, trotz unterschiedlicher Reize (und/oder in unterschiedlichen Situationen) auf einen Reiz mit ein- und demselben Verhalten zu reagieren. Zimbardo (1995, S. 207) beschreibt Reiz-Generalisierung am Beispiel eines Kindes, das von einem großen Hund gebissen wurde und führt aus, dass das Kind nach dieser Erfahrung wahrscheinlich auch vor kleinen Hunden Angst zeigen wird.

Im Laufe der Evolution haben Lebewesen gelernt, nicht nur jene Signale, die mit bedrohlichen Ereignissen einhergingen, sich zu merken, sondern auch auf ähnliche Signale zu achten und sich gegebenenfalls dementsprechend zu verhalten. Die assoziierten Emotionen und Verhaltensweisen wurden gespeichert und kamen bei Wiederauftreten der ursprünglichen *und* auch ähnlichen Signale wieder zum Vorschein. Wir erinnern uns an Watsons und Rayners Experiment mit *Little Albert* (1920). Der kleine Junge hatte die beängstigende Erfahrung, die er mit der weißen Ratte gemacht hatte, generalisiert: Er übertrug seine konditionierte Angst auf einen weißen Hund, auf Ärzte in weißen Kitteln oder eine Frau, die einen weißen Pelzmantel anhatte.

6. Kognitive Fähigkeiten des Hundes

Was uns die Wissenschaft im Hinblick auf die kognitiven Fähigkeiten der Tiere und des Hundes heute bietet, ist geradezu spektakulär. Vor einer Generation noch wurde darüber gestritten, ob Tiere Schmerz empfinden können oder nicht. Heute wissen wir, dass zahlreiche Tierarten nicht nur Schmerz empfinden, sondern dass sie zu Emotionen und sozialen Verhaltensweisen fähig sind, die man lange nur dem Menschen zuerkannte. Auch unsere Hunde haben ein Bewusstsein und verfügen über zahlreiche kognitive Fähigkeiten. Lange wurde der Hund an der Leistungsfähigkeit des Menschen gemessen und wegen dieses Ansatzes bei weitem unterschätzt. Es dauerte mehrere Jahrhunderte, bis man begriff, dass der *anthropozentrische Standpunkt* (der Mensch als Mittelpunkt weltlicher Realität – Mensch als Maß aller Dinge) den Fähigkeiten der Tiere nicht gerecht wird. Der aktuelle Wissensstand hält uns vor Augen: Jede Spezies hat im Laufe der Evolution eigene Möglichkeiten der Anpassung hervorgebracht. Der direkte Leistungsvergleich zum Menschen geht an der artspezifischen Sinnhaftigkeit vorbei.

In den letzten 25 Jahren ist der Hund wie kein anderes Tier in den Mittelpunkt des Forschungsinteresses gerückt. Dies schlägt sich in Hunderten von Studien rund um den Haushund (*Canis lupus familiaris*) nieder. Die relativ jungen *kognitiven Lerntheorien* kamen diesem Boom nicht nur inhaltlich, sondern auch im Herangehen an sozialpsychische Fragestellungen entgegen. Zahlreiche wissenschaftliche Ergebnisse, herausgefunden an diversen Hundeforschungszentren rund um den Globus, haben zu einem besseren Verständnis des *besten Freundes des Menschen* geführt. Dieser Prozess ist noch lange nicht abgeschlossen. Um den Rahmen dieses Buches nicht zu sprengen, können wir im Folgenden nur nur einen Abriss der aktuellen Forschungsergebnisse darstellen.

Hunde sind zu intelligenten Leistungen fähig, und je mehr wir über den Hund aus der Wissenschaft erfahren, desto deutlicher wird: Hunde zählen zu den intelligentesten Tieren dieser Erde. Sie lernen auf vielfältige Art und Weise, vom einfachen *Trial-and-Error* bis hin zu komplexen kognitiven Lernformen. Sie können Gelerntes anwenden und darauf aufbauen. Und sie können wie in unserem Beispiel Erfahrungen auf neue Situationen übertragen.

Die Erforschung hundlicher Kognitionsleistungen begann vor rund hundert Jahren, obwohl man sich damals vehement gegen Spekulationen hinsichtlich geistiger Fähigkeiten stemmte. Pawlow fand 1934 heraus, dass Hunde Kreise und Ellipsen unterscheiden können und Michael W. Fox beschreibt 1971 das Interesse eines Hundes an einer unbewegten Silhouette eines Artgenossen.

Beispiel einer kognitiven Leistung:

Angenommen, ein Hund befindet sich das erste Mal in seinem Leben in einem Beiboot, in das er am Ufer hinein gesprungen ist. Der Hundehalter befindet sich nebenan auf einer Segeljacht. Beide Boote sind durch Stege mit der Pier verbunden. Will der Hund zu seinem Besitzer, hat er drei Möglichkeiten: Entweder er wartet, weil er sich nicht traut, keine Lösung parat hat oder auf die Rückkehr seines Besitzers hofft, oder er springt ins Wasser und schwimmt direkt zur Jacht. Oder er wählt den längeren, aber vielversprechenden Weg über Steg, Pier und den zweiten Steg, um zur Jacht und zu seinem Herrchen zu gelangen. Wählt der Hund den Weg über die Stege, hat er beachtliche Leistungen vollbracht. Ohne Trial-and-error hat er sich für den relativ langen Umweg entschieden, nachdem er sich an die im Gehirn gespeicherte Lösung Brücke = Überquerung erinnerte (Abstraktion), diese Lösung auf die augenblickliche Situation übertrug (Transfer), auf Erfolgswahrscheinlichkeit prüfte (unterbewusster Erfolgs-Check), schließlich abrief und in Handlung umsetzte (zielorientierte Handlung). Ohne Wissen davon, wozu Brücken dienen, ist diese Form der Lösung nicht denkbar (abgesehen vom Zufall oder davon, dass der Hund ähnliche Vorgänge an der Pier bereits beobachtet hat).

Das Szenario könnte sich auch folgendermaßen abspielen: Der Hund überlegt nicht lange und springt tatsächlich ins Wasser, um auf dem schnellsten und kürzesten Weg bei seinem Besitzer zu sein. An der Jacht angekommen, scheitert er jedoch an den hohen Planken. Das könnte ihn, nach mehreren vergeblichen Versuchen, durchaus in Panik versetzen. Diesen Weg wird er bei nächster Gelegenheit mit hoher Wahrscheinlichkeit nicht mehr wählen. Dass er den direkten Weg auf anderen Booten und in anderem Hafen nicht mehr nimmt, setzt voraus, dass er in der Lage ist, sich an seine Erfahrung zu erinnern und sie auf Anhieb auf die veränderte Situation zu übertragen. Das ist bereits eine beachtliche Leistung. Probiert er in ähnlicher Situation – unter Ausschluss des ins Wasser Springens – verschiedenes aus, indem er beispielsweis im Boot hin- und herrennt, wird er dann vermutlich nach einigem Experimentieren (im Trockenen) den Weg über den Stege wählen und dieses Verhalten in Zukunft vermehrt anwenden (instrumentell konditioniert). (Siehe auch Abschnitte: Objektpermanenz und Umwegversuche).

Der niederländische Biologe und Physiologe Frederic J.J. Buytendijk (1887–1974) wies 1936 darauf hin, dass Hunde nicht nur die Lautäußerungen ihrer Artgenossen unterscheiden können, sondern auch in der Lage sind, Kategorien zwischen *Hundelauten* und *Nichthundelauten* zu differenzieren. Im Folgenden gehen wir auf die kognitiven Fähigkeiten der Hunde etwas genauer ein.

Gedächtnis

Zahlreiche Leistungen, die wir von Hunden kennen, wären ohne ein leistungsstarkes Gedächtnis nicht vorstellbar. Hierzu einige Beispiele aus dem Einsatzbereich der *Gebrauchshunde*: In der Arktis beweisen Schlittenhunde, dass sie ein ausgeprägtes Ortsgedächtnis haben, denn sie finden auch bei Schneesturm wieder nach Hause und sind daher Fahrzeugen überlegen. Hunde können sich – zahlreichen Berichten zufolge – noch lange, oft nach Jahren, an Artgenossen, Orte, Ereignisse, Gerüche oder Menschen erinnern. In Skandinavien setzt man Hunde dazu ein, in Häusern Bakterien und Schimmelpilze aufzuspüren. Hunde können das Alter ihrer Artgenossen riechen und am Geruch die Stimmungslage von Menschen erkennen. Und sie können mit erstaunlicher Trefferquote Krankheiten diagnostizieren. Sämtliche Beispiele setzen Erinnerung voraus. Daraus geht hervor, dass Hunde auf allen Sinnesebenen ein gut funktionierendes Gedächtnis besitzen. Dies verwundert nicht weiter, wenn man bedenkt, dass der neurobiologische Aufbau ebenso wie die Funktionsweise des Hundegehirns die hochentwickelten Strukturen eines Arbeits- und Langzeitgedächtnisses widerspiegelt.

Auch die Tatsache, dass Hunde zu außergewöhnlichen Leistungen trainiert werden können und diese ein Leben lang nicht vergessen, ist Hinweis für ein hochentwickeltes Gedächtnis.

Aufschluss über die Erinnerungsfähigkeit der Hunde gibt unter anderem eine von Gagnon und Doré (1992) unternommene Untersuchung. Die Forscher hatten einen von Piaget stammenden Versuch auf Hunde übertragen. Der Hund wurde vier Kisten gegenübergestellt. Dann stimulierte man den Hund mit einem Spielzeug (Motivations-Objekt). Der Hund durfte zusehen, wie dieses hinter einer der Kisten versteckt wurde. Ließ man den Hund los, suchte er das Objekt hinter der richtigen Kiste, obwohl er es im Augenblick nicht mehr sehen konnte. Das Auffinden wurde belohnt. Fiset beschreibt die Erfolgsquote dieses inzwischen oft und in Abwandlung durchgeführten Versuchs mit zirka 90 %. Die hier beschriebene Leistung ist durchaus nicht selbstverständlich. Hühner oder Kaninchen müssen lange üben, bis sie zu ähnlichen Lokalisationsleistungen fähig sind. Hunde entwickeln diese Fähigkeit hingegen schon in der 5. bis 8. Lebenwoche (Gagnon und Doré 1994).

Abgesehen von der Fähigkeit, sich Dinge vorzustellen, die im Augenblick nicht sichtbar sind (*Objektpermanenz*), hat man versucht, herauszufinden, wie lange sich Hunde an versteckte Gegenstände erinnern können. Fragt man Hundebesitzer, so behaupten die meisten, ihr Hund könne sich oft noch nach Wochen und Monaten daran erinnern, an einem bestimmten Ort ein Kaninchen, eine Maus oder Katze gesehen zu haben. Die wissenschaftliche Erforschung der Erinnerungsfähigkeit der Hunde jedoch bestätigt diese Vermutung nicht. Fiset et al. fanden (2003) in Experimenten heraus, dass sich Hunde an ein vom Menschen verstecktes Objekt lediglich im Bereich von Sekunden oder Minuten zurückerinnern konnten. In weiteren Erinnerungstests hatten Hunde im Vergleich zu Schakalen und Wölfen deutlich schlechter abgeschnitten. Einen weiteren Hinweis in Bezug auf die Gedächtnisleistung des Hundes fand Beritashvili 1965 heraus. Er wies nach, dass das Erinnerungsvermögen des Hundes deutlich zunimmt, wenn das Zielobjekt in einem größeren Raum versteckt wurde. Im großen Raum waren Hunde in der Lage, sich noch nach einem Tag an das Zielobjekt zu erinnern. Beritashvili zeigte darüber hinaus, dass Hunde, wenn man ihnen Brot und Fleisch zeigte, nach einer Wartezeit bis zu fünf Minuten zielstrebig nach dem favorisierten Fleisch suchten. Sie konnten sich also trotz verstrichener Zeit nicht nur an die unterschiedlichen Futterstücke, sondern auch an die bereits getroffene Bevorzugung erinnern – im Zeitrahmen bis zu fünf Minuten.

Wie lange können sich Hunde an eine Handlung erinnern? Claudia Fugazza und Ádám Miklósi fanden in einem Versuch heraus, dass Hunde noch nach 90 Sekunden Pause in der Lage waren, sich an eine neue, vom Menschen vorgezeigte Handlung zu erinnern und diese nachzuahmen. Bei bekannten Vorgängen waren die Hunde auch nach Pausen, in denen gespielt wurde, noch nach bis zu zehn Minuten in der Lage, sich an die Demonstration zu erinnern und sie nachzuahmen. Diese Leistung setzt nicht nur die Bildung einer inneren, *mentalen Repräsentation* voraus, sondern auch das Vorhandensein eines *deklarativen Gedächtnisses* (Wissensgedächtnis). Das *deklarative Gedächtnis* ermöglicht, sich Tatsachen und Ereignisse zu merken und wieder abzurufen.

Inzwischen ist durch weitere Versuche bestätigt, dass sich Hunde zur Ortung von Objekten, die für sie sichtbar versteckt wurden, in erster Linie auf visuelle Signale verlassen. Was die Erinnerungsfähigkeit betrifft, können sich Hunde jedoch Gerüche länger behalten. Auch die Motivation, nach Objekten zu suchen, hält, wenn sie auf geruchlicher Ebene geortet wurden, länger an als auf visueller. Erst wenn sie auf visuellem Kanal nicht erfolgreich sind, wechseln Hunde in der Regel auf die Geruchsebene und setzen dann favorisierend die Nase ein. Derselbe Kanalwechsel kann beobachtet werden, wenn Hunde visuelle Wahrnehmungen vergessen haben. Der Hund ist eben beides: *Augen- und Nasentier* und er setzt beide Kanäle je nach Gegebenheiten variabel ein. Man nimmt an, dass sich diese Variabilität aus dem Jagdverhalten erklärt. Beutetiere entschwinden dem Beutegreifer auf der Jagd immer wieder aus dem Gesichtsfeld. Um die Jagd erfolgreich weiterzuführen, muss der Jäger in der Lage sein, sich den Ort, wo die Beute zuletzt gesehen wurde, zu merken. Ein zusätzliches Indiz für die bemerkenswerte Variabilität der Wahrnehmung bietet die Fähigkeit der Hunde, ihre Raumorientierung je nach gegebener Situation an auffälligen Landmarken (*allozentrische Informationsquellen* wie .z.B: Fels, Baum, Hügel, Flußbiegung u.a) zu orientieren oder auch an *egozentrischen Informationsquellen*, was besagt, in welchem Winkel zum Jäger sich die Beute wegbewegt bzw. flieht.

Alles in allem aber gilt es in Bezug auf die Erforschung der Erinnerungsfähigkeiten der Hunde noch zahlreiche Fragen zu beantworten.

Zeitgefühl

Das Zeiterleben ist auch beim Hund ein subjektives Erlebnis und nicht das Abbild objektiver Zeit. Selbst Menschen sind nach einigen Tagen ohne Außenweltkontakt nicht mehr in der Lage, die Dauer einer Stunde richtig einzuschätzen. Und wer wüsste nicht, dass unter bestimmten Umständen Minuten zur Ewigkeit werden können? In Meditation oder ähnlichen *Flow-Zuständen* kommt es vor, dass wir trotz intensiver geistiger Präsenz das Zeitgefühl zu verlieren scheinen. Abgesehen von diesen Ausnahmezuständen besitzen wir jedoch eine innere Uhr. Diese wird gesteuert durch verschiedene endogene (innere) und exogene (äußere) *Rhythmus-Schrittmacher*, unter anderem durch das Hormon *Melatonin* (aus *Serotonin* gewonnen), das unter dem Einfluss von Licht unsere Wach- Schlafperioden steuert. Oder durch den individuellen Biorhythmus, durch die Jahreszeiten sowie zyklisch wiederkehrende innere und äußere Ereignisse. Angesichts dieser vielen Einflüsse ist es bemerkenswert, dass man sich erfolgreich suggerieren kann, am nächsten Morgen zu einer bestimmten Zeit aufzuwachen.

Hunde leben betont im *Jetzt*, ähnlich wie Kinder. Das heißt jedoch nicht, dass sie keine Erinnerungen an Vergangenes haben oder dass sie unfähig wären, sich Zukunft vorzustellen.

Hunde haben, auch das wissen Hundebesitzer aus eigener Erfahrung, wie wir eine innere Uhr. Sie halten bestimmte Tätigkeitsrhythmen bei und orientieren ihr Verhalten an zeitgebunden ritualisierten Ereignissen.

Hunde lernen aus Erfahrung und sie können antizipieren (vorwegnehmen). Beides sind Vorgänge, die über ein reines Momentanbewusstsein hinausgehen.

Mengenunterscheidung

Mengenverständnis zählt zu den Kognitionsleistungen, die sich auf physikalische Gesetze beziehen: Vorstellung von Schwerkraft, Tempo, Gewicht, Energie – aber auch Zeit. Auch Menschen müssen vieles davon erst lernen. Hunde haben, ebenso wie Kleinkinder und Affen, zum Beispiel ein angeborenes Wissen darüber, dass Gegenstände

Beispiel für Zeitgefühl bei Hunden:

Wenn ein Hund beim Zurückkommen eines unkontrollierten Alleinganges nicht versteht, weshalb er jetzt bestraft wird, dann ist das nicht darauf zurückzuführen, dass er kein Zeitgefühl habe oder dass er alles, was davor war, vergessen hat, sondern darauf, dass er im Augenblick des Zurückkommens keine für ihn schlüssige Assoziation zu dem Vorangegangenen bilden kann (mangelnde Kontiguität). Bestraft man ihn, so verbindet er auf Grund seines ganzheitlich integrativen Bewusstseins exakt das, was er gerade tut und was ihn im Augenblick umgibt mit der Bestrafung. Er fühlt sich für das Zurück- oder Ankommen bestraft. Von diesem Bezug aus gesehen ist das logisch.

auf Grund der Schwerkraft senkrecht nach unten fallen. Anders sieht es mit dem Mengenverständnis aus. Schon Piaget hat in seinem legendären Test nachgewiesen, dass Kinder unter sieben Jahren meinen, wenn man die gleiche Menge Wasser von einem niederen Gefäß in ein schlankeres, aber höheres umschüttet, in dem höheren Gefäß sei mehr Wasser. Um die Unveränderlichkeit der Größe/Menge (Invarianz) zu begreifen, muss der Vorgang geistig umgekehrt werden. Diese Fähigkeit entwickelt sich erst ab dem siebten Lebensjahr (*kognitive Reversibilität*). Mengenverständnis ist Voraussetzung für Zahlenverständnis. Rechnerischer Umgang mit Zahlen kommt vermutlich ohne parallele Entwicklung der Sprache nicht aus. Ein einfaches Gefühl für „mehr oder weniger" setzt jedoch ebenso wie das Abschätzen der Größe einer Menge nach aktuellem Wissensstand Sprache nicht voraus.

Gleichförmige Mengen zu unterscheiden sind viele höher entwickelte Tiere in der Lage, vor allem dann, wenn es um Futtermengen (Anzahl gleichförmiger Futterstücke) geht. Wird der Mengenunterschied ganzheitlich erfasst, ohne zu zählen, nennt man dies *pränumerische Abstraktion*.

Dass Hunde Futtermengen unterscheiden können, wissen Hundebesitzer aus eigener Erfahrung. Sie bevorzugen, wenn sie die Wahl haben, naheliegenderweise die größere Menge. Auch West und Young (2002) zeigten in einer Studie: Nachdem Hunde mit dem auf einer Leinwand dargestellten Bild von zwei Futterstücken konfrontiert wurden, wobei sie eine bestimmte, auf der wahrgenommenen Menge basierende Erwartung gebildet hatten, wurde die Leinwand entfernt und die Hunde sahen dann entweder die abgebildete Anzahl Futterstücke (erwartete Menge) oder einmal mehr, ein andermal weniger Stücke als abgebildet (unerwartete Menge). Stimmte die Realität mit dem Bild nicht überein, sahen die Hunde länger zum Futter als im Falle der Übereinstimmung. Die Forscher schließen aus dem längeren Hinsehen auf die Fähigkeit, dass Hunde Mengenerwartung von deren Abweichung auf Grund *numerischer Kompetenz* (Zahlenverständnis) zu unterscheiden vermögen. 2007 fanden Ward und Smuts heraus, dass Hunde sich zwischen zwei Futtermengen für die größere Menge entschieden, selbst, wenn der Unterschied nur ein Futterstück betrug. Das Ergebnis wurde jedoch drastisch schlechter, wenn man die Gesamt-Futtermenge erhöhte. Eine Erklärung für die eingeschränkte Unterscheidungsfähigkeit könnte darin bestehen, dass Hunde keine Investitionen zum Nahrungserwerb leisten müssen. Wozu die größere Menge auswählen, wenn sowieso klar ist, dass man genug oder sogar alles bekommt?

Ein weiteres Experiment, welches über physikalische Kognitions-Kompetenz Aufschluss gibt, stammt von Osthaus et al. Die Forscher stellten (2005) Hunde vor folgende Aufgabe: Zwei Schnüre führten in eine Gitterbox, in die der Hund zwar hineinsehen konnte (und riechen), die aber verschlossen war. Am Ende einer der beiden Schnüre wurde ein Futterstück befestigt. Beide Schnüre wurden durch die Gitteröffnungen nach innen gelegt, sodass der Hund daran ziehen musste, wenn er an das Futter gelangen wollte. Je nachdem, wie die Schnüre gelegt wurden, fiel es den Hunden leichter oder schwerer, die Aufgabe zu lösen. Bei überkreuzten Schnüren war die Erfolgsquote am geringsten. Die Erfolgsquoten in diesem Versuch lagen insgesamt zwischen 40 % und 70 %, ein nicht gerade spektakuläres Ergebnis. Da aber Schnüre nicht zu den natürlichen Gegenständen der Caniden gehören, ist dieses eher schlechte Ergebnis verständlich.

Objektpermanenz

Um Zielobjekte erfolgreich orten zu können, bedarf es mehrerer kognitiver Fähigkeiten wie Wahrgenommenes innerlich aufnehmen (Enkodieren), sowie Speichern und Abrufen räumlicher Informationen. Die darauf aufbauenden Handlungen sind beispielsweise: Lokalisieren von Beutetieren oder Artgenossen, Zurückfinden zum Lagerplatz oder Wiederfinden eines vergrabenen Gegenstandes. Hunde bedienen sich hierbei zweier unterschiedlicher Quellen: Der *egozentrischen* und der *allozentrischen Rauminformation*. *Egozentrische Rauminformationen* beziehen sich auf die Richtung, in welcher beispielsweise ein Beutetier gesehen wird. Diese Information bedeutet, geometrisch formuliert, den Winkel vom Standort des Hundes zum Zielobjekt. *Allozentrische Rauminformationen* hingegen werden aus feststehenden Objekten im Umfeld des Hundes bezogen. Beispielsweise markante Geländepunkte, ein Fluss, Baum, eine Feldlinie oder spezifische Geländeformen.

Im Rahmen der Frage, zu welchen Leistungen Hunde fähig sind, wenn es um das Verstehen physikalischer Gestze geht, bildet die *Objektpermanenz* eine wichtige Rolle.

Unter Objektpermanenz (auch Objektkonstanz) versteht man die Fähigkeit, sich ein inneres Bild von einer Bezugsperson oder einem Objekt zu machen, auch wenn diese(s) nicht wahrnehmbar ist. Die Merkfähigkeit der Hunde in Bezug auf Objekte ist von deren Beschaffenheit abhängig. Daher wählt man bei Objektpermanenz-Versuchen Objekte, die für den Hund interessant sind. In verschiedenen Tests versuchte man herauszufinden, ob sich auch Hunde, wie bei anderen Tieren bereits nachgewiesen, die Existenz eines Gegenstandes (z. B. eine Person, Futter oder Motivationsobjekt) auch dann noch vorstellen und sich daran erinnern können, wenn das Objekt unsichtbar versteckt wurde. Objektpermanenz ist nicht angeboren und auch Kinder erwerben diese Fähigkeit nach neuesten Erkenntnissen nach etwa dreieinhalb Monaten im Rahmen kognitiver Entwicklung.

Interessant ist die Beobachtung, dass eine Überforderung hinsichtlich des Alleinseins bei Kindern, bevor sie die Fähigkeit zur *Personenpermanenz* entwickelt haben, zu lebenslangen psychischen Schäden führen kann. Auch Hunde werden im Welpenalter oft in Bezug auf Alleinsein überfordert. Daher hier folgendes Beispiel:

Piagets Experiment mit Kindern *(Invisible Displacement)* wurde inzwischen auf verschiedene Tierarten übertragen. Inzwischen wurde Objektpermanenz bei Schimpansen, Delfinen, Katzen, einigen Vogelarten und auch bei Hunden (u.a. Gagnon und Doré 1993 sowie Doré und Goulet 1998) nachgewiesen. Schimpansen und Papageien lösten die Aufgaben weitgehend zuverlässig. Auch Hunde waren in der Lage, im Test sichtbaren Verschiebungen der Objekte in hoher Erfolgsquote zu folgen. Bei unsichtbarer

Beispiel für den Aufbau von Alleinsein-Können bei Welpen:

Aus Erfahrung wissen wir: Die Herausforderung zum Alleinsein darf weder zu früh (Überforderung → Furcht vor Alleinsein) noch zu spät (Unterforderung → erlernte Inkompetenz im Alleinsein) angesetzt werden. Um Welpen beim Aufbau zum Alleinsein-Können nicht zu überfordern, ist zu überprüfen, ob der Welpe überhaupt schon in der Lage ist, sich vorzustellen, dass sein Gegenüber noch da ist, obwohl es durch eine Tür von ihm getrennt wurde. Mit einfachen Tests lässt sich das herausfinden. Wenn der Welpe beispielsweise ruhig in seinem Körbchen liegt, den Menschen aber beobachtet, geht dieser kurz aus dem Raum, lässt die Tür offen und kommt gleich wieder zurück. Der Vorgang wird durchgeführt, ohne ihm besondere Bedeutung zu geben, sozusagen „nebenbei". In dieser Zielsetzung wird der Hund weder auffällig beobachtet noch nach dem Zurückkommen gelobt. Nach bestandenem Test geht der Besitzer wieder kurz hinaus, macht die Tür zu und kommt nach einigen Sekunden zurück. Toleriert der Welpe diese kurze Zeit, kann man davon ausgehen, dass die Voraussetzungen für kurzes Alleinsein-Können (Kurz: Alleinsein) vorhanden sind. Nach einigen Wiederholungen lässt sich die Zeit des Alleinseins in kleinen Schritten steigern. So lange, bis der Hund gelernt hat, kurze Zeit allein zu sein, während der Besitzer außer Sichtweite ist. Im weiteren Verlauf wird nicht nur die Zeit, sondern auch die Entfernung zwischen Hund und der Trennwand (z.B. Tür eines anschließenden Raums) als auch zwischen Hund und sich entfernender Person erweitert (Hund macht sich auf akustischer Ebene ein Distanzvorstellung). Um Alleinsein besser bewältigen zu lernen, lassen sich Hilfen in Form von Kauknochen oder anderen, moderaten (!) Ablenkungen einplanen.

Alleinseinkönnen ist nicht angeboren. Menschen und Hunde müssen es lernen, und zwar in kleinen, zumutbaren Schritten. Ersatzobjekte können hierbei unterstützend wirken.

Verschiebung, wenn also die Zielobjekte in eine Box gelegt wurden, nahm die Leistung deutlich ab.

Schimpansen und Papageien lösen die Aufgabe mit Bravour. Auch Hunde ließ man zusehen, wie Futterstücke unter einen Becher gelegt wurden. Diese einfache Aufgabe lösten sie im Gegensatz zu Katzen problemlos. Hunde erreichten in diesem Test ähnlich wie Schimpansen und Graupapageien die Stufe 6 (nach Piaget), das ist der Referenzwert für Kleinkinder. (Derartige Leistungsvergleiche sind allerdings nur mit Einschränkung verwertbar).

Bei Hunden wurde in mehreren Tests der auch bei Babys festgestellte *A-not-B-error* nachgewiesen. Wird Futter zuerst mehrmals hintereinander in A, dann in B versteckt, dann suchen Hunde ebenso wie Babys zuerst in A. Wird in weiteren Durchgängen nur in B Futter gelegt, dann suchen sie weiterhin zuerst unter A. Interessant ist, dass bei Wölfen (handaufgezogen) und Schimpansen dieser Fehler nicht festzustellen ist. Bei etwa 12 Monate alten Babys tritt der A-not-B-error nicht mehr auf.

In weiteren Tests fand man heraus, dass sich die *Objektpermanenz* der Hunde doch wesentlich von der vier- bis sechsjähriger Kinder unterscheidet (Watson& Csanyi 2001). Einen der Unterschiede zeigt vor allem der Test von Rooijakkers et al. 2009. Das Forscherteam verglich, wie sich Schimpansen, Orang Utans und Hunde verhalten, wenn man einen Leckerbissen unter einen von zwei Bechern legt. Die beiden Becher wurden dann schnell hin- und herbewegt (Hütchenspiel), auch über Kreuz. Es zeigte sich, dass die Schimpansen nicht die geringste Mühe damit hatten, den Becher, in welchem sich das Leckerli befand, mitzuverfolgen, egal, in welche Richtungen man ihn schob. Die Leistung der Hunde lag, vor allem, wenn die Becher über Kreuz geschoben wurden, weit hinter der der Schimpansen. Hunde können sich offensichtlich nicht nur eingeschränkt vorstellen, dass sich das Leckerli mitbewegt. Sie fokussierten jenen Becher, der dort stand, wo das Spiel begonnen hatte, als noch klar war, unter welchem Becher das Leckerli versteckt wurde. Daraus folgerten die Forscher, dass Objektpermanenz sehr stark von der Evolution der betreffenden Art abhängt. Wölfe müssen sich daran erinnern, wo die Beute zuletzt gesehen wurde. Wenn sie kurzzeitig nicht mehr auffindbar ist, wird der Jäger in der Nähe der letzten Ortung weitersuchen. Vor diesem Hintergrund kann man sich die ortsbedingte Objektpermanenz vorstellen. Es ist noch offen, ob bei den beschriebenen Experimenten tatsächlich Objektpermanenz vorliegt oder ob die Vorstellungsfähigkeit der Hunde auf anderen geistigen Fähigkeiten, etwa der *Befolgung sozialer Regeln* beruht (Topál et al. 2005).

Erschwert man die Bedingungen in den Objektpermanenz-Experimenten, so reduziert sich die Erfolgsquote bei Hunden in auffälliger Weise. Auch bei anderen, ähnlichen Aufgaben *physikalischer Kognition* schneiden Hunde im Vergleich zu Schimpansen und anderen, hoch intelligenten Tieren relativ schlecht ab. Wenn ein Hund nicht weiß, unter welchem von mehreren Bechern sich ein Futterstück befindet, geht er bei der Suche naheliegenderweise wahllos vor. Zeigt man ihm durch kurzes Aufdecken, wo sich das Futter oder Motivationsobjekt befindet, wirft er zielstrebig den richtigen Becher um.

Auch wenn das Objekt unter dem Deckel nicht mehr zu sehen ist, weiß der Hund auf Grund innerer Vorstellung, dass und wo es sich befindet (Objektpermanenz). Verwehrt man ihm das Zusehen beim Verstecken, setzt er die Nase ein.

Zeigt man ihm aber jenen Becher, in welchem sich kein Objekt befindet, so wirft er trotzdem den leeren Becher um. Schimpansen würden unter den gleichen Bedingungen den Schluss ziehen, dass das Futter im anderen Becher sein muss und sie würden den richtigen Becher umwerfen.

Umweg-Versuche

Dass sogar sechs bis acht Wochen alte Welpen in der Lage sind, einen Umweg zu gehen, um ein Ziel (z.B. Futterstück) zu erreichen, haben bereits Scott und Fuller 1965 nachgewiesen. Neuere Umweg-Experimente zeigten, dass es Hunden deutlich leichter fällt, das Ziel mittels Umweg aufzusuchen, wenn das Ziel (z.B. Futterstück oder Motivationsobjekt) außerhalb eines V-Hindernisses lag. Befand sich das Ziel innerhalb des V-Hindernisses, brauchten die Hunde länger und mehr Wiederholungen (Pongrácz et al. 2001). Das Ergebnis erklärt sich aus den Naturbedingungen. Dass sich ein Beutetier versteckt und der Beutegreifer nur durch Umwege zum Jagderfolg kommt, kann als Normalfall bezeichnet werden. Dass sich der Beutegreifer erst einmal aus einer eingeschlossenen Position durch Umwege befreien muss, um seinem Ziel näher zu kommen, steht nicht im üblichen Erfahrungsrepertoire. Stadthunde benötigten übrigens beim Umlaufen eines V-Hindernisses immerhin fünf bis sechs Versuche, um den kürzeren Weg zu finden.

Interessant ist das Ergebnis eines darauf aufbauenden Versuchs: Wurde den Hunden vom Versuchsleiter der kürzeste Weg gezeigt, so benötigten sie nur noch zwei bis drei Versuche (Pongrácz et al. 2001). Auch Kubinyi et al. zeigten in einem Versuch (2003a), dass Hunde die erfolgreiche Bedienung eines Verschlusses an einem Behälter schneller erlernen, wenn sie dabei zusehen können, wie der Mensch den Verschluss öffnet (*Lernen am Modell*).

Beispiel eines Nachahmungs-Prozesses:

Hundesportler wissen aus eigener Erfahrung, dass es nicht ratsam ist, den Hund vor der Hürde abzusetzen und selbst seitlich an der Hürde vorbeizugehen. Der Hund wird eher dem Vorbild des Besitzers folgen und ebenfalls an der Hürde vorbeilaufen. Vorteilhafter ist es, wenn der Besitzer (zumindest in der Erlernphase) auch selbst über die Hürde steigt und das seitliche Vorbeigehen vermeidet. Auch das Vorbeigehen mit betont weitem Abstand verringert die Gefahr der ungewollten Nachahmung. Ursache hierfür bildet die Überlagerung der Reize. Für den Hund steht das weite Umgehen im Vergleich zum kürzesten Weg zum Hundeführer in einem relativ geringen Motivationsniveau, während das nahe Vorbeigehen an der Hürde durchaus Vorteile gegenüber dem Sprung bieten kann.

Hunde lernen von Artgenossen

Dass Hunde von ihren Artgenossen lernen, indem sie diese beobachten und nachahmen, ist bekannt. Man denke nur an die sozialen Jagdstrategien der Wildhunde, die Leistungen der Hirten- und Hütehunde (Border Collies, Australian Shepherds und Schäferhunde). Oder man denke an deren Ausbildung, die sich heute noch auf die Nachahmung bereits ausgebildeter Individuen stützt. Bemerkenswert ist, dass diese Hunde nicht durch den Schäfer belohnt werden müssen! Das Tun an sich belohnt (*intrinsische Motivation*), da es im sozialen und funktionalen Kontext steht und in sich ebenso sinnansprechend wie zielführend ist (*artspezifische Lern-Dispositionen*).

M.E. Friedrich von Stephanitz (1864–1936), Begründer der Rasse „Deutscher Schäferhund" schreibt 1921:

> *„Die erste und früheste dieser Aufgaben ist, die ruhende oder beim Weiden zerstreute Herde gegen feindliche Einwirkung von außen zu schützen. Die zweite ist, die Herde zusammenzuhalten …, und die dritte ist, an die Weideplätze angrenzende bestellte Felder vor der Naschhaftigkeit und damit der Verwüstung durch die weidende Herde zu schützen. Diese letzte Aufgabe ist heute die Hauptaufgabe des damit zum hütenden und wehrenden Hunde gewordenen Schäferhundes […]."*

Auch in Wolfsgemeinschaften wird vieles durch Nachahmung gelernt, innerartlich und zwischenartlich (G. Bloch 2009). Dasselbe gilt für Haushunde. Leider werden auch *Phobien*, wie etwa Angst vor anderen Hunden oder Menschen, als auch Angst vor Gewitter übernommen.

Einen weiteren Beleg für Kompetenzvorteile, die auf Nachahmung zurückzuführen sind, bietet folgendes Experiment: Slabbert und Rasa (1997) zeigten, dass Polizeihundewelpen, die ihrer Mutter bis zur zwölften Woche bei der Rauschgiftsuche beiwohnen durften, später besser Suchleistungen brachten als jene Welpen, die von der Beobachtung im Welpenalter ausgeschlossen waren.

Bei Welpen ist Nachahmung gegenüber der Mutterhündin besonders stark ausgeprägt. Welpen beobachten die Mutterhündin neugierig, wenn diese an einem Grashalm oder in der Wiese schnuppert. Sie kommen näher, schnuppern ebenfalls, ohne zunächst den Sinn der Handlung zu verstehen. Man nennt diese Form einfacher Nachahmung *local enhancement* und meint damit das auf einen Ort gerichtete Untersuchungsverhalten. Geht es um Objekte, spricht man von *object enhacement*. In wenigen Wiederholungen lernt der Welpe, dass dort, wo die Mutterhündin riecht, es tatsächlich etwas Besonderes zu riechen gibt. Diese Erfahrung wirkt verstärkend. Sie intensiviert und ritualisiert Nachahmung – und schafft nebenbei Vertrauen. Springt ein erwachsener Hund ins Wasser, so kommt es mitunter vor, dass die Jüngeren blindlings hinterher springen – zu ihrer sich anschließenden Überraschung.

Aber Hunde sind nicht nur zu einfachen Nachahmungsformen fähig. Dies zeigt eine Studie von Friederike Range et al. (2007). Eine Demonstrator-Hündin benutzte, nicht wie üblich, für die Lösung eines Problems den Fang, weil dieser durch das Festhalten eines Balls besetzt war. Die Imititator-Hunde ahmten die erfolgreiche Problemlösung

Beispiel einer Nachahmungs-Leistung:

Hunde zeigen oft verblüffende Nachahmungsleistungen. Die adulte Schäferhündin des Autors – Banja vom Ratfels – pflückt einen Apfel von einem tief hängenden Ast. Der fünfzehn Wochen alte Malinois-Welpe Elos van de Duventorre sah ihr zu und ahmte sie nach, indem er die einzelnen Schritte, die zum Erfolg dieser Aktion führten, erstaunlich genau imitierte. Er ging zum Baum, suchte sich einen ebenfalls tief hängenden Apfel aus, fixierte ihn, stellte sich darunter, richtete sich auf die Hinterläufe, – was für ihn angesichts seiner Körpergröße nicht leicht war, – packte den Apfel und zog so lange an ihm ohne auszulassen, bis er ihn vom Ast trennen konnte. Ob es sich in diesem Beispiel im Sinne der streng biologischen Nachahmungsdefinition um eine neue, unbekannte Verhaltensweise handelt oder nicht, sei dahingestellt. Das Beispiel zeigt jedoch zweifelsfrei die Fähigkeit genauer Beobachtung und Imitation, da die Abfolge von mindestens sechs aufeinander folgenden Aktionen nicht selbstverständlich ist und in dieser Strukturierung vorher nicht im Verhaltens-Repertoire stand.

des Demonstrators nach, jedoch nicht auf die umständliche Weise, die Pfote zu benutzen, sondern mit ihrem Fang. In der nachfolgenden Variante führte der Demonstrator die Problemlösung wiederum mit der Pfote durch, ohne jedoch einen Ball im Fang zu halten. Jetzt ahmten die Imitator-Hunde tatsächlich die Ausführung mit der Pfote nach. Die Forscherin schließt daraus, dass den Imitator-Hunden bewusst war, dass der Demonstrator auf Grund des Balles keine andere Wahl hatte, als den umständlicheren Lösungsweg über die Pfote zu wählen. Der Versuch ist allerdings nicht unumstritten.

Inwieweit Hunde in der Lage sind, schwierigere Vorgänge über Beobachtung und Nachahmung, ohne experiementelle Übungsphase, sozusagen in einem Zug nachzubilden, muss noch weiter erforscht werden. Dr. Feddersen hält für möglich, dass beim Beobachten *„so etwas wie ein Verhaltensrahmen vorgegeben wurde, der nun in kleinen Übungsschritten, die den Prinzipien des instrumentellen bzw. operanten Konditionierens folgen können, ausgefüllt wird."* (2004, S. 388). Forscher aus dem Clever Dogs Labor der Universität Wien zeigten, dass Hunde das Verhalten von Menschen nicht blindlings nachahmen, sondern dass sie sich auf das beschränken, was ihnen in der anliegenden Situation Vorteile verspricht (*selektive Imitation*).

Unterscheidung

Aus Raummangel beschränken wir uns in der Frage der Unterscheidungsfähigkeiten der Hunde auf das Unterscheiden von Objekten und Worten. Mit etwas Übung können Hunde eine Menge unterschiedlicher Objekte und menschlicher Worte verstehen. Das hat zum Beispiel der Border Collie *Rico* bewiesen. Bekannt wurde der Hütehund 1999 durch die TV-Sendung *Wetten, dass ... ?* im Zweiten Deutschen Fernsehen. Rico konnte damals 77 Wörter exakt den jeweiligen Spielzeugen zuordnen. Als Rico vor einigen Jahren starb, beherrschte er 200 Begriffe. Die Nachfolgerin *Betsy* beherrschte beachtliche 340 Wörter, berichtet Juliane Kaminski, die Ricos und Betsys kognitive Fähigkeiten am Leipziger Max-Planck-Institut für evolutionäre Anthropologie erforscht hat. Kaminski zeigte darüber hinaus (2004), „wie" Rico lernte. Er bediente sich, wenn neue Gegenstände und Worte hinzukamen, des sogenannten *Ausschlussprinzips*: Trat zu einer Reihe bekannter Plüschtiere ein neues, unbekanntes hinzu und wurde dieses mit einem neuen, bislang unbekannten Wort benannt, so war Rico klar: Das neue Wort gehört zum neuen Objekt. Auf das neue Wort suchte er sich das neue Objekt und apportierte es. Der anschließende Erfolg (Verstärkung) bestätigte im Nachhinein, dass die Strategie richtig war. Zurückzuführen sind die erstaunlichen Gedächtnisleistungen trainierter Hunde unter anderem auf die Fähigkeit des *Fast-mapping* (schnelles Erfassen, Abbilden, Aufzeichnen). Auch Kinder nutzen beim Spacherwerb dieses Prinzip.

Inzwischen haben die Verhaltensforscher Alliston Reid und John Pilley vom Wollford College (2010) in einer Studie nachgewiesen, dass Hunde nach dreijährigem Training über 1.022 verschiedene Spielsachen unterscheiden können. Erstaunlich war innerhalb dieser Tests der Nachweis, dass *Chaser* die Gegenstände den Kategorien *Spielzeug, Ball* und *Frisbee* zuordnen konnte.

Aber auch ein „normaler" Hund kann bis zu 165 Wörter lernen, meint der Psychologe Stanley Coren von der University of British Columbia. Die meisten Hunde verstehen allerdings *nur* zirka 40 Worte. Péter Pongrácz von der Eötvös Loránd Universität in Budapest ist davon überzeugt, dass Hunde nicht nur Teile der menschlichen Sprache verstehen. Er interpretiert den Stand der Wissenschaft dahingehend, dass auch der umgekehrte Kommunikationsweg anzunehmen sei. Pongrácz vermutet eine *sprachähnliche Kommunikation*. Gestützt wird diese These durch einen Versuch, in dem Menschen Hundelaute vorgespielt wurden. Die Versuchspersonen mussten die Laute mit verschiedenen Situationen wie Angst, Angriff, Glück in Verbindung bringen. Erstaunlicherweise wurden die akustischen Signale der Hunde mehrheitlich verstanden, selbst von Nicht-Hundebesitzern und Kindern.

Wie verstehen Hunde unsere Worte?

Die meisten von uns wissen aus eigener Erfahrung: Hunde verstehen nicht nur antrainierte Hörzeichen, sondern zahlreiche Worte aus der Sprache des Menschen, wobei sie besonders jene Worte lernen, die für sie in irgendeiner Weise wichtig sind (instrumentelle und klassische Konditionierung). Im Allgemeinen sind dies Worte, die in Zusammenhang mit Fressen, Spazierengehen, Spiel, Hinweis auf Artgenossen (z.B. deren Name) und natürlich auch mit unangenehmen oder bedrohlichen Situationen stehen. Vereinfacht ausgedrückt: Es geht um Neutrales, Angenehmes und Unangenehmes. Man kann sich vorstellen, dass sich Hunde aus unseren Sätzen eine Art *mental-emotionales Mosaik* bilden. In Verbindung mit den zahlreichen anderen Signalen, die eine akustische Situation begleiten, kommt letztlich ein inhaltsreiches Ganzes zustande, das im Gehirn mit bestehenden *Repräsentationen* aus dem Erfahrungsschatz verglichen und bewertet wird.

Hierbei fließen etwa bei einem Hörzeichen Komponenten wie Tonhöhe, Lautstärke *(Wort-Dynamik* und *Wortsegment-Dynamik*), Sprechmelodie, Dehnung und Straffung der Worte sowie Prägnanz der Aussprache mit ein. Dieses Gesamtbild dient als Vorlage zur Bildung von *Erwartungen*. Worauf es Hunden besonders ankommt, ist, aus den *Chiffren* menschlicher Sprache herauszufiltern, in welcher Stimmungslage sich der Sender befindet und was er vorhat. Die augenblickliche emotionale Botschaft (chiffre) ist für die Erwartungsbildung oft wichtiger als die bereits assoziierte sachliche Bedeutung des Wortes. Die folgende Abbildung zeigt (vereinfacht) das Signalspektrum innerhalb einer Hörzeichenvermittlung, also jene Signale und Bedeutungen, die während eines Hörzeichens vom Hund mit aufgenommen werden.

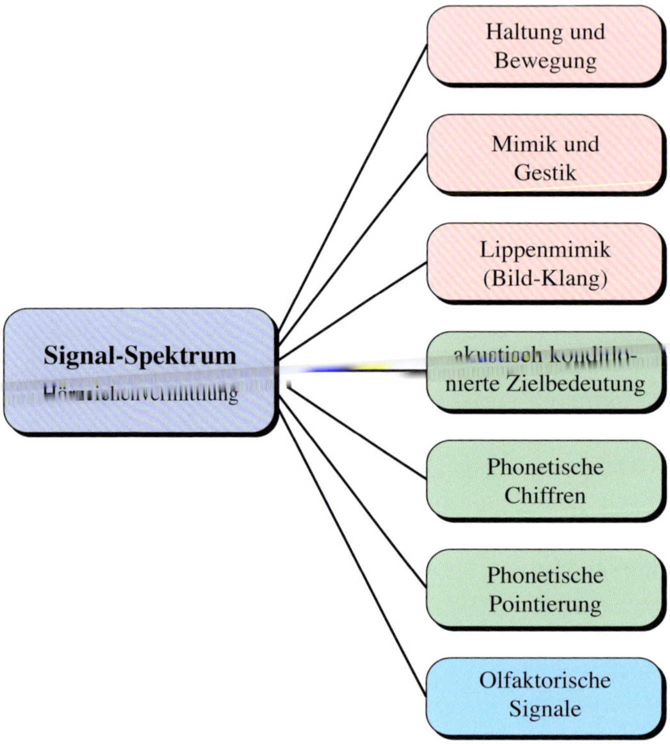

Hörzeichen – Signalspektrum

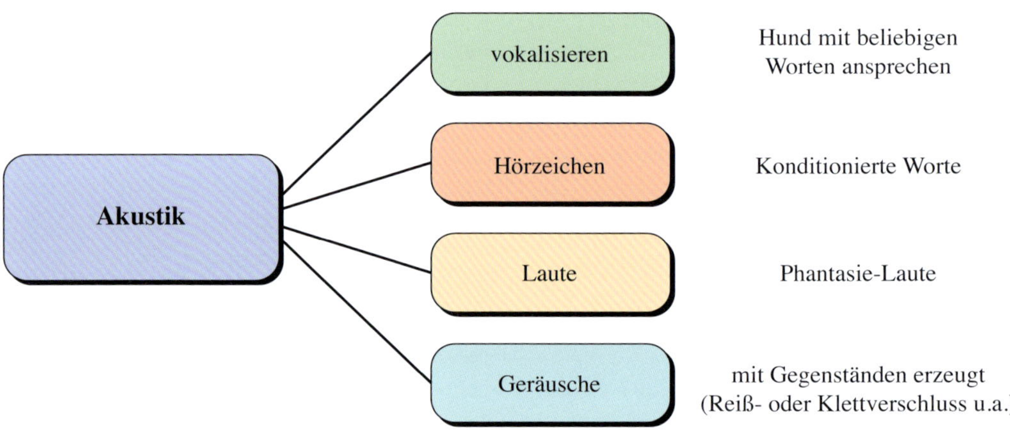

Akustik – Kategorien

Hunde „lesen" und imitieren Menschen

„Hunde sind mit Sicherheit deshalb evolutionär so erfolgreich, weil sie die sozialen und kommunikativen Signale des Menschen besser lesen können als jedes andere Tier, vielleicht sogar besser als einige Menschen". (Brian Hare von der Duke University in USA)

Hunde „lesen" und imitieren Menschen aus dem Blickwinkel ihrer Bedürfnisse und Interessen, aber hierbei leisten sie Erstaunliches. Allein schon an unserer Körperhaltung oder Bewegung erkennen Hunde, ob wir etwas vorhaben und oft auch, was. Beim *Dekodieren* (sachlicher Inhalt) und *Dechiffrieren* (emotionale Entschlüsselung) von Signalen aktivieren sie die jeweils erfolgversprechendsten Sinneskanäle, verschaffen sich mental einen ganzheitlichen Eindruck ihres Gegenübers und fokussieren im Sinne ihres Vorteils das Wichtigste. Dieser Prozess läuft, ähnlich wie bei Menschen, weitestgehend unterbewusst ab.

Was Hunde darüber hinaus noch können: Sie sind nicht nur in der Lage, die Signale des Menschen zu *interpretieren*, sondern auch zu *imitieren* – teils sogar besser als Schimpansen. Hunde wissen, wann sie vom Menschen angesehen werden und wann nicht. Sie klauen bevorzugt dann, wenn sie sich unbeobachtet wissen.

Sie beobachten die Blicke des Menschen und reagieren darauf. Hierzu wurde ein neuartiges Gerät eingesetzt, welches die Blicke des Beobachters aufzeichnet und Blickrichtungswechsel und -dauer grafisch darstellt. Man fand heraus, dass Hunde die Blicke des Menschen verfolgen und diese ähnlich wie Zeigegesten deuten. Sie sind in der Lage, zwischen den Blicken eines Menschen und dem Objekt, das dieser fokussiert, eine Verbindung herzustellen!

Und sie wissen nicht nur, ob und was Menschen sehen, sondern auch, ob und was wir hören. Dies zeigte Shannon Kundey vom Hood College in Frederick Maryland durch mehrere Tests (2010), in welchen Futter mit und ohne Begleitung akustischer Signale auf verschiedenen Behältern versteckt wurde. Zwei Versuchsleiter saßen den Hunden gegenüber, wobei einer der Versuchsleiter den Hund ansah, der andere den Kopf zwischen den Knien legte. Bei der Futterentnahme aus dem einen der Behälter wurde ein Geräusch erzeugt, beim anderen nicht. Die Experimente ergaben, dass Hunde nicht nur genau unterscheiden können, ob der Mensch zusah oder nicht, sondern dass sie im Zusammenhang des akustischen Signals eine raffinierte Kombination anzustellen vermochten: Die Vermutung liegt nahe, dass die Hunde wussten, dass sie nur eine Chance hatten, das Futter unbemerkt zu klauen, wenn sie das Futter aus dem Behälter, der kein Geräusch erzeugte, stahlen. Sie nahmen vermutlich an, dass das Geräusch den Menschen, der sie im Augenblick nicht sehen konnte, auf den Diebstahl aufmerksam machen würde. Auch dieser Test lässt vermuten, dass Hunde ähnlich wie Schimpansen und Rhesusaffen in der Lage sind, sich eine Vorstellung von dem zu machen, was das Gegenüber denkt bzw. vorhat (*Theory of Mind*).

Der Fang ist das wichtigste Werkzeug des Hundes.

Hand- und Fangspiele (EL 1995, 2004 S. 70) gehören in jedes Ausbildungsprogramm, denn die zweite Beißhemmung gegenüber dem Menschen muss ebenso erlernt werden wie die innerartliche.

In anderen Experimenten wurde nachgewiesen, dass Hunde, anders als beispielsweise Wölfe oder Schimpansen, in Situationen, in welchen sie nicht imstande waren, ein Problem zu lösen, initiativ Kontakt mit dem Menschen aufnehmen. Sie sehen den Menschen an und erwarten offensichtlich Hilfe. Wurde die Hilfe nicht oder nicht gleich gegeben, so verstärkten sie die Kommunikation durch allerlei Verhaltensweisen wie Bellen oder Hochspringen. Sie verfügen über eine reichhaltiges Repertoire an kommunikativen

Hunde wissen über die Bedeutung der Hand für den Menschen. Wie selbstverständlich übertragen sie dies auf ihre hundlichen Möglichkeiten: „Was dem Menschen die Hand ist, bedeutet dem Hund der Fang“. Der Besitzer im Bild nutzt die Hand zur Desensibilisierung. Der Hund ahmt ihn nach, aber mit dem Fang.

Signalen und Routinen, um auf sich aufmerksam zu machen und auf ihr Problem hinzuweisen. Besonders deutlich zeigt sich die Tendenz des Hundes, Menschen nachzuahmen, am *Do as I do-Experiment*, welches wir weiter unten behandeln werden.

Blickkontakt

In neueren Versuchen wird bestätigt, dass Hunde nicht nur im realen, dreidimensionalen Raum, sondern auch bei zweidimensionalen Videofilmen Interesse an Artgenossen und Menschen zeigen. Hunde versuchten, mit den abgebildeten Artgenossen und Menschen sozialen Kontakt aufzunehmen. Blieben ihre Versuche ergebnislos, so ließ die Konzentration schnell nach, oft brach sie abrupt ab.

Hunde nehmen mit Menschen Blickkontakt auf, um in Erfahrung zu bringen, ob sie vom Menschen entweder verbal oder auch durch nonverbale Signale „angesprochen" sind (Pongrácz et al. 2003). Häufigkeit, Intensität, und Dauer des Blickkontaktes können sehr verschieden ausfallen. Je umfangreicher das Repertoire der Kooperationen zwischen Mensch und Hund angelegt wurde, desto größer gestaltet sich naheliegenderweise das Erwartungs-Spektrum auf Seiten des Hundes. Blickkontakt ist zweifellos ein fundamentales Kriterium für beides: Für Aufmerksamkeit und Kommunikation. Allerdings wurde diese kostbare Interaktion zwischen Mensch und Hund im Sport lange missverstanden. Oder müssen wir annehmen: missbraucht? Permanentes Hochsehen wird immer noch vielerorts durch aversive Mittel oder im Wechselbad von Belohnung und Strafe konditioniert. Von einer *Team-Leistung* im ethisch-sportlichen Sinne ist dies weit entfernt. Nicht zu Unrecht bezeichnen Ethologen diese Form des Hochsehens als *konditionierte Zwangshaltung*.

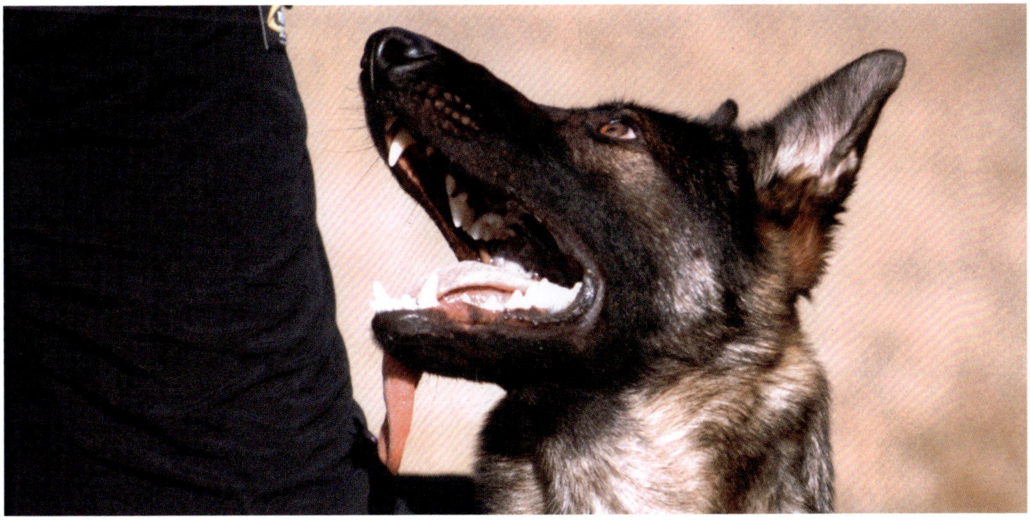

Blickkontakt.

„Do as I do"-Experiment

Anmerkung: Wir verwenden den Kurzbegriff *Nachahmungs-Formen (Imitation-shaping)* an Stelle der genaueren Bezeichnung: *„Formen durch Nutzung der Nachahmungsfähigkeit"* und wir verzichten aus bereits formulierten Gründen weitgehend auf die Unterscheidung zwischen *Nachahmung* und *sozialer Anregung*.

Nachahmungsfähigkeit führte in der traditionellen Unterordnungs-Ausbildung der Hunde bis vor Kurzem ein Schattendasein. Umso erfreulicher ist, dass Nachahmung – infolge medialer Verbreitung neuerer *Do as I do-Experimente* – mehr und mehr bekannt wird. Wir widmen dem Nachahmungs-Formen einen eigenen Abschnitt, weil es triftige Argumente für die didaktisch-methodische Nutzung gibt.

Wir erinnern uns an den Versuch von Kubinyi et al. (2003a). Sie wiesen nach, dass Hunde, die zusahen, wie ein Mensch einen Riegel an einer Kiste öffnete, wodurch ein Ball herausfiel, besser in der Lage waren, das Öffnen nachzuahmen als Hunde, die nur sahen, dass der Mensch beispielsweise die Hand auf die Kiste legte. Bemerkenswert ist, dass die Hunde das Öffnen auch nachahmten, wenn kein Ball herausfiel. Daraus ist zu schließen, dass Hunde Menschen nicht nur aus konkret erwarteter lohnenswerter Konsequenz nachahmen. Hunde ahmen Menschen nach, weil Nachahmung ebenso wie die dabei erlebte, in neuem Kontext befindliche Verhaltensweise als solche lustvoll und erwartungsvoll verankert ist. Nachahmung wurde im Verlauf der Domestikation bereits in das Erbgut aufgenommen, das belegen Tests mit Welpen.

Um zu neuen Einsichten bezüglich der Nachahmungsfähigkeit der Hunde zu erhalten, übertrug Topál et al. (2006b) einen Versuch, der bereits mit Affen (Custance et al. 1995 sowie Call 2001) und Delfinen (Herman 2002) durchgeführt wurde. – Zunächst wurden die Hunde auf das Hörzeichen *Do as I do!, bzw. Do-it!* (tue, was ich tue! Bzw. Tue es!) konditioniert (oder auf ein anderes Signal mit artspezifischer Salienz). Anschließend brachte das Forscherteam einem ausgebildeten Behindertenbegleithund verschiedene Aktionen wie Weglaufen, Hochspringen, Bellen, einen Gegenstand in ein Gefäß legen, Fuß auf den Ball legen, Gegenstände vom Sofa holen usw. vor. Auf das Hörzeichen *Tu es!* (*Do it*!) hatte der Hund keine Mühe, die Aktionen in ähnliche Muster umzuwandeln und nachzuahmen. Bei Aktionen, die normalerweise nicht im Repertoire des Hundes vorkommen, ging die Erfolgsquote jedoch deutlich zurück. Dieses Experiment wurde inzwischen mehrfach wiederholt und erweitert.

In anderen *Do as I do-Experimenten* wurden Hunde mit vollkommen neuen Aktionen (welche nicht zu dem Verhaltensrepertoire des Hundes gehörten) konfrontiert, ebenso mit aus zwei Aktionen bestehenden Sequenzen. Die Ergebnisse zeigten die Grenzen der Imitationsfähigkeit des Hundes auf. Trotz unverkennbarer Motivation ging die Imitation über Ansätze zu annähernder Imitation nicht hinaus.

Im Hinblick auf die Bedeutung der Nachahmungsfähigkeit der Hunde verdient auch das Ausbildungsprogramm *Team-Balance* (EL 1998) Erwähnung. Bereits 1995, (etwa zeitgleich zu den Nachahmungsforschungen bei Affen: Custance et al. 1995), hatte der Autor dieser Lernform auf ausgedehnten Seminar- und Vortragsreisen ein *Nachahmungs-Formprogramm* für die Grundübungen <Gemeinsames Angehen>, <Anhalten>, <Aufstehen>, <Zurückkommen> sowie <Sitz> und <Platz> entwickelt: Ohne Hörzeichen, ohne den Hund zu berühren und ohne zwingende Belohnungsverstärkung. *Team-Balance* war historisch gesehen das erste Erziehungs- und Ausbildungs-Programm, in welchem an Stelle formaler Leistungen das „*Wie der Vermittlung*" im Vordergrund steht und auch geprüft wird.

Nachahmungs-Formen hat den Vorteil, dass keine Ressourcen (Futter oder Objekte) vom Zielverhalten ablenken, dass die Kommunikation durch den Vorgang selbst aufrecht erhalten wird, dass der Sender gleichzeitig die Verstärkung beinhaltet, dass das Zielverhalten ohne Zwischenstufen sozusagen in einem Guss vermittelt wird und dass Nachahmung als sozialer Akt nicht nur Zielverhalten vermittelt, sondern wesentlich zur Bindung beiträgt und Vertrauen schafft. Und schließlich bietet sich *Nachahmungs-Formen* an, mit anderen Lernformen kombiniert zu werden.

An Bewegungsspielen, die man mit Hunden unternimmt, lässt sich gut zeigen, dass Hunde einfache Vorgaben wie zum Beispiel schnelles Anlaufen, Stoppen, Wenden oder Hochspringen verblüffend ähnlich nachahmen. Erreicht das *Motivationsniveau* allerdings einen bestimmten Punkt, so neigen sie dazu, die Spielart zu wechseln und den Fang einzusetzen (EL: Video *Richtig Spielen mit Hunden* 1996; Video *Hunde spielend motivieren* 1998; DVD *Welpenerziehung* 2007).

„Modellgestaltung" sollte vor dem Einsatz mit dem Hund trocken geübt werden. Nur so lassen sich körpersprachliche Fehlaussagen und Widersprüche vermeiden. Hier die Ganzkörper-Modellmethode eines <Sitz>. Anders als beim geistigen Zügel werden hier die Hände locker und entspannt gehalten (Führungshand).

Beispiel für die soziale Nachahmung Hand und Fang:

Das Hand-Fang-Experiment lässt sich unter anderem beim Desensibilisieren von Gegenständen einsetzen, etwa beim Erstkontakt mit Leinen, Halsbändern, Apportiergegenständen oder auch bei Leitwirkungen. Es geht hier nicht um Zeigen und Benennen, sondern um spezifische Exploration in der Zielsetzung, als Modell zu wirken, den Hund zur Nachahmung anzuregen und dabei gleichzeitig Desensibilisierung zu bewirken.

Beispiel sozialer Nachahmung: „Paradeübung".

Weil sie so ziemlich alles enthält, was in der Ausbildungslehre des Autors von Bedeutung ist, wurde folgende, bereits 1993 vom Autor entwickelte und verbreitete Übung unter dem Begriff „Paradeübung" bekannt: Der Hund wird abgelegt (oder liegt schon) und der Teamführer schleicht sich vorsichtig unter Blickkontakt rückwärts gehend vom Hund weg. Diese Szenario (Resonanz-Szenario) versetzt den Hund in eine Stimmung des Lauerns und Abwartens. Er bleibt so lange liegen, bis der Teamführer mit einer explosiven Bewegung oder Geste (inkl. Akustik) das Lauern auflöst. Auf den Auslöser springt der Hund, weitgehend reflexbedingt, zum Teamführer und erfährt dort ein fulminantes Beutestreiten: „… Aus Liegen müssen wird Lauern dürfen". Qualität und Intensität des Nachahmungsvorgang stehen und fallen mit der Glaubwürdigkeit des Modells. Der Übungsaufbau als auch die einzelnen Kriterien eines überzeugenden Schleichens wurden vom Autor bereits 1993 entwickelt.

Sozialer Einfluss des Menschen

Die kognitive Kompetenz unserer Hunde hat zwei Quellen: Auf der einen Seite ist es die herausragende Anpassungsfähigkeit der Wolfsvorfahren, was sich allein schon daran ablesen lässt, dass Wölfe trotz großflächiger Ausrottung heute noch unter unterschiedlichen ökologischen Bedingungen in Russland, Kanada, Alaska und Teilen Europas verbreitet sind. Auf der anderen Seite brachte die enge soziale Gemeinschaft mit dem Menschen Fähigkeiten hervor, die in der Tierwelt einzigartig sind. Daher ist die Geschichte des Hundes untrennbar mit jener des Menschen verbunden – und umgekehrt.

Was der Mensch tut, ist für den Hund oft von vornherein interessant und nachahmenswert, auch ohne konkrete Vorteilserwartung oder nachfolgende Verstärkung. Das erklärt andererseits, weshalb Hunde bei manchen Experimenten auffallend schlecht abschneiden. Immer dann, wenn Hunde auf Grund ihrer Bindung zum Menschen für bestimmte Aufgaben keine oder eine nur geringe Erwartung aufbringen, sind sie in der Lösung derselben beeinträchtigt. Das heißt aber nicht, dass sie zur Lösung nicht fähig wären. Was Hunde oft behindert, ist die Tatsache, dass sie in vielen Situationen von sich aus einen anderen Fokus, nämlich den Menschen selbst, bevorzugen. So können bestimmte Experimente mit Hunden nur unter der Voraussetzung durchgeführt werden, dass Hunde vor Aufgabenbeginn angesprochen wurden. Dies führte zu neuen Ansätzen in der den Hund betreffenden Kognitionsforschung.

Wie sehr Kognition bei Hunden durch soziale Vorgänge beeinflusst wird, zeigt ein Versuch von Topál et al. (2007): Bekannt war: Hunde sind in der Lage, unter verschiedenen Bedingungen, die einsichtiges Denken voraussetzen, unter Behältern versteckte Leckerli zu finden. Solange beide Behälter gezeigt wurden, wobei jeweils mit dem Hund kommuniziert wurde (Ansehen oder Namen rufen), entschied der Hund richtig. Wurde jedoch nur dann kommuniziert, wenn es um den leeren Becher ging, so zog der Hund den leeren Becher vor, weil für ihn die soziale Komponente wichtiger war als seine eigene Erfahrung. Der leere Behälter war *sozial markiert* und wurde daher vom Hund bevorzugt. Hunde vertrauen dem Menschen in vielen Situationen mehr als ihren eigenen Sinnen bzw. ihrer eigenen Bewertung des Problems.

Hunde sind zu Schlussfolgerungen fähig, diese können aber durch soziale Erwartungen, Regeln oder Auslösereize überlagert werden. Bei anderen Tierarten war das schon seit längerem bekannt. Ausgeprägt sozialisierte Tiere wie z.B. Pferde orientieren sich ähnlich wie Hunde stark am Menschen. Dadurch brachten sie sich in eine Abhängigkeit, die in bestimmten Situationen zu Lasten eigener Problemlösungs-Kompetenz geht. Bei einem Versuch mit Pferden zeigte sich, dass diese nicht in der Lage waren, sich an Modell-Pferden, denen man beigebracht hatte, eine Futterbox zu öffnen, zu orientieren. Sie konnten das Verhalten der Vorbilder nicht nachahmen. Lefrançois berichtet, dass die Tiere verhungert wären, wenn man die Box nicht geöffnet hätte (1976, 2006).

Die Vermutung, dass Hunde zu *Freundschaft* mit dem Menschen fähig seien, wurde vor nicht allzu langer Zeit noch belächelt. Inzwischen befasst sich die aktuelle Forschung intensiv mit dieser Thematik. Unter *Freundschaft* versteht man eine Art *Allianz*, die aus folgenden Fähigkeiten besteht: Sozialer Gemeinschaft, ausgeprägter Kommunikation, gegenseitige Hilfestellung sowie der Fähigkeit und (situativen) Bereitschaft, zu teilen und Beiträge zum Vorteil der sozialen Gruppe und Einzelner einzubringen. Von dieser Warte aus gesehen sind Hunde geradezu prädestiniert, *Freundschaft* zu ihren Besitzern zu entwickeln. Die Leistungen der Jagdhunde ebenso wie die Allianzen der Therapie- und Blindenhunde geben hierfür umfangreiche Belege. Topál et al. zogen (2005) unter gleichen Bedingungen mehrere Hundewelpen und Wolfswelpen auf und verglichen die beiden Gruppen nach vier Monaten. Die Hypothese, dass Wolfswelpen selbst unter gleichen Aufzuchtbedingungen nicht die gleichen Bindungsfähigkeiten zum Menschen mitbringen, hat sich weitgehend bestätigt. Dies wurde in den folgenden Situtationen nachgewiesen: *Spiel*, *Begrüßung* und *an der Tür warten, wenn der Betreuer wegging*. Weitere Auswirkungen auf die Bindungsfähigkeit des Hundes haben die Art der Unterbringung (Zwinger, Haus, Garten) sowie Art, Umfang und Qualität der Beschäftigung mit dem Hund.

Auch an Kindern im Alter von zwei Jahren konnte Matas et al. schon 1978 feststellen, dass sich Bindung förderlich auf Begeisterungsfähigkeit, Kooperation und Ausdauer auswirkt.

<u>*Markierungseffekt*</u>

Hunde orientieren sich in Problemsituationen zunächst einmal am Menschen, der ihm die meisten Probleme (Nahrungserwerb, Revierverteidigung, Schlafplatz, Abschirmung gegen Feinde u.v.a.), abgenommen hat. Die Aktivität des Hundes geht daher nicht in die Richtung, selbst eine Lösung zu finden, sondern dahin, mit dem Menschen Kommunikation aufzubauen, ihn aufmerksam zu machen oder seine Hilfe direkt anzuregen. Diese Theorie wurde durch die Tatsache, dass Zwingerhunde in ähnlichen Versuchen mehr Selbstständigkeit und Problemlösungsvermögen zeigen als Hunde, die im Haus gehalten werden, untermauert. Vereinfacht könnte man sagen, der Hund hat es verstanden, sich aus dem Kreis der Möglichkeiten den Menschen als das *immer zur Verfügung stehende und erfolgversprechendste Werkzeug* zu wählen und zu favorisieren. Auch dies ist zweifellos eine hohe intelligente Leistung.

Wie sehr sich der Hund in eine freiwillige Abhängigkeit vom Menschen begeben hat, zeigt folgender Test: Man ließ Hunde zusehen, wie in einem von zwei Behältern ein Motivationsobjekt versteckt wurde. Der Versuchsleiter rief den Namen des Hundes, drehte den Behälter, in welchem das Motivationsobjekt nicht versteckt wurde, um und zeigte dem Hund kurz den leeren Behälter. Nachdem der Behälter wieder an den alten Platz gestellt wurde, durfte der Hund die Behälter untersuchen. Er entschied sich für jenen Behälter, der ihm gezeigt wurde, obwohl dieser leer war. In der Wiederholung des Tests wurde der leere Becher nicht von einem Menschen, sondern durch eine Vorrichtung angehoben. Diesmal suchte der Hund zielstrebig den gefüllten Becher. Auch in diesem Experiment erklärt sich das Ergebnis durch die Bedeutung des Menschen für den Hund. Der gezeigte leere Behälter wurde durch den Einfluss des Menschen emotional aufgewertet (*Markierungs-Effekt*). Welcher Art diese Aufwertung ist, lässt mehrere Schlüsse zu. Es könnte beispielsweise reine Neugier zur Triebfeder werden. Es könnte aber auch sein, dass der leere Behälter durch die *Markierung* die Vermutung im Hund auslöste, hier müsse sich das versteckte Spielzeug befinden. Aber auch die Gewohnheit, sich ein- und unterzuordnen, könnte zur Entscheidung für den gezeigten Becher führen. Mehr spricht jedoch für andere Varianten: Das Hinzutreten des Menschen, in Verbindung der aufgenommenen Kommunikation (Versuchsleiter spricht den Hund an) lenkt von der ursprünglichen Motivation (Spielzeug bzw. Leckerli) ab und gibt dem gesamten Szenario eine neue Richtung (Überschattung). Viel spricht dafür, dass der Hund eine *Erwartung* bildet. Diese kann unterschiedlicher Natur sein: Der Hund erwartet etwas konkret unter dem Becher. Dass der Mensch immer wieder Überraschungen auslöst, ist er gewohnt. Oder der Hund bildet eine Art *übergeordnete Erwartung*. Dass die Erwartung hierbei zunächst noch unkonkret ist, bedeutet kein Hindernis für deren Aufbau. Allein die etablierte Erfahrung, dass der Mensch, das *Modell*, in einen sozialen Kontakt tritt, trotz vagen Inhalts, kann für den Hund zur Ursache einer relativ hohen Motivation werden.

Abstraktions-Beispiele:

Hunde können Bilder (zweidimensionale visuelle Reize) mit bekannten dreidimensionalen Gegenständen verbinden: Alexandra Horowitz zeigte in einem Experiment, dass die Collie-Hündin Betsy, nachdem man ihr das Bild einer Frisbee-Scheibe gezeigt hatte (*Symbolerkennung*), die reale Frisbee-Scheibe aus dem Nebenraum apportierte. Das ist eine erstaunliche Leistung. Die Fähigkeit der Symbolerkennung gilt als fundamentale Voraussetzung für abstraktes Denken und Spracherwerb.

Eine Abstraktionsfähigkeit ganz besonderer Art ist das Seitenverständnis. Hunde können – bis zur Zuverlässigkeit allerdings erst nach langem Training – links und rechts unterscheiden. Dies wurde mehrfach nachgewiesen. Auch in den Trainings-Experimenten des Autors in den Jahren 1998 bis 2009 (siehe Quellenangabe) konnte das Seitenverständnis für Hunderte verschiedener Aufgaben bestätigt werden.

Andererseits wissen Hundebesitzer auch, wie schwer sich Hunde oft tun, die richtige Lösung zu finden, wenn sie sich beispielsweise an einem Pfahl mit der Leine verfangen haben. In dieser Situation zeigen sie of *Trial-and-Error*. Haben sie sich auf Grund falscher Entscheidung bereits mehrmals umwickelt, ist das Problem ohne Hilfe des Menschen mitunter nicht mehr zu lösen. Mit der Zeit lernen Hunde jedoch, nach dem *Entweder-oder-Prinzip* vorzugehen: „*Wenn es nicht diese Richtung ist, muss es die andere sein*“. Diese relativ einfach Leistung bedeutet noch kein problemzentriertes Verhalten. Das heißt, ihre Abstraktionsfähigkeit ist in Bezug auf Leinen, an denen sie immerhin seit Jahrtausenden hängen, eingeschränkt.

Problemlösungs-Beispiele:

Manche Hunde haben gelernt, mit der Pfote Türklinken niederzudrücken, ohne dass es ihnen jemand beigebracht hat. Ist das nicht erwünscht, so stellt man den Türgriff senkrecht. Hunde verstehen schnell, dass sie in dieser veränderten Situation keine Chance haben. Sie stellen ihre Versuche auffallend rasch ein. Sie lernen neu, sich den veränderten Bedingungen anzupassen (Extinktion).

Geht es um Problemsituationen, in denen der Hund Chancen auf Erfolg sieht, etwa bei Gartentorverschlüssen, entwickeln Hunde oft erstaunliche Phantasie und Geduld. Die Schäferhündin des Autors, Banja vom Ratfels, hatte sich darauf spezialisiert, den Fallriegel eines Gartentors, welcher den Zutritt zur hauseigenen, eingezäunten Spielwiese freigab, durch Anheben mit der Schnauze zu öffnen. Der Einbau eines zusätzlichen Riegels hinderte Banja nicht daran, das Problem unter erschwerten, neuen Bedingungen zu lösen. Sie lernte offensichtlich mit und öffnete auch diesen Verschluss. Im nächsten Schritt wurde der Riegel mit Gartendraht umwickelt, aber auch dieses Problem war für Banja kein dauerhaftes Hindernis. Geduldig manipulierte sie so lange an dem Draht, bis die Riegel frei waren. Sie machte den Eindruck, als hätte sie Spaß an den gestellten Herausforderungen. Im weiteren Verlauf wurde die Aufgabe täglich verändert, immer noch schwieriger und umfangreicher, aber doch so, dass es noch eine zumutbare Lösung gab. Es war erstaunlich, in welcher Perfektion und Schnelligkeit Banja nach wenigen Wochen selbst schwierige Torverriegelungen zu öffnen verstand. Nachahmung war hier definitiv nicht im Spiel. Die hier beschriebene Lernform geht auf *objektbezogene Verstärkung* (*stimulus enhancement*) zurück.

Aus Fehlern lernen?

Unter bestimmten Umständen können Hunde offensichtlich nicht aus Fehlern lernen. Auf den A-not-B-error haben wir bereits hingewiesen. Andererseits lassen sich zahlreiche Situationen aufführen, in denen Hunde ausgesprochen schnell aus Fehlern lernen. Worauf es offensichtlich ankommt, ist, im Rahmen der arteigenen Kompetenzen zu bleiben.

Beispiel für die Fähigkeit, aus Fehlern unmittelbar zu lernen:

In einer Spielanalyse, die der Autor 1993 im Anschluss an ein Video-aufgezeichnetes Solitärspiel mit dem grauen Schäferhund Quirin machte, ist in der Slow-Motion Folgendes zu sehen: Der Hund wirft ohne Fremdeinwirkung freiwillig ein nicht schwimmbares Objekt (Schleuderball) in ein Kinderschwimmbecken (50 cm tief), sieht dem Ball nach, wartet kurz, nimmt mit der Schnauze Kontakt mit dem Wasser auf und springt hinein. Als er bemerkt, dass das Wasser ziemlich tief ist, hält er inne, sieht zum Besitzer und beginnt, als dieser ihm nicht zu Hilfe kommt, den Boden mit der Pfote nach dem Ball abzusuchen. Als er ihn spürt, stellt er das Suchen ein und hält er die Pfote drauf. Vor dem Abtauchen hält er nochmals kurz inne und taucht dann entschlossen ab, um den Ball zu fassen und heraufzuholen. Wegen der Tiefe musste er den gesamten Kopf bis zum Grund unter Wasser bringen. Nach dem Auftauchen schüttelt er sich das Wasser aus den Ohren; – reflexbedingt. Dabei verliert er den Ball wieder aus dem Fang. Der Ball fällt abermals ins Wasser und sinkt auf den Grund. Ohne zu warten sucht er den Ball wieder mit der Pfote, taucht ohne Zögern ab und holt sich den Ball. Diesmal aber springt er sofort aus dem Becken und schüttelt sich außerhalb ab.

Bild aus einer DVD-Videosequenz extrahiert: Quirin holt sich einen Ball vom Boden des Bassins (1993).

Der Vorgang beweist, dass der Hund über erstaunliche *kognitive Kompetenzen* verfügt. Um ohne vorausgehendes *Trial-and-Error,* die umständlichere und selten genutzte Lösung einer vorausgehenden Ortung durch die Pfote zu wählen, muss angenommen werden, dass Quirin in der Lage war, die unterschiedlichen Möglichkeiten geistig durchzuspielen. Die einzelnen Möglichkeiten zu vergleichen und zu bewerten setzt voraus, sich diese mental vorstellen zu können. Aus den Möglichkeiten wählte er die zielführendste. Als Möglichkeiten kamen in Betracht: Visuelle Ortung, geruchliche (olfaktorische) Ortung, Hilfe des Menschen (taktile Ortung) sowie Aufgabe bzw. Abbruch. Er wusste, dass er mittels visueller und olfaktorischer Ortung unter den gegebenen Umständen den Ball nicht lokalisieren kann. Ihn durch blindes Suchen zu finden bewertete er als nicht ausreichend zielführend, sonst hätte er diesen direkten Weg gewählt. Da der Mensch ihm die erbetene Hilfe nicht bieten konnte, was ihm klar war, weil der Besitzer mit der Kamera beschäftigt war, suchte er, ohne zu experimentieren (!), nach einer eigenen Lösung. Er entschied sich für die umständliche und wenn überhaupt, dann nur wenig erprobte taktile Ortung mittels Pfote, er hielt, als er sie auf diesem Weg fand, die Pfote drauf, um die Lokalisierung nicht wieder zu verlieren und erst, als diese beiden Schritte erfolgreich abgeschlossen waren, tauchte er ab und holte den Gegenstand in einem einzigen, erfolgreichen Lösungsversuch herauf. Was sich an diesen bemerkenswerten Akt kognitiver Kompetenz anschloss, war instrumentelle Konditionierung. Die nachteilige Konsequenz, sich mit dem Gegenstand im Fang zu schütteln, solange er noch im Wasser war, vermied er bereits nach einem Durchgang und ersetzte sie durch die Lösung eines einfachen, aber wirkungsvollen Timings, indem er das Schütteln erst nach dem Verlassen des Beckens zeigt. Das ist ebenfalls bemerkenswert und beweist, dass er wusste, weswegen er den Ball verlor und dass Hunde in der Lage sind, reflexbedingte Vorgänge wie das Schütteln nach Eindringen von Wasser in den Gehörgang zu unterdrücken und zeitlich zu verschieben.

Was hier in kürzester Zeit ablief, war ein ganzes Bündel von dokumentierten Kognitionsleistungen, abgesehen von den Hinweisen auf kreatives, intrinsisch motiviertes Solitärspiel und Selbststeuerung.

Wissen über sich selbst und über andere

Hunde sind in der Lage, im Spiel sich selbst einzuschränken, unter anderem bei Verfolgungsspielen oder bei Zerr-, Kampf- und Beißspielen. Dies setzt aber voraus, dass sie fähig sind, sich ein Bild von der Leistungsfähigkeit ihres Gegenübers zu machen, dieses mit dem eigenen Potenzial zu vergleichen und schließlich das eigene Verhalten absichtlich unterhalb dem Niveau des anderen einsetzen zu können (*Self-Handicapping*). Das spricht zweifellos dafür, dass Hunde, zumindest unter bestimmten Bedingungen, ein mentales Bewusstsein über sich selbst und über andere haben.

Um herauszufinden, ob Tiere eben diese beiden Fähigkeiten haben, die man *Metakognition* und *Theory of Mind* nennt, wurden inzwischen zahlreiche Experimente durchgeführt. Einige davon haben wir bereits weiter vorne beschrieben. Auch bei

Hunden geht man dieser Frage nach. Geht es um kognitive Fähigkeiten im Rahmen der Interpretation von Zeigegesten, schneiden Hunde sehr gut ab. Den Spiegeltest hingegen bestehen sie nicht.

Die Experimente von Anderson et al. (1995) wurden inzwischen mehrfach und variiert wiederholt, unter anderem von Miklósi und Soproni 2006. Hunde verstehen Zeigegesten, das ist durch Versuche an über tausend Hunden gesichert. Sie haben diese Fähigkeit vermutlich im Verlaufe der Domestikation erworben, denn Wölfe sind Hunden in diesem Punkt deutlich unterlegen. Virányi et al. (2008) fanden jedoch heraus, dass auch sozialisierte Wolfswelpen nach intensivem Training in der Lage waren, Zeigegesten zu interpretieren. Hunde sind, zwar eingeschränkt, sogar zu spontaner Interpretation von Zeigegesten fähig. Selbst neue, normalerweise nicht vorkommende Zeigegesten des Menschen, wie zum Beispiel das Zeigen mittels eines Beines, werden verstanden. Bei oberflächlicher Betrachtung könnte man annehmen, es sei sowieso klar, dass ein Hund auf eine Zeigegeste die beschriebene Richtung wählt. Viele andere Tierarten sind hierzu jedoch nicht in der Lage. Für sie haben Zeigegesten des Menschen keine Bedeutung.

Dass Hunde sich mental vorstellen können, was ihr Gegenüber denkt, fühlt oder vorhat, bestätigt sich an Beispielen des täglichen Lebens. Hunde warten, bis die Köchin gerade mal kurz den Raum verlässt, wenn sie vorhaben, etwas zu klauen oder sie pinkeln an den Rosenstrauch just dann, wenn sich die Besitzerin gerade mit der Nachbarin unterhält. Hunde robben einige Meter vor, wenn sie eigentlich liegen bleiben sollten. Das tun sie aber vorzugsweise in jener Phase, wo ihnen der Besitzer den Rücken kehrt oder unaufmerksam ist. Die Lektorin dieses Buches erzählte mir folgende Story: Ihr Hund liegt während der Büroarbeit neben ihr. Er macht, wenn es ihm zu langweilig wird, selbstständig die Tür auf und wandert durchs Haus. Da er weiß, dass dies verboten ist, wartet er mit dem Ausreißen, bis Frauchen telefoniert, denn er hat herausgefunden, dass dies der günstigste Augenblick für unerkanntes Entfernen ist.

Man kann davon ausgehen, dass Hunde um die jeweiligen Regeln, Aufträge oder Verbote wissen. Aber sie riskieren die Regelverletzung, weil sie auch wissen, dass sie nicht gesehen werden. Das gibt ihnen die Hoffnung, ohne Nachteile davon zu kommen. Wird die Regelwidrigkeit nicht geahndet, dann lernt der Hund zusätzlich, er kann den Besitzer überlisten. Das alles wäre nicht möglich ohne das Wissen, dass der andere, wenn er nicht hersieht, nicht reagieren kann. Dieses Wissen über die Handlungsunfähigkeit des Gegenüber bezieht sich nicht nur auf den fehlenden Blickkontakt. Hunde haben auch ein Wissen über die Einschränkung der Hände. Besitzer beispielsweise, die auf Hundespeichel allergisch reagieren, berichten folgendes: Sie haben ihren Hunden verboten, Gesicht und Hände abzulecken. Wenn dieser Hundebesitzer sich jedoch bückt, um Schuhe anzuziehen und die Schnürsenkel zu knüpfen, wozu beide Hände erforderlich sind, wird er genau in diesem Augenblick im Gesicht abgeleckt. Der Blickkontakt war nicht unterbrochen, aber die Hunde haben sich ein anderes Handicap zunutze gemacht: *motorische Einschränkung*. Daraus geht hervor, dass Hunde imstande sind, sich das *Prinzip der Handlungseinschränkung* ihres Gegenübers zunutze zu machen. Ob und wieweit sie dabei bewusst *reflektieren* und was da neurobiologisch und psychologisch genau abläuft, muss noch weiter erforscht werden.

Um nochmals auf die soeben genannten Beispiele zurückzukommen. Es ist durchaus möglich, Hunden beizubringen, dass sie die Regeln und Tabus auch bei fehlendem Blickkontakt (*Blickalternation*) einhalten. Dies erreicht man durch Methoden der *Impulskontrolle* (davon später).

In mehreren Tests wurde nachgewiesen, dass Hunde, wenn sie vor Probleme gestellt sind, Hilfe beim Menschen suchen. Also haben sie eine Vorstellung davon, dass ihnen der Mensch helfen kann. Sie machen nicht nur auf sich aufmerksam, sondern sie finden auch Mittel und Wege, dem Menschen zu zeigen, wo das Problem liegt. Miklósi bot mit seinem Team Hunden einen Leckerbissen an, der jedoch in unerreichbarer Höhe abgestellt wurde. Anschließend verließ der Besitzer den Raum und nach einiger Zeit kam er zurück. Kaum war er eingetreten, machte der Hund auf sich aufmerksam, nahm wiederholt Blickkontakt auf, machte mittels Haltung und Bewegung auf sich aufmerksam und lief zwischen dem Besitzer und dem Objekt hin und her, um auf diese Weise (*Hinweisgeste*) dem Besitzer zu signalisieren, wo sich der begehrte Gegentand befindet. Die Hunde waren sogar in der Lage, den Besitzer zum versteckten Gegenstand zu leiten, wenn dieser nicht wusste, wo ihn die Forscher versteckt hatten.

Können Hunde ein schlechtes Gewissen haben?

Viele Hundebesitzer behaupten steif und fest, sie wüssten, wann ihr Hund ein „schlechtes Gewissen" habe. Sie meinen, dies an Mimik und Haltung und am Verhalten zu erkennen. Lange wurde diese Ansicht von den Ethologen als barer Unsinn abgetan. Neuere Untersuchungen stellen diese Frage wieder in den Raum. Alexandra Horowitz, Professorin am Barnard College Columbia University, zeigte in einem Versuch, dass in der Regel Leckerbissen, die kurz vor dem Verlassen des Raums mit einem Tabu versehen wurden, von den Hunden gefressen wurden. Die zurückkommenden Besitzer wurden gefragt, ob sie den Hunden die Verbotsverletzung ansehen würden, was sie bejahten („schuldbewusster Blick, Kopf gesenkt" u.a.). Der Versuch wurde wiederholt, diesmal aber nahm die Versuchsleiterin die Leckerbissen weg. Auch hier gaben die Besitzer, nachdem sie den Raum wieder betreten hatten, dieselbe Antwort. Dieses Ergebnis wirft die Frage auf, weshalb die Hunde auch in dieser Situation, in der sie „unschuldig" waren, dieselben Verhalten zeigen wie beim aktiven Tabubruch. Es wäre denkbar, dass allein die Tatsache, dass ein tabuisiertes Futterstück weggenommen wird, egal von wem, die bekannten Verhaltensänderungen auslöst. Im Verlaufe ihrer Gemeinschaft mit dem Menschen haben Hunde gelernt, dass bei bestimmten Situationen, etwa beim Zugriff eines verbotenen Futters, beim Fressen von Kot auf der Straße oder beim Anblick einer zerrissenen Decke ihres Lagers mit unangenehmen Folgen zu rechnen ist. Und sie haben gelernt, der Strafe zu entgehen oder diese zumindest zu lindern, wenn sie sich unterwürfig zeigen – mit Hilfe eines raffinierten Konfliktmanagements, wobei sie auf ein reichhaltiges Repertoire angeborener und erworbener Signale zurückgreifen. Hunde, die Tabus und Hausregeln brechen und sich anschließend beschwichtigend verhalten, haben dies auf Grund von Erfahrung instrumentell konditioniert. Ob sie hierbei „Schuld“ empfinden können, ist damit noch nicht beantwortet.

Aber: Die Fähigkeit, Emotionen des Menschen symbolhaft zu speichern, situativ wiederzuerkennen, Erwartungen zu bilden und das eigene Verhalten daraufhin zu verändern, spricht ebenfalls für die Annahme, dass Hunde über die kognitiven Fähigkeiten der *Theory of Mind* verfügen.

7. Emotion

„Was ist ein Gefühl? Man sollte meinen, dass die Wissenschaft darauf längst eine Antwort gefunden hat, aber dem ist nicht so, wie die umfangreiche psychologische Fachliteratur zum Thema zeigt.“ (R.C. Solomon 2000, S. 109).

Das Wort *Emotion* stammt aus dem französischen émotion = Erregung, welches auf das lateinische *ex* = aus, heraus und *motio* = Bewegung zurückgeht. Eine klare Definition scheint tatsächlich schwierig, weil der Begriff in unterschiedlichen Bedeutungen vorkommt – je nach Wissenschaftszweig unterschiedlich akzentuiert. Eine übergreifende, abgeschlossene und einheitliche Bewertung steht daher auch bei diesem Begriff nicht zur Verfügung. Hinzu kommt, dass sich die verschiedenen Emotionstheorien deutlich unterscheiden.

Auch die Begriffe *Gefühl*, *Stimmung*, *Affekt* und *Emotion* bedeuten nicht das Gleiche und werden bei verschiedenen Autoren unterschiedlich abgegrenzt. Das macht eine Differenzierung schwierig. In grober, allerdings uneinheitlichen Darstellung ist *Emotion* Befindlichkeit, die sich in Gefühlen, Affekten und Stimmungen äußert. *Stimmungen* sind länger andauernde Befindlichkeiten wie zum Beispiel Fröhlichkeit, Zufriedenheit, Traurigkeit oder Depression. *Affekte* werden die starken Gefühle, meist kürzer andauernd, wie zum Beispiel Angst oder Zorn genannt. *Emotionen* gehen *Handlungen* voraus und bereiten diese durch Bildung von *Motivationen* vor. Auch die Übergänge zwischen Emotion und Motivation sind nicht immer klar abzugrenzen.

Emotion und Motivation haben maßgebenden Einfluss auf Lernen und Handeln. Giselherr Guttmann schreibt: *„Emotion und Motivation lassen sich aus neuropsychologischer Sicht nicht auseinander halten. Nach ihren organischen Grundlagen kann keine eindeutige Abgrenzung vorgenommen werden. Beide sind Ausdruck der Aktivität einer einzigen psychologischen Grunddimension, deren Auswirkungen durch den psychologischen Begriff „Aktivierung“ umschrieben werden können“*.

Lange wurde die Bedeutung des Intellekts überschätzt. Die Gestalt- und Ganzheitstheorie als die wohl wichtigste geisteswissenschaftliche Entdeckung des 20. Jahrhunderts hat zum Umdenken in der gesamten Wissenschaft geführt, was sich auch auf die Bewertung der Gefühle auswirkte. Man hat erkannt, dass Gefühle nicht nur Stimmungen repräsentieren, sondern dass der selbstregulierende Umgang mit Emotionen maßgebende Auswirkungen auf die gesamte Leistungsfähigkeit und Lebensgestaltung des Menschen hat. Dem IQ (Intelligenzquotient), der lange als unangefochtener Spiegel für geistiges Potenzial galt, hat Daniel Goleman in seinem Buch *Emotionale Intelligenz* (1997) eine andere Sichtweise gegenüber gestellt. Die EQ-Provokation hat gegriffen, auch wenn der Begriff in der empirischen Psychologie umstritten ist. Die Reichweite der Emotionen geht weit über das Gefühlsmäßige hinaus, das wurde erkannt. Emotionen stehen in Wechselbeziehung zu Körper, Seele und Geist. Sie umschließen den gesamten Menschen und spiegeln sich in affektiven, kognitiven, motivationalen und physiologischen Ebenen wieder. Das gilt auch für den Hund. Für ihn stellen Gefühle angesichts eingeschränkter intellektueller Fähigkeiten wahrscheinlich eine noch zentralere Bedeutung dar, als dies beim Menschen der Fall ist.

Der Aufbau des Gehirns ist unter Säugetieren weitgehend ähnlich. Auch das *limbische System*, welches bei Säugetieren an der Emotionsbildung maßgeblich beteiligt ist, legt die Vermutung nahe, dass zumindest die höher entwickelten Tierarten in Bezug auf ihr Gefühlsleben viele Gemeinsamkeiten mit dem Menschen aufweisen. Marc Bekoff sagt: *„Gegen die Existenz tierischer Emotionen zu argumentieren, ist schlechte Biologie. Die wissenschaftliche Forschung in evolutionärer Biologie, kognitiver Ethologie und in den sozialen Neurowissenschaften stützt die Ansicht, dass zahlreiche unterschiedliche Arte ein reiches und tief empfundenes Gefühlsleben haben.“*

Lange hat man geglaubt, nur der Mensch habe Empfindungen. Inzwischen wissen wir, dass sogar Mäuse und Hühner nicht nur fühlen können, sondern sogar Empathie (Mitgefühl) für ihre Artgenossen empfinden und dementsprechend handeln können. Dass Hunde fühlen können, wird heute nicht mehr in Frage gestellt. Aber können sie tatsächlich Stolz, Schuld, Trauer, Freude, Eifersucht, Neid oder Scham empfinden? Und darauf aufbauend: Sind sie zu Freundschaft, Antipathie, Hilfeleistung, Fairness, Übervorteilung oder Gerechtigkeitsverhalten fähig? Haben sie das oft umstrittene und diskutierte *schlechte Gewissen*? Wir müssen kleinlaut zugeben, dass die Wissenschaft trotz intensiver Beschäftigung mit diesen Fragen erst am Anfang steht. Wie immer in der Wissenschaft, zeigt eine beantwortete Frage vier neue Fragen auf. Trotzdem hilft uns das, was inzwischen bekannt ist, den Hund und uns selbst besser zu verstehen, was letztlich einer für beide Teile fruchtbareren Mensch-Hund-Beziehung dienlich ist.

Wie recht der amerikanische Philosoph Robert C. Solomon mit seiner eingangs zitierten Aussage hat, beweisen die zahlreichen Emotionstheorien: Descartes beschreibt die Grundaffekte Liebe, Hass, Freude, Traurigkeit, Bewunderung und Verlangen. Spinoza (1632–1677) beschränkt sich auf die drei Grundgefühle Freude, Traurigkeit und Verlangen. Immanuel Kant (1724–1804) sagt: *„Denn alle Seelenvermögen oder Fähigkeiten können auf die drei zurückgeführt werden, welche sich nicht ferner aus einem gemeinschaftlichen Grunde ableiten lassen: das Erkenntnisvermögen, das Gefühl der Lust und Unlust und das Begehrungsvermögen“.*

Auch Darwin (1872) klassifiziert Gefühle nach Grund- bzw. Basis-Emotionen. Paul Ekmann & Friesen (1970) und später von Robert Plutchik (1980a 1993) führen diesen Ansatz weiter. Nach dieser Theorie werden sämtliche Emotionen auf Basis-Emotionen (*Primäremotionen*) und den daraus durch

Kombination abgeleiteten *Sekundäremotionen* verstanden. In der Beurteilung, was nun *Basis-Emotionen* seien, gehen die Ansichten jedoch deutlich auseinander. Es werden bis zu acht Basis-Emotionen aufgeführt. Darunter: Furcht, Ärger, Freude, Traurigkeit, Vertrauen, Ekel, Entdecken und Überraschung. Basis-Emotionen werden nach dieser Auffassung durch weitgehend *automatisierte* Reaktionen charakterisiert. Die verschiedenen Wissenschaftszweige ebenso wie der Paradigmenwandel derselben bestimmte auch die unterschiedliche Erklärung der Emotionen: Nach behavioristischer Theorie beispielsweise wird der einer Reaktion vorausgehende Reiz (Ereignis) fokussiert, während die evolutionspsychologische Theorie den Bezug zu arterhaltendem Verhalten herzustellen bemüht ist.

Auch Jaak Panksepp (1943–2017) erforschte seit 1974 menschliche und tierische Emotionen, wobei er bemüht war, Beziehungen zwischen Emotionen und neuronalen Netzwerken herzustellen. Er nennt vier Basis-Emotionen, die er vor allem auf die Verhaltenstendenzen *Annäherung und Flucht* bezieht:

- Suche: (Seeking-System) Aktionen mit dem Ziel vorteilhafter Konsequenzen

- Furcht: Reaktionen auf Ereignisse und Stimuli, die nachteilige Konsequenzen vorhersagen

- Wut: Reaktionen auf Grund nicht erfüllter Erwartungen oder Verunsicherung

- Panik: Reaktionen, meist auf dem schnellen Weg der Automation, die dem Überleben dienen

Die Emotionen Lust, Fürsorge (care), Spiel und soziale Dominanz bezeichnet er als Sekundärbedürfnisse.

Die Theorie der Basis-Emotionen ebenso wie die daraus abgeleitete Einteilung in Primär- und Sekundär-Emotionen wurde in der neueren wissenschaftlichen Orientierung weitgehend aufgegeben. Es sprechen einfach zu viele Argumente gegen die *Basis-Emotions-Theorie*. Furcht kann beispielsweise Flucht, ein andermal Verteidigung, sich Verstecken oder Totstellen auslösen. Es ist zwar unbestritten, dass bestimmte Gerüche, laute Geräusche (Donner) oder Zischgeräusche (Schlange) ebenso wie das Hinwegfliegen über den Kopf (Raubvogel) in der Tierwelt als auch bei Menschen (siehe *Little Albert*) angeborene Meidereaktionen auslösen oder zumindest Verhaltenstendenzen wahrscheinlich machen. Die zahllosen Emotionen, die es gibt, lassen sich jedoch nicht auf ein derart einfaches *Reiz-Reaktions-Prinzip* zurückführen.

Emotionen bestimmten unser Leben weit mehr, als uns gemeinhin bewusst wird. Wir meiden Unlust und suchen Lust. Diese Urtriebfeder, das *Lust-Unlust-Prinzip,* wurde früh erkannt. Schon der wiederholt zitierte Aristoteles versteht Affekte als seelisches Erleben, das von Lust oder Unlust geprägt ist (gr. *ponos* und *hêdonê*). Einen bemerkenswerten Ansatz bildet Wilhelm Wundt (1832–1920). Er erklärt Emotionen durch die Gegensatzpaare Lust-Unlust, Erregung-Beruhigung sowie Spannung-Entspannung. Auch Sigmund Freud (1856–1939) schließt sich dem Lust-Unlust-Prinzip an. Für ihn geht jedoch jede Lustempfindung auf sexuellen Ursprung zurück. Auch Carl

Gustav Jung (1875–1961) sieht im Lust-Unlust-Prinzip den wesentlichen Kern der Emotionen. Er bezweifelt jedoch, dass es jemals eine Definition geben werde, *„…die in der Lage ist, das Spezifische des Gefühls in einer nur einigermaßen genügenden Weise wiederzugeben.“*

Der Prozess einer Emotionsbildung ist äußerst komplex, zumal hier neuro- und soziobiologische als auch psychische Komponenten zusammentreffen. Das Gehirn baut eine Repräsentation der Wahrnehmung auf und heftet dieser jeweils ein Prädikat an: *Lustvoll oder Unlust (*alles, was Lust entgegensteht*)*. Wird die Repräsentation dann irgendwann wieder einmal aktiviert, ist *nolens volens* (ob man will oder nicht) auch die angeheftete Lust-Unlust Information gegenwärtig und manifestiert sich erneut als Emotion. Diese Emotion kann jedoch beeinflusst werden (Abschwächung, Umleitung, Unterdrückung). Neurologisch gesehen sind an der Bildung von Emotionen mehrere Gehirnregionen beteiligt (nach neueren Erkenntnissen auch das sogenannte *Bauchgehirn*).

Je nachdem, um welchen Vorgang es sich handelt, sind mehr die älteren Gehirnteile, beispielsweise der *Hippocampus, der Hypothalamus* und die *Amygdala* im *limbischen System*, oder aber der phylogenetisch jüngere *Kortex* beteiligt. Im Beispiel *Angst* etwa ist die Amygdala (Mandelkern, das „Tor zu den Emotionen“) unter anderem für assoziatives Fluchtverhalten verantwortlich. Handelt es sich um komplexere Vorgänge der Angst, so spielt der Hippocampus eine wichtige Rolle. Der präfrontale Kortex hingegen ist als Steuer- und Ausgleichsorgan für die Verwaltung bestehender und neuer Eindrücke verantwortlich. Dort werden eigene, neue Gedächtnisspuren generiert, wodurch ermöglicht wird, dass alte Erfahrungen sozusagen in den Hintergrund gedrängt werden. Sie werden zwar nicht gelöscht, es bleibt jedoch, wie Angstforscher Hans Christian Pape (geb. 1956) in einem Interview treffend bemerkt, bei Angstsituationserinnerungen ein „mulmiges Gefühl zurück“, wobei Amygdala und Hippocampus mit dem Kortex einen Balanceakt vollziehen: alte Erfahrungen auf der einen Seite, Vernunft und neue Erfahrungen auf der anderen.

Was lässt sich aus der Emotions-Thematik in Bezug auf das Lernen unserer Hunde ableiten?

Zunächst einmal sollten wir das Lernen des Hundes nicht als das Wichtigste bewerten. Der Hund hat zuallererst ein Recht auf ein arteigenes und glückliches Leben. Hierfür trägt der Mensch, der ihn zu seinem Begleiter gemacht hat, Verantwortung und Verpflichtung. Alles, was es aus diesem Blickwinkel einzubringen gilt, lässt sich mit dem Begriff *Geborgenheit* zusammenfassen. Auch das Lernen als eine der Facetten der Geborgenheit stellt Anforderungen: Emotionales, lustbetontes Tun erfordert Förderung! Ein Hund, der beim Üben angemessen gefördert wird und dabei Freude erlebt, ist nicht nur ein glücklicher Hund, der sich geborgen fühlt, sondern auch der Leistungsfähigere gegenüber jenem, der im Umgang mit seinem Besitzer Vernachlässigung, Langeweile, Angst, Schmerz, Druck, Ungeduld, Unverständnis oder Grobheit erlebt. Soweit sind sich heute die meisten Hundebesitzer einig.

Weshalb ist lustbetonte Förderung wichtig – aus neurobiologischer Sicht? Positive Emotionen werden Lernvorgängen angeheftet, gespeichert und in dieser Verbindung wieder abgerufen. Emotional höher potenzierte Lernvorgänge werden in höheren Kategorien abgespeichert. Hier begegnet uns wieder das *Lust-Unlust-Prinzip*. Daher werden lustvoll interpretierte Handlungen bevorzugt ausgeführt, werden leichter gemerkt und höher motiviert abgerufen. Erlebnisse, die mit Unlunst in Verbindung stehen, bleiben ebenfalls in Erinnerung; – aber mit entgegengesetzter Verhaltens-Tendenz: Diese Erlebnisse zu meiden, sich ihnen zu entziehen oder sie zu beenden. Daran sollte man denken, bevor man sich für den Einsatz aversiver Mittel entscheidet.

Unlust ist jedoch *per se* nicht von vorn herein als etwas „Schlechtes" anzusehen, das es unter allen Umständen und immer zu meiden gilt. In zahlreichen kleinen, im größerem Rahmen gesehen *unbedeutenden Situationen* des Lebens ist die direkte Konfrontation mit den negativen Auswirkungen unserer Handlung durchaus wertvoll. Kleinkinder können sich die Gefahr, die von Feuer oder heißen Herdplatten ausgeht, durch einmalige, leicht schmerzhafte Konfrontation dauerhaft merken und mit der Gefahrenquelle entsprechend vorsichtig umgehen lernen. In der Folge sind sie stolz, die Gefahr zu erkennen und sich diese durch eigene Entscheidung vom Leib halten zu können. *Lernen auf Grund von Unlust* kann daher aus einem weiteren Blickwinkel und in größerem Zeitrahmen durchaus auch positiv erlebt werden. Unlustorientierte Reize können Gefahren ankündigen, bessere Anpassungsmöglichkeiten bieten und sie dienen dem Überleben, der Sicherheit und im Ganzen gesehen dem Wohlbefinden. Sie können dazu beitragen, soziale Dissonanz abzubauen, Gemeinschaft zu vertiefen und das eigene Selbstwertgefühl zu stärken. Jegliche aversive Mittel von vornherein auszuschließen ist daher widernatürlich. Abgesehen von den rechtlichen Bestimmungen vor Ort gilt es aber, Rasse, Individualität und Situation zu berücksichtigen; denn letztlich entscheidet der *richtige Gebrauch* (für wen, wie, wo, wann, wieviel …?) über Annehmbarkeit und Erfolg. Jedes Hilfsmittel, ja sogar die Hilfeleistung selbst, lässt sich missbrauchen. Viele Mittel lassen sich daher nicht von vorn herein als annehmbar oder nicht annehmbar einstufen.

Beispiel für emotional gestütztes Lernen:

Angenommen, ein Hundebesitzer möchte seinem Hund beibringen, zu einem bestimmten Punkt zu laufen und sich dort abzulegen. Er stellt im Zielpunkt ein MO (Motivationsobjekt) ab, geht zu seinem Hund zurück und schickt ihn dorthin. Dieser läuft wie der Blitz hin, nimmt das MO auf und läuft damit davon. Auf die Hörzeichen „Platz" und „Bring" reagiert der Hund ebenso wenig wie auf das verzweifelte „Nein" und „Komm" des Besitzers. Der Besitzer wiederholt die Übung, nimmt aber diesmal eine Klapperbüchse mit und wirft sie dem Hund nach unerfülltem „Platz" entgegen. Der Hund springt zur Seite, lässt das MO fallen und legt sich in einiger Entfernung ängstlich hin. Als der Besitzer am folgenden Tag die Übung wiederholt, läuft der Hund nicht mehr freudig hinaus, sondern entfernt sich betont vorsichtig, sieht zurück, bleibt stehen und kommt schließlich in gebückter Haltung schwanzwedelnd (Calming Signal) zurück, bevor er den Zielpunkt erreicht hat. Was hat der Besitzer falsch gemacht? Hat er ihn mit der Klapperbüchse überfordert? Ja, wahrscheinlich hätte es genügt, wenn überhaupt, die Büchse neben sich auf den Boden zu werfen. Möglich. Noch schwerwiegender allerdings ist, dass der Hund maßlos überfordert wurde. Die Korrektur war weder zumutbar noch methodisch zielführend. Um Zumutbarkeit einzuschätzen und Methodik zu gestalten, müssen die für den Erfolg einer Methode erforderlichen emotionalen Bedingungen geschaffen werden.

Der Besitzer hätte wissen müssen, dass der Hund noch nicht so weit ist, auf Entfernung ein „Platz" auf Signalkontrolle auszuführen. Und er hätte wissen müssen, dass sein Hund Furcht vor der Klapperbüchse hat. Und er hätte bedenken müssen, dass er mit der Korrekturgestaltung die Übung in ihrer Gesamtheit beeinflusst, wobei auch er selbst, beziehungsweise das Vertrauen und die Bindung seines Hundes, betroffen sind. Das ursprünglich appetitive, freudige Hinauslaufen hat der Hund mit der aversiv eingesetzten Klapperbüchse assoziiert, mit dem Ergebnis, dass die freudige Stimmungslage durch Furchtverhalten verdrängt wurde, was mit einer Umkehr der Erwartung einherging (Unerwünschte Gegenkonditionierung). Ein völliger Neuaufbau ist in derartigen Situationen meist unumgänglich: Unter Berücksichtigung des Prinzips der kleinen Lernschritte, des individuell modellierten Anspruchniveaus (Schwierigkeitsgrad) und unter Anwendung der besprochenen Lerngesetze.

Lernhemmnisse Stress und Angst

Unter den Emotionen Neugier, Freude, Ekel, Ärger, Trauer und *Angst* spielt letztere eine besondere Rolle. Kaum etwas hindert am Glücklichsein derart wie Angst. Daher lohnt es, sich mit den Ursachen der Angst und ihren Auswirkungen zu befassen. Angst und Stress (lat. stringere = anspannen) sind eng miteinander verbunden. Das Wort *Stress* findet man erstmals um 1914. Der Begriff wurde aus der Physik übernommen. Dort ist Stress als Veränderung eines Materials infolge äußerer Einwirkungen definiert. Die Veränderungen zeigen sich als Anspannung, Formveränderung und Verzerrung. Ähnliche Auswirkungen hat Stress auf psychischer Seite, wenn er über ein bestimmtes Maß hinaus geht. Die Einteilung *in positiven* und *negativen Stress* war zwar gut gemeint, ist aber streng genommen falsch. Donald Broom trifft das Wesentliche, wenn er sagt: *„Stress liegt vor, wenn die Anpassungsfähigkeit eines Tieres überfordert wird und dadurch das Tier auf lange Sicht Nachteile für Gesundheit oder Fortpflanzungsfähigkeit erleidet.“*

Die Ursprünge von Angst und Stress werden in der Evolution gesehen. Um Gefahren wirksam abzuwenden oder ihnen zu entgehen, war es wichtig, auf schnellstmöglichem Weg zu reagieren. Da bewusste Anpassungsvorgänge zu langsam ablaufen, entwickelten sich artspezifische Verhaltensroutinen, die über den schnellstmöglichen Weg als unbewusste Alarm-Reaktionen abliefen. Angst und Stress werden individuell unterschiedlich erlebt und hängen darüber hinaus von der ererbten Belastbarkeit ab. Überschießende Angst-Stress-Reaktionen findet man häufig bei Menschen und Hunden mit dauernd hohem *Anspannungsniveau*. Die Symptome können sich in vielfacher Weise zeigen: Zittern; – hängende Ohren, nach hinten gerichtet; – langgezogene Mundwinkel; – Hecheln; – unsicherer Blick und/oder entsprechende Körperhaltung. Die häufigsten Stressoren sind: Soziale Disharmonie, Überforderung in Erziehung, Ausbildung oder bei Gebrauchshundeaufgaben), Einsamkeit, Reizüberflutung – aber auch nicht

Dieser Welpe erlebt im Augenblick Angst vor der Tiefe. Der angeborene Reflex ist gekennzeichnet durch erhöhte Vorsicht, Konzentration und Anspannung. Der Stress hält sich hier jedoch in bewältigbarem Rahmen.

erkannte oder behandelte Krankheiten sowie Umwelteinflüsse wie Kälte, Hitze, Hunger, Durst, Angst und Stress sind grundsätzlich nichts Negatives. Im Gegenteil! Sie tragen mit Hilfe ausgelöster Schutzprogramme zur Arterhaltung und zu Selektionsvorteilen bei. Während und nach erfolgreicher Bewältigung verbreiten sie das erhebende Gefühl der selbstregulierten Unverletzbarkeit und Sicherheit. Schon Fox, Scott und Fuller fanden heraus, dass sich Welpen, die in ihrer Sozialisationsphase mit tolerablem Stress konfrontiert wurden, im weiteren Leben anpassungsfähiger zeigten.

Bewältigbarer Stress ist förderlich und lustbringend!

In Alarm-Situationen wird das gesamte System mobilisiert. Dies kann sich in folgenden Reaktionen zeigen: schnell eintretender, starker Zunahme der Pulsfrequenz und Kreislaufaktivität, erhöhter Konzentration, geistiger Höchstleistung und in Kontraktionsbereitschaft der gesamten Muskulatur. Je nach vorausgegangenen Auslösern (*Stressoren*) werden in Sekundenbruchteilen spezifische *Schutzreaktionen* aufgerufen, welche ohne weitere Entscheidung unterbewusst ablaufen.

Stressauslösende Situationen bei Tieren sind: Plötzliches Auftreten eines Fressfeindes oder Beutegreifers, schneller Wechsel von Hell und Dunkel, unbekannte und sehr laute Geräusche, Feuer, Schüsse, Todesschreie, starker Schmerz, Erdbeben und anderes. Auch beim Menschen und seinen Haustieren laufen heute noch *archaische Schutzreaktionen* ab, wobei das Gehirn oft keinen Unterschied macht, ob es sich um reale oder nur vermeintliche Gefahren handelt. Das Problem ist, dass die archaischen Körperreaktionen heute in der zivilisierten Lebensweise oft weder angemessen noch problemlösend sind. Die angestrebte Kompensation bleibt dann aus. Blutdruckanstieg und andere Reaktionen können sich unter diesen Umständen verselbständigen und sich aufschaukeln.

Realen Bedrohungen wie beispielsweise Gewitter, Feuer, Erdbeben, Hochwasser, Schüssen sind Mensch und Tier heute noch ausgesetzt. Aber neben den *physikalischen Stressoren* sind auch zahlreiche neue, psychische und psychosoziale Faktoren hinzugekommen. Ängste vor Enge, Dunkelheit, Abgrund oder Lebensbedrohung traten im Laufe der Evolution in den Hintergrund. Aber neue, nicht minder intensive Ängste kamen hinzu. Beim Menschen: Angst vor Mobbing, vor Scheidung, vor beruflichem oder sozialem Versagen oder vor wirtschaftlichen Problemen, um nur einige zu nennen. Die archaischen Schutzreaktionen taugen heute meist nicht mehr zur Bewältigung dieser Stressituationen: Wenn das Auftreten des Vorgesetzten Herzjagen oder Durchfall auslöst, dann sind weder Flucht aus dem Gebäude noch ein Kinnhaken oder das Verkriechen unter dem Schreibtisch die geeigneten Reaktionen.

Viele Menschen tun sich heute schwer, Stress vorteilhaft zu nutzen oder geschickt abzubauen. An wild lebenden Tieren könnten wir uns ein Beispiel nehmen. Obwohl sie ständiger Lebensbedrohung ausgesetzt sind, kommen sie gut damit zurecht. Antilopen grasen entspannt auf der Savanne – gleichzeitig sind sie permanent wachsam, ob ihnen nicht ein Jäger ans Leder will. Es kann vorkommen, dass in einiger Entfernung ein Tiger schläft, den sie aber nicht fürchten, weil er gerade gefressen hat. Sie scheinen Stress und Angst nicht als negative Gefühle zu empfinden und sie behalten auch angesichts potenzieller Gefahr die Nerven, wie wir sagen würden. Und es ist nicht ihre „Dummheit", die zu diesem Vorzug verhilft, sondern die in Jahrtausenden erworbene Balance zwischen Bedrohung und der Einschätzung der eigenen Fähigkeiten. Aus Wahrscheinlichkeit und Selbst-Vertrauen bilden sie ein Gefühl der Selbstsicherheit.

Erworbene Ängste können oft durch marginale (schwach ausgebildete) Auslöser aktiviert werden: Durch ein Wort, ein Bild, einen

Geruch oder durch Konfrontation mit Menschen, Tieren, Objekten als auch durch innere Vorgänge wie zum Beispiel Erinnerungen. Ängste gehen oft auf frühe Erlebnisse zurück und haben sich tief in das Gedächtnis eingegraben. Sie können sich ausweiten und immer mehr Bereiche des täglichen Lebens durchdringen, was dann die Gefahr der *Angst vor der Angst* nach sich zieht. Spätestens in diesem Stadium handelt es sich um den krankhaften Zustand der *Angststörung*. Angststörungen zeigen sich in Überlastung oder Fehlsteuerungen. Auch unsere Hunde sind den Gefahren der *Angststörung* ausgesetzt. Von alleine verschwinden die Symptome meistens nicht. Die moderne Psychologie hat erfolgreiche Methoden hervorgebracht, um Angststörungen zu überwinden. Die Erfolgsquoten liegen im Humanbereich bei zirka 80 %. Sie dürften bei Hunden ähnlich hoch liegen. Dass Angst sich auf Lernbereitschaft und – vermögen auswirken, weiß jeder Hundebesitzer aus Erfahrung.

Vera Felicitas Birkenbihl (1946–2011) schreibt: *„Angst ist der größte Feind des Lernens, zum einen, weil sie demotivierend wirkt, zum anderen, weil sie im Gehirn eine Denkblockade erzeugt …“* (1995, S. 129) Diese Aussage ist in zweifacher Hinsicht von Bedeutung. Sie spiegelt die historisch eminent wichtige Forderung wider, die alten methodischen Pfade, in welchen Angst als Regulativ genutzt wurde, zu verlassen. Gleichzeitig aber gilt es zu bedenken, dass Angst, wenn ihr eine äquivalente Bewältigbarkeit gegenübersteht, sich vorteilhaft auswirken kann.

Eine pauschal polarisierende Beurteilung der Angst im Sinne von leistungsfördernd oder -mindernd ist, wie wir gesehen haben, nach aktuellem Wissenstand nicht machbar. Aus diesem Blickwinkel sprechen sich viele Autoren für eine Differenzierung von *Angst* und *Furcht* aus, wobei Angst bedrohliche Situtationen ohne Bewältigungsperspektive beschreibt, während Furcht dadurch gekennzeichnet ist, dass sie als bewältigbare Herausforderung erlebt wird. (Bierbaumer, Schmidt 1996, S. 652). Wildtiere haben im allgemeinen Furcht, aber selten Angst. In der Umgangssprache benutzten wir *Angst* oft synonym zu Furcht oder, vor allem beim Wort ängstlich, in der Bedeutung einer abgeschwächten Ausprägung. Je mehr wir die Natur verlassen haben, desto mehr Angst haben wir erworben, und desto mehr haben wir verlernt, es bei der Furcht zu belassen und mit dieser souverän und befreiend umzugehen. Auch unsere Hunde haben wir in diesen Kreislauf mitgenommen.

Die neurophysiologischen Abläufe bei Stress und Angst sind kompliziert, inzwischen jedoch gut erforscht. In frühen Stadien der Evolution war es überlebensnotwendig, in Gefahrensituationen das Richtige zu tun: Fliehen oder sich dem Kampf stellen (*fight or flight; kämpfe oder fliehe,* Walter Cannon 1915). Beides erfordert ein Höchstmaß an Energie. Auf beide Situationen hat sich die Natur eingestellt. Bei Angst und angstähnlichen Zuständen entsteht eine Mobilisierung des gesamten Organismus, wobei in kürzester Zeit sämtliche Reserven bereitgestellt werden. Dies vor allem in der ersten Phase einer Stressreaktion, der *Akutphase*. Akute Phasen können sehr unterschiedlich lang dauern: von wenigen Sekunden bis zu Stunden oder Tagen.

Signale, die Gefahren vermitteln, bahnen sich einen direkten Weg zur Amygdala (älterer Hirnbereich), wobei sie den Neokortex umgehen. *Serotonin* und *Noradrenalin* sorgen für ein Zurückdrängen des Großhirneinflusses bei gleichzeitigem Bevorzugen der im Stammhirn vorliegenden Entscheidungsmuster. Der Vorteil liegt im Zeitgewinn. Der Organismus reagiert auf die schnellstmögliche Art und Weise, noch bevor sich das Individuum der Gefahr bewusst wird. Es wird unterbewusst entschieden, ob sich das Reaktionssystem *für Flucht, Angriff, Totstellen* oder *Abwarten* (Erstarren) entscheidet.

Überlegen und Entscheiden würde viel zu viel Zeit in Anspruch nehmen. Bei akuter Gefahr ist *Zeit* die wichtigste Überlebenskomponente. Ein Bruchteil einer Sekunde entscheidet über Leben oder Tod. Neben dem Zeitgewinn tritt noch ein zweites Regulativ auf: Vorrangigkeit! Dadurch, dass die besagten Steuerungsprozesse direkt von der Amygdala eingeleitet ablaufen, sind sie nicht nur schneller, sondern auch vorrangig. Schon Charles Darwin hatte gezeigt, dass Wille und Vernunft gegen die bei Gefahr ablaufenden Mechanismen machtlos sind. Er hatte sich mit dem Gesicht vor die Glaswand eines Terrariums gelegt, in welchem sich eine Puffnatter befand. Obwohl definitiv keine Gefahr bestand und obwohl er sich vornahm, nicht zu reagieren, war er nicht in der Lage, die Ausweichbewegung der Panikreaktion beim Angriff der hochgiftigen Natter zu unterdrücken.

In Stressituationen passiert noch ein Weiteres: Übersteigt die Stressbewältigung das unter normalen Umständen tolerierte Maß, werden *Transmitterstoffe* freigesetzt, die den Nebeneffekt mitbringen, dass das Lernen erheblich beeinträchtigt wird. Bei zu viel Stress wird das Enzym *Proteinkinase* C (PKC) frei, was zu einer vorübergehenden Blockade des Kurzzeitgedächtnisses führen kann (Birnbaum et al. 2004 S. 882). Die *Adrenalinüberflutung* als Folge unbewältigter Stressituationen verhindert das Austreten der Transmitterflüssigkeit in den Dendriten. Die Synapsen können dadurch nicht mehr geschlossen werden. In der Folge kommt es zu einem Erliegen der Weiterleitung der Nervenimpulse. Neben der Stressursache, die zu erhöhter Hormonausschüttung führt, ist jedoch auch der umgekehrte Prozess zu erwähnen: Ein zuviel an Hormonen, sei es durch Krankheit oder augenblickliche Körperzustände, kann ebenso zum Auslöser für entsprechende Reaktionen werden.

Nach der *Akut-Stressphase* folgt die *Anpassungs-Phase* (Gansloßer 1998, Holst 1998). Der Organismus holt jetzt sozusagen nach, woran er in der Akut-Phase gehindert wurde. Jetzt werden die individuellen Anpassungskompetenzen aufgerufen und handelnd umgesetzt. Je nachdem, ob der betreffende Hund dem A- oder B-Typ angehört, wirken sich die Stressfolgen entsprechend aus, – mit großer Wahrscheinlichkeit. Hunde des Typus A (leicht erregbare, subdominante Hunde) beispielsweise neigen bei Konfrontation mit Unbekanntem eher dazu, sich dem Neuen zu nähern und sich aktiv zu verhalten, und, wo angezeigt, zu fliehen. Hunde des Typus B (leicht hemmbare Hunde) neigen in vergleichbaren Situationen eher zum Rückzug, zu lang anhaltendem Verstecken oder auch zu offener Aggression (Angstbeißer), wo dieses Verhalten noch längst nicht notwendig gewesen wäre. Der Anteil aktiver, angepasster Auseinandersetzung ist bei Hunden des Typus B in der Regel deutlich geringer. Bleiben die Widerstands- und Anpassungsversuche des Organismus ohne Erfolg, so sind die Folgen einer nicht kompensierten Stressattacke unausweichlich. In der *End-Phase* kommen dann die Regulations-Systeme zum Erliegen. Es folgen Erschöpfung und Krankheit.

Nach der Stress-Situation folgt die *Cortisol-Ausschüttung*, um die Intensität des vorausgegangenen, belastenden Stress-Zustandes wieder abzusenken und negativen Folgen vorzubeugen.

Das Hormon *Oxytocin*, ebenfall im Hypothalamus gebildet, wirkt als einer der Gegenspieler zu den Stresshormonen Adrenalin, Vasopressin und Cortison. Oxytocin entsteht bei sozialorientiertem Verhalten, beispielsweise bei Berührung. Es unterstützt Emotionen der Zuneigung, der Ruhe und des Vertrauens. Nicht nur Stressvorgänge, auch die antagonistischen Emotionen sind bei Mensch und Hund von verblüffend ähnlichen neurobiologischen Abläufen geprägt.

Lauren Brent von der Duke University konnte nachweisen, dass Rhesus-Weibchen mit engen sozialen Bindungen weniger Stresshormone erzeugen. Dies ergab sich aus Kotuntersuchungen, in welchen der Anteil des Stresshormons Cortisol gemessen wurden. Weibchen mit engeren sozialen Beziehungen hatten niedere Werte. Bei Fellpflegeaktionen, Berührungs- und anderen Grooming-Aktivitäten konnte der Gegenspieler, das Hormon Oxytocin, das als „Wohlfühlhormon" bekannt ist, nachgewiesen werden. Sich auf positive Art und Weise mit anderen zu beschäftigen, fühlt sich nach neueren Studien nicht nur gut an, sondern stützt auch auf neurobiologischem Wege Gesundheit, Widerstandsfähigkeit und Leistungsfähigkeit. Weibchen mit starken sozialen Bindungen leben länger, haben mehr Nachwuchs und selbst der Nachwuchs hat bessere Überlebenschancen. Es ist nicht übertrieben, zu sagen, dass gepflegte Freundschaft auch auf evolutionärer Ebene für mehr Fitness sorgt. Freundschaft erhöht Überlebenschancen und Anpassungsfähigkeit.

Emotional positive Zustände werden im *Hippocampus* vorgespeichert. Bei negativ erlebten Emotionen wird die Bearbeitung hingegen im Mandelkern (Amygdala) vollzogen. Die Amygdala verknüpft innerhalb des *limbischen Systems* Erlebnisse mit Emotionen. Mit der auftretenden Angst werden gleichzeitig Stressreaktionen ausgelöst. Die lange herrschende Ansicht, der Mandelkern sei generell für alle Emotionen „zuständig", wurde inzwischen von einer Forschergruppe um Justin Feinstein von der University of Iowa widerlegt. Offensichtlich ist es so, dass das neuronale System auf verschiedene Formen der Angst mit unterschiedlichen Prozessen, an denen weitere Hirnregionen beteiligt sind, reagiert. Fest steht jedoch nach wie vor: In Stressituationen wird mit dem Ziel der situativen Bewältigung das automatische Ausführen von Schutzreaktionen bevorzugt. Kreatives Bewältigen des Problems kann hierbei, wenn überhaupt, dann nur sehr begrenzt vollzogen werden. Bei nicht zu bewältigenden Problemsituationen kommt es zu *unkontrollierten Stressreaktionen*, was mit einer Zunahme des *Glukokortikoidspiegels* einhergeht und zur Löschung erfolgloser Verhaltensroutinen führt.

Die Löschung dieser situativ bezogenen Routinen ist Voraussetzung für die Bildung neuer und erfolgreicherer Bewertungs- und Bewältigungsformen. Hierbei wird der gesamte kognitive Prozess des

Denkens, Fühlens und Handelns neu orientiert. *„Schwere, unkontrollierbare Belastungen ermöglichen durch die Destabilisierung … unbrauchbar gewordener Verschaltungen die Neuorientierung und Reorganisation bisheriger Verhaltensmuster"* (Huether 1999, S. 282) Daraus ergibt sich: *„… Angst und Lernen ergänzen sich gegenseitig und wechselseitig und sorgen für eine psychosomatische Balance"* (Pallasch 2000). Gelingt es, sich der Furcht (und Angst) erfolgreich zu stellen, so kann sich dadurch ein Weg aus der Sackgasse öffnen. Wenn wir uns daran erinnern, dass Ängste in der Hundeausbildung auf zahlreiche Ursachen, die der Mensch eingebracht hat, zurückgehen, so wird einmal mehr deutlich, wie wichtig das Wissen um Lernprozesse und die Lernhemmnisse ist. Man denke nur an den vom Trainer häufig zu hoch angesetzten Schwierigkeitsgrad (Anspruchsniveau), aus welchem ebenfalls zahlreiche Ängste und unbewältigbarer Stress herrühren.

Die moderne Zivilisation zwingt auch den Haustieren immer mehr und intensivere Belastungen auf, die sich oft in Ängsten manifestieren: Angst vor anderen Hunden oder Menschen, vor dem Alleinsein, vor bestimmten Objekten und Arealen, vor der Box, beim Autofahren oder in anderen Situationen. Oft können wir Menschen uns einfach zu wenig in die Gefühlswelt des Hundes hineinversetzen. Was kann schon an einer Box Bedrohliches sein, oder am Autofahren, fragt man sich? Wer keine Gefahr sieht, läuft Gefahr, den Hund zu überfordern. Dieser erlebt das Auto, in das er einsteigt, anders als wir. Das übliche Leckerli-Locken reicht oft nicht aus, um die eigentlichen Ursachen zu entschärfen. Nicht nur das fahrende Auto, sondern oft ist es die Angst vor der Enge oder die vereitelte Rückzugsmöglichkeit, die als archaische Stressoren bei manchen Hunden Reaktionen auslösen. Daraus folgt: In der Hundeausbildung sollte man auf der Hut sein, indem man das Aufkommen bereits bestehender ebenso wie die Bildung neuer Ängste tunlichst vermeidet.

Beispiel für Bewältigung der Furcht vor Autofahren:

Eine der mitunter vernachlässigten Ursachen für Angst beim Autofahren ist die vereitelte Flucht- bzw. Rückzugsmöglichkeit. Im Folgenden wird gezeigt, wie man in Ergänzung zu den üblichen Gegenkonditionierungen und Desensibilisierungen dem Hund das Gefühl vermittelt, er könne jederzeit die Flucht ergreifen; er sei nicht im Auto eingesperrt.

Wenn bereits der Anblick des PKW Angst auslöst, dann empfiehlt sich, zunächst in einigem Abstand zum abgestellten Auto zu spielen (und/oder das Fressen zu geben) und sich schrittweise anzunähern (Auslösedistanz im Test ermitteln!). Mit zunehmender Sicherheit wird dann rund ums Auto Fangen gespielt. Dann folgen weitere Übungen am geparkten Auto (Motor abgestellt): Alle Türen (auch Heckklappe) werden geöffnet und der Hund mittels Spiel (in einem Vorgang) hinein, hindurch und hinaus gelockt (Kurz: Rein-Durch-Raus); ausgeführt durch zwei Personen, auf jeder Seite eine. Das Ganze wird spielerisch vermittelt, wobei in jeder der drei Phasen lustvoll umgegangen wird. In wenigen Tagen wird der Hund mit Begeisterung durch das Auto laufen. Die Aufgabe wird dann erweitert: Auch im vorderen Bereich durchlaufen, diagonal durch und, bei PKW-Kombis, durch die Heckklappe rein und seitlich raus. Der Hund erlebt zweierlei: Rein-Durch-Raus macht Spaß! und: „Ich kann jederzeit selbst bestimmen, wo und wann ich raus möchte“. Mit zunehmender Sicherheit wird im Inneren ein wenig länger gespielt und geknuddelt. Aber immer endet das Spiel mit dem Hinausspringen. Auch Versteck-Spielen rund ums Auto und im Innern bietet sich an, um die nötige Abwechslung und Motivation zu erhalten. Lerntheoretisch handelt es sich bei der Vorgangsweise um die Mixtur von schrittweiser Desensibilisierung und klassischer Gegenkonditionierung. Die Stimuli der zu löschenden Furchtauslöser werden anfangs in ihrer Stärke herabgesetzt. Die Stimuli der positiven Erfahrungen „Freie Bahn zum Fliehen“ sowie „Spiel“ verdrängen mit der Zeit die Emotion Furcht, die mit dem Erlebnis „ich bin frei“ und Spiel ja nicht vereinbar ist.

Methode: „Rein-Durch-Raus“ gegen Angst beim Autofahren.

Variante bzw. Ergänzung bei Furcht vor der Box:

In einem weiteren Schritt kommt die Box ins Spiel: Diese wurde schon vorher in speziellen Übungen lustvoll angenommen. Zunächst ist die Box nur da, ohne dass sie benutzt wird. Schritt für Schritt beziehen wir die Box in das Spiel Rein-Durch-Raus mit ein und verlagern den Schwerpunkt, indem wir das Spiel verändern zu: Rein – D r i n – Raus. Auch die Box bleibt vorübergehend immer offen, sodass auch da der Hund immer das Gefühl hat, der Fluchtweg ist frei und er kann selbst entscheiden, ob und wann er die Box verlässt. Varianten und Aufbauübungen: In der Box fressen, eine Weile dösen usw.

Zum Abschluss noch eine kurze Zusammenfassung der neurobiologischen Vorgänge bei Stress. Wer sich tiefer mit der komplizierten Thematik beschäftigen möchte, der sei auf die Fachliteratur verwiesen.

Die Amygdala aktiviert bei Eintreffen eines Stressimpulses den Hypothalamus, welcher die Hypophyse und den Sympathicus veranlasst, dass in der Nebenniere Botenstoffe (Hormone) der *Katecholamine* (kurzzeitiger Stress) und *Glukokortikoide* (Langzeitstress) freigesetzt werden. Dieser soeben einfach dargestellte Ablauf entspricht in Wirklichkeit einem äußerst komplizierten, vielschichtigen Ineinandergreifen körperaktivierender Substanzen mit dem Ziel, den Körper möglichst schnell in eine der Stressituation entsprechenden Alarmbereitschaft zu versetzen. Gelingt es nicht, die auf diese Weise entstandene Hochflut einer Stress-Hormon-Kaskade anschließend wieder herabzusetzen und die erforderliche Balance innerhalb der Hormone zurückzugewinnen, ist mit nachhaltigen Schädigungen zu rechnen.

Wir beschränken uns hier auf die vereinfachte Darstellung des Einflusses von *Adrenalin:* Bei einer Stress-Attacke werden *Adrenalin* und *Noradrenalin* in weit höherer Menge als normal produziert und in Umlauf gebracht. Adrenalin und Noradrenalin sind je nach Art und Intensität des aufkommenden Stresses in einem Verhältnis zwischen 1:4 bis 1:1 vorhanden. Bei „normalen" Herausforderungen, etwa in der Arbeit oder im Spiel, überwiegt das Noradrenalin, bei Angst verschiebt sich das Verhältnis in Richtung Adrenalin. Die hierbei freiwerdenden Energien stammen großteils aus den Glykogenreserven der Leber und aus dem Speicherfett des Körpers (*Lipolyse*). Diese Steuerungsprozesse greifen in die Regulierung der Atmung, des Blutdrucks, der Pulsfrequenz und in die Tonisierung der Skelettmuskulatur ein, im Zusammenspiel mit weiteren Hormonen der *Glukokortikoide*, unter anderem Cortisol, welches an der Steuerung der bereits erwähnten Kampf- bzw. Flucht-Reaktionen beteiligt ist (*fight or flight)*. Andere Vorgänge, wie etwa die Darmtätigkeit, werden herabgesetzt. Interessant ist, dass sich die A-B-Typologie der Hunde nicht nur in den sichtbaren Stressreaktionen, sondern auch auf biochemischer Ebene nachweisen lässt. Bei Hunden des Typus A überwiegen die in der Nebenniere erzeugten Stresshormone Adrenalin und Noradrenalin, bei Hunden des Typus B wird mehr Cortisol ausgeschüttet. Messungen des Hormonkonzentrats können im Blut oder auch am Speichel (Saliva), am Urin oder Kot vorgenommen werden.

Modell der emotionalen Trägheit

In der Physik versteht man unter *Trägheitsprinzip* die Eigenschaft eines Körpers, seinen Bewegungszustand aufrecht zu erhalten, solange keine andere Kraft auf ihn einwirkt. Eine Kugel, die man anstößt, rollt weiter. Ihr Langsamerwerden (*negative Beschleunigung*) rührt von der Reibung und dem Luftwiderstand. Ohne Reibung, Luftwiderstand, Magnetismus oder Gravitation würde die Kugel, einmal angestoßen, ihre Bewegung endlos aufrecht erhalten (*perpetuum mobile*). Je größer die Masse des Körpers ist, desto größerer Kräfte bedarf es, um diese zu beschleunigen oder abzubremsen.

In Analogie zu diesem Gesetz lässt sich ein Modell für emotionale Vorgänge entwickeln. Nennen wir es *emotionale Trägheit*. Auch Emotionen, durch Kräfte (äußere oder innere) in Bewegung gesetzt werden, folgen ihrer Trägheit und haben je nach vorausgegangenen Ereignissen und deren subjektiver, innerer Wirkung die Tendenz, weiter zu bestehen. Sie werden durch psychisch-physische Faktoren *gebremst* oder *beschleunigt*, wobei die Einflussfaktoren in Relation zur „Masse" (Intensität) der Emotion stehen. Beginnt ein Tag beispielsweise mit einem erfreulichen Ereignis, so endet die dadurch gefärbte Stimmung nicht mit dem Ende des Ereignisses, sondern sie folgt der Tendenz, weiter zu bestehen. Möglicherweise initiiert sie weitere Emotionen, die ebenfalls stimmungshebender Natur sind. Leider folgen auch beängstigende, bedrohliche sowie schmerzhafte, unangenehme oder andere Emotionen der *Trägheitstendenz*. Wie man aus Erfahrung weiß, kann ein Streit, eine Beleidigung oder ein Misserfolg die eigene Befindlichkeit noch Stunden und Tage beeinflussen oder eine vorausgegangene, positive Stimmung ablösen. Selbst bei bewusster Selbstregulierung fällt es mitunter schwer, derartigen Kräften entgegen zu steuern.

Erst nach und nach werden Emotionen schwächer. Durch die Flut immer neu einströmender Ereignisse als auch durch die innere Verarbeitung der Erlebnisse verlieren Emotionen mit der Zeit an Aktualitätswert. Dies fühlt man wie ein Zurückziehen der Gefühle. Ob und wie stark sie in Erinnerung bleiben, hängt von Faktoren ab, die bereits behandelt wurden.

Ein besonders starkes Ereignis kann die bestehende Emotion jedoch in einem Augenblick stoppen und gleichzeitig die neue Emotion in den Vordergrund bringen.

Das Erklärungsmodell der *emotionalen Trägheit* erlaubt es, Verhaltensweisen besser zu verstehen und vorherzusagen. Es erleichtert, zielabweichende Konditionierungen rechtzeitig zu erkennen, zu vermeiden oder entsprechend gegenzusteuern. Es bietet daher in allen Bereichen der Hundeausbildung brauchbare Ansätze. Vor allem aber hilft es bei der Beurteilung stimmungsabhängiger Lernprozesse als auch bei den Entscheidungen des Vermittlers (Besitzer, Lehrer, Trainer) im Hinblick auf die Verwirklichung ethischer Ziele. Das *Trägheits-Modell* öffnet den Blickwinkel für methodisch orientierte Beeinflussung von Emotionen. Hierbei geht es um jeweils konkrete, individuell und situativ zu wertende Verhalten, die von Emotionen initiiert und begleitet werden. Unter Berücksichtigung der Beharrungstendenz und ihrer Belastbarkeit werden bestehende und konkurrierende Emotionen aufeinander abgestimmt und beeinflusst. Mehr darüber im nächsten Abschnitt. Auf den Unterschied zum *Premack-Prinzip* gehen wir an späterer Stelle ein.

Methode: Stimmungsmodifikation

Hunde befinden sich – ähnlich wie Menschen – ständig in irgendeiner Stimmungslage. Ein Problem, damit umzugehen, besteht darin, dass Stimmungslagen fast immer eine Mixtur aus mehreren, gleichzeitig empfundenen Gefühlen bedeuten, welche unterschiedlich potenziert und einem dauernden

Wechsel der Wertigkeit ausgesetzt sind. Was hierbei alles abläuft, scheint einer empirischen Darstellung nicht zugänglich. Trotzdem lässt sich abschätzen, ob sich der Hund in einer Stimmungslage befindet, die mit den ethischen und aufgabenbezogenen Zielen übereinstimmt oder nicht.

Da man relativ spät Einblick in den Ablauf eines Lernprozesses erhält, ist es umso wichtiger, nicht *zu spät* zu kommen. Es ist vor allem der Zeitpunkt, in welchem Emotionen in Handlungen übergehen, der sich zur Bewertung der augenblicklichen Stimmungslage anbietet. Stimmungslagen und Stimmungswechsel zu erkennen ist ein wesentlicher Teil beim *Lesen des Hundes*.

Das *Trägheits-Modell* erklärt allgemein das Bestreben der Emotionen, weiter zu bestehen. In der Anwendung, der *Stimmungsmodifikation*, wird die Beharrungstendenz der Emotionen im Hinblick auf methodische Lernprogramme fokussiert. Es bieten sich zwei Zielsetzungen:

Entweder besteht eine Stimmungslage, welche die Ausführung der anliegenden Aufgabe unwahrscheinlich macht, oder es besteht eine Stimmungslage, die es gegen konkurrierende Emotionen abzuschirmen gilt.

Im ersten Fall besteht die *Modifikation*, die der Trainer vornimmt, darin, einen *Stimmungswechsel* zu modellieren, damit die Wahrscheinlichkeit der Zielaufgabenausführung größer wird. Im zweiten Fall besteht die *Modifikation* darin, die bestehende Stimmungslage zu erhalten und Einfluss auf konkurrierenden Emotionen zu nehmen; derart, dass diese in Bezug auf Dauer, Intensität oder Wiederholungen abgeschwächt werden – bis hin zur Überschattung derselben.

Im ersten Fall kommt es bei der Beobachtung darauf an, die Kategorie und Stärke der bestehenden, unerwünschten Stimmungslage zu erkennen und kreativ nach einer Lösung zu suchen, die den erwünschten Stimmungswechsel ermöglicht. Im zweiten Fall ist während der Beobachtung darauf zu achten, wie lange eine bestehende Emotion in welcher Intensität abnimmt und nachwirkt, und wie sehr sie durch hinzutretende, konkurrierende Emotion belastbar ist. Im zweiten Fall lässt sich aus diesen Beobachtungen ableiten, wann und wie man bestehende Emotionen im Verlauf ihrer Abnahme auf einem gewünschten Level halten, wie man sie bei Bedarf verstärken und wann bzw. wie man sie vor Verdrängung durch hinzutretende, konkurrierende Emotionen schützen kann.

Kurz und bündig: Unter *Stimmungsmodifikation* verstehen wir einen didaktisch-methodischen Gestaltungs-Ansatz. Nach dem Erklärungsmodell der emotionalen Trägheit gilt es, Stimmungen im Hinblick auf eine anliegende Aufgabenausführung zu beobachten und zu beeinflussen, und je nach Zielsetzung entweder durch Stimmungswechsel (Stimmungsmodifikation) oder Stimmungserhalt bzw. -abschirmung umzusetzen. (Den *Abbruch einer Stimmung* gibt es streng genommen nicht, da mit Abbruch einer Stimmung das Aufkommen einer neuen Stimmung verbunden ist.)

Beide Beispiele lassen sich natürlich auch durch traditionelle Lerntheorien erklären, die hier zugrunde gelegte Sichtweise stellt

Beispiel für Stimmungsmodifikation mittels Stimmungswechsel:

Wenn Hunde von ihren Besitzern zurückgerufen werden und nicht im mindesten dazu bereit sind, so ist dies oft eine Folge ihrer momentanen Stimmungslage. Meistens steht im Augenblick der Verweigerung bereits eine anders orientierte Motivation im Vordergrund: Spielen mit anderen Hunden, Jagdaussichten oder einfach nur das Bedürfnis, frei zu sein. Der Hund hat in zahlreichen, ähnlichen Situationen die Ohnmacht seines Besitzers beim Rückruf erlebt und er weiß, dass dieser im Augenblick ohne Mittel ist, sich durchzusetzen. Der Hund fühlt sich infolge dessen frei, unerreichbar und vor allem unbelangbar und er zeigt daher nicht die geringste Bereitschaft zur Autoritätsakzeptanz. All das manifestiert sich in einer komplexen Stimmungslage, die eine Mixtur aus übertriebener Selbstständigkeit, sozialer Selbstüberhöhung, Selbstbelohnung und weiteren Emotionen besteht. Wiederholtes Rückrufen, Entgegengehen, mit Futter oder Spielzeug locken, Schreien und Drohen hilft bei dieser Stimmungslage in der Regel wenig oder gar nicht. Im Gegenteil, die beschriebene Gestimmtheit wird noch verstärkt. Was tun? Leine? Gut, das wäre – allerdings erst beim nächsten Mal – eine Lösung. Aber es geht auch ohne Leine! In diesem Fall bietet sich Stimmungsmodifikation an. Nachdem klar war, dass sich der Hund in einer zur Aufgabenstellung gegensätzlichen Stimmungslage befindet, fällt dem Besitzer ein, er kann die Stimmungslage modifizieren, indem er den Hund in die Stimmungslage der Unterordnung bringt. Aber nicht mit Drohen, druckhaftem Rückruf oder Hinterherlaufen, sondern durch das bereits in der Stimmungslage der Unterordnung assoziierte „Platz“, welches in dieser Situation als Unterordnungs-Signal auszusprechen ist. Mit einem, wenn erforderlich mehreren* strengen Hörzeichen „Platz“, in Verbindung einer entsprechenden souverän einfordernden Phonetik und Körperhaltung, wird der Hund zuerst einmal ins Platz gebracht. In den meisten Fällen kann man an zahlreichen Ausdrucksdetails sehen, wie sich die Stimmungslage des Hundes auf der Stelle ändert. Das „Platz“ aktivierte die Stimmung der Unterordnung, und in dieser (veränderten!) Stimmungslage akzeptiert der Hund die Autorität des Menschen, was sich darin zeigt, dass er auf Grund der modifizierten Stimmung der Aufforderung, herzukommen, Folge leistet.

* Die unter anderen Umständen zu vermeidende Wiederholung eines Hörzeichens ist in diesem Fall das kleinere Problem. Wenn der Hund auf das erste „Platz“ nicht reagiert und dann erlebt, dass dies keine Folgen hat, trat an Stelle des erwünschten Stimmungswechsels wiederum die Erfahrung, dass der Besitzer machtlos ist.

Beispiel für emotionale Trägheit und Stimmungswechsel:

Erworbene Phobien bei Hunden sind weit verbreitet. Die Angstreaktionen können von Objekten, Lebewesen, Gerüchen oder auch in Konfrontation mit Situationen ausgelöst werden. Angenommen, ein Hund zeigt Phobiesymptome beim Anblick stockähnlicher Gegenstände, etwa im Garten, wenn Tomatenstangen gesteckt werden. Als Alternative zur (auslösebezogenen) Desensibilisierung bietet sich an, vor der Konfrontation mit der Stange etwa durch Lauf- und Bewegungsspiele eine positive Stimmungslage zu erzeugen (gezielter Stimmungsaufbau). Mitten im Spiel wird die Stange kurz in das Szenario eingebaut (Desensibilisierung). Eine Hilfsperson trägt sie kurz am Hund vorbei oder der Besitzer bewegt sich gemeinsam mit dem Hund in tolerablem (zumutbaren) Abstand auf die Stange zu (bzw. seitlich an ihr vorbei). Die bestehende Stimmungslage stützt die Belastbarkeit gegenüber dem aversiven Reiz. Da dieser zeitlich nur kurz wirksam wird und schwächer ist als die aktuelle Grundstimmung, erfährt die Gesamtstimmung lediglich eine geringe Abschwächung (emotionale Trägheit). Der aversive Reiz wird durch die vorausgegangene, stärkere appetitive Stimmung zurückgedrängt, gedrosselt. Bevor sich die mit der Stange auftretenden negativen Affekte voll aufbauen und ausbreiten können, treten sie in den Hintergrund und die vorher erlebte angenehme Stimmung kommt wieder voll zum Tragen. Bei Wiederholungen wird die Wirkung des Störreizes zunehmend schwächer, bis sie schließlich ganz verschwindet (Desensibilisierung + Gegenkonditionierung). Die Trägheit der appetitiven Stimmung hat den aversiven Reiz durch zeitliches Auftreten vor und nach dem Störreiz ebenso wie durch die höhere Intensität aufgefangen.

im Hinblick auf eine betont individuell-situative Beurteilung und Gestaltung im Unterricht eine Bereicherung dar. Das Modell der emotionalen Trägheit ebenso wie der daraus abgeleitete Formungs-Ansatz der Stimmungsmodifikation will daher als Beitrag im Sinne kognitiver Lerntheorie verstanden werden.

Anmerkung zum *Unterordnungs-Platz*: Zu seiner eigenen Sicherheit ebenso wie zur Absicherung anderen Tiere und Menschen gegenüber sollte der Hund mehrere Ausprägungen des <Platz> gelernt haben: Zuerst das eindeutig freundliche <Lust-und Sport-Platz>, später dann auch das <Unterordnungs-Platz>. Von letzterem war soeben die Rede. Die jeweils veränderte Stimme in Verbindung der dazu stimmigen Haltung reicht als Unterscheidungsmerkmal aus (Diskrimination). Wer will, kann trotzdem verschiedene Hörzeichen zuordnen. Wenn der Hund noch kein <Platz> gelernt hat, sollte man mit der Stimmungsmodifikation warten, bis er beides beherrscht, sowohl das freudige als auch das Unterordnungs-Platz.

Einstimmen – Start- und Abschluss-Ritual

Einstimmen bzw. *Startrituale* sind so wichtig wie das Üben selbst. Hunde leben weitgehend im Augenblick. Sie können nicht, wie wir, ein fernes Ziel in die Gegenwart abstrahieren und daraus Motivationen bilden. Ganz abgesehen davon, dass die von uns vorweggenommenen Ziele dem Hund oft gar nichts bedeuten (Pokale, Ergebnisse usw.) Daher ist es unersetzlich, den Hund unmittelbar vor der erwarteten Leistung durch entsprechendes Aufwärmen *(warming up)* physisch, – und durch *Einstimmen* emotional vorzubereiten. Das Einstimmen muss gewissenhaft auf den Hund abgestimmt sein. Über- und Unterforderung, zu

Beispiel für Stimmungsmodifikation:

Bei Hundebesitzern kommt es immer wieder vor, dass sie mit der Geschwindigkeit einer Aufgabenausführung nicht zufrieden sind. Oft wird das „Sitz“ oder „Platz“ mit der Zeit immer langsamer. Man will den Mangel beheben. Allein dieser Ansatz ist bereits kritikwürdig. Aber bleiben wir an dieser Stelle auf der Ebene der Leistung.

Viele versuchen dann, durch mehr positive Verstärkung das ursprüngliche Tempo wieder herzustellen. Leider oft ohne den erwarteten Erfolg, was dann nicht selten die Kehrtwendung des Vermittlungsstils nach sich zieht: Psychischer Druck und physikalische, aversive Maßnahmen sind die Folge. Würde man begreifen, dass in nahezu sämtlichen Fällen, wo eine Leistung nicht mehr in ursprünglicher Güte gezeigt wird, hierfür emotionale Befindlichkeiten die Ursache bilden, müsste man eigentlich ohne Umschweife auf andere Ansätze kommen. Aus Sicht der *emotionalen Trägheit* würde man dann nicht an der Verstärkung ansetzen, sondern an der zeitlich vor der Aufgabenerteilung herrschenden Stimmungslage. Diese würde man durch längeres Spiel in eine freudige, erwartungsvolle und kooperative Team-Stimmung umwandeln und dann kurz die betreffende Aufgabe nicht in ihrer Zielform, sondern nur in einer phänomenalen Ausführung (das Wesentliche) einbinden. Aber nur extrem kurz und ohne formale Ansprüche! Das Beharrungsvermögen der vorausgegangenen positiven Stimmungslage darf nicht überfordert werden. Vor und nach der eingeschobenen Aufgabe muss die positive Stimmungslage unverkennbar bestehen! Es wird also weder an der Aufgabe selbst noch an den sich anschließenden Verstärkern manipuliert, sondern einzig und allein die *Stimmungsmodifikation* umgesetzt. In vielen Fällen ist es mit Hilfe dieser Vorgangsweise gelungen, schwer in Mitleidenschaft gebrachte Aufgaben innerhalb von ein, zwei Tagen wieder auf das ursprüngliche Niveau zu bringen.

hohes oder zu tiefes Motivationsniveau, zu langes oder zu kurzes Einstimmen sind ebenso zu vermeiden wie stereotypes, innerlich unbeteiligtes Einstimmen. Richtiges Einstimmen stellt hohe Ansprüche an den Hundebesitzer und muss ständig überprüft und aktualisiert werden.

Auch beim Einstimmen profitiert man vom Prinzip der *emotionalen Trägheit*. Ist der Hund in der erwünschten *Stimmungslage*, in positiver Erwartung, etwas mit seinem Besitzer gemeinsam zu machen, sind die Chancen für ein erfolgreiches Üben und Trainieren ausgesprochen gut. Einstimmen ist aus dieser Sicht ebenfalls eine *Stimmungsmodifikation*.

Am besten begleitet man das Einstimmen mit einem ritualisiertem Hinweisreiz, einem Marker, der dem Hund den Beginn ankündigt (*Starter*). Auch das Beenden der Spiel- oder Trainingszeit wird mit einem Signal belegt. Beide Marker können als

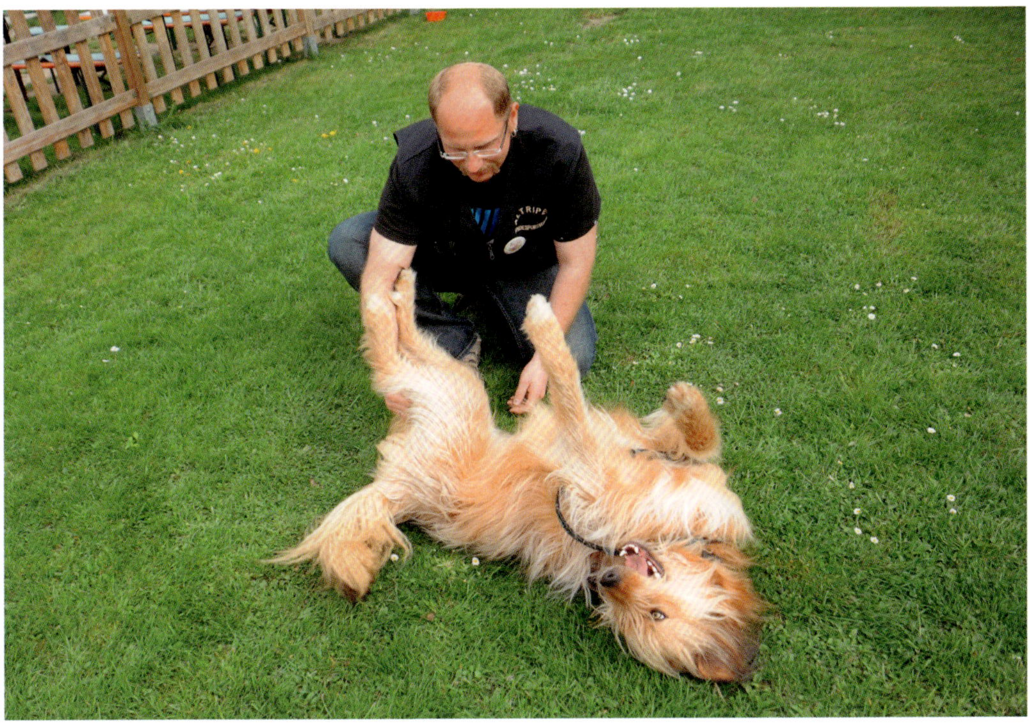

Das Einstimmen muss auf den Hund abgestimmt werden. Dieser Besitzer bevorzugt ein Berührungsspiel.

Hörzeichen, Sichtzeichen oder aus Kombinationen bestehen. Erfahrene Hundehalter nutzen für unterschiedliche Aufgaben jeweils andere Starter.

So sinnvoll Rituale des Einstimmens (starting) und Beendens (*ending*) sind, die Darstellung der Vorgänge soll nicht den Eindruck erwecken, dass der Mensch den Hund permanent unter Kontrolle bringen muss. In einer Prüfung oder in Situationen, wo Leistungen des Gebrauchshundes erwartet werden, erfüllen abrufbare Rituale ihren Sinn. Im täglichen Leben aber muss auch Raum gegeben sein für die Einmaligkeit des Augenblicks, für Spontaneität und Kreativität. Hunde überraschen uns oft mit spontanen Spiel-Ideen, die wir natürlich aufgreifen und annehmen sollten. So lange wir in der Lage sind, Spiele und Aktionen abzurufen und zu beenden, ist der erforderliche Rahmen gesteckt.

Ein ritualisiertes Abbruchssignal für Trainings- oder Spielende erleichtert es dem Hund, Regeln zu akzeptieren.

Methode: Punktuelle Korrektur

Vorgangsweisen, die mit der Bezeichnung „positive Motivation“ werben, sind nicht grundsätzlich „gut“, ebenso wenig wie aversive Mittel nicht von vornherein abzulehnen sind. Beides kommt in der Natur vor, beides hat seine Berechtigung und beides kann in der Ausbildung ethisch vertretbar und erfolgreich angewandt werden.

Anmerkung: Diese Beschreibung sagt noch nichts über die grundsätzliche ethische Bewertbarkeit aversiver Mittel aus! Es kommt letztlich auf das *Wie* an! Wenn wir uns die neuropsychologischen Vorgänge geschickt zunutze machen, so wird der Hund genau das vermeiden, was er nicht tun soll, ohne aus der positiven Grundstimmung zu fallen. Um zu verstehen, wie das abläuft, müssen wir uns an Folgendes erinnern: Das Gehirn ist nicht in der Lage, zwei bewusste Vorgänge gleichzeitig abzuwickeln, das wurde durch mehrere Studien zum *Multitasking* belegt. Aber innerhalb der Informationsverarbeitung können sich bewusste und unbewusste Vorgänge überlagern, wodurch ein paralleler Ablauf ermöglicht wird. In der Regel läuft die bewusste Informationsverarbeitung über den langsameren, aufwändigeren, energiezehrenderen, aber um vieles flexibleren Weg des *deklarativen Systems* (auch *explizites System*). Die unbewusste Informationsverarbeitung hingegen wird durch das evolutionär ältere *prozedurale System* (auch *implizites System*) organisiert. Dieses ist durch einfachen Aufbau, extreme schnelle, prioritär ablaufende, energiesparende Reaktion sowie durch nahezu unerschöpfliche Kapazität und hohe Zuverlässigkeit charakterisiert. Studien zufolge werden zirka 95 % menschlichen Verhaltens prozedural (implizit, unterbewusst) gesteuert (Zaltman 2003). Das deklarative System umfasst Fakten und Zusammenhänge, das prozedurale System motorische Abläufe (Fertigkeiten) und, nach neuerem Kenntnisstand, auch kognitive Fähigkeiten.

Stark vereinfacht kann man zur Unterscheidung die umgangssprachlich geläufigen Worte *Automation* und *Adaption* (bewusste!) einander gegenüberstellen. Die Übergänge sind fließend und es können bewusst angepasst (deklarativ) erworbene Verhaltensweisen durch Wiederholung zu automatisch ablaufenden (prozedural) werden. Das Aktivieren des Bewusstseins bei automatischen Abläufen wirkt sich hingegen störend aus. Instrumental-Virtuosen ebenso wie Spitzensportler nutzen die Vorteile des prozeduralen Systems (Automation), nachdem sie die gewünschten Routinen durch schrittweisen, deklarativen (bewusste Anpassung) Erwerb erarbeitet haben.

Die Informationsverarbeitung umfasst drei Systeme: Das *sympathische, das parasympathische* und das *enterische (Darmnervensystem) Nervensystem*. Das sympathische und das parasympathische Nervensystem wirken antagonistisch (als Gegenspieler), wobei der Sympatikus die Handlungsbereitschaft erhöht *(„flight or fight“)*, während der Parasympathikus zur Dämpfung beiträgt. Die Erforschung des enterischen Nervensystems ist noch relativ jung. Doch bereits heute ist sicher, dass dieses dritte System ebenfalls enormen Einfluss auf Handlungen und Emotionen hat.

Beispiel für emotionale Trägheit und punktuelle Korrektur:

Wenn ein Hund beispielsweise bei Begrüßungen permanent hochspringt, dann wird man natürlich erst einmal versuchen, dem zuvorzukommen, indem man ihn am Boden hockend empfängt und nicht mehr in der Höhe belohnt. Das allein, ebenso wie andere, ähnliche Ablenkungs- und Umlenkungsstrategien, bringen jedoch nicht immer den gewünschten Erfolg. Vor allem dann nicht, wenn das Verhalten durch Ritualisierung schon gefestigt ist. Eine andere Möglichkeit ist, auf das Phänomen der bereits besprochenen emotionalen Trägheit zurückzugreifen. Hunde, die hochspringen, befinden sich in der Regel in einer lustvollen Grundstimmung, begleitet durch intensive, positive Affektspitzen. Dem Hochspringen mittels Druck (Drohung, Schimpfen) oder Schmerzvermittlung (auf Pfoten steigen) entgegenzutreten, ist weder vertretbar noch erfolgversprechend. Wegen der hohen Affektspitzen wären relativ starke aversive Mittel nötig. Der Einsatz dieser Mittel hat jedoch einen Stimmungswechsel zur Folge. Aus der ursprünglich freudigen Grundstimmung wird dann Unsicherheit und/oder Angst. Der Hund springt dann zwar nicht mehr hoch, aber mit der Freude bei Begegnungen ist es dann oft vorbei. Wollte der Besitzer das haben?

Aus dem Gesagten geht hervor: Unter bestimmten Bedingungen kann eine positive Grundstimmung trotz eingebrachter aversiver Stimuli erhalten bleiben. Worauf es ankommt, ist das Austarieren der aufgeführten Komponenten im Hinblick auf Abfolge, Dauer und Intensität. Bei der *impulsiven Korrektur* nutzt man das prozedurale (automatische) System für eine geplante Reaktion. Letztlich muss es gelingen, den aversiven Reiz nicht auf die Ebene des Bewusstseins zu bringen. Nur so kann *impulsive Korrektur* erfolgreich werden – im Sinne ethisch Verantwortung, neuropsychologischer Funktionalität und lerntheoretischer Effektivität.

Bei erfolgreicher Ausführung der *punktuellen Korrektur* werden sich folgende Vorteile einstellen:

- Extrem schnelle Reaktion (Bereich Millisekunden)
- Energiesparend
- Hohe Ausführungswahrscheinlichkeit
- Erhalt der bestehenden, positiven Emotion
- Kein unerwünschter Stimmungswechsel
- Lernprozess im Sinne der Korrektur
- Extinktion des unerwünschten Verhaltens (oder Details)

Punktuelle Korrektur: Kurzfassung

1) Das Erregungsniveau der interaktionsbedingten Grundstimmung muss deutlich höher sein als das des aversiven Stimulus: Die positive Stimmung des Hundes innerhalb der Aufgabe muss intensiver sein als der hinzutretende (aversive) Reiz.

2) Der aversive Stimulus setzt unmittelbar nach dem unerwünschten Verhalten ein.

3) Der aversive Stimulus ist von extrem kurzer Dauer.

4) Die parallel ablaufende Interaktion (in positiver Stimmungslage) darf hierbei weder verändert noch abgebrochen oder unterbrochen werden.

Wenn es in unserem Beispiel gelingt, die marginale (geringfügige) aversive Maßnahme genau nach den Vorgaben der punktuellen Korrektur einzubringen, dann wird die positive Grundstimmung des Hundes infolge ihrer emotionalen Trägheit dadurch nicht (oder nur unwesentlich) beeinträchtigt.

Die aversive Maßnahme muss auf den individuellen Hund abgestimmt werden. Bei manchem Hund wird bereits ein <Nein> oder der Einsatz des *geistigen Zügels* (Entgegenstrecken der gestreckt gespreizten Finger; ausführliche Beschreibung weiter unten) ausreichen, bei anderen wird man an einem spürbaren (!) Klaps auf die Schnauze nicht vorbeikommen. Wichtig ist, dass die Korrektur-Maßnahme zu keiner Unterbrechung (Stoppen oder Pausieren des Spiel- oder Lernvorgangs) führt. Die Korrektur-Maßnahme ist als zusätzlich ins Spiel gebrachte Aktion zu verstehen und nicht als eine Veränderung der vorausgehenden Aktion! Mit anderen Worten: Die Korrektur-Maßnahme manifestiert sich ausschließlich in der Maßnahme selbst und nicht in einer für den Hund wahrnehmbaren aversiven Gemütsregung des Trainers oder dem Abbruch des

Vermittlungsvorganges. In diesem Sinne ausgeführt, nimmt der Hund den Klaps nur am Rande wahr, reagiert aber trotzdem mit der gewünschten Verhaltensänderung. Der Klaps erreicht die Ebene bewusster Entscheidungen (Neokortex) – jene Ebene, die das übergeordnete Zielverhalten steuert – aus mehreren Gründen nicht. Zum einen, weil die anliegende Stimmungslage ununterbrochen aus aktivierten, appetitiven Emotionen (Spiel oder Übung) besteht, zum anderen, weil der Klaps extrem kurz dauert und schon vorbei ist, wenn das System erst damit beginnen würde, den Klaps im Neokortex zu verarbeiten und innerhalb des Gesamtvorganges zu relativieren. Der Hund erfährt über den schnellen Weg der Amygdala und des limbischen Systems, dass das Hochspringen innerhalb des Gesamtablaufs eine nachteilige Konsequenz nach sich zieht. *Er lernt daher unterbewusst, das Hochspringen zu lassen*. Ob die punktuelle Korrektur mit einem <Nein> verstärkt werden soll, auch im Hinblick darauf, die Korrektur später durch das <Nein> zu ersetzen, diese Frage muss individuell beantwortet werden. Sicherer ist es, auf das <Nein> (zumindest anfangs!) zu verzichten; denn das <Nein> könnte die Stimmungslage beeinträchtigen. Hat der Hund ein *integral konditioniertes* <Nein> bereits gelernt, – akzeptiert er das <Nein> unter *Signalkontrolle*, so ist diese Gefahr deutlich geringer.

Zusammenfassung: Punktuelle Korrekturen bieten sich dort an, wo es um unerwünschtes Verhalten geht: Um nicht toleriertes Verhalten, das schon längere Zeit besteht und gegen das schon Verschiedenes erfolglos ausprobiert wurde. Die Erfolgsaussichten punktueller Korrektur sind selbst bei Verhalten, das aus hoch potenzierter Motivation gespeist wird, ausgesprochen gut.

Methode: Memory Refresh

Wissen und Fertigkeiten, die länger nicht gebraucht werden, geraten in den Hintergrund, sie „*versanden*". Mögliche Folgen sind; Erinnerung oder/und Ausführung werden unzuverlässiger und oft auch langsamer. Das gilt nicht nur für Fertigkeiten: Auch Worte, die lange nicht mehr gebraucht wurden, fallen einem mitunter partout nicht ein. Man weiß zwar, wovon man spricht, aber das Wort ist einfach nicht greifbar. Das kann aber auch auf andere Ursachen zurückzuführen sein (Blockaden, Ernährung, Krankheiten). Oft ist es jedoch so, dass man genau weiß, woran man denkt und was der Begriff beschreibt. Nur der Begriff selbst, das entscheidende Wort, fällt einem nicht ein. Daraus folgt, Inhalt und Begriff sind in unserem System nicht dasselbe! Das Gehirn des Menschen tut sich mit Begriffen und Worten schwerer als mit dem, was diese Begriffe und Worte emotional beinhalten.

Neulich sprachen wir in einer Runde über frische Tomaten, Basilikum und … keiner erinnerte sich in diesem Augenblick an das Wort des bestimmten, aus Italien stammenden Käse: *Mozzarella*. Kollektiver Blackout. Alle wussten, wovon man sprach. Man sah Tomaten und Käse vor sich, in Bildern und Erinnerungen. Man konnte sich den Geschmack und den Geruch von frischem Basilikum vergegenwärtigen. Nur das Wort für den speziellen Käse war wie verschwunden. Erst Stunden später erinnerte sich einer von uns wieder daran. Dies verdeutlicht, dass Worte und Sprache zu den in der Evolution spät entwickelten Fähigkeiten zählen. Die Fähigkeit, Erlebnisinhalte mental wiederherzustellen, ist wesentlich älter.

Wir hatten dann eine Eselsbrücke gebildet: MOZART und ELLA, lieben MOZZARELLA. Seither hat niemand aus dieser Gruppe mehr Schwierigkeiten, sich an dieses Wort zu erinnern. Oft, wenn wir uns wieder begegnen, erinnern wir uns an den lustigen Tag in Lienz/Amlach, an dem wir alle gemeinsam nach einem Wort suchten.

Der Begriff *Memory-Refresh* stammt aus einem Aufsatz, der in der Fachzeitschrift *Partner Hund* erschien (EL 2013). Was bedeutet er? Darunter verstehen wir das gezielte Aktivieren bekannter Inhalte und Handlungen mit dem Ziel, die Erinnerungs- bzw. (erfolgreiche) Ausführungswahrscheinlichkeit in einem erwarteten Zeitraum zu erhöhen. Dieser Vorgang ist nicht mit der Aktivierung des Kurzzeitgedächtnisses zu verwechseln.

Im Kurzzeitspeicher geht es um *neu* eintreffende Eindrücke. *Memory Refresh* hingegen besagt, dass Inhalte, die bereits im Langzeitspeicher bestehen, wieder in das Arbeitsgedächtnis gebracht werden, um auf diese Weise eine höhere Erinnerungs- bzw. Ausführungswahrscheinlichkeit zu erreichen (Wissen *und* Können).

Motivation ist eine der wichtigsten Voraussetzungen, damit Lernen stattfinden kann. Da Motivation wiederum stark von Emotionen beeinflusst wird, sind didaktisch-methodische Entscheidungen aus einer Gesamtschau zu entwickeln. Wer sich mit Lehren und Lernen beschäftigt, braucht daher ein möglichst umfangreiches Wissen über die zahlreichen äußeren und inneren Einflüsse, die Lernen, auch unter dem Gesichtspunkt der Motivation, mitbestimmen.

Beispiel für Memory-Refresh:

Seit vielen Jahren nutzen wir Memory-Refresh auf dem täglichen Spaziergang. Gleich zu Beginn wird der Hund einmal kurz – wenn er gerade nicht hersieht und in einiger Entfernung ist – in ein „Unterordnungs-Platz“ gerufen. Der Hund erfährt einen abrupten Stimmungswechsel. Möglicherweise war er gerade in Explorationsstimmung (Erkundungsstimmung). Der Stimmungswechsel als auch das „Platz“ als solches werden aus dem Langzeitgedächtnis in das Arbeitsgedächtnis katapultiert. Als Folge dieser Aktivierung steht das „Platz“ ab diesem Augenblick in ungleich höherer und sicherer Ausführungswahrscheinlichkeit. Hinzu kommt der Stimmungswechsel in eine Unterordnungsbereitschaft, die auf Grund der emotionalen Trägheit noch nachwirkt. Springt dann tatsächlich der gefürchtete Hase vor der Nase auf, wird der Hund in der Lage sein, den erforderlichen blitzschnellen Stimmungswechsel ebenso wie die Ausführung des „Platz“ zu leisten. Er wird nicht lange überlegen und abwägen, sondern das „Platz“ unterbewusst gesteuert ausführen. Ohne das vorausgegangene Memory-Refresh wäre die Wahrscheinlichkeit deutlich geringer. Dies haben wir über Jahre hinweg in zahlreichen Wiederholungen festgestellt. Das Präventions-Platz, wie wir es nennen, bietet sich nicht nur als Anti-Jagd-Übung an. In vielen anderen Situationen muss

der Hund blitzschnell vor irgendetwas geschützt werden oder man muss andere und anderes vor dem eigenen Hund schützen.

Ein Unterordnungs-„Platz" (Präventions-Platz) zu Beginn des täglichen Spaziergangs erhöht die Wahrscheinlichkeit der Ausführung, wenn irgend wann einmal der „Hase vor der Nase" aufspringt.

Weitere Beispiele für *Memory-Refresh:*

Als weitere Beispiele für Memory-Refresh sind Aufgaben zu nennen, von denen man weiß, dass sie in Kürze gebraucht werden. Dies nicht nur im Mensch-Hund-Alltag, beispielsweise, wenn es darum geht, den Hund davor zu warnen, etwas aus der Küche zu klauen, weil man mal schnell aus der Tür muss (objektbezogene Zeigegeste + Warnsignale). Auch in der Rettungs-, Gebrauchs- und Polizeihundepraxis und in der Verhaltenstherapie bietet Memory-Refresh vielversprechende Anwendungsmöglichkeiten. Ebenso bei Prüfungen und Turnieren. Beispielsweise bei spezifischen Aufgaben oder Details, die nicht permanent abgerufen werden oder bei Aufgaben, die der Hund noch nicht zuverlässig beherrscht. Macht ein Hund beispielsweise ein zögerliches oder fehlerhaftes „Steh", dann wäre man gut beraten, diese Aufgabe unmittelbar vor der Prüfung einmal zu wiederholen. Aber ohne Druck und Drohung! Mit Freude und Zutrauen! Und nicht zehn verschiedene Übungen hintereinander (proaktive und retroaktive Hemmung – Ähnlichkeitshemmung) oder die gleiche Übung zehn Mal (affektive Hemmung)! Das wäre kontraproduktiv! Die Übungen würden sich gegenseitig stören und das Ergebnis beeinträchtigen.

Eine weitere Anwendung empfiehlt sich beim Einsatz von Hinweisreizen (Marker), etwa dem Clicker oder einem gleichbedeutenden anderen Signal. Wenn man zu Beginn des Trainings oder auch kurz vor einer Übung den Hinweisreiz einmal einbringt, mit Koppelung zum nachfolgendem Primärverstärker, so ist die Wahrscheinlichkeit, dass der Sekundärverstärker im Verlauf der Übung wirkt, höher.

8. Motivation

Der Begriff *Motivation* (lat. motivum = Beweggrund) zählt zu den meist gebrauchten Worten in der Psychologie und hat im Laufe der Geschichte zahlreiche Bedeutungswandel durchgemacht. Zunächst hatte man unter Motivation die angeborenen Instinkte, etwa den Greifreflex eines Neugeborenen verstanden. Im Laufe der Zeit fügte man Tausende von *Einzelinstinkten* hinzu. Später versuchte man, Motivation als *Bedürfnisbefriedigung* zu verstehen. Unter *Homöostase* (C. Bernard 1860) wurden die biologischen Vorgänge, die mit der Zielsetzung eines physiologischen Gleichgewichts ablaufen,

Sprung in den Bodensee. Motivation verleiht Flügel …

zusammengefasst. Da jedoch nicht nur Hunger, Durst und Fortpflanzung unser Handeln bestimmen, begann man, *Anreiz- und Aktivierungstheorien* zu entwickeln, wobei das Bestreben nach bestmöglicher Aktivierung von Emotionen fokussiert wurde. Motivation beginnt nach dieser Ansicht dort, wo Emotionen bereits ein zielorientiertes Motiv gebildet haben und dieses auf Grund äußerer oder innerer Anlässe handlungsorientiert aktualisiert wird. Neuere Definitionen betonen die *Selbstregulierung* (*Volition*) und ihre Auswirkungen auf das Leben des Menschen (*Umsetzungskompetenzen*).

Unter dem Einfluss der kognitiven Lerntheorien wird Motivation heute auf alle handlungsrelevanten Motivationen erweitert. Atkinson schreibt:

„Allen Konzeptionen liegt die gleiche Auffassung zu Grunde, dass die Stärke der Tendenz, auf eine bestimmte Art und Weise zu handeln, von der Stärke der Erwartung abhängt, dass der Handlung eine bestimmte Konsequenz folgt … und von dem Wert, den diese Konsequenz (oder dieses Ziel) für das Individuum hat."

In einer weit gefassten Definition lässt sich *Motivation* als Summe der Beweggründe, die Inhalte, Richtung und Intensität des Handelns mit beeinflussen, definieren.

Das *Antonym* (Gegensatz) zu Motivation ist *Demotivation*.

Synonyme zu Motivieren sind: (Interesse wecken), (anregen, etwas zu tun, zu fühlen oder zu denken), (ermuntern), (ermutigen), (anspornen), stimulieren (Stimulation) bedeutet: anspornen, anregen, steigern, zu größerer Aktivität anregen, anstacheln, anreizen.

Motivation und *Stimulation* werden oft synonym gebraucht. Die Abgrenzung ergibt sich aus der Wortherkunft: Motivation betont die Aktivierung innerer Beweggründe (Motive, – movere = bewegen), Stimulation betont den von außen einwirkenden Reiz (stimulus = Stachel, Anreiz) mit dem Ziel einer Aktivierung bzw Aktivierungssteigerung.

Auch die Verben *motivieren* und *stimulieren* werden oft synonym (gleichbedeutend) gebraucht, was innerhalb der Bedeutungen *anregen* nicht falsch ist. Motivationen können stimuliert werden, die Umkehrung ergibt jedoch keinen Sinn.

Aus den verschiedenen Motivationstheorien lassen sich wertvolle Konzepte für methodisches Vorgehen ableiten. Auch die Neurowissenschaften haben hierzu beigetragen. Aus neurologischer Sicht bedeutet Motivation eine Art Energie für *zielgerichtetes Verhalten* (*Handlungsbereitschaft*). Diese potenzielle Energie bedarf jedoch noch des Willens (*Volition*), um die Handlung bis zum Abschluss durchzuführen. Die Durchführung der Zielhandlung bedarf neben der Motivation der jeweils aufgabenentsprechenden Fähigkeiten und Fertigkeiten.

Beim Austarieren von Über- und Untermotivation kommt es zuerst einmal darauf an, die individuelle Veranlagung des Hundes zu kennen. Neigt der Hund zu Übermotivation oder ist er eher antriebsschwach? Erziehung und Ausbildung bieten die Möglichkeit, ausgleichend einzuwirken. Hierzu bieten sich folgende Mittel an:

- Wahl der Motivationsquelle bzw. Kombinationen (siehe klassische Motivations-Quellen S. 282)

- Wahl des Motivationsobjektes (siehe Tabelle MO-Eignungen S. 285 bis S. 287)

- Stimulations- und Spielgestaltung

- Dauer und Intensität von Spiel und Stimulation

Stereotype *Stimulationstechniken* sind leider weit verbreitet. Besser wäre es, für den individuellen Hund in jeder Übung nach den geeigneten Möglichkeiten zu suchen. Aufgaben, die höhere Aktionsbereitschaft erfordern, brauchen naheliegenderweise höher potenzierte Anreize und Verstärker, andere Aufgaben wiederum kommen mit geringer Stimulation aus. Wer beispielsweise Grundhaltungen in hohem Motivationsniveau vermittelt, darf sich nicht wundern, wenn der Hund vor lauter Hocherwartung und Anspannung allerlei Überreaktionen zeigt. Das Fibrieren und nicht vollständige Absitzen ist ein bekanntes Beispiel. Einmal konditioniert, kann es schwierig werden, derartige Fehler zu beheben (siehe weiter unten: *Fehler vermeiden, zulassen und korrigieren*).

Intrinsische und extrinsische Motivation

In der Motivationsforschung unterscheidet man verschiedene Motivationen: David McClelland (1917–1998) nennt (1961) die *Big Three*: *Zugehörigkeits-, Macht-* und *Leistungsmotive*. Er wies nach, dass diese Motive mit der Ausschüttung von jeweils spezifischen Neurotransmittern einhergehen. Damit ist die physiologische Existenz von Motiven nicht mehr zu leugnen. John Barbute und Richard Scholl (1998) stellen dieser Theorie das neuere Konzept der *Fünf Quellen der Motivation* gegenüber: Darunter werden zwei *intrinsische* und drei *extrinsische Motivationen* aufgeführt (lat.: intrinsecus = innerlich, extrinsecus = von außen). Zu den Begriffen *intrinsisch* und *extrinsisch*: Der Begriff *intrinsisch* taucht erstmals 1918 bei Robert S. Woodworth (1869–1962) auf. Schon Woodworth weist darauf hin, dass zusätzliche Belohnung die Aufmerksamkeit von der Tätigkeit weg auf die Belohnung lenkt. Dieses Problem ist den Hundebesitzern bestens bekannt. Oft kommt es vor, dass Hunde vor lauter Fixierung auf die Belohnung das Hörzeichen überhören oder die Übung nicht ausführen, wenn die Belohnung nicht sichtbar ist. Sichtbar in Form des erwarteten Leckerli oder einer köperlichen Hilfe. Die Vorstellung intrinsischer Motivation führt uns in der Geschichte weit zurück: Wie so oft, finden wir die Anfänge bereits bei den Griechen. Aristoteles unterscheidet in seiner *Nikomachischen Ethik* zwischen Lust, die in der der jeweiligen Tätigkeit entspricht und der Lust, die von außen kommt. Schon Aristoteles weiß, dass die von außen kommende Lust die Tätigkeit zu hemmen imstande ist. Zweitausend Jahre später haben Deci, Koester & Ryan (1999) diesen Gedanken auf wissenschaftlicher Ebene wieder entdeckt. Zahlreiche Autoren haben ihre persönlichen Ansichten über diese beiden Formen der Motivation entwickelt. Unter anderem Abraham Maslow, der 1954 seine berühmte Bedürfnispyramide vorstellte.

Bis heute gibt es keine einheitliche Abgrenzung der Begriffe (wie immer ...). Grob formuliert könnte man sagen: *Intrinsische*

Motivation geht auf das Bestreben zurück, das Tun um seiner selbst willen zu vollziehen. Lust besteht im Vollzug der Tätigkeit und bedarf keiner äußeren Verstärker. Ausprägungen intrinsischer Motivation finden wir im Interesse an einer Sache, in der Freude am Tun, im Genuss während einer Tätigkeit, z.B. die Schaffenslust beim Basteln, das Höhersteigen beim Bergwandern usw. *Extrinsische* Motivation hingegen ist leistungs- und belohnungsorientiert. Bühler unterscheidet 1922 zwischen *Funktionslust* und *Schaffenslust während der Tätigkeit* und *End- bzw. Befriedigungslust nach der Tätigkeit*. Die Genugtuung nach dem Aufräumen oder Ankommen am Berggipfel wäre dementsprechend extrinsischer Herkunft.

Als Beispiel für extrinsische Motivationen werden immer wieder Geld- oder Sachbelohnungen genannt, die etwa einem Schüler bei guten Schulnoten versprochen werden. Hundebesitzern ist diese Vorgangsweise – oft auch „Bestechung durch Leckerli" genannt – bestens bekannt.

Auch die Androhung von Strafen gehört zur extrinsischen Motivation. Beispiel: Androhung oder tatsächliche Durchführung eines Entzuges (oder Vorbehaltes): *„Wenn Du in Mathe wieder eine Fünf nach Hause bringst, ist einen Monat Schluss mit Disko"*.

Die Unterscheidung zwischen intrinsischer und extrinsischer Motivation ist überwiegend theoretischer Natur. Vor allem die neuere, kognitive Lerntheorie hinterfragt die Gültigkeit der der beiden polaren Begriffe. Nach neuerer Ansicht existieren aktivierte und ruhende Handlungsmotive gleichzeitig und interagieren in jeder Situation neu. Der Gegensatz intrinsischer und extrinsischer Motivation tritt aus diesem Blickwinkel in den Hintergrund (Hans Schiefele 1974, S. 64). Die beiden Motivationsformen wirken nicht unabhängig voneinander und die intrinsische Motivation läst sich nicht immer von der extrinsischen abkoppeln. Eine eindeutige Trennung ist daher nicht möglich, weshalb sich Autoren mehr und mehr auf die zugrunde liegenden Anreizmechanismen konzentrieren. Nicht nur aus pädagogischer Sicht bleibt jedoch die Gewichtung äußerer und innerer Handlungsanteile weiterhin bedeutsam.

Bei der *intrinsischen Motivation* wird die Tätigkeit durch das Tun selbst angeregt (stimuliert) und befriedigt (Ernst Fürntratt 1976). Das Tun befriedigt, weil es spannend ist, Freude bereitet und Selbstzufriedenheit vermittelt. Intrinsische Motivation stellte eine unmittelbare Bedürfnisbefriedigung dar (Rheinbarg 1995, S. 137). Intrinsische Motivation wird darüber hinaus als Bedürfnis nach Selbstbestimmung und Kompetenz verstanden. Typisch intrinsische Motivationen sind Neugier, Erkundung (Exploration), Spiel, Bewegung, soziale Ereignisse, Orientierungsverhalten. Im Humanbereich kommen noch künstlerische und religiöse Motivationen hinzu. Jerome S. Bruner (1974) hebt das Streben nach Kompetenz hervor.

Unter *extrinsischer Motivation* versteht man jene Kategorie der Motivation, in welcher die Beweggründe nicht in der Handlung selbst, sondern außerhalb liegen. Meist handelt es sich um Belohnung bzw. Verstärkung in irgendeiner Form. Man darf nicht vergessen, dass sich mittels Verstärkung nahezu jede Fertigkeit erlernen lässt. In der Pädagogik unterscheidet man extrinsische

Motivationen auf verschiedenen Ebenen: Im affektiven Bereich; hierzu gehören Lob, Anerkennung, aber auch Angst. Auf sozialer Ebene: Zugehörigkeit, Geborgenheit, Status, Prestige, Berufserfolg u.a.

Nach Heinz Heckhausen (1980), dessen Modell auf Kruglanski (1975) zurückgeht, ist intrinsische Motivation dann gegeben, wenn Mittel (Handlung) und Zweck (Handlungsziel) übereinstimmen. Aus dieser Sicht ist dann Leistungshandeln (Leistungsmotivation) ein Verhalten, wobei sich das Individuum um das angestrebte Leistungsergebnis zu erreichen einsetzt und nicht wegen äußerer Belohnung. Diese Kernaussage ist auch in der modernen Pädagogik immer noch aufrecht. Der Wunsch nach Auseinandersetzung mit der Umwelt, der sich in Wissen, Handeln und Fertigkeiten manifestiert, gilt als die wichtigste unter den intrinsischen Motivationsformen. Die Kognitionspsychologen Charms, Bandura und Schunk entwickelten pädagogische Programme zur Förderung der intrinsischen Motivation. David Ausubel prägte in diesem Zusammenhang 1968 den Begriff der *„Ich-Erweiterung“* bzw. 1980 *„Ich-Erhöhung“*. White verweist vor allem darauf, dass in der Kindheit und im Spiel zweckfreies Handeln im Sinne der intrinsischen Motivation besonders ursprünglich, intensiv und reichhaltig anzutreffen ist.

Extrinsische Motivation, welche zusätzlich zur *intrinsischen Motivation* in Form von Bekräftigungen wirksam wird, beinhaltet das Risiko, dass primäre Motivationen verdrängt werden, was sich zu Lasten der *intrinsischen Motivation* auswirken kann. Vor allem dann, wenn das Erreichen der ursprünglich angestrebten Ziels durch das Hinzutreten der extrinsischen Motivation in den Hintergrund gedrängt wird und im Extremfall sogar an die Stelle des ersten Ziels tritt. In diesem Falle spricht man von *Korrumpierung der Motivation*, oder vom *Crowding-Out-Effekt*: Versucht man, eine ursprünglich intrinsisch motivierte Motivation zusäztlich durch extrinsische Motivationen, etwa durch Boni (Humanbereich) oder Leckerli (Animalbereich) zu intensivieren, so kommt es zu einer Reduzierung der intrinsichen Motivation und letztlich zu einer Leistungsabnahme. Kognitionsforscher führen diesen negativen Effekt auf die Einschränkung der Selbstbestimmung zurück, die sich hinter dem Versteck der Attraktivität als Kontrollmechanismus entlarvt (siehe Abschnitt: *Kritik an Belohnung*).

Nach diesen Aussagen könnte man meinen, extrinsische Motivation sei in jedem Falle abträglich. Das stimmt jedoch nicht. Extrinsische Belohnungs-Maßnahmen können auf die intrinsiche Motivation rückwirken und diese neu beleben, verstärken oder auch erhalten. Dies ist der Fall, wenn die extrinsische Maßnahme zu einem besseren Verständnis der anliegenden Aufgabe führt oder auch neue Fertigkeiten im Zusammenhang der Aufgabe erschließt. In beiden Fällen ist damit eine Steigerung des Kompetenzerlebnisses verbunden und über diesen Umweg stellt sich ebenfalls eine Steigerung der intrinsischen Motivationen ein. Der Vorgang ist kompliziert, da sich bereits bestehende intrinsische Motivation mit eventuell neuer intrinsischer Motivation interaktiv verbindet. Worauf es ankommt, kurz gesagt, ist, die Attraktivität der anliegenden Aufgabe nicht durch extrinsische Anreize auszuhebeln, sondern zu stützen, zu erweitern.

In der Tierpsychologie gilt die Forderung, *intrinsische Anteile des Handelns* zu betonen, besonders. Denn die Gefahr, dass sich der Handlungsablauf auf das Erreichen extrinsischer Befriedigung ausrichtet und die anliegende Aufgabe in den Hintergrund drängt, (*Korrumpierung*) ist beim Umgang mit Tieren groß.

Damit die Übung wieder so attraktiv wird, wie sie es einmal war, müssen die bestehenden Assoziationen erst einmal überschrieben werden, indem man die Aufgabe von ihren ursprünglichen Kontextkomponenten befreit. Mit anderen Worten: Die Übung ist in einen möglichst anderen als bisher praktizierten Zusammenhang zu stellen. Wurde die Übung bisher immer auf dem Hundeplatz – oder in der Stadt vor der roten Ampel – abgerufen, so stellt man sie jetzt in eine neue Umgebung und/oder Situation. Beispielsweise, wenn der Hund zur Tür hinaus will, auf sein Fressen wartet oder ins Auto springen möchte. Alles Situationen, die er, das setzen wir voraus, gerne ausführt. Diese Situationen könnten wir in Form klassischer Konditionierung nutzen. Kurz vor der Ausführung der problematischen Aufgabe stellen wir Aufmerksamkeit und Blickkontakt her, rufen die Übung ab und geben den Hund anschließend frei für eine der beschriebenen, freudig erwarteten Zielhandlungen. Wir führen auf diese Weise die Aufmerksamkeit weg vom gewohnten Leckerli auf eine bereits emotional positive besetzte Übung. Nach einigen Wiederholungen bildet sich eine neue Koppelung von vorausgegangener Übung und der darauf folgenden positiven Erwartung. Die problematische Übung wird zum *Hinweisreiz* und erfährt durch die Koppelung eine positive Färbung. Je mehr unterschiedliche, positiv besetzte Übungen mit der besagten Problemübung in Verbindung gebracht werden, desto umgreifender und zuverlässiger wird sich der Effekt auswirken. Von da aus ist es dann nur noch ein kleiner Schritt, die ursprünglich freudige Ausführung auch ohne nachfolgende Verstärkung abzurufen – allein durch *Signalkontrolle*. Auch extrinsische Anreize- dann und wann und nicht fulminant – können nun wieder eingebracht werden. Als alternative Zweit- und Drittwege seien die bereits behandelte Stimmungsmodifikation als auch das in einem der nächsten Abschnitte behandelte *Premack-Prinzip* erwähnt.

Beispiel für Korrumpierung intrinsischer Motivation:

Auf das weit verbreitete Problem, dass Hunde ursprünglich gut gekonnte Übungen irgendwann einmal zögerlich oder fehlerhaft ausführen, wurde schon hingewiesen. Aversive Mittel sind, wie bereits aufgeführt, nicht geeignet, das Problem zu lösen. Aber auch appetitive Mittel können an der Aufgabe vorbeigehen. Wenn man nach der Ausführung Leckerli verabreicht (operante Konditionierung) , dabei zu wenig auf intrinsische Anteile achtet, so ist zu erwarten, dass der Hund allein die Futtergabe fokussiert und infolge dessen die Ausführung der Übung verdrängt wird. Da das Leckerli das Verhalten kurzfristig verstärkt, fällt der sich bereits anbahnende gegenläufige Lernprozess oft nicht auf.

Leider sind einseitig extrinsisch betonte Methoden immer noch weit verbreitet; in der Kindererziehung, in der Schule sowie in der Hunde-Erziehung und -Ausbildung. *„Tuste was, kriegste was“* ist auf vielen Ausbildungsplätzen heute noch gang und gäbe. Allzu leicht fällt hierbei nicht nur die Aufgabe, sonder auch das soziale Ereignis und damit der Teampartner Mensch in den Hintergrund. Das hat zur Folge, dass der Hund nur noch das Leckerli oder den Ball im Kopf hat. In der Literatur wurden in diesem Zusammenhang die Begriffe *Selbst- und Fremdmotivation* eingeführt. In der Hundeerziehung und -ausbildung kommt man an der Fremdmotivation zwar nicht vorbei, aber die Besinnung auf ein Mehr an Selbst- bzw. Eigenmotivation wäre wünschenswert, denn Überbetonung der Fremdmotivation kann die Eigenmotivation beeinträchtigen und zu Leistungsabfall führen. Mit anderen Worten: Individuen brauchen zwar Anleitung und Hilfestellung, aber ebenso wichtig ist, dass man ihnen einen überschaubaren Rahmen der Selbstregulierung bietet. Damit ist nicht gemeint, sie in der entsprechenden Aufgabe einfach sich selbst zu überlassen (*„laissez faire“;* franz. = *tun lassen*). Dem wären sie nicht gewachsen. Anleitung und Hilfestellung sind unersetzlich, aber sie müssen in sanft fördernden und nicht in gängelnder oder gar doktrinärer (bevormundender, verpflichtender) Art und Weise eingebracht werden.

Wendy Grolnick forscht und lehrt an der Clark University; u.a. in der Thematik *autonome Motivation*. Sie fand heraus, dass Kinder, denen ein hohes Maß an Kontrolle ihres Spielverhaltens eingeräumt wird, auch über eine höhere Selbstmotivation verfügen. Ähnliches kann für Hunde angenommen werden. Hin und wieder begegnet man Hunden, die ihre Aufgaben in einer nahezu unglaublichen Perfektion zeigen, aber nicht in der Lage sind, auch nur eine dieser Aufgabe leicht abzuwandeln oder im täglichen Umgang auf die Körpersprache des Besitzers zu interagieren. Diese erbarmungswürdigen Kreaturen wurden durch intensives Training tatsächlich mehr behindert als gefordert. Die Besitzer jedoch waren stolz auf ihre *„Hochleistungshunde“* …

Halten wir fest: *Intrinsische Motivationen* sind wertvolle Assistenten – in der Humanpädagogik und noch mehr im Umgang mit Tieren. Auch *extrinsische Motivationen* können erfolgreich genutzt werden, diese sind aber mit Vorsicht zu sehen, und ihr erfolgreicher Einsatz hängt von mehreren Faktoren ab. Bei der ersten Belohnung für eine Anstrengung wird die Selbstmotivation nicht blockiert. Im Gegenteil: Mehrere Tests zeigen, dass nicht nur die Belohnung, sondern auch die vorausgegangene Anstrengung von den Probanden herbeigewünscht wird. Die Bereitschaft zur Anstrengung nimmt dabei zu, was ein unverkennbarer Beweis für die Zunahme der Motivation ist. Die Motivationszunahme bleibt jedoch aus, wenn die extrinsisch orientierte Belohnung im weiteren Verlauf bei Wiederholungen unverändert gegeben wird.

Das unveränderte Beibehalten der anfänglichen Belohnungspraxis behindert das Aufkommen und Ausbreiten der intrinsisch orientierten Selbstmotivation, worunter auch die Selbstregulierung leidet. Damit dies nicht eintritt, muss die Belohnung (extrinsischer Verstärker) parallel zur Zunahme der Selbstmotivation verringert werden!

Hundebesitzer „kleben" oft förmlich an ihren Belohnungen. Auch wenn der Hund die Aufgabe schon längst beherrscht, wird immer noch weiter und weiter belohnt, in der gleichen Art und Weise und Häufigkeit. Hundebesitzer brauchen das Lob, das sie von ihren Bekannten oder Sportskameraden erfahren, oft mehr als ihre Hunde. Man nennt dies: *Manipulativer Gebrauch positiver Verstärkung*. Dahinter steht die oft unbewusste Angst, ohne Belohnung könnte das Resultat ausbleiben. Oder man hat erlebt, dass der Hund ohne die gewohnte Belohnung tatsächlich erst mal abwartet. Das kann schon passieren, ist jedoch nicht weiter schlimm. Manchmal muss man ein wenig Geduld haben und dem Hund Zeit lassen, die Situation neu zu bewerten.

Ähnlich sieht es mit *Lob* aus: Verbales Lob, aber auch eine gleichlautende Geste oder Mimik, sind ebenfalls positive Verstärker, die, wenn niemals ein Ausschleichen stattgefunden hat, zur Abhängigkeit oder zur nichtssagenden Selbstverständlichkeit werden können. In der modernen Pädagogik versucht man daher, den inflationären Folgen stereotypen Lobverhaltens durch das Wecken von Neugier, Interesse oder Stolz auf das Erreichte zu begegnen. Daher ersetzt der Autor in Seminaren den abgegriffenen Aufruf *„Belohnen!"* durch die Aufforderung zum *„Bewundern!"*.

In diesem Zusammenhang sei nochmals an die besondere Bedeutung des Erlernstadiums *(Erwerb, Akquisition, Phänomenvermittlung)* hingewiesen. Innerhalb der Erwerbsphase spielt die *Erstvermittlung,* die tatsächliche erste Konfrontation mit der Aufgabe, eine besondere Rolle. Beim Erstkontakt ist der Neuigkeitswert naturgemäß hoch. Er kann zusätzlich durch didaktisch-methodische Maßnahmen gezielt erhöht werden. Das bietet sich zwar nicht immer und nicht für alles an, aber innerhalb der *Schlüssel-Aufgaben (Rückruf, Abliegen, Sitzen, Anhalten u.a.)* wäre es wichtig, auf Lerndisposition, intrinsische und extrinsische Motivationen sowie auf einen attraktiven Neuigkeitswert zu achten. Auf diese Weise lässt sich Bedeutung einbringen, was sich im Lernen, Abrufen und Behalten positiv niederschlägt! Mit anderen Worten:

Beispiel für Fragen zum Training:

Ein Hund, der immer dann belohnt wird, wenn er seine Aufgabe erfüllt hat, wurde lerntheoretisch auf der Grundlage der Lerngesetze richtig geführt. Aus kognitiver Sicht allerdings werden folgende Fragen gestellt: Wurde die Aufgabe mit genügend Anreiz und Freiraum zum Entdecken und Experimentieren gestellt? Bereitet die Aufgabenerfüllung in sich Lust oder ist der gesamte Lernprozess nur auf Belohnung ausgelegt? Bedeutet die Aufgabe genügend aufgabenbezogene Bedeutung für den Hund? Wurde die Aufgabe so dargeboten, dass sie gut in Erinnerung bleibt, in Zukunft abrufbar ist und nicht wieder schnell in Vergessenheit gerät? Welcher Natur ist die Belohnung? Ist sie für den Hund überzeugend? Stimuliert sie?

Beim Vermitteln von Schlüssel-Aufgaben ist die emotional hoch potenzierte Beteiligung besonders wichtig. Darauf kann man aufbauen, was auch der Anknüpfung und dem Aufbau weiterer Aufgaben dient. Bedeutungsvolle Motivationen sind mit tragfähigen Fundamentsteinen zu vergleichen.

Die sieben klassischen Motivationsquellen

Die traditionelle Hundeerziehung und Ausbildung war lange durch die Bevorzugung von Futter oder Beuteobjekten geprägt. Inzwischen wurde erkannt, dass in einem integrativen Umgang mit Tieren alles, was Lernen und Handlung begünstigt, unverzichtbar ist. Die gleichberechtigte Nutzung der *„sieben klassischen Motivationsquellen“* (ursprüngliche Bezeichnung: *Motivationsbereiche*), ebenso wie die Strukturierung in *objektfreie* und *objektbezogene Quellen* war ein wesentlicher Beitrag zur Ausbildungsgeschichte (EL ab 1995).

Grundausrüstung und Hilfsmittel

Auf die üblichen Ausrüstungsgegenstände kann hier aus Raummangel nicht eingegangen werden. An einem Beispiel jedoch soll aufgezeigt werden, wie sehr auch hier Präjudizierungen an der Sache vorbeigehen: Die einen schwören auf das Halsband, andere auf das Brustgeschirr und nicht wenige lehnen das eine oder andere rundweg ab. Tatsächlich aber sollte der Hund beides gelernt haben. Je nach Alter, Rasse,

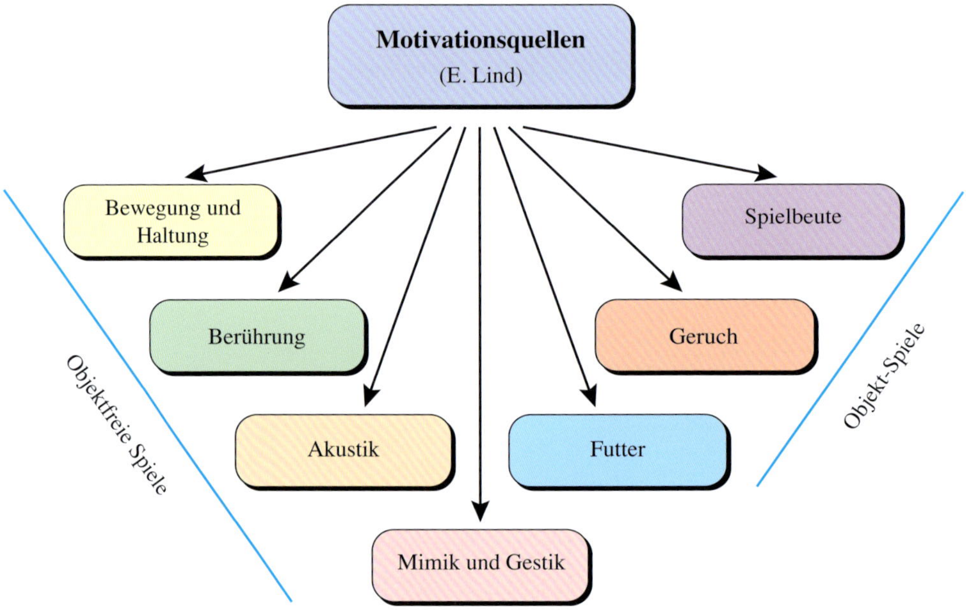

Die sieben Motivationsquellen

Erfahrungsstand und Situation eignet sich einmal das Halsband, ein andermal das Brustgeschirr besser.

Und ein Wort zum umstrittenen Kettenhalsband: In einigen Prüfungsordnungen wird das Kettenhalsband kategorisch verboten, in anderen wird es als einzig erlaubte Halsung gefordert. Wer hat nun Recht? – Keiner! Auch das Kettenhalsband hat Vor- und Nachteile und das strikte Verbot ebenso wie das Gebot entbehrt einer fundierten Rechtfertigung. Das Kettenhalsband als Würger einzusetzen ist nicht nur aus ethischer Perspektive abzulehnen, sondern ist auch erfahrungsgemäß wenig wirksam. Es in Bausch und Bogen zu verteufeln, ist jedoch unangemessen. Das Kettenhalsband (ohne Würgeffekt) hat gegenüber Stoffhalsbändern den Vorteil, dass es nicht großflächig am Fell aufliegt. Die Fellhaare können durch die einzelnen Glieder hindurch stoßen und liegen damit frei, verhindern Abrieb und die Ansiedlung von Parasiten. Und in Punkto Sicherheit bleibt es unerreicht. Richtig angelegt, kann sich der Hund nicht befreien. Das Kettenhalsband bietet daher unabstreitbare physiologische, hygienische und sicherheitstechnische Vorteile. Das *Symbol der Knechtschaft oder Gefangenschaft* in Bezug auf die Hundehalskette hatte noch vor fünfzehn Jahren durchaus Bedeutung. Heute ist dieser Bezug weitgehend überwunden. Von engstirnigen Vorurteilen sollten wir uns befreien, dies gilt auch für die Texte und Inhalte der Prüfungsordnungen.

In Bezug auf Ausrüstung und Hilfsmittel stößt man immer wieder auf Vorurteile und merkwürdige Ansichten. Die einen sind *für* etwas Bestimmtes, die anderen *dagegen*. Manche lehnen Hilfsmittel kategorisch ab, andere kennen nichts anderes als Geräte und Einwirkungen. Doch Hilfsmittel sind weder von vornherein schlecht noch gut. Niemand würde auf die Idee kommen, auf das Auto zu verzichten, nur weil es die Möglichkeit bietet, dass man in den Graben fährt, wenn man das Lenkrad falsch bedient. Erst der Gebrauch der Hilfsmittel zeigt deren Wirkung und Wert. Wer auch in der Frage der Hilfsmittel den ethischen Maßstab der *Annehmbarkeit* zugrunde legt, hat gute Aussichten, sich für das, was beiden frommt, zu entscheiden, dem Menschen *und* dem Hund.

Futter, Spielzeug und andere Lockmittel

Auf die Verwendung von Futter und Leckerli als Lockmittel und Verstärker wurde schon mehrfach aus verschiedenen Blickwinkeln eingegangen. Den Hund mittels Futter zu belohnen und das gewünschte Verhalten auf diese Weise zu verstärken, ist wohl so alt wie die Mensch-Hund-Beziehung selbst. Da hier die Motivation bereits durch den Anblick oder die Geruchswahrnehmung gebildet wird, scheint Futter als Lockmittel naheliegend und einfach in der Anwendung: „*Tuste was, kriegste was*".

Neben Futter wird in der Ausbildung immer mehr Spielzeug für Hunde eingesetzt. Dabei ist die Bezeichnung nicht unproblematisch. Vor allem dann, wenn sie gedankenlos übernommen wird. Ob man aber von *Spielzeug*, *Motivationsobjekt* (MO), *Stimulationsobjekt* (SO) oder *Motivationsgegenstand* (MG) spricht, ist letztlich von untergeordneter Bedeutung. Wichtig ist, dass man sich zweierlei vergegenwärtigt: Zum einen ist Spielen mit

Hunden etwas anders als das Spiel der Menschen untereinander. Zum anderen erfordert der Einsatz von Gegenständen, die den Hund stimulieren sollen, jeweils besondere Fähigkeiten des Haltens und Führens.

Wenn wir an Spielen mit Spielzeug denken, so schwingt unterbewusst mit: Spielen ist das Selbstverständlichste der Welt. Es muss (in seiner ursprünglichen Form) nicht gelernt werden. Jedes Kind kann spielen. Und: Auch wenn Erwachsene mit Kindern spielen, so nehmen wir an, dass wir das können. Klar, der eine besser, der andere weniger gut. Wenn wir aber mit Hunden spielen, dann betreten wir Neuland. Wenn wir wirklich „hundlich" spielen wollen, müssen wir vieles berücksichtigen und ebenso vieles lernen. Und das ist alles andere als das Selbstverständlichste der Welt. Auch im Spiel kann man den Hund verfehlen und ihm schaden!

Mitunter hat man den Eindruck, manchen Spielpartnern ginge es mehr um sich selbst als um den Hund. Da wird x Mal der Ball geworfen, um dem Hund die nötige Auslastung zu verschaffen, ohne Rücksicht auf ernst zu nehmende Suchtrisiken. Oder man treibt den Hund in der Bewachungs- und Sportausbildung in Wehrbereiche, die aus ethischer und biologischer Sicht nicht mehr akzeptabel sind. Auch das Spielzeugangebot lässt tief blicken: Die Zoo-Regale sind voll von lang gezogenen, makaber aussehenden, gerupften Hühnchen, Politiker-Karikaturköpfen oder „süß" aussehenden Mäuschen, Miniaturkraken oder sonstigen Phantasiegebilden. Für wen ist das witzig und wem dienen diese „Spielsachen"? Viele dieser Formen haben bis auf die Anbeißbarkeit des Materials wenig oder nichts mit dem Hund zu tun. Könnte man Hunde fragen, welches Spielzeug sie bevorzugen, würde wohl der Großteil des Angebotes durchfallen. Aber fragen wir uns erst einmal selbst:

Wozu dient *Hundespielzeug*?

- Spiel um des Spiels willen (zweckfrei)

- Zur Stimulation und anschließenden Verstärkung (Zielspiel bzw. Lernspiel)

- Für Solitärspiele: Futterspender, Intelligenzspiele, Geschicklichkeitsspiele, Bälle

- zur Ablenkung (u.a. in der Therapie)

Diese kurze Aufzählung lässt ahnen, wie viele verschiedene Funktionen Hundespielzeug zu erfüllen vermag. Bei Bällen und Beißobjekten ist der Gegenstand selbst der Stimulator. Bei Futterspendern oder Intelligenzspielzeug geht es um den Inhalt. Die Geräte selbst dienen lediglich dazu, den Anreiz der Problembewältigung zu geben. Auf diesem Umweg wird die Futtersuche dann zum Spiel. Anders bei Objekten, denen der Hund nachjagt oder die er mit dem Fang greift. Hier geht es meist um Motivationen aus dem Formenkreis der Spiel-Jagd.

In folgender Tabelle (EL 1996, 2004) sind die bekanntesten Spielbeute-Objekte, ihre Effekte incl. Intensität und Ausbildungseignung dargestellt. Die Aufstellung zeigt Stärken und Schwächen der einzelnen Objekte im Hinblick auf jagdliches Spielverhalten und auf Interaktion zwischen Mensch und Hund. Punkt 9 wurde ergänzt, stellvertretend für sämtlich Motivationsobjekte, die auf Futter aufbauen.

Motivationsobjekt	Ansprech-segmente	Intensität und Ausbildung	Eignung für interaktives Spiel
1. Ball	Nachjagen Hakenschlagen Fassen Nachfassen Beutestreiten Tragen Interaktion	+++ + ++ - + + +	Laufsegmente hervorragend, Schwach: : Knautschen, Ball liegt auf Gaumen auf, Mensch kann beim Beute-streiten schlecht anfassen; Hand nahe am Fang (Verletzungsgefahr sowie andererseits: Beißhemmung infolge Handnähe zu stark.
2. Beißwurst	Nachjagen Hakenschlagen Fassen Nachfassen Beutestreiten Tragen Interaktion	+ - +++ +++ +++ +++ ++	Für Greifsegmente und Interaktionen hervorragend geeignet; schwach: Technik nicht einfach; Hygiene. Hakenschlagen fehlt ganz. Nachjagen schwach.
3. Schleuderball	Nachjagen Hakenschlagen Fassen Nachfassen Beutestreiten Tragen Interaktion	+++ +++ + + ++ ++ ++	Laufsegmente hervorragend. negativ: Knautschen; Nur einseitiges Gegenziehen möglich; relativ kleiner Anbissbereich; Führung des MOs nur weitgehend unkontrolliert möglich. Interaktion durch Verletzungsgefahr beeinträchtigt.

4. MOT®- long (Doppelgriff-Beißstab)	Nachjagen Hakenschlagen Fassen Nachfassen Beutestreiten Tragen Interaktion	++ + +++ +++ +++ +++ +++	Greifsegmente und Beutestreiten sowie Führbarkeit des MOs hervorragend; mannigfache Interaktionen möglich; Spielreichtum sehr gut. schwach: Nachjagen und Hakenschlagen.
5. Quietschie	Nachjagen Hakenschlagen Fassen Nachfassen Kauen solitär Tragen Interaktion	++ + + + +++ ++ +	Positiv: Geräusche stimulieren zusätzlich. negativ: Geräuschstimulation greift sich schnell ab. Gefahr des Verschluckens der Metallpfeife. Für Zerrspiele nicht gut geeignet.
6. Flugscheiben, Flugringe	Nachjagen Hakenschlagen Fassen Nachfassen Beutestreiten Tragen Interaktion	+++ +++ +++ + + + ++	Laufsegmente hervorragend, stark stimulierend. Sehr abwechslungsreich einsetzbar. Negativ: Bei falscher oder übertriebener Umsetzung Risiken für Bänder, Gelenke und Wirbelsäule.
7. Bringholz	Nachjagen Hakenschlagen Fassen Nachfassen Beutestreiten Tragen Interaktion	+ - + + - +++	Klassisches Apportierobjekt: Für Fassen, Tragen und Zurückbringen gut bis sehr gut geeignet. Zupacken und Halten für manche Hunde nicht leicht anzunehmen. Beutestreiten nicht anzuraten.

8. Wasser-Apportierobjekte	Nachjagen Schwimmen Fassen Nachfassen Beutestreiten Tragen Interaktion	+++ +++ +++ ++ - + ++	Für wasserliebende Hunde sehr hohes Motivationsniveau. Hervorragende Auslastung, gelenkschonend (z.B. bei bereits bestehenden Schäden).
9. Intelligenz-Spiele	Konzentration Solitärspiel Interakt. Spiel Kreativität, Kogniti- ve Fähigk. Geschicklichkeit Ausdauer Körperl. Auslastung Motorik	+++ +++ ++ ++ ++ ++ ++ - +	Als Ergänzung zu körperl. Auslastung gut geeignet. (falls tatsächlich interaktiv genutzt). Als Solitärspiel und zur Förderung kognitiver Fähigkeiten gut bis sehr gut geeignet. Gefahren des Missbrauchs: Ersatz für soziale Interaktionen Besitzer-Hund und Hund-Hund. Lösungsbereich oft eingeschränkt Geschicklichkeit: mäßige bis gute Förderung.

Balljunkie

Der Begriff *Balljunkie* trat erstmals in den späten Neunziger Jahren auf, als sich immer mehr Hundebesitzer, vor allem im Sport, in Folge exzessiver Beutespiele teils verheerenden Folgen gegenüber sahen. Die Befürworter der Beutespiele verteidigten Ballspiele unter Berufung auf das entscheidende WIE, Gegner artikulierten nicht selten eine pauschale Ablehnung. Da hier von Ball-*Spielen*, oder in weiterem Umfang von Objekt-*Spielen* die Rede ist, kommen wir an einem kurzen Überblick zum *Spiel* nicht vorbei.

Spiel umfasst weite Bereiche des Lebens. Die Bedeutung des Spiels hat Friedrich Schiller (1759–1805) zeitlos gültig formuliert: *„... der Mensch spielt nur, wo er in der vollen Bedeutung des Worts Mensch ist, und er ist nur da ganz Mensch, wo er spielt“*

An Stelle der traditionellen Kontrastierungen Spiel – Ernst oder Spiel – Arbeit unterscheidet man in der modernen

Spielwissenschft vor allem zwei Spielformen: das *zweckfreie* und das *zweckgerichtete Spiel*. Wie das Wort schon sagt, zeichnet sich das zweckfreie Spiel dadurch aus, dass es um seiner selbst willen betrieben wird. Die Motivation entspringt einem tief verankertem Bedürfnis, zu spielen, sich im Spiel mit der Welt auseinanderzusetzen, sich dabei neu zu erleben und zu bewähren. Auch Hunde spielen aus *Funktionslust* und nicht, um zu lernen. Trotzdem lernt man natürlich im Spiel „nebenbei“. Das Nebenbei bedeutet keine Abwertung oder Minderung.

In den verschiedenen Definitionen werden für freie Spiele immer wieder folgende Kern-Merkmale (Spielmerkmale) hervorgehoben:

- Zweckfreiheit (intrinsische Motivation)

- Freiwilligkeit

- Lusterlebnis

- Quasi-Realität (*anders* als im täglichen Leben)

- Ambivalenz (Offenheit: u.a. Verlauf und Ausgang des Spiels)

Lernspiele hingegen unterscheiden sich vor allem im ersten Punkt. Sie sind nicht zweckfrei, sondern *zweckorientiert*. Sie weisen folgende Kriterien auf:

- Zweckorientiert (bzw. -gerichtet)

- Freiwilligkeit

- Lusterlebnis

- Quasi-Realität („anders“ als im täglichen Leben)

- Ambivalenz (Offenheit: u.A. Verlauf und Ausgang des Spiels)

Mit dem Begriff *zweckorientiert* wird darauf hingewiesen, dass es mehrere Zweckbezüge gibt. Der Zweck kann dem Lernenden bekannt sein oder auch im Spiel verborgen bleiben. Er kann selbst Gegenstand der Motivation sein (intrinsiche Motivation) oder aber über den Umweg anderer Motivationen erreicht werden. Aus pädagogischer Sicht wird der Zweck daher gesplittet in die *Planungsebene des Lehrenden* (Mensch) und in die *Motivationsebene des Lernenden* (Hund). Bleibt der Zweck dem Hund verborgen, so ist die Zweckerfüllung ein geschickt eingebrachtes Nebenergebnis des Spiels. Obwohl die strikte Trennung zwischen Lehrendem und Lernenden heute – im Sinne kognitiver Lerntheorie – zu Gunsten eines offenen Coaching aufgegeben wurde, bleibt die Differenzierung des Zwecks sinnvoll. *„Ziele des Menschen zu Motivationen des Hundes umzugestalten“* stellt den Lehrenden vor die Aufgabe, die Erlebniswelt des Hundes den oft nicht identischen Lernzielen, die der Mensch verfolgt, überzuordnen.

In Objektspielen beispielsweise imaginieren Hunde verschiedene Elemente aus dem Funktionskreis des Jagens: *Orten, Fixieren, Anschleichen, Nachjagen, Anspringen, Zupacken, Töten, in Sicherheit bringen, Zerkleinern*. Ein auffallendes Merkmal des Spiels der Hunde besteht darin, dass weder der chronologische Ablauf einer Real-Jagd noch die Vollständigkeit der einzelnen Elemente verbindlich sind. Mit anderen Worten: Spiel kann auch nur aus einem einzigen

Element bestehen, oder es können Elemente in völlig anderer Reihenfolge umgesetzt werden: Schließich können auch andere, nicht aus dem Jagdverhalten stammende Elemente mit Jagdelementen kombiniert werden. Es ist, mit einem Wort, alles offen (*Ambivalenz*). Dies bietet einen unerschöpflichen Pool an Möglichkeiten, mit dem caniden Verhaltensrepertoire experimentell und kreativ umzugehen – spielerisch, im entspannten Feld und ohne Risiko.

Vergegenwärtigen wir uns Ballspiele, Apportierspiele oder Spiele mit der Motivations-Angel. In den genannten Beutespielen steht das Nachjagen (neben Orten, Fixieren und Zupacken) im Vordergrund. Nachjagen geht in der Ernsthandlung dem Zupacken (Anspringen) und Töten voraus und ist maßgeblich am Erfolg oder Misserfolg der gesamten Jagd beteiligt. Kein Wunder, dass dieses Segment neurobiologisch besonders intensiv energetisch gestützt wird. Allein schon die Aussicht auf Nachjagen und Zupacken kann Hunde in Höchstspannung versetzen. Die entsprechenden Auslöser sind tief verankert, ebenso die entsprechenden Programme und Routinen. Treten die auslösenden Reize in Erscheinung, so kann das Gehirn auf das uralte, interne *Extrem-Programm* Überleben umschalten, wobei dann die einzelnen Prozesse weitgehend unbeeinflussbar ablaufen, den gesamten Körper erfassen (siehe Abschnitt: Angst und Stress) und gleichzeitig andere Vorgänge (z.B. Verdauung) unterdrücken bzw. einschränken. Die hierbei ausgeschütteten Neurotransmitter und Hormone wirken sich auf die Belastbarkeit, das Durchhaltevermögen, die Stimmungslage sowie auf die Motivation und Kreativität aus.

Solange es bei einzelnen Stress-Situationen – in tolerabler Intensität – bleibt, und danach genügend Zeit und Gelegenheit zur Erholung gegeben ist, kann der Organismus die dabei entstehenden Belastungen kompensieren. Voraussetzung hierfür ist ein intaktes, ausgewogenes Ineinandergreifen zwischen anregenden (*eszitatorischen*) und dämpfenden (*inhibitorischen*) Prozessen, und zwar auf hormoneller und auch auf neuronaler Ebene. Den anregend wirkenden Hormonen wie Cortisol und Adrenalin sowie den Neurotransmittern (biochemische Botenstoffe) Noradrenalin und Glutamat stehen die dämpfend (bzw. hemmend) wirkenden Gegenspieler (Antagonisten) wie GABA (Gamma-Aminobuttersäure), Serotonin und Glycin gegenüber.

Kommt es jedoch infolge intensiver und/oder unnatürlich hoher Stress-Wiederholungsfrequenzen zu einer Dysbalance, so sind Gesundheits-Störungen, bei anhaltenden Wiederholungen sogar mit irreversiblen physischen und psychischen Veränderungen nicht auszuschließen.

Um den erheblichen Aufwand zum Nachjagen und Zupacken in der Natur zu ermöglichen, setzt bei den entsprechenden Reizen das körpereigene Belohnungssystem ein, wobei verschiedene Botenstoffe ausgeschüttet werden. Nach aktuellem Wissensstand unterscheidet das System nicht, ob es sich um Spiel oder Ernst handelt. (Ob diese Aussage in vollem Umfange Gültigkeit hat oder eingeschränkt werden muss, wird sich zeigen).

Wenn man mit Hunden Nachjag- , Zupack- und Zerrspiele veranstaltet, so muss man sich vor Augen halten, dass – auch im Spiel,

Der Blick dieser Hündin verrät: Über Konzentration hinaus sind bereits eszitatorisch wirkende Hormonausschüttungen voll im Gang. Wiederholt sich dieser an sich natürliche Prozess zu oft und fehlen die anschließenden dämpfenden Ausgleichsmechanismen, kann es zur Sucht kommen.

– eine Art *Extrem-Situation* simuliert wird. Je nach individuellen Präferenzen werden die dabei auftretenden Vorgänge mehr oder minder kompensiert. Es ist vor allem das *Nachjagen*, das besonders problematisch ist. Weshalb? Zum einen kommt es weder unter Wölfen noch Hunden vor, dass einer dem anderen Beutespiel-Objekte w i r f t. Etwas wegwerfen, das kann nur der Mensch. Einmal in Bewegung, nimmt das Objekt im Gehirn des Hundes die Gestalt einer fliehenden Beute an und dies kann die bereits beschriebene Total-Mobilisation auslösen. Ab dem Augenblick, wo das Nachjagen einsetzt, ist der Hund auf sich allein gestellt. Beim Beutestreiten (Kontern) ist das anders. Im spielerischen Beutestreiten fließen soziale Komponenten mit ein und diese haben in der Regel ausgleichende und dämpfende Wirkung. Im Sinne der Arterhaltung und Ökonomie gehen Warnsignale voraus, bevor das Spiel etwa zu „kippen" beginnt: bevor das entspannte Feld verlassen wird – also *vor* dem Übergang zu offensivem Ressourcenanspruch bzw. zu ernsthafter Ressourcenverteidigung.

Daraus folgt: Ballspiele sind längst nicht so harmlos, wie sie scheinen. Beim Nachjagen in der Situation, wo das Fliehen einer Spielbeute durch Wegwerfen künstlich simuliert wird, werden die natürlichen, antagonistischen Regulative verzerrt, wobei es zu einer Dysbalance zwischen aktivierenden und hemmenden Prozessen kommen kann.

Es ist noch ein zweiter, unnatürlicher Vorgang zu nennen: Nachjagen und Zupacken sind die letzten beiden Segmente einer Jagdsequenz vor der abschließenden Tötungshandlung. Diese kommt während einer Jagd in der Regel nur *einmal* vor (mit Ausnahmen). Dafür, und nicht für viel mehr, hat die Natur den Hund ausgerüstet. Wenn man bedenkt, dass nur zwischen 15 % und 25 % der Jagdausflüge der Wölfe erfolgreich sind, so wird einem klar, welche Leistungspotenziale hierbei aufgeboten werden und wie kostbar diese sind. Die Anforderungen gehen oft an die physiologischen Grenzen. Misslingen einige Jagden hintereinander, so ist ein Wolfsrudel tatsächlich existenziell bedroht. Daher gehen nicht nur Wölfe, sondern Beutegreifer allgemein äußerst ökonomisch und vorsichtig mit ihren Kräften um. Die

Leistungsreserven innerhalb kürzester Zeit durch zahlreiche Wiederholungen abzurufen, würde über kurz oder lang zu Überlastungs- und Verschleißerscheinungen führen. Man könnte einwenden, dass Caniden im Spiel durchaus bereit sind, viel Energie einzusetzen, wobei ökonomische Ziele in den Hintergrund treten. Das ist richtig, aber es muss bedacht werden, dass jene Spiele, die besonders viel Kraft in Anspruch nehmen – beispielsweise Rollen, Lauf-, Kampf- oder Zerrspiele – gleichzeitig eine starke soziale Komponente beinhalten und über diesen Umweg Einschränkung und Dämpfung erfahren. Der Hund, der dem weg geschleuderten Ball nachjagt, ist jedoch auf sich allein gestellt und nichts schränkt seine zielfokussierte Verausgabung ein.

Wenn in der Folge dann aus Spiel *Sucht* wird, reagiert das überforderte Belohnungssystem mit anhaltendem Wiederholungsbedürfnis. Da die notwendigen Pausen meist vorenthalten werden, ist der Stress nicht mehr kompensierbar. Adrenalin und Cortisol können im Körper nicht mehr richtig abgebaut werden, was zu Dauer-Stress führt. Bleibt das inzwischen suchtpotenzierte Nachjagen und Zupacken aus, kommt es zu Entzugserscheinungen. Übrig bleibt ein *circulus vitiosus*, aus welchem der Hund alleine meist nicht herausfindet.

Hütehunde, zum Beispiel Border Collies und Schäferhunde; oder Jagdhunderassen, beispielsweise Jack Russell u.a., sind auf Grund ihrer rassespezifischen Disposition den Gefahren exzessiver Beutespiele mehr ausgesetzt als andere Rassen. Aber auch Mischlinge und Individuen der ruhigeren Rasseherkunft sind vor Balljunkie-Gefahren nicht gefeit!

Als Folge fortwährender Ballspiele nimmt das Nachjagobjekt immer mehr Raum ein in der Psyche des betreffenden Hundes. Gleichzeitig läuft die Mensch-Hund-Beziehung Gefahr, mehr und mehr in den Hintergrund zu treten. Die Folge ist eine Verzerrung innerhalb der Verhaltens-Hierarchie: Der Hund generalisiert das Objekt-Spiel mehr und mehr auf andere Gegenstände und Situationen: Auf Fahrradfahrer, Autos, Raben, Katzen, Fußbälle. Alles, was sich bewegt, löst den Nachjag-Reflex aus, bis hin zu Schatten, Steinen, die ins Wasser fallen oder Gegenständen, die eine ähnliche Silhouette aufweisen wie der Ball. Leider sind davon auch Menschen, andere Hunde und Kinder nicht ausgenommen.

Hinzu kommt, die Selbstkontrolle gerät immer mehr zu Gunsten des Nachjag-Reflexes in den Hintergrund. Wurde das Spiel einmal zur Sucht, sind diese Hunde kaum noch bereit, auf anderer Ebene als in Beutespielen aktiv zu werden. Futterspiele werden dann häufig abgelehnt oder sie bringen nicht den gewünschten Erfolg. Ein einfacher Test besteht darin, den Hund mit einem Motivations-Objekt zu stimulieren und dieses in langsamer Bewegung nach außen zu führen. Hat der Hund, wie es sein sollte, langsame Bewegungen unmissverständlich von schnellen, auslösenden zu unterscheiden gelernt, so wird er den Vorgang ruhig zusehend verfolgen. Hat er Warten gelernt (*Impuls-Kontrolle*), wird er bereits nach wenigen Sekunden den Blick vom Objekt abwenden und den Blickkontakt mit dem Besitzer suchen. Er wird warten, bis dieser den Auslöser einbringt, worauf der Hund sich dann die Beute holen darf. Bis zum Auslösereiz ist der Hund zwar voll konzentriert, gleichzeitig aber weder nervös noch verspannt.

Fibriert oder zittert er, indem er das MO fixiert und die Bewegung nach außen verfolgt, – vielleicht mit weit geöffneten Pupillen, oder springt er die Beute zügellos (mangelnde Fremd- und Selbstkontrolle) an, so ist dies kein Spiel mehr, sondern *Sucht*. In diesem krankhaften Zustand ist der Hund nicht mehr in der Lage, seine Umwelt unbefangen wahrzunehmen, mit Artgenossen oder mit dem Besitzer zu kommunizieren oder sich mit sich selbst – in souveräner Art und Weise – zu beschäftigen. In diesem Zustand ist weder Lernen noch Anpassung, weder Schonung noch Sicherheitswahrung möglich. In diesem Zustand riskieren Hunde alles, nur eines im Kopf habend, das Beuteobjekt, den Ball. Andere Angebote, beispielsweise Berührungs-, Lauf-, Zuneigungs-, ja sogar Leckerli oder das tägliche Fressen werden in diesem Zustand oft abgelehnt.

Auch die Sozialkompetenz kann unter diesen Umständen beeinträchtigt werden. Hunde, die alles, was sich bewegt, rückhaltlos verfolgen, betrachten diese Objekte oft als Ressourcen, die sie im selbsternannten Eigenbesitz verteidigen (*Ressourcen-Verteidigung*) oder, wenn diese im Besitz ihrer Artgenossen sind, zu beanspruchen (*Ressourcen-Anspruch*). In beiden Fällen schrecken Hunde dann auch vor ernsthaften Auseinandersetzungen nicht zurück.

Wie kann man in Beutespielen Übermotivation (*hypertrophe Motivation)* oder aufkommendem Suchtverhalten vorbeugen? Eine schnelle und einfache Schubladenlösung gibt es nicht. Wer mit seinem Hund Objekt-, Nachjag- und/oder Beutespiele durchführt, sollte Einiges wissen und berücksichtigen:

Bei allen Beutespielen ist darauf zu achten, dass die Voraussetzungen für ein *entspanntes Feld* gegeben sind. Bei Anzeichen aufkommender Ernsthandlung sind sofort entsprechende Maßnahmen einzuleiten: Durch dämpfende, drosselnde Spielgestaltung, Wechsel zu weniger stark stimulierenden Objekten, Wechsel zu anderen, weniger stark wirkenden Motivationsquellen.

Durch Einbringen sozialer Motive, durch Setzen von Grenzen (Spielregeln) sowie durch eigenes Modellverhalten (sozialkognitives Vorbildverhalten des Besitzers: Ruhiges, souveränes Auftreten, Vermeiden von Hektik, Konflikten und Stress).

Aufbau einer tragfähigen *Impulskontrolle*: Der Hund darf sich die Beute erst holen, wenn er von sich aus mit dem Besitzer Kommunikation aufgebaut und gewartet hat, bis dieser das Freizeichen gibt. (Tägliches Üben beim Ableinen, aus der Tür gehen, Fressen, *Geistiger Zügel* u.a.)

Nachjagen sollte man nicht immer nur isoliert provozieren, sondern in die vorausgehenden Jagd-Segmente *Orten, Erstarren* und *Fixieren* sowie *Anschleichen* integrieren. Im *Animieren* – im Beleben der Beute, – in den Segmenten, die dem Nachjagen vorausgehen, lernt der Hund Konzentration und Selbstkontrolle; denn wenn er in diesen Segmenten überdreht, ist die Beute weg, dafür sorgen wir im Spielverlauf.

Bei Anzeichen, die das Verlassen des *entspannten Feldes* ankündigen ebenso wie bei ersten Anzeichen von Sucht empfiehlt sich, das Spiel in geeigneter Weise zu beenden oder in eine andere Aktion überzuleiten.

Dieser Hund hat gelernt, auf das Spiel mit der Frisbeescheibe ruhig zu warten, obwohl er dieses Objekt heiß begehrt.

Bemerkt der Besitzer Anzeichen von Hypermotivation, so kann er im Spiel über manipulierten Erfolg bzw. Misserfolg ausgleichend einwirken (*„Die Beute konnte sich in Sicherheit bringen“*).

Hier einige Anregungen bei aufkommender Ernsthandlung oder/und Suchtsymptomen:

Gegebenenfalls ist darauf zu achten, Segmente aus dem Beutespiel zeitlich, räumlich und in Bezug auf Frequenz und Intensität einzuschränken oder einzelne Segmente zu überspringen.

Umlenkung auf alternative Aktionen. Das Motivationsobjekt wird im Gras oder Gebüsch versteckt, der Hund sieht dabei zu (je nach Ausbildungsstand mehr oder minder) und darf es sich nach Freigabe erschnüffeln. Auf diese Weise tritt eine Umorientierung auf olfaktorische Ortung und Suchverhalten ein.

Wenn sich der Hund beim Beutestreiten übermotiviert: nach dem Zupacken keine langen Konterzugspiele durchführen, sondern sofort den Beutetausch auf Futter oder Kontaktspiel folgen lassen (Stimmungsmodifikation!)

Sind jedoch Suchtsymptome bereits deutlich erkennbar, so hilft in der Regel nur der vorübergehende Total-Entzug der betreffenden Aktion. Als Ersatz dienen dann andere, unproblematische Auslastungen (gemeinsames Spazierengehen, Radfahren, Joggen, Schwimmen), beruhigende Berührungsspiele sowie therapeutische Maßnahmen.

Bei einem Lehrgang beobachtete mich ein Hund in auffallender Weise. Auf einmal kam er zu mir und riss mir die Handhalterung aus dem Armpolster. Die Silhouette hatte ihn an einen Ball erinnert. Bis dahin wusste niemand von uns, dass man den Handgriffball herausziehen kann. (Aufnahmen 2 und 3 wurden nachgestellt)

Wege aus der Sucht

Die Beschäftigung mit dieser Frage zeigt, wie folgenschwer Stress-Schäden zu bewerten sind. Hier gilt ähnliches wie für Alkoholiker: *Einmal süchtig, immer süchtig*! Sucht ist nicht heilbar! Der Zustand vor dem Alkoholismus lässt sich nicht wieder herstellen. Ein Alkoholiker bleibt lebenslang im Risikozustand des Rückfalls. Daher gibt es zur strikten Einhaltung der „Null Promille" keine Alternative. *„Nur ein Gläschen …", „nur heute, an meinem Geburtstag …"*, das kann sich der Nicht-Alkoholiker erlauben, der Süchtige nicht, denn die Sucht ist mit dem Entzug nicht vorbei, sie schlummert lediglich im Gehirn. Den *ehemals Süchtigen* gibt es leider nicht. Ein einziger Schluck kann zum Rückfall führen.

Genauso verhält es sich mit dem *Balljunkie*. Nachjagen ebenso wie alle anderen Segmente aus dem Jagdverhalten, die zur Sucht geführt haben, sind in der ersten Phase des Entzuges zu 100 % tabu. Besonders zu Beginn des Entzuges ist die Umstellung auf ein insgesamt ruhigeres Zusammenleben von Vorteil, auch in den Auslastungs- und Trainingsprogrammen. Das strikte Meiden suchtspezifischer Stimuli ist einzuhalten, reicht jedoch alleine meistens nicht aus. Um die Folgen eines Dopaminmangels zu umgehen, sind *Umorientierungen* erforderlich. An Stelle des Nachjagens müssen

Obwohl der Hund auf das Motivationsobjekt hoch motiviert ist, sucht er den Blickkontakt zum Teamführer und wartet – unter Impulskontrolle – auf den Auslöser.

Nähe und Berührung auf „Augenhöhe“, hier im Basis-Spiel, fördern Vertrauen und tragen zur Bindung bei.

andere glücksbringende Verhaltensweisen gefunden werden. Weiter vorn wurde schon erwähnt: Das Ausweichen auf andere Motivationsquellen. Man achte jedoch auf Aktionen, die ruhiger ablaufen und nicht wieder in die alten Spuren münden. Ganz hervorragend haben sich sozial orientierte Bewegungs-, Berührungs- und Zuneigungsspiele bewährt. Nachahmung an Stelle von Nachjagen, kommunikative Stimulation an Stelle aufputschender Jagd-Reize. Wir erinnern an das Spiel im Sitzen, wo nach dem Vorbild der Welpenspiele sehr viel Berührungen zustande kommen und die Beine zum Drüberspringen, unten durch Kriechen, Draufsitzen oder Runterrutschen benutzt werden (*Basis-Spiel* aus *Team-Balance*).

Auch der Wechsel von Beutespielen zu futtermotivierten Spielen bis hin zu Mantrailing, klassischem Fährten, Dummyarbeit, Leckerlisuchen oder auch gemeinsame Aktionen zu Rhythmus und Musik versprechen Erfolg. Das alles lenkt in ruhigere Fahrwasser, harmonisiert und wirkt dem automatisierten Nachjagen entgegen.

Abgeben und Auslassen der Beute

Wir erinnern uns: Stress macht mobil für Flucht oder Kampf. In derartigen Extremsituationen tritt das *Endorphinsystem* auf den Plan, wobei nicht nur die Schmerzempfindung bis auf null herabgesetzt werden kann, sondern sogar Glücksempfindungen hervorgerufen werden. Stark triebbetonte Verhaltensweisen, beispielsweise das Festhalten einer Spielbeute und nicht mehr Auslassen, wenn ein anderer dagegen zieht, gehören zum Funktionskreis des Jagens. Beim Zupacken und anschließenden Gegenziehen (auch als *Beutestreiten*, *Kontern* oder *Zergeln* bezeichnet) werden wie soeben beschrieben, Endorphine ausgeschüttet. Nach neueren Erkenntnissen können erhöhte Endorphinproduktionen Einfluss auf verschiedene Neurotransmitter nehmen. Unter anderem auf die Dopaminausschüttung, welche die bereits erwähnte Antriebssteigerung bei gleichzeitig erhöhtem Glücksgefühl und Herabsetzung des Schmerzgefühls zur Folge hat. Endorphinflutung dient dem Ziel eines inneren Schutzmechanismus, der das Instinktverhalten selbst schützt, es unterstützt und somit gewährleistet, dass selbst unter schlechten Bedingungen wie z. B. Schmerz, Kälte, Hunger, Schwäche, Krankheit usw. die nötigen Verhaltensweisen erfolgreich zu Ende geführt werden können – wenn es sein muss, unter Aufbieten der letzten Kraftreserven. Dies dient dem Überleben.

In diesen Zustand können Hunde getrieben werden, wenn man ohne Grundkenntnisse *exzessive Beute-Spiele* durchführt und anschließend dann noch ein unnatürliches <Aus> erzwingt. Es sind auffallenderweise oft die tüchtigsten Hunde, die sich beim Auslassen, wenn es erzwungen wird, extrem sträuben. Man gewinnt den Eindruck, dass diese besonderen Hunde nicht anders können, als das <Aus> zu verweigern. Sie sind

Hunde verfügen im *Beutestreiten* über ein reichhaltiges Spielrepertoire. Mitte der 90er Jahre hat der Autor das Beutestreiten der Hunde analysiert und die Grundlagen für entsprechende Mensch-Hund- Interaktionen erarbeitet (EL 1996, 2001 GU).

bereit, das Letzte zu geben, um die Beute nicht auszulassen. Sie scheinen einem inneren Befehl zu gehorchen, der ihnen aufträgt, durchzuhalten. Es sieht so aus, als gäbe es in ihrem Kopf zum Durchhalten keine Alternative. Der Erfolg wird nur in einer Richtung erwartet, im Festhalten. Und ausgerechnet diese bemerkenswerten Hunde werden dann oft für *dumm, stur oder aufsässig* gehalten.

Im Spannungsfeld dieses Machtkampfes zwischen Besitzer und Hund werden infolge des zunehmenden Stresses mehr und mehr Hormone ausgeschüttet, bis hin zur völligen Lern- und Anpassungsblockade. In diesem Zustand sehen Hunde keine Alternative mehr und *verbeißen* sich völlig. Bei weiter zunehmender Gewalt gerät der Hund in eine sich aufschaukelnde Stressspirale, die so weit gehen kann, dass der Hund sich lieber töten lässt, als auszulassen. In diesem Zustand spüren Hunde keinen Schmerz mehr und sie würden sogar den Tod vorziehen, bevor sie auslassen. Meist kommt es jedoch nicht so weit, weil die Besitzer dieser Hunde dann doch noch rechtzeitig aufhören und das <Aus> auf einen anderen Tag verschieben.

Ergänzung: Leider gibt es auch heute noch Leute, die Hunde als Kampfhunde ausbilden, sei es zur Einschüchterung ihrer Mitmenschen oder zu perverster Lustbefriedigung eines tierschutzrelevanten „Sports" (Kampfhundesport).

Derartige *Extrem-Erlebnisse* bleiben tief im Gedächtnis des Hundes zurück. In der Folge kann bereits die Präsenz eines der vorausgehenden Hinweisreize den hohen Stresszustand heraufbeschwören – etwa der Anblick des Bringholzes oder anderer Objekte.

Wiederholen sich jedoch derartige Prozeduren, können Neurosen und Psychosen die Folge sein. Gewaltanwendungen mit dem Ziel, ein Auslassen zu bewirken, sind daher nicht nur tierschutzrelevant, sondern lerntheoretisch gesehen aussichtslos.

Da hier nicht genügend Raum vorhanden ist, muss auf die Beschreibung erfolgversprechender „Aus-Methoden" verzichtet werden (Verweis auf Bücher und Videos des Autors).

Manche Hunde bringen die Veranlagung mit, sich festzubeißen und nicht mehr auszulassen, komme, was da wolle.

Fehler vermeiden, zulassen oder korrigieren

Der Umgang mit Fehlern ist vielfältig, wie schon die Überschrift dieses Abschnittes verrät. Eine der wichtigsten Empfehlungen im Umgang mit Tieren lautet zwar: *„Fehler vermeiden!“* Aber gleichzeitig ist das Zulassen und Korrigieren von Fehlern ebenso wichtig. Das Postulieren eines *Nullfehler-Prinzips* würde bedeuten, das Vermeiden von Fehlern den anderen Formen des Fehlermanagements überzuordnen. Nach allem, was wir heute über Lernen wissen, verfehlt man mit jeglichem Schubladendenken das Ziel, dem in ständigem Wechselspiel unzähliger Wirkungskreise ausgesetzten Leben in der jeweiligen Situation gerecht zu werden. Ein *Prinzip* postuliert übergeordneten Anspruch. Diesen Anspruch verdient das Vermeiden von Fehlern sicher nicht. Trotzdem ist das Vermeiden von Fehlern unbestritten wichtig – vor allem im Umgang mit Tieren. Fehler in der Erziehung und Ausbildung von Hunden verursachen oft nachhaltige Folgen, die in der Regel schwer zu beheben sind. Während die Konditionierung eines neuen Lerninhaltes bereits bei einer Handvoll Wiederholungen einsetzen kann, erfordert deren Korrektur oft Hunderte, in manchen Fällen sogar Tausende Wiederholungen in einem meist wesentlich längeren Zeitraum. Und selbst nach erfolgreich durchgeführter Korrektur besteht immer noch das Risiko eines Rückfalls. Angesichts dieser realistischen Einschätzung steht außer Frage, dass die nur wesentlich geringere Investition, die sich unter der Zielsetzung, Fehler zu vermeiden, ergibt, bestens angelegt ist. Fehlervermeidung spart Aufwand und Zeit und hilft, Risiken zu vermeiden.

Wie kommen Fehler zustande? Auf diese Frage antwortete mir ein junger Hundeführer, ein begabter Psychologie-Student und inzwischen Doktor der Psychologie, treffend: *„Vom mehr Wollen als Können.“* Geht es um Vermittlung durch den Besitzer oder Trainer, müssten wir noch ergänzen: *„Vom mehr Wollen oder Sollen als Können“*. Überforderung, gleichviel ob sie durch Selbstregulierung oder von außen eingebracht wurde, ist tatsächlich die häufigste Ursache für das Zustandekommen von Fehlern. Auch *Unterforderung* kann zu Fehlern führen, kommt aber in der Praxis längst nicht so oft vor. Unterforderung (siehe *Anspruchsniveau*) geht oft mit Langeweile, Motivationseinbruch und Umorientierung einher. Überforderung hat neben motorischen Fehlleistungen häufig innere und äußere Verspannung, psychosomatische Überlastungen, Stress und Angst zur Folge. Das alles lässt sich vermeiden, wenn man die *Gestaltung des Anspruchsniveaus* (Schwierigkeitsgrad) besonnen und vorausdenkend vollzieht und stets Zweit- und Drittwege zur Verfügung hat.

Was sind die Folgen von Fehlern? Fehler können zu Lernblockaden führen, Rückschritte und Demotivation verursachen und Angst nach sich ziehen. Sie beeinträchtigen lustvolles Lernen ebenso wie die erwarteten Leistungen. Aber – Fehler sind auch nützlich! Aus Fehlern kann man auch lernen. Nicht selten sind es gerade die Fehler, die schnelles und nachhaltiges Lernen ermöglichen. Fehler können motivieren! Trotzdem sollte man sie einschränken und tunlichst nicht der Wiederholung anheim geben.

Wie sich Fehler vermeiden lassen, darüber könnte man viel schreiben. Wir beschränken uns daher auf einige Kernpunkte. Die meisten Fehler, vor allem diejenigen, die vorhersehbar sind, lassen sich vermeiden durch Aneignung, Nutzung und Umsetzung von:

- Wissen
- Fertigkeiten (i.d. praktischen Umsetzung)
- Pädagogische Kompetenz
- Vorausdenken
- Didaktik & Methoden
- Ethische & charakterliche Kompetenzen (Empathie, Geduld, Besonnenheit, Selbstbeherrschung u.a.)
- Nutzung von Hilfsmitteln

Wenn man Hundetrainer beobachtet, die auf eine jahrzehntelange, erfolgreiche Erfahrung zurückblicken, fällt einem unter anderem auf: Die *Altmeister* denken stets voraus, was passieren könnte. Sie überlassen möglichst wenig dem Zufall, und sie gehen nur selten Risiken ein. Sie strahlen Führungsqualitäten aus, und sie vermitteln überzeugend die Balance zwischen gewährtem Freiraum und Regelanspruch als auch

Dieser Besitzer hat den Hund 20 Meter schräg vor sich abgelegt. Beim Heranrufen wird das zu erwartende schiefe Sitzen auf Grund der Leitwirkungen verhindert. Der Übungsaufbau dient der Fehlervermeidung ebenso wie der Absicherung, jeweils ohne aktive Einwirkung des Besitzers.

zwischen Bindung und Selbstständigkeit (*Balance-Akte*).

Fehlerquellen begleiten uns von der Erstvermittlung über das Abrufen bis hin zum Vergessen. In jeder Phase und Situation kommt es darauf an, die anliegenden potenziellen Fehlerquellen rechtzeitig zu erkennen – oder noch besser *vorauszudenken*, *vorauszusehen* (*Antizipation*) und den Hund davor zu bewahren. Hierzu können beitragen: die Anwendung der *Lerntheorien*, die *Empfehlung zu kleinen und kleinsten Lernschritten* und das Umsetzen einer *konzeptiv-flexiblen Lehrpraxis* sowie *Stimmungsmodifikation*, um nur einiges zu nennen.

Treten schwerwiegende Fehler auf, etwa in Verbindung mit Unsicherheit oder gar Angst, ist ein Neuaufbau der Aufgabenvermittlung meist unumgänglich. Dieser Vorgang wurde bereits besprochen.

Beispiel für Vermeidung von Fehlern:

Bevor man irgendetwas macht, sollte man sich hinsetzen und nachdenken und das zu erwartende Szenario mehrmals in Gedanken durchspielen (mentale Instruktion), wobei man sich so gut wie möglich in den Hund hineinversetzt. Das Gehirn scannt die gesammelten Erfahrungen und sucht nach Möglichkeiten. Einiges wird uns bewusst, anderes bleibt verborgen.

Angenommen, ein Besitzer will seinem Welpen erstmals die Leine vermitteln (Halsband kennt er schon). Vielleicht erinnert man sich, dass Welpen die Leine gerne als Spielzeug benutzen, darauf herumkauen oder allerlei andere Spielideen entwickeln. Ein anderer Welpe ängstigt sich vielleicht. Wieder ein anderer zieht die Leine hinter sich her oder er stemmt sich dagegen. Es kann also vieles passieren. Wir wissen nicht genau, was uns erwartet. Daher wäre es von Vorteil, eine Lösung zu finden, die den Hund von allerlei unerwünschten Verhalten weg und zum erwünschten Lernziel hin führt, ohne ihn in eine negative Stimmung zu treiben. Es müsste etwas sein, was stärker motiviert als Leinenbeißen, Leinentragen oder Leinenangst. Vielleicht fällt uns das Alles oder Nichts-Prinzip ein, auf die Hundepsychologie angewandt: „Kommt zu einer bestehenden Stimulation eine höherwertige hinzu, so ist die Wahrscheinlichkeit groß, dass sich der Hund der höherwertigen nicht anteilig, sondern ganz zuwendet und von der vorausgegangenen abwendet" (siehe auch: Stimmungsmodifikation).

Das Alles-oder-Nichts-Prinzip ruft in unserem Experiment einen Geistesblitz auf: Wenn es schon wichtig ist, dass der eingesetzte Stimulator nicht zu schwach ausfällt, dann geht man lieber auf Nummer Sicher und sucht nach etwas, was hoch stimuliert. In unserem Falle hat sich der Besitzer zu folgenden Maßnahmen entschlossen: Damit der Lernprozess nicht durch eine Ungeschicklichkeit behindert wird, übt er das Anlegen der Leine erst einmal ohne Hund. Weiter stellt sich der

Besitzer vor: Während des Anlegens will er den Hund mittels Stimme und Mimik an sich binden, sodass diesem die Leine gar nicht auffällt. Ist die Leine – so ganz „nebenbei“ – mittels Karabiner angedockt, beginnt der Besitzer mit dem Hund stimulativ kommunizierend zu laufen, wobei er darauf achtet, dass die Leine hinter dem Brustgeschirr hängt und nicht nach vorne in das Gesichtsfeld des Hundchens baumelt. Die Übung dauert nur 10 bis 30 Sekunden, dann wird abgeleint. Auf diese Weise lernt der Kleine: Laufen ist toll. Schade, nur so kurz. Die mitgeführte Leine wird latent mit einbezogen, aber auf Grund des Alles-oder-Nichts-Regulativs bleibt sie im Hintergrund. Innerhalb einiger Tage kann die Aufgabenstellung nach der Empfehlung der kleinen Lernschritte ausgebaut werden. Die beschriebene Methodik dient nicht nur der stressfreien Ersterfahrung mit der Leine! Es wird gleichzeitig eine Reihe von Fehlern außen vor gehalten. Allerdings ist während der gesamten Vermittlung darauf zu achten – im Sinne des Null-Fehler-Ziels, – dass sich keine neuen Fehler einschleichen: infolge von Schlamperei, Nachlässigkeit, Ungeschicklichkeit, Unter- oder Überforderung. Sollte das passieren, folgt man tunlichst dem Rat der Altmeister, indem man erst mal nach Hause geht und nachdenkt.

Beispiel für gezieltes Ignorieren von Fehlern:

Angenommen, ein Besitzer übt gerade mit seinem Trainer das Heranrufen aus dem „Platz“. Der Besitzer legt den Hund ab, entfernt sich und dreht sich zum Hund. Bevor er den Hund ruft, steht dieser auf und läuft zu ihm, allerdings zögerlich und unsicher. Der Besitzer wird von seinem Trainer auf dem Hundeplatz ermahnt: „Frühstart!“ – Der Hund muss warten bis zum Hörzeichen!“ – Der Besitzer wiederholt das Hörzeichen: „Platz!“. Der Trainer ruft: „Nein, nicht da, er soll dort Platz machen, wo er vorher lag!“ Der Besitzer übernimmt den Ärger und schimpft den Hund: „Nein! – Zurück! – Platz!“. Der Hund ist wegen der Hörzeichen verunsichert und wartet erst mal dort, wo er lag, ab oder kommt in geduckter Haltung zum Besitzer (Beschwichtigung).

Unter günstigeren Umständen hätte der Trainer Recht, wenn er den Hund zurückschickt auf den angewiesenen Platz. In diesem Fall aber, wo sich zeigt, dass der Hund im Kern der Aufgabe, nämlich dem freudigen Herankommen, bereits ein Problem hat, hätte er den Fehler des zu frühen Aufstehens als auch auf den zweiten Fehler, des Abliegen außerhalb der Startposition, ignorieren müssen. Um Risiken auszuschließen, dürfte man die Übung auf keinen Fall in gleichem Anspruchsniveau (Schwierigkeitsgrad) wiederholen. Um den Frühstart auszuschließen, bietet sich beispielweise an, die Distanz zu verringern. Ist auch diese Aufgabenstellung für den Hund zu schwierig, sollte man erst einmal das „Platz“ unter Signalkontrolle üben (kurzes „Platz“ mit Auflösung und Verstärkung) und in einem weiteren Schritt auf Impulskontrolle auszudehnen (Länger dauerndes „Platz“, auch unter Ablenkung. Aber jeweils auflösen!). Das freudige Herankommen wird in einer eigenen Übung, ohne vorausgegangenes „Platz“ geübt (Chaining). Erst wenn der Hund zuverlässig freudig herankommt und auch das „Platz“ beherrscht, ist das Üben des Herankommens aus dem Platz ohne Fehlerrisiken wahrscheinlich. Handelt es sich in unserem Beispiel bei den beschriebenen Fehlern nur um eine tagesbedingte Ausnahme und kommt der Hund normalerweise freudig heran, könnte man es wagen, den Hund durch eine vertraute Person bis zum auslösenden Signal „Hier“ zurückhalten zu lassen.

Beispiel für Korrigieren von Fehlern:

Fehler sind unvermeidlich, das gilt auch für die Besten unter uns. Wie man allerdings mit Fehlern umgeht, da schlagen wir ein eigenes, umfangreiches Kapitel auf. Im Umgang mit Fehlern lässt sich noch vieles gut machen oder – man sinkt noch tiefer und in neue Probleme. Ist der Fehler einmal passiert, so lautet die erste Regel: Stopp und Ruhig bleiben! Und: Bevor man irgendetwas tut: Nachdenken! Natürlich gibt es auch Situationen, da muss man im Augenblick und ohne zu Zögern handeln. Das sind jedoch Ausnahmen. In der Regel hat man Zeit, erst einmal nachzudenken. Viele wiederholen nach einem Fehler den soeben gescheiterten Vorgang nicht nur einmal, sondern wieder und wieder, in der Hoffnung: „er wird es schon kapieren.“ Dabei lernt der Hund genau das, was er besser nicht lernen sollte, den Fehler! Treten Fehler auf, so sollte man nach einer ersten Kurzanalyse ein Alternativprogramm einsetzen, um diesen Fehler zu vermeiden. Fädelt ein Hund beim Spazierengehen an der Aufrolleine wiederholt Randpfosten ein, so ist es nicht sinnvoll, den Hund dafür auszuschimpfen. Erfolgversprechender ist es, die Leine rechtzeitig zu verkürzen und auf diese Weise das Einfädeln zu verhindern. Und wenn es trotzdem mal passiert ist, lässt man dem Hund genügend Zeit, ohne ihn zusätzlich zu verunsichern, damit er über Versuch-Erfolg-Irrtum selbst herausfindet, wie er sich befreien kann (Keep Going).

9. Lernformen und Methoden

Clickertraining

Im Rahmen der vorliegenden Thematik kann auch auf *Clickertraining* nur in zusammenfassender Weise eingegangen werden. Die nicht auf Clickertraining beschränkten Themen wie *Shaping, Free Shaping, Chaining, Nachahmungslernen* und andere Lernformen werden in eigenen Abschnitten dargestellt.

Zufälle können zu nachhaltigen Stimuli werden, auch bei Menschen: Pawlow beobachtete während seiner Versuche über die Verdauungsorgane, dass seine Zwingerhunde bereits speichelten, wenn sie die Schritte des Wärters hörten, also *bevor* sie das Fressen sehen oder riechen konnten. Diese Beobachtung bewog ihn 1905 zu den legendären Speichelflussexperimenten und einer dreißigjährigen Forschungsarbeit in klassischer Konditionierung.

Skinner, der sich rund fünfzig Jahre lang mit der operanten Konditionierung befasste, fiel, ebenfalls durch einen Zufall ausgelöst, in den 1920er Jahren Folgendes auf: Die Versuchstiere in seiner *Conditioning Chamber* (auch *Skinner-Box*) zeigten während der automatischen Freigabe der Futtertablette bestimmte Verhaltensweisen, ausgelöst durch den „*Clack*" des automatischen Mechanismus (klassische Konditionierung). Mitunter kam es jedoch vor, dass der Mechanismus versagte und die Tablette hängen blieb. Trotzdem zeigten die Tiere nach dem *Clack* dasselbe Verhalten wie vorher, so, als hätten sie das Fressen bekommen. Skinner schloss daraus, dass der *Clack* die Verstärker-Funktion des nachfolgenden Fressens übernahm und so zum *konditionalen Verstärker* wurde (B.F. Skinner: *Behavior of Organisms,* 1938, Appleton-Century-Crofts New York). Auf der Entdeckung dieses Prinzips erforschte Skinner die Zusammenhänge der *Kontingenz* und *Kontiguität* als auch die Formen der *Verstärkung* und *Bestrafung*.

In einem Artikel „How to teach animals" (*Scientific American* 1951 185: S. 26–29) beschreibt Skinner die Nutzung eines Clickers in der Wirkung als sekundärer Verstärker, wobei er bereits die allmähliche Annäherung an ein Zielverhalten mittels Shaping darstellt. Gail B. Peterson schreibt: *„That 1951 paper is a landmark article in the history of practical animal training. This was the article in which the term shaping was used, at least in print, for the very first time. It was also the article in which the use of a clicker as a conditioned reinforcer was first described"*.

Skinner entwickelte im Zweiten Weltkrieg innerhalb einer Forschungsarbeit *„military importance of animal research“* militärische Programme (u.a. *Project Pigeon*), die vom Verteidigungsministerium ernsthaft in Erwägung gezogen wurden. Tauben wurden konditioniert, Raketen auf feindliche Kriegsschiffe zu steuern und zu zünden; Delfine sollten Minen befördern. Zum Einsatz kam es letztlich nicht. Man hatte technischen Lösungen wie z.B. Radar den Vorzug gegeben.

Karen Pryor, die zunächst für Shows mit Delfinen, später dann mit Hunden arbeitete, verhalf dem Clickertraining schließlich mit ihrem Buchtitel *Don´t shoot the dog* (1985) – in deutscher Sprache erschienen unter dem Titel *Positiv bestärken – sanft erziehen* – zu internationaler Verbreitung. In Deutschland wurde das Clickertraining erst 1996–1998 bekannt, vor allem durch die Veröffentlichungen Martin Pietrallas in *yorkie.ch* und in der Zeitschrift *Hunde-Revue*. Das Clickertraining trug mit der Zeit wesentlich zu einem Umdenken in der Erziehung und Ausbildung von Tieren bei. Man erkannte die Vorteile wissenschaftlich fundierter Methoden und des *Coaching* gegenüber alten, frontalen und auf Bestrafung basierenden Vermittlungsformen. Sich das Lernen durch *Trial-und-Error* zu nutze zu machen, wobei jeweils die gewünschten Details verstärkt wurden, öffnete Trainingsziele, die bis dahin als unmöglich schienen.

Das Clickertraining zählt heute weltweit zu den am weitesten verbreiteten Trainingsformen in der Tiererziehung und -ausbildung und wird in der Rettungs-, Polizei-, Blinden-, Behindertenbegleit-, Rauschgiftsuch-, in der Sporthunde- und in vielen weiteren Spezialaufgaben erfolgreich eingesetzt – ganz abgesehen vom Einfluss, den diese Trainingsform auch im Bereich der Familienhundeausbildung genommen hat. Clickertraining wird nicht nur bei Hunden, sondern auch bei Delfinen, Pferden, Vögeln, Katzen, Meerschweinchen, ja sogar bei Spinnen, Reptilien und Amphibien eingesetzt.

Beispiel für Clickertraining:

An folgendem Beispiel sind einige der Vorteile des Clickertrainings ersichtlich: Angenommen, ein Hund, der im Clickertraining schon ausgebildet ist, streift beim Hürdensprung. Da Streifen nicht ungefährlich ist und weil es Punkteabzug gibt, leitet der Besitzer verschiedene Maßnahmen ein, um den Hund zu einem höheren Sprung zu bewegen. Früher griff man bei Hürdenberührung mancherorts zu drakonischen Mitteln: Es wurden dünne Drahtseile über der Oberkante gespannt, dort und da sogar lange Sägeblätter etabliert. Die moderne Ausprägung positiver Bestrafung besteht darin, im Augenblick des Streifens einen fernbedienten Elektro-Strafreiz auszulösen. Der Besitzer lehnt derartige Mittel ab und baut auf Fantasie und Wissen: Er analysiert mit einem Fachmann den Vorgang und evaluiert die Ursache(n). Im vorliegenden Fall ergab die Analyse, dass der Hund, kurz gesagt, einfach nicht mehr gerne springt. Um die Übung auf ein solide, positive Stimmung zu stellen, entscheiden sich Trainer und Besitzer für einen Neuaufbau. Vor den Sprung wird eine Übung gesetzt, die der Hund gut kann (Hit-Übung). Für diese wird er intensiv gelobt. In dieser Stimmungslage (emotionale Trägheit) folgt nach der Hit-Übung der Sprung über die Hürde, aber auf geringer Höhe und über eine neue, noch nicht bekannte Hürde, die an einem anderen als dem sonst üblichen Platz aufgestellt wird. Der Besitzer steigt (oder springt) zuerst einmal selbst über die Hürde. Dann springt der Hund. Beim Überqueren der Oberkante wird geclickt und gelobt. Gelobt wird bis zum Aufkommen am Boden. Am Boden zu verstärken, etwa durch ein anschließendes Spiel, ist problematisch, da dies zur Überschattung führen könnte. Der Hund meint dann, für das Aufkommen gelobt worden zu sein. In wenigen Wiederholungen wird man den Stimmungswechsel beobachten können (Stimmungsmodifikation). Nach einigen Tagen wird die Höhe schrittweise gesteigert bis zu dem Punkt, wo der Hund ab und zu streift. Ab hier wird nur noch geclickt und gelobt, wenn die Höhe ohne zu streifen bewältigt wurde. Streift er, wird der Sprung ignoriert und es erfolgt weder Click noch Lob.

Hier noch eine Variante: Der Besitzer lässt seinen Hund mehrmals hintereinander zusehen, wie ein *Modellhund*, der die Übung vorbildlich beherrscht, vorzeigt. Der *Modellhund* wird fulminant gelobt, vor allem im Augenblick des Überquerens der Oberkante. Gleichzeitig wird in diesem Augenblick geclickt – für den *Nachahmhund* hörbar. Nach mehreren Wiederholungen wird der *Modellhund* außer Sicht gebracht und der *Nachahmhund* kommt zum Sprung. Der Wechsel muss vorher (trocken) gut geübt werden, da die Nachahmung möglichst zeitnah erfolgen sollte! Bewältigt der Nachahmhund den Sprung ohne zu berühren, folgen ebenfalls *Click* und fulminantes Lob. Berührt er, wird der Fehler ignoriert, ohne verbale Kommentare und Click. Berührt er, kommt der Modellhund nochmals zum Einsatz, diesmal mit einem zusätzlichen *Modell-Part* durch den Besitzer, der acht Meter hinter der Hürde steht und kurz vor dem Sprung und dem Click und dem Überwinden der Oberkante mittels Körpersprache das Höherspringen deutlich macht (beide Arme nach oben). Der *Modellhund* springt: Click, begeistertes Lob. Anschließend wird der *Modellhund* wieder außer Sicht gebracht und der *Nachahmhund* führt die Aufgabe unter den soeben beschriebenen Hilfen aus. Das Beispiel zeigt, kaum ein anderer Marker wäre in der Lage gewesen, den Zeitpunkt der Kantenüberwindung derart exakt und prägnant zu markieren wie der *Click*.

Sehen wir uns das Beispiel etwas näher an: Der Hund agiert *freiwillig*, besser gesagt, *aus eigenem Antrieb* – ohne Druck und auch weitgehend ohne Manipulation. Er modelliert sein Verhalten sozusagen selbst, indem er durch Vorbild und Trial-and-Error herausfindet, welche Ausführung ihm Vorteile verschafft. Der Trainer *fängt* das Verhalten im Ansatz *ein* (Aufstellen der Hürde und Vorbild-Springen), er gibt die Erfolgsrichtung vor (Sprung ohne Streifen wird verstärkt) und offeriert dem Hund ein Vorbild-Verhalten, welches die Übung „erklärt" und gleichzeitig auf sozialer Ebene Nachahmung und gesteigerte Motivation auslöst.

Der soeben geschilderte Aufbau eines Clickertrainings soll zeigen, dass es neben den üblichen Trainingsmethoden noch weitere, ausgesprochen erfolgversprechende Ansätze gibt und dass auch Clickertraining mit anderen Vermittlungspraktiken sinnvoll kombiniert werden kann. – In der Anfangszeit des Clickertrainings folgten viele Anhänger der Vorstellung, die gesamte Vermittlung (*Aufgabensignal, Click* und *Verstärkung*) möglichst so zu gestalten, dass alles, was vom Lernvorgang ablenken könnte, zu vermeiden sei. Heute gehen die Meinungen in dieser Frage auseinander. Man hat erkannt, dass die wohlgemeinte Beschränkung auch Nachteile mitbringt und dass soziale Komponenten (Nachahmung, Bestätigung durch den Trainer u.a.) nicht nur ablenken, sondern durchaus im Sinne der Zielaufgabe – etwa zur Stärkung der Motivation oder des Verständnisses der Aufgabe – gewinnbringend eingesetzt werden können. Wie so oft liegt die Lösung nicht in der grundsätzlichen Entscheidung für oder gegen das Eine oder Andere, sondern darin, das Eine wie das Andere wohlbedacht in Erwägung zu ziehen, offen zu bleiben für Beides und sich auch Neuem und Unbekanntem nicht zu verschließen. Hinzu kommt die wichtige Unterscheidung, in welcher Lernphase man sich befindet. Abschirmung vor nicht lernbezogenen Reizen zu Beginn eines Lernprozesses ist anders zu beurteilen als zugelassene oder auch bezweckte „Ablenkungen" sozialer Herkunft in fortgeschrittenem Lernstadium.

Die Frage, ob das Clickertraining als *Methode* zu bezeichnen ist oder nicht, ob es als *Philosophie* zu verstehen ist oder nur als Anwendung wissenschaftlich fundierter Lernpsychologie, hängt ganz davon ab, was man unter *Methode* versteht und wie weit der Einzelne in der ethischen Bewertung gehen möchte. Legt man die Bedeutung von *Didaktik* und *Methodik* als das „*Was und Wie*", das vermittelt werden soll, zugrunde, so kann man Clickertraining durchaus als *Methode der Verhaltensbeeinflussung* verstehen. Und will man im Clickertraining über die Trainingsziele hinaus ethische Verantwortung praktisch umsetzen, so ist auch dagegen im Grunde genommen nichts einzuwenden.

Worauf es jedoch in jedem Falle beim Clickertraining ankommt, ist, erwünschtes Verhalten nach den Gesetzen der operanten Konditionierung zu verstärken. Da sich die Anhänger des Clickertrainings schon immer an den aktuellen wissenschaftlichen Ergebnissen orientiert haben, wundert es nicht, dass auch das Clickertraining in den letzten zwei Jahrzehnten einen deutlichen Wandel erlebt hat. Man hat erkannt, dass die sozialkognitivistische Perspektive neuerer Lerntheorie auch in der Hundeerziehung und -ausbildung erfolgversprechende

Möglichkeiten bereit hält und man hat daher mehr und mehr Raum gegeben für Eigeninitiavie des „Lerners Hund“, für soziale Erwartungen, für individuell emotionale Bedürfnisse und für Modellverhalten (Nachahmungslernen). Die Umorientierung des Führungsstils (Paradigmenwechsel) *vom Stimulieren und Motivieren zum Inspirieren* lässt sich heute auf allen pädagogischen Podien, nicht zuletzt beim Tiertraining, beobachten. Auch beim Clickertraining lässt sich ablesen, dass sich die unterschiedlichen Wissenszweige und Anwendungspraktica mehr und mehr begegnen und verschmelzen.

<u>*Click*-Signal: Vor- und Nachteile</u>

Clickertraining ist nicht auf das Clicker-Signal beschränkt, sondern eignet sich auch für Geräusche, Gesten, Laute oder Worte. Es bietet sich an: Ein kurzes, prägnantes Wort, z.B. ein kurzes *Klick*, ein *Ja* oder *ok*; ein *Topp* oder ein Fantasielaut mit der Zunge oder den Fingern. Oder man entscheidet sich für ein optisches Signal, etwa in Form eines Augenzwinkerns oder eines imitierten Züngelns, oder eines Nickens. Darüber hinaus bietet sich an, für verschiedene Aufgaben unterschiedliche Marker zu verwenden. Die Beschaffenheit des Signals ist nur insofern von Bedeutung, als besonders markante Reize eine höhere *Salienz* aufweisen und damit erfolgversprechender sind. Aus dieser Sicht bringt der Click immense Vorteile. Man kann sagen: Kaum etwas klingt im normalen Alltag derart herausstechend wie der Click des Knackfroschs. Was hinzu kommt, ist die extrem einfache Bedienung und die Möglichkeit, das Signal auf eine Zehntelsekunde genau setzen zu können. Worte können das nicht leisten. Vor- und Nachteile des Clicks sind:

Vorteile:

- Hervorragende Salienz (Auffälligkeit)
- Prägnanz (kurz und deutlich)
- Timing-Tauglichkeit (Einsatz in Millisekunden)
- Unmissverständlicher Hinweis „Richtig“
- Einfache Handhabung

Nachteile:

- Fremdeinfluss (wenn Hundebesitzer in unmittelbarer Nähe *clickern)*
- Stereotype Information ohne qualitative Differenzierung (Vor- und Nachteile!)
- Abhängigkeit von einem mitzuführenden Gegenstand
- Nur noch eine Hand frei zur Verfügung

Worte hingegen haben den Vorteil, dass man sie immer dabei hat, dass man sie mit unzähligen, differenzierten Botschaften verbinden kann und, dass man damit auch Ausführungen nicht nur dem Ziel nach, sondern auch in variierter Ausführung abzurufen vermag. Aus der Sicht des Trainers bedeutet der Click *richtig* – ein Wort jedoch kann in zahllosen Abstufungen ausgesprochen werden und damit bereits im Zeitpunkt des Markers und nicht erst bei der Verstärkung signalisieren, *wie* richtig die Aktion war. Hinzu kommt, Worte binden den Trainer mehr ein als das Geräusch eines Gegenstandes. Das kann allerdings je nach Aufgabenstellung nicht erwünscht sein. Worte haben den Vorteil, dass sie den Hund stimulieren, dem Trainer auf den Mund zu sehen, und seine Physiognomie zu beobachten. Auch das kann natürlich zum Nachteil werden. Worte bieten unbestritten mehr *soziales Ereignis* als technische Marker. Nicht immer allerdings ist das im Sinne der Aufgabenerfüllung sinnvoll oder erwünscht. Alles in Allem spricht daher viel dafür, sowohl *vokale* als auch *technische Marker* zu nutzen.

Wichtiger als die Beschaffenheit des Markers ist die lernpsychologisch orientierte Anwendung des Signals. Hierzu zählt die Fähigkeit, Clickertraining empathisch (einfühlungsvoll), kreativ und durch Austarieren von *Selbstregulierung* und *sozialem Lernen* zu modifizieren. Diese Ansicht steht zwar im Widerspruch einiger traditionell orientierter Clickertrainer, aber sie spiegelt die neuere Kognitionsforschung wider, in der man soziale und individualpersonale Perspektiven hoch schätzt.

Als Signal für den Sekundärverstärker bieten sich im Clickertraining neben dem klassischen Knackfrosch auch Worte oder natürliche Akustiksignale wie Schnalzen mit der Zunge an. Auch ein Augenblinzeln oder eine bestimmte Mimik lassen sich zur Konditionierung nutzen.

Clickertraining

Clicktrainer arbeiten weitestgehend ohne Zwang und Schmerz. „*Bestrafung*“ in biologischer Definition wird nicht ausgeschlossen. Im Vordergrund steht jedoch die Verstärkung erwünschten Verhaltens! Unerwünschtem Verhalten begegnet man durch Ignorieren, Verhindern (Gelegenheit nehmen), gezielte Löschung oder durch Umorientierung auf erwünschtes Verhalten (Gegenkonditionierung, Alternativverhalten u.a.). Irith Bloom fasst zusammen:

> *„Reinforce behavior you want, ignore behavior you don't want and manage behavior you can't ignore". (Irith Bloom 2012 Clickertraining.com)*

Übersetzung: *„Verstärke erwünschtes Verhalten, ignoriere unerwünschtes Verhalten und verhindere Verhalten, das Du nicht ignorieren kannst."*

Zunächst muss man herausfinden, auf welchen *primären Verstärker* der Hund gut anspricht: Futter, Beute, Bewegung, Berührung, Spiel, verbales Lob u.a. Zu Beginn, genauer gesagt bis zur Etablierung der Konditionierung, sollte man sich auf einen primären Verstärker beschränken. Später ist es vorteilhaft, mehrere Verstärker zu konditionieren.

Durch Wiederholung des Click mit dem Verstärker wird der Click in seiner Funktion als Brückensignal (bridging marker) gefestigt und bewirkt, dass der Hund beim Auftreten des Clicks in einen Erregungszustand positiver Erwartung gerät, den er mit der soeben getätigten Ausführung rückkoppelt. Mit der Zeit nimmt der Click selbst die Qualität eines Verstärkers an und wirkt als solcher nicht nur auf das ursprünglich gekoppelte Verhalten zurück, sondern er wirkt auch bei Koppelung mit anderen Verhaltensweisen. Skinner unterscheidet den *primären Verstärker* (ursprünglicher) und *sekundären Verstärker* (*konditionaler Verstärker*). Aus der Sicht des Trainers lernt der Hund, dass – wenn anschließend der *Click* folgt – das, was er gerade tut, richtig war. Der Hund denkt und lernt jedoch anders. Für ihn ist nach behavioristischer Erklärung allein *sein Erfolg* maßgebend. Dieser besteht nicht in der Verhaltensänderung, sondern in der darauf folgenden vorteilhaften Konsequenz (VK). Nach heute erweitertem Verständnis: in der Befriedigung emotionaler, sozialer und physiologischer Bedürfnisse. Die Missachtung dieses grundsätzlichen Unterschieds beinhaltet das Risiko, den wirklich *glücklich freudigen Hund* wiederum zu verfehlen, trotz positiver Verstärkung und Clickertraining. Die betont funktionelle Fokussierung der erwünschten Verhaltensveränderung birgt das Risko der Versachlichung des Lernvorgangs in sich, und dies kann dazu führen, dass ethische Verantwortung und Tierliebe auf hintere Plätze verdrängt werden. Das Clickertraining bietet hervorragende Möglichkeiten, Verhalten erfolgreich zu formen. Aber letztlich kommt es auch hier auf das Wie der Vermittlung an, soll die Mensch-Hund-Beziehung über Lernerfolge hinaus auch geleitet sein von Empathie und der Bereitschaft, Einordnung, Freiheit und Anspruch auf ein glücklich erfülltes Hundeleben ernst zu nehmen.

Es gibt neben dem Clickertraining zahlreiche andere Wege, die zu vergleichbar guten Ergebnissen führen – auf allen aufgeführten, lernrelevanten Ebenen. Und Clickertraining ist längst nicht die erste Methode, die Shaping, Free Shaping, Chaining, Impulskontrolle und andere Trainingsformen nutzte. All diese Trainingsmethoden wurden nachweislich bereits Mitte der neunziger Jahre von Vertretern intrinsisch motivationaler Ausbildungsmethoden genutzt – ohne Click – zu einer Zeit, wo zumindest im deutschsprachigen Raum das Bekanntwerden des Clickertrainings erst begann. Diese Tatsache tut dem Clickertraining keinen Abbruch! Aber die oft gehörte Überbewertung entspricht einfach nicht der historischen Entwicklung. Diese geht auf wissenschaftliche Erkenntnisse der großen Persönlichkeiten Thorndike, Pawlow und Skinner zurück und ihre praktische Verwirklichung fand nicht nur durch Vertreter der Clickertrainingszene statt. Klaus Blezinger, ein bemerkenswerter Ausbilder in Deutschland, plädiert für eine umfassende Sichtweise und schreibt: „*... Man kann Hunde auch sehr gut ohne Clicker erziehen, niemals aber ausschließlich mit ihm*".

Clickertraining – Aufbau und einige Anwendungen

Zum Aufbau des Clickertraining, muss das Signal, beispielsweise der klassische „Click", erst einmal als *Ankündigungssignal* etabliert werden. Dies wird durch wiederholtes Koppeln des Clicks mit einem sofort nachfolgenen Verstärker (auch Bestärker) erreicht (klassische Konditionierung):

Aktion (Zielverhalten) →
Click → *Verstärkung*

Hier eine verbreitete Aufbaumethode:
Der Trainer weckt ein Bedürfnis, indem er beispielsweise mehrere Futterstückchen auf einen Tisch legt. In reizarmer Umgebung und ohne den Hund anzusprechen oder zu berühren (zielfremde Ablenkungen vermeiden), gibt man ihm jeweils ein Futterstückchen, nachdem vorher einmal geclickt wurde. *Click-Futter, Click-Futter* ... Hunde lernen gewöhnlich innerhalb weniger Minuten, dass der Click Futter ankündigt. Dieser Vorgang wird mehrere Tage hintereinander durchgeführt. Ab wann der Click als Marker etabliert ist, erkennt man daran, dass der Hund auch darauf reagiert, wenn gerade nicht geübt wird.

Ab hier kann man bereits dazu übergehen, die Freigabe des Futters an eine Bedingung zu knüpfen. Der Click erfolgt beispielsweise erst, wenn der Hund aufmerksam ist und zum Trainer sieht (*Schau-Übung*; bzw. *Look*). Sieht er in Richtung Tisch oder zur Hand, die das Futter gibt, bekommt er nichts: Die vom Hund aufgebaute Erwartung wird nicht erfüllt, seine Cleverness nicht belohnt. Um den Erfolg zu wiederholen, muss er umdenken und erneut aktiv werden. Er wird verschiedenes ausprobieren – und bald herausfinden, worin die Bedingung besteht, deren Erfüllung ihn zum erneuten Erfolg bringt. In der modernen Auslegung des Clickertrainings wird hervorgehoben, dass das eigenständige Agieren des Hundes gleich zu Beginn der Ausbildung einzubeziehen ist. Diesen Anspruch haben wir im vorliegenden Beispiel der Aufbaumethode eingebracht. Der Hund weiß nach wenigen Wiederholungen, in welcher Hand das Futter ist und er wird nicht zögern, dies zu zeigen, indem er betont auf die Futterhand sieht oder erfinderische Aktionen inszeniert, die auffordern sollen, endlich das Futter aus der entsprechenden Hand rauszugeben. Indem man ihn aber nur dann belohnt, wenn er zum Trainer sieht und nicht zur Futterhand, stellen wir ihn vor die Wahl: Umdenken und Bedingung akzeptieren oder kein Futter. Die gestellte Bedingung bei sichtbarer Futterhand bedeutet für den Hund einen Umweg und die Neuorientierung ist zweifellos schwieriger. Es wäre viel einfacher, den Blickkontakt als Bedingung zu begreifen, wenn man beide Hände unter dem Tisch verstecken und dem Hund auf diese Weise die Unterscheidung zwischen Futterhand und leerer Hand und die damit verbundene Verlockung der Erwartung vorenthalten würde. Aber genau diese Herausforderung setzt den Grundstein für die Bereitschaft des Hundes, auch bei schwierigeren Aufgaben Bedingungen zu akzeptieren und die zielführenden Aktionen umzusetzen.

An dieser Stelle gehen wir kurz auf jene Lernform ein, die, wiewohl zu Recht in Kritik geraten, immer noch weit verbreitet ist: Das *Locken*. Beim Locken geht es jeweils um eine eng begrenzte Zielsetzung, die auch der Hund auf Anhieb versteht. Locken ist zweifellos die älteste Verhaltensformung. Sie ist so alt wie die Mensch-Hund-Beziehung selbst: *„Tuste was, kriegste was“:* Die klassische Verhaltensbeeinflussung extrinsischer Motivation. Beispiel: Der Hund bekommt ein Leckerli, nachdem er sich gesetzt hat. Was kann hierzu das Clickertraining noch beitragen? Im Clickertraining wird – wenn es beim Locken eingesetzt wird – zunächst einmal das *Timing* optimiert, nach den Erkenntnissen der klassischen und operanten Konditionierung: Timing als genau programmierte Folge von Aktion (Aufgabenerfüllung) und der darauf folgenden Belohnung (Verstärkung innerhalb einer halben Sekunde). Wir erinnern uns: Im fortgeschrittenen Stadium wird die Belohnung nicht jedesmal gegeben, sondern durch einen zusätzlichen Reiz (Sekundärverstärker), der als hinweisender Stimulus fungiert, ersetzt und gleichzeitig angekündigt. Das hat den Vorteil, dass man weniger oft verstärken und Übungen nicht immer (wegen der Verstärkung) abbrechen muss. Ein weiterer Vorteil liegt darin, dass sich bei komplexen Aufgaben auch innerhalb der Aufgabe bestimmte Details mittels Click bestätigen lassen. Man sieht, selbst das einfache Locken kann durch Clickertraining optimiert werden.

Hat der Hund den Click als *Ankündigungssignal* angenommen, lassen sich auf dieser Basis zahlreiche Übungen vermitteln. Bekanntestes Beispiel: Man zeigt dem Hund in Entfernung ein Futterstück und lockt ihn her. Kommt er, folgt der Click und er erhält das Futterstück. Oder: Man bewegt die mit Futter gefüllte Hand zu Boden. Legt sich der Hund (Mischung aus Nachahmung und Locken), folgt der Click und die Hand öffnet sich. Oder: Man konditioniert den Hund darauf, die Hand zu berühren (siehe Abschnitt *Target*) und baut darauf das Fußgehen auf. Oder: Man lockt den Hund durch einen Tunnel, den er ohne Lockmittel nicht durchqueren würde. Locken hat jedoch den Nachteil, dass der Hund das Zielverhalten nach kurzer Zeit nur noch dann zeigt, wenn für ihn sicher ist, dass er Erfolg haben wird. Ist Futter in der Hand, kommt er, ist kein Futter in Sicht, kommt er nicht (*Separations-Effekt*). Der Hund hat den Spieß umgedreht und setzt selbst eine Bedingung: *„Ich komme nur, wenn ich sicher bin, dass ich etwas erhalte.“* Auf die Vermeidung des *Separationseffektes* wurde schon mehrfach hingewiesen. Die Gefahr des Separationseffekts ist allgegenwärtig, auch im Clickertraining. Wer beispielsweise das soeben erwähnte Handtarget oder andere Targets und Hilfen zu lange beibehält, betreibt nichts anderes als die verpönte Dauerhilfe veralteter *Tuste-was, kriegste was-Methoden*. Diese sind weit von eigenständigem Verhalten entfernt. Auch heute noch ist Locken von Bedeutung, vor allem dort, wo es darum geht, ein *Ansatzverhalten* aufzubauen, Lernprozesse zu beschleunigen oder von unerwünschten Emotionen (Angst, Unsicherheit, Aggressionsformen) abzulenken. Man hat jedoch erkannt, dass es in vielen Situationen vorteilhaft ist, das Locken möglichst bald abzusetzen und durch andere, vom Lerner individuell mitgestaltete Lernformen abzulösen.

Zurück zu unserem Beispiel. Im nächsten Schritt wird dann das Zielverhalten mit einem bestimmten Marker-Signal verbunden. Das Signal könnte <Schau> bzw. <Look> lauten, oder man bedient sich des naheliegenden Einatmens (ohne zu übertreiben).

Hier die Abfolge der *Look-Übung* mittels Clickertraining:

Phase 1: Aufbau ohne Hörzeichen

Schritte	*(Initiative bzw. Aktion)*
Erwartung bilden (falls nicht vorhanden)	(Trainer: Einstimmen: z. B. Futter zeigen)
↓	
Hund hat Erwartung aufgebaut	(Hund)
↓	
Hund sucht Augenkontakt zum Trainer	(Hund erfüllt Zielverhalten)
↓	
Click	(Trainer)
↓	
Verstärkung	(Trainer belohnt Zielverhalten)

Phase 2: Aufbau mit Hörzeichen

Erwartung bilden (falls nicht vorhanden)	(Trainer: Einstimmen: z. B. Futter zeigen)
↓	
Hund hat Erwartung aufgebaut	(Hund)
↓	
Hund sucht Augenkontakt zum Trainer	(Hund erfüllt Zielverhalten)
↓	
<Look> (Hörzeichen)	(Trainer)
↓	
Click (unmittelbar nach <Look>)	(Trainer)
↓	
Verstärkung	(Trainer belohnt Zielverhalten)

Phase 3 und 4:

Nach den erforderlichen Wiederholungen der Phase 2 wird das Hörzeichen *vor* die Zielerfüllung (Punkt 3) gestellt. Bei weiterem Fortschritt nimmt das Hörzeichen die Qualität der Erwartungsbildung (Punkt 1) an. Der Hund muss dann nicht mehr eingestimmt und es müssen keine Lockmittel gezeigt werden, sondern allein das Hörzeichen bewirkt, dass der Hund hersieht und bereit ist, was immer sich an die Look-Übung anschließt, erwartungsvoll und engagiert auszuführen.

Clickertraining – Anwendungen

Viele Übungen aus dem täglichen Leben lassen sich auf einfache Art und Weise vermitteln. Hunde sind bekanntlich schon als Welpen in der Lage, die Aufgaben Anhalten, Aufstehen, Stehenbleiben, Liegen und Sitzen auszuführen. Was sie lernen müssen, ist, diese natürlichen Bewegungs- und Haltungsformen auf Signal auszuführen (*Signalkontrolle*). Für das Konditionieren bereits bestehender Verhaltensweisen bietet sich auch Clickertraining an (neben anderen Methoden). Die Ausführung ist denkbar einfach: Man wartet, bis der Hund ein bestimmtes Verhalten von sich aus zeigt, beispielsweise das Hinlegen. Legt er sich, wird geclickt und belohnt. Darauf aufbauend kommt, wie schon beschrieben, das Hörzeichen hinzu. Nach einiger Zeit hat der Hund gelernt, sich auf das Hörzeichen hinzulegen, was anfangs ausnahmslos verstärkt wird. Im weiteren Verlauf muss er dann kurz liebenbleiben, bevor die Verstärkung kommt (*Shaping*). Wichtig ist, dass die Übung zeitlich begrenzt und jedesmal konsequent aufgelöst wird! Erst nach dem Click ist die Übung zu Ende und erst unmittelbar nach dem Click folgt die Verstärkung.

Kompliziertere Zielverhalten, ebenso wie Verhalten, die für den Hund auf Grund seiner Lerndisposition schwieriger sind, lassen sich oft nicht durch Verstärken bestehender Verhaltensweisen oder durch Locken umsetzen. Hier bedient man sich anderer Techniken. Eine der einfachsten Herangehensweisen ist die *Verhaltensformung* bzw. kurz: Das *Formen* (siehe: *Shaping*). Bereits der kleinste Ansatz in die richtige Richtung wird uneingeschränkt belohnt. In der Folge hangelt man sich sozusagen von Erfolg zu Erfolg und nähert sich hierbei schrittweise dem Ziel. Auch zahlreiche weitere Vermittlungsformen eignen sich für Clickertraining. In den folgend beschriebenen Themen wurde jedoch nicht jeweils darauf hingewiesen.

Impulskontrolle

Wir erinnern uns: Unter *Signalkontrolle* steht ein Hund, wenn er ein konditioniertes Verhalten auf ein bestimmtes Signal weitgehend zuverlässig ausführt, auch im veränderten Umfeld und Kontext.

Handlungen werden bei einem gesunden Lebewesen durch das Austarieren von *Antrieb* und *Hemmung* gesteuert. Ist die Fähigkeit, Antrieben Hemmungen entgegen zu setzen, gestört oder fehlt sie in bestimmten Bereichen ganz, so leidet die *Impulskontrolle* darunter und es entsteht *Impulsivität*, die sich als Störung des Handelns äußert. Emotionalität und Verhalten können in diesem Zustand nicht mehr kontrolliert werden.

In der Humanpsychologie versteht man unter Impulskontrolle die Fähigkeit, durch Aufbieten der Willenskraft schädigende Verhaltensweisen oder abnorme Gewohnheiten zu unterdrücken. Bei gestörter Impulskontrolle (Impulsivität) wird der Handelnde voreilig, unüberlegt, machtlos ausgeliefert, planlos oder risikofreudig. Der Betreffende ist dann nicht in der Lage, den Antrieben die erforderliche Hemmung gegenüberzustellen, sondern er setzt die Impulse unmittelbar in Handlung um (Verhaltens-Exzess). Jaspers (1913) formuliert Impulskontrollstörungen als *„ungehemmte, unhemmbare, unkontrollierte Triebregungen“*. Mit anderen Worten: Impulskontrollstörung ist das Versagen, einer Versuchung, einem Trieb oder einer anderen Impulsattacke, deren Ausführung sich für die betreffende Person oder andere Personen schädlich auswirkt, zu widersetzen. Impulsivitäts-Attacken werden meist durch ein Gefühl intensiv ansteigender Erregung eingeleitet. Während der Handlung wird Befriedigung und Entspannung erlebt. Nach der Handlung treten häufig Schuldgefühle, Selbstvorwürfe, Niedergeschlagenheit und Reue auf. Den Betroffenen gelingt es oft nicht, sich aus eigener Kraft aus dem sich oft lebenslang wiederholenden Kreislauf zu befreien. Aber auch die intakte Impulskontrolle ist nicht frei von unangenehmen Emotionen. Das Hemmen eines Verhaltens, das Tabu gegenüber einer Versuchung oder das selbstauferlegte Warten auf eine Handlung ist natürlicherweise mit unangenehmen Gefühlen verbunden. Aber genau darum geht es: Diese Frustration freiwillig auf sich zu nehmen und zu ertragen, vernunftgesteuert und im Hinblick auf die Erhaltung der eigenen Gesundheit (und die der anderen). Auch das Erreichen gesteckter Ziele ist ein starker Motivator für den Einsatz von Impulskontrolle. Impulskontrolle ist daher ein zeitlos zentrales Anliegen für jeden Einzelnen und in jeder Erziehung; auch in der Erziehung und Ausbildung unserer Hunde.

Walter Mischel (geb. 1930) hat in einer Studie, die er in den Jahren 1968 bis 1974 am Stanford Campus mit vierjährigen Vorschulkindern durchführte, das Paradigma des *Belohnungsaufschubs* entwickelt (Erstveröffentlichung: *„Personality and Assessment“* 1968). Den Kindern wurde freigestellt, entweder ein Stück Süßigkeit (Marshmallow, Keks oder andere Belohnungen) gleich zu bekommen oder zu warten, und dafür zwei Stücke zu erhalten. Die durchschnittliche Wartezeit der Kinder betrug zwischen sechs und zehn Minuten. Aber die Fähigkeit, Belohnung freiwillig aufzuschieben, erwies sich auffällig unterschiedlich. 1980 und 1981 zeigte sich in einem weiteren Test, dass jene Kinder, die sich gut beherrschen konnten, im sozialen als auch im beruflichen Umfeld in vieler Hinsicht Vorteile hatten. Sie konnten sich besser integrieren, waren kompromissbereiter und verfügten über eine deutlich bessere Selbstkontrolle. Mit Stress und Frustration konnten sie ebenfalls besser umgehen als jene Kinder, die nur kurz oder gar nicht auf die Belohnung warten konnten. Dieses Ergebnis deckt sich mit den Beobachtungen, die man aus dem Blickwinkel der *emotionalen Intelligenz* gewonnen hat. Auch dort spielt der selbststeuernde Umgang mit Emotionen eine wesentliche Rolle.

Anhalten und Warten, wie hier beim Einmünden in die Straße, gehört streng genommen zum täglichen Training. Dies dient der Sicherheit und Einordnung. Und auch im Sport wird man davon profitieren, wenn der Hund mittels Impulskontrolle gelernt hat, im Stehen zu warten, ohne einen Schritt vorzugehen.

Menschen, die ganz frei von jeglichen Impulskontrollstörungen sind, findet man selten. Die Ursachen für *Impulsivität* liegen neben erblich bedingter Disposition in früh erworbener Modell-Nachahmung (u.a. Eltern), mangelhafter oder fehlorientierter Erziehung, in mangelhaft vermittelter *emotionaler Intelligenz* oder anderen *Deprivationen* (Vorenthaltungen).

Als Prävention gegen Impulskontrollstörungen sind zu nennen: Vermittlung fördernder und Persönlichkeit stabilisierender Erfahrungen, Vorbildverhalten im personellen Umfeld sowie Vermeidung schlechter Erfahrungen. Herausforderungen im Umgang mit (individuell tolerablem) Stress und Frustration tragen sehr dazu bei, Impulskontrolle zu verinnerlichen. Wo erforderlich, sind die nötigen Hilfestellungen zu leisten. Die Rückführung in ein normales Verhalten erreicht man durch (betreute) Selbstbeobachtung, durch Neubildung von Kompetenzen zielorientierter Stimuluskontrolle, durch Ausbau der Selbststeuerung und durch Einübung von Alternativ-Verhalten (kognitive Umstrukturierung). Erfolgreich durchgeführter Belohnungsaufschub sollte erkannt und intrinsisch belohnt werden.

Auch in der Hundeausbildung hatte Impulskontrolle schon immer eine erhebliche Bedeutung. Hunde sind zahlreichen Reizen ausgesetzt, die ethologisch durchaus als normal zu bewerten sind, in der Gesellschaft unter Menschen jedoch nicht akzeptiert werden. Der Mensch erwartet von seinem Begleiter Hund, dass dieser in der Lage ist, allerlei Handlungen, darunter auch wesensgemäß hundliche, zu unterdrücken. Einer georteten Beute nachjagen zu wollen, ist bei Beutegreifern zunächst einmal keine Störung, sondern eine genetisch verankerte Disposition (Veranlagung). Wenn wir diese (aus verständlichen Gründen) unterbinden, dann tun wir dies nicht, um den Hund vor einer Störung zu bewahren, sondern aus Gründen, die der Mensch zu seinem Vorteil etabliert. Und wenn ein Hund spielsüchtig gemacht wurde, dann befreien wir ihn mittels Entzug und Impulskontrolle zwar von einem selbstschädigenden Verhalten; für dessen Entstehen jedoch trägt wieder der Mensch die Verantwortung. An diesen beiden Beispielen sieht man, dass Impulskontrolle in der Mensch-Hund-Beziehung etwas anderes bedeutet als in der Humanpsychologie. An Stelle der ursprünglichen Bedeutung im Sinne von *Selbstkontrolle* tritt *Kontrollierbarkeit* – wobei diese als Mixtur von Fremdeinwirkung (Mensch) und Selbstkontrolle (Hund) verstanden wird. Folgt man dieser weit gefassten Definition der Impulskontrolle bei Hunden, dann gewinnt Impulskontrolle ganz erheblich an Bedeutung. Vor allem aus erzieherischer Sicht.

Ein Hund, der einmal erfolgreich gejagt oder gehetzt hat, kann dieses Erlebnis weder vergessen noch ist er in der Lage, die leitenden Motive auszuschalten. Auch ohne Jagderfolg setzen Jagdausflüge enorm viel Motivation frei. Jagen ist enorm stimulierend, lustbringend und selbstbelohnend. Daher wird sich ein ethologisch fundiertes Anti-Jagd-Training zuerst darum bemühen, die reale Jagderfahrung zu verhindern, indem man den Hund lebenslang im Stadium der Fetalisation hält (Fetalisation: Übertragung jugendlicher Merkmale auf erwachsene Tiere mit dem Ziel, adulte Merkmale zu ersetzen). Da reale Jagderfahrungen irreversibel (unumkehrbar) sind, sollte auch (das scheinbar harmlose) Jagen von Schmetterlingen und Vögeln ebenso wie Radfahrern oder Autos Nachlaufen konsequent vermieden und unterbunden werden. Von Anfang an! Weil man trotz aller Prävention immer noch mit den Folgen ungestillter Jagdlust rechnen muss, sollte der Hund gelernt haben, das genetisch disponierte Verhalten zu unterdrücken bzw. abzubrechen. Hier erst setzt die eigentliche Impulskontrolle ein. Wie in der Humanpsychologie, so verfolgt man auch hier die Umdeutung der auslösenden Reize, indem das Triebziel umgeleitet und zu einem Alternativverhalten konditioniert wird. Strafreize sind (je nach Rasse) allein schon wegen der auf der Jagd reduzierten Schmerzempfindlichkeit zahlreicher Hunde kaum Erfolg versprechend.

Bevor der Hund ins Wasser springen darf, um sich das Wasserspielzeug zu holen, muss er vorher beispielsweise die Serie <Sitz-Steh-Sitz-Platz-Sitz> ausführen. Das macht er im Rekordtempo, weil er unbedingt ins Wasser will. Der zweite Hund muss im Liegen warten; dann wird gewechselt (Impulskontrolle und Motivationssteigerung).

Beispiel für Impulskontrolle:

Der Besitzer eines jungen, jagdorientierten Hundes nimmt sich vor, folgendes Präventions-Programm aufzubauen. Anfangs im eigenen Garten, später auf Spaziergängen, ruft er den Hund zunächst aus kurzer Distanz mit einem besonderen Signal (Pfeife) oder Wort zu sich. Unmittelbar nach dem Signal lockt er ihn mit einem fulminanten Verstärker und bietet ihm beim Ankommen ein kurzes, engagiertes Spiel. Bei weiteren Ausflügen wird diese Übung in unterschiedlicher Umgebung und mit auszudehnender Distanz gefestigt. Anschließend achtet er darauf, den Hund abzurufen, wenn dieser sichtlich mit etwas Interessantem beschäftigt ist. In weiteren Schritten wird der Hund sicherheitshalber an langer Leine geführt und abgerufen, wenn er eine Spur aufzunehmen beginnt. Ein andermal wird der Hund abgerufen, wenn er auf Geräusche reagiert, die eine versteckte Hilfsperson an vereinbarter Stelle produziert. Das Abrufen wird auf den Ebenen Sehen, Hören und Riechen gefestigt. Wenn dem Besitzer auch diese Routine noch zu unsicher ist, dann könnte man ihm raten, das weiter hinten beschriebene Präventions-Platz einzuüben und bei jedem Spaziergang gleich zu Beginn ein bis zwei Mal durchzuführen. Anti-Jagd-Training wirkt sich jedoch nur dann erfolgversprechend aus, wenn Impulskontrolle auch in anderen Situationen geübt und durch Sozialkompetenzen gestützt wird.

Beispiel für Umdeutung eines Markers (Impulskontrolle):

Angenommen, ein besonders temperamentvoller Hund dreht sich immer wild im Kreis, kurz bevor der Besitzer die Autobox öffnet. Die Annäherung der Hand an das Schloss wirkt hierbei als appetitiver diskriminativer Stimulus, als Marker. Wenn nun der Besitzer immer dann, wenn der Hund bei Annäherung durchzudrehen beginnt, die Hand deutlich zurückzieht, vom Schloss weg, lernt der Hund folgende Umdeutung: Sich im Kreis zu drehen bewirkt das Gegenteil von dem, was er möchte, nämlich möglichst schnell die Box verlassen. Die Übung lässt sich erweitern, indem der Hund in der Box ins <Platz> gerufen wird (Steigerung der Impulskontrolle). Erst wenn er ruhig liegen bleibt, ohne aufzustehen, nähert sich die Hand langsam wieder dem Schloss. Sobald er aufsteht oder auch nur den Kopf in die Richtung Schloss dreht, wird die Hand wieder auffällig zurückgezogen. Die Umdeutung des Markers bewirkt ein Alternativverhalten. Der Hund wird sich nicht mehr selbst aufputschen, wenn sich die Hand dem Schloss nähert (instrumentelle Konditionierung). Er hat vielmehr gelernt, dass ihn das unerwünschte Verhalten dem Ziel, die Box zu verlassen, nicht näher bringt, sondern entfernt. So lernt er, sich ruhig hinzulegen und in Ruhe darauf zu warten, dass man die Box öffnet und ihn – auf Hörzeichen – herauslässt.

Hunde, die an vielen Beispielen des täglichen Lebens gelernt haben, Handlungen zu unterlassen oder auf deren Ausführung zu warten, lernen die erworbene *Impulskontrollierbarkeit* mit der Zeit zu generalisieren. Es fällt dann immer leichter, neue Regeln zu vermitteln und einzuhalten.

Fassen wir zusammen: Unter *Impulskontrolle* in der Mensch-Hund-Beziehung steht ein Hund, wenn er:

1. Das, was er gerade tun will, von sich aus unterlässt oder abwartet
2. Die Aktion auf Grund von Fremdeinfluss unterlässt oder abwartet
3. Ein gewünschtes Alternativverhalten zeigt
4. Den Zeitpunkt der gewünschten Ausführung einhält (je nach Aufgabe weder zu früh noch zu spät)
5. Die Reihenfolge einer Verhaltenssequenz einhält

Wenn die angestrebte Handlung eines Hundes in Konfrontation mit den Zielen des Besitzers steht, liegt es am Besitzer, die Erwartungen des Hundes umzudeuten, indem er die *Impulse (*Bestreben, Handlungen impulsiv auszuführen) *manipuliert*. Die Manipulation des Erwartungs- und Ausführungsverhaltens, die Impulskontrolle, kann, ähnlich wie im Humanbereich, unter anderem durch die Umlenkung auf ein Alternativverhalten oder aber auch durch Vereitelung oder Unterdrückung erfolgen. Impulskontrolle bedeutet eine wichtige Ergänzung zur Signalkontrolle und ist eine der Grundlagen wohlverstandener Autorität. Impulskontrolle begleitet die Mensch-Hund-Beziehung tagtäglich in vielen Situationen, und je besser und stressfreier der Hund gelernt hat, Regeln einzuhalten, desto unproblematischer gestaltet sich das Zusammenleben.

Beispiele: Der Hund darf andere Menschen nicht anspringen, er darf die Nase beim Vorbeigehen nicht in die Tasche eines Passanten stecken, er muss warten, bis er fressen darf, er muss Objekte abgeben und auslassen können, er darf nicht an der Leine ziehen usw.

Beispiel für Impulskontrolle: Die letzten Stufen einer Treppe nicht überspringen.

Beispiel für Impulskontrolle: Warten vor dem Wasser.

Im täglichen Leben bietet sich das weiter oben beschriebene Prinzip der *Bedingungserfüllung* in zahllosen Situationen an: Wenn der Hund zur Tür hinaus will, wird erst geöffnet, wenn er die Bedingung des Blickkontaktes erfüllt hat. Später wird zwar geöffnet, aber er darf erst nach einem bestimmten Signal hinaus.

Oder wenn der Hund von der Leine frei gegeben wird: Nach dem Öffnen des Karabiners muss er noch kurz warten. Er wird am Halsband gehalten und erst wenn er den Blickkontakt herstellt, darf er nach einem bestimmten Signal (Handbewegung, Wort oder Click) laufen. Hat er das gelernt, muss er nach dem Blickkontakt noch ein wenig länger warten, bis das Frei-Signal gegeben wurde, dann wird geclickt oder ein anderes Signal gegeben und er darf losrennen. Diese und ähnliche Formen der Impulskontrolle sind nicht nur im Hinblick auf Führbarkeit wichtig, sondern sie bedeuten einen wertvollen Beitrag zur Kommunikation und sozialen Einordnung.

Beispiel für Impulskontrolle:

Ein Hund, der gelernt hat, sich auf das Signal <Platz> hinzulegen, hat zahlreiche andere Reize aufgenommen. Diese Signale sind aus unserer Sicht Neben-Reize. In Wirklichkeit aber kennen wir die für den Hund gültige Hierarchie oft nicht. Vielleicht liest der Hund das Zusammenpressen der Lippen, das der Lautbildung des „P“ (<Platz>) vorausgeht, als diskriminativen, visuellen Reiz (Hinweisreiz DS) für das nachfolgende, akustische <Platz> und legt sich bereits hin, bevor der Besitzer das <Platz> ausgesprochen hat. In diesem Falle wird man die Verstärkung vorenthalten, damit der Hund lernt, er muss mit der Ausführung warten, bis das spezifische Signal, in unserem Fall das akustische <Platz>, auftritt. Auf diese Weise wird er lernen, seinen natürlichen Impuls zu unterdrücken. Er steht dann unter Impulskontrolle. Je stärker das Motivationsniveau eines Impulses ist, desto schwieriger wird es, diesen unter Kontrolle zu bringen.

Beispiel für Impulskontrolle: Ressourcenverteidigung

Hunden sollte man schon im Welpenalter auf mehreren Ebenen vermitteln, dass sie keine Veranlassung haben, ihr Fressen zu verteidigen und dass sie dies auch unter keinen Umständen tun dürfen. (EL Buch & DVD Welpenerziehung 2007/08).

Beispiel für Impulskontrolle:

Hunden, die gerne schwimmen, fällt es ausgesprochen schwer, am Strand – möglicherweise noch in einiger Entfernung – zu liegen und unter Impulskontrolle zu warten, bis sie mittels Hörzeichen (z.B. <Frei>) oder/und Geste (z.B. Armbewegung in Richtung Wasser) ins Wasser springen dürfen. Was der Besitzer in diesem Augenblick auch tut, wenn es nur im entferntesten die Freigabe vermuten lässt, wird der Hund starten. Hierzu reicht oft schon eine kleine, ungewollte Körper- oder Handbewegung, das zur Seite gehen oder der Abbruch des Blickkkontaktes. Bei besonders aktiven Hunden gestaltet sich Impulskontrolle in ähnlichen Situationen oft schwierig, aber umso wichtiger ist sie.

Beispiele für Impulskontrolle: (1) Tabuisierung von Fressbarem; (2) Ein Hund übt, der andere wartet

„Geistiger Zügel"

Wegen der weitreichenden erzieherischen Möglichkeiten, die durch *Impulskontrolle* verfügbar werden, stellen wir im Folgenden ein langjährig bewährtes Ritual vor. Aus dem Blickwinkel der antreibenden und hemmenden Kräfte, die es in einer erfolgreichen Mensch-Hund-Beziehung immer wieder neu zu austarieren gilt, wurde für das Ausbildungsprogramm *Team-Balance* als Gegenspieler von Stimulation und Motivation der *geistige Zügel* entwickelt (E.Lind 1995, GU 2001 S. 47, Kosmos 2004 S. 40 u.a.) Nach dem Vorbild der Natur, wo keine materiellen Zügel zum Einsatz kommen, sollte eine Vermittlungsform gefunden werden, die es dem Hundebesitzer erlaubt, die Hemmung des Hundes zu beeinflussen. Wie in der Natur: Ohne Leine, Halfter oder Halsband. Allein durch immaterielle Kommunikation. Dem Hund das, was er gegen sein Bestreben unterlassen soll, so zu vermitteln, dass er diese Einschränkung freiwillig und gerne auf sich nimmt, schien zunächst unmöglich. Wie kann etwas Unangenehmes angenehm werden? Da wird man an die *Quadratur des Kreises* erinnert. Nimmt

Der „geistige Zügel" mit gespreizten, gestreckten Fingern als integrales Symbol für Warten, Innehalten, Stehenbleiben, Einstellen u.A.

man jedoch das Verhalten der Mutterhündin zum Vorbild, speziell ihren erzieherischen Einsatz des Fangs, so rücken nachahmenswerte Ansätze in greifbare Nähe. Der Welpe erfährt den Fang überwiegend als etwas Liebevolles, Wohltuendes und Hilfreiches. Diese Erfahrungen sind unauslöschbar und werden selbst durch mitunter schmerzhaften Einsatz des Fanges bei Abbruch- und Strafreizen nicht überschrieben. Die ambivalente Bedeutung des Fangs wird dem Welpen durch den jeweils anderen Kontext annehmbar.

Auf der Suche nach einem Symbol für den *geistigen Zügel* erwiesen sich die gestreckt gespreizten Finger als *das* geeignete Signal, denn diese Handform kommt im täglichen Leben so gut wie nie vor und es symbolisiert in den einzelnen Kriterien *Anspannung, Gitter, Stoppen durch Entgegenbewegen* die dahinter stehende, hemmende Absicht (Salienz = Ankündigungswert). Damit der Hund den geistigen Zügel trotz hemmender Wirkungsabsicht nicht mit Meidemotivation beantwortet, wird er anfangs in einen motivationalen Prozess integriert, und zwar innerhalb einer extrem kurzzeitigen Präsenz. Der Hund wird mit einem für ihn in positiver Erwartung besetzten Vorgang konfrontiert, beispielsweise mit der Futterschüssel oder mit seinem Lieblings-Spielzeug (Motivationsobjekt). Auf diese Weise sind wir uns seiner postitiv motivierten Erwartung sicher. Mitten in den Annäherungsprozess stellen wir den *geistigen Zügel* zwischen Schnauze und Futter (bzw. Spielzeug, Motivationsobjekt). Aber nur kurz! Etwa eine halbe Sekunde lang („*Einund*"). Bevor der Hund eine Strategie bilden kann, um ohne zu warten zu seinem Ziel zu gelangen, bekommt er das Fressen oder sein MO. Den kurz gezeigten geistigen Zügel erlebt er weder als Verbot noch als Frustration oder gar Drohung, denn bevor sich die Stimmungslage ändern kann (emotionale Trägheit), tritt die erwartete Lustbefriedigung ein. Der Auftritt des geistigen Zügels bewirkt in der Ersterfahrung nichts weiter als eine kurze Verblüffung, bei Wiederholung wird er als diskriminativer Hinweisreiz (Marker) umgedeutet, wobei er das unmittelbar folgende Lustereignis ankündigt. Auf diese Weise wird das kurze Warten nicht als *Müssen*, sondern als etwas Positives erlebt. Dieses Warten ist etwas völlig anderes als Gehorchen oder Unterordnung! Hier kommen fünfzehntausend Jahre Domestikation zum Tragen, in welchen das naturnah sinnvolle Unterdrücken von Impulsen tief verankert wurde. Genauer gesagt ist es gar kein Unterdrücken mehr, sondern die Umwandlung von „*Warten müssen in Er-warten dürfen*". Dass dem Hund „*Erwarten dürfen*" leicht fällt, verdankt er den genetischen Potenzialen aus den existenzerhaltenden Funktionskreisen (Beispiel: *„Warten beim Lauern").*

Fassen wir zusammen: Richtig ausgeführt, steigert der Belohnungsaufschub Fantasie und emotionale Erwartung. Der geistige Zügel wertet den üblichen, zur Selbstverständlichkeit gewordenen Sättigungsvorgang auf und um in ein spannendes soziales, spielerisches Ereignis. Hat der Hund gelernt, bei Präsenz des geistigen Zügels spannungsvoll zu warten, kann man dazu übergehen, den geistigen Zügel auf zahlreiche andere Situationen zu übertragen: Zum Anhalten, gegen Vorprellen, gegen Hochspringen, wenn der Hund nicht weitergehen soll (Gefahren!), wenn er eine Handlung abbrechen oder mit der Ausführung warten soll.

Beispiel „Begrüßung" – (Impulskontrolle)

Im Ausbildungsprogramm Team-Balance (EL 1998, 2010, 2011) sind mehrere Impulskontrolle-Aufgaben enthalten. Eine Auswahl daraus wurde 2012 in die neu revidierte Version des Deutschen Team-Test (DHV) aufgenommen – in leicht abgeschwächter Form. In der Begegnungsübung begrüßen sich zwei Personen, wobei die herantretende Person einen Hund führt. Die Begrüßung erfolgt zuerst aus der Entfernung, anschließend, nach dem Herantreten, aus der Nähe. Der Hund soll sich unauffällig verhalten und darf die begrüßte Person weder berühren noch belästigen. Er darf sich weder unsicher, noch ängstlich oder angriffslustig zeigen. Das Wurstbrötchen, das die begrüßte Person in der rechten Hand hält (der Hundeschnauze gegenüber), darf der Hund weder berühren noch wegnehmen. Auch eine Umarmung der beiden Personen muss der Hund verhaltensunauffällig tolerieren. Die für diese Leistung erforderliche Impulskontrolle lernt er nicht durch Druck, Drohung oder Schmerz, sondern dadurch, dass der Besitzer jedes Mal, wenn der Hund sich das Brötchen nehmen möchte, ihn durch die Leine daran hindert und ihm ersatzweise ein stimulativ höher potenziertes Leckerli anbietet. Auch der gegenüber Stehende kann mitwirken, indem er bei jedem Aneignungsversuch des Hundes die Hand zurückzieht. Im weiteren Verlauf wird bereits das Hochsehen zum Besitzer belohnt und etwaige Aneigungsversuche durch <Nein> blockiert. Verzicht, ebenso wie Abwarten oder die Blick-Orientierung zum Besitzer werden kontinuierlich verstärkt, anfangs primär und permanent, im weiteren Verlauf mittels Marker, Clicker oder anderen Sekundärverstärkern.

Begrüßungs-Aufgabe (aus Team-Balance-Prüfung seit 1998): Ablauf: Begrüßen aus Entfernung, Annäherung, (1) Hund absetzen, Begrüßen, (2) Hund wird provoziert und lernt durch Gegenkonditionierung (3, 4), Fremdfutter nicht zu beanspruchen. Diese Übung ist ein Meilenstein in der Unfallverhütung.

Beispiel „Fremdobjekt-Toleranz" (Impulskontrolle)

Unter dem Begriff „Fremdobjekttoleranz" (EL 2010) ist in Team-Balance eine zweiteilige Aufgabe formuliert, die Aufschluss darüber gibt, ob der Hund fremde Objekte, die von anderen Menschen und Hunden genutzt werden, zweifelsfrei toleriert oder ob er diese beansprucht. Das zu prüfende Mensch-Hund-Team tritt im ersten Teil dieser zweiteiligen Aufgabe an zwei Menschen heran (Erwachsener und ein Kind), die beide mit einem Ball spielen (zuerst werfen, dann kicken). Der Prüfungshund muss seine Impulse, nachjagen oder mitspielen zu wollen oder gar Ressourcenansprüche zu stellen, unterdrücken. Er muss (angeleint) in sitzender Position unter sichtlicher Selbstkontrolle verweilen (das lernt er mittels Fremdkontrolle). Im zweiten Teil tritt das Prüfungs-Team an ein gegenüberstehendes Mensch-Hund-Team heran, welches in unmittelbarer Nähe ein stimulierendes Objektspiel durchführt. Auch hier muss der Prüfungshund in gleicher Weise Fremdobjekttoleranz unter Beweis stellen. Auch diese Übung wurde 2012 unter Hinweis auf den Urheber in den Team-Test des VDH aufgenommen, leider mit den abgewandelten Begriffen „Außerartliche Unbefangenheit" (Übung 7) und „Innerartliche Unbefangenheit" (Übung 8).

Es ist zu wünschen, dass diese wichtigen Übungen nicht nur in Deutschland verbreitet werden, denn sie können wesentlich zur Unfallvermeidung und zu einer problemfreien Hundehaltung beitragen.

Shaping (schrittweise Annäherung)

In den aufgeführten Beispielen gestaltungsbeteiligten Lernens ist der Spielraum, den der Hund zur Eigeninitiative hat, noch äußerst gering. Wie man dem Hund mehr Raum für Eigen- und Mitbeteiligung bieten kann, davon berichten wir im Abschnitt über *Freies Formen*.

Shaping (approximative Annäherung) nennt man die von Skinner eingeführte Verhaltensbeeinflussung (Shaping = Formen), die darin besteht, dass die Ausführung der Zielaufgabe durch schrittweise näher führende Verhaltensteile erreicht wird. Shaping (Verhaltensformung) ist eine operante Lernmethode. Shaping ermöglicht, Tieren Verhalten beizubringen, die nicht in ihrem üblichen Verhaltensrepertoire stehen. Aus zahlreichen Verhaltensweisen werden gezielt diejenigen verstärkt, die letztlich zu einem erwünschten Zielverhalten führen. Oder es werden jene Teilaspekte einer Aktion verstärkt, die an das gewünschte Verhalten heranführen. Dies kann unter anderem auch das Tempo einer Ausführung, die

Fremdobjekttoleranz in zwei Aufgaben: (1) Ball bei spielenden Menschen tolerieren. (2) MO (Motivationsobjekt) eines spielenden Mensch-Hund-Teams tolerieren.

Intensität oder Dauer betreffen (*Reaktionsdifferenzierung,* Lefrançois 1994, S. 42). Durch die Verstärkung erhöht sich nicht nur deren Auftretenswahrscheinlichkeit, sondern es stellen sich auch neue, nahe liegende Verhaltensweisen ein, die dann wiederum aus dem Blickwinkel der Annäherung (*Approximation*) verstärkt werden. Skinner (1951) drückt das so aus: „… *Bei der stufenweisen Annäherung handelt es sich um eine Methode, bei der aufeinander folgende Annäherungen differenziell verstärkt werden.*" – Mit den Worten von Lefrançois (1994, 41): „… *Der Versuchsleiter verstärkt hierbei jeden Schritt, der das Tier der endgültigen Reaktion näher bringt, …*"

Je nach Alter, Vorkenntnissen und Fertigkeiten ist es oft nicht möglich, ein angestrebtes Zielverhalten direkt, ohne Zwischenschritte, zu vermitteln. Dies gilt für allem für komplexe Aufgaben und für Verhaltensweisen, die nicht im normalen Repertoire des Lernenden stehen. Dem Beutegreifer Hund ist Apportieren sicher leichter beizubringen als dem Vegetarier Hase. Trotzdem ist es möglich, mittels Shaping und Chaining selbst speziesfremde Verhaltensweisen zu konditionieren. Skinner demonstrierte dies überzeugend, indem er seinen Versuchstieren komplexe Kunststücke beibrachte, unter anderem konditionierte er Tauben, Ping-Pong zu spielen. Inzwischen wurden schon Spinnen, Mäuse und Fische auf unmöglich anmutende Übungen konditioniert. Sinnhaftigkeit und ethische Legitimation derartiger Experimente sei dahingestellt.

Skinner zeigte an Hand ausgeklügelter Lernschritte, *frames* genannt, wie beim Shaping vorzugehen ist. Die einzelnen Etappenziele werden sorgfältig konditioniert und der nächste Schritt erst dann angegangen, wenn eine nachweisbare Speicherung des vorangegangenen Etappenziels erreicht wurde. Fehlerquellen sind meist auf entweder zu hohes Anspruchsniveau (Schwierigkeitsgrad) oder zu frühem Übergang zum nächsten Etappenziel zurückzuführen (Anspruchsintervall). In beiden Fällen ist die Konditionierung noch zu instabil.

In der Erwerbphase (Akquisition) steht auch beim Shaping die *Immerverstärkung* im Vordergrund. Sobald das Zielverhalten ausreichend sicher konditioniert ist, geht man zur *intermittierenden Verstärkung* über (*Manchmal-Verstärkung*).

Beispiel für operante Konditionierung beim <Sitz>:

Das <Sitz> in Frontposition ist eine der ersten Übungen, die man Hunden üblicherweise vermittelt. Meist mit Hilfe von Leckerli. Dieser Aufbau verleitet zur Annahme, der Hund setze sich, um das Leckerli zu bekommen oder man meint sogar, der Hund verstehe auf Anhieb das Hörzeichen <Sitz>. Es ist zwar richtig, dass der Hund das Leckerli will. Aber weshalb setzt er sicht? – Der Hund sieht das Leckerli in der Hand des Besitzers und möchte es haben. Anschließend kann zweierlei passieren: Entweder der Trainer wartet ab, bis sich der Hund mittels

Versuch-Irrtum-Erfolg einmal hinsetzt, was sofort belohnt wird (instrumentelle Konditionierung) oder er führt das Leckerli weiter und weiter über und hinter den Kopf des Hundes. Springt dieser hoch, führt der Besitzer das Leckerli sofort und deutlich in unerreichbare Höhe. Der Hund lernt auf Grund der nachteiligen Konsequenz (NK+) : „So nicht!". In der Wiederholung des Führens über und hinter den Kopf wird der Hund in dem Bereich, wo er in stehender Haltung das Leckerli nur noch schlecht oder gar nicht mehr sehen kann, sich motorisch anpassen. Die physiologisch naheliegendste Reaktion ist: Die horizontal liegende Wirbelsäule nach hinten abzusenken, wodurch sich eine Veränderung des Blickwinkels (Sagittalebene: von der Seite gesehen) um zirka 45 Grad ergibt. Im Sitzen kann er das Leckerli weiterhin visuell verfolgen, auch wenn es nach hinten bewegt wird. Der Hund reagiert in Haltungs-Anpassung (Postitionsadaption) und setzt sich. Das Setzen wird sofort in gewohnter Weise verstärkt (eindund; – operante Konditionierung). Auf Grund der vorteilhaften Konsequenz (VK+) des sich Setzens wird dieses Verhalten in Zukunft begünstigt. Wenn wir diesen Vorgang noch dadurch bereichern, dass wir das Futterstück in einen summenden Flattermann verwandeln, haben wir den Hund als denkendes und fühlendes Lebewesen angesprochen – ohne auf Konditionierung zu verzichten.

Beispiel für Shaping beim Formen des <Sitz>:

Setzt sich der Hund beispielsweise nur halb nieder, dann verweigern Hundebesitzer mitunter das Lob in der Überzeugung, die Übung sei inkorrekt und man würde mit anschließendem Lob dazu beitragen, dass der Hund etwas Falsches lernt. Oft kommt es jedoch anders: Das Sitzen kann auf Grund der Vorenthaltung des Verstärkers in die Löschung gedrängt und die gesamte Übung als unangenehm erlebt werden. Bessere Resultate verspricht Shaping: Beugt der Hund das Hinterteil hinunter (motorische oder Positionsadaption), und sei es nur einen Zentimeter, so wird dieses Teil-Ergebnis sofort und uneingeschränkt voll verstärkt! Nach einigen Wiederholungen wird der Hund, wenn man dann das Leckerli noch ein wenig weiter nach hinten führt und/oder mit der Gabe ein wenig wartet, das bisher erfolgreiche Verhalten ausdehnen (instrumentelle Konditionierung). Erfolgreiche Strategien werden bekanntlich nicht nur wiederholt, sondern auch ausgebaut, erweitert! Der Hund wird die Positionsadaption ausgeprägter ausführen und sich weiter nach unten setzen. Wieder wird dieser Schritt voll verstärkt, wobei nicht nur Leckerli, sondern glaubwürdige Bewunderung folgt. Es erstaunt immer wieder, wie schnell Hunde das Prinzip der Approximation verstehen. In der Regel reichen einige Shaping-Schritte (frames) und Wiederholungen aus, dass sich der Hund in gewünschter Ausprägung auf den Boden setzt.

Selbstverstärkung und Free Shaping

Den meisten Hundebesitzern geht es vor allem um ein harmonisches, problemfreies Miteinander mit ihren Vierbeinern. Das lässt sich bekanntlich nur in Verbindung mit entsprechenden Verhaltensweisen erreichen, die der Hund lernen muss. Die Vermittlung dieser Verhaltensweisen wird heute weitgehend mittels sanfter, angenehmer Methoden erreicht. Positive Verstärkung und Motivation sind daher weit verbreitet. Das ist sicher ein Fortschritt. Es handelt sich aber trotzdem noch immer um *Beeinflussung von außen*, um *Fremdverstärkung*. Wir sind es gewohnt, Belohnung für unseren Hund zu planen, und erst, wenn sich das Erwünschte einstellt, sie zu geben (Locken). Dabei übersehen wir leicht die Fähigkeit und das natürliche Bestreben hoch entwickelter Lebewesen, ihre Umwelt selbst aktiv zu beeinflussen, sich selbst zu belohnen, oder, wissenschaftlich ausgedrückt, bestimmte Verhaltensweisen durch *Selbstverstärkung* – ohne Beeinflussung durch außen – aufrecht zu erhalten. *Selbstverstärkung* dient wie das Lernen allgemein nicht nur bestimmten Zielen, es bedeutet in sich *Selbsterfahrung* und *Beglückung*. Selbstbelohnung vermittelt *Selbstwert und Lust*!

Wenn wir von der Selbstbelohnung des Hundes sprechen, dann meist in negativer Bedeutung, etwa in Zusammenhang einer unerwünschten Verhaltensweise, z.B. dem Jagen oder Stehlen. Selbstverstärkung und beeinflusstes Lernen schließen sich jedoch gegenseitig nicht aus. Natürlich kann man nicht jede vom Hund inszenierte Selbstverstärkung zulassen, aber in vielen Situationen ließe sich Selbstverstärkung und beeinflusste Verhaltensgestaltung vorteilhaft miteinander verbinden. Selbstverstärkung lockert das Training auf und bietet dem Hund unersetzlich wichtige Initiativräume. Das kommt letztlich auch dem Menschen zugute.

Zunächst jedoch einige Worte zum Verständnis der Selbstverstärkung, die wir oft bei Hunden antreffen. Nicht selten gehen Verstärkungen, die der Mensch ursprünglich eingebracht hat, voraus. Beispielsweise im Spiel. Man wirft einen Ball, der Hund bringt ihn anfangs freudig zurück. Nach einiger Zeit verändert der Hund jedoch das Spiel. In eigener Initiative bringt er den Ball bis auf eine Entfernung von wenigen Metern heran, lässt ihn zu Boden fallen und fordert den Besitzer heraus, sich den Ball zu holen. Der Hund hat die Entfernung so bemessen, dass der Mensch keine Chance hat. Was ist passiert? Durch aufkommende Motivation zur Selbstbelohnung bildet der Hund an das Apportieren neue Erwartungen. Die Motivation wird dadurch erheblich verstärkt. Es könnte gut sein, dass die Motivation für das Apportieren ohne die vom Hund eingebrachte Eigen-Initiative nach und nach versandet wäre.

Klar, ein Hundebesitzer, der prüfungsmäßiges Apportieren anstrebt, will diese Form der Selbstbelohnung nicht tolerieren. Aber er könnte folgendes planen: Wenn der Hund die Übung abgeschlossen hat, darf er anschließend etwas tun, was ihm besonders Spaß macht und wobei er selbst initiativ werden kann. Oder man geht auf das ein, was der Hund gerade anzeigt, zum Beispiel die Vorliebe, seine Spielzeugtasche ausräumen. Das *Ab und zu* derartger Freiräume stützt, wie wir schon wissen, die

Löschungsbeständigkeit des Verhaltens. Ist die Selbstverstärkung aus bestimmten Gründen unerwünscht, so bieten sich als Ersatz für die nicht zugelassene Selbstbelohnung andere, lustbetonte Übungen an (z.B. *Hit-Übung* im Sinne des *Premack-Prinzips*). Auch der Wechsel von der Immer-Verstärkung zur Manchmal-Verstärkung kommt, – richtig ausgeführt, – eigenständigem Verhalten entgegen. Manchmal-Verstärkung regt an, selbst aktiv zu werden, nachzudenken und nach Selbstverstärkern zu suchen und diese umzusetzen.

Man muss sich aber darüber im Klaren sein, dass sich die erwähnten Formen der Selbstbelohnung lediglich auf die Schlussphase eines Lernvorganges beziehen. Die moderne Erziehungswissenschaft geht bei der Förderung der Selbstverstärkung wesentlich weiter. Sie setzt den Lernvorgang als Ganzes in den Fokus individueller Gestaltung und Mitgestaltung des Lerners. Der Lerner soll nicht erst am Ende eines Lernvorgangs individuell aktiv werden. Bereits zu Beginn der Konfrontation mit dem Lernstoff hält man nach Freiräumen Ausschau, die dem Hund gegeben werden: Man stimuliert zum Experimentieren, fordert Entscheidungen heraus und greift so wenig wie möglich von außen ein. Auf diese Weise steuert man zahlreichen, nachteiligen Folgen der Fremdbeeinflussung entgegen.

Selbstverstärkung kann die unterschiedlichsten Emotionen hervorrufen: Laufen befriedigt Bewegungsbedürfnis, etwas bewältigt zu haben befriedigt das Selbstwertgefühl – aber Vorsicht: Jemand anderen gemobbt zu haben befriedigt Motive des Egoismus; den Nachbarhund zu verjagen gibt das Gefühl der Überlegenheit; andere zu beißen gibt das Gefühl der Macht und Unangreifbarkeit. Daraus geht hervor, dass wir Selbstverstärkung beobachten müssen. Auch in der Hundeerziehung gilt: persönlichkeitsfördernde Verhaltensweisen sind zu unterstützen, störende gilt es zu bremsen.

Fassen wir die Kriterien der *Selbstverstärkung* zusammen: Der Verstärker wird nicht von außen, sondern durch das Individuum selbst inszeniert bzw. der Besitzer setzt Rahmenbedingungen, die dem Hund die Selbstverstärkung ermöglichen. Das Individuum kann, je nach Anspruch des Trainers, mehr oder minder frei agieren. Die Verstärkung steht in Bezug zu einer bestimmten Verhaltensweise und wird nicht wahllos eingebracht (frei nach Edelmann 1996, S. 120).

In der Reinform der Selbstverstärkung bestimmt das Individuum den Verstärker in vollem Umfange selbst und übt diesen auch ohne äußere Einschränkung aus. Im Sinne methodischer oder therapeutischer Nutzung kann jedoch (zurückhaltendes) Öffnen und Anbieten von Möglichkeiten zur Selbstverstärkung ebenso wie die (behutsame) Einschränkung derselben Vorteile bringen. Kanfer erweitert den Begriff der Selbstverstärkung bei Skinner durch *kognitive Komponenten* der *Selbstregulation* (1976).

Free Shaping (Freies Formen)

Wie wir schon wissen, sind Lernvorgänge ebenso komplex wie unterschiedlich. Dies spiegelt sich in den Gestaltungsansätzen und Methoden wieder. Ein grundsätzlicher Unterschied besteht darin, ob es um konkrete Lernziele geht oder ob man Lernen um des Lernens willen betreibt (Selbstverstärkung) bzw. vermittelt (Formen durch

Fremdeinfluss). Am deutlichsten wird dies im Spiel. Dort sprechen wir von *Lernspielen* und *Freispielen*.

Goethe sagt:

> *„Des Menschenleben ist aus Ernst und Spiel zusammengesetzt, und der Weiseste und Glücklichste verdient nur derjenige genannt zu werden, der sich zwischen beiden im Gleichgewicht zu bewegen versteht." (aus Naturwissenschaftliche Schriften, 1883 – 1887)*

Auch in der Mensch-Hund-Beziehung entscheiden wir über *Ernst und Spiel*, indem wir bestimmen, was wir unserem Begleiter Hund wie beibringen. Und mit der Wahl der Methoden und Mittel gestalten wir zwingend, ob und wie sehr wir den Hund an diesem Prozess teilhaben lassen. Während man im Behaviorismus der Frage der Selbstbeteiligung weder Wert noch Beachtung schenkte, zählt sie in der modernen Lernpsychologie und Pädagogik zum Wichtigsten. Auch in der Verhaltensbiologie und in der Trainingspraxis hat man die Bedeutung der Selbstbeteiligung bei Lernprozessen erkannt. Allerdings begegnet uns immer wieder die in der Geschichte anzutreffende Tendenz, neue Erkenntnisse maßlos zu überheben und alte zu verwerfen. In Sätzen wie „*Locken ist out*" oder „*Freies Formen ist das einzig Richtige*" kommt das Ungleichgewicht falsch verstandener Tradition zum Ausdruck. Nein! Locken ist nicht out und Freies Formen ersetzt keinesfalls die vielen Möglichkeiten, Lernvorgänge zu modellieren. Zeitgeistgetönte Scheuklappen können in genau jene Richtung führen, die man umgehen wollte. Manche besonders Schlaue ersetzen mit viel Mühe die alten Lockformen durch Hand- oder Objekt-Targets. An Stelle der vermeintlich gewährten Selbstbeteiligung des Hundes sind sie jedoch lediglich vom Regen in die Traufe gefallen und letztlich wieder beim Locken gelandet. Auch Targets sind nicht mehr als Hilfen, die sich beim *Einfangen* eines Verhaltens und als Beschleuniger beim Etablieren des *Ansatzverhaltens* bewähren. Sie sollten jedoch baldmöglichst abgesetzt, ausgedünnt oder ausgeschlichen werden. Worauf es ankommt, ist, im Goethschen Sinne, die Balance zu halten in der Wahl der Vermittlungsformen.

Daher einige Gedanken zu folgenden Themen: *Locken, Konditionieren, Beteiligen*:

Beim *Locken*, sei es durch Futter oder auch Spielzeug (Motivationsobjekte), ebenso wie beim *Shaping* (Formen durch sukzessive Annäherung) ist der Grad der Selbstbeteiligung äußerst gering. Hunde, die nichts anderes erlebt haben als die *Tuste was, kriegste was-Methode,* wurden in ihren Fähigkeiten beschränkt und auch in ihren Erwartungen, sich individuell zu bewähren und damit zu bestätigen, behindert. Sie verkümmern geistig und seelisch. Aber – Locken bringt schnelle Lernergebnisse, und das ist durchaus nicht immer negativ zu bewerten.

Ähnlich verhält es sich, wenn Hunde ausschließlich mit Blick auf das Zielverhalten *konditioniert* werden. Auch hier führt die betonte Eingrenzung auf das zielorientiert Wesentliche zu sklavischer Ausführung und damit zu geistig-seelischer Verkümmerung.

Die Abkehr von Gewalt und Druck in den genannten Vermittlungsformen verdient ohne Zweifel als Fortschritt bezeichnet zu werden. Und zwar aus ethischer *und* leistungsrelevanter Sicht. Aber die Potenziale, die aus aktiv beteiligtem Lernen verfügbar werden, ebenso wie die individuellen, vielfältigen Erwartungen des Hundes sind damit noch nicht berücksichtigt.

Diese Erkenntnis mag dazu beigetragen haben, der Tradition etwas entgegen zu setzen: Die Abkehr von programmierter, zielorientierter Verhaltensbeeinflussung. An Stelle von akribischen einzelnen Lernschritten (Skinner: frames), die alle nur einem Ziel dienten, nämlich dem Zielverhalten näherzubringen, befreit man den Hund von all diesen damit verbunden Einschränkungen und Zwängen und läßt ihn selbst aktiv werden. Aber ganz so einfach, wie das klingt, ist es nicht! *„Mach mal!“* beantwortet der Hund oft mit großen Augen und schräger Kopfhaltung: *„Wie bitte?“* – Die Abkehr vom klassischen Locken und Konditionieren bedeutet für den Trainer zwar Beschränkung, aber keinesfalls Nichtstun. Die Aufgabe des Trainers besteht beim strengen *Free Shaping* (Freies Formen) darin, dem Hund Freiheit anzubieten, sie ihm bewusst zu machen und ihn zu stimulieren, Freiheit produktiv wahrzunehmen. Verstärkt werden Aktionen, die Eigenständigkeit und Kreativität erkennen lassen. Aber nicht die Wiederholung (wie bisher), sondern das Entwickeln und Präsentieren immer neuer Aktionen wird verstärkt.

Beispiel eines Kreativitätstrainings:

Wenn wir den Hund stimulieren, sind wir gewohnt, gleich zu Beginn einzugreifen (Locken bzw. Motivieren). Wir stoßen einen Ball an, damit der Hund mitspielt, oder wir werfen etwas weg, damit er es apportiert oder wir ziehen, wenn er etwas im Fang hat, dagegen. Oder wir halten dem Hund ein Leckerli vor Augen oder Nase. Das alles machen wir unterbewusst, weil wir erfahren haben, dass der Hund auf diese Hilfen schnell und zuverlässig anspricht. Im Free Shaping geht man anders vor. Man stellt beispielsweise eine Kiste auf den Boden und wartet, bis der Hund von sich aus aktiv wird, auch wenn dies ein wenig länger dauern sollte. In dem Augenblick jedoch, wo er beginnt, sich mit der Kiste zu beschäftigen, egal wie, wird er belohnt. Im weiteren Verlauf wird jede neue Aktion verstärkt: Pfote drauflegen → Click – Verstärkung; Wegschieben → Click – Verstärkung; Abducken vor Kiste → Click – Verstärkung; in Kiste reinsteigen → Click – Verstärkung usw. (Fortgeschrittene: Keine Immerverstärkung). So lernt er in Kürze, dass nicht eine bestimmte Aktion, sondern das Agieren als solches gefragt ist. Diese Zielsetzung kann noch durch einen Jackpot am Ende verstärkt werden. Zeigt man dann beim nächsten Mal den Jackpot zu Beginn der Free-Shaping-Sitzung, weiß der Hund, worum es geht und baut eine entsprechende, lustbetonte Erwartung auf. Nach einiger Zeit kann man dazu übergehen, Aktionen nicht nur in Verbindung mit Objekten zu fördern. Hat der Hund das Prinzip des Free Shaping einmal begriffen, wird er nicht zögern, Aktionen auch ohne Objektbezug zu Objekten zu entwickeln.

Hunde, die immer nur gelockt oder konditioniert wurden, sind mit diesem unerwarteten Angebot nicht selten überfordert. Sie müssen erst lernen, Freiheit zu nutzen.

Wenn der Trainer seine Aufgabe beherrscht, Freiheit zu vermitteln und zur Nutzung derselben anzuregen, und wenn er seine eigene Beobachtungsgabe schärft und das Lesen des Hundes weiterentwickelt, so ist die Wahrscheinlichkeit groß, dass auch der Hund in kurzer Zeit erstaunliche Fähigkeiten entwickelt. Fähigkeiten, die ihn im täglichen Leben anpassungsfähiger machen und die Bindung zum Besitzer festigen. Auch erworbene Ängstlichkeit oder Antriebsschwäche nehmen oft ab. Die erworbene, grundsätzliche Bereitschaft des Hundes zur Mitgestaltung lässt sich darüber hinaus hervorragend in Erziehung und Ausbildung einbinden. Und damit sind wir beim *gemäßigten Freien Formen*; oder, besser und noch umfassender bezeichnet, dem *integrativen Freien Formen*.

Im *integrativen Free Shaping* werden *Shaping* und *Free Shaping* miteinander verbunden. Aus der Erfahrung mit Shaping hat man gelernt, dass Shaping zu wenig Eigenständigkeit und Eigeninitiative bietet. Die Erfahrungen mit Free Shaping haben gezeigt, dass auch hier Risiken und Nachteile nicht auszuschließen sind (Zeitaufwand, Frustration, Verstärkung unerwünschten Verhaltens). Die Nachteile beider Ansätze wirken sich auf das Lernergebnis aus. Daher liegt die Schlussfolgerung nahe, dort, wo es um die Vermittlung wichtiger Zielverhalten geht, Free Shaping sozusagen durch Shaping zu begrenzen. Das heißt, den Freiraum nicht ganz so weit zu spannen wie beim Free Shaping, unerwünschte Tendenzen nicht zu verstärken und Abweichungen zwar zuzulassen, aber nur in einem moderaten Rahmen. Free Shaping hingegen mehr dafür einzusetzen, um Eigeninitiative des Hundes zu fördern und ganz allgmein Lust am Experimentieren zu ermöglichen. Kurz: lernen um des Lernens willen.

Chaining (Verkettung)

Hört man sich eine Musik-CD öfter an, so stellt sich am Ende eines Stücks bereits die neue Melodie ein, bevor sie erklingt. Man hört sie tatsächlich innerlich voraus. Dieser *Chaining-Effekt* (Verkettung) tritt in nahezu allen Bereichen des Lebens auf, bei Menschen und Hunden und nicht nur in der Musik. *Chaining* als Methode bietet sich an, um mehrere Einzelverhalten (Kettenglieder), die nacheinander erlernt werden, zu einem Ganzen zusammenzufügen, nachdem die einzelnen Glieder jeweils stabil genug konditioniert wurden. *Chaining* wird ähnlich wie *Shaping* bevorzugt dort eingesetzt, wo das Zielverhalten nicht in einem Durchgang erreichbar ist; etwa bei schwierigen, komplexen Aufgabestellungen. Man unterscheidet zwei Ansätze: Entweder man beginnt mit dem ersten Verhaltensschritt und baut die folgenden nacheinander ein (*forward chaining*); – oder man beginnt mit dem letzten Teilschritt und setzt die übrigen in umgekehrter Reihenfolge dazu (*backward chaining*). Die zuletzt genannte Version, unter dem deutschen Begriff *Rückwärtsverkettung* bekannt, ist besonders interessant, weil man auf diese Weise das stufenweise *Ausschleichen der Verstärkung* bereits mit einbaut.

Beispiel für Chaining (Vorwärtsverkettung, Forward Chaining):

Für alte, kranke oder behinderte Menschen kann ein Hund, der einige Dinge gelernt hat, eine große Hilfe bedeuten. Beispielsweise das Heranbringen eines Handys. Das Zielverhalten wird in Ketten-Glieder (*chain links*) zerlegt und wenn die einzelnen *Links* konditioniert sind, wird die Übung nach und nach zusammengestellt. Das Heranbringen eines Handys stellt mehrere Anforderungen: Auf Zeigegeste und Benennen reagieren (Link 1=L1), Vorsichtiges Fassen und Tragen (L2) und schließlich Apportieren (L3) und Abgeben (L4). Wenn der Hund schon apportieren kann (Link 3 und 4), bietet sich an, zuerst L1 mit L3 und L4 zu verbinden. Der Hund wird abgelegt, eine Hilfsperson stellt einen bekannten Bringgegenstand auf den Boden, der Besitzer holt sich die Aufmerksamkeit (Name) und zeigt mit ausgestrecktem Arm (später nur noch Hand oder Fingerzeig) auf den Gegenstand, benennt diesen und fordert den Hund auf, zu apportieren. Der Hund wird belohnt. Dies wird im weiteren Verlauf mit unterschiedlichen Gegenständen durchgeführt, jedoch noch nicht mit einem Handy. Parallel wird der Hund mit L2 vertraut gemacht, indem man ihm die Bedingung stellt, eine kleine Schachtel (Größe einer Zigarettenschachtel) zunächst aus der Hand zu nehmen und kurz, aber sanft zu halten. Nur das sanfte Halten wird verstärkt. Kann er das, wird die Schachtel auf den Boden gelegt und er soll sie eine kurze Strecke apportieren und abgeben. Derselbe Belohnungsvorgang. Dann wird er lernen, verschiedene Dinge vorsichtig aufzunehmen, zu halten, zu tragen und zu apportieren: Ein Brillenetui oder eine Packung Papiertaschentücher. Hat er das alles gelernt, kommt das Handy an die Reihe. Je nach bisher erreichtem Erfolg wird man vielleicht zuerst ein ausgedientes Handy oder ein Kinderhandy aus Plastik verwenden. Die Übung lässt sich von da aus auf weitere Gegenstände ausweiten: Auf die Fernsehfernbedienung, auf den Schlüsselbund, ja sogar auf essbare Dinge wie Apfelsinen, Nüsse und eine Banane.

Ein Beispiel für Rückwärtsverkettung (*backward chaining*) haben wir am Beispiel *Apportieren* gezeigt (siehe Seite 149). Viele Hundeführer trainieren das Apportieren heute noch mittels *forward chaining*: Sie werfen das Objekt und setzen Verstärkung ein, wenn der Hund gebracht hat. Anschließend oder auch als separate Parallel-Übung werden Abgeben und Grundstellung trainiert. Anschließend folgt das Zusammenstellen der gesamten Übung als *forward chaining*. In der auf Seite 149 beschriebenen Methode wird der Hund nicht wie beim üblichen Apportierablauf für das erblich angelegte schnelle Nachjagen einer fliehenden Beute belohnt, sondern für das viel schwieriger zu vermittelnde, freudig temperamentvolle Zurückbringen. Nicht das Hinauslaufen und Zupacken wird zunächst operant konditioniert, sondern das Herankommen, welches durch das anschließende Spiel verstärkt wird. Dementsprechend wird anfangs das einzig erlaubte Hörzeichen nicht für das Hinauslaufen, sondern für das Heranbringen genutzt.

Hier die methodische Kurzbeschreibung zum Apportieren nach Rückwärtsverkettung:

Man legt den Hund ab und schleicht sich mit der Beißwurst von ihm weg (*Paradeübung*). Anfangs legt man die Beißwurst (alles in betont langsamen Bewegungen!) vor die eigenen Beine auf den Boden. Dann richtet man sich langsam auf, baut Blickkontakt auf, atmet ein und ruft den Hund mit einem explosiven Auslöser (Fantasielaute und/oder Körperreaktionen oder auch Hörzeichen <Apport> oder <Bring>). Nach einiger Zeit wird an Stelle der Beißwurst der Apportiergegenstand abgelegt, nach dem Herbringen ausgetauscht und weiterhin mit der Beißwurst oder dem Lieblings-MO gespielt.

1), 2) und 3): Diese Übung wurde 1995 unter dem Begriff „Paradeübung" bekannt und ist inzwischen weltweit verbreitet. Das stimulierende Wegschleichen des Teamführers verwandelt „Platz liegen müssen" in „Lauern dürfen". Zusätzlich zum naturgetreuen Schleichen kommen Körpersprache, Gewichtsverlagerung, der geistige Zügel und die Augen-MO-Linie zum Einsatz. (2) Hier bei einem Training der Lind-art®-Company in Lienz/Osttirol.

Token-Konditionierung

In der *Token-Konditionierung* gibt man für ein eingebrachtes Verhalten sogenannte *Token* (*Gutscheine* in verschiedenster Form), die der Lernende nach selbst auferlegten oder vom Trainer vorgegebenen Regeln in Form erstrebenswerter *Belohnung* erhält – sozusagen zum Tausch.

Human-Beispiel: Bei jeder erfolgreich zurückgewiesenen Zigarette wird ein Kieselstein (oder Knopf) ausgegeben, nach 17–20 Kieselsteinen (Menge einer Zigarettenschachtel) folgt eine Einladung in die Pizzeria. Das Gleiche lässt sich mit Geld organisieren, indem bei jeder zurückgewiesenen Zigarette beispielsweise 50 Cent in ein Sparschwein geworfen werden. Wenn das Geld für die erstrebte Belohnung gesammelt ist, wird das Sparschwein geschlachtet. An diesen beiden Beispielen kann man erkennen, dass *Token* austauschbar sind und dass es nicht auf die Beschaffenheit des *Token* ankommt, sondern auf seine Hinweisfunktion und die damit verbundene Erwartung.

Beispiel für Token-Konditionierung:

Auch in der Hundeausbildung lassen sich Token einsetzen. Neutrale Gegenstände müssen, wenn sie als Token eingesetzt werden sollen, erst einmal als Hinweisreize konditioniert werden. Das lässt sich beispielweise so gestalten: Jedes Mal, wenn der Hund sich auf das angewiesene Lager legt anstatt mitten ins Zimmer, bekommt er ein Stoffband um den Hals und anfangs sofort hinterher eine Belohnung, wobei ihm das Stoffband vorher abgenommern wird. Nach einigen Stoffbändern werden alle zusammen vom Hals genommen und unmittelbar darauf erhält er die Belohnung. Auf diese Weise lernt er, dass die eigentliche Belohnung erst nach mehreren Aufgaben-Erfüllungen eintritt. Er weiß, dass die Token ein Versprechen bedeuten und die Belohnung ankündigen.

Beispiel für Token-Konditionierung:

Ein Hund hat die Grundhaltungen bereits erlernt. Zur Aufrechterhaltung wählt der Besitzer folgendes Programm: Er setzt den Hund ab, holt einen neutralen Gegenstand und legt ihn vor sich auf den Boden. In weiteren Wiederholungen wird der Gegenstand jeweils irgendwo anders hin gelegt, unter anderem auch versteckt. Dieser Aufbau wird oft auch „externe Motivation“ genannt. Nachdem sich der Besitzer die Aufmerksamkeit geholt hat, signalisiert er einen Haltungswechsel. Beispielsweise <Platz> (aus <Sitz>). Führt der Hund die Aufgabe in gewünschter Weise aus, darf er unter Lob den (weitgehend) neutralen Gegenstand apportieren. Nach einigen Ausführungen – bevorzugt dann, wenn der Hund die Aufgabe besonders gut ausführt – bekommt der Hund nach dem Abgeben des Gegenstandes (Token) ein Lob, Leckerli oder ein Spiel. Nach kurzer Pause (4 – 10 Sekunden) wird die Übung wiederholt, diesmal mit einem anderen Haltungswechsel. Das Token kündigte den Primärverstärker an. Der Vorteil ist, man kann das Token irgendwo hinlegen, auch hinter den Hund, um beispielsweise zu verhindern, dass der Hund immer die Tendenz hat, einige Schritte vorzugehen. Hunde lieben dieses Spiel, weil sie hier endlich einmal selbst mitwirken können. Darüber hinaus hat Token-Konditionierung den Vorteil, dass der hoch motivierende Primärverstärker nicht permanent eingesetzt wird. Auf diese Weise behält er einen besonderen Wert und erlaubt, auch längere Übungsabläufe unter permanenter Aufmerksamkeit zu trainieren.

Beispiel für Token-Konditionierung mit hohem Anteil an Selbstbestimmung:

Das Token-Szenario lässt sich noch erweitern, indem man eine Tasche (Box, Koffer, Kiste = Freigabehörzeichen z. B.: <Schatztruhe>), in der sich mehrere Motivationsobjekte, möglicherweise auch ein Leckerli befinden, verwendet (EL 1995). Der Hund kennt diese Aufbewahrung, weil sie der Besitzer beim Üben immer dabei hat. Der Besitzer öffnet die Tasche, stellt sie neben sich und beginnt, einige Haltungswechsel per Hörzeichen ausführen zu lassen. Hat der Hund eine Aufgabe erfüllt, folgt das Lob oder/und der Sekundärverstärker (Click o. a.). Unmittelbar danach wird der Hund nach dem Zufallsprinzip (oder bei ganz besonders guten Leistungen) frei gegeben, damit er sich aus der Tasche sein Lieblings-MO oder auch ein Leckerli herausholen kann. In weiterer Folge wird das Szenario ausgebaut, indem das Token irgendwo hingelegt oder sogar versteckt wird. Der Hund lernt in kurzer Zeit, die Sekundärverstärker wirken als Token und nach einigen Darbietungen wird die Freigabe zum selbstbestimmenden Suchen, Auswählen und kurzem Spiel erteilt.

Mehr noch als ein vorprogrammiertes Token wirkt die „Schatztruhe“. Wenn der Hund seine Aufgabe erfüllt hat, darf er auf Schatzsuche gehen und aus den verschiedenen Gegenständen wählen oder sich sein Lieblings MO (Motivationsobjekt) oder auch ein Leckerli oder einen Jackpot suchen oder erschnüffeln.

Token-Konditionierung bietet sich vor allem dort an, wo bestimmte Aufgaben bereits unter Signalkontrolle stehen, wo es darum geht, die Motivation aufrecht zu erhalten oder wenn man Übermotivation entgegen wirken muss. Token-Konditionierung wird auch erfolgreich eingesetzt, um oppositionelles oder hyperkinetisches Verhalten zu vermindern. Token-Konditionierung verspricht gute Ergebnisse, weil während mehrerer Wiederholungen eine dauerhafte positive Erwartungshaltung gebildet wird, ohne dass die Verstärkung in der einzelnen Ausführung direkt in Erscheinung tritt. Token-Konditionierung unterstützt im Humanbereich Selbstmotivation und Selbstregulierung. Auch in der Hundeerziehung kann Token-Konditionierung dazu beitragen, dem Hund mehr Raum für Mitgestaltung und eigenes Handeln bieten.

Premack-Prinzip

David Premack (geb. 1925) hat gemeinsam mit seiner langjährigen Mitarbeiterin und Ehefrau Ann James Premack auf dem Gebiet des Behaviorismus geforscht. Das nach den Eheleuten benannte *Premack-Prinzip* (1962) basiert auf *Primär- und Sekundärverstärkung*. Kurz gesagt geht es darum, unwahrscheinliches Verhalten durch wahrscheinliches Verhalten günstig zu beeinflussen. Das wahrscheinliche Verhalten wirkt als Verstärker und führt in Folge dessen das unwahrscheinliche Verhalten einer höheren Auftretenswahrscheinlichkeit zu. Premack fand heraus, dass nur das jeweils individuell höher wahrscheinliche Verhalten das weniger wahrscheinliche zu verstärken imstande war, nicht umgekehrt. Wenn beispielsweise die Ausführung des höherwahrscheinlichen Verhaltens an die Bedingung geknüpft wurde, zuerst das weniger wahrscheinliche Verhalten gezeigt zu haben, dann wird das weniger wahrscheinliche Verhalten auf Grund der Verstärkung danach häufiger auftreten. Umgekehrt ist die Verstärkung wie gesagt nicht möglich. Kapuzineraffen, die im Experimentierkäfig am häufigsten einen Hebel drückten, der zur Befreiung führte, am zweithäufigsten einen Knauf bewegten, änderten ihr Verhalten, nachdem sie in verändertem Versuchsaufbau die Tür nur durch den Knauf öffnen konnten oder wenn sie zuerst den Knauf bedienen mussten, um die Wirkung des Hebels auszulösen. In beiden Fällen bevorzugten sie nach dem Premack-Prinzip den Knauf.

Premack-Prinzip: Die Besitzerin lässt dem <Anhalten>, welches ihr Hund mitunter nicht mit der erwünschten Aufmerksamkeit durchführt, den lustvollen Tunneldurchgang folgen, was in der Folge auch beim <Anhalten> die Aufmerksamkeit steigert.

Beispiel für Kombination Desensibilisierung und Premack-Prinzip:

Angenommen, eine Familie wünscht sich, dass ihr Hund seine Furcht vor Wasser verliert. Folgendes könnte zur Abhilfe beitragen: Alle spielen gemeinsam mit dem Hund direkt am Wasser mit einem Ball (oder auch mit einer Reizangel, die von Hand zu Hand geht). Ab und zu verlagert man unauffällig das Spiel ins anfangs nur fußtiefe Wasser. Der Hund wird (unauffällig) im Hinblick auf seine Stimmungslage beobachtet: Hat er das Spiel im Kopf oder denkt er noch an die Furcht vor Wasser? Ist das Motivationsniveau hoch genug? Bei günstigen emotionalen und motivationalen Voraussetzungen kann man dann versuchen, den Ball so weit ins Wasser zu werfen, dass er ihn, ohne schwimmen zu müssen, holen kann. Das Spiel wird von Tag zu Tag ausgebaut. Es wird nicht lange dauern, bis der Hund den Ball auch schwimmend holt. Das Verhalten mit der höheren Ausführungswahrscheinlichkeit (Ballspiel) stützt das Verhalten der niedereren Ausführungswahrscheinlichkeit auf Grund des Premack-Prinzips. Zusätzlich könnte man noch einen Hund einbeziehen, der gerne ins Wasser geht. Dieser würde als Modell wirken und zur Nachahmung, auch im Sinne des sozialen Wettbewerbs, anregen.

Beispiel für das Premack-Prinzip:

Angenommen, ein Hund führt das <Sitz> langsam und lustlos, vielleicht sogar ein wenig ängstlich aus. Weil der Besitzer mit dieser Ausführung nicht zufrieden ist – was dem Hund sicher nicht verborgen bleibt – wird die Übung zusehends schlechter. Der Hund setzt sich erst nach mehrmaliger Aufforderung oder er legt sich hin, er setzt sich betont langsam oder er setzt sich nur halb ab. Folgende Behebungsansätze bieten sich an: Entweder man baut die Übung ganz und gar neu auf, oder man sucht nach Verhaltensweisen, die der Hund gerne und freudig macht – also Übungen mit höherer Auftretenswahrscheinlichkeit – und verbindet die beiden Vorgänge, indem man vor dem <Sitz> eine Aufgabe stellt, die dem Hund Freude macht und die er gut kann. In dieser guten Stimmung und als Ergebnis der Fremd- und Selbstbelohnung sind die Chancen auch für das nachfolgende <Sitz> erheblich besser. Noch besser ist es, das problematische <Sitz> in die Mitte zweier beliebter und erfolgreicher Verhaltensweisen zu stellen – beispielsweise durch einen Tunnel laufen, dann <Sitz> und dann ein weiterer Tunnel, eine Hürde oder ein Wackelpodest. Auf diese Weise wird das weniger beliebte und nicht erfolgreiche <Sitz> besser vorbereitet und im Nachhinein noch zusätzlich verstärkt, was sich als Zunahme der Reaktionsrate auswirkt.

Leitwirkungen und Targets

Leitwirkungen

Gegenstände im Dienste der Hundeerziehung oder des Sports einzusetzen, ist nicht neu. Schon vor fünfzig Jahren übten Hundesportler das Fußgehen entlang von Mauern und Zäunen. Auch der „Pferch“, eine Zaun-Anordnung, die es dem Hund verwehrte, seitlich oder nach hinten an der Hürde vorbeizulaufen, wurde schon in der Generation von Most und seinen Zeitgenossen genutzt. Aber die Bedeutung der umfassenden Möglichkeiten, Objekte für nahezu jede Übung methodisch zu integrieren, war lange nicht erkannt. Und es gab keine Begriffe dafür.

In den Jahren 1996 bis 1998 entwickelte der Autor mehrere Methoden (geistiger Zügel, Resonanz-Szenario, Augen-MO-Linie, Stimmungs-Modifikation, impulsive Berührung, respondierende Kommunikation, punktuelle Korrektur, Sättigungs-Distanz u.a.). Darunter auch die *passiven Einwirkungen*, wie der Begriff in der Zeit ihrer Entstehung genannt lautete. Später wurde der Begriff durch die treffendere Bezeichnung *Leitwirkung* (2009) ausgetauscht. *Leitwirkungen* (Kurz *Leiwis*) gehen auf teils angeborene, teils erworbene Reflexe zurück. In der freien Natur wirken Wiesenränder, Bachverläufe, Hindernisse aller Art dahingehend, dass der Hund entweder seine Richtung angleicht, ändert oder auch abbricht, je nachdem, ob es sich um sanft oder intensiv wirkende Leitphänomene handelt, ob sie unterbewusst ablaufen oder zu bewussten Adaptionsverhalten führen. Bleibt der Mensch bei der Nutzung von Leitwirkungen im Hintergrund, so sprechen wir von verborgener Leitwirkung (hidden effect), wird er wahrgenommen, von offener Leitwirkung (opened effect).

Grundsätzlich können Leitwirkungen (Leiwi®)

- richtungsführend,
- zielweisend (Punkt-, Flächen- oder Raumziel)
- richtungseinschränkend oder
- bewegungshemmend

eingesetzt werden. Gerten beispielsweise lassen sich so vermitteln, dass der Hund der Spitze folgt (Target), oder aber, – etwa durch Verwendung der *Gerten-Schere*, – dass der Hund vom Bestreben, nach vorn zu gehen (Distanzübungen), abgehalten wird oder, dass er die Gerten im Sinne eines Trichters oder Korridors richtungsführend annimmt.

Hier eine Aufstellung der wichtigsten Leitwirkungs-Effekte (EL 2009)

- Richtungs- und Linien-Effekte (Einfluss auf Bewegung und Haltung)
- Begrenzungs- und Absperr-Effekte
- Ausweich-Effekte
- Abstands-Effekte
- Stopp-Effekte
- Verzögerungs-Effekte

- Verweil-Effekte
- Tempo-Effekte
- Tabu-Effekte

Die ersten Veröffentlichungen zu diesem Thema waren in den Zeitschriften *SVÖ-Nachrichten* 10 und 11/1998 (Schäferhunde-Verein Österreich), *Hundesport* 1 und 6/1999 (Organ des VDH – Verband des Deutschen Hundewesens) sowie in der *SV-Zeitung* 9/2001 (Zeitung des Schäferhundevereins) zu lesen. Dort findet man zahlreiche Anwendungen, die inzwischen weit verbreitet sind: U-Zaun (Apportieren), Korridor, Trichter, Pflöcke oder Führungs-Gerten (an Stelle der damals üblichen aversiven Nutzung von Gerten beim *geraden Vorsitzen*). Auch andere Gegenstände wie zum Beispiel Tonnen, Pflöcke oder Spezialzäune wurden dort vorgestellt. 1999 kam das erste *Leit-Set* heraus: Speziell konzipierte Zaun- und Pflockgegenstände, die für die wichtigsten Übungen mit Leitwirkungen entwickelt wurden. Im Video *Richtig Spielen mit Hunden* wurden 1996 beeindruckende Aufnahmen von einem neun Wochen alten Welpen gezeigt, welchem mittels Spiel, Motivation und Leitwirkungen scheinbar mühelos und mit sichtlicher Freude unter anderem die Grundhaltungen vermittelt wurden. Das Video war ein Jahrzehnt in zahlreichen Hundesportvereinen als Standard-Lehrmittel eingesetzt.

Beispiele verschiedener Leitwirkungen: (1) Korridor-Gewöhnung bei Welpen.

(2) Tonnen für mittelgroße Vollkreise (Wirbelsäulenschutz) und für gerades Vorsitzen; (3) Sanfte Stoppschleuse und MO-Servierteller für fortgeschrittenes Anhalten.

(4) U-Zaun für enges Umdrehen beim Apportieren; (5) und (6) Mobiler Pflock für Übungen aus dem Gehen: z. B. paralleles Absitzen an beliebigem Ort; Abb 2: Halten, Abb 3 Einsatz des Pflocks.

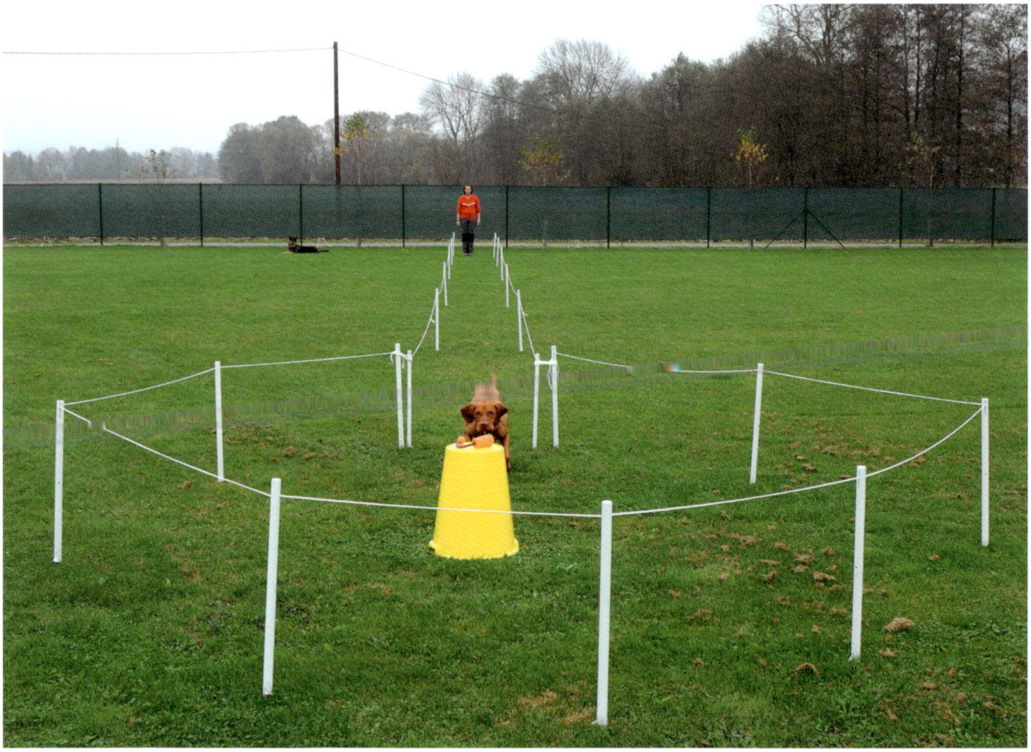

(7) Korridor-Reling für Richtungsorientierung sowie Kreis-Reling für Raumbegrenzung bei der Drehung; (8) MO-Brücke für Voraus mit Zwischenstopp

(9) Identifizier-Trainer: Metallelemente gegen Knautschen (Kontaminationsstoffstreifen eingelegt), nur das kontaminierte Metall-Element kann vom Hund herausgezogen werden, alle anderen sind arretiert (EL 2009); (10) Freifolge-Korrektur-Leiwi (Leitwirkung): Während der Mensch geht, wird die Plastik-Kiste über Umlenkrollen mitgeführt (gegen Vorprellen); die seitlichen Leiwi-Zäune sichern Abstand und Richtung (gegen Bedrängen und Abweichen). Der Hund kann sich frei bewegen, wird aber über die Leiwis sanft korrigiert (EL 2008). Am Ende des Zauns folgt Verstärkung.

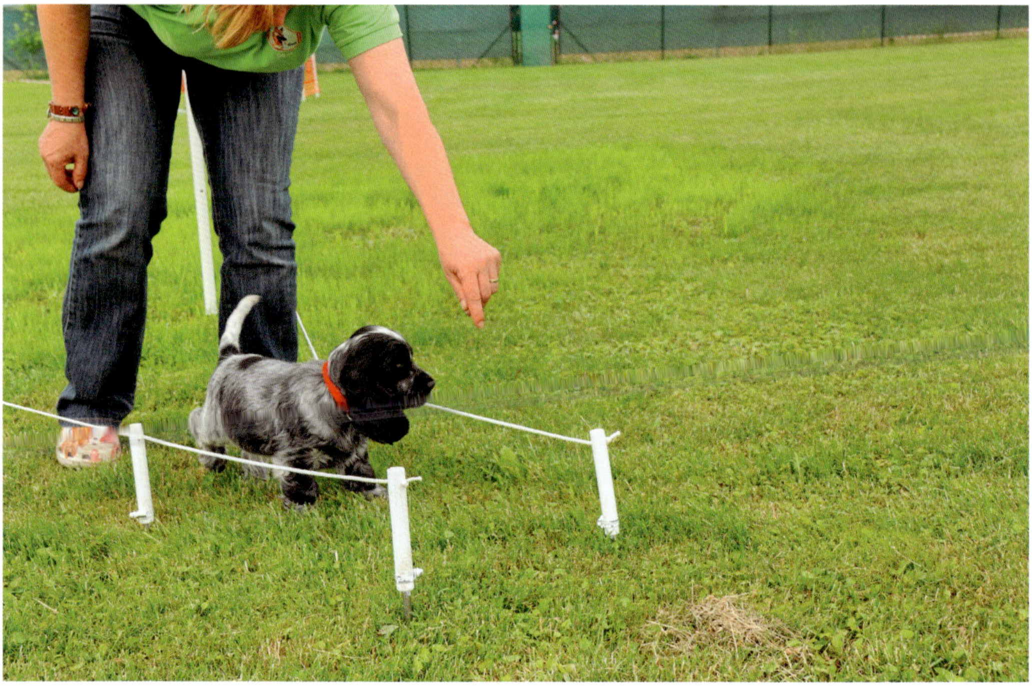

Leitwirkungen entsprechen hohen ethischen Anforderungen. Sie beinhalten unbegrenzte Möglichkeiten, die vielen genetisch disponierten Anpassungseffekte des Hundes in der Erziehung und Ausbildung zu nutzen. Daher empfehlen sie sich als fester Bestandteil in der modernen Hundeausbildung. Die Methodik der Leitwirkungen wurde in den letzten zehn Jahren weiterentwickelt und im Buchtitel *Hunde sanft leiten und motivieren* (Cadmos 2009) veröffentlicht.

(11) Reling-Trichter für Kleinhunderassen; (12) Tisch mit MO-Brücke für Distanz-Übungen.

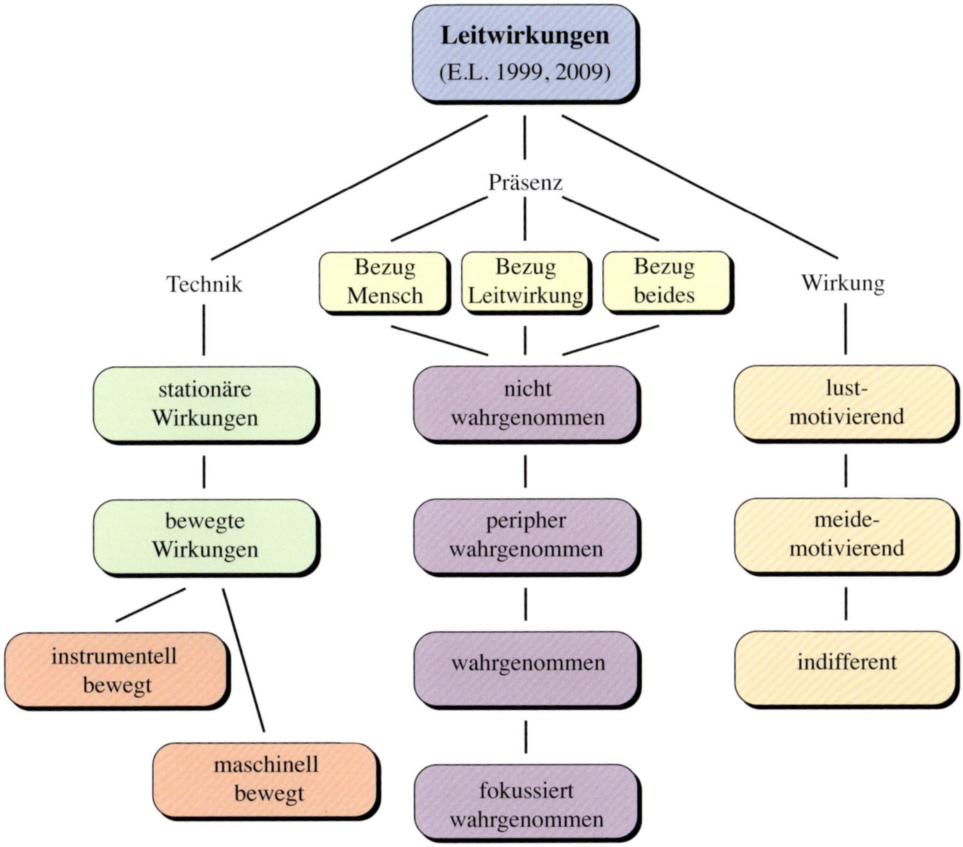

Leitwirkungen

Beispiele für Leitwirkungen:

Das Anhalten bei Pflöcken oder Zäunen verhindert schiefes Sitzen oder Absitzen in zu großem Abstand. Noch vorteilhafter ist der Einsatz eines mobilen Pflocks, der unauffällig mitgeführt und beim Absitzen eingesetzt wird. Zäune und Relings fördern Geradeauslaufen, Trichtereffekte fördern die Richtungsorientierung oder verhindern, dass der Hund einen unerwünschten Bogen läuft. MO-Brücken stimulieren den Hund, auch aus größerer Distanz Haltungswechsel auszuführen, ohne die Position zu verändern. Die Leitwirkung einer Parkbank, eines Stuhls oder eines Zauns („Löwengitter") kann man dazu nutzen, den Hund hineinzulocken, dabei das <Platz> oder das Rückwärts- oder Vorwärts-Robben zu vermitteln oder auch das Hochspringen zu vereiteln.

Targets

Auch *Targets* (engl. *target* = Ziel) sind weit verbreitet, ursprünglich im Clickertraining eingesetzt, haben sie inzwischen in nahezu allen Hunde-Ausbildungsbereichen Einzug gefunden. Auch Targets bauen auf *Zielorientierungen* auf. Grundsätzlich kann nahezu alles verwendet werden, um als Target konditioniert zu werden: Teleskopartige Stöcke, Gerten, Bodendecken, Pylonen u.a. Der Hund lernt beispielsweise, das Target mit der Nase anzustupsen, eine Fläche aufzusuchen, in einen Raum zu treten oder an einem bestimmten Ziel zu verweilen. Nicht nur Gegenstände lassen sich als Target einsetzen, auch Finger, Hand, Knie oder der Fuß können als Target dienen. Es können optische, taktile, olfaktorische, ja sogar akustische Quellen genutzt werden. Zunächst wird dem Hund vermittelt, das Target aufzusuchen, sich ihm zu nähern oder beispielsweise der Spitze des Targets je nach Zielsetzung zu folgen oder sie zu berühren. Das lässt sich für allerlei Bewegungen, für Sprünge, im Kreis drehen, tief gehen usw. einsetzen oder auch in der Form nutzen, dass das Target an einem bestimmten Ort abgelegt wird, wohin der Hund dann laufen soll. Auch Grundhaltungen lassen sich mit ein wenig Geschicklichkeit auf diese Weise vermitteln. Target-Methoden bieten viele Anwendungsmöglichkeiten (siehe weiterführende Literatur).

Reizüberschattung und Reizkombination

Beim Lernen wirken zahlreiche Regelkreise ineinander. Dass ein einziger Stimulus allein wirkt, ist in der Praxis eher die Ausnahme. Meistens sind mehrere Stimuli präsent. Das erschwert natürlich die Anwendung der Lerngesetze. Im täglichen Leben wirken ständig Hunderte von Reizen. Individuen treffen auf Grund der augenblicklichen Zielsetzung bestimmte Entscheidungen. Ein nicht unwesentlicher Teil dieser Entscheidungen wird unterbewusst beeinflusst, durch zurückliegende Erfahrungen, Emotionen und Motive. Wenn wir mittels Signalen das Verhalten unseres Hundes beeinflussen, stehen wir ebenfalls zahlreichen Reizeinflüssen gegenüber. Einflüsse von außen, die auf den Hund einwirken und die wir oft nicht ausschalten können, und Einflüsse, die auf innere Vorgänge des Hundes zurückgehen. Treten verschiedene Reize gleichzeitig auf (*konkurrierende Stimuli*), dann kann es vorkommen, dass nicht der von uns erwünschte Reiz, sondern ein anderer vom Hund bevorzugt wird. Wenn wir ihn beispielsweise rufen, der Hund aber seine Aufmerksamkeit lieber dem soeben in Erscheinung tretenden Lieblingstrainer zuwendet, dann hat dieser Reiz unser Signal überschattet (Überschattung, Overshadowing).

Bei *Reizkombination* reagiert ein Hund, der ein bestimmtes Verhalten in gleichzeitiger Präsenz mehrerer Reize konditioniert hat und dieses Verhalten dann nur ausgelöst wird, wenn die kombiniert konditionierten Reize in ihrer Gesamtheit auftreten. Tritt nur einer dieser Reize auf, so bleibt die Reaktion aus.

Beispiele für Reizüberschattung:

Wenn wir einem Hund beibringen, <Sitz> auf das entsprechende Hörzeichen auszuführen und gleichzeitig zum Hörzeichen eine auch nur geringe visuelle Hilfe geben, ist die Wahrscheinlichkeit groß, dass uns der Hund, wenn wir diese Hilfe – etwa in einer Prüfung – nicht geben, uns mit großen Augen ansieht und offensichtlich nicht weiß, was wir von ihm wollen. In dieser Situation kann zweierlei passieren. Entweder lernt der Hund das <Sitz> derart, dass er die Präsenz beider Reize konditioniert (Reizkombination). Fehlt dann einer der beiden Reize, tritt die Reaktion nicht ein. Oder es wird einer der beiden Reize durch den anderen überschattet (overshadowing), was dazu führt, dass der Hund nur auf die Präsenz des stärkeren, überschattenden Reizes reagiert. Da uns der Hund nicht von sich aus mitteilt, was er gelernt hat, sollten wir uns mittels Test Klarheit darüber verschaffen, ob unser Programm auch entsprechend umgesetzt wurde. Vielleicht hat er das <Sitz>, ohne dass uns das auffiel, mit dem visuellen Reiz konditioniert, nicht mit dem Hörzeichen. Das wäre plausibel, denn in vielen Situationen liegen dem Hund visuelle Signale näher als Hörzeichen. In unserem Beispiel war die (unbewusst gegebene) visuelle Hilfe salienter als das Hörzeichen. Mit anderen Worten: Der salientere visuelle Stimulus CS1 hat den weniger salienten akustischen Stimulus CS2 überschattet. Die Überschattung hat die Konditionierung auf den CS2 verhindert. Überschattungen lassen sich vermeiden: Durch Reduzierung der nicht erwünschten Reize, durch Intensivierung des zielgericheten Stimulus oder durch Ausweichen auf einen neuen Stimulus.

Kontingenz – Blocking

Pawlows Annahme, dass quasi jeder Stimulus klassisch konditioniert werden kann, wurde von Kamin (1969) und inzwischen durch zahlreiche weitere Arbeiten widerlegt, unter anderem durch das *Rescorla-Wagner-Modell*. Kamin setzte gleichzeitig die beiden Stimuli Geräusch und Licht ein und paarte sie mit einem Elektroschock, den die Ratten über das Bodengitter zu spüren bekamen. Nach Pawlows Theorie müsste nach einer ausreichenden Anzahl von Wiederholungen entweder das Geräusch oder das Licht bei den Ratten entsprechende Reaktionen auslösen. Tatsächlich aber stellte sich heraus, dass die Ratten, welche Geräusch und Elektroschock mit Angst verbunden hatten, anschließend nicht mehr in der Lage waren, zu lernen, dass auch Licht alleine Elektroschocks zur Folge haben kann. Der erste Lernvorgang verhinderte den zweiten. Man nennt das *Blocking*.

Rescorla hatte 1988 Kamins Versuch, den dieser mit Ratten durchführte, mit Hunden in abgeänderter Form wiederholt. Er setzte Hunde in einen Käfig, welcher in der Mitte durch eine Hürde in zwei Teile getrennt wurde. Die Hunde wurden durch Stromreize (Bodengitter) dazu veranlasst, über die Hürde zu springen. Wenn die Hunde nicht sprangen, erhielten sie einen Stromstoß. Ohne näher auf das (schreckliche)

Experiment einzugehen, hier das Resultat: Rescorla fand heraus: Die räumlich-zeitliche Nähe zwischen CS und UCS allein reicht nicht aus, um eine Assoziation herzustellen. Der CS muss eine ausreichend starke *Vorhersagekraft* aufweisen, um eine Koppelung zwischen CS und UCS zu ermöglichen. Auf diese Weise kann es passieren, dass der erste Lernvorgang den zweiten blockiert (*Blocking*).

Flooding und Implosion

Flooding und *Implosion* sind zwei Formen der Verhaltenstherapie, bei welchen der Proband gleich zu Beginn der Therapie mit den auslösenden Reizen konfrontiert wird (*Konfrontations-Therapie*). Innerhalb der didaktischen Organisation wird darauf geachtet, dass, etwa im Falle einer Therapie gegen Angst, eine Flucht vor den auslösenden Reizen unmöglich ist. Der Hund (oder Mensch) soll dabei lernen, der Ausweglosigkeit zu trotzen, und die Erfahrung zu machen, dass die befürchteten Ereignisse *nicht* eintreten. Übersteht der Patient die Herausforderung, gelingen ihm in Zukunft geringer ausgeprägte Herausforderungen umso leichter. Die beiden Therapieformen setzen neben Belastbarkeit ein hohes Motivationsniveau des Patienten voraus und sollten wegen ihrer Risiken nicht ohne erfahrenen Therapeuten eingesetzt werden. *Flooding* und *Implosion* sind sowohl wegen nicht unproblematischer ethischer Rechtfertigung als auch wegen ihrer Risiken umstritten.

Individuelles, komplexes Coaching

An folgendem Beispiel sollen die Möglichkeiten vielschichtigen Lehrens und Lernens gezeigt werden. Mit dem Begriff *individuelles, komplexes Coaching* fassen wir die neueren Lehransätze zusammen, in welchen die Anwendungsbereiche verschiedener Lerntheorien ineinander fließen. Nicht das *Mehr an Reizen*, sondern die Abstimmung unterschiedlicher Lernformen, die gleichzeitig (oder in unmittelbarer Aufeinanderfolge)

Beispiel für Lernen in Konfrontation:

Im Anschluss an vorausgegangene Desensibilisierung können Konfrontationstherapien durchaus tolerabel sein. Ein Hund, der allerlei Ängste erworben hat, gleichzeitig aber mit genügend Belastbarkeit ausgerüstet ist, kann Fortschritte erzielen, wenn man mit ihm beispielsweise stundenlang in der Fußgängerzone oder in einem Bahnhof oder Flugplatz hin- und hergeht. Derartige Maßnahmen gehören jedoch in die Betreuung eines Tiertherapeuten, denn die Gefahr der Traumatisierung ist stets gegenwärtig und verlangt dann ein blitzschnelles Umdenken in Richtung vorbereiteter alternativer Zweit- und Drittwege. Bei unfachlicher Anwendung kann Flooding oder Implosion allerlei Probleme nach sich ziehen, unter anderem eine Sensitivierung des Verhaltens oder auch die Bildung neuer Verhaltensauffälligkeiten.

wirksam werden und die für jedes Lernszenario neu zu bilden sind, machen das Wesentliche aus. Hier wird grundsätzlich keine einzelne Lernform präjudiziert. An Stelle fester Regeln, etwa des Ablaufs einer Unterrichtseinheit oder der schrittweisen Vermittlung eines Lehrinhalts, treten *Lehr-Lern-Szenarien* (Lehrvermittlung), wie sie auch im Leben vorkommen. Das mag auf ersten Anblick als Rückschritt gegenüber Lernoptimierungs-Programmen erscheinen; und in der Tat kann es durchaus vorkommen, dass die Vermittlung eines einzelnen Szenarios ein wenig aufhält, ja sogar geringfügig verunsichert. Andererseits wird der Lernende herausgefordert, eigene Talente und Engagement zu mobilisieren. Der Coach tritt ein, um zu stützen und sanft zu leiten, wo es erforderlich ist.

Auf längere Sicht bietet komplex gecoachtes Formen mehr Abwechslung, mehr Motivation und vor allem trägt es ungleich mehr zur Experimentier-, Mitwirkungs- und Entscheidungsfähigkeit des Lerners (Lernenden) bei. Die drei genannten Vermögen werden in den kognitiv orientierten Lerntheorien besonders geschätzt. Selbstwertgefühl und Motivation, die auf dem Erlebnis des Lerners, am Produkt seines Fortschritts selbst wesentlich beteiligt zu sein, kann durch nichts ersetzt werden.

Der Lehrer bzw. Coach schöpft aus den umfassenden, zur Verfügung stehenden Möglichkeiten des Lerners in Bezug auf das anliegende Lernziel. Er gestaltet ein lebensnahes Szenario, mit welchem er den Lernenden konfrontiert (Vorkenntnisse, Ziele und Begabungen des Lernenden oder der Lerngruppe werden berücksichtigt.) Die vordergründige Anforderung an das Szenario besteht darin, dass der Lernende vom ersten Augenblick an die Aufgabenstellung begreift, interessiert aufnimmt und bereit ist, sich mit seinen individuellen Fähigkeiten einzubringen. Die Konfrontation kann unterschiedlicher Natur sein: Sie kann als Demo, als Fragestellung oder als Experiment gestaltet werden, um nur einiges zu nennen. Der Lerner erkennt von Beginn an, dass es hier nicht nur um Wissens- und Fertigkeitserweiterung geht, die von der Gesellschaft (Humanpädagogik) oder vom Besitzer, bzw. Trainer (Hundeausbildung) von ihm erwartet werden, sondern dass seine eigene Persönlichkeit ernst genommen und angesprochen wird.

Resultate werden als Frucht eigenen Einsatzes und Wirkens erlebt, was etwas völlig anderes bedeutet als systematisch programmierte und oktruiert durchgeführte methodische Strategien. An Stelle der Systematik tritt bei *individuellem, komplexem Coaching* Fantasie und Kreativität, an Stelle oktroyierter (mehr oder minder auferlegter) Durchführung die Bereitschaft, stets variabel zu bleiben und Entscheidungen (vorsichtig) in die Hand des Lerners zu geben, auch wenn dies bisweilen mit (tolerablen) vorübergehendem Stillstand und Risiken verbunden ist. Nicht alles, aber doch einiges daraus lässt sich auch auf den Umgang mit Tieren anwenden.

Im Folgenden beschreiben wir den Aufbau eines individuellen, komplexen Coachings am Beispiel einer Erstvermittlung. Die Aufgabe besteht darin, einem Welpen das Apportieren über die Hürde beizubringen. Dem Trainer gehen folgende Gedanken durch den Kopf:

Aus physiologischen Erwägungen spricht einiges dagegen, bereits mit Welpen Sprungübungen zu machen. Andererseits wäre es vorteilhaft, das, was der Welpe später können soll, bereits in der sensiblen Phase zu vermitteln. Beides, denkt er, ließe sich verbinden, wenn man zuerst einmal die Teilaufgaben definiert und das jeweils Wesentliche in Form von *Phänomenen* (Kerninhalte der Teilaufgaben) kristallisiert. In der Erstvermittlung würde es völlig ausreichen, sich auf die Phänomene zu beschränken und allen Ballast an Formalismen auszuklammern. Er fragt sich daher: Aus welchen Phänomenen, aus welchen Kerninhalten besteht der Phänomenpool in der anliegenden Aufgabe?

Teilaufgabe 1: Über eine Hürde springen, ein Objekt aufnehmen

Teilaufgabe 2: Umdrehen und mit Objekt über die Hürde zurückspringen

Teilaufgabe 3: Das Objekt abgeben

Dem Trainer fällt sofort auf, dass die Aufgaben in ihrer Gesamtheit den Welpen bei weitem überfordern würden. Auch Teilaufgabe 1 ist für den Anfang zu schwierig. Er entschließt sich, nach einem anderen Szenario zu suchen, um Teilaufgabe 1 umzusetzen. Da er nicht gleich eine zündende Idee hat, geht er weiter zu Teilaufgabe 2. Hierzu fällt ihm ein, dass jüngere Hunde große Hunde nachahmen und dass sie *soziale Anregungen* besonders gut aufnehmen. Was wäre, wenn man den Kleinen zusehen lässt, wie ein erwachsener Hund den Hürdensprung vorbildlich demonstriert? Dem Trainer schießt Verschiedenes durch den Kopf: Klar, der Adulte wird für den Kleinen zum *Modell*. Und: Die Nachahmung wird wahrscheinlicher, wenn der Nachahmende sieht, wie das Modell, in unserem Fall, der ausgebildete Hund, als Folge seines Verhaltens belohnt wird. In seiner Phantasie lässt der Trainer das Szenario wiederholt vor seinem geistigen Auge durchlaufen, wobei er auf Detailprobleme stößt, die er sofort löst. Unter anderem: Der junge Hund muss gehalten werden, damit er nicht irgendwo hinläuft und das Szenario stört. Mit jedem mentalen Durchgang wird das mentale Szenario deutlicher, bis es letztlich die Gestalt eines überzeugenden Ablaufs annimmt. Dieser Prozess der *mental-experimentellen Optimierung* läuft relativ rasch ab. Kein Rückspulen, Anhalten, Warten, Umschalten auf Slow-Motion, Tracksuche oder Trackeingabe. Das alles löst unser Gehirn mit unvorstellbarer Präzision und Variabilität. Wir nennen diesen pädagogischen Prozess *Phänomendestillation (EL)*, wobei oft mehrere Durchgänge erforderlich sind.

Inzwischen findet der Trainer auch auf die Frage zur Teilaufgabe 1 und 3 kreative Antworten. Am Ende hat er aus der *Phänomendestillation* mit Hilfe mental methodischer Umsetzung eine konkret praktische Phänomenvermittlung ausgearbeitet, das *Lehr-Lern-Szenario*.

Es folgt die für den Welpen geeignete Verstärkung; im Idealfall wird bereits beim Modell-Team die für den Welpen ausgewählte Verstärkung gezeigt. Wichtig ist, dass das Szenario zuerst gründlich ohne Hunde geprobt wird. Aufwändig? Mag sein. Aber wenn der Kleine für den Rest seines Lebens freudig und freiwillig über Hürden springt und apportiert, dann hat sich der vergleichsweise geringe Aufwand hundertfach gelohnt! Ersterfahrungen können lebenslang wirken, dies gilt für appetitive Reize und leider auch für die aversiven!

Dieses Szenario enthält ein Bündel an Vorgängen, die ineinander greifen – teils gleichzeitig, teils in unmittelbarer Aufeinanderfolge: Aufmerksamkeit; Beobachtung; Auftritt des Modells; Interesse; Reiz des Neuen; Spiel-Stimulation; Jagd- und Spielverhalten; Modell wird belohnt; daraus folgt soziale Anregung bzw. Nachahmung; gleichzeitig sozialer Akt zwischen Hundebesitzer und Welpen; Annahme der Herausforderung, gestützt durch den Sozialpartner Mensch (Coach); von Anfang an wird *Hin- und Rücksprung* als eine Einheit wahrgenommen und ausgeführt; Vermeidung von seitlichem Vorbeilaufen durch unterbewusst wahrgenommene Leitwirkungen (Zäune), Selbstbelohnung; Bewegungslust; Erfolgsgefühl, *intrinsische Motivation* (das Tun an sich beglückt) und schließlich positive Verstärkung am Ende des Szenarios.

Beispiel für individuelles, komplexes Coaching:

Erstvermittlung Apportieren und Hürdensprung: Die Hürde wird sehr nieder eingestellt, sodass Mensch und Welpe leicht drüber springen können. Es geht um das Phänomen Sprung, nicht um die Leistung Höhe! Links und rechts neben der Hürde stehen Leitzäune, die wie immer erst einmal desensibilisiert werden müssen. Der Welpenbesitzer kauert auf einer Seite nahe der Hürde mit seinem Welpen am Boden und hält ihn mit einer Hand an der Brust, mit der anderen, die auch das Leinenende hält, sichert er am Halsband. Ein anderer Hundeführer stellt sich mit seinem Hund auf, stimmt den Hund ein und wartet, bis der Welpe hersieht. Dann läuft er los und springt gemeinsam mit seinem Hund über die Hürde (theatralisch und mit akustischen Stimulation). Nach dem Sprung läuft er noch einige Schritte weiter, dreht sich um und läuft gemeinsam mit dem Hund zurück und springt wieder über die Hürde. Nach einigen Schritten wirft er das MO flach über den Boden – geradeaus. Der Hund holt sich das MO und bringt es zurück. Beide spielen kurz (Überschattung) und laufen gemeinsam hinaus. Variante: Beide laufen hinaus, ohne Spiel. Variante: Ohne MO, nur als Laufspiel. Variante: Statt MO Leckerli, Streichwurstdose o.a.

Nach der Modell-Vorführung darf keine Zeit verstreichen. Der Welpenbesitzer läuft (besser als gehen) ebenfalls an den Start, während er den Welpen zum Mitkommen stimuliert (Körpersprache, falls nicht ausreichend mittels Lieblings-Spielzeug oder Jackpot-Leckerli). Die Leine dient lediglich zur Begrenzung, falls der Hund weglaufen möchte. Dann folgt die Nachahmung: Welpenbesitzer und Welpe laufen auf die Hürde zu. Möglicherweise muss der Besitzer ein wenig vorauslaufen. Beide springen hinüber. Auch dieses Team läuft dann noch einige Schritte weiter, dreht um, springt über die Hürde zurück und läuft dann noch einige Schritte weiter.

Abb. 1

Abb. 2

Abb. 3

Abb. 4

Komplexes Coaching (siehe Text)

Abb. 5

Abb. 6

Abb. 7

Abb. 8

10. Was Lernen beeinflusst

Lernkurven

Von Lernkurven war schon weiter vorne die Rede. Erkenntnisse aus den sozialkognitiven Lerntheorien, aus Sportwissenschaft und aus immer besseren Lern- und Trainingsprogrammen der allgemeinen Unterrichtslehre als auch aus den Übeprogrammen der Instrumentalvirtuosen und anderer Praxisbereiche haben zu einer Vertiefung des Verständnisses über Lernen und Vergessen beigetragen.

Auch die Gehirnforschung hat diesem Fortschritt wegweisende Impulse und Erkenntnisse bereitgestellt. Eric Kandel (1929), Arvid Carlsson und Paul Greengard erhielten im Jahr 2000 den Nobelpreis für Physiologie oder Medizin für ihre Leistungen auf dem Gebiet der neuronalen Signalübertragung. An der Meeresschnecke *Aplysia californica* hatte Kandel schon 1965 nachgewiesen, dass auch einfache Lebensformen lernen können. Konrad Lorenz und Nikolaas Tinbergen kamen in vergleichenden Verhaltensstudien zur gleichen Überzeugung.

Da der Lernzuwachs (über den Erklärungshorizont des Behaviorismus hinaus!) stark von Emotionen, von Motivation und zahlreichen weiteren, individuellen und sozialen Faktoren abhängt, wenden wir uns den Lernerfolgsthemen hier noch einmal zu.

Es gibt zahlreiche Formen von Lernkurven. Nach Theodore Paul Wrights (1936) sogenannter „akademischer" Definition wird der Lernzuwachs (y-Achse) in der Zeit (x-Achse) als Erfolg im positiven Sinne gesehen. Je steiler die Kurve (a), desto *mehr* wurde gelernt, desto effizienter war das verwendete Lernprogramm (Trainerperspektive). Flacher verlaufende Kurven zeigen, dass in der gleichen Zeit *weniger* gelernt wurde. Der vertikal höchste Punkt zeigt die maximal erreichte Lernleistung. Im Topp beider Kurven werden die Kurven flacher. Das bedeutet, der Lernzuwachs nimmt ab. Mit anderen Worten: Für *wenig* Lernzuwachs wird viel Zeit benötigt.

In der (populären) Betrachtungsweise einer Lernkurve (weit verbreitetes Modell der Software *Blender*) wird im Gegensatz zu Wrights akademischer Definition nicht die *Lernleistung*, sondern der erforderliche *Aufwand* in den Vordergrund gestellt. Auf der x-Achse sind infolge dessen nicht Zeiteinheiten, sondern der angestrebte Lernerfolg in Prozent positioniert und auf der y-Achse der für das Erreichen des Erfolges erforderliche Aufwand, beispielsweise die Anzahl von Wiederholungen oder die erforderliche Zeit. *Steiler* bedeutet mehr Aufwand (schwieriger) und *flacher* bedeutet weniger Aufwand (leichter zu lernen). Für einen Trainer sind beide Betrachtungsweisen von Bedeutung: *Lernleistung in der Zeit* als auch *Aufwand für ein Lernziel*.

Die *Blender-Lernkurve* zeigt einen anfangs aufwändigen Lernerfolg (steil), der dann flacher wird, was besagt, dass das Lernen hier leichter fällt, und anschließend, wenn es um hohe Anforderungen geht, wiederum ansteigt.

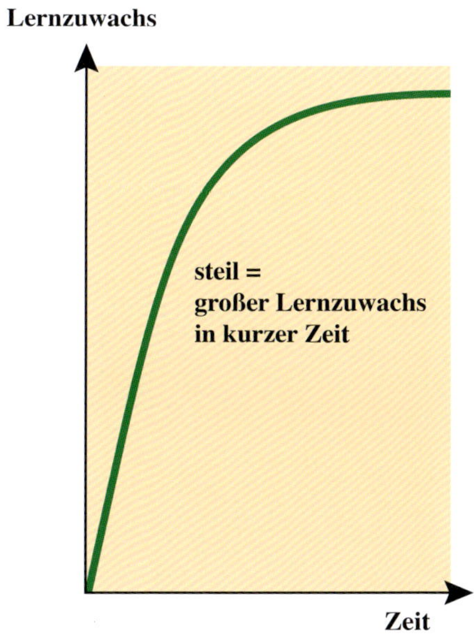

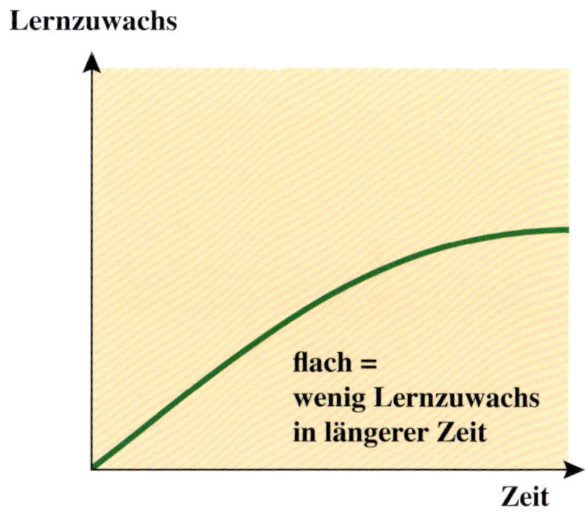

(1) Lernkurve steil und (2) flach (Wright) : x-Achse = Zeit; y-Achse = Lernzuwachs

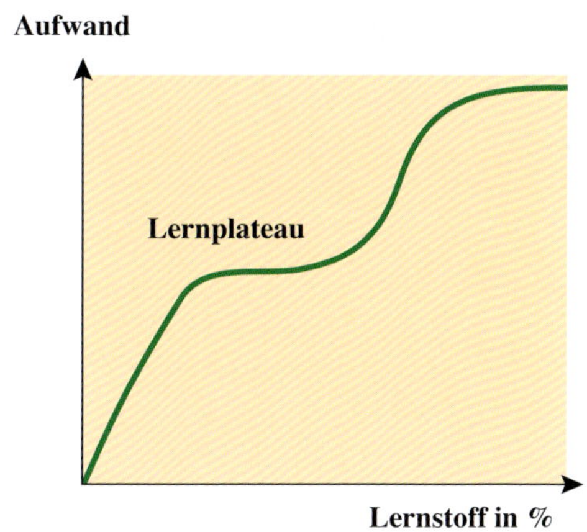

Lernkurve mit Lernplateau; x-Achse: Lernstoff in %, y-Achse: Lernaufwand (nach Blender-Software)

Innerhalb der akademischen Lernkurven unterscheidet man vier unterschiedliche Typen:

1. Lineare Lernkurve: Es gibt keinen Lernzuwachs (*Lernplateau*)
2. Konkave Lernkurve: Der zu Beginn starke Lernzuwachs zeigt sich in anfangs steilem Anstieg, der dann langsam bis zum Sättigungsniveau abnimmt.
3. Konvexe Lernkurve: Hier liegt ein anfänglich geringer Lernzuwachs vor, der dann rasch und steil ansteigt.
4. S-förmige Lernkurve: Dies ist die in der Realität am häufigsten anzutreffende Lernkurve: Anfangs gestaltet sich der Lernzuwachs in Anbetracht des Neuen, Unbekannten schwach, anschließend steigt er jedoch stark an.

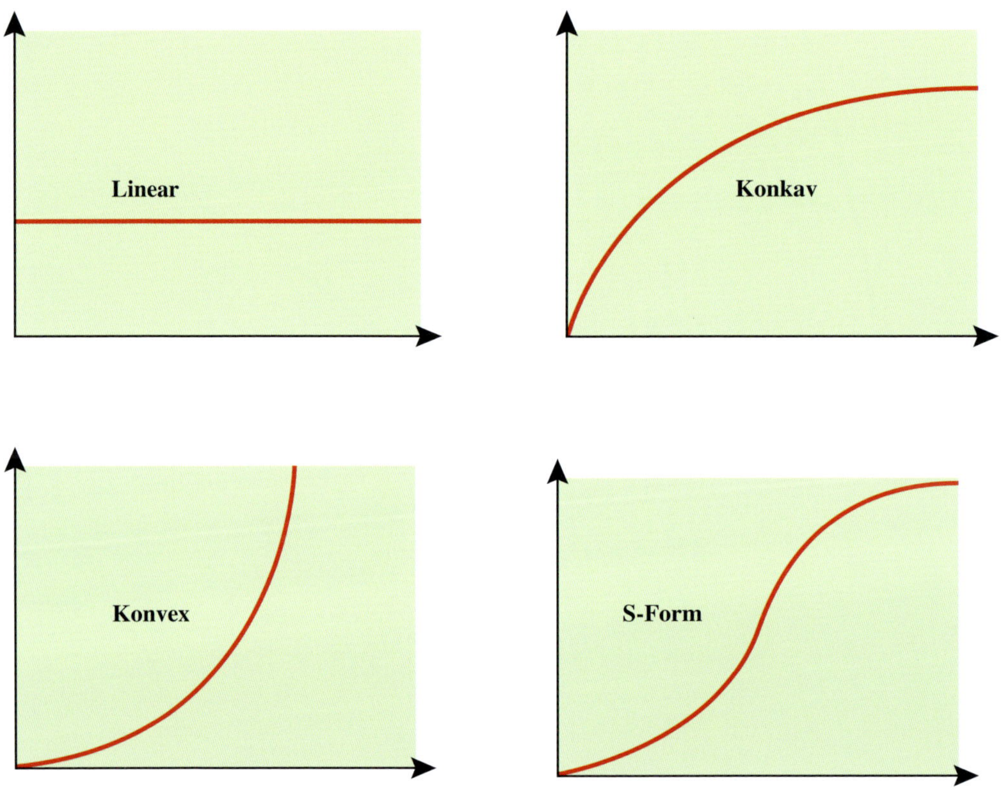

Verschiedene Lernkurvenformen

Leistungszuwachskrise, Lernplateau und Rückschritt

Bleibt der Lernzuwachs ab einem bestimmten Zeitpunkt gleich, so spricht man von einem *Lernplateau*, fällt die Kurve ab, so liegt ein Rückschritt (Können) vor. Die Ursachen sind mannigfaltig: plötzliches Desinteresse, Überforderung, nicht greifende Lernmethoden und anderes. Lernleistungskrisen, *Lernplateaus*, ja selbst vorübergehende Rückschritte kommen immer wieder vor. Jedes Lebewesen ist diesen Schwankungen ausgesetzt. Solange sie nicht überhand nehmen, ist kein Grund zur Besorgnis gegeben.

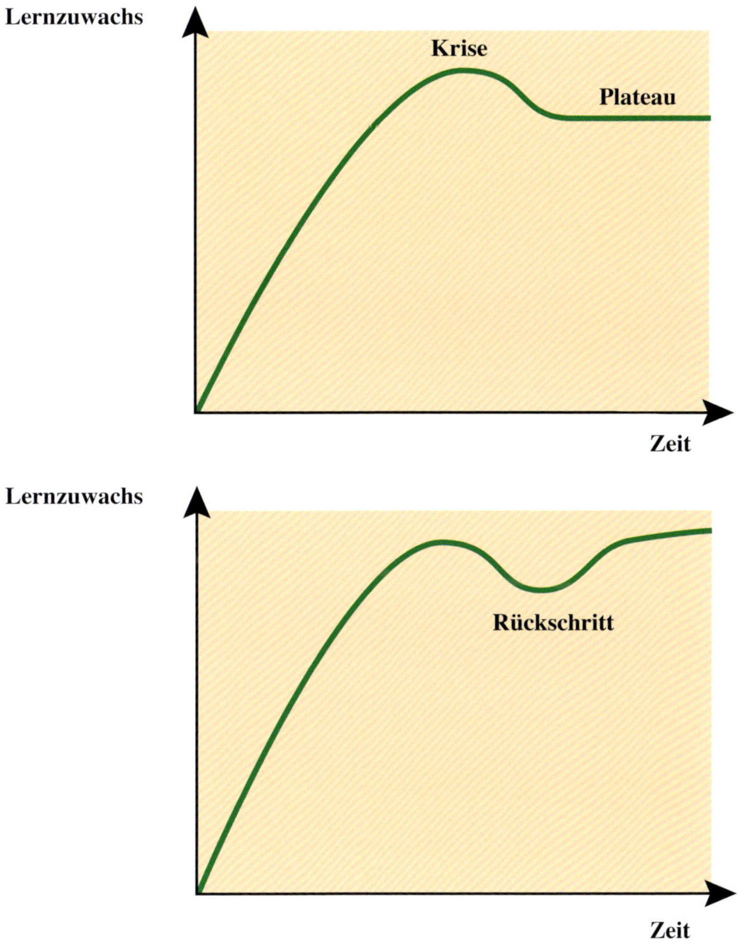

Entwicklungskrise und Rückschritt

Wissens- und Könnenskurve

Wissens- und Könnensaneignung verläuft nach unterschiedlichen Lernkurven! Wissenslernleistungen zeigen anfangs meist einen flachen Verlauf, man lernt *langsamer*. Das erklärt sich daraus, dass Wissensgebiete oft sehr umfangreich sind und das spärliche Anfangswissen keinen großen Lernzuwachs erlaubt. Ist genügend Wissen vorhanden, schnellt die Lernkurve steil an und der Zuwachs verläuft exponentiell.

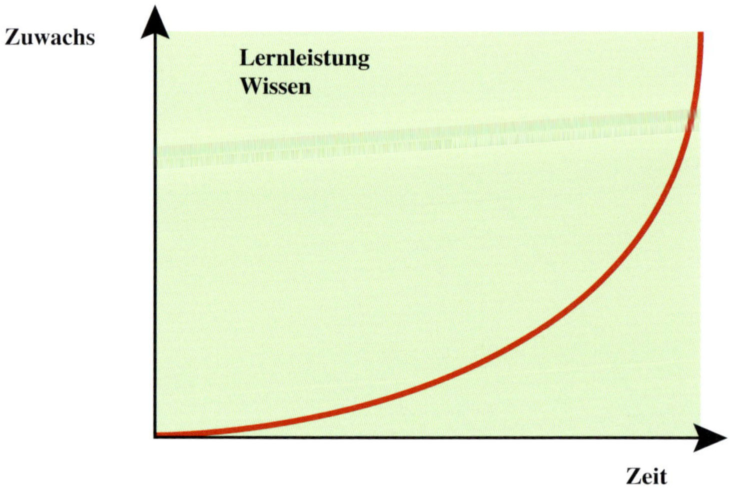

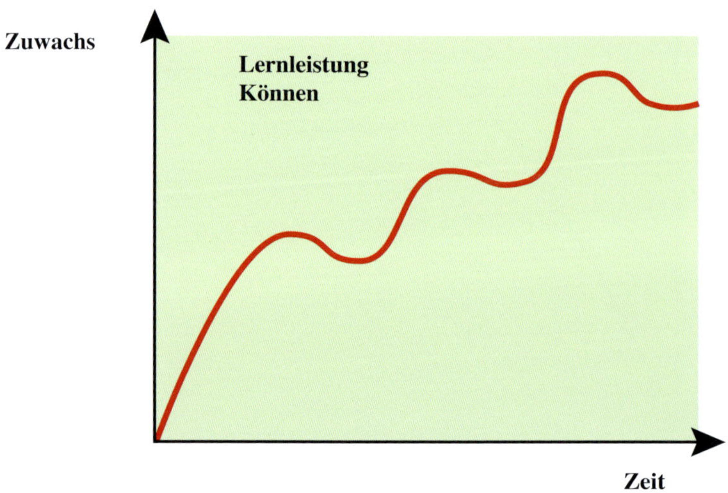

Lernleistungszuwachs Wissen und Können

Wie man sieht, verläuft die Lernzuwachskurve beim Können (Fertigkeiten) anders. Der steile Anstieg der Kurve verrät viel Lernzuwachs in kurzer Zeit. Die Kurve steigt bis zu einem Höchstniveau an, fällt dann aber wieder etwas ab, um auf diesem Niveau dann länger stehen zu bleiben. Danach folgt dann offensichtlich ein neuer, starker Lernanstieg, wobei sich das Muster wiederholt. Man könnte von einem treppenartigen Lernzuwachs sprechen. Die Treppen erklären sich dadurch, dass man bei Fertigkeiten gleich zu Beginn Resultate erlebt. Selbst bei schwierigen Balancesportarten wie Wasserskifahren oder Skateboarding kommt man gleich zu Beginn zu respektablen Erfolgen. Dann allerdings tun sich Grenzen auf, man stürzt, wird vorsichtiger und geht ganz von selbst einen Schritt zurück, bis man sicherer wird. Mit der Vertiefung und Festigung des Erworbenen – was Zeit in Anspruch nimmt, – nähert man sich dem nächsten steilen Anstieg und das Ganze wiederholt sich.

Lernen fällt einmal schwerer, einmal leichter. Das soll einen nicht verunsichern. Erfahrene *Lerner* wissen: Nach einem Plateau folgt in der Regel eine neue, ergiebige Lernphase. Anfänglich schnellen Lernfortschritten folgen oft ätzende Phasen, in denen man nicht voranzukommen scheint. Mit Hilfe von Pausen und Tätigkeitswechsel kann man Lernplateaus wirksam begegnen.

Je mehr man gelernt hat, je mehr man sich der Meisterschaft nähert, desto mehr muss aufgewendet werden. Das sieht man an den üblichen Abflachungen der Lernkurven. Das bedeutet, der Lernzuwachs im weit fortgeschrittenen Stadium wird immer kleiner. In einer Studie fand man heraus, dass man für 80 % eines Lernstoffes 50 % der gesamten Lernzeit investieren muss, wogegen für die restlichen 20 % weitere 50 % Zeitaufwand einzubringen sind.

Allein schon die Aussage, dass Wissens- und Könnenslernkurven unterschiedlich verlaufen und der Hinweis, wie im Allgemeinen Lernkurven im Bereich der Fertigkeiten aussehen, ist für das Training mit Hunden von einiger Bedeutung! Vor allem das Wissen über den treppenartigen Leistungszuwachs bei Fertigkeiten macht den Trainer (Besitzer) sensibel für den Lernverlauf seines Hundes. Man wird nach einem Hoch dann den Bogen der Anforderung nicht noch weiter und weiter spannen, sondern den natürlichen, kurzzeitigen Rückschritt erwarten und dem Hund einfühlsam darüber hinweg helfen.

Lernzuwachs

1. *Lernfähigkeit ist vorprogrammiert.* Die Lernleistungsfähigkeit jedes Einzelnen ist genetisch vorprogrammiert und weist teils erhebliche Unterschiede auf. (Helmke & Weinert, 1977). Dies gilt für konstitutionelle, kognitive als auch für motivational-affektive Komponenten! Auch die Art und Weise des Lernens ist stark individuell ausgerichtet. Die wichtigsten Unterschiede zeigen sich in der Steilheit und im Verlauf der Lernkurve als auch im Sättigungsniveau. Eine neuere Studie der Forschungsgruppe um Art Kramer an der University of Illinois zeigte mittels Gehirnscans, dass die anatomischen Unterschiede im Gehirn Auskunft über die individuell unterschiedlichen Lernleistungen geben. Das

Erstaunliche: Die Darstellung der *Basalganglien*, die bei ein- und ausgehenden Informationen eine wichtige Rolle spielen, ist unmittelbarer und aussagekräftiger als traditionelle Leistungstests. Dieses Experiment wurde an Menschen durchgeführt. Dass auch Hunde auffallend unterschiedliche Lernleistungen aufweisen, ist bekannt. Im Folgenden weisen wir auf einige übergeordnete Zusammenhänge hin, die Lernen beeinflussen und an den Lernkurven ablesbar sind:

2. *Lernleistungen werden durch den Schwierigkeitsgrad und Umfang der Aufgabe beeinflusst*. Sehen wir uns hierzu umseitige Grafiken des Leipziger Gestaltpsychologen Felix Krueger (1874–1948) an.

Lernkurve A: mit 5 leichten Elementen
Lernkurve B: mit 15 leichten Elementen
Lernkurve C: mit 50 leichten Elementen
Lernkurve D: mit 100 leichten Elementen

Lernkurve E: mit 5 schwierigen Elementen
Lernkurve F: mit 15 schwierigen Elementen
Lernkurve G: mit 50 schwierigen Elementen
Lernkurve H: mit 100 schwierigen Elementen

Auf der x-Achse ist die Anzahl der Wiederholungen angegeben, auf der y-Achse der Prozentsatz des behaltenen Lernstoffes. Die ersten vier Lernkurven stellen Experimente mit leicht zu bewältigenden Elementen dar, die Lernkurven 5 bis 8 zeigen schwierige Elemente. In 1 bis 4 als auch in 5 bis 8 sind jeweils 5, 15, 50 und 100 Elemente dargestellt. Vergleicht man die beiden Lernkurven links und rechts, so zeigt sich:

Leicht zu bewältigende Aufgaben führen zu konvexen, steilen Lernkurven, also zu guten Ergebnissen in relativ kurzer Zeit. Schwierige Aufgaben ergeben flachere Lernkurven, die relativ häufig in Lernplateaus übergehen. Aufgaben mit weniger Elementen setzen bereits im Anfangsstadium des Lernens deutlich höher an. Das heißt, sie zeigen einen ausgeprägteren Zuwachs mit später sich einstellendem Lernplateau. Bei schwierigeren Elementen setzen die Kurven tiefer an. Das bedeutet, die Lernleistung ist gleich zu Beginn geringer, sie wächst weniger und langsamer und erreicht relativ schnell ein Lernplateau. Hohe Schwierigkeit in Verbindung mit großem Umfang zeigen die schlechtesten Ergebnisse.

Auch neuere Untersuchungen von Leo J. Postman (1918–2004), Professor an der Universität in Berkeley, bestätigen, dass Lernkurven vom Schwierigkeitsgrad der Aufgabenstellung beeinflusst werden. Daraus leiten sich einige wichtige Folgerungen für das Training ab: Aufgaben dürfen im Hinblick auf die zu erwartende Lernleistung weder zu schwierig noch zu umfangreich sein! Man erinnert sich hier vielleicht an die oft zitierte Didaktik-Empfehlung zu *kleinen Lernschritten*.

Leicht zu bewältigende Aufgaben

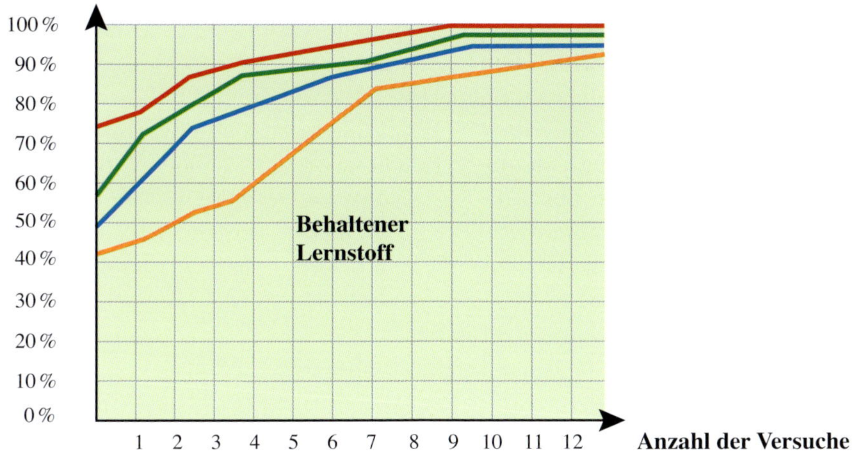

A — 5 verschiedene Elemente
B — 15 verschiedene Elemente
C — 50 verschiedene Elemente
D — 100 verschiedene Elemente

Schwierige Aufgaben

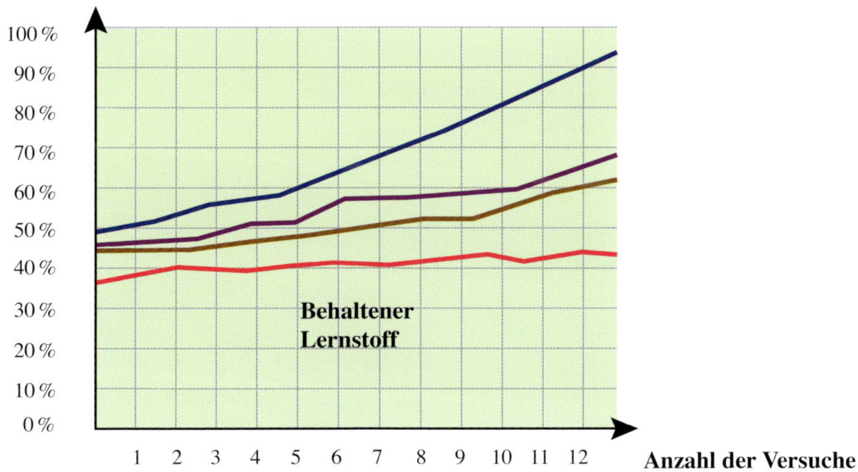

E — 5 verschiedene Elemente
F — 15 verschiedene Elemente
G — 50 verschiedene Elemente
H — 100 verschiedene Elemente

Lernkurven mit leichten und schwierigen Elementen bei unterschiedlicher Elementanzahl und in Abhängigkeit zur Anzahl der Versuche.

Empfehlung zu kleinen Lernschritten

(Auch unter den Begriffen: Methode, Regel, Verfahren, Prinzip oder Konzept der kleinen Lernschritte bekannt). Auf die Umsetzung der Empfehlung zu *kleinen Lernschritten* soll etwas näher eingegangen werden. Es ist bekannt, dass man Menschen und Tieren schwierige Aufgaben besser durch Zerlegung der Aufgabe in einzelne Glieder vermittelt (siehe: *Shaping*). Die Wahrscheinlichkeit, bei Konfrontation mit Schwierigkeiten zu versagen, nimmt mit der Anzahl der gleichzeitig auftretenden Schwierigkeiten zu. Daher teilt man komplexe Inhalte in der allgemeinen Schulpädagogik schon seit Generationen so auf, dass die Problemstellung überschaubar bleibt – am ehesten wird dies erreicht durch die Beschränkung auf ein Kernproblem.

Hierbei gilt es aus kognitiver Sicht jedoch folgendes zu beachten! Man kann Aufgaben nicht einfach wie einen Kuchen aufteilen und erwarten, anschließend das Ganze wiederzufinden. Jeder einzelne Lernschritt muss die *Qualität einer Ganzheit* aufweisen. Das heißt, er darf nicht als *parzielle Amputation* des Ganzen gestaltet werden, sondern muss eine eigene, zwar kleine, aber nichts desto weniger schlüssige und motivierende Einheit bilden! Viele Pädagogen sprechen daher von der „Verpackung“, um damit auf die Forderung nach Motivierungspotenzial eines jeden kleinen Lernschrittes hinzuweisen. Angenommen, der vierte Chaining-Lernschritt beim Apportieren ist das enge Umdrehen nach dem Zupacken, dann sollte man für diesen Lernschritt eine Gestaltung konzipieren, die in sich schlüssig ist und motiviert. Bildet dieser Lernschritt in sich keine geschlossene Einheit, ist er von der Motivation nachfolgender Lernschritte abhängig, wird eine erfolgreiche Vermittlung schwer fallen.

Hier eine modifizierte Formulierung der Empfehlung zu kleinen Lernschritten:

> *„Weg (Methode) der kleinen und kleinsten Lernschritte, wobei jeder einzelne Schritt als Ganzheit erlebbar motiviert.“ (EL)*

Darbietungshäufigkeit

Kurze Wiederholungen in wiederkehrenden Darbietungen wirken sich auf die Rückerinnerung (Behalten, Merken) stärker aus als einmalige, länger dauernde Darbietungen (bei gleichem Motivationsniveau!). Einschränkung: Sehr hohe Wiederholungszahlen (Frequenzen) führen zu einer Reduzierung der Wirksamkeit (*Kontakt-Overkill*).

Daraus leitet sich die Forderung ab: mehrere kurze, über den Tag verteilte Übesequenzen einer einzigen, langen Übungseinheit vorzuziehen. Besonders kurze Übungseinheiten (*Spot-Training*), welche sich auf konkrete Aufgaben beschränken und einen betont kurzen Zeitraum in Anspruch nehmen (Sekunden- und Minutenbereich), sich aber mehrmals mit Zwischenpausen wiederholen, versprechen hohe Lernleistung in kurzer Zeit. Einschränkung: Anhäufungen von Wiederholungen, wie man sie bei Hundesportlern oft vor Prüfungen antrifft, können nicht nur zur Stagnation führen (Lernplateau), sondern unter Umständen verheerende Folgen nach sich ziehen. Dann nämlich, wenn der Trainer unbemerkt in kürzester Zeit die mühsam aufgebauten Positiva verspielt, indem ursprünglich freudig ausgeführte Übungen durch übertriebene Leistungsforderungen oder/und falschen Ehrgeiz in den Bereich des Unangenehmen verschiebt. „*Weniger wäre mehr gewesen*"!

> „*Der Erhaltung einer insgesamt positiven Stimmungslage ist gegenüber Ausführungsgeschwindigkeit und Präzision einer Übung der Vorzug zu geben!*"

Dass dieser Satz nicht nur ethische Relevanz audrückt, sondern sich unmittelbar auf die Punktezahl niederschlägt, hat schon mancher Hundebesitzer leidvoll erfahren müssen. Gut gelernte Inhalte sind gegen Löschung ausreichend gesichert. Permanente Wiederholungen sind daher unsinnig! Was in diesem Stadium nötig ist, sind innovative Varianten und Pausen! Das Gehirn interessiert sich wenig für Altbekanntes! Neues hingegen wird begierig und unter Aufbietung zahlreicher Hirnareale und Systemkomponenten verarbeitet, woraus unter anderem Motivation gebildet wird. Das heißt, wir dürfen nicht müde werden, altgewohnte Übungen in immer neuen, interessanten Kontext zu stellen. Das Zauberwort heißt *innovative Variation*! Diese fördert die Verarbeitungstiefe.

Konkretheit und Abstraktion

Lernleistungen werden durch die *Konkretheit* und den *Abstraktionsgrad* beeinflusst.

Einer Studie von Francis J. di Vesta und John Rickards zeigt, dass höhere Abstraktionsinhalte mehr Wiederholungen bedürfen als geringere. Das dürfte für Hunde, die nicht über die Abstraktionsleistung des Menschen verfügen, noch ausgeprägter zutreffen. Mit einfachen Worten: Was wir vom Hund erwarten, sollte auf dem aufbauen, was dem Hund an genetischer Mitgift und an erworbenen Repräsentationen zur Verfügung steht.

Ausbleibendes Feedback

Ausbleibende Belohnungen und Feedback haben flachere Lernkurven zur Folge.

Dieser Zusammenhang ist heute weitgehend bekannt. Ohne Verstärkung sind vergleichsweise geringere Lernleistungen zu erwarten. Außerdem ist bei ausbleibender Verstärkung mit ausgeprägten *Plateaus* zu rechnen. (Die Einschränkungen wurden weiter oben behandelt.)

Variation

Innovative Variation (Variations-Üben). Nach der Erwerbsphase und in geringem Umfang auch schon innerhalb derselben steigern Abwandlungen der Aufgabenstellung die Motivation und den zu erwartenden *Lernzuwachs*.

Gedächtnishemmungen – Lernhindernisse

Gedächtnishemmungen: Lernleistungen hängen neben bereits aufgeführten Faktoren auch davon ab, in welcher *Stimmungslage* sich der Lernende befindet und was sich vor (pro-) und nach (retro-) dem Lernvorgang ereignet:

Proaktive und retroaktive Hemmung

(auch *Inhibition,* dort und da auch *Interferenz* benannt): Die Lernleistung kann beeinträchtigt werden, wenn anschließend weitere Inhalte gelernt werden *(retroaktive Hemmung*). Das gleiche gilt für vorausgegangene Lernprozesse, welche die nachfolgenden beeinträchtigen *(proaktive Hemmung*, Hubert Rohracher 1963). In diesem Zusammenhang ist auch das Phänomen zu erwähnen, dass sich Lernen und Wiederholen kurz vor der Bettruhe für das Einprägen des Stoffs nachweisbar förderlich auswirkt (Jenkins & Dallenbach, 1924). Man vermutet, dass die Konsolidierung soeben erworbener Lerninhalte im Schlaf besonders effizient abläuft.

Daraus leitet sich die Trainingsforderung ab, den Lerner vor und nach der konkreten Lerninhaltsvermittlung möglichst wenig Inputs auszusetzen. Ideal wäre, für eine Art Informationsruhe oder zumindest für wenige und schwache Reize zu sorgen. Mit anderen Worten: Hat eine Übung gut geklappt, dann sollte danach Ruhe folgen. Hat sie nicht geklappt, dann ist Ruhe fehl am Platze. Da Ruhe sich als „Nebenprodukt“ einstellt, wenn der Trainer nach einem Misserfolg abbricht, wird die Ruhe oft gar nicht erkannt. Die ungewollte Ruhephase aber festigt den soeben begangenen Fehler! Und zwar erheblich! – Wenn also eine Übung nicht gut gelingt, dann ist man gut beraten, nicht abzubrechen und auch nicht x-mal zu wiederholen, in der Hoffnung, dass sie vielleicht doch noch klappt, sondern eine erfolgreiche Übung anzuschließen oder den Hund anderswie intensiv abzulenken, um die retroaktive Hemmung, die ja in Bezug auf den Fehler erwünscht ist, zu begünstigen. Hierzu eignen sich Ablenkungen aller Art, Neues und Interessantes, andere Aufgaben, Spiel mit anderen Hunden usw. Soll Ruhe folgen, im Falle einer gelungenen Übung, so bietet sich an, den Hund an ungestörten oder zumindest reizarmen Orten zu verwahren: Box (evtl. mit Sichtschutz), PKW, u.a. Auch ein Themenwechsel kann dazu beitragen, dass die *proaktive Inhibition* vermieden wird. Dies hat eine Studie von Delos Wickens (1970) ergeben. Es ist zu vermuten, dass sich weiter auseinander liegende Kategorien weniger proaktiv hemmen als nahe beieinander liegende (Kombination aus Ähnlichkeitshemmung und proaktiver Hemmung). Kategorienwechsel wäre zum Beispiel 2–3 Minuten Links- und Rechtswenden aus der Freifolge, 1 Minute Pause, anschließend 2–3 Minuten Abliegen unter Ablenkung, anschießend eine Minute Pause. Natürlich wäre auch ein Wechsel zum Apportieren oder Identifizieren denkbar. Allerdings wäre damit unter Umständen das Risiko stark einsetzender Emotion verbunden (affektive Hemmung). Die hier gegebenen Angaben gelten für die Vertiefungs- oder Erhaltungsphase, nicht für die Erwerbsphase.

Am sichersten ist und bleibt die *Reizruhe*, besser gesagt: *Reizabschirmung*, will man vermeiden, dass mühsam erarbeitete Lerninhalte durch Hemmungen gestört werden oder gar verloren gehen. Für das Training leiten sich daraus wichtige Lehrsätze ab:

Günstige Bedingungen für den Erwerb neuer Aufgaben schafft man allein schon dadurch, dass man die Aufgaben eng begrenzt, und zwar inhaltlich und zeitlich; dass man nicht zu lange übt, nicht zu viel übt und zwischen den einzelnen Vermittlungen Pausen

Vor und nach dem Üben sind Pausen in relativer Reizruhe einzubringen, um proaktive und retroaktive Hemmungen zu vermeiden.

einlegt. Zusätzliche *Zäsuren* – darunter verstehen wir im Unterschied zu Pausen betont kurze Zeiten im Bereich bis zu zehn Sekunden – empfehlen sich, wenn der Hund soeben eine neue Aufgabe richtig ausgeführt hat. Will man operante Konditionierung *und* Einprägung erreichen, so müsste aus lerntheoretischer Sicht unmittelbar nach der Aufgabenerfüllung eine entsprechend starke, aber kurze Verstärkung umgesetzt werden (Konditionierungseffekt), gefolgt von einer eher mäßig bis gering aktiven Phase, die dem Nachwirk-Effekt dient, die wir beispielsweise durch ruhiges Streicheln oder Kraulen während ein bis zwei Minuten ausfüllen.

Affektive Hemmung

Der Einfluss von Emotionen auf die Aufmerksamkeit und Erinnerungsfähigkeit war schon Aristoteles im griechischen Altertum bekannt. Starke Gefühlserregungen, und zwar negative und auch positive, können, wenn sie zwischen dem Erwerbsprozess und dem Abrufen des Gelernten auftreten, Rückerinnerung und Abruf beeinträchtigen. Dies kann bis zur Denk- und Handlungsblockade führen. Zuerst zu den negativen Emotionen: Die Altmeister der Hundeausbilder haben schon immer empfohlen: Steht der Hund unter ungünstigen psychischen Bedingungen, sollte man besser nicht mit ihm üben, um affektive Hemmung zu vermeiden. Ähnliches wird empfohlen, wenn es dem Menschen nicht gut geht. Aber es gibt auch Ausnahmen: Hunde sind durchaus in der Lage, den Menschen aus negativer Stimmung herauszuholen, sofern der Mensch in der Lage ist, Mitgefühl zu erkennen und zu empfangen und, sofern überhaupt Podien zur Interaktion bestehen. Auch der Mensch kann seinen Hund aus negativen Stimmungen herausholen, so er über das nötige Wissen und über Empathie verfügt. Unter allen Umständen ist zu vermeiden, den Hund in der Ausbildung in die *affektive Hemmung* zu treiben.

Zu den positiven Stimmungen: Obwohl Ethologen und verantwortungsvolle Trainer seit Jahren davor warnen, Hunde im Spiel in hypertrophe (übertriebene) Stimmungslagen zu manövrieren, beispielsweise durch exzessives Ball-Nachjagen oder dadurch, dass Sporthunde gezielt in den Wehrbereich getrieben werden, sind diese Belohnungstechniken immer noch weit verbreitet. Ebenso wie andere, stereotype Belohnungsformen. Zu oft werden für jede Aufgabe die immer gleichen Verstärker genutzt, egal, in welchem Motivations-Niveau die Aufgabe stand und welches Leistungsergebnis der Hund soeben gezeigt hat. In der Folge stellen sich mangelhafte Lern- und Behaltensleistung, Versandung der Motivation und damit Leistungsabnahme ein.

Ähnlichkeitshemmung

Sind sich Lerninhalte ähnlich, so nimmt die Wahrscheinlichkeit eintretender Interferenz (Überlagerung) derselben zu, je ähnlicher sich die Inhalte sind. (Pál Ranschburg 1905: *Ranschburg Phänomen*). Daraus ist zu folgern: Das Lernen nahe beieinander liegender Inhalte sollte man zeitlich trennen (Reizruhe oder Box). Auch das Dazwischenstellen einer Pause oder eines deutlich unterschiedlichen Inhalts wirkt der Ähnlichkeitshemmung entgegen. Nicht zu vergessen: Pausen sind von Aktionsphasen deutlich zu unterscheiden. *„Nur ein bisschen, das kann nicht schaden“* ist gut gemeint, wirkt sich aber kontraproduktiv aus. Pause sei Pause und kein Mischmasch! (Auf den Unterschied von Zäsur und Pause wurde hingewiesen.)

Erinnerungshemmung

Rückerinnerung und Wiedergabe bereits gelernter Inhalte wird erschwert, wenn vor dem Abrufen neue Aufgaben gelernt wurden. Unmittelbar vor dem Abrufen bekannter und gekonnter Übungen sollte man den Hund nicht mit neuen Übungen konfrontieren. Mit anderen Worten: Neues, aus dem Blickwinkel der Erinnerungshemmung, sollte man eher am Schluss üben. Dies lässt sich natürlich nicht immer durchführen und aus anderen Blickwinkeln empfiehlt sich genau das Gegenteil, denn im frischen, unverbrauchten Geisteszustand lernt man leichter. Die unterschiedlichen Wirkungskreise aufeinander abzustimmen, das ist eine der Aufgaben des Lehrenden.

Gleichzeitigkeitshemmung

Die gleichzeitige Präsenz unterschiedlicher Inhalte oder Reize beeinträchtigt die volle Konzentration auf das angestrebte Lernziel. Bekanntes Beispiel: Lernen und nebenbei Musik hören. Dass Ablenkungen den Lernvorgang negativ beeinflussen, ist durch zahlreiche Studien nachgewiesen. Daher raten viele Hundetrainer zu recht, anfangs ohne Ablenkungen zu üben: im *abgeschirmten Milieu*. Am wenigsten Ablenkungen gibt es in der Regel in der Wohnung. Eine stufenweise Desensibilisierung im Hinblick auf Ablenkungen könnte so geplant werden, dass man vom Üben in häuslichen Räumen zum Üben im eigenen Garten, an Orten mit wenig Ablenkung zu Orten mit immer mehr Ablenkung fortschreitet. Die Notwendigkeit für derartiges Planen ist uns schon an anderer Stelle begegnet, beim Generalisieren. Damit der Hund eine Aufgabe in unterschiedlicher Umgebung, Tageszeit und Umständen beherrscht, muss das geübt werden.

Die *Gleichzeitigkeitshemmung* hat noch einen didaktischen Bezug: Beim Vermitteln neuer Aufgaben sollte man darauf achten, die Einzelelemente der Aufgabe zeitlich zu trennen. Dasselbe gilt für Korrekturmaßnahmen. Mischt man mehreres zusammen, in der Hoffnung, mehr sei besser, erreicht man oft das Gegenteil. Letztlich weiß man dann nicht, was aus dem Sammelsurium von Formelementen tatsächlich gewirkt hat.

Weitere Lernhemmnisse, die vom Besitzer ausgehen, sind: Zwang, Druck, Schmerzvermittlung, schlechte Laune, Ungeduld, Unberechenbarkeit sowie Unbeherrschtheit. All dies mindert die Lernfähigkeit des Hundes!

Lernen günstig beeinflussen – Zusammenfassung

Halten wir fest: Eine zentrale Aufgabe des Besitzers (Coach, Trainers) besteht darin, die Lernentwicklung seines Hundes günstig zu beeinflussen und Lernhemmnisse zu vermeiden bzw. diese zu beseitigen. Was können wir tun, um das Lernen möglichst erfolgreich zu gestalten?

- Lernen und Üben in angenehmer, entspannter Umgebung und Atmosphäre
- Lernprogramme schriftlich ausarbeiten
- Stoff aufteilen in überschaubare Aufgaben (nicht zuviel!)
- Stoff gut strukturieren (Entwickeln, Analogien herstellen)
- Trockentraining und Zeitlupe
- Risiken vorhersehen, abschätzen und reduzieren
- Positive, motivierte Gestimmtheit gegenüber der Aufgabe vermitteln
- Wiederholungen, Themenwechsel und Pause sinnvoll einsetzen
- Soziales Lernen einbeziehen
- Ökonomisches Lernen (sparsam mit Wiederholungen!)

Auch aus der Perspektive des Vergessens leiten sich Folgerungen für das Lernen ab. Daher werden wir auch diesen Blickwinkel hier noch einmal aufgreifen – im Anschluss an die nun folgende Darstellung des Vergessens.

Vergessenskurven, Lern- und Behaltensstrategien

Honoré Balzac (1799–1850) sagte einmal: *„Die Erinnerungen verschönern das Leben, aber das Vergessen allein macht es erträglich.“*

Auf das Vergessen wurde schon in verschiedenen Abschnitten eingegangen. Hier noch einige Ergänzungen:

Schon die alten Griechen und Römer wussten um das Vergessen, und sie entwickelten Techniken, um dem Vergessen entgegenzusteuern. Auf einer Marmortafel, die man auf der Insel Paros in der Ägäis fand, ist überliefert, dass schon Somonides von Keos (477 v.Chr.) für die Erfindung einer systematischen Gedächtnishilfe in Athen einen Chorpreis erhielt. Auch der römische Allrounder, Konsul, Schriftsteller und Philosoph Marcus Tullius Cicero (106 v.Chr. – 43 v.Chr.) berichtet über Gedächtnishilfen (in: *De Oratore*). Die bekannteste Erinnerungstechnik des Altertums war die Locus-Methode (locus = lat. Ort, Platz), die heute noch angewandt wird, freilich in abgeänderter und erweiterter Form. Kurz gesagt geht es bei der *Locus-Methode* darum, neue Informationen bestimmten Orten zuzuweisen, wodurch eine Verknüpfung mit bereits bekannten Inhalten hergestellt wird. Lucius Annaeus Seneca (~ 1 v.Chr. – 65 n.Chr.) fand schon heraus: *„Der Verstand vergisst Dinge langsamer, wenn er lange dafür gebraucht hat, sie zu lernen.“* Und Leonardo da Vinci (1452–1519) sagte: *„Ich habe erfahren, dass es Nutzen bringt, wenn man nachts im Bett liegt und in die Dunkelheit blickt und dabei im Geiste wiederholt, zu blicken, womit man sich vorher beschäftigt hat. Man versteht dann die Dinge nicht nur besser, sondern man erinnert sich auch leichter daran“.*

Wozu Vergessen gut ist

Auf Ebbinghaus‘ Gedächtnisforschung wurde bereits eingegangen.

1958 brachte der russische Neuropsychologe Alexander R. Lurija (1902–1977) in seiner Veröffentlichung *Kleines Portrait eines großen Gedächtnisses* neue Einblicke in die Funktion des Gedächtnisses. Er untersuchte den Zeitungsreporter Solomon V. Shereshevskij (1886–1958), welcher über ein Gedächtnis verfügte, das keine messbaren Grenzen zeigte. Er untersuchte Shereshevskij über einen Zeitraum von mehr als 30 Jahren! Shereshevskij brachte es auf Gedächtnisleistungen, die nahezu unfassbar waren. Er vergaß sozusagen nichts und konnte sich umfangreiche Inhalte auf Anhieb merken. Er war in der Lage, eine 30 Elemente umfassende, mathematische Formel problemlos wiederzugeben und er wusste diese noch nach 15 Jahren; er konnte eine lange Reihe sinnloser Silben wie etwa: *„ma, va, na, sa, na, va, na, sa, na, ma, va …“* (das war nur der Anfang) problemlos wiedergeben und er konnte sie noch nach acht Jahren fehlerfrei aufsagen. Auch längere Prosa-Texte, selbst in anderer Sprache, machten ihm keine Mühe. Er stellte sich die Inhalte bildhaft vor. Später trat er als Gedächtniskünstler auf, wobei er sich nach dem Vorbild der antiken Gedächtnishilfen beim Einprägen eine *psychovisuelle Straße* baute, auf der er der Reihe nach die einzelnen Inhalte positionierte. Anschließend schritt er diese Straße wieder in Gedanken ab. Beneidenswert war der Reporter jedoch nicht, denn er hatte große Probleme, sich schnell verändernde Informationen einzuprägen: beispielsweise Gesichter. Er hatte in vielen Lebenssituationen das Problem, über reine Details hinaus Analogien zu bilden und zu abstrahieren. Diese höheren Denkleistungen blieben ihm weitgehend verschlossen. Er selbst sprach immer wieder von der „*verfluchten Schwelle*". Sein Intelligenzquotient stand auf dem Niveau eines Teenagers. So sehr er sich auch bemühte, er fand zeitlebens keinen Weg, sich vom *Nicht-Vergessen-Müssen* zu befreien. Dieses Beispiel zeigt eindrucksvoll, wie wichtig, sinnvoll und geradezu lebensnotwendig Vergessen ist. Vergessen wird fälschlicherweise immer noch als etwas Minderwertiges angesehen. In Wirklichkeit bietet Vergessen unter anderem die Voraussetzung dafür, dass man zwischen *bekannt* und *unbekannt* zu unterscheiden vermag. Vergessen ist so angelegt, dass es die häufigen, wichtigen und nahe zurückliegenden Inhalte favorisiert, denn diese werden in der Regel mit größerer Wahrscheinlichkeit benötigt. Ohne Vergessen, oder besser gesagt, ohne den unbewussten Entscheidungsvorgang über Behalten und Verwerfen, wäre das nicht möglich. Das Geniale am Gedächtnis jedoch liegt weder im Aufnehmen, Merken und Vergessen, sondern auch, untrennbar damit verbunden, im *teilweisen Vergessen*.

Könnten wir nicht vergessen, anders ausgedrückt, würde uns das Gehirn nicht von Unnötigem befreien, wären wir in der Tat nicht lebensfähig. Man stelle sich vor, wie hinderlich die zahllosen Erfahrungen und Eindrücke wären, die täglich unser Bewusstsein, Gott sei Dank, *nur* streifen! Würden wir uns alles behalten, so wären wir nicht in der Lage, uns auf das jeweils Wesentliche zu beschränken und die mit den Eindrücken in Verbindung stehenden Emotionen wären pausenlos präsent. Es gibt noch weitere Gründe für das Vergessen.

Sehen wir uns den Einprägungs-Vorgang nochmals näher an! Wir wissen inzwischen: Unser Gehirn nimmt keine 1:1 Bilder der Umwelt auf, sondern schafft für jeden Inhalt zahlreiche, markante Bausteine. Diese Bausteine ermöglichen erst einen flexiblen Gebrauch in Verbindung mit alten, anderen oder neuen Inhalten. So können *Kategorien, Analogien* und *Assoziationen* gebildet werden. Ein Fahrrad beispielsweise besteht aus vielen, vielen Einzelbausteinen: Rahmen, Räder, Materialien und: fahrbar, ökonomische Fortbewegung, Anstrengung nötig, Gegenwind = langsamer, Gefahr Herunterfallen usw. Wäre das Fahrrad nur ein Bild, dann könnte man die vielen Verbindungen mit anderen Gegenständen, Vorgängen und Emotionen nicht herstellen. Auch zahlreiche Unterscheidungsvorgänge setzen Vergessen voraus. Da die Aufnahmekapazität des Arbeitsgedächtnisses beschränkt ist, gibt es noch weitere Gründe für die Notwendigkeit des Vergessens. Für die permanent neu eintreffenden Reize wird Speicher benötigt. Daher sollte man das Vergessen für das, was unwichtig ist, bewusst und willentlich unterstützen. Es ist erwiesen: Gezieltes, ökonomisierendes Vergessen fördert das Behalten von den Dingen, die man sich merken möchte. Marcus Hasselhorn sagt: *„Die Fähigkeit, vergessen zu können, ist eine essenzielle Grundfunktion des menschlichen Gedächtnisses"*.

Aus dem Gesagten geht hervor, dass Vergessen entgegen weit verbreiteter Ansicht nichts Negatives ist! *Vergessen ist nicht das Gegenteil von Behalten, sondern der Mitspieler zum Behalten*. Nur ein funktionierendes Ineinandergreifen aller beteiligten Prozesse bietet dem Individuum die erforderlichen Hilfen. Vergessen gehört dazu. Vergessen ist zunächst einmal alles andere als der Ausdruck von Unvollkommenheit, Minderwertigkeit, Beschränkung, Leistungsausfall oder Alter. Mit dieser positiven Einstellung dem Vergessen gegenüber geht man anders als bisher an das Lernen heran. Das Vergessen verliert seine magische Bedrohung und die Angst davor tritt in den Hintergrund. Schaffen wir es, schon beim Lernen an das Vergessen zu denken, wird der Vorgang kalkulierbar, was wiederum mit dem Abbau von Angst und Ausgeliefertsein einher geht.

Es gibt zahlreiche Theorien des Vergessens. Unter anderem das *Modal Model* von Atkinson & Schiffrin, die *Interferenztheorie* (Baddely 1986), die *Zerfallstheorie* (Müller 1995), das *multimodale Gedächtnismodell* von Engelkamp (1998), *motiviertes Vergessen, Peters-Prinzip, Vergessen auf Grund von Abrufreizdefiziten* sowie andere Modelle. Hinzu kommen Ursachen wie *Krankheiten* oder *Traumata*. Aus Raummangel gehen wir darauf nicht näher ein.

Trotz zahlreicher neuer Erkenntnisse werfen Erinnern und Vergessen auch weiterhin noch viele Fragen auf. Soviel ist jedoch sicher: Man weiß inzwischen, dass sich das gesamte Gehirn ständig im Umbau befindet; dass sich selbst dauerhaft gespeicherte Informationen permanent verändern und, dass bisher als lokalisiert angenommene Funktionen von anderen Gehirnteilen übernommen werden können. Der oft vorgebrachte Vergleich mit einem Computer ist, wie schon erwähnt, längst überholt. Auch der Begriff *Speicher* (Analogie zum PC) ist irreführend. Gehirnprozesse, zusammengefasst als Aufnehmen, Verarbeiten, Vergessen und für Wiederabruf bereit halten sind die wohl herausragendsten Leistungen in der gesamten Biologie. Wenn wir daher im Zusammenhang mit Gehirnfunktionen von „Speicher" oder „speichern" sprechen, meinen wir die entsprechend erweiterten Bedeutungen.

Lernen im Hinblick auf Behalten

Wo beginnt und wo endet Vergessen? Lernen lässt sich vereinfacht in folgende drei aufeinanderfolgende Phasen zusammenfassen:

Erwerb, Aneignung	(Akquisition)
Speichern	(Retention)
Wiedergabe	(Reproduktion)

Im Hinblick auf das Vergessen ist die Spanne nach neueren Erkenntnissen weit zu fassen. Behalten wird durch das, was der eigentlichen Konfrontation mit dem Lernstoff vorausgeht, mitbestimmt und es hört nicht nach der Aneignung auf! Sehen wir die zeitliche Spanne an, um die es hier geht:

1. Vor dem Lernen

2. Während des Lernens

3. Während des Umarbeitungs- und Speichervorgangs

4. Nach dem Lernen

5. Während und nach dem Abruf

Über den gesamten Zeitraum wirken sich verschiedene Faktoren auf das Vergessen aus.

Man unterscheidet zwei Formen des Vergessens: Inhalte, die unwiederbringlich verloren gingen, weil sie zwar kurz im Arbeitsspeicher kursierten, aber nicht in das Langzeitgedächtnis aufgenommen wurden und Inhalte, die im Langzeitgedächtnis gespeichert wurden, im Augenblick jedoch nicht auffindbar oder abrufbar sind.

Aus eigener Erfahrung weiß man, dass Jahreszahlen, Worte, mitunter auch Namen leicht vergessen werden. Und: Manche Menschen merken sich leichter Zahlen, andere Gesichter usw. (siehe weiter vorne: typologische Unterschiede). Wenn wir beispielsweise einen interessanten Fachbericht lesen und uns das Wichtigste daraus merken wollen, wird es trotz ernsthaften Bemühens passieren, dass wir schon nach einer halben Stunde vieles davon vergessen haben. Ja, selbst wenn wir so lange dranbleiben, bis wir einen Abfragetest bestehen, können wir uns kurz danach an manches einfach nicht mehr erinnern, so sehr wir uns bemühen. Selbst wenn wir den Lernstoff exzessiv „büffeln“ und x Mal hintereinander wiederholen (*massiertes Wiederholen*), lässt sich das Vergessen nicht verhindern. Nach einigen Wochen oder Monaten sieht das Ergebnis noch verheerender aus.

Gerhard Roth, Direktor des Instituts für Hirnforschung in Bremen und Präsident der Studienstiftung des Deutschen Volkes, drückt das in seinem Buch: „*Bildung braucht Persönlichkeit. – Wie Lernen gelingt*“, so aus: „*Alle Überprüfungen des Wissens, das junge Menschen fünf Jahre nach Schulabschluss noch besitzen, zeigen, dass das Schulsystem einen Wirkungsgrad besitzt, der gegen Null strebt.*“

Woher kommt das? Müsste man nicht annehmen, dass der Organismus über Möglichkeiten verfügt, Gelerntes anhaltend zu speichern, ohne Schwierigkeiten?

Die Ursachen für eine derart verheerende Bilanz sind vielfältig. Um nur einige – aus dem Blickwinkel unserer Thematik – aufzuzeigen: Das kurzfristige *Lernen auf Prüfungen* ist immer noch weit verbreitet und wird durch die Struktur-Kontrollen unserer westlichen Lernkultur (ein Test pro Stoffinhalt) weiterhin aufrecht erhalten. Testmethoden wie *Multiple Choice* bringen für die Auswertung Vorteile und entsprechen dem Leitbild *quick and easy*; von den Ansprüchen einer kognitiven Lerntheorie jedoch sind sie weit entfernt. Obwohl wir heute wissen, wie Lehren und Lernen umzusetzen ist, sind die Vermittlungspraktiken an allgemeinen Schulen ebenso wie an Hochschulen erschreckend überholt. Das wirkt sich nicht nur auf den Bildungsstand ganzer Kulturen aus. Lehr- und Lernqualitäts-Defizite sind verantwortlich für die negativ gefärbten Ansichten über Lernen und Üben. Die Bemühungen der Waldorf-Schulen, wo Lehren und Lernen unter Berücksichtigung des natürlichen Vergessens und mit entsprechenden Gegenstrategien gepflegt wird, verdient an dieser Stelle Anerkennung, ebenso die Pädagogik der italienischen Ärztin Maria Montessori (1870–1952), Hans Aebli (1923–1990) mit seiner kognitionspsychologisch ausgerichteten Schuldidaktik sowie der bereits erwähnte Jerome Bruner (1915), nicht zu vergessen die Persönlichkeiten der sogenannten „Reform- und Alternativpädagogen“, stellvertretend nennen wir hier Jürg Acklin (1945).

Resonanz-Modell

Zum erfolgreichen Lernen selbst wurde schon viel gesagt. Mit Hinblick auf Vergessen zeigen neuere Ergebnisse aus der Gedächtnisforschung, dass Aufmerksamkeit, Emotion, Motivation und Bedeutung des Inhaltes direkten Einfluss auf die *Erlebnistiefe* und damit auf die *Lernqualität* und das Vergessen haben. Hinzu kommt, in wieweit das Neue in Beziehung gebracht werden kann mit bereits Vorhandenem. Assoziationen tragen in hohem Maße zur *Elaboration* bei (*Elaboration*, Informationsverarbeitung von lat. elaborare = bearbeiten, sorgfältig ausführen, sich bemühen). Übertragen wir das Gesagte auf die Hundeausbildung, so ergeben sich daraus vier fundamentale Fragen:

> <u>Erstens</u>: Worin besteht die *Aufgabe*? Was soll der Hund *lernen*? Was ist das *zentrale Lernziel* und welche *Herausforderungen* oder *Probleme* müssen bewältigt werden?
>
> <u>Zweitens</u>: Worauf kann man aufbauen? Womit ist der Hund im anliegenden Kontext schon vertraut – oder/und: was kann er schon? Das Aufbauen auf Bekanntem erleichtert den Erwerb des Neuen. Es gibt kaum eine Aufgabe, die nicht auf etwas zurückgeführt werden kann. Daraus ergibt sich die Suche nach Erfahrungen, Verhaltensweisen oder Leistungen, die schon vorhanden sind.
>
> <u>Drittens:</u> Wie kann man der Aufgabe *Bedeutung* verleihen? Um dem Lernstoff die wünschenswerte *Bedeutung* zu geben, müssen wir die *Bedürfnisse* und *Vorlieben* des Hundes natürlich kennen. Welche *Bedürfnisse* und *Vorlieben* des Hundes lassen sich integrieren? Was kann dem Hund in der anliegenden Aufgabe erstrebenswert, interessant und lustvoll werden? Und im Hinblick auf die bestehenden Möglichkeiten: Welche Möglichkeiten bieten welche Bedeutungen?
>
> <u>Viertens</u>: Wie lässt sich die Vermittlung gestalten, damit sie der Hund im Sinne der vorausgegangenen Fragen im Sinne ethisch-pädagogischer Verpflichtung annehmbar und lustvoll erlernen und (in der Folge) ausführen kann? Welche didaktisch-methodischen Möglichkeiten stehen zur Auswahl?

Dieser Vierer-Ansatz will als Leitmuster für didaktisch-methodisches Planen und Durchführen verstanden werden. Im Resonanz-Modell wird der Hund mit seinen Möglichkeiten arteigenen und vor allem emotional ansprechenden Lernens in den

Mittelpunkt gestellt. *Resonanz* (resonare = lat. = widerhallen) weist auf die Bedeutung der emotionalen Ansprechbarkeit und der sich daraus ableitenden Gestaltung von Lernprozessen.

In der jeweils anliegenden Gestaltung einer Aufgabenvermittlung geht es darum, das übergeordnete Resonanz-Modell in ein spezifisches Resonanz-Szenario umzuwandeln.

(*Resonanz-Szenario*: EL: GU 2000, Kosmos 2003)

Resonanz-Modell:

- Aufgabe
- Bekanntes
- Bedeutung
- Möglichkeiten

Resonanz-Szenario:

Worauf es beim *Resonanz-Modell* ankommt, ist, kurz gesagt, ein *Lehr-Lern-Prozess*, der sich durch identikative, lebensnahe methodische Gestaltung auszeichnet. Lernziele werden auf die Ebene einer annehmbar-lustvollen Aufnahme transformiert, womit arteigene Bedürfnisse des Hundes ebenso wie individuelle Erwartungen ohne Umwege erfüllbar werden. Hierzu eignet sich alles, wessen er bedarf, was er gerne macht und/oder was ihm angenehm ist: Soziale Ereignisse (innerartlich: Hund-Hund; zwischenartlich: Hund-Mensch); Bewegungserlebnisse, Zuwendungs- und Zuneigungs-Aktionen, Spiele (Geschicklichkeits, Balance, Bewährung, Spieljagd, Versteckspiele, Hand- und Fangspiele und vieles mehr).

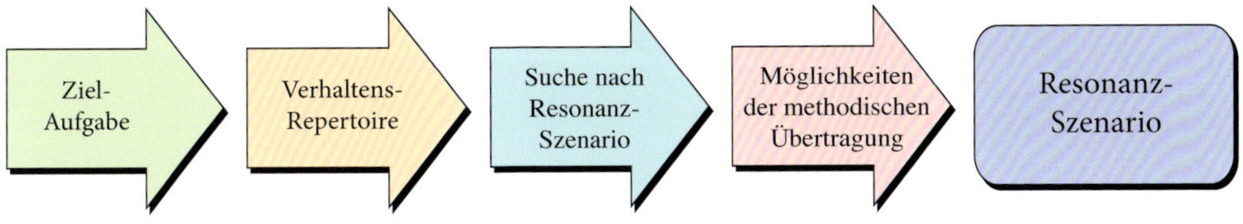

Resonanz-Szenario (EL: GU 2000, Kosmos 2003)

Beispiel eines Resonanz-Szenarios „Höhlen-Platz“:

Angenommen, die Aufgabe besteht darin, einem jungen Hund <Platz> und <Liegenbleiben> zu vermitteln. Wie man weiß, tun sich Hunde mit vielem, was Menschen von ihnen fordern, anfangs schwer. Liegenbleiben und warten, wenn man doch viel lieber gleich zu Herrchen, Frauchen oder sonstwohin laufen möchte, damit sind junge Hunde nicht selten überfordert. Stellen wir die Fragen des Resonanz-Modells:

1. Worin besteht die Aufgabe? Liegen kann er – aber nicht auf Kommando. Und Liegenbleiben bzw. warten? Auch hier das Problem: Unter bestimmten Umständen kann er lange liegen bleiben – aber auf Kommando eben nicht. Die zentrale Aufgabe aber lautet: Liegen und im Liegen Warten unter Signalkontrolle.

2. Worauf kann man aufbauen? Gelingt es, jenes Szenario zu finden und herzustellen, in welchem der Hund von sich aus liegt und wartet, haben wir gewonnen. Finden wir also ein Szenario, in welchem er sich von alleine hinlegt, ohne aufwändige und langwierige Stufen-Methodik. Folgendes fällt uns ein: Wenn Hunde vor einem Mauseloch, vor einer Höhle oder vor Dickicht stehen, legen sie sich nach kurzer Zeit hin. Sie legen sich „auf die Lauer“ – und liegen. Und während sie lauern und liegen, können sie lange, sogar sehr lange liegen bleiben und warten. Und damit sind wir bereits bei der dritten Frage:

3. Bedeutung? Die Erwartung während des lauernden Liegens gibt der Aufgabe eine neue, veränderte Bedeutung, angereichert mit zahlreichen Motiven und Motivationen. Aus „Platz liegen müssen wird lauern dürfen“

4. Möglichkeiten? Der Besitzer entscheidet sich für folgendes Szenario: Er setzt sich auf den Boden, wobei er mit angewinkelten Beine eine Höhle darstellt, in welcher sich die Spielbeute versteckt. Das Szenario soll den Hund an das Lauern vor einer Höhle erinnern.

Beispiel eines Resonanz-Szenario („Höhlen-Platz“):

Neugierig gemacht, kommt der Hund in die Nähe, sieht, wie und wo sich die Spielbeute versteckt und probiert die eine oder andere Strategie aus (Drüberspringen, von der anderen Seite nähern, den Fang in die Höhle hineinstecken u.a.). Der Besitzer sorgt dafür, dass diese Strategien nicht zum Erfolg führen, indem er die Beine jeweils absenkt oder gleich von vorn herein die Öffnung der Höhle so klein macht, dass der Hund nicht hinein kann. Das Szenario wird durch glaubwürdig gezeigte

Der Junghund interpretiert das Leckerli, welches sich unter den Knien versteckt, mit dem genetisch verankerten Szenario einer Jagdsituation. Dementsprechend verhält er sich: Er legt sich konzentriert und erwartungsvoll auf die Lauer und wartet.

Einzelheiten bereichert (Laute, Fluchtbewegungen der Spielbeute u.a.) Es wird nicht lange dauern, so passt sich der Hund den Gegebenheiten an und legt sich vor der Höhle auf die Lauer, und dabei liegt er. In diesem Augenblick (unmittelbar danach) kommt er zum Erfolg. Lerntheoretisch gesehen hat er das Lernziel sozusagen in einem Durchgang erreicht. Im ungünstigsten Falle hat er hierfür nur wenige Versuche innerhalb Trial-und-Error benötigt. Die meisten Hunde jedoch legen sich sofort hin. Das Szenario (Höhle) tritt als diskriminativer Stimulus auf, ruft genetisch verankerte Reflexe auf, bildet jagdlich orientierte Erwartungen und löst das nachfolgende Hinlegen aus. Das Hinlegen wird aus dem Pool der situativen Möglichkeiten unterbewusst als naheliegende und erfolgversprechende Handlung vorgereiht. Bei längerem Warten legt man sich hin. Das bringt zahlreiche Vorteile mit sich: Man sieht und riecht besser in die Höhle hinein, man ermüdet nicht so schnell und man verursacht keine verräterischen Geräusche.

Die stilisierte „Höhle“ (gebeugte, aufgestellte Beine im Sitzen) wirkt als Resonanz-Szenario: Wiedererkennung und Kontext-Stimulation veranlassen den Hund, sich in der Jagd-Spiel-Szene vor dem Eingang auf die Lauer zu legen.

Das *Resonanz-Szenario* im beschriebenen Höhlen-Platz erfüllt die Bedingungen für emotional gestütztes, nachhaltiges Lernen: Freiwilligkeit (aus innerem Antrieb), Motivation (intrinsisch & extrinsisch), positive Gestimmtheit, Aktionsbereitschaft, Erwartung, Annehmbarkeit, Durchführung, Erfolg und soziales Feedback.

Bei Wiederholungen kann dann das Hörzeichen mit eingebaut werden und die Aufgabe schrittweise auf Signalkontrolle ausgerichtet werden: Mensch steht, Hund legt sich aus dem <Stehen> oder <Sitzen>, in Front- oder Seiteposition (bei Seitposition Leitwirkungen einsetzen: Pflock oder Zaun).

Hier noch ein weiterer Ansatz für die Vermittlung des <Platz>; ebenfalls auf der Basis des Resonanz-Modells. Man lockt den Hund, je nach Hundegröße, unter eine Bank, unter einen Stuhl, Hocker oder durch ein mittels Gittermaterial gebasteltes *Löwen-Gitter*. Um die offerierte Belohnung zu bekommen, muss er sich den Bedingungen der Leitwirkung anpassen und sich hinlegen. Unmittelbar nach dem Hinlegen folgt die Belohnung, die das Verhalten operant konditioniert. Bei diesem methodischen Ansatz wird das Lernziel mittels Leitwirkung und Haltungs-Adaption erreicht.

Nachwirkzeit

Informationen, die im Arbeitsgedächtnis kursieren, sind dort nur für kurze Zeit zwischengespeichert. Damit der Lernstoff dauerhaft gespeichert werden kann, muss er erst einmal umgearbeitet werden, denn Langzeitspeicherung wird in anderen Gehirnarealen und in anderer Form generiert als im Arbeitsgedächtnis. Das Aufnehmen, Bewerten, Verwerfen und Speichern von Informationen ist in zahlreichen aufeinander abgestimmten Prozessen organisiert. Diese Umbauprozesse laufen während *und nach* der Informationsaufnahme ab. Messungen der Gehirnströme zeigen, dass unmittelbar nach dem bewussten Lernen eine Phase des unbewussten Lernens folgt, die sogenannte *Nachwirkzeit*. Hierfür wird wertvolle Speicherkapazität und Zeit benötigt. Pausenlos neu eintreffende Informationen können den Nachwirkprozess empfindlich stören. Das zuletzt Gelernte wird dann möglicherweise nicht in den Langzeitspeicher transformiert oder neu Eintretendes wird von vornherein blockiert. Daher kann neu erworbener Stoff nicht schon im ersten Lernschritt stabilisiert werden. Hinzu kommt: Inhalte werden vergessen, um Raum für neue Eindrücke zu schaffen. Inhalte, die im Augenblick nicht unbedingt gebraucht werden, können die Filter nicht passieren. Man stelle sich vor, das System würde sich kurzerhand alles dauerhaft merken. Was das für Folgen hätte! Welch eine Vergeudung, nicht nur von Speicherkapazität, sondern von erforderlicher Energie! Geistige Prozesse verbrauchen enorm viel Energie! Während bei Schimpansen und Gorillas der Energieverbrauch des Gehirns zwischen acht und zehn Prozent liegt, benötigt das Gehirn des Menschen sogar im Ruhezustand zirka 25 Prozent des gesamten Energiebedarfs. Bei Stressbelastung entzieht das Gehirn dem Blut sogar bis zu 90 Prozent.

Wir tun daher gut daran, Lernen auch auf die unbewussten, nachfolgenden Prozesse hin auszurichten. Um die Vorgänge der Nachwirkzeit nicht zu beeinträchtigen, gibt es ein einfaches Mittel: Zäsuren und

Pausen! Pausen, oder anders gesagt, *Phasen der relativen Passivität* unterstützen die Verarbeitungsprozesse, die nach der Informationsaufnahme einsetzen. So kann das Gelernte – für den Lernenden unbewusst – weiter bearbeitet und dabei eingeprägt werden. Manche neuronalen Umbauprozesse können ein bis zwei Tage dauern, einige sogar noch länger. Unter Instrumentalvirtuosen ist folgendes Phänomen bekannt: Extrem schwierige Passagen können mitunter trotz anhaltenden Trainings nicht zufriedenstellend bewältigt werden (Lernplateau). Nach einer Woche Übepause, ohne weiteres Üben, gelingen sie dann sozusagen von selbst. Das Gehirn hat im Hintergrund den Lernvorgang weitergesponnen, weitere Synapsen hinzugekoppelt und in komplizierten Prozessen die neuronalen Bedingungen für den optimierten Ablauf hochkomplexer Feinmotorik geschaffen; ohne eigenes Zutun und ohne, dass uns das bewusst wurde. Diese Form des verborgenen Lernens nennt man *latentes Lernen*.

Fassen wir zusammen: Wegen systembedingter Abläufe und im Sinne der Ökonomie haben wir, wenn wir uns etwas merken wollen, im Grunde keine andere Wahl, als den Organismus beim Lernen zu unterstützen. Kurz: Lernen ist den Besonderheiten des Systems anzupassen: Und zwar über den gesamten Ablauf: vor, während und nach der Informationsaufnahme!

Zwischen den einzelnen Übesequenzen sollte man das latente Lernen in der Nachwirkzeit unterstützen, indem man den Hund vor Außenreizen abschirmt.

Inhaltsbedingtes Vergessen

Ebbinghaus fand in seinen Selbstversuchen heraus, dass bereits nach einer halben Stunde etwa die Hälfte des Gelernten verloren geht. Das entspricht einer *Halbwertzeit* von 30 Minuten! Eine denkbar schlechte Ausbeute: Nur jede zweite Information steht dann noch zur Verfügung. Nach 24 Stunden sind nur noch 34 % vorhanden, nach einer Woche noch 23 %, nach einem Monat noch 15 %. Da bleibt dann als „dauerhafte Speicherung" nicht mehr viel übrig! Frick und Mosimann kommen zu ähnlichem Ergebnis: Innerhalb von 24 Stunden werden 80 % des Gelernten vergessen, nur 20 % werden behalten. Gegen Ende des 20. Jahrhunderts kamen jedoch immer mehr Wissenschaftler zu der Erkenntnis, dass Vergessenskurven je nach Inhalt und Bedeutung sehr unterschiedlich ausfallen. In der Studie von Christian Michel und Felix Novak (1990) wurden die Unterschiede im Vergessen von Silben (nach Ebbinghaus), Regeln, Prosa und Gedichten gut dargestellt. Trotz großer Unterschiede im Verlauf ist das Phänomen des starken Gedächtnisverlustes, der vor allem nach dem ersten Lerndurchgang eintritt, bei allen Kurven (mehr oder minder) festzustellen.

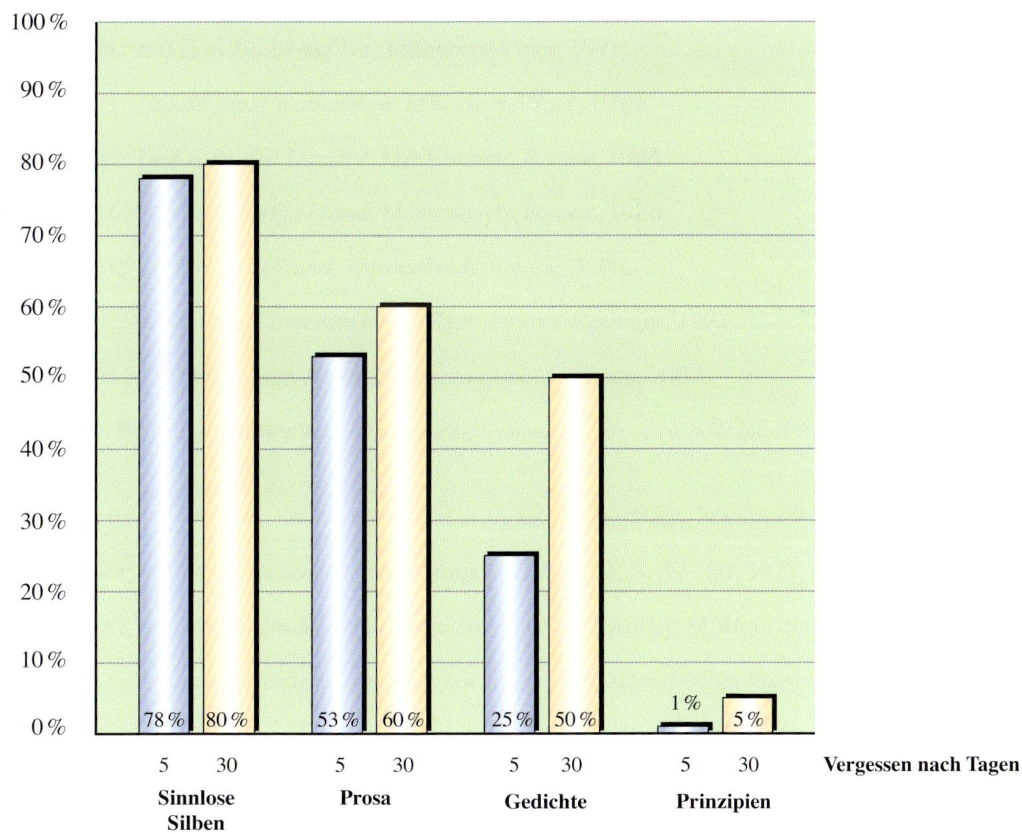

Vergessen bei unterschiedlichen Inhalten (Christian M. und Felix Novak 1990)

Strategien gegen Vergessen

Zurück zu unserer Frage, was man gegen unerwünschtes Vergessen tun kann: Der Möglichkeiten sind viele. Man nennt diese Hilfsprogramme übrigens *Mnemotechniken*, in Erinnerung an *Mnemosyne*, die griechische Göttin des Gedächtnisses und *Mutter der neun Musen*. Die bekannteste Mnemotechnik kennen wir aus unserer Schulzeit: Die Eselsbrücke. Weitere Techniken sind: *Assoziationsketten*, *Reimbildung*, die schon erwähnte *Loci-Methode* (von locus = Ort/Platz; loci = Plural = mehrere Orte); *super learning* und andere.

Beispiel: Wenn man sich beispielsweise die TV-Programmvorschau ansieht, möchte man sich die eine oder andere Kanalnummer merken. Bis man jedoch die wichtigsten Sender durchgesehen hat, ist der Favorit bereits wieder vergessen. Ähnliches gilt für bestimmte Seitenzahlen, Telefonnummern oder Uhrzeiten. Der feste Wille, die Zahl nicht zu vergessen, ebenso wie die Vorgangsweise, sich die Zahl mehrmals zu wiederholen, führt in der Regel nicht zum Ziel. Vielversprechender ist es, will man sich etwa an die Zahl 17 erinnern, die Zahl, vielleicht sogar in Verbindung mit dem Gerät, wo sie angezeigt wird, in eine Psychopiktographie (inneres Bild) umzuformen und sich diese einmal kurz, aber bewusst, geistig vorzustellen. Oder man schreibt die Zahl in Gedanken auf oder man spricht sie sich in Gedanken vor. Oder man stellt irgendeine Analogie her: Ein alter Schlagertitel: *„Mit siebzehn fängt das Leben erst an …“* – Oder: *„Die mystische Zahl 7 und 10.“* In der Regel wird man sich mit Hilfe dieser einfachen Mnemotechniken wieder an die Zahl erinnern. Die allgemeine Erfahrung bestätigt, dass sich unser Gehirn leichter Inhalte merken kann, die in irgendeiner Beziehung zu bereits Vorhandenem stehen. Struktur, Analogie, Kategorien, Logik und Erinnerung unterstützen das Behalten und wirken dem Vergessen entgegen. Das gilt auch für Hunde. Auch Hunde bilden Analogien, davon ist auszugehen. Nur, sie sind eben Hunde und nutzen ihre hundlichen Analogien.

Guttmann-Modell

Der Wiener Psychologe, Psychotherapeut und Universitätsprofessor Giselher Guttmann (1934) hat ein interessantes Programm entwickelt. Er zeigt, wie sich durch Wiederholung des Lernstoffes in drei Intervallen eine bemerkenswerte Ersparnis des Vergessens erreichen lässt. Das Einhalten der Intervalle verspricht optimale Bedingungen für die *Langzeitspeicherung*.

Weitgehende Übereinstimmung herrscht darin, dass kurz nach dem ersten Lernvorgang die erste Repetition des Gelernten folgen sollte. Entweder nach den ersten 5 bis 10 Minuten oder spätestens nach einer halben Stunde. Diese eine Wiederholung innerhalb von 5 bis 30 Minuten reicht jedoch für Langzeitspeicherung nicht aus.

Guttmanns Programm wurde – unabhängig voneinander – durch Strong und Boeras bestätigt. Die Halbwertzeiten reduzieren sich von Wiederholung zu Wiederholung. Hält man das Programm ein, so lässt sich das Vergessen um ein Vielfaches reduzieren. Die Erinnerung im Vergleich zur Kurve ohne Wiederholungen kann auf diese Weise von 25 % auf bis zu 90 % gesteigert werden.

Behalten mit und ohne Wiederholungen

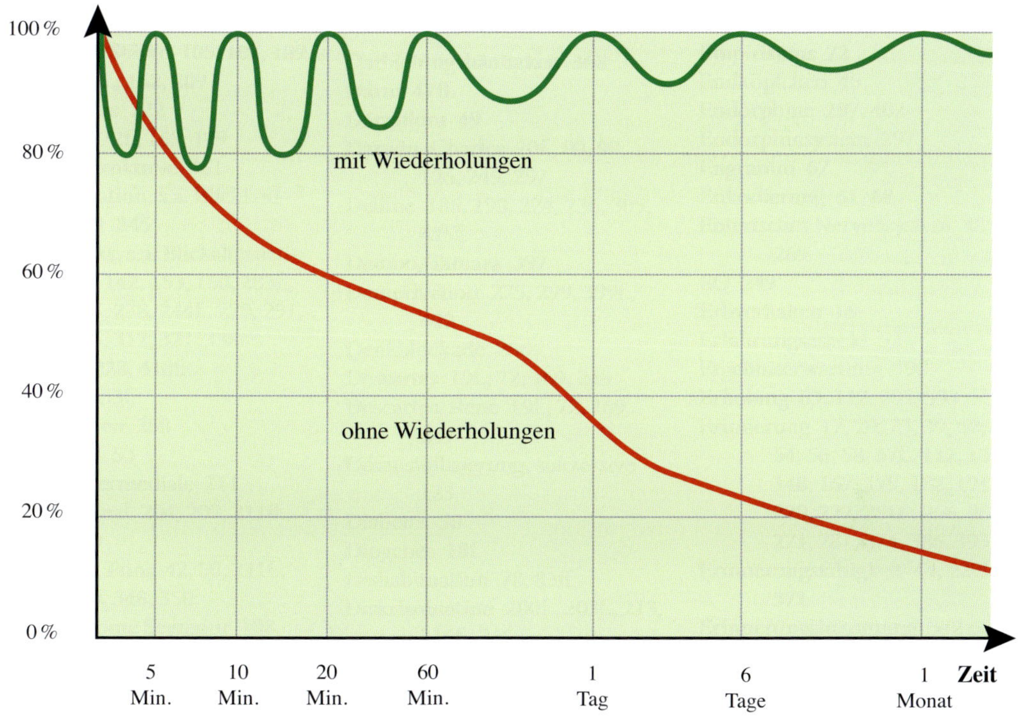

Die Grafik zeigt zwei Vergessenskurven. Die rote Linie entspricht dem Vergessen, wenn keine Wiederholungen eingebracht werden. Werden, wie in der grünen Kurve gezeigt, Wiederholungen in Abständen von 5, 10 und 20 Minuten als auch nach 24 Stunden, nach einer Woche und einem Monat eingebracht, kann das Erlernte in vollem Umfange behalten werden.

Die angegebenen Intervallabstände, ebenso wie die Anzahl der Intervalle, unterscheiden sich bei verschiedenen Autoren. Werner Frick und René Mosimann beispielsweise favorisieren Intervalle in folgenden Schritten: Zehn Minuten, ein Tag, eine Woche, ein Monat. Frick und Mosimann schreiben in *Lernen ist lernbar* (1999, S. 31): *„Die optimale Zeit für eine erste Repetition ist 10 Minuten nach der Lernperiode … Weitere Repetitionen sollen nach 24 Stunden, einer Woche, einem Monat, einem halben Jahr erfolgen"*(1999, S. 31).

Weitgehende Übereinstimmung besteht darin, dass kurz nach dem ersten Lernvorgang die erste Repetition des Gelernten folgen sollte. Entweder nach den ersten 5 bis 10 Minuten oder spätestens nach einer halben Stunde. Diese eine Wiederholung innerhalb von 5 bis 30 Minuten reicht jedoch für Langzeitspeicherung nicht aus.

Praktische Anwendung des Guttmann-Modells:

Auf den Hund bezogen, haben wir das Problem, dass zur Zeit noch keine Ergebnisse vorliegen, in welchen Intervallen Hunde wie viel vergessen und welche Unterschiede zwischen Wissens- und Könnensinhalten anzunehmen sind (siehe weiter oben: *Wissens- und Könnens-Kurven*). Unter Berücksichtigung, dass bei Hunden mentale Prozesse bekanntlich schneller ablaufen als beim Menschen und im Hinblick darauf, dass sich beim Trainieren unter Signalkontrolle *deklaratives* und *prozedurales Gedächtnis* in der Regel überlagern, sind die von Guttmann evaluierten Intervalle möglicherweise zu modifizieren. Trotzdem bietet das Guttmann-Modell auch in der Hundeerziehung und -ausbildung eine vielversprechende Orientierung.

Die Aufgabe wird im ersten Durchgang so lange geübt, bis sie weitgehend gekonnt wird, dann lässt man die Aufgabe zirka fünf Minuten liegen, tut in dieser Zeit etwas anderes (etwas nicht Aufregendes oder Themenwechsel) oder macht, will man ganz sicher gehen, eine Pause (abgeschirmtes Milieu). Zu Beginn des zweiten Durchgangs wird man feststellen, dass relativ viel verloren ging. Das soll einen nicht weiter beunruhigen, denn das ist der normale Verlauf. Die Aufgabe wird in den Intervallen 5, 10 und 20 Minuten wiederholt und zu Beginn jedes Durchgangs so oft wiederholt, bis sie weitgehend sicher gezeigt wird. Nicht öfter! In der Regel wird das gewünschte Ergebnis in weniger Wiederholungen als in der ersten Phase erreicht sein. Nach jeder Pause wird man feststellen, dass immer weniger Stoff verloren ging. Ein Test nach der dritten Wiederholung wird zeigen, dass nun fast die gesamte Aufgabe abrufbar vorhanden ist. Für Langzeitspeicherungen allerdings sind noch weitere Wiederholungen erforderlich. Und wenn es um Aufgaben im Bereich Geschicklichkeit geht, kann es erforderlich sein, die Wiederholungsrate noch weiter anzuheben. Die Erfahrung zeigt jedoch: Meistens wird viel zu oft wiederholt.

Hier ein modifiziertes Wiederholungs-Intervall-Beispiel unter Berücksichtigung mehrerer bereits behandelter Einflussbereiche:

Intervalle:

- nach 5 Minuten (5 bis 10)
- nach 30 Minuten (20 bis 40)
- am Abend nochmals

- am nächsten Tag

- am Ende der Woche

- am Ende des Monats

- nach mehreren Monaten

Soweit es sich nur um eine einzige, neue Aufgabenvermittlung handelt, dürfte die Übertragung, wie sie hier beschrieben wurde, keine Schwierigkeiten bereiten. Was aber ist zu tun, wenn man mehrere Aufgaben, beispielsweise ein ganzes Sportprogramm, üben möchte – unter Berücksichtigung optimaler Einprägung und Reproduktion? Darf man mehrere Übungen in eine Übungssequenz aufnehmen oder muss man für jede Aufgabe den beschriebenen Ablauf umsetzen?

Zunächst einmal gilt es, zu unterscheiden, was alt und gekonnt, was alt und fehlerhaft

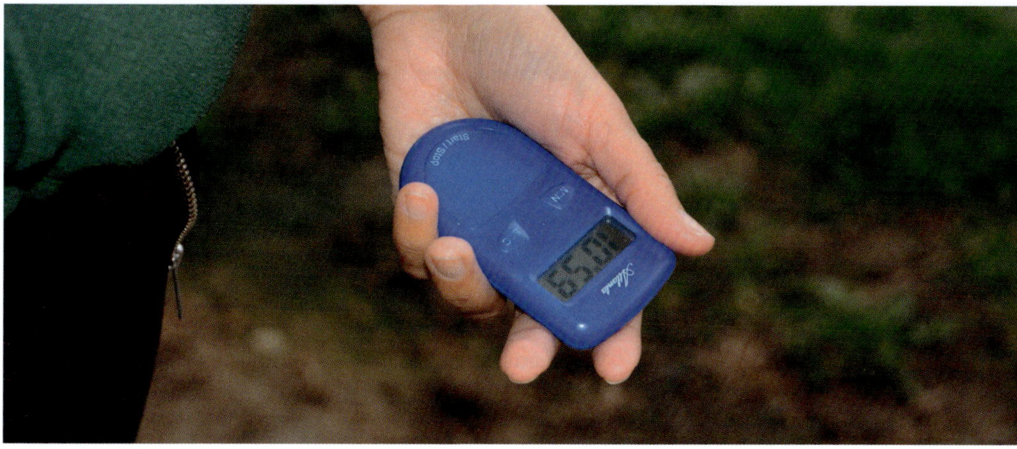

Ein Abwärtszähler erinnert im Training an die Pausenintervalle.

und was neu ist. Fehlerhafte Leistungen sollte man tunlichst neu aufbauen. Am besten als *Neuanfang* (Umfeld U, Bedeutung B und Vermittlung V NEU gestalten = UBV NEU!). Um den Lerneffekt nicht durch vorausgehende oder nachfolgende Eindrücke zu irritieren (*pro- und postaktive Inhibition*), empfiehlt es sich, zu Beginn alle anderen Aufgaben beiseite zu lassen, sich einige Tage ausschließlich auf den Neuanfang der Problemaufgabe zu konzentrieren und diese mit Hilfe des Guttmann-Programmes einzuüben.

Behalten und Vergessen bei Hunden

Lange hat man die Lerntheorien an Tieren erforscht und die Ergebnisse auf den Menschen übertragen. Die aktuelle Lernforschung befasst sich mit Menschen und Tieren. Den großen Unterschied zu Tieren bildet die Abstraktionskompetenz, über die selbst die intelligentesten Tiere, darunter der Hund, nur ansatzweise verfügen; und natürlich die Sprache.

Leider verfügen wir heute noch über zu wenig Wissen über Lernen, Behalten und Vergessen bei Hunden. Vermutungen gehen dahin, dass vieles ähnlich abläuft wie bei Menschen. Ob die kürzere Lebensdauer eines Hundes ebenso wie seine deutlich schnellere Reaktionszeit in Relation zur Geschwindigkeit der Lernvorgänge steht, ist eine spannende Frage.

Möglicherweise verlaufen die Vergessenskurven bei Hunden anders als bei Menschen. Vielleicht müssen wir auch eine andere Speicherkapazität in Bezug auf das Arbeitsgedächtnis annehmen (Mensch: 7 +/-2 chunks). Und auch die *Jostschen Gesetze* (siehe weiter unten) müssten für Hunde erst genauer überprüft werden: Gelten die gleichen Leistungsunterschiede bei unterschiedlichen Wiederholungsintervallen wie bei Menschen? Fragen über Fragen.

Wiederholen und Üben

Sehen wir uns kurz die Vorgehensweise an, die noch heute auf den Hundeplätzen weit verbreitet ist. Das Trainieren ist vielfach gekennzeichnet von endlosen Wiederholungen, Woche für Woche, dem Ablauf der Prüfungsprogramme folgend. Insgesamt wird viel zu viel wiederholt. Hinzu kommt noch die Stereotypie der Wiederholungen.

Wiederholungen sind oft Ursache für das Mitschleppen und Automatisieren antrainierter Fehler. Durch blindes Wiederholen werden Verhaltensroutinen mehr und mehr gefestigt. Das behindert den Fortschritt. Hinzu kommt das Pensum (Umfang): Oft wird ein viel zu umfangreiches Programm geübt, was sich auf Lernerfolg und Motivation ebenfalls nachträglich auswirkt. Ein weiterer Fehler besteht darin, dass Übungen oft viel zu früh in der Prüfungsform abgerufen werden. Treten dann Fehler auf, greifen viele abermals auf Wiederholung zurück. Die Liste könnte noch beträchtlich erweitert werden. Alles in Allem kann man wohl behaupten: Üben erfolgt vielfach planlos, ineffektiv und nicht selten sogar aussichtslos.

Zu den Begriffen: Die Bezeichnungen *Wiederholen, Üben* und *Trainieren* sind nicht einheitlich definiert. *Wiederholen* ist der neutralste und wertfreieste unter den drei

Intelligentes Üben ist um ein Vielfaches effektiver als stupides Wiederholen. In fünf Minuten hat der Kleine das Fahrrad habituiert und läuft anschließend wie von selbst die ersten kleinen Strecken (20 Meter) nebenher.

Begriffen. Man verwendet ihn in allen Bereichen, beim Aneignen von Wissensinhalten ebenso wie bei motorischen Abläufen. Auch den Begriff *Üben* nutzt man übergreifend: Beim Erwerb von Gedächtnisinhalten ebenso wie bei Fertigkeiten. Sportliches Üben wird häufig als *Training* bezeichnet, ein Instrument erlernt man durch tägliches Üben als auch durch spezifische *Etüden*. Geistliche, religiöse Übungen nennt man *Exerzitien*. Manche Pädagogen unterscheiden zwischen Wiederholung und Üben, indem sie in dem reinen, mechanistischen Wiederholen das zielgerichtete, qualitativ hochentwickelte Üben gegenüberstellen. Wir nutzen den Begriff *Wiederholen* in wertfreier Definition. Unter *Üben* verstehen wir Vorgänge, die nach dem Erwerb eingesetzt werden, um bereits Erlerntes zu verbessern, auszubauen und zu stabilisieren. Von diesem Standort aus ergibt sich: Wiederholen nutzt man in jeder Phase des Lernens, vom Erlernen bis hin zur Fertigkeit und Meisterschaft. Üben besteht ebenfalls aus Wiederholungen, setzt aber erst nach dem Erwerb bereits erlernter Inhalte ein.

Jeder, der etwas lernen will, ist auf Wiederholung und Übung angewiesen. Sei es im Beruf, im Sport oder in der Kunst: „Übung macht den Meister!“ gilt überall. Üben ist unumgänglich! Ohne Wiederholung und Übung ist nachhaltiges Lernen nicht möglich. Schon die Römer sagten: *„repetitio es mater studiorum“* (lat. = Die Wiederholung ist die Mutter der Studierenden). Üben dient der Steigerung von Wissen, Fertigkeiten und Kompetenzen und ist gleichzeitig das wirksamste Mittel gegen Vergessen. Darüber hinaus werden durch Üben Bewegungsabläufe automatisiert. Darauf lassen sich kompliziertere Funktionen aufbauen. Und schließlich dient Üben der Aufrechterhaltung und Wiederauffrischung bereits erworbener Fertigkeiten.

Sehen wir uns das Üben ein wenig näher an: Zunächst einmal gilt es zu unterscheiden, ob das, was wir lernen und verbessern wollen, mehr dem Wissen oder dem Können oder beidem zuzuordnen ist. Eine Formel oder ein Fremdwort zu verstehen, das kann in wenigen Sekunden geschehen. Sich Fertigkeiten anzueignen hingegen erfordert oft Jahre. Beides verlernt man lebenslang nicht. Je komplexer (z.B. Kunstmalerei), virtuoser (z.B. Musiker), kraftraubender (einige Sportarten) oder gefährlicher (z.B. Motorsport, Fliegen, high risk sports), desto mehr Wiederholungen und permanentes Training sind erforderlich. Selbst einfache Bewegungsabläufe wie *Kupplung-Bremse-Gas* brauchen lange bis zum sicheren Ablauf.

Je höher die Ansprüche, desto mehr muss geübt werden: Ambitionierte Musiker investieren einer Studie zufolge bis zu ihrem zwanzigsten Lebensjahr über zehntausend Stunden in das Üben. Sportler und Musiker üben fünf bis sechs Mal in der Woche mehrere Stunden, Virtuosen pro Tag bis zu sechs Stunden. Der Pianist Vladimir Horowitz (1903–1989) beispielsweise war erst in weit fortgeschrittenem Alter der Meinung, er brauche jetzt, nach so vielen Jahren, nicht mehr zu üben. Bei Fließbandarbeitern wurde festgestellt, dass die Leistung bestimmter Bewegungsabläufe erst nach ein bis zwei Millionen Wiederholungen als optimiert anzusehen ist.

Wie lange bleibt Geübtes abrufbar? Darüber gibt uns die Erforschung des *motorischen Arbeitsgedächtnisses* Auskunft. Adams &

Dijkstra (1966) fanden heraus, dass Bewegungsabläufe ähnlich wie verbale Inhalte zirka zwanzig bis dreißig Sekunden im Arbeitsspeicher gehalten werden. Wilberg & Salmela (1973) bestätigten in einer Studie, dass zirka acht Bewegungsabläufe die obere Grenze des Behaltens darstellen. Damit ist weitgehend gesichert, dass das *motorische Arbeitsgedächtnis* im Hinblick auf Aufnahmeanzahl und Dauer des Behaltens nahezu identische Kapazitäten aufweist wie das *Wissensgedächtnis*. Durch Verbinden kontextbezogener Abläufe, wie sie beispielsweise im Ballett vorkommen, lässt sich die Leistung der aufnehmbaren Einzelbewegungen jedoch weit über die Zahl acht hinaus steigern.

Hundetrainer berichten, dass einfache Übungen mit zirka zwanzig Wiederholungen in der Grobform erlernt werden können, was mit Pawlows Angaben in etwa übereinstimmt. Bis zur weitgehend verlässlichen Ausführung sind aus der Erfahrung des Gebrauchshundewesens und des Hundesports jedoch wesentlich mehr Wiederholungen erforderlich. Bis die Aufgabenbewältigung bei Hunden in der Feinmotorik beherrscht wird und unter Signalkontrolle abläuft, sind oft zahlreiche (mitunter Tausende) Wiederholungen erforderlich – je nach Aufgabe in einem Zeitraum von Jahren. Genaue Angaben sind nicht möglich, da die Anzahl der Wiederholungen bis zur fehlerfreien Bewältigung von vielen Faktoren abhängt. Unter anderem auch davon, wie die Wiederholungen innerhalb eines bestimmten Zeitraums aufgeteilt werden.

Hierzu hat der österreichische Psychologe Adolf Lothar Jost (1874–1908) einen wichtigen, heute noch anerkannten Beitrag zur Lernpsychologie geleistet. Die nach ihm benannten *Jostschen Gesetze* (an das zuerst Gelernte erinnert man sich mit größerer Wahrscheinlichkeit) zeigen, kurz gefasst, welche Lernleistungen erreicht werden, wenn man Wiederholungen in unterschiedliche Intervalle aufteilt. Die Kernaussage lautet, kurz gefasst: Das Aufteilen der

Die *Jostschen Gesetze:*

24 Wiederholungen in 1 Tag	ca. 40 %	Lernleistung
12 Wiederholungen jeweils in 2 Tagen	ca. 50 %	Lernleistung
8 Wiederholungen jeweils in 3 Tagen	ca. 60 %	Lernleistung
6 Wiederholungen jeweils in 4 Tagen	ca. 70 %	Lernleistung
4 Wiederholungen jeweils in 6 Tagen	ca. 80 %	Lernleistung
2 Wiederholungen jeweils in 12 Tagen	ca. 90 %	Lernleistung

Wiederholungen auf einen längeren Zeitraum bringt deutlich bessere Ergebnisse.

Die *Jostschen Gesetze* wurden inzwischen in mehreren Studien bestätigt. Wiederholungen, die auf einen längeren Zeitraum verteilt werden, wirken sich für das Langzeit-Behalten günstiger aus als gehäufte Wiederholungen in kurzer Zeit. Dies entspricht der allgemeinen Erfahrung, dass Büffeln und Pauken nur für kurzfristige Erinnerungen taugen. Man denke an das weit verbreitete, kurzfristige Lernen unmittelbar vor Prüfungen. Schon Tage nach der Prüfung ist das Wissen vergessen.

Anhaltende Erinnerungen sind mit dieser Lernmethode so gut wie ausgeschlossen. Erstaunlich ist, dass man an Schulen und in der Erwachsenenbildung immer noch auf massierte Wiederholungen baut: Büffeln und Pauken sind offenbar nicht auszumerzen. Neueren Erkenntnissen zufolge sollte man mit Wiederholungen sogar in der *Erwerbphase* sparsam umgehen! Das heißt konkret: Beim Eintreten der ersten fehlerfreien Ausführungen sind weitere, unmittelbare Wiederholungen Zeitverschwendung. Um dem anschließenden schnellen Vergessen vorzubeugen, ist eine andere Strategie zu wählen. Man kann den Lernstoff nach dem ersten erfolgreichen Test getrost dem Vergessen anheim geben, denn dieser Vorgang lässt sich ohnehin nicht umgehen. In bestimmten Zeitabständen ist der Stoff jedoch zu wiederholen. Wie diese Abstände (Intervalle) zu gestalten sind, hierfür gibt es verschiedene Modelle. Weitgehende Übereinkunft besteht darin: Die Intervalle unmittelbar nach dem Erwerb sind relativ kurz und werden dann immer länger (*spacing* oder *Intervall-Effekt*).

Pausen

Prof. Froböse vom Zentrum für Gesundheit der Deutschen Sporthochschule in Köln bringt es auf den Punkt, wenn er in der *Süddeutschen Zeitung* darauf hinweist, dass das beste Training nichts nützt, wenn sich der Körper zwischen den Trainingseinheiten nicht regenerieren kann. Pausen verdienen zweifach Beachtung: Im Hinblick auf neuronale Prozesse und aus Sicht der Muskulatur.

Unsere Muskeln sind auf Wechsel von Aktivität und Ruhe ausgelegt. Man könnte die Kraft, die ein einziger Pedaltritt beim Fahrradfahren erfordert, keine fünf Minuten ununterbrochen halten. Im steten Wechsel zwischen Arbeit und Erholung, zwischen *Kontraktion* (Anspannung) und *Relaxation* (Erschlaffung) jedoch ist man in der Lage, tagelang ununterbrochen Pedale zu treten. Prof. Froböse rät bei Ausdauersport zu einer Pause von eineinhalb bis zwei Tagen, nach Muskeltraining zwischen zwei und drei Tagen. Zwei bis drei Trainingstage pro Woche reichen daher in der Regel aus. Nur bei leichtem Training wie zum Beispiel Walking oder sanftem Joggen ist tägliches Üben anzuraten.

Körper und Geist verlangen im Anschluss an Phasen der Belastung und Aktivität Zeiten der *Regeneration*. In den Pausen werden die Energiereserven wieder aufgeladen. Nach der Pause stellt sich eine Zunahme der Leistungsfähigkeit ein. Man nennt dies in der Sportwissenschaft *Superkompensation*. Das sollte man sich auch für das Trainieren mit Hunden gut merken. Das Training ist am effektivsten, wenn man das nächste

Erfahrene Hundebesitzer geizen mit jeder einzelnen Wiederholung. Und sie halten bei verschiedenen Übungen Pausen von Wochen und Monaten ein. Würde man eine Übung zu oft wiederholen, so müsste man mit Abnahme der Motivation rechnen.

Training dann beginnt, wenn sich der Körper soeben voll erholt hat. Zu lange Pausen wirken sich ebenfalls leistungsmindernd aus. Training und Entspannung müssen gut aufeinander abgestimmt werden. Auch dies ist ein *Balance-Akt*.

Noch ein anderer Grund spricht für Pausen. Zahlreiche mentale Prozesse müssen im Gehirn erst im Nachhinein umgebaut werden. Diese Vorgänge nehmen Stunden, Tage, mitunter sogar Wochen in Anspruch. Und wir wissen, dass die zu schnelle Aufeinanderfolge neuer Aufgaben den Lernprozess behindert. Pausen sind daher enorm wichtig. Auch für die Psyche. Das Pausenprinzip gilt auf mehreren Ebenen, sozusagen im Großen wie im Kleinen. Daher sind in jedem Intervallmaßstab Pausen unersetzlich. Die übergeordneten Zeiteinheiten Tag, Woche, Monat, Jahreszeit und Jahr bieten eine naheliegende Orientierung für Phasenintervalle. Was hier noch fehlt, sind die Mikro-Zeiten der einzelnen *Trainingseinheit* und Pausen in Bezug auf die noch kleinere, konkrete *Detailaufgabe*.

Beginnen wir mit der kleinsten Einheit, der *Detailaufgabe*: In der Erlernphase gilt: Zwischen jeder Detailaufgabe und der nächsten sollte man dem Hund eine kurze Ruhepause (im Bereich von einer Minute) gönnen, um die *Nachwirkzeit* nicht zu stören. Die Kurzpause im Bereich einer Minute wird auch beim Muskeltraining zwischen den einzelnen *Sätzen* (1 Satz = zw. 8 – 15 Wiederholungen) empfohlen. In dieser Zeit sollte man keine anderen Muskelgruppen fordern und dem Körper wirklich Zeit zur Entspannung und für den Stoffwechsel gönnen. Auch im Hundetraining ist dies zu berücksichtigen! Wenn es aus methodischer Sicht beispielsweise begründet ist, den Hund mehrmals hintereinander eine kraftraubende Übung ausführen zu lassen, wäre es wichtig, zwischen den Aktionen jeweils eine Kurzpause einzubringen und in dieser Zeit dafür zu sorgen, dass möglichst wenig neue Eindrücke aufgenommen werden. Geht es um die

Festigung des soeben Gelernten, so ist man in Bezug auf Pausen mit dem *Guttmann-Modell* gut beraten: Fünf, zehn, zwanzig Minuten oder modifiziert: fünf und dreißig Minuten, am Abend, am nächsten Tag, nach einer Woche usw. Es ist erstaunlich, wie viel Zeit man auf längere Sicht einspart, wenn man Pausen gezielt und konsequent plant und einhält. Die Risiken und Folgen eines Übertrainings sind erforscht und ernstzunehmen. Symptome für Übertraining sind: Abgeschlagenheit, Lustlosigkeit, erhöhte Infektionsbereitschaft, Mangelerscheinungen und eklatante Leistungseinbußen. Konkrete Angaben über die erforderliche Dauer von Pausen lassen sich leider nicht aufstellen. Wir beschränken uns daher auf einige allgemeingültige Hinweise:

Nach einer größeren Leistung sowie nach dem Erreichen eines Ziels bietet sich eine etwas längere Pause an, je nach individuellen Umständen und Umfeld zwischen zwei und vier Wochen. Mindestens einmal im Jahr. Besser ist es, zwei bis drei Mal pro Jahr mittellange Pausen einzuplanen. Und auch eine längere Pause von ein oder zwei Monaten kann sich förderlich auswirken. Dann aber sollte man die üblichen Aufgaben tatsächlich beiseite lassen und an Stelle dessen spazierengehen, schwimmen, wandern oder Fahrrad fahren. Man ist immer wieder überrascht, wie positiv sich eine längere Pause auf das gesamte Training auswirkt. Bei Wiederaufnahme des Trainings ist besonders darauf zu achten, dass die Anforderungen nicht zu hoch angesetzt werden. Vorrangige Ziele sind: freudige Interaktionen, locker, stressfrei, spannend und abwechslungsreich. Hunde lieben und danken es, wenn auch der Besitzer bei der Wiederaufnahme des Trainings voll bei der Sache ist!

Auch so genannte *Zwangspausen*, die eigentlich gar nicht geplant waren, erfüllen ihre Aufgabe, etwa bei Krankheit oder anderen, nicht lösbaren Zwängen. Oder dann, wenn man beispielsweise, aus welchen Gründen auch immer, in eine Sackgasse geraten ist. Dann ist es in der Regel besser, zunächst einmal gar nichts zu tun und so lange nachzudenken, bis man eine zündende Idee hat oder, bis erst mal *Gras über die Übung gewachsen ist*, falls das Üben irgend etwas irritiert oder gar geängstigt haben sollte, was ja auch außerhalb des Trainings aufgetreten sein kann.

Pause begegnet uns noch in einem anderen Zusammenhang: Im vorübergehenden Entzug (*Deprivation*). Wenn man beispielsweise das Lieblings-Motivationsobjekt für einige Zeit vorenthält, so kann auf diese Weise der Wert desselben erheblich gesteigert werden. Dasselbe gilt für das Vorenthalten des Futters bis nach dem Training. Den Hund jedoch täglich viele Stunden im Zwinger oder gar im Keller zu halten, damit er dann beim Training *alles gibt*, ist Ausdruck einer unverantwortlichen, rücksichtslosen Tierhaltung.

Wissen und Können

Auf die Unterschiede beim Erwerb von Wissen (*implizites Gedächtnis*) und Können (*explizites Gedächtnis*) wurde bereits eingegangen.

Anforderungen beim Ausarbeiten einer Fährte erfordern andere Gehirnleistungen als die Umsetzung einer Grundhaltung. Die motorischen Anforderungen beispielsweise bei den Grundübungen <Sitz> oder <Platz> sind verhältnismäßig gering. Es geht hier um Bewegungs-Funktionen, die der Hund schon im Welpenalter sicher beherrscht. Auch Herankommen und Entfernen stellen motorisch keine Schwierigkeiten dar. Das eigentliche Problem liegt darin, den Hund dazu zu bringen, dass er das, was wir von ihm wollen, zu jeder Zeit zuverlässig, exakt und vor allem gerne, das heißt „freiwillig“ (aus innerem Antrieb), ausführt. Ein Großteil der Aufgaben, die wir von Hunden erwarten, beinhaltet daher eine *Mixtur* aus geistigen, emotionalen und motorischen Komponenten. Die relativ geringen Anforderungen im Hinblick auf Motorik dürfen aber nicht darüber hinwegtäuschen, dass die Aufgaben als Ganzes, vor allem aus dem Blickwinkel der *Signalkontrolle*, alles andere als einfach sind.

Alan Baddeley (geb. 1934) ist durch sein Modell des *Arbeitsgedächtnisses* bekannt geworden (*phonologische Schleife, visuell-räumlicher Notizblock* und zusätzlich *episodischer Puffer)*. Baddeley (1995) geht ähnlich wie Englekamp (1998) von einem *motorischen Arbeitsgedächtnis* als auch einem *motorischen Langzeitgedächtnis* aus. Wie schon erwähnt, verlaufen Wissens-Vergessenskurven, etwa im Bereich des Spracherwerbs, anders als Vergessenskurven der motorischen Abläufe. Andererseits wurden auch zahlreiche Übereinstimmungen festgestellt. Einige davon sind:

Die Aufnahmekapazität bei motorischen Abläufen ist, wie wir wissen, auf zirka acht Bewegungen beschränkt (Vergleiche: 7+/-2 chunks). Auch in der Hundeausbildung ist darauf zu achten, dass nicht zu viele neue Informationen hintereinander präsentiert werden (Informationsschwemme). Wir erinnern uns an den Rat: Kurze Lerndurchgänge sind in der Regel effektiver als lange und: Komplexe Aufgaben sollte man in kleine und kleinste Lernschritte aufteilen.

Motorische Abläufe können sich im Arbeitsgedächtnis ähnlich lang wie Worte (Humanbereich: Adams & Dijksta 1966) halten, nämlich zwischen 20 und 30 Sekunden.

Motorische Abläufe werden in unterschiedlichen Gedächtnisspeichern gehalten, wobei im *deklarativen Gedächtnis* abgelegt wird, um welche Bewegungen es sich handelt, während das *prozedurale Gedächtnis* die konkrete Ausführung der Bewegung speichert. Dies legt nahe, Lernprogramme möglichst abwechslungsreich zu gestalten. Bewegungen führen unter ähnlichen Bedingungen, wie sie im Erlernstadium vorlagen, zu besseren Abrufergebnissen als in neuer, unbekannter Umgebung (*Kontextspezifität*). Daraus folgt: Anfangs sollte man im *abgeschirmten Milieu* üben! Abänderungen der Übung folgen erst im weiteren Lernverlauf!

Forscher fanden heraus: Bei längeren, komplexen Bewegungen lassen sich die Anfangs- und Endteile besser abrufen als die Mittelteile. Daraus ist abzuleiten, dass die Mittelteile mehr als die Anfänge und Endteile durch Wiederholungen gegen Vergessen geschützt werden müssen.

Durch *proaktive* und *retroaktive Interferenzen* (*Inhibition*) können motorische Abläufe negativ beeinflusst werden. Das bedeutet: Vor und nach neuen Lerninhalten sind kurze Pausen einzuplanen. Zumindest aber sanfte Themenwechsel.

Kontinuierliche Bewegungsabläufe werden in der Regel besser behalten als *diskrete (*schwierige*) Aufgaben* (kleine Lernschritte)!

<u>*Erwerb* und *Vergessen* motorischer Abläufe</u>

Der Erwerb motorischer Abläufe braucht im Vergleich zur Aneignung von Wissensinhalten länger. Je komplexer der motorische Ablauf, desto länger dauert die Aneignung. Der relativ langen Erwerbsphase steht eine in der Regel erhöhte Löschungsresistenz gegenüber: Autofahren, Schwimmen und andere, ähnliche Fertigkeiten vergisst man lebenslang nicht. Gleichbleibende Bewegungsabläufe wie zum Beispiel Fahrradfahren oder Schwimmen nennt man *closed loops*, sich stets verändernde Abläufe wie zum Beispiel Schreibmaschine schreiben oder Erste Hilfe-Fertigkeiten werden als *open loops* bezeichnet (McKenna & Glendon 1985). Piloten, die im Flugsimulator mittels *closed loops* trainiert wurden, konnten das Gelernte noch nach 9 bis 24 Monaten unverändert abrufen (Fleischmann & Parker 1962). Offene Abläufe müssen zur Aufrechterhaltung der Leistung hingegen laufend trainiert werden. Besonders komplexe Fertigkeiten wie das Spielen eines Instruments, extreme Leistungen im Sport oder auch außergewöhnlich kraftraubende Tätigkeiten müssen allerdings permanent geübt werden, um den Leistungsstand auch nur zu halten. Hierbei werden Anpassungsfähigkeiten rekrutiert, die nahezu unglaublich anmuten. Man spricht beispielsweise bei Instrumentalvirtuosen von der *Aus* - und *Durchbildung der Hand*. Nach vielen Jahren permanenten Übens verändern sich nicht nur Muskeln, sondern auch Sehnen, Knorpel und sogar Knochen und Gelenke. Die *Durchbildung* der Hand schafft auf diese Weise optimierte Bedingungen, welche nach vielen Jahren ein Drosseln des Übeaufwandes ermöglichen.

Anspruchsniveau

Lernvorgänge sind vielschichtig. Wie sehr die einzelnen Bereiche miteinander verwoben sind, wird einmal mehr am Beispiel des *Anspruchsniveaus* deutlich. Der Begriff *Anspruchsniveau* wurde erstmals von der Lewin-Schülerin Tamara Dembo 1931 eingeführt. In der Umgangssprache verwendet man das Wort *Schwierigkeitsgrad*, oder besser: *Erreichbarkeitsgrad*. Dembo fand am Berliner Psychologischen Institut in den 1920er Jahren heraus, dass Menschen bei unbekannten Aufgaben noch keine konkrete Leistungserwartung haben und diese erst im Laufe von Versuchen und ihren dabei erlebten Leistungen bilden. Fritz Hoppe, Lewin-Schüler, unternahm die ersten wissenschaftlichen Untersuchungen des *Anspruchsniveaus* im Hinblick auf Erfolg und Misserfolg. In seiner 1930 veröffentlichten Arbeit (*Psychologische Forschung*, 14, 1–62) beschreibt er, dass der subjektiv erlebte Erfolg infolge seiner bestätigenden und anspornenden Wirkung das Anspruchsniveau steigert. Dies wird durch alltägliche Erfahrungen bestätigt: Wer mühelos einen Weitsprung von 5,50 m bewältigt, wird das Anspruchsniveau nicht auf 4 Meter, sondern etwa auf 5,80 m oder 6,00 Meter legen, während ein anderer, der die 4-Meter-Marke bei weitem nicht erreicht, sein Anspruchsniveau entsprechend niederer ansetzt. Hoppes Arbeit wurde von Margarete Jucknat (1937), ebenfalls eine Lewin-Schülerin, überprüft und bestätigt. Lewin et al. brachten 1944 eine Theorie zur

Anspruchs-Niveau-Setzung heraus, welche die Grundlage für John. W. Atkinsons *Risikowahl-Modell* bildete. In Brunstein & Heckhausen (2005) ist eine Zusammenfassung dieses Modells dargestellt. Soviel zur Geschichte.

Erfolg und Misserfolg werden von jedem anders bestimmt, wie auch jeder die persönliche Leistungserwartung und die darauf aufbauende Risikobereitschaft individuell und für die aktuelle Situation selbst festsetzt. Nach dieser Definition muss dem Probanden jedoch die Aufgabe vertraut sein, weil er ohne Kenntnis seiner zurückliegenden Leistungsfähigkeit kein Anspruchsniveau bilden kann. Wird das gesteckte Ziel erreicht oder überschritten, äußert sich dies im Gefühl des Erfolges, wird es nicht erreicht, macht sich ein Gefühl des Misserfolges breit. Erfolg steigert das Anspruchsniveau, Misserfolg hinterlässt die entgegengesetze Wirkung. Eine Untersuchung, die an erfolgsorientierten Schülern in den USA durchgeführt wurde, zeigte, dass diese Aufgaben bevorzugen, die weder zu schwierig noch zu leicht sind. Die Chancen zur Lösung lagen bei diesem Personenkreis bei etwa 50 % (Vergleiche auch Weiner 1996).

Bei einer Chancenhöhe von 50 % liegt bereits eine beachtliche Risikobereitschaft vor: Gelingen und Nichtgelingen halten sich hier die Waage! Ein weiterer *Balance-Akt*! Misserfolgsorientierte Schüler entschieden sich häufiger für unrealistische Anspruchsniveaus; diese waren entweder viel zu hoch oder viel zu gering. Die einen ließen sich vom Anreiz leiten und waren zu wagemutig, die anderen wollten den Misserfolg vermeiden und reagierten zu vorsichtig.

Aus alldem geht hervor: Bereits die Bestimmung des Anspruchsniveaus beeinflusst Erfolg und Misserfolg. In unserem Falle, wo es um die Ausbildung von Hunden geht, bestimmt weitgehend der Mensch das Anspruchsniveau, womit naturgemäß weitere Risiken verbunden sind. Denn wenn es nicht gelingt, das für den Hund abgestimmte Anspruchsniveau zu finden, sind Probleme vorprogrammiert. Und hier geht es nicht nur um den lapidaren Satz: *Jeder Hund ist anders*. Alles ist an jedem Tag, in jedem Augenblick und in jeder Situation anders! Der Hund braucht ein individuelles, situativ maßgeschneidertes Anspruchsniveau, und das an jedem Tag neu! Das ist nicht immer einfach zu bestimmen und erfordert eine gute Beobachtungsgabe sowie Empathie und vor allem: Die Bereitschaft des Besitzers oder Trainers, flexibel zu bleiben und nicht an immer gleichen Trainingsritualen festzuhalten!

Der individuell gewählte Schwierigkeitsgrad (*Erreichbarkeitsgrad, Realisierungswahrscheinlichkeit)* bestimmt nicht nur Erfolg und Misserfolg, er ist auch maßgeblich an der Motivation beteiligt. Je nachdem, ob das gewählte Anspruchsniveau (individuell) unter- oder übertrieben gewählt wird, verändert sich auch die Motivation. Dies beschreiben wir an folgendem Beispiel:

Angenommen, wir befinden uns in einer Sportgruppe. Der Trainer stellt folgende Aufgabe: *„Ich halte einen Spazierstock waagerecht, 5 cm über den Boden. Wer wagt es, darüber zu springen?“* Die Teilnehmer meinen, es handle sich um einen Scherz, da die Aufgabe viel zu leicht ist. Was meint der Leser: Wie hoch ist das Motivationsniveau? 10, 50 oder 90 %? Die meisten werden bei Aufgaben, die einen extrem hohen *Erreichbarkeitsgrad* (*Realisierungswahrscheinlichkeit*) aufweisen, nur sehr wenig Motivation verspüren. Was aber passiert, wenn der Trainer folgende Aufgabe stellt?*: „Jetzt halte ich den Stock waagerecht in einer Höhe von 1,70 m. Wer traut sich, darüber zu springen?“* Bei dieser Aufgabe werden sich wahrscheinlich alle überfordert sehen und den Versuch erst gar nicht ins Auge fassen. Die Erfahrung lässt den Erreichbarkeitsgrad als nicht realisierbar einstufen. Auch bei diesem Anspruchsniveau tritt so gut wie keine *Bewältigungs-Motivation* auf. Bei manchen Teilnehmern wird die ursprünglich entgegengebrachte Motivation sogar in *Demotivation* umschlagen. Auch bei der zu leichten Aufgabe kann das passieren. Und für beide Extreme gilt: Demotivation wird umso wahrscheinlicher, je öfter sich Unter- oder Überforderung wiederholen und je länger sie andauern. Hohe Bewältigungs-Motivation ist zu erwarten, wenn die Aufgabe einen mittleren Erreichbarkeitsgrad aufweist. Das heißt, das richtige Maß an Risiko wirkt sich motivationsfördernd aus. Das „richtige Maß“ ist in folgender Grafik als *Idealzone* markiert und mit einer Spanne von zirka 10 bis 15 % ober- und unterhalb der 50 % Marke (mittlerer Schwierigkeitsgrad) angegeben. Ob diese Spanne zu gering oder zu weit ausgelegt ist, sei dahingestellt. Sie trägt immerhin den unterschiedlichen, individuellen Eigenschaften Rechnung. Manche Hunde sind von vornherein antriebsstärker, andere schwächer. Dasselbe gilt für die Risikobereitschaft als auch für die Einschätzung der eigenen Leistungsfähigkeit. Die Idealzone ist keine feste Größe, sondern ein individueller Rahmen, der auch von der Einschätzung des Augenblicks abhängt. In der Grafik wird der Bereich der

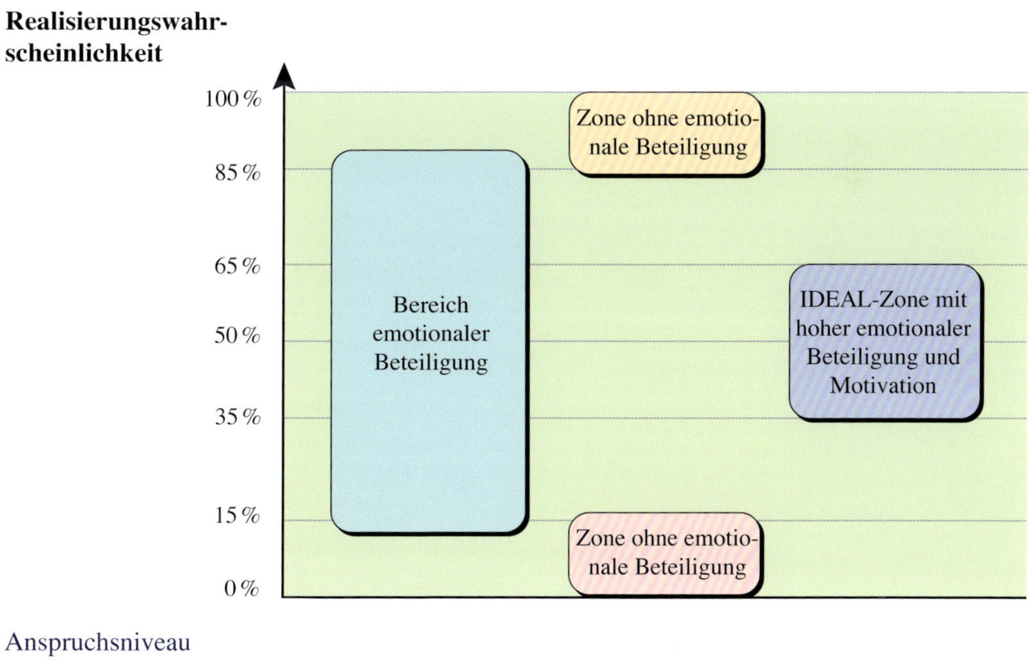

Bewältigungs-Motivation durch den grünen Balken dargestellt. Die höchste Intensität liegt im Bereich der Idealzone. Anspruchsniveau und Aufgabenwahl geht nach Lewins *Feldtheorie* ein Annäherungs-Vermeidungs-Konflikt voraus, wobei die Annäherungstendenz vom zu erwartenden Erfolg gespeist wird, während die Vermeidungsmotivation den möglichen Misserfolg fokussiert. Beide Tendenzen sind – das ist das Besondere an dieser Theorie – gleichzeitig vorhanden und wirksam (*Balance-Akt*).

Neben der Realisierungswahrscheinlichkeit, die in der Planung vom Menschen, in der praktischen Ausführung jedoch auch vom Hund selbst eingeschätzt wird, ist noch die *Bekräftigung* zu nennen. Denn Lob und Erfolg wirken zurück und beeinflussen die Erwartung in hohem Maße. Wird immer (und gleichförmig) belohnt, so kann das Anspruchsniveau in den Bereich geringer emotionaler Beteiligung absinken (siehe weiter vorne: Verstärkerpläne).

Aus dem Gesagten lassen sich folgende Ausbildungs- und Trainingsleitsätze ableiten:

- *Hohe Bewältigungs-Motivation* ist im Bereich der *Idealzone* (50 % Erreichbarkeit + - 15 %) zu erwarten (mit Ausnahmen).
- *Unrealistisches Anspruchsniveau* (Unterforderung / Überforderung) kann die *Bewältigungs-Motivation* beeinträchtigen.
- *Extrem unrealistisches Anspruchsniveau* (extreme Erreichbarkeitsgrade in beide Richtungen) kann die *Bewältigungs-Motivation* stark einschränken, vereiteln oder auch in *Demotivation* umschlagen lassen.

Für die Ausbildung von Hunden stellt sich die Forderung nach gewissenhafter Bildung des Anspruchsniveaus noch eindringlicher. Da wir dem Hund sozusagen die Entscheidung abnehmen, indem *wir* für ihn das Anspruchsniveau bestimmen, riskieren wir, außerhalb der für den Hund tatsächlichen individuellen und zuträglichen Einschätzung zu liegen. Wenn die Aufgabe zu schwierig angesetzt wurde oder der Hund sie nicht verstanden hat; wenn uns dies nicht rechtzeitig auffällt und wir trotzdem die Bewältigung der Aufgabe einfordern, kann sich leicht Demotivation und Angst einstellen. Die Folgen der Angst sind bekannt. Sie greifen tief auf alle Bereiche der Befindlichkeit und können sich auf psychischer und physischer Ebene auswirken. Zurück bleiben *emotionale Etikette*, die sich in weiterer Folge der Ausbildung äußerst abträglich auswirken können. Allzu leicht vergessen wir, dass der Hund Motivationstiefs, anders als der Mensch, nicht durch Abstraktion weit entfernter Erfolge zu kompensieren vermag! Hunde brauchen, ähnlich wie Kinder, den Erfolg im augenblicklichen Tun. Das ist „*Sinn-volles Tun*“ im eigentlichen Sinne des Wortes! Auf das Anspruchsniveau bezogen heißt das: Der Trainer muss stets kreativ planen, um den Neuigkeitswert der Aufgabe aufrecht zu erhalten, und er muss den Erreichbarkeitsgrad immer wieder überprüfen und neu modifizieren, auf den Hund und die Situation abgestimmt. Allgemein neigen wir dazu, junge Hunde zu überfordern und ältere Hunde zu unterfordern. Oft werden viel zu viele Wiederholungen durchgeführt, ohne Plan und ohne Wissen über die Lern- und Behaltens-Vorgänge! Oft wird bereits im Welpenalter viel zu viel Wert gelegt auf korrekte Vorzeige-Übungen *(Sitz oder Platz)*, anstatt man sich bei Aufgaben zunächst auf die Vermittlung des Kerns einer Aufgabe konzentriert (*Phänomenvermittlung*!). Oft bleiben die Mittel und Wege, welche die Bereitschaft zu einer freiwilligen, aus innerem Antrieb induzierten Bewältigung wecken würden, weit hinter oberflächlichen, engmaschigen Vorzeigezielen zurück.

Beispiel einer Fehleinschätzung des Anspruchsniveaus:

Der Besitzer eines eher vorsichtigen Hundes ist gerade dabei, seinem Vierbeiner das Liegenbleiben zu vermitteln. Er legt den Hund mittels Hörzeichen <Lager> ab und wartet. Nach einiger Zeit steht der Hund auf und will zu ihm kommen. Der Besitzer wiederholt das Hörzeichen, diesmal etwas strenger, in der Meinung, er müsse dem Hund klar machen, dass er nicht selbstständig aufstehen darf. Das Signal (Bedeutung: Verhindern des Herkommens) erlebt der Hund als positive Bestrafung nach dem Typ 1. Es kann durchaus sein, dass sich der Hund infolge der Unterordnungsmaßnahme wieder hinlegt. Aber zum einen tut er dies nicht freiwillig, sondern unter Druck, zum anderen wird durch das strafende Einfordern die gesamte Aufgabe <Lager> emotional als unangenehm empfunden. Die sich darauf aufbauende Erwartung ist bei Wiederholungen negativ gefärbt, und sooft der Hund eine Möglichkeit findet, wird er die Erfüllung der Aufgabe zu umgehen suchen. Richtig wäre gewesen, das Anspruchsniveau dem Hund anzupassen, anstatt den Misserfolg heraufzubeschwören. Der Misserfolg kann dazu führen, dass der Hund sein Anspruchsniveau selbst herabsetzt, sich weniger zutraut und das nächste Mal noch früher aufsteht. Der Besitzer hätte angesichts der auffälligen Misserfolgsorientierung des Hundes jegliche Überforderung vermeiden müssen. Er hätte das Abliegen auf dem Lager (in der Aquisitionsphase) nur kurze Zeit – einige Sekunden – fordern dürfen und mit positiver Verstärkung beenden sollen. Es liegt am Besitzer, das Liegenbleiben als etwas Positives oder als etwas Unangenehmes erleben zu lassen. Lerntheoretisch gesprochen: Das Freigeben zum Herkommen mit anschließendem Spiel und Lob beeinflusst die Auftretenswahrscheinlichkeit des Verhaltens <Liegen auf dem Lager> positiv. Schritt für Schritt wird die Zeit des Liegenbleibens ausgebaut (immer wieder extrem kurze Intervalle einschieben). Ist durch Wiederholungen die angenehm gestimmte Erwartung gefestigt, wird der Hund im Vertrauen auf seinen Erfolg kein Problem damit haben, auch länger liegen zu bleiben. Er wird seinen individuellen Erreichbarkeitsgrad ebenso wie seine Bewältigungsmotivation ganz von selbst höher setzen, was letztlich ein höheres Anspruchsniveau (Schwierigkeitsgrad) ermöglicht!

Selbst in außergewöhnlicher Situation, wenn beispielsweise zu seiner Sicherheit einmal Druck erforderlich wäre, wird der Hund die Aufgabe zuverlässig ausführen, denn sie ist emotional grundsätzlich positiv verankert, was sich in Ausnahmen, auch unter Stress oder Druck, durch eine höhere Toleranz gegenüber Belastbarkeit auswirkt.

Überforderung resultiert unter anderem aus: Die Aufgabe ist zu schwierig, sie wird zu selten gefordert, sie ist zu anstrengend, zu wenig artgerecht oder nicht dem Alter und der Reife entsprechend. Oder: Die Aufgabe wurde unverständlich oder widersprüchlich vermittelt. Genau diese Fehler sind in der Hundeausbildung keine Seltenheit. Und sie werden oft hartnäckig wiederholt, weil der Hund leider nicht reden kann und seine Befindlichkeitssignale oft nicht erkannt oder auch fehlinterpretiert werden.

Lern- und Trainingsrituale

Warm up – Cool down

Aufwärmen (*Warm up* oder *Warming up*) wird nahezu überall empfohlen: Nicht nur unter Athleten aller Sportarten, auch in anderen Tätigkeiten wie Tanz und Musik, Rede- und Schauspielkunst wird Aufwärmen, Einstimmen oder Vorbereiten hoch geschätzt. Selbst Maschinen müssen aufgewärmt werden, bevor man ihnen Höchstleistung abverlangt, sei es im Motorsport, in der Industrie oder Luftfahrt. *Warm up* wird nicht nur vor Prüfungen oder in Wettkämpfen praktiziert, sondern gehört zu jedem einzelnen Training. Die Vorteile sind bekannt. Aufwärmen aktiviert das Herz-Kreislauf-System und führt zu besserer Durchblutung des gesamten Körpers. Die Kerntemperatur steigt, die angesprochenen Muskelgruppen werden besser versorgt, die Nervenerregbarkeit beschleunigt, biochemische Reaktionen laufen schneller ab, die Herzfrequenz nimmt zu und der Blutdruck steigt. Auch die Knorpelgewebe, deren Stoffwechsel nicht über Adern, sondern allein aus unmittelbarer Umgebung gespeist wird (Diffusionsernährung), profitieren durch das Aufwärmen, wobei der Flüssigkeitsgehalt um 30 % zunimmt und daher wesentlich höhere Belastungen toleriert. Selbst die Menge des Blutes wird erhöht, indem die Leber vermehrt Blut produziert. All das steigert nicht nur die Leistungsfähigkeit und Koordination, sondern trägt wesentlich dazu bei, Verletzungen vorzubeugen. Lange halten diese Effekte allerdings nicht an: Man rechne mit etwa fünf Minuten. Bereits nach Pausen zwischen zwei bis drei Minuten stellen sich die Leistungsparamenter wieder auf Ruhewerte ein. Daher ist darauf zu achten, dass das Warm up möglichst unmittelbar vor dem Training oder Auftritt stattfindet und nicht mehrmals wiederholt werden muss, da Wiederholungen zu Leistungsabnahme und Demotivation führen können.

Und auf psychischer Seite: Aufwärmen wirkt als Stimmungsmacher auf den gesamten Affektbereich, stimmt positiv auf das Ziel ein, fördert Motivationen und kann Glückshormone (Endorphine) freisetzen.

Form, Intensität und Dauer des Aufwärmens werden von der Tätigkeit und vom

Warming up und Cooling down. Ein Muss bei sportlicher Betätigung.

Ausführenden selbst bestimmt. In jeder Sportart haben sich eigene Praktiken der Vorbereitung bewährt. Schwimmer beispielsweise aktivieren vor allem den Kreislauf, während es Tänzern, die sich relativ lange mit Dehnungsübungen vorbereiten, auf Elastizität ankommt. In der Hundeausbildung und im Hundesport wird Warm up leider oft nur einseitig betrieben. Man geht mit dem Hund kurz vorher Gassi und stimmt ihn vor der Prüfung durch ein Stimulations-Spiel ein, weil man weiß, dass er in Aktionsbereitschaft besser mitmacht. Aber die physiologische Vorbereitung wäre auch wichtig: Lockerer Trab (zirka eine Minute lang), anschließend ein kurzer Spurt, eventuell einige leichte Sprünge, Abliegen, Robben vorwärts und rückwärts, einige Biegungs- und Dehnungs-Übungen für die Wirbelsäule: Links, Rechts, Beugen, Strecken; – HWS, BWS und gesamte WS-Achse; sowie Drehung der WS um ihre eigene Achse (Torsion). Das Aufwärmen dauert insgesamt zirka 3,5 bis 5 Minuten und bietet sich für das ohnehin erforderliche Auslaufen bzw. Gassi-Gehen an. Dehnungsübungen (sanftes Stretching) sollten noch durch große, kreisende Bewegungen der Gelenke ergänzt werden. Hinzu kommt, dass das Aufwärmen auch auf psychischer Ebene erhebliche Vorteile aufweist, indem es als *diskriminativer Stimulus* (Vorhersagefunktion, Marker) wirkt und den Hund in eine positiv gestimmte Erwartung bringt.

Dem Warm up steht das *Cool down* gegenüber. Einfach aufzuhören, wenn die gewünschte Leistung erbracht wurde, ist nicht optimal. Der letzte Eindruck einer Handlung setzt sich besonders tief ins Gedächtnis. Ist dieser letzte Eindruck einer Handlung beim Hund durch *Affekt-Leere* oder durch nicht eingebrachte Erwartungen geprägt, so kann dies zu nachhaltigen Frustrationen führen. *Ein guter Schluss ziert alles*, sagt man. Am Ende eines Turniers nochmals kurz den Ball herauszuholen oder ein paar Leckerli zu verabreichen, ist zu wenig. Auch hier kommt es auf Abwechslung und Glaubwürdigkeit an! In umgekehrter Reihenfolge wie beim Start: Unmittelbar nach der Leistung folgt im Idealfall eine Abschluss-Belohnung, nicht nur als *technischer Verstärker*, sondern in Verbindung *glaubwürdiger, lobender,- noch besser bewundernder Zuwendung*. Anschließend sollte noch ein auflockerndes *Cooling down*, etwa in Form eines kurzen Spazierganges, angeschlossen werden. Der Hund sollte Gelegenheit erhalten, sich zu entspannen, physisch und psychisch.

Einstimmen – Start – Abschluss

Einstimmen bzw. *Startrituale* sind so wichtig wie das Üben selbst. Hunde leben weitgehend im Augenblick. Sie können nicht, wie wir, ein fernes Ziel in die Gegenwart abstrahieren und daraus Motivationen bilden. Ganz abgesehen davon, dass die von uns vorweggenommenen Ziele dem Hund meist gar nichts bedeuten (Pokale, Ergebnisse usw.) Daher ist es unersetzlich, den Hund durch entsprechendes *Warming up* einerseits und durch *Einstimmen* unmittelbar vor der erwarteten Leistung vorzubereiten. Auch das Einstimmen muss gewissenhaft auf Hund und Halter abgestimmt sein. Über- und Unterforderung, zu hohes oder zu tiefes Motivationsniveau sind ebenso zu vermeiden wie stereotypes, innerlich unbeteiligtes Einstimmen. Richtiges Einstimmen stellt

Für jeden Hund und für jede Situation gibt es unzählige Formen des Einstimmens.

Eine Form des Einstimmens.

hohe Ansprüche an den Hundebesitzer und muss ständig überprüft und erneuert werden. (In *Team-Balance* ist *Einstimmen* seit 1998 eine eigene Prüfungsaufgabe, gleich zu Beginn der Prüfung).

Auch Gestik oder Hörzeichen bieten sich als *Starter* an – in Verbindung mit dem Einstimmen oder auch außerhalb dessen. Einmal ritualisiert, weiß der Hund genau, was kommt. Erfahrene Hundehalter nutzen für unterschiedliche Aufgabenbereiche jeweils andere Starter. Auch für das Beenden des Trainings hat sich das Einbringen eines Symbols bewährt.

So sinnvoll Rituale des Einstimmens (*starting*) und Beendens (*ending*) sind, die Darstellung der Vorgänge soll nicht den Eindruck erwecken, dass der Mensch den Hund permanent unter Kontrolle bringen soll. In Situationen, *wo es drauf ankommt*, etwa in einer Prüfung oder bei Leistungen, die vom Gebrauchshund erwartet werden, erfüllen abrufbare Rituale zweifellos ihren Sinn. Im täglichen Leben aber muss auch Raum gegeben sein für die Einmaligkeit des Augenblicks, für Spontaneität und Kreativität. Hunde überraschen uns oft mit spontanen Spiel-Ideen, die wir natürlich aufgreifen und annehmen sollten. So lange wir in der Lage sind, vom Hund angebotene Spiele und Aktionen anzunehmen oder auch nicht und sie zu beenden, ist die Autoritätsakzeptanz nicht in Gefahr.

Methode: Ideal-Moment

Motivations-Balance begegnet uns in der Hundeausbildung auf Schritt und Tritt: In der Kommunikation sowie im Beziehungs- und Übungsaufbau, beim Einstimmen, beim Belohnen und in vielen Situationen des täglichen Lebens. Im Folgenden soll Motivations-Balance am Beispiel eines bewährten Rituals beschrieben werden. Die Rede ist von der Methode des *Ideal-Moments*.

Hundebesitzer sind mitunter überfordert, wenn die vielen Vorgänge, die bei Lernprozessen ablaufen, auf sie einstürmen. Mehrere Balance-Akte gleichzeitig zu verwalten, bedeutet selbst für den erfahrenen Hundetrainer eine Herausforderung. Ein wenig zu viel an Stimulation, und der Hund ist übermotiviert, etwas zu wenig, und der Hund macht nicht mehr mit. Wird zu früh abgerufen, ist der Hund möglicherweise noch nicht bereit, wird zu spät ausgelöst, ist die kommunikative Verbindung oft abgebrochen und der Hund hat sich bereits auf etwas anderes konzentriert. Das Zuviel an Motivation kann zur Einschränkung oder gar Blockade der Lernfähigkeit und zu allerlei unerwünschtem Verhalten führen. Ein Zuwenig endet oft darin, dass der Hund seine eigenen Wege geht.

Eigentlich wollte der Besitzer nur eine bestimmte Aufgabe vermitteln. Nun sieht er sich völlig unvorbereitet ganz anderen Herausforderungen gegenüber. Daher ist es von ausschlaggebender Bedeutung, sich die unterschiedlichen Herausforderungen im richtigen Augenblick zu vergegenwärtigen. Damit das Auslösen und Durchführen von Aufgaben erfolgreich ablaufen kann, müssen die hierfür relevanten Bedingungen geschaffen werden. Beides wird durch folgendes *Ritual*, das *Ideal-Moment,* ermöglicht. Es handelt sich hierbei um einen kurzen, standardisierten Ablauf, den es vor und während des Abrufens einer Aufgabe umzusetzen gilt. Der praktische Ablauf erfolgt in vier Schritten.

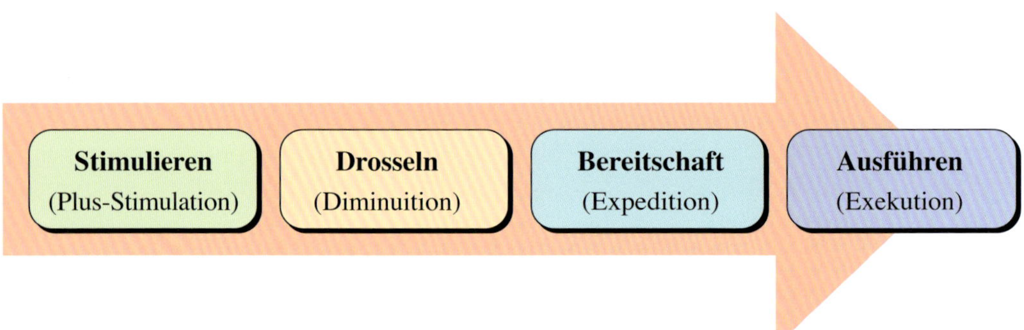

Ideal-Moment

Kurzfassung des *Ideal-Moments* in vier Schritten:

1. Plus-Stimulation

Vor dem Auslösen (bzw. Signalisieren, Abrufen, Freisetzen) einer Aufgabe stimmt man den Hund individuell ein. Mittels *Plus-Stimulation* soll ein überdurchschnittlich hohes Motivationsniveau erreicht werden (zwischen 60 und 80 % *). Maßgeblich ist die Abwägung: *„So viel und so wenig wie nötig"*: „so viel", damit der Hund ausreichend motivert ist, (Prävention gegen Untermotivation und ihre Folgen) und „so wenig wie nötig" als Prävention gegen Übermotivation und ihre Folgen.

Es wird so lange und intensiv eingestimmt, bis sich eine verlässliche Stimmungslage aufgebaut hat (*Plus-Stimulation*). Dies erkennt man an den Kriterien der Kommunikations- und Teambereitschaft. Plus-Stimulation soll verhindern, dass sich der Hund durch andere Reize oder Motivationen ablenken lässt. (*Teambereitschaft* ist mehr als *Aktionsbereitschaft*: Siehe *Team-Balance-PO's 2000 bis 2011)*. Würde man den Hund bei etwa 50 % Motivationsniveau einstimmen, dann würde er auf Grund des *Alles oder Nichts-Prinzips* bereits bei einem Ablenkungsreiz, der 51 % Motivationsniveau auslöst, sich voll und ganz von der Aufgabe ab- und dem neuen Reiz zuwenden. Um das zu verhindern, empfiehlt sich die *Plus-Stimulation* zwischen 60 % und 80 % *.

* „%" = Die Angabe in % dient der Vorstellung des Menschen und der Kommunikation zwischen Trainer und Teamführer. Eine graduelle Angabe ist damit nicht gemeint.

Ausführung: Der Team-Führer geht mit seinem leicht übermotivierten Hund geradeaus, wobei der Hund auf der linken (oder rechten Seite) erwartungsvoll mitgeht. Das Motivationsniveau wird durch stimultive Kommunikation (*Plus-Stimulation*) des Team-Führers erhalten (anfangs: zügiges, kraftvolles Gehen, Ansprechen, Mimik, Stimulationslaute u.a.). Nicht zu lange, nicht zu weit – zwischen 3 und 12 Schritten.

2. Drosseln (*Diminution*)

Während des gemeinsamen Gehens drosselt der Team-Führer das Tempo, indem er kontinuierlich langsamer und ruhiger geht und die kommunikative Stimulation herabsetzt, aber aufrecht erhält. Der Hund wird dieser Veränderung nachahmend folgen (*Stimmungsübertragung, soziale Anregung*). Während des Drosselns ist der Hund genau zu beobachten. Ein gravierender Fehler, der leider weit verbreitet ist, liegt darin, dass sich der Hundeführer (meist unbewusst) vom Hund manipulieren lässt. Übermotivierte Hunde drängen dann ihren hilflosen Besitzer, immer schneller zu werden. Mit gezielt ausgeführter Tempo-Drosselung kann man dieser Tendenz entgegensteuern, wobei die Aktionsbereitschaft des Hundes nicht abnimmt, sondern gesteigert wird!

3. Bereitschaft (*Expedition*)

Anzustreben ist ein ausgeglichenes *Motivations-Niveau* – weder zu hoch noch zu tief (*Balance-Niveau*). Das *Balance-Niveau* ist erreicht, wenn einerseits Ausgewogenheit im Hinblick auf Über- und Untermotivation, andererseits Kommunikations- und Teambereitschaft erreicht wurde. Beides lässt sich am Ausdrucksverhalten des Hundes ablesen.

4. Durchführung (*Exekution* = Auslösung bzw. Abruf oder Durchführung)

Im letzten Schritt, der *Durchführung*, kommt es dann auf die *Synchronisation* des optimierten *Balance-Niveaus* mit *dem Zeitpunkt der Signalgebung* an. Das Austarieren beider Faktoren schafft optimale Lernbedingungen und beugt Fehlern vor. Zeigt der Hund das ideale Balance-Niveau, darf auf keinen Fall gezögert werden. Unmittelbar beim Erreichen der beschriebenen Ausgewogenheit – im Ideal-Moment – ist die Durchführung (Exekution) der Aufgabe einzuleiten. Die verzögerungsfreie Durchführung (Exekution) im Ideal-Moment ist deshalb so wichtig, weil die meisten Hunde das Ideal-Moment nur sehr kurz halten – oft nur ein bis zwei Sekunden. Das gilt besonders für junge Hunde. Kommt man zu spät, ist der Hund meistens nicht mehr konzentriert und auch nicht mehr aktions- und teambereit. In der Regel hat er sein Interesse bereits etwas anderem zugewandt. In dieser Situation liegt die Wahrscheinlichkeit einer erfolgreichen Durchführung der Aufgabe bei annähernd Null. Daher die *Abbruchregel*: Verpasst man den richtigen Augenblick – den Ideal-Moment – so ist auf die Durchführung zu verzichten! In diesem Fall beginnt man das Ritual von vorn, nachdem man mögliche Ursachen für das zu Spätkommen eruiert hat. Bei der Wiederholung achtet man darauf, diesmal den Zeitpunkt nicht zu verpassen. Gegebenenfalls ist die Motivations-Balance zu modifizieren.

Ideal-Moment in der Praxis: (1) Plus-Stimulation, (2) Drosseln

Praxis-Tipps: Die Durchführung (Auslösen der Aufgabe) kann durch Hör- oder/ und Sichtzeichen signalisiert werden. Im *Erwerbsstadium* (*Phänomenvermittlung*) können innerhalb der Durchführung auch Hilfen eingeplant werden. Je sicherer der Team-Führer seinen Teil des Rituals beherrscht und je genauer er den Hund zu beobachten vermag, desto besser sind die Erfolgschancen. Wer im Augenblick des Ideal-Moments noch nachdenken oder gar ausprobieren muss, wie er seine Hilfen setzt, wird wahrscheinlich keinen Erfolg haben. Hinzu kommt: Es geht nicht nur um den idealen Zeitpunkt. Ebenso wichtig ist das selbstsichere, optimistische und souveräne Auftreten des Vermittelnden (Lehrer, Trainer, Coach, Besitzer)! Es gibt daher zahlreiche Gründe, die dafür sprechen, den Vorgang zuerst ohne Hund zu üben.

Anmerkung zum Begriff *Ideal-Moment*: Das beschriebene Ideal-Moment ist ursprünglich unter dem Kurz-Begriff *Lerndisposition*, bzw. *Optimierung der Lerndisposition* bekannt geworden (EL 1999, 2001 bei GU u.a.) und auch in der Traineausbildung zum Lind-art®-Trainer seit vielen Jahren enthalten (Siehe „Lind-art®-Nomenklatur" und „Team-Balance-Einführung und Prüfungsordnung"). Wegen der Diskrepanz zur in der Lernpsychologie gültigen Bedeutung (u.a. *angeborene, arteigene und bereichsspezifische Lernfähigkeit*) wurde der Begriff „*Optimierung der Lerndisposition*" durch die Bezeichnung *Ideal-Moment* ersetzt.

Ideal-Moment in der Praxis: (3) Bereitschaft, (4) Durchführung

Absichern

In der Hundeausbildung sucht man nach Wegen, um hundliches Verhalten zu verstehen, zu beeinflussen und zu kontrollieren. Einer der größten Hemmschuhe hierbei ist der Umstand, dass sich die Ziele und Motivationen des Menschen nicht einfach auf Tiere übertragen lassen. Abstraktion steht Hunden nur eingeschränkt, Lernen durch Einsicht nur ansatzweise zur Verfügung. Im Grunde genommen bedeutet es eine nahezu vermessene Absicht, ein Tier dazu bringen zu wollen, sein in Jahrmillionen gewachsenes Verhalten abzuändern oder Verhaltenweisen zu erlernen, die es in seiner langen Entwicklung weder kannte noch brauchte. In der Natur sind für grundlegende Verhaltensänderungen umwälzende ökologische Ereignisse verantwortlich und es dauert Jahrtausende, bis sie sich etablieren.

Und dann erwarten wir noch, dass das Zielverhalten *weitgehend sicher* gezeigt wird, in jeder Situation und selbst unter ungünstigen Verhältnissen. Umso erstaunlicher ist es, dass diese unsere Erwartungen nicht unmöglich sind. Wir können das Verhalten hochentwickelter Tiere beeinflussen, und

Absicherungen beim Hürdensprung: Von links nach rechts: (1) schräge Stabhürde, (2) normale IPO Hürde, (3) Hürde mit anderer Flächenstruktur, (4) extrem schmale Hürde ohne senkrechte Trägerpflöcke, (5) halbdurchsichtige Flächenhürde, (6) schmale Hürde mit Seiloberkante, (7) Stabhürde auf Pylonen.

wir können dies sogar tun, ohne den Tieren zu schaden. Mehr noch: Hält man sich an modernes, ethisch fundiertes Ausbildungswissen, so kann nicht nur der Mensch, sondern auch das Tier daraus Freude und etlichen Nutzen ziehen. Allerdings ist auch heute noch die Meinung vertreten, die sogenannte *Absicherung* bilde in der Ausbildung eine Ausnahme: Bei der Absicherung sei „*Schluss mit Lustig*“, da käme man an Ausnahmen nicht vorbei.

Und so wird die Absicherung oft von den ethischen Grundsätzen ausgeklammert. Vor der *Tierethik-Wende*, die in den späten Neunziger Jahren vor allem in der Hundeszene mit der Orientierung auf positive Motivation eingeleitet wurde, hatte man Absicherung weitgehend durch Intensivierung von Druck, Gewalt und/oder Schmerz geübt. Wegweisend waren die stringenten Ausbildungspraktiken der Polizei- und Militärhundeschulen. Sätze wie: „*Apportieren ist eine reine Unterordnungsübung*“ waren gang und gäbe und *Spiel* war nicht nur verpönt, sondern mancherorts sogar verboten. Viele der älteren Trainer des Autors haben dies in den späten Neunziger Jahren (und noch danach) am eigenen Leib erlebt. Man verwies sie vom Platz, wenn sie ihren Hund mittels Spiel belohnen wollten.

Die traditionelle Absicherung gehört, ebenso wie die gesamte Erziehung und Ausbildung des Hundes, kritisch überdacht und korrigiert. Das Ziel ist bekannt: Man will erreichen, dass der Hund die Aufgaben auch unter ungünstigen Bedingungen und unter erschwerten Umständen weitgehend zuverlässig und sicher ausführt. Aber das lässt sich auch ohne Rückgriff auf aversive Mittel erreichen!

Folgende grundsätzliche Möglichkeiten (*Absicherungs-Anker*) bieten sich an:

Absicherungs-Anker:

- Abänderung oder/und Erweiterung der Aufgabe
- Kontextvariation (Umfeldveränderung)
- Erweiterung des Diskriminationslernens
- Aufgabe in anderer Reihenfolge
- Einbringen von Ablenkungen
- Steigerung des Schwierigkeitsgrades
- Fehlerprovokation
- Einbringen (tolerabler) Stressfaktoren
- Einbringen zusätzlicher Komponenten (zus. Schwierigkeiten, soziale Herausforderungen u.a.)

Stresskomponenten ebenso wie Ausführungen unter Extremsituationen sollten nur von erfahrenen Trainern und in Ausnahmefällen eingebracht werden.

Aus diesen *Ankern* lassen sich zahlreiche Kombinationen gestalten. Hierzu einige Beispiele:

Beispiele für *Absicherung*:
Zahlreiche Übungen lassen sich beispielsweise auf dem Spaziergang, in jeweils anderem Umfeld und unter oft anderen, vorausgegangenen Stimmungslagen und

Verhaltensweisen üben, abwandeln, festigen und absichern. Hierbei kombiniert man *Kontextlernen* und *Diskriminationslernen*. Mit jeder neuen Synapsen-Schaltung gewinnt der Vorgang an Bedeutung und Tiefe, was einer Absicherung auf neurobiologischer und psychischer Ebene entspricht.

Beispiel für Absicherung im täglichen Leben:

Beispiel für fatale Fehleinschätzung eines Absicherungsvorganges:

Angenommen, ein Hund leidet unter *Hitzeintoleranz*. Hier wäre allerdings die Überlegung, *Absicherung durch Konfrontation* einzubringen, genau verkehrt! Experimente haben ergeben, dass sich Hitzeunempfindlichkeit in der Regel durch Training nicht steigern lässt! Im Gegenteil. Die *Hitzetoleranz* hat bei vielen der Probanden durch Training signifikant abgenommen. Was man tun könnte, wenn es beispielsweise um Ausbildung eines Gebrauchshundes geht, falls aus medizinischer Sicht kein Einwand besteht, ist Folgendes: Man trainiert mit dem Hund in Abständen von jeweils mehreren Tagen bei Hitze; aber jeweils *extrem kurz*, im Zeitraum von Minuten. Kommt der Rettungs- oder Polizeihund dann wirklich einmal in die Lage, auch bei Hitze leistungsfähig sein zu müssen, dann wird er der Aufgabe psychisch und physisch besser gewachsen sein.

Beispiel Absicherung durch Steigerung des Schwierigkeitsgrades:

Manche Hunde springen an der Hürde vorbei. Um das zu verhindern, lassen sich links und rechts Leitwirkungen aufstellen. Hat der Hund den Sprung über die Hürde gelernt, trainiert man mit Herausforderungen. Auch der Wechsel von Flächen- zu Stabhürden, auch mit schräg stehenden Stäben, stellt den Hund vor Herausforderungen, die seine volle mentale und körperliche Präsenz binden. Mit derartigen Formen der Absicherung bleibt das Training interessant und die *Motivation* wird ständig *intrinsisch gestützt*. Hunde, die auf diese Weise trainiert wurden, zeigen noch in fortgeschrittenem Alter beeindruckendes Engagement und Schnelligkeit. Schon die Römer wussten: „*Variatio delectat*" (lat. Abwechslung erfreut). Verschiedene Herausforderungen sind im Bild auf Seite 410 dargestellt.

Beispiel Absicherung durch Steigerung des Schwierigkeitsgrades und/oder Fehlerprovokation:

Ab und zu fällt das Apportierholz hinter der Hürde weit zur Seite, was mitunter Anlass zu seitlichem Vorbeilaufen gibt. Zur Absicherung bietet sich an, den Apportiergegenstand dann und wann absichtlich mehr oder minder weit seitlich zu werfen. Sicherheitshalber stellt man links und rechts *Leitwirkungen* auf (Zäune, später Reling). Diese bieten sich bei extremen Seitwürfen als Trichter an, wodurch der Hund dann zur Hürde und zum Sprung geschleust wird. Eine weitere Absicherung besteht darin, das Bringholz fast unmittelbar hinter die Hürde zu legen. Der Hund kann dann nur aus dem Stand springen oder er muss sich erst einmal von der Hürde entfernen, um genügend Anlauf zu haben.

Ausblick – Schlusswort

Jede Generation erfindet ihre eigenen Regulative zur Ausbeutung und Unterdrückung. *Sklaven* hat es immer schon gegeben und es wird sie immer geben. Nur die Spielformen ändern sich. Sie werden immer feiner und damit unkenntlicher. Aber sie sind da, sie sind gegenwärtig und werden in großem Stil genutzt – auch heute und mitten unter uns, unter Menschen und: bei Menschen und ihren Hunden. Glaubt man den Werbespots in der Hundeausbildungsszene, so müsste heute Gewalt nicht nur verpönt, sondern überwunden sein. Außer einer klitzekleinen Minderheit im sogenannten *Hochleistungs-Hundesport* will „eigentlich" niemand mehr Gewalt einsetzen. Im Gegenteil, allerorts wird *Gewaltfreiheit* hervorgehoben und *Gewalt* abgelehnt. Aber kann man sagen, dass unsere Hunde heute glücklicher sind als früher?

Ja und Nein! Viele Hundeführer wünschen sich nicht nur den *freudigen* Hund, sie tun auch etwas dafür. Die schnelle Verbreitung der hierfür erforderlichen Trainingsmethoden hat dazu beigetragen. Aber Gewaltverzicht ist bei weitem nicht ausreichend für ein glückliches Hundeleben. Sieht man genauer hin, so findet man Ausbildungspraktiken, die zwar frei von aversiven Mitteln sind, aber wiederum den Hund letztlich verfehlen. Auch mit positiv anmutender Vorgehensweise lässt sich die Mensch-Hund-Beziehung verzerren, indem der Hund dazu missbraucht wird, die egoistischen Erwartungen des Menschen zu erfüllen. Die Motive sind vielfältig: Prestige, Macht, Ersatz, Anerkennung oder Sport.

Um Lernziele zu erreichen, werden Bedürfnisse wie Hunger, Spiel- und Jagdlust stimuliert und als Verstärker eingesetzt. Der Hund wird, zwar sanft, aber doch weitgehend unausweichbar, zum Lernen manipuliert, mittels *funktioneller Konditionierung*. Einer fliehenden Beute nachzulaufen, verlockende Happen zu wollen oder über den Click Erwartungen aufrecht zu erhalten, das sind Vorgänge, die sich relativ leicht zur Konditionierung nutzen lassen. Werden Kontext, Intensität und Wiederholungsrate nicht den arteigenen, natürlichen Lerndispositionen untergeordnet, so ist die Gefahr groß, den Hund trotz Gewaltverzicht und Einsatz positiver Motivation ethisch zu verfehlen.

Die Formel *Gewaltverzicht x positive Motivation = ethisches Handeln* basiert auf einer Lüge. Erst das *Wie, Wann, Wie stark, Wie oft, in welchem Zusammenhang und Umfeld* erlaubt eine Bewertung, die dem Hund tatsächlich gerecht wird. Eine Bewertung, die

Aussagen darüber gibt, ob das Üben und Trainieren auch dem Hund das gibt, wofür wir die Verantwortung übernommen haben: Ein glückliches, erfülltes Leben.

Das Mehr, welches mittels Empathie und Mühewaltung verfügbar würde, steht dem Erreichen bestimmter Lernziele nur scheinbar im Wege. Tatsächlich ist die Orientierung auf eine liebevolle, einfühlsame Erziehung und Ausbildung gleichzeitig eine unerschöpfliche Quelle zu noch besseren Lernergebnissen. Die Beschränkung auf Verstärkung, um das Verhalten des Hundes zu formen, liegt weiter hinter dem, was nach neuester Motivationsforschung biespielsweise durch Einbringen der personalen Präsenz des Besitzers (Trainers, Coach) erreichbar ist. Wo bleibt die personale Präsenz, wenn man sich auf die fantasielose Leckerli-Gabe, den anonymen Click oder den stereotyp geworfenen Ball beschränkt? Wo bleibt das *soziale Ereignis*? So ausgeklügelt Methoden auch sein mögen, wenn sie im Funktionellen stecken bleiben, beschränken sie letztlich. Wer nur wegen der funktionellen Effekte lehrt, verfehlt ethische und pädagogische Reichweiten. Er verfehlt den *Team-Gedanken* und den Hund. Wenn wir uns aber bemühen, die *Befindlichkeit des Hundes* über die Lernziele zu stellen, dann würde beides greifbar: *Mensch-Hund-Beziehung* und *Lernleistung*, *Team-work* und *Zielverhalten*! Und wir würden sehen, dass ein Leben *mit dem Hund* mehr bereichert als das Profitieren *vom Hund*.

Zum Ausklang – im Sinne eines Aufrufs, Lehren und Vermitteln durch ethische Ausrichtung zu bereichern – folgende ergreifende Geschichte.

Richard O`Barry wurde 1964 von den Produzenten der bekannten TV-*Flipper*-Serie beauftragt, fünf Delfine für die erste Staffel zu dressieren, was er in eindrucksvoller Weise bewältigte. Die *Flipper-Serie* wurde weltweit ausgestrahlt und erhielt zahlreiche Ehrungen und Preise. Man kann von einer *Bewegung* sprechen, die durch diese Serie ausgelöst wurde und zur weltweiten Verbreitung von Delfin-Shows führte. O`Barry jedoch wandelte sich im weiteren Verlauf vom Delfin-Dresseur zum Tierschützer, nachdem ihm mehr und mehr klar wurde, dass die Tiere nicht nur unter dem Freiheitsentzug litten, sondern auch dem dauerhaften Konditionierungs-Stress nicht gewachsen waren. Das Delfinweibchen tauchte eines Tages wie gewohnt auf, er umarmte es und bemerkte, dass ihm sein Lieblingsdelfin tief in die Augen sah. Nach wenigen Minuten verstand er den eindrucksvollen Vorgang. Der Delfin hatte sich verabschiedet. Er tauchte nach der letzten Umarmung ab und nicht wieder auf. Man muss wissen, dass Delfine ihre Atmung bewusst steuern, jeden einzelnen Atemzug. Das Weibchen hatte freiwillig und absichtlich die Atmung eingestellt. Sein Lieblings-Delfin hatte sich selbst umgebracht. O`Barry beendete auf Grund dieses Ereignisses seine zehnjährige, erfolgreiche Dressurtätigkeit. Seit nunmehr dreißig Jahren kämpft er engagiert gegen den weltweiten Missbrauch, der mit diesen bemerkenswerten Tieren getrieben wird. Im Film *Die Bucht* (2009) zeigt er, unter welch unbeschreiblich grausamen Methoden Delfine heute noch in Japan gequält, gefangen und getötet werden, um den weltweiten Bedarf an Flippern zu decken. Jährlich werden 23.000 Tiere in der Todesbucht Taiji in Japan unter strenger Abschirmung vor der Öffentlichkeit zusammengetrieben.

Die schönsten Tiere, die man für die Shows noch vor Ort auswählt, werden weltweit für 150.000 Dollar pro Exemplar verkauft. Die weit überwiegende Anzahl an Tieren, eben diejenigen, die nicht für Shows in Frage kommen, werden immer enger ins knietiefe Wasser zusammengetrieben. Dort wird auf sie eingeschlagen, bis sie nach qualvollen Überlebensversuchen endlich regungslos und tot im Wasser liegen. Das Wasser in der gesamten Bucht färbt sich rot. Die japanische Regierung toleriert diesen abscheulichen Vorgang nicht nur, sie stützt ihn und zwingt Kinder, das Delfinfleisch, welches Schwermetalle aufweist und selbst von japanischen Fachleuten als gesundheitsschädigend eingestuft wird, innerhalb der vorgeschriebenen, schuleigenen Verköstigung zu essen. Japan entzieht sich der von den meisten Staaten dieser Welt unterzeichneten Verpflichtung, Wale auf Grund ihrer Artenbedrohung nicht weiter zu dezimieren, indem Japan den Walfang und die Vermarktung der Delfine als *„Fang für wissenschaftliche Zwecke"* deklariert. Delfine haben seit Menschengedenken eine enge Verbindung zu Menschen. In Griechenland wurden Menschen schwer bestraft, wenn sie Delfinen etwas antaten. Unzählige Berichte beschreiben, wie Menschen durch Wale vor Haifischen gerettet wurden. In Delfin-Shows unserer Tage kann man sie bewundern, diese einzigartigen Tiere, die zu den intelligentesten unserer Erde zählen und dem Menschen ihre Zuneigung und Hilfe entgegenbringen, ähnlich wie unsere Hunde es tun. Man kann in diesen Shows nicht nur ihre Kunststücke bewundern, sondern auch nebenbei Delfin-Fleisch verzehren, um auf diese Weise den Delfin-Genuss auf allen Ebenen zu konsumieren. Man sollte Richard O'Barry's Aufruf zum Boykott dieser Shows folgen.

Was lehrt diese traurige Geschichte: Nicht alles, was machbar ist, ist moralisch vertretbar! Nicht alles, was in menschlicher Zielsetzung erfolgreich, angenehm oder spektakulär ist, legitimiert zur Umsetzung! Vermenschlichung von Tieren kann zur grausamen Ausbeutung werden. Wichtiger als die Frage nach dem Leistungserfolg von Konditionierungsmaßnahmen ist die Frage, ob das, was wir Tieren beibringen, *für sie annehmbar und lustvoll ist*.

Und hier noch ein letztes Beispiel:

Anette Tucker hat schon Tausende von in Not geratenen Tiere bei sich auf der *Heart Ranch* in Claremore Oklahoma aufgenommen und, wenn es möglich war, sie später wieder ausgewildert. Eines Tages bekam sie ein Pferd. *Charlie* war schon 40 Jahre alt, fast blind und sollte eingeschläfert werden. Innerhalb kurzer Zeit jedoch nahm sich der sechzehn Jahre alte Ziegenbock *Jack* des Pferdes an. Er begriff, dass Charlie nicht sehen konnte und zögerte nicht, einzuspringen und alles zu tun, um dem Pferd das Überleben zu sichern. Jack wusste, dass Charlie blind war. Als Charlie noch auf einem Auge sehen konnte, ging Jack seitlich. Als das Pferd auch auf dem zweiten Auge blind wurde, führte ihn Jack, indem er in der Mitte voranging. Jack wartete geduldig, bis Charlie seine akustisch und geruchliche Spur aufgenommen hatte und ihm folgte, erst dann ging er los. Dabei hielt er einen konstanten Abstand von 4 bis 5 Metern. Hielt Jack an, so hielt auch das Pferd. Der Ziegenbock war Tag und Nacht für das Pferd da.

Einmal, als ein Tornado die Gegend heimsuchte, passierte Folgendes: Jack kam aufgeregt von der Koppel nach Hause und hörte nicht auf, vor den Tierhütern hin und her zu laufen und zu meckern. Anette verstand seine Aufregung und folgte ihm. Er führte sie zur Koppel, wo infolge des Tornados Bäume umgefallen waren, sodass Charlie nicht herausfand. Da es Jack alleine nicht gelungen war, das Pferd aus dem Pferch zu lotsen, holte er Hilfe. Dass Tiere, vor allem Hunde, bei Menschen Hilfe suchen, ist bekannt. So auch hier. Gemeinsam zeigten sie dem blinden Pferd, wo es hinausgehen konnte. Nach diesem Ereignis war der Wärterin klar, dass sie sich um Charlie keine Sorgen mehr machen musste. Jack übernahm die volle Fürsorge für das blinde Pferd, in jeder Situation. Er führte es durch den Wald und auf Lichtungen, wo es grasen konnte. Dort wartete er, bis es gefressen hatte und anschließend führte er es wieder zurück. Wenn er dem blinden Pferd voranging, fraß er, wie er es sonst auf diesem Weg tat, selbst nicht, so sehr fühlte er sich seiner selbst erwählten Betreuungsaufgabe verpflichtet.

Jack zog aus dieser Beziehung keinen Vorteil, denn das Pferd konnte ihn weder beschützen noch konnte es ihm andere Vorteile verschaffen, etwa beim Fressen. Was Jack tat, tat er selbstlos, wir würden sagen *aus Mitgefühl*, aus *Freundschaft* oder *Nächstenliebe*. Und er tat es in Opferbereitschaft und in einer beispielhaften, jahrelangen Zuverlässigkeit. Das blinde Pferd Charlie hätte ohne Jack nicht überleben können. Nach sechzehn Jahren der Gemeinschaft mit Jack starb Charlie.

Was lehrt uns dieses Beispiel? Wie Tiere empfinden, davon wissen wir noch sehr wenig. Aber das, was uns die zahlreichen Feldbeobachtungen vermitteln, lässt ahnen, dass Tiere zwar anders als wir, aber nicht minder intensiv fühlen. Auch sie haben die Fähigkeit für Mitgefühl, Freundschaft und uneigennütziger Fürsorge.

Dies täglich zu erleben, mit unseren Hunden, ist ein kostbares Geschenk; – ein Privileg besonderer Art.

Ekard Lind

Anhang

Literatur

Aebli, H.: *Das Ordnen des Tuns*. Stuttgart, Klett, 1980.

Aldington, E.: *Was tu ich nur mit diesem Hund?* Weiden, Gollwitzer, 1994.

Aldington, E. H. W.: *Von der Seele des Hundes*. Weiden, Gollwitzer, 1986.

Aldington, E. H. W.: *Vom Körperbau des Hundes*. Weiden, Gollwitzer, 1993.

Alkon, D.: *Memory Traces in the Brain*. Cambridge, 1987.

Angermeier, W. F. und Schuster, M.: *Lernpsychologie*. München/ Basel, E. Reinhardt, 1991.

Antonovsky, A.: *Solutogenese: Zur Entmystifizierung der Gesundheit*. Tübingen, 1997.

Atkinson, J.W.: *Einführung in die Motivationsforschung*. Stuttgart, Klett, 1975.

Bandura, A.: *Principles of behavior modification*. New York, Holte, Rinehart & Winston, 1969.

Bandura, A.: *Social learning theory*. New York, Englewood Cliffs, 1977.

Bandura, A.: *Sozial-kognitive Lerntheorie*. Stuttgart, Klett, 1979.

Bekoff, M. und Byers, J.: *Animal Play: Evolution, comparative and ecological perspectives*. Cambridge University Press, 1998.

Bekoff, M.: *Das Gefühlsleben der Tiere*. Bernau, animal learn, 2008.

Bendig, V.: *Kleine Ursache – große Wirkung*. Blaue Eule, 1998.

Bertanlanffy, L.: „Kritische Theorie der Formbildung“ in: Schaxel, J.: *Abhandlungen zur Theoretischen Biologie*. Heft 27, 1928.

Bloch, G.: *Der Familienbegleithund im modernden Hausstand*. Berlin, Westkreuz, 2001.

Bloch, G.: *Auge in Auge mit dem Wolf*. Stuttgart, Franckh-Kosmos, 2004.

Bloch, G.: *Der Wolf im Hundepelz*. Stuttgart, Franckh-Kosmos, 2004.

Bloch, G.: *Die Pizza-Hunde*. Stuttgart, Franckh-Kosmos, 2007.

Bloch, G.: *Wölfisch für Hundehalter*. Stuttgart, Franckh-Kosmos, 2010.

Blüchel, K.G.: *Der letzte Schrei – Das organisierte Verbrechen in Medizin und Wissenschaft*. Hagen, Pro 1 VG, 1998.

Brackert, H.: *Von Menschen und Hunden*. C.H. Becksche Verlagsbuchhandlung, 1989.

Breland, K. und Breland, M.: „A field of applied animal psychology" in: *American Psychologist* 6, 202–204, 1951

Breland, K. und Breland, M.: *Animal behavior*. USA, The Macmillan Company, 1966.

Brockhaus: *Psychologie Fühlen, Denken und Verhalten verstehen*. Mannheim, F.A. Brockhaus, 2009.

Brunswik, E:. *Grundzüge der Psychoanalyse*. Frankfurt, Fischer, 1968.

Buytendijk, F.J.J.: *The mind of a dog*. London, Allen & Unwin, 1935.

Coren, S.: *Die Intelligenz der Hunde*. Hamburg, Rowohlt, 1995.

Coren, S.: *Die Geheimnisse der Hundesprache*. Stuttgart, F. Kosmos Verlag, 2002.

Coren, S.: *Wie Hunde denken und fühlen*. Stuttgart, Franckh-Kosmos, 2005.

Denjean, C.: *Das Bauchgehirn*. ARTE France Inserm Scientifilms, 2013.

Denjean, C.: *Der Kluge Bauch*. Arte France-Insem-Scientifilms/ Produktion: Papillon F., 2013.

Dennison, P. S.: *How to right a dog gone wrong*. Colorado, Alpine Blue Ribbon Books, 2005.

Ebbinghaus, H.: *Über das Gedächtnis*. WBG, 2011.

Edelmann, W.: *Lernpsychologie – Eine Einführung*. München, Psychologie-Verlags-Union, 1986.

Edelmann, W.: *Lernpsychologie*. Weinheim, Beltz-Verlag, 2000.

Ehrenfels, Chr.: *Über Fühlen und Wollen – psychologische Studie*. Wien, Gerold & Sohn, 1888.

Ehrenfels, Chr.: *Über Gestaltqualitäten*. Viertelj. Schrift f. wissensch. Philosophie, S. 249–292, Wien, 1890.

Ehrenfels, Chr.: *Österr. Biogr. Lexikon ÖBL. Band 1*. Wien, Verlag d. Österr. Akademie der Wissenschaft, 1957.

Ehrenfried, L.: *Körperliche Erziehung zum seelischen Gleichgewicht*. W. Berliner VG, 1957.

Eibl-Eibesfeld, I.: *Grundriß der vergleichenden Verhaltensforschung*. München/ Zürich, Piper, 1967.

Eibl-Eibesfeld, I.: *Menschenforschung auf neuen Wegen*. Wien, Fritz Molden, 1976.

Epiktet: *Handbüchlein der Ethik*. Stuttgart, Reklam, 1987.

Espenschied, R.: *Das Ausdruckbild der Emotionen*. München, E. Reinhardt, 1985.

Feddersen-Petersen, D.: *Die Sache mit dem Bewusstsein*. Aachen, Fischer, 1997.

Feddersen-Petersen, D.: *Hunde und ihre Menschen*. Stuttgart, Franckh-Kosmos, 2001.

Feddersen-Petersen, D.: *Hundepsychologie*. Stuttgart, Franckh-Kosmos, 2004.

Feddersen-Petersen, D.: *Ausdrucksverhalten beim Hund*. Stuttgart, Franckh-Kosmos, 2008.

Fischer-Buck, A.: *Naturgemäße Erziehung. Ein Vergleich der Lehre von Pestalozzi und Montessori, angewandt auf die heutige psychologische Pädagogik*. Bonn, Bouvier, 1957.

Fiset, S.: *Aufsätze in Wuff*. Maria Anzbach, 2003.

Förderer, T.: *Neues aus dem Reich der Mitte*. 3Sat Prod, Nadzeika Frank, 2014.

Fox, M.W.: *The dog: its domestication and behavior*. New York, Garland STPM Press, 1978.

Freud, S.: *Massenpsychose und Ich-Analyse*. Werkesammlung Nr. 13, Frankfurt, Fischer, 1921.

Fronval, G.: *Das große Buch der Indianer*. Paris, F. Nathan, 1973.

Gagné, R.M.: *Essentials of learning for instruction*. Hinsdale, 1974.

Gansloßer, U. und Kitchenahm, K.: *Forschung trifft Hund*. Stuttgart, Franckh-Kosmos, 2012.

Gansloßer, U.: *Verhaltensbiologie für Hundehalter*, Stuttgart, Franckh-Kosmos, 2007.

Gansloßer, U.: *Mit Hunden leben*. Fürth, Filander, 2010.

Gardner, H: *Dem Denken auf der Spur – Weg der Kognitionswissenschaft*. Stuttgart, Klett-Cotta, 1989.

Glättli, W.: *Kynologie von 1863 bis zur Gegenwart*. Eigenverlag, 1993.

Goethe, J.W.: *Allgemeine Naturlehre*. Weimar, Boehlau, 1893.

Goethe J.W. von (1887) Rudolf Steiner Verlag (Photomech. Nachdruck der Erstausgabe in: Deutsche National-Literatur (1975)

Bauer, Günther G.: *Intern. Beiträge*. Institut für Spielforschung Mozarteum Salzburg Nr. I: homo ludens, München, Wissensch. Verlag Katzbichler, 1991.

Guthrie, E.R.: *The psychology of learning*. New York, Harper, 1952.

Guttmann, G.: *Einführung in die Neuropsychologie*. Bern, Hans Huber, 1972.

Guttmann, G.: *Lernen, Die wunderbare Fähigkeit, geistige und körperliche Funktionen verändern zu können*. Wien, Hölder, Pichler & Tempsky, 1990.

Handelman, B.: *Hundeverhalten – Mimik, Körpersprache und Verständigung*. Stuttgart, Franckh-Kosmos, 2010.

Hassenstein, B.: *Instinkt, Lernen, Spielen, Einsicht. München,* Piper, München, 1980.

Heckhausen, H.: *Hoffnung und Furcht in der Leistungsmotivation*. Meisenheim, Hain, 1965.

Heidegger, M.: *Sein und Zeit*. Tübingen, Noemarius, 1949.

Holbe, R.: *Mitgeschöpfe*. München, Herbig, 1998.

Horowitz, A.: *Was denkt der Hund?* Heidelberg, Spektrum, 2010.

Rahner, H.: *Der Spielende Mensch*. Einsiedeln, Johannes Verlag, 1952.

Huizinga, Johan: *Homo Ludens*. Rohwohlt TB, 2013.

Hull, C.L.: *Essentials of behavio*r. New York, Yale University Press, 1951.

Kitchenham, K.: *Wissen Hunde, dass sie Hunde sind?* Stuttgart, Frankch-Kosmos, 2014.

Knoche, B.: *Auf den Hund gekommen?* Linden Print, 2001.

Köhler, W.: *Intelligenzprüfungen an Menschenaffen*. Berlin, Springer 1963.

Kraft, V.: *Pestalozzi oder das pädagogische Selbst*. Bad Heilbrunn, Klinkhardt, 1996.

Krapp & Weidemann: *Pädagogische Psychologie*. Weinheim, PeltzPVU, 2006.

Laotse: *Tao te king*. Stuttgart, Reklam, 1961.

Lauffer, S.: *Kurze Geschichte der antiken Welt*. München, Callway, 1971.

Lefrançois, G.R.: *Psychologie des Lernens*, Heidelberg, Springer, 2006.

Lewin, K.: *Der Übergang von der aristotelischen zur galileischen Denkweise in Psychologie und Biologie*. Erkenntnis 1, 1931.

Lind, E.: *Die Haltung des Gitarristen*. München, Wissensch. Verlag Katzbichler, 1984.

Lind, E.: *Bewegungsausgleich für Musiker*. Wien, Österr. Bundesverlag, 1983.

Lind, E.: *Kompaß, Lehrerband zur Frühinstrumentalen Erziehung Gitarre pima*. München, Ricordi, 1996.

Lind, E.: *Richtig Spielen mit Hunden*. Augsburg, Naturbuchverlag, 1996; München, Weltbild-Augustus 1999; Stuttgart, Franckh-Kosmos, 2004.

Lind, E.: *Apportieren, freudig, schnell exakt.* SVÖ Nachrichten, 1998; Salzburg, SV-Zeitung, 2001; sowie weitere Fachorgane.

Lind, E.: *Játszava motiváljuk kutyánkat.* Ungarn, Canissa Kiadó, 1998.

Lind, E.: *Team-Balance: Einführung und Prüfungsordnung.* Rannersdorf-Graz, Selbstverlag, 1998, 2000, 2008, 2010, 2011.

Lind, E.: *Team-dance.* München, Gräfe & Unzer, 1999; *Dansen met honden.* Holland, Tirion, 2000; *Team-dance.* USA, Barrons, 2000.

Lind, E.: *Hunde spielend motivieren.* München, Weltbild-Augustus, 2000.

Lind, E.: *Mensch Hund Harmonie.* München, Gräfe & Unzer, 2000; Stuttgart, Franckh-Kosmos, 2003.

Lind, E.: *La Comunicación entre hombre Y Perro.* Madrid, Trikal, 2001.

Lind, E.: *Team-Balance.* München, Gräfe & Unzer, 2001.

Lind, E.: *Adiestramiente, juego y deporte con tu perro.* Madrid, Trikal, 2002.

Lind, E.: *Welpenerziehung.* Brunsbek, Cadmos, 2007.

Lind, E.: *Hunde sanft leiten und motivieren (Leitwirkungen).* Brunsbek, Cadmos, 2009.

Lind, E.: *Neue Hörzeichen für Hund und Mensch.* Brunsbek, Brunsbek, 2009.

Lind, E.: *Meisterhafte Leinen- und Freifolge.* Brunsbek, Cadmos, 2010.

Lind, E.: *Valpe – oppdragelse.* Norwegen, Pegasus, 2011.

Locke, J.: *Ein Brief über Toleranz.* Hamburg, Meiner, 1996.

Loeffler, K.: *Anatomie und Physiologie der Haustiere.* Stuttgart, Ulmer, 1994.

Lorenz, K.: *Er redete mit dem Vieh, den Vögeln und den Fischen.* Wien, Borotha-Schoeler, 1949.

Lorenz, K.: *So kam der Mensch auf den Hund.* DTV Band 329, 1950.

Lorenz, K.: *Das Gänsekind Martina.* Selbstverlag, 1954.

Lorenz, K.: *Das sogenannte Böse.* Wien, Borotha-Schoeler, 1965.

Lorenz, K.: *Über tierisches und menschliches Verhalten.* München-Zürich, Piper, 1965.

Lorenz, K.: *Die acht Todsünden der zivilisierten Menschheit.* München-Zürich, Piper, 1973.

Lorenz, K.: *Mensch und Tier.* München, Piper, 1973.

Maslow, A.H.: *Motivation und Persönlichkeit.* Reinbeck, Rowohlt, 1977.

Masson, J.: *Dogs never lie about Love*. Three Rivers Press (CA), 2007.

McClelland, D.C.: *Macht als Motiv*. Stuttgart, Klett, 1978.

McConnell, P.B.: *Das andere Ende der Leine*. Mürlenbach, Kynos, 2002.

McConnell, P.B.: *Liebst Du mich auch? Die Gefühlswelt bei Hund und Mensch*. Nerdlen-Daun, Kynos, 2008.

Mietzel, G.: *Psychologie in Unterricht und Erziehung – Eine Einführung in die pädagogische Psychologie für Pädagogen*. Göttingen, 1986.

Miklósi, Á.: *Hunde, Evolution, Kognition und Verhalten*. Stuttgart, Franckh-Kosmos, 2011.

Montessori, M. (1973) Der Frieden und die Erziehung – Blätter der intern. Montessori-Gesellschaft 2. Heft 1932, S. 2–22 – J. Hoffmann / Stuttgart

Most, K.: *Leitfaden für die Abrichtung des Hundes*. Berlin, Kameradschafts-Verlagsges.

Müller, K.: *Konstruktivistische Schulpraxis*. Hamburg, Beltz, 2009.

Naitz, Jay, Geist, Timotzy und Jacobs, Gerald: *Color vision in the dog*. Santa Barbara, Departement of Psychology, University of California, 1989.

Österr. Hundesport in Wort und Bild. Wien, Österr. Kynologenverband.

Panksepp, I.: *Effective neuroscience: the foundations of human and animal emotions*. Oxford, Oxford University Press, 1998.

Pepperberg, I.: *Alex und ich*. Baltham, MFG Verlag, 2000.

Phoebus, G.: *Das Jagdbuch des Mittelalters*.

Piaget, J.: *Das Weltbild des Kindes*. Frankfurt, dtv-Klett, 1978.

Piaget, J.: *Biologische Anpassung und Psychologie der Intelligenz*. Stuttgart, Klett, 1975.

Platon: *Klassische Dialoge*. München, DTV-Bibliothek, 1975.

Platon. *Der Staat*. Übersetzt und herausgegeben von Vretska, Karl. Stuttgart, Reclam, 2000.

Platon; von Hrsg Apelt, O.: *Sämtliche Dialoge*. Darmstadt, Wissensch. Buchges., 2010.

Platon; von Hrsg. Gaiser, K.: *Platons ungeschriebene Lehre*. Stuttgart, Klett-Cotta, 1998.

Premack, D. & A.: *Original Intelligence. Unlocking the Mystery of Who we are*. New York, McGras-Hill, 2003.

Premack, D. & A.J.: *The mind of an ape*, New York, Norton, 1983.

Premack, D.: *Does the chimpanzee have a theory of mind? The behavioral and Brain Sciences*

1. 1978.

Pryor, K.: *Positiv bestärken, sanft erziehen*. Stuttgart, Franckh-Kosmos, 1999.

Pryor, K.: *Don`t shoot the dog*. Ringpress Books, 2006.

Pryor, K.: *Reaching the Animal Mind – Clicker Training and What It Teaches Us about*. Dribner Book Company, 2009.

Purves, W. K. et al.: *Biologie*. München, Spektrum, 2004.

Rensch, B.: *Gedächtnis, Begriffsbildung und Planhandlungen bei Tieren*. Berlin, Hamburg, 1973.

Roth, G.: *Bildung braucht Persönlichkeit, Wie lernen gelingt*. Klett-Cotta, 2011.

Schiller, F.; Herausgegeben von Klaus L. Berghahn: *Über die ästhetische Erziehung des Menschen in einer Reihe von Briefen*. Mit den Augustenburger Briefen (= Universal-Bibliothek 18062), Stuttgart, Reclam, 2000.

Scott, J. P. & Fuller, J. L.: *Genetics and the Social Behavior of the Dog*. Chicago, University of Chicago Press, 1998.

Scott, J. P. & Fuller, J. L.: *Genetics and the Social Behavior of the Dog*. USA, University of Chicago Press Books, 1965, 1998.

Seligmann, M. E. P.: *Erlernte Hilflosigkeit*. München/ Wien, Urban und Schwarzenberg, 1979.

Seligmann, M. E. P.: *What You Can Change and What You Can't: The Complete Guide to Successful Self-Improvement*. New York, Knopf, 1993.

Seligmann, M. E. P.: *Kinder brauchen Optimismus*. Hamburg, Rowohlt, 1999.

Seligmann, M. E. P.: *Flourish - Wie Menschen aufblühen. Die Positive Psychologie des gelingenden Lebens*. München, Kösel, 2012.

Skinner, B. F.: The phylogeny and ontogeny of behavior. *Science* 153, 1966.

Skinner, B. F.: *Futurum Zwei*. Hamburg, Rowohlt, 1973.

Skinner, B. F.: *Was ist Behaviorismus?* Reinbek, Rowohlt, 1982.

Skinner, B. F.: *The technology of teaching*. B.F. Skinner Foundation, Library of Congruess Card Number 68 – 12340, 2003 (Nachdruck)

Sambraus, H. und Steiger, A.: *Das Buch vom Tierschutz*. Stuttgart, Enke, 1997.

Spitzer, M.: *Das (un)soziale Gehirn. Wie wir imitieren, kommunizieren und korrumpieren*. Stuttgart, Schattauer, 2013.

Spranger, E.: *Goethes Weltanschauung*. Leipzig, Insel, 1933.

Spranger, E.: *Pestalozzis Denkformen*. Stuttgart, Hirzel, 1947.

Spitzer, M.: *Lernen – Gehirnforschung und Schule des Lebens*. Heidelberg, Spektrum, 2002.

Städtler, Th.: *Lexikon der Psychologie*, Stuttgart, Kröner, 2003.

Stephanitz, M. D. F.: *Der Deutsche Schäferhund in Wort und Bild*. München, V. f. Deutsche Schäferhunde, 1901.

Strehle, H.: *Minen, Gesten und Gebärden*. München, E. Reinhard, 1954.

*Terra Mate*r. Thirteen/WNET summerhill productions Seven, D. Fassung: Terra Mater Factural Studios, Servus TV, 2012.

Thomas, E. M.: *The hidden live of Dogs*. New York, H. Mifflin Company, 2010.

Tolman, E. C.: *Purposive behavior in animals and men*. New York, Appleton Century Crofts, 1967.

Trumler, E.: *Mit dem Hund auf Du*. München, Piper, 1971.

Trumler, E.: *Hunde ernst genommen*. München, Piper, 1974.

Trumler, E.: *Das Jahr des Hundes*. Mürlenbach, Kynos, 1984.

Trumler, E.: *Der schwierige Hund*. Mürlenbach, Kynos, 1986.

Trumler, E.: *Mensch und Hund*. Mürlenbach, Kynos, 1988.

Uexküll, J.: *Umwelt und Innenwelt der Tiere*. Berlin, Springer, 1921.

Wachtel, H.: *Das Buch vom Hund*. Schwarzenbek, Cadmos, 2002.

Watson, J. B.: „Psychology as the behaviorist views it," in: *Psycholoigcal Review 20*, 158–177, 1913.

Weidt, H. und Berlowitz, D.: *Das Wesen des Hundes*. Augsburg, Naturbuchverlag, 1998.

Wertheimer, M.: *Über Gestalttheorie*. Symposion Band 1, S. 39–60, 1927.

Wisniewski, H. (Buch): *Biologie-Gehirn*. BR-alpha, Telekolleg Multimedia, 2006.

Zimen, E.: *Wölfe und Königspudel, vergleichende Verhaltensbeobachtungen*. München, Piper, 1971

Zimen, E.: *Der Hund: Abstammung, Verhalten, Mensch und Hund*. München, Goldmann, 1992.

Zimen, E.: *Der Wolf: Verhalten, Ökologie und Mythos*. Stuttgart, Frankh-Kosmos, 2003.

Index

C

D

E

F

G

H

I

J

K

U

V

W

Z

Adressen

DVG Deutscher Verband der
Gebrauchshundesportvereine
Ennertsweg 51
D-58675 Hemer
www.dvg-hundesport.de

VDH Verband des Deutschen Hundewesens e.V.
Westfalendamm 174
D-44141 Dortmund
www.vdh.de

DHV Deutscher Hundesportverband e.V.
Deutscher Hundesportverband e.V.
Vosshoveler Str. 9a
D-46485 Wesel
www.dhv-hundesport.de

ÖKV Österreichischer Kynologenverband
Siegfried Marcus Str. 7
A-2362 Biedermannsdorf
www.oekv.at

Institutionen, die lizenzierte Lind-art®-Trainer ausbilden und/oder bereitstellen:

LAF – Lind-art®-Federation
Rannersdorf 2
A-8092 Mettersdorf
www.lind-art.de
aktuelle LAF-Trainer-Liste und Standorte

swhv – Südwestdeutsche Hundesportverband e.V.
Immanuel Kant Str. 39
D-72800 Eningen
www.swhv.de

Firmen, die Erfindungen des Autors herstellen und/oder vertreiben:

TRIXIE GmbH & CoKG
Industriestr. 32
D-24963 TARP
www.trixie.de

Sporthund
Am Schneckenhof 9
D-74626 Bretzfeld
www.sporthund.de

Leroi
Am Schneckenhof 9
D-74626 Bretzfeld
www.leroi.de

Wir vermitteln Prof. Ekard Lind und Helenira Lind

für Seminare, Vorträge, Ausbildung und Auftritte

Anfragen bitte an:

Kynos Verlag GmbH
Konrad-Zuse-Straße 3
54552 Nerdlen/Daun
www.kynos-verlag.de

Weitere Buch- und DVD-Titel von Ekard & Helenira Lind in Planung